Gerhard Harig

# Schriften zur Geschichte der Naturwissenschaften

Akademie-Verlag
Berlin 1983

# Gerhard Harig

## Schriften zur Geschichte der Naturwissenschaften

Herausgegeben von
Georg Harig und Günter Wendel

Erschienen im Akademie Verlag, DDR-1086 Berlin, Leipziger Str. 3—4

Lizenznummer: 202 · 100/242/83
Gesamtherstellung: VEB Druckerei „Thomas Müntzer", 5820 Bad Langensalza
Umschlaggestaltung: Annemarie Wagner
Bestellnummer: 754 051 4 (6671) · LSV 1106
Printed in GDR
DDR 28,— M

# Zum Geleit

Gerhard Harig zählte zu den Aktivisten der ersten Stunde beim Aufbau eines neuen Hochschulwesens und der Entwicklung der Wissenschaft in unserem Lande. Sein Schaffen erstreckte sich vor allem auf drei große Arbeitsgebiete:

Die marxistisch-leninistische Philosophie — besonders unter dem Aspekt ihrer naturwissenschaftlichen Fragestellungen — fesselte bereits den jungen Physiker, und er lehrte ihre Grundlagen Ende der vierziger und Anfang der fünfziger Jahre die Studenten der neugestalteten Universität im Rahmen des marxistisch-leninistischen Grundlagenstudiums, zu dessen Pionieren er gehörte.

Die Geschichte der Naturwissenschaften zog ihn schon früh an, und er konnte sich ihr im letzten Jahrzehnt seines Lebens vorrangig widmen. Sein Wirken als Direktor des Sudhoff-Instituts für Geschichte der Medizin und der Naturwissenschaften an der Karl-Marx-Universität ist in zahlreichen Schriften dokumentiert, und es lebt in seinen Schülern, die nach seinem Tode entscheidend zum Aufblühen dieser Wissenschaftsdisziplin im vergangenen Jahrzehnt beitrugen.

Und schließlich war er seit der Befreiung des deutschen Volkes vom Faschismus und seiner persönlichen aus dem faschistischen Konzentrationslager ständig als Hochschul- und Wissenschaftspolitiker tätig. Zwischen den beiden vorgenannten Abschnitten seiner wissenschaftlichen Tätigkeit nach 1945 liegt der Höhepunkt des hochschulpolitischen Wirkens, die sechsjährige Tätigkeit als erster Staatssekretär für Hochschulwesen der Deutschen Demokratischen Republik (1951—1957).

Auf allen drei Gebieten leistete er Bleibendes, das seine kommunistische Weltanschauung und Parteilichkeit, seine Freundschaft zur Sowjetunion, seine wissenschaftliche Akribie und Weitsicht widerspiegelt.

Nachdem vor 9 Jahren unser — leider viel zu früh verstorbene — Gottfried Handel eine Auswahl der philosophischen Schriften Gerhard Harigs herausgab, werden jetzt seine wichtigsten wissenschaftshistorischen Schriften neu vorgelegt. Das ist ein wichtiger Beitrag zur Auseinandersetzung um die Rolle der Wissenschaft und die Produktivität des geistigen Arbeitens in unserer Zeit der Gestaltung der entwickelten sozialistischen Gesellschaft, den wir zutiefst begrüßen.

Hans-Joachim Böhme
Minister für Hoch-
und Fachschulwesen

# Vorwort

Gerhard Harig wäre am 31. Juli 1982 achtzig Jahre alt geworden. Zur Würdigung seines Andenkens haben sich die Herausgeber und der Akademie-Verlag entschlossen, im Anschluß an den von der Karl-Marx-Universität Leipzig, der Stätte seines letzten Wirkens, im Jahre 1973 edierten Band mit ausgewählten philosophischen Schriften in diesem Sammelband eine Auswahl seiner wissenschaftshistorischen Arbeiten vorzulegen. Die Aufsätze Gerhard Harigs, der die marxistische Wissenschaftsgeschichte in der DDR begründete, haben ohne jeden Zweifel ihren Wert behalten, und die Herausgeber hoffen deshalb, daß die Zusammenfassung dieser verstreut gedruckten und teilweise nur schwer zugänglichen Abhandlungen zur Geschichte der Naturwissenschaften in einem Band in der DDR zur weiteren Entwicklung der Wissenschaftsgeschichte und zum Anwachsen des Interesses breiterer Kreise rezenter Wissenschaftler an wissenschaftshistorischen Fragestellungen und an der Geschichte ihrer eigenen Disziplinen beitragen wird.

Den Schwerpunkt des vorliegenden Sammelbandes bilden die Arbeiten zur Geschichte der Naturwissenschaften in der Renaissance, die zeit seines Lebens das bevorzugte Forschungsgebiet von Gerhard Harig war. Die gleichfalls in den Band aufgenommenen Untersuchungen zur Geschichte der Naturwissenschaften des 19. Jahrhunderts und die auf methodologische Aspekte der Wissenschaftsgeschichtsschreibung eingehenden Studien, die die vorliegende Auswahl abschließen, belegen das breite Spektrum seines Interesses, das immer auch auf aktuelle Fragestellungen gerichtet war.

Bei der Durchsicht und Vorbereitung der ausgewählten Arbeiten für den Druck wurde der Anmerkungsteil nach einheitlichen Prinzipien gestaltet. Druckfehler und offensichtliche Versehen wurden stillschweigend korrigiert und bei den Übersetzungen aus dem Russischen alle Zitate mit dem jeweiligen Originaltext verglichen. Aus diesem Grunde sind hier an manchen Stellen andere Textausgaben angegeben als bei Gerhard Harig, da uns die von ihm benutzten Editionen nicht in allen Fällen zur Verfügung standen. Auch sind zur besseren Orientierung des Lesers im Anmerkungsteil bei den wichtigsten Titeln später erschienene Nachauflagen mit den entsprechenden Seitenangaben zusätzlich vermerkt worden.

Zu danken haben die Herausgeber in erster Linie Prof. Dr. S. R. Mikulinskij, Direktor des Instituts für Geschichte der Naturwissenschaften und Technik an der Akademie der Wissenschaften der UdSSR, für die von ihm liebenswürdigerweise erteilte Erlaubnis zum Wiederabdruck der Aufsätze von Gerhard Harig, die in den 30er Jahren in der Sowjetunion publiziert worden sind. Unser Dank gilt in gleicher Weise Dr. H. Folgmann, Berlin, der die Mühe der Übersetzung aus dem Russischen auf sich nahm, Dipl. phil. A. Mudry, Berlin, für die Durchsicht und erneute Übertragung der Tartaglia-Zitate aus dem Italienischen sowie all den Kollegen, die mit Rat und Tat zum Abschluß der Arbeit an diesem Sammelband beitrugen.

Berlin, im Februar 1981 — Georg Harig und Günter Wendel

# Inhaltsverzeichnis

# Über die Entstehung der klassischen Naturwissenschaften* in Europa**

## 419 1. Naturwissenschaft und Gesellschaft

In seinen Betrachtungen „Mathematik und Naturwissenschaft in China und im Westen“[1] hebt Joseph Needham mit Recht hervor, daß die Entstehung der heute sogenannten „klassischen Naturwissenschaft“ zu den entscheidendsten Errungenschaften der europäischen Kultur gehört. Im Weltmaßstab gesehen, können wir bei einem Vergleich der chinesischen mit der europäischen Entwicklung von diesem Gesichtspunkt aus gesehen feststellen, daß die chinesische Gesellschaft den Übergang zu einer klassischen Naturwissenschaft mit ihrer kennzeichnenden Verbindung von Mathematik und Naturerkenntnis nicht gefunden hat und daß die Entwicklung der Produktivkräfte in China stehengeblieben ist, während sie in Europa seit dem 16. Jahrhundert gewaltige Fortschritte gemacht hat. Erst die Stürme der Oktoberrevolution gaben dem großen chinesischen Volk die Möglichkeit, sich von den Fesseln zu befreien, die eine selbständige, eigene Entwicklung der Produktivkräfte der chinesischen Gesellschaft einschließlich der Naturwissenschaft und Technik verhinderten, d. h., den Feudalismus endgültig zu überwinden, sich von kapitalistischer Unterdrückung und Ausbeutung zu befreien und den Weg des sozialistischen Aufbaues . . . zu beschreiten.

Entgegen idealistischen Auffassungen, wie sie u. a. von Koyré und Whitehead vertreten werden, und entgegen geopolitischen, rassistischen und ähnlichen Vorstellungen steht heute fest, daß die Produktion für das tägliche Leben der Menschen den Raum schafft, in dem sich die Entwicklung der Produktivkräfte vollzieht, und daß sie damit ihrerseits die spezifischen Besonderheiten und Wege der Entwicklung von Wissenschaft und Technik vorzeichnet. Wir wissen heute, daß durch die Struktur der Gesellschaft die materiellen und kulturellen Bedürfnisse der Gesellschaft bestimmt werden — sie sind andere im Imperialis-
420 mus als im / Sozialismus, in der Klassengesellschaft als in der klassenlosen Gesellschaft —, daß die herrschenden gesellschaftlichen Bedürfnisse, die in der Klassengesellschaft nur die Bedürfnisse der herrschenden Klasse sind, die weitere Entwicklung und Entfaltung der Produktivkräfte einschließlich Naturwissenschaft und Technik bestimmen, daß aber zugleich bei der und durch die Entwicklung und Entfaltung der Produktivkräfte ständig neue Bedürfnisse entstehen, die schließlich zu einer Umbildung der ökonomischen Beziehungen der Menschen führen. Ständig wächst die Macht des Menschen oder, genauer gesagt, der menschlichen Gesellschaft über die Natur wie über die Geschichte. Diese Geschichte der Menschheit ist nicht zuletzt die Geschichte der Entwicklung und Entfaltung der Produktivkräfte, die Ge-

---

* Entsprechend dem heutigen Sprachgebrauch in den Kreisen der Naturwissenschaftler verstehen wir unter „klassischer Naturwissenschaft“ die auf der Grundlage der Newtonschen Mechanik beruhende Naturwissenschaft vor der Entdeckung des Wirkungsquantums.

** Erschienen in: Deutsche Zeitschrift für Philosophie 6/1958, S. 419—450 (leichte Kürzungen der Herausgeber).

[1] Aufbau. Kulturpolitische Monatsschrift 13 (1957), S. 331—348.

schichte der Entstehung und Befriedigung der gesellschaftlichen Bedürfnisse, die Geschichte der Verbreitung wissenschaftlicher und technischer Kenntnisse und Fertigkeiten unter einer wachsenden Zahl von Mitgliedern der menschlichen Gesellschaft.

Ohne von diesen Grundsätzen auszugehen, kommt Joseph Needham am Schluß seiner oben genannten Untersuchung zu dem gleichen Ergebnis, wenn er nach einem Vergleich der europäischen und chinesischen Mathematik, Naturwissenschaft und Technik in ausgesprochenem Gegensatz zu Koyré und Cassirer feststellt: „Ein Interesse an der Natur genügte nicht, kontrolliertes Experimentieren genügte nicht, empirische Induktion genügte nicht, die Vorhersage von Sonnen- und Mondfinsternissen und die Berechnung des Kalenders genügten nicht — alles besaßen die Chinesen. Augenscheinlich war allein eine merkantile Kultur in der Lage zu vollbringen, was die agrarische, bürokratische Zivilisation nicht konnte — die früher getrennten Disziplinen der Mathematik und der Naturerkenntnis an den Punkt der Verschmelzung zu bringen.“[2]

Dieses wertvolle Ergebnis Needhams ist für die Beantwortung der am Anfang seines Aufsatzes aufgeworfenen Frage „Was geschah während der Renaissance in Europa, als sich Mathematik und Naturwissenschaft zu einer qualitativ neuen Verbindung vereinten, die bestimmt war, die Welt umzugestalten?“ von großer Bedeutung und geeignet, den großen Meinungsstreit über „das Problem der genauen Beziehungen zwischen der modernen Naturwissenschaft und Technologie und den sozialökonomischen Bedingungen ihrer Entstehung“[3] einer Lösung entgegenzuführen. Daher soll im weiteren eine zusammengefaßte Darstellung der Entstehung der klassischen Naturwissenschaften in Europa eben im Hinblick auf den Zusammenhang zwischen Naturwissenschaft und Gesellschaft gegeben werden zugleich mit dem Ziel, damit zu weiteren vergleichenden Untersuchungen zwischen der chinesischen und der europäischen Entwicklung anzuregen.

Zunächst noch eine wichtige Vorbemerkung:

Es käme einer Vulgarisierung des Marxismus-Leninismus und speziell des historischen Materialismus gleich und hieße in den Fehler des Ökonomismus abgleiten, wollte man die Geschichte der Naturwissenschaften und Technik unmittelbar aus der Geschichte der Wirtschaft ableiten. Wissenschaftliche Theorien, technische Überlieferungen und das gesammelte Wissen von der Natur und ihren Zusammenhängen und Gesetzmäßigkeiten
421 haben ihre eigene Geschichte und / entwickeln sich, wie insbesondere Friedrich Engels in seiner Schrift über Ludwig Feuerbach betont hat, im Anschluß an den gegebenen Vorstellungsstoff selbständig weiter. Diese Eigenständigkeit muß berücksichtigt werden, um zu richtigen Resultaten zu kommen, sie darf aber gleichzeitig nicht zur Grundlage der geschichtlichen Darstellung werden, wenn wir uns nicht von der Wirklichkeit, d. h. von der Natur und Geschichte, wie sie tatsächlich, unabhängig von unseren Vorstellungen und Wünschen existieren, entfernen und uns in idealistische Vorstellungen, in bloße Spekulation und — wenn man so will — in Scholastizismus und Dogmatismus verlieren wollen.

## 2. Theorie und Praxis

Joseph Needham sieht den entscheidenden Faktor bei der Formierung der klassischen Naturwissenschaft Europas in der Verbindung von Mathematik und Naturerkenntnis und hat damit in der Tat den Wesenszug der klassischen Naturwissenschaft herausgegriffen.

---

[2] Ebenda, S. 348.

[3] Ebenda, S. 331, 347.

Seine Auffassung wird u. a. von einem so vorzüglichen Kenner der Geschichte der Naturwissenschaft wie E. J. Dijksterhuis vollständig bestätigt, der in seinem Werk „Die Mechanisierung des Weltbildes" eben diese Entwicklung fundiert herausgearbeitet hat.[4]

Wie aus dem oben zitierten Schluß der Arbeit Needhams hervorgeht, kann allerdings die Untersuchung der Entwicklung der Mathematik und Naturerkenntnis allein, losgelöst von der gesellschaftlichen Entwicklung, die aufgeworfenen Fragen nicht beantworten. Deshalb soll in der vorliegenden Untersuchung von einem anderen entscheidenden Merkmal der Entstehungsgeschichte der klassischen Naturwissenschaften Europas ausgegangen werden, und zwar von der Tatsache, daß die klassische Naturwissenschaft entstanden ist aus einer Vereinigung oder Verbindung, ja Verschmelzung der nur teilweise schriftlich, meist mündlich überlieferten Kenntnisse und Erfahrungen der praktisch in der Produktion tätigen Menschen mit dem rationalen und systematisierten Wissen, den theoretischen Vorstellungen der Gelehrten und Philosophen.

J. D. Bernal, S. Lilley u. a. haben seit Jahren auf die Bedeutung dieser Tatsache nachdrücklich hingewiesen. Sie wird heute von vielen bekannten Historikern, wenn auch in mehr oder weniger ausgesprochener Form, anerkannt und kann ebenfalls durch zahlreiche zeitgenössische Zeugnisse selbst belegt werden. Dieses Merkmal gibt uns die Möglichkeit, einerseits den gesellschaftlichen und sozialen Beziehungen, Verbindungen und Bedingungen der Entstehung der klassischen Naturwissenschaft nachzugehen und kann uns andererseits als Hinweis für die Untersuchung des Zustandekommens der Verbindung von Mathematik und Naturerkenntnis, d. h. der inneren Entwicklung der Naturwissenschaft dienen.

Wie also ist es zu dieser Verbindung gekommen, und wie hat sie sich vollzogen? Welches waren ihre Voraussetzungen? Welche progressiven und welche retardierenden Momente traten in Erscheinung?

Die bisher vorliegenden, vielfach noch uneinheitlichen und recht allgemeinen Untersuchungen stimmen darin überein, daß das Zusammentreffen von praktischen und theo-
422 retischen Interessen allmählich erfolgte und von beiden Seiten / her vorangetrieben und vorbereitet wurde, bis es schließlich zur Synthese und damit zur Geburt einer neuen, eben der heute sogenannten klassischen Naturwissenschaft führte.[5] Diese Entwicklung umfaßt etwa die Zeitspanne von zweihundert Jahren (1450 bis 1650). Der ganze Prozeß, der in der Zeit und in Verbindung mit der Bildung der großen europäischen Nationen stattfand, ist natürlich entsprechend den unterschiedlichen ökonomischen und politischen Entwicklungen in verschiedenen europäischen Ländern räumlich und zeitlich nicht einheitlich verlaufen. Wir müssen deshalb darauf verzichten, ihn in seiner ganzen Fülle im einzelnen zu verfolgen und uns darauf beschränken, das Wesentliche und Typische herauszugreifen.

Die Bewegung zeigt sich im allgemeinen am frühesten in Italien, wo die Entwicklung der frühkapitalistischen Verhältnisse um die Wende vom 15. zum 16. Jahrhundert am weitesten fortgeschritten war, und konnte dort weitgehend an den Humanismus anknüpfen. Sie blieb aber keineswegs auf Italien beschränkt, sondern entwickelte sich, gefördert durch den die Länder verbindenden Buchdruck, auch in den anderen europäischen Ländern,

---

[4] E. J. Dijksterhuis, Die Mechanisierung des Weltbildes, Berlin—Göttingen—Heidelberg 1956, S. 6, 557.

[5] Es sei zunächst auf die neueren umfassenden Darstellungen hingewiesen: L. Olschki, Geschichte der neusprachlichen wissenschaftlichen Literatur, Bd. 1—3, Heidelberg 1919—1927; M. A. Gukovskij, Mechanika Leonardo da Vinči, Moskau—Leningrad 1947; A. C. Crombie, Augustine to Galileo, Cambridge (Mass.) 1953 (2. Aufl.: London—Melbourne—Toronto 1959); A. R. Hall, The scientific revolution, London 1954; J. D. Bernal, Science in history, London 1954 (Die Wissenschaft in der Geschichte, Berlin 1967 [3. Aufl.]); E. J. Dijksterhuis, Die Mechanisierung des Weltbildes, a. a. O. — Darstellungen über die Entstehung der klassischen Naturwissenschaft finden sich ferner in allen einschlägigen Werken über die Geschichte der Naturwissenschaft und einzelner ihrer Zweige.

wobei, entsprechend der Verlagerung der alten Handelswege und Handelszentren, Frankreich, England und die Niederlande steigende Bedeutung erlangten, während Deutschland nach dem Scheitern des deutschen Bauernkrieges, der ersten „großen Entscheidungsschlacht“ des europäischen Bürgertums gegen den Feudalismus[6], und dem Versagen der lutherischen Reformation auch in dieser Beziehung für lange Zeit von der großen Entwicklung ausgeschlossen blieb. Hier beschränkte sich die Mitwirkung an der Gestaltung der neuen Naturwissenschaft auf die Tätigkeit einzelner Wegbereiter in einzelnen isolierten Zentren geistigen Lebens. Es fehlte ihnen aber die Unterstützung von seiten eines lebendigen, erstarkenden Bürgertums, ganz im Gegensatz zu England und den Niederlanden.

Die erwähnten ökonomischen Umwälzungen führten in Verbindung mit den außenpolitischen Ereignissen schon im 16. Jahrhundert zu einem Rückgang und einer relativen Refeudalisierung in Italien, die im Zuge der Gegenreformation noch verstärkt wurde und mit einer Unterdrückung und Beschränkung der neuen Wissenschaften in Italien endete. Nach der Verurteilung Galileis erschien sein epochemachendes Werk über die Grundlagen der neuen Mechanik bekanntlich in den Niederlanden, wohin es illegal gebracht worden war, und nicht in Italien, wo Galilei damals noch lebte. Trotzdem ist Italien im ganzen 16. Jahrhundert der Nährboden für die Entwicklung der neuen Wissenschaft geblieben. Eben dorthin reisten die fortschrittlichen Wissenschaftler ganz Europas, um die neu ent-
423 deckten antiken Autoren und die neue Kunst zu studieren. In den Städten / und an den Universitäten Oberitaliens erwarben sie ihre Kenntnisse und vielfach auch akademische Grade. Von dorther brachten sie reiche Anregungen und wertvolle Manuskripte bzw. Abschriften antiker und zeitgenössischer Werke in ihre Heimat mit.

Wie in folgendem gezeigt wird, vollzog sich die immer enger werdende Verbindung zwischen Theorie und Praxis, zwischen theoretischer Besinnung oder Durchdringung und praktischer Erfahrung in mehreren aufeinanderfolgenden Stadien oder Schritten und unter Teilnahme der Vertreter verschiedener sozialer Klassen und Schichten. Diese Stadien treten gewöhnlich am frühesten in Italien in Erscheinung, aber sie wiederholen sich im allgemeinen in ähnlicher Form auch in den übrigen europäischen Ländern bzw. auf den verschiedenen Fachgebieten und lassen damit deutlich werden, daß es sich hierbei um historisch bedingte und fachlich notwendige Stufen einer allgemeinen europäischen Entwicklung handelt. Die vorliegende Arbeit führt damit zu ähnlichen Schlußfolgerungen, wie sie von Edgar Zilsel[7] entwickelt worden sind, und unternimmt es, seine Feststellungen durch Darstellung der dabei aufgetretenen historischen Entwicklung und deren Ursachen zu vertiefen und weiterzuführen.

## 3. Die Voraussetzungen

Zahlreiche wertvolle Untersuchungen der letzten Jahrzehnte haben gezeigt, daß im Schoße der feudalen Gesellschaft das Neue auf beiden von uns betrachteten Seiten heranreifte und langsam vorbereitet wurde.

Einerseits entwickelten sich im Mittelalter die Produktivkräfte, wenn auch langsam, so doch unaufhaltsam. Mit dem Fortschreiten der Arbeitsteilung und der Entwicklung des Handwerks kam es zu zwar — an unseren gegenwärtigen Maßstäben gemessen — bescheidenen, aber nachhaltigen technischen Neuerungen und Erfindungen. Karl Marx

---

[6] F. Engels, Einleitung [zur englischen Ausgabe (1892) der „Entwicklung des Sozialismus von der Utopie zur Wissenschaft“], in: K. Marx/F. Engels, Werke (im folgenden MEW), Bd. 22, Berlin 1963, S. 300.

[7] E. Zilsel, The sociological roots of science, in: The American Journal of Sociology 47 (1942), S. 544—562.

formulierte: „Die Handwerksperiode vermachte die großen Erfindungen des Kompasses, des Pulvers, der Buchdruckerei und der automatischen Uhr.“[8] Fügen wir noch hinzu, daß in den gleichen Jahrhunderten der Eisenpflug und die Dreifelderwirtschaft in der Landwirtschaft, die Pumpe und das Gebläse im Bergbau und Hüttenwesen allgemein verbreitet wurden, weisen wir auf den Umstand hin, daß in dieser Zeit durch Anpassung der Wasser- und Windmühlen an die wichtigsten Arbeitsvorgänge erstmalig in weitem Umfang die Energie der unbelebten Natur in der Produktion ausgenutzt worden ist, so gewinnen wir einen ersten Eindruck von dem Fortschritt der gesellschaftlichen Produktivkräfte in der Zeit vom 8./9. zum 15./16. Jahrhundert.

Die geschilderte Entwicklung vollzog sich außerhalb der offiziellen Wissenschaft des Mittelalters und wurde von ihr zunächst nicht zur Kenntnis genommen. Sie wurde von Menschen vollzogen, die man vielfach heute noch als „ungebildet“ bezeichnet, die überhaupt nicht oder kaum lesen und schreiben konnten und denen auch tatsächlich der Sinn und das Verständnis für theoretisches, systematisches und abstrahierendes Denken fehlte. Es waren reine Empiriker. Ihr Wissen und ihre Erfahrungen beruhten auf bloßen Rezepten
424 ohne Begründung / und auf erlernter Handfertigkeit und wurden in der Form der Lehrausbildung im Rahmen des zunftmäßig organisierten Handwerkes von Generation zu Generation weitergegeben und langsam weiterentwickelt. Es wurde zudem nur vereinzelt im Zusammenhang mit der Herausbildung frühkapitalistischer Verhältnisse schriftlich fixiert.

Diese Entwicklung der Produktivkräfte führte in Verbindung mit der Bildung eines inneren und äußeren Marktes, der Herausbildung der Geldwirtschaft, der Ausbreitung der Seeschiffahrt und den Entdeckungsreisen zu einer überwältigenden Fülle von Kenntnissen bis dahin unbekannter Tatsachen, die nach einer Systematisierung, Zusammenfassung und Sammlung geradezu drängten, aber von der offiziellen Wissenschaft nicht bewältigt werden konnten.

Diese, d. h. die geschriebene und respektable Wissenschaft, war auch ihrerseits im Feudalismus nicht stehengeblieben. Die Hochscholastik hatte das antike Bildungsgut umgeschmolzen, hatte die Lehren von Plato und Aristoteles, die Astronomie von Hipparch und Ptolemäus, die Medizin von Hippokrates und Galen sowie die Wissenschaft der Araber auf ihre Weise der feudal-christlichen Weltordnung und Weltanschauung angeeignet und angepaßt. Sie hatte, darauf aufbauend, die Lehre und die Kunst des Denkens und Schließens bedeutend verfeinert und neue wissenschaftliche Denkmethoden entwickelt. In religiösem Gewand, wie Engels formuliert, waren die alten Gegensätze von Materialismus und Idealismus weiter entwickelt, die Vorstellungen von dem gesetzmäßigen Zusammenhang alles Geschehens vertieft, die Methoden der Analyse und Synthese, der Induktion, ja sogar die Grundbegriffe der experimentellen Methode erarbeitet worden.

Wir dürfen uns die scholastisch-feudale Wissenschaft nicht zu einheitlich vorstellen. Ebenso wie auf religiösem und politischem Gebiet hat es auch auf wissenschaftlichem Gebiet immer „Ketzereien“ gegeben, sei es als weiße und schwarze Magie, sei es in der Form materialistischer, ja atheistischer Tendenzen, die zwar von der herrschenden Klasse und den herrschenden kirchlichen Kreisen verfolgt und unterdrückt, aber niemals ausgetilgt worden sind. Daher ist es möglich, die Spuren der Entstehung der klassischen Naturwissenschaft, des „mechanisierten Weltbildes“ — um die Formulierung Dijksterhuis’ aufzugreifen — sowie die Ansätze und Anfänge ihrer naturwissenschaftlichen Entdeckungen weit in das Mittelalter hinein zurückzuverfolgen. Es führt allerdings in die Irre, wenn man,

---

[8] K. Marx, Das Kapital, Bd. 1, in: MEW, Bd. 23, Berlin 1962, S. 368/369.

dem Beispiel gewisser katholischer Historiker folgend, diese Verbindungen so herauspräpariert und damit hervorhebt, daß schließlich die wissenschaftliche Revolution des 16. und 17. Jahrhunderts gleichsam verschwindet, da alles schon dagewesen ist.[9]

Im Rahmen des spekulativen Denkens waren zweifellos Fortschritte im Methodischen erreicht und Ansatzpunkte in Gestalt bestimmter Vorstellungen entwickelt worden, die zusammengenommen die Voraussetzungen boten, den von den Praktikern erarbeiteten Schatz wissenschaftlich zu bewältigen und damit zu heben und nutzbar zu machen. Die entscheidende Wende trat ein, als Theorie und Praxis, als Gelehrte und Praktiker nun wirklich zusammenkamen. /

425 Die neuere Geschichtsforschung stimmt darin überein, daß der von Italien ausgehende Humanismus der Renaissance die Wende in der Entwicklung der Naturwissenschaften noch nicht herbeigeführt hat. Die Humanisten waren an den Naturwissenschaften und an der zeitgenössischen Produktion und Technik kaum interessiert und orientierten sich auf philosophische, historische, philologische und schöngeistige Probleme. Ihr Bestreben war es, die antike Philosophie und Literatur in ihrer ursprünglichen Gestalt wieder herzustellen. An die Stelle der scholastischen setzten sie die antiken Autoritäten, ohne mit der Anerkennung von Autoritäten grundsätzlich zu brechen und den Weg zu selbständiger Erforschung der natürlichen und gesellschaftlichen Erscheinungen einzuschlagen.

Trotzdem hat diese mächtige Bewegung, die alle aktiven Geister ihrer Zeit in Bewegung setzte und eine geistige Auseinandersetzung in ganz Europa hervorrief, zweifellos den Boden für die künftige Entwicklung vorbereitet. Wenn sich die Humanisten auch von ihrer z. T. wenig geschliffenen Sprache abgestoßen fühlten, so stellten sie doch solche Autoren wie Vitruv, Heron, Euklid, aber auch die echten und unechten Schriften von Aristoteles für spätere Untersuchungen in brauchbaren Ausgaben zur Verfügung. Sie befreiten das Denken ihrer Zeit von der engen, einseitigen Orientierung auf biblische, kirchliche und scholastische Autoritäten und legten eben damit den Keim zur Überwindung der Anerkennung von Autoritäten in der Wissenschaft und zu einer weltoffenen Haltung. Wie aus den folgenden Ausführungen hervorgeht, waren unter den interessierten Laien bezeichnenderweise gerade auch Humanisten oder der Humanistenbewegung zugewandte Ärzte und Künstler.

Es muß allerdings zugleich betont werden, daß die eigentlichen Humanisten gerade infolge ihrer Verehrung der alten Sprachen und ihres einseitigen Interesses für Fragen, die außerhalb der materiellen Produktion lagen, selbst einen von der arbeitenden Bevölkerung isolierten Kreis, eine Art intellektueller Aristokratie bildeten, der eben deshalb eine Breitenwirkung versagt blieb.

Die späteren Vertreter und Anhänger naturwissenschaftlicher Forschung mußten sich deshalb entschieden gegen die Unterschätzung der Naturwissenschaften und die Überbetonung der Geisteswissenschaften, die wir ja auch heute gern als humanistische Wissenschaften bezeichnen, ebenso wenden wie gegen den Kult der Antike, der antiken Sprachen und die Schranken, die die Humanisten um ihre Bildung geschaffen hatten. Indem die Wegbereiter der neuen Naturwissenschaft gegen die peripatetische Naturwissenschaft auftraten, hatten sie sowohl die Geistlichkeit wie die Humanisten zum Gegner, aber gleichzeitig konnten sie, wie bereits erwähnt, an gewisse Strömungen innerhalb der christlichen Scholastik anknüpfen. Vor allem aber konnten sie sich auf die zeitgenössischen Produktionserfahrungen stützen, welche die der Antike bei weitem übertrafen.

---

9 Auf die reaktionäre Tendenz und Wirkung dieser Art Geschichtsschreibung wird u. a. in dem Artikel „Renaissance“ der „Großen Sowjet-Enzyklopädie“ hingewiesen (Bol'šaja sovetskaja enciklopedija, 2. Aufl., Bd. 8, Moskau o. J., Sp. 535).

## 4. Die wissenschaftlich-literarische Entdeckung der Produktion

Das erste Stadium der Begegnung zwischen Theorie und Praxis bzw. zwischen geistiger und körperlicher Arbeit bildet die wissenschaftlich-literarische Entdeckung der Produktion. Unter dem Einfluß der wachsenden ökonomischen Bedeutung der Produktion beginnen
426 gebildete, lese- und schreibkundige Männer / vielfach aus den Kreisen der Humanisten, sich für die Tätigkeit der Handwerker und ihre Arbeit zu interessieren. Sie studieren den Produktionsprozeß und schildern ihn in größeren und kleineren Werken. Ebenso beginnen die ersten Künstler und Ingenieure, die sich unter den Bedingungen der frühkapitalistischen Produktion aus den Kreisen der Praktiker und früherer Handwerksmeister entwickelten, ihre Erfahrungen in Büchern und Schriften niederzulegen. Diese neu entstehende technisch-wissenschaftliche Literatur wendet sich einerseits an die herrschenden Klassen ihrer Zeit, d. h. an die hohen und höchsten staatlichen Würdenträger, andererseits an die Praktiker selbst, um beiden Hinweise für die beste und auch ökonomisch zweckmäßigste Durchführung ihrer Vorhaben zu vermitteln.

Durch diese neue Literatur werden umfangreiche Gebiete, die bis dahin gar nicht oder nur unvollständig schriftlich überliefert waren, in das Licht der schriftlichen Darstellung gehoben und zugleich durch den Buchdruck den gebildeten Schichten, zu denen in steigendem Maße auch die Bank- und Handelsherren sowie erfolgreiche Künstler und Ingenieure gehörten, zugänglich gemacht.

L. Olschki hat am Beispiel Italiens nachgewiesen, daß bei dieser Entwicklung die Wahl zwischen der lateinischen und der Vulgärsprache von großer gesellschaftlicher und fachlicher Bedeutung gewesen ist und die Entscheidung zugunsten der letzteren regelmäßig von einer Hinwendung zur Praxis und einer Abkehr von der scholastischen oder humanistischen Isolierung und Abstraktion begleitet war.[10]

Aus wirtschaftlichen und politischen Zusammenhängen ergibt sich, daß diese literarisch-wissenschaftliche Entdeckung der Produktion, d. h. die neue Literatur, zuerst auf dem Gebiete der Architektur und des Bauwesens eintrat. War doch das Bauen, und zwar sowohl zur Neugestaltung und Ausgestaltung der italienischen Städte, wie zu deren wirksamer Befestigung in den kriegerischen Zeiten des 15. und 16. Jahrhunderts zu einem der Hauptzweige der Produktion geworden, und fanden doch die italienischen Fürsten in der Förderung des Bauwesens den zeitgemäßen Ausdruck ihres Ansehens und Reichtums.

Das wichtigste in dieser Reihe zu nennende Werk ist die von Leon Battista Alberti zwischen 1450 und 1452 sowohl in lateinischer wie in italienischer Sprache verfaßte Schrift „De re aedificatoria“ bzw. „Arte edificatoria“. Alberti, ein aus reichem Florentiner Hause stammender und in den antiken Autoren hochgebildeter Humanist, hatte an den italienischen Universitäten und Hochschulen die Bildung seiner Zeit erworben, war aber selbst nicht als Hochschullehrer, sondern als Berater einflußreicher Fürstenhäuser Italiens sowie der großen Architekten seiner Zeit tätig. Er war bestrebt, auf der Grundlage des Studiums antiker Autoren, insbesondere Vitruvs, der Architektur und Kunst seiner Zeit eine wissenschaftliche Fundierung zu geben. Alberti war ein Verfechter der von Brunelleschi, einem praktischen Künstler, erfundenen Perspektive und forderte deshalb von jedem Künstler gründliche Kenntnisse der Geometrie. Wir begegnen darum in den Schriften Albertis sowohl einer anschaulich gefärbten Darstellung einfacher, meist mathematisch-geometrischer Sätze, wie der Beschreibung praktischer Erfahrungen und Verfahren bei der Lösung
427 künstlerischer und technischer Aufgaben. Alberti ist allerdings in seinen Be/mühungen

[10] Vgl. L. Olschki, Geschichte . . ., Bd. 3, a. a. O.

noch nicht über eine bloße Zusammenstellung von Rezepten und empfehlenswerten Verfahren für die praktische Bauausführung oder Baugestaltung hinausgekommen. Es fehlte eine wirkliche wissenschaftliche Begründung wie etwa gar das Bestreben, alte theoretische Vorstellungen durch neue zu ersetzen.

Offenbar war in diesem ersten Stadium schon bewußt geworden, daß zur Lösung künstlerischer und architektonischer Aufgaben außer der bloßen Fertigkeit und Erfahrung auch noch systematisches und fundiertes Wissen gehört, und zum anderen, daß die Kenntnis der Praxis für den Architekten und Bauherrn wichtig, ja unentbehrlich ist und deshalb seine volle Aufmerksamkeit verdient.[11]

In diesem Zusammenhang sei auf die Einleitung zu dem etwa 1464 entstandenen „Traktat über die Baukunst" von Filarete hingewiesen. Filarete, im Unterschied zu Leon Battista Alberti, ein praktisch tätiger Architekt oder Ingenieur, beginnt sein Werk mit dem Hinweis auf eine Unterhaltung am Hofe eines ungenannten italienischen Fürsten, bei dem ein Gesprächspartner anfangs die Meinung äußerte, die Wissenschaft sei für Architektur und Bauwesen gänzlich überflüssig. Ihm wird von dritter Seite mit dem Hinweis begegnet, es bedürfe bei der Aufführung eines Gebäudes einer gründlichen Kenntnis der Maße und des Zeichnens. Filarete stimmt dieser Ansicht als Fachmann zu und versichert, daß für einen Baukünstler bloße Fertigkeit nicht genüge und auch diejenigen nicht als solche bezeichnet werden dürften, die nur „einen Stein in Kalk zu betten und mit Mörtel zu beklecksen wissen", sondern daß dazu der „Besitz von Kenntnissen im Zeichnen, in den Wissenschaften oder in den Maßen" erforderlich sei.[12]

Auch Filarete selbst kommt allerdings in seinem Traktat über einige allgemeine Angaben bezüglich der einzuhaltenden Proportionen nicht hinaus und bringt auch als Baumeister nur eine Fülle praktisch erprobter Rezepte.

Diese Entwicklung blieb keineswegs auf Architektur und Bauwesen beschränkt. Sie zeigte sich vielmehr in gleicher Weise und z. T. in Verbindung damit auch im Kriegswesen, das im 14. und 15. Jahrhundert durch die zunehmende Verwendung von Feuerwaffen eine tiefgreifende Veränderung erfuhr. Damit aber fanden auch die in diesem Zusammenhang wichtigsten Produktionszweige, d. h. Bergbau und Hüttenwesen sowie der Metallguß eine immer größere Beachtung.

1540 erschien die „Pirotechnia" von Vanuccio Biringuccio,[13] das erste Werk über Metallurgie und Artilleriewesen in italienischer Sprache. Biringuccio, der aus Handwerkerkreisen stammte und als Leiter von Erzgruben und Erzhütten, als Gießer und Büchsenmacher, als Baumeister und Werkmeister im Dienste von Städten und adligen Herren tätig war, hat hier am Ende seines Lebens seine reichen Erfahrungen in systematischer Ordnung, untermischt mit eigenem Erleben, lebendig aufgezeichnet. /

428 Vanuccio Biringuccio wendet sich mit besonderem Eifer gegen die Alchemie, aber auch gegen Handel und Wucher und verlangt eine stärkere Förderung des Erzbergbaues in Italien. In seinen fachlichen Ausführungen geht Biringuccio jeweils nur ganz allgemein auf die landläufigen Vorstellungen der peripatetischen Naturlehre über die Natur der Metalle und anderer Stoffe ein. Er bringt in dem Werk eine erstaunliche Fülle praktischer Rezepte und Erfahrungen aus dem ganzen umfangreichen Gebiet, das er behandelt. Die

---

[11] Alberti bemerkt in seinem 1434 verfaßten Jugendwerk „Trattata della pittura", er habe von allen lernen wollen und habe Schmiede, Baumeister, Schiffbauer und sogar Schuhmacher gefragt, ob sie ungewöhnliche oder geheime Kenntnisse ihres Handwerks besäßen.

[12] A. A. Filarete, Traktat über die Baukunst, hrsg. von W. v. Oettingen, Wien 1890, S. 50 (Quellenschriften für Kunstgeschichte und Kunsttechnik des Mittelalters und der Neuzeit, Neue Folge, Bd. 3).

[13] Biringuccios Pirotechnia. Ein Lehrbuch der chemisch-metallurgischen Technologie und des Artilleriewesens aus dem 16. Jahrhundert, übers. und erl. von O. Johannsen, Braunschweig 1925.

klassischen Autoren kennt er offensichtlich kaum, auch macht er nicht den leisesten Versuch einer naturwissenschaftlichen Begründung oder Erklärung der mitgeteilten Erfahrungen. Trotzdem (oder gerade deshalb) findet sein Werk große Verbreitung. Es erschien im 16. Jahrhundert in weiteren Auflagen und in französischer Übersetzung.

Noch größeres Aufsehen erregte sofort nach seinem Erscheinen das berühmte Werk „De re metallica“ des Humanisten, Mediziners und späteren Bürgermeisters Georg Agricola, ein Werk, das noch heute als eine der besten Schriften über Technik gilt, die jemals geschrieben worden sind. Es braucht kaum gesagt zu werden, daß das allgemeine Interesse, das dieses Werk fand, von der großen ökonomischen Bedeutung des Bergbaues im 16. Jahrhundert ebenso zeugt wie von der mit der Erweiterung des Bergbaues verbundenen Notwendigkeit, zur besseren technischen Einrichtung überzugehen. Ebenso versteht es sich von selbst, daß diese umfassende Darstellung des Berg- und Hüttenwesens nicht zufällig in Deutschland, dem zeitgenössischen Zentrum des europäischen Bergbaues, entstanden ist.

In dem Hauptwerk Agricolas wird ebensowenig wie in dem Werk Albertis der Versuch gemacht, die Grundlagen der peripatetischen und scholastischen Naturwissenschaft anzugreifen oder gar neue Grundlagen der Naturwissenschaft zu formulieren. Es werden nur gewisse Einzelheiten korrigiert. Agricola zeigt eine ausgesprochene Neigung, gegen phantastische Vorstellungen aufzutreten, ohne sich jedoch von dem Glauben an unsichtbare oder übernatürliche Kräfte deutlich zu distanzieren. Die von ihm so vorzüglich beschriebenen Maschinen, Pumpen, Pochwerke und Wasserkünste veranlassen ihn noch nicht, sich mit den Grundfragen der Mechanik, Hydraulik usw. auseinanderzusetzen. Wir finden in dem Werk nicht einmal eine Darstellung der überlieferten Lehren von der Waage, dem Hebel und den übrigen einfachen „Maschinen“.

Die Begegnung zwischen der Theorie und dem Erfahrungsschatz der Praxis ist somit noch relativ lose, sie beschränkt sich nur darauf, die vorhandenen produktionstechnischen Verfahren und Einrichtungen sowie die überlieferten Rezepte schriftlich festzuhalten. Damit wurde dem Bildungsgut der Zeit wertvolles neues Material hinzugefügt, ohne die alten Vorstellungen vorerst umzugestalten.

## 5. Die Artefici

Die Entwicklung ist auf dieser Stufe nicht stehengeblieben. Sie dringt, begünstigt durch das Erstarken der neuen gesellschaftlichen Kräfte und Wirtschaftsformen, weiter vorwärts. Mit den hohen Anforderungen und den größeren Aufgaben, die an die Praktiker gestellt wurden, verstärkte sich bei ihnen das Bedürfnis nach vertieften und systematischen Kenntnissen. Sie begannen zu verstehen, daß die Sammlung und Mitteilung von Rezepten und empirischen Regeln allein nicht genügte und fingen an, ihrerseits ihre Ansprüche
429 auf wissenschaft/liche Durchdringung der Produktion anzumelden. Sie begannen sich selbst mit theoretischen Fragen bekannt zu machen und gelangten dadurch in ihren besten Vertretern zu einer kritischen Aneignung und Überprüfung der vorhandenen wissenschaftlichen Lehren und Kenntnisse sowie zu Ansätzen der Ausarbeitung neuer Wissenschaftszweige, die zunächst noch neben der offiziellen Wissenschaft stehen.

Als bekanntester Vertreter sei in diesem Zusammenhang Leonardo da Vinci genannt. In die gleiche Gruppe gehören aber auch Albrecht Dürer, Nicolò Tartaglia u. a.

Allen diesen Artefici, wie sie zu ihrer Zeit in Italien genannt wurden, ist gemeinsam, daß sie aus der Praxis kamen, keine Hochschulbildung besaßen und auch nicht zu Gelehrten geworden sind, sondern sich mit den mannigfaltigsten praktischen Aufgaben befaßten.

In Leonardo da Vinci etwa begegnen wir dem Künstler im vollen und weiten Sinne, den dieser Ausdruck im Mittelalter und noch lange Zeit später besaß. Er hat bekanntlich nicht nur gemalt und gezeichnet, sondern war in viel größerem Umfange als Ingenieur tätig. Leonardo da Vinci hat große Kanalisationsarbeiten projektiert, Kriegsmaschinen konstruiert, Befestigungen angelegt, die Technik der Textilindustrie verbessert und Hoffestlichkeiten arrangiert. Er stand mit den höfischen Kreisen seiner Zeit in enger Verbindung und gehörte selbst zu den dort verkehrenden und beschäftigten Humanisten, Architekten, Ingenieuren und Medizinern. Diese Artefici standen außerhalb des Zunfthandwerkes ihrer Zeit und leiteten ihre neue Stellung nicht zuletzt aus einer das handwerksmäßige Niveau überschreitenden Kenntnis und Anwendung wissenschaftlicher Einsichten ab.

Man hat sehr eingehend untersucht, welche Quellen und Schriften Leonardo da Vinci studiert hat, und dabei festgestellt, daß er Werke von Archimedes, die Schriften aus der Schule des im 13. Jahrhundert lebenden Jordanus Nemorarius, aber auch die Werke von Aristoteles und dessen Kommentatoren studiert und teilweise exzerpiert hat. Leonardo da Vinci schätzte das Werk von Alberti außerordentlich hoch, er war mit Lucca Pacioli befreundet und hat die Zeichnungen für dessen Schrift „Divina proportione“ angefertigt.

Durch Aneignung und kritische Sichtung solchen reichen Materials gelangten die Artefici damit in den besten ihrer Vertreter zu einer ersten Verallgemeinerung der empirischen Erfahrungen, die besonders bei Leonardo da Vinci zu genialen Vorahnungen, zum Erraten künftiger wissenschaftlicher Erkenntnisse führte, die wir heute mit Recht bewundern.

Entsprechendes kann auch von den übrigen gesagt werden. Nicolò Tartaglia z. B. bemüht sich als Rechenmeister, ohne hinreichende Beweisführung abzuleiten, daß die größte Schußweite bei einem Abschußwinkel von 45° erreicht wird, und hat damals in Vergessenheit geratene Schriften von Archimedes den Künstlern und Ingenieuren seiner Zeit zugänglich gemacht.

Die Artefici lehnten sich bewußt gegen den Totalitätsanspruch der offiziellen Wissenschaft und die einseitige Berufung auf Autoritäten auf und betonten die Bedeutung der praktischen Erfahrung. Sie gehen allerdings noch nicht so weit, ihre neuen Erkenntnisse in einer umfassenden theoretisch-wissenschaftlichen Behandlung zusammenzufassen, die der peripatetisch-scholastischen Naturlehre zugrunde liegenden Axiome durch neue Grundsätze zu ersetzen, aber sie gehen deutlich einen Schritt weiter als die Vertreter der
430 ersten hier genannten Gruppe, / wenn einige ihrer Vertreter daran gehen, ihr Wissen theoretisch zusammenzufassen, und den Anspruch erheben, zusätzlich zu den vorhandenen neue Wissenschaften zu schaffen.

Ein sorgfältiges Studium der Werke Nicolò Tartaglias zeigt, daß er deutlich zwischen den natürlichen Gründen und Regeln (ragioni naturali) und den philosophischen Begründungen unterscheidet und, ohne an letztere zu rühren, sich stets bemüht, Erfahrungstatsachen natürlich zu erklären. Während Alberti ausdrücklich bemerkt, daß er die mechanische Kunst wie ein Handwerker behandle (veluti faber), betont Tartaglia, daß es in den mechanischen wie freien Künsten nicht genügt, die Verfahren einfach nachzuahmen, sondern daß es notwendig ist, die Ursachen aufzusuchen, „denn Wissen ist nichts anderes als eine Sache durch die Ursache erkennen“[14].

Man beachte in diesem Zusammenhang die Titel der bekanntesten Werke. Während die Schriften von Alberti, Agricola usw. Bezeichnungen tragen, wonach die Werke von oder über ein bestimmtes Gebiet handeln („De re aedificatoria“, „De re metallica“ usw.), taucht

---

[14] „Perche il sapere non è altro che conoscere la cosa per la causa.“ (N. Tartaglia, Quesiti et inventioni diverse, Buch 1, Aufgabe 20, in: Tartaglia, Quesiti et inventioni diverse. Riproduzione in facsimile dell'edizione del 1554, hrsg. von A. Masotti, Brescia 1959, S. 24r).

bei Tartaglia zum ersten Male die Bezeichnung „Nova scientia“ und damit der Anspruch auf, von einem bestimmten Gebiet eine neue systematische, theoretische Darstellung zu geben. Diese Benennung wird sich erhalten und dabei ihren Akzent im Sinne der Ergänzung des Vorhandenen deutlich nach dem der Erneuerung und Ablösung des Alten verschieben.

Das grundlegende Werk Galileis über die Mechanik heißt bekanntlich „Discorsi e dimostrazioni matematiche intorno à due nuove scienze“.[15] Der Vorstoß der theoretisch interessierten und der Theorie bedürfenden Praktiker führt somit deutlich einen erheblichen Schritt weiter als die wissenschaftlich-literarische Entdeckung der praktischen Kenntnisse und der Produktion, die als erstes Stadium der Verbindung von Theorie und Praxis, vom Denken und Tun, in Erscheinung trat.

## 6. Die Gelehrten

Um eine direkte Begegnung zwischen der offiziellen Wissenschaft und der Praxis, die nunmehr schon bis zur Bildung theoretischer Ansätze einzelner, neuer Wissenschaften aus der Masse der empirischen Erfahrungen fortgeschritten war, verstehen zu können, ist es noch notwendig, die Entwicklung der offiziellen Wissenschaft in der gleichen Zeitspanne zu untersuchen.

Bekanntlich hat die offizielle, respektable Wissenschaft nicht aus sich heraus die Kraft und den Ansatzpunkt zu einer Erneuerung gefunden. Sie blieb vom Leben abgewandt und wurde noch viele Jahrzehnte nach Galilei an den Universitäten entsprechend den alten scholastischen, peripatetischen Autoren getrieben und gelehrt. Diese Unfähigkeit ist offensichtlich auf das Festhalten an überlieferten Vorstellungen, Anschauungen und Methoden oder, anders formuliert, auf die ungeheure Belastung durch die Tradition
431 zurückzuführen, die das / Gesichtsfeld der Gelehrten einengte und ihrer geistigen Aufgeschlossenheit und Beweglichkeit, ja sogar ihrer Urteilsfähigkeit schnell eine Grenze setzte.

Die neuen Anforderungen und Bedürfnisse machten natürlich auch vor den Toren der Universitäten nicht halt. Vor dem neuen, einer wissenschaftlichen Sichtung und Bearbeitung harrenden Material, das sich im Laufe weniger Jahrzehnte durch die literarisch-wissenschaftliche Entdeckung der Produktion, durch die geographischen Entdeckungen und durch das eifrige Studium der antiken Autoren sprunghaft vermehrt hatte, konnte sich auch die offizielle Wissenschaft nicht vollständig verschließen. Unter ihren rührigsten Vertretern bildete sich unter diesen Umständen eine Art enzyklopädisches Sammelbedürfnis heraus, für das die Werke des italienischen Arztes und Universal-Wissenschaftlers Girolamo Cardano als Beispiel herausgegriffen seien. In seinen um die Mitte des 16. Jahrhunderts erschienenen Hauptwerken „De subtilitate“ (1551) und „De varietate rerum“ (1558), die ihrem Autor europäischen Ruf einbrachten, hat Cardan mit einer unersättlichen Wißbegierde alle ihm zugänglichen wissenschaftlichen Nachrichten zusammengestellt.

Auch Cardan war nicht der einzige Vertreter dieser Richtung. Wir finden die gleichen Tendenzen sowohl bei Cardans Widersacher, Julius Caesar Scaliger[16], wie bei dem jüngeren

[15] Gleichem begegnen wir auch auf dem Gebiet der Astronomie. Das Hauptwerk von Kopernikus heißt bekanntlich „De revolutionibus orbium coelestium“. Johannes Kepler aber schreibt schon eine „Astronomia nova“.

[16] Vernon Hall jr. bemerkt über Scaligers gegen Cardan gerichtetes Werk: „Scaliger richtet es ein, in seinen Exercitationes (1557) alles, was er wollte, zu sagen über alle wissenschaftlichen und philosophischen Gegenstände, die ihn jemals beschäftigt hatten.“ (Life of Julius Caesar Scaliger, Trans. of the American Philosophical Society 40 (1950), S. 146).

Giambattista della Porta, dessen Buch „Magia naturalis“ den Autor in ganz Europa berühmt machte und mancherlei Nachahmung hervorrief.

Alle diese Gelehrten zeichnen sich durch bemerkenswerte Vielseitigkeit aus, lassen aber eine klare Scheidung zwischen natürlichen und unnatürlichen Erscheinungen, zwischen Erfahrung und Mystik weitgehend vermissen.

Cardan etwa glaubte an Schutzgeister und Vorzeichen, entwickelte eine Lehre von Dämonen und hat umfangreiche Werke über Astrologie, Traumdeutung und über Metoscopie[17] geschrieben, eine von ihm erdachte, mit allen magischen Beziehungen der Astrologie durchsetzte Lehre, um aus den Linien und Falten an der Stirn, am Knie und Arm, Fuß und Nabel eines Menschen seinen Charakter und seine Schicksale zu bestimmen.

In Cardans Schriften, aber auch bei Scaliger und della Porta, suchen wir vergeblich nach einer so entschiedenen Stellungnahme gegen die Alchemie, wie z. B. bei Biringuccio und anderen reinen Empirikern. Die Historiker haben in diesen Werken einzelne wertvolle Hinweise aufgespürt, aber die Naturwissenschaftler haben ihre mit immensem Fleiß und großer Belesenheit zusammengestellten Schriften schon ein halbes Jahrhundert später als taube Früchte menschlicher Verstandestätigkeit abgelehnt.

William Gilbert etwa urteilt in seinem berühmten Werk „De magnete“ im Jahre 1600
432 über die Werke Cardans, sie enthielten außer Überliefertem, von / anderen Abgeschriebenem und schlecht Erfundenem nichts, was eines Philosophen würdig sei.[18]

Ihre Werke zeigen, daß diesen Gelehrten ein sicherer Maßstab für Richtiges und Falsches, für Wertvolles und Wertloses fehlte. Einen solchen Maßstab konnte offensichtlich die zerfallende scholastische Wissenschaft nicht mehr bieten. Er fand sich weder in der Spekulation noch in den antiken und scholastischen Autoritäten, sondern allein in der Erfahrung und Praxis der Produktion. Ihr aber standen auch diese dem Neuen zugewandten Vertreter der offiziellen Wissenschaft im Gegensatz zu den Praktikern zu fern.

Deshalb trat durch die Aufnahme neuer Kenntnisse in die alten Schläuche an die Stelle des geschlossenen, einheitlichen Systems der scholastischen Naturlehre eine prinzipienlose, z. T. einander widersprechende Aneinanderreihung einzelner Problemkreise, an die Stelle eines logischen Nacheinander ein enzyklopädisches Nebeneinander. Die scholastische Wissenschaft stand der Fülle des Stoffes, die sich aus den so nachdrücklich in Erscheinung tretenden Fakten der einheimischen Produktion und Praxis wie auch aus den Entdeckungen in fremden, bis dahin unbekannten Ländern ergab, hilflos gegenüber. Sie konnte ihre Einheit nicht wahren und zersplitterte.

Die Beurteilung von Cardan als Vorläufer der neuen Naturwissenschaft durch Oystein Ore und andere Historiker muß deshalb zurückgewiesen werden. Cardan ebenso wie die anderen Gelehrten sahen zwar die neuen Tatsachen, verfehlten aber den Ansatzpunkt zu ihrer begrifflichen Bewältigung.

Es ist in diesem Zusammenhang wesentlich, daß auch diese relativ rührigen und aufgeschlossenen Gelehrten einen deutlichen Trennungsstrich zwischen sich und den Praktikern ihrer Zeit zogen. Sie benutzten zwar gegebenenfalls deren Kenntnisse, lehnten aber ihre Lehre und ihre Methoden als „unwissenschaftlich“ ab.

---

[17] Die Metoscopie Cardans ist in der Gesamtausgabe von Sponius nicht enthalten; das 1550 beendete Werk wurde erstmalig 1658 teilweise gedruckt: Hieronimi Cardani Medici Mediolanensis Metoscopia. Libris XIII et octingentis faciei humanae eiconibus complexa, Lutetia Parisiorum apud Thomam Jolly 1658.

[18] „. . . qui tamen nec ipse, praeter recepta quaedam, & exscripta ex aliis & male inuenta, quicquam de eo, viro philosopho dignum tam magnis suis voluminibus posteritati commendauit.“ (William Gilbert, De magnete magnetisque corporibus et de magno magnete tellure. Physiologia noua, Londini MDC, Buch 1, Kapitel I).

Bekannt geworden ist der Streit zwischen Nicolò Tartaglia, dem Rechenmeister, und Girolamo Cardano, dem Universitätsprofessor, um die Entdeckung der Lösung der kubischen Gleichung. Cardan, der erfahren hatte, daß Tartaglia die Lösung besaß, die er selbst nicht finden konnte, versuchte zunächst sehr von oben herab von ihm die Lösung zu erhalten. Als Tartaglia darauf nicht einging, versuchte es Cardan mit freundlichen Redensarten, einer Einladung und dem Versprechen, ihn in einflußreiche Hofkreise einzuführen. Tartaglia teilte Cardan daraufhin unter dem Siegel der Verschwiegenheit seine Lösung mit. Als Cardan sie zehn Jahre später unter Bruch seines Eides doch veröffentlichte, entbrannte ein heftiger literarischer Streit zwischen Cardans Schüler Ferrari und Tartaglia, bei dem wieder die gleichen Standesunterschiede deutlich in Erscheinung traten und Tartaglia schließlich den kürzeren zog. Es ist bezeichnend, daß Ferrari wiederholt Tartaglia als einen Gegner aristotelischer Lehren öffentlich anprangerte. Ein näheres Studium der Quellen ergibt, daß Tartaglia die Lösung gleichsam als Handwerks- und Zunftgeheimnis betrachtete,
433 während Cardan / deren Veröffentlichung mit dem Hinweis rechtfertigte, eine solche Entdeckung gehöre der gesamten Menschheit.[19]

Ganz ähnliches wiederholt sich zwischen Joost Bürgi und John Neper oder Napier in bezug auf die Erfindung der Logarithmen, obwohl es zu keinem persönlichen Konflikt kam. Joost Bürgi, der als Uhrmacher an den Höfen von Kassel und Prag tätig war, erfand die Logarithmen viele Jahre früher als der schottische Baron. Bürgi sagt selbst, daß ihn sein Beruf von der Herausgabe der Tafeln abgehalten habe und wird deshalb von Kepler als „zögernder Geheimniskrämer“ getadelt, „der das eben geborene Kind sich selbst überließ, statt es zum öffentlichen Nutzen großzuziehen“[20].

Diese Tatsache wirft ein bezeichnendes Licht auf die Grenzen, die den Beteiligten durch ihre gesellschaftliche Stellung und ihre ökonomischen Interessen gezogen waren. Die Praktiker wurden in erster Linie nach ihrem Können und ihren Taten (Bauten, Konstruktionen, Erfindungen, Kunstwerken usw.) geschätzt und entlohnt und erst in zweiter Linie nach ihren Schriften; die Gelehrten dagegen unter dem Eindruck und Einfluß des Humanismus nach ihren Worten und Schriften, ihrer Kenntnis der antiken Autoren und ihren eigenen Beiträgen zum philosophischen und theoretischen Denken. Die Praktiker sahen sich infolgedessen weder veranlaßt, noch fühlten sie sich verpflichtet, ihr Wissen allgemein zugänglich zu machen, während den Gelehrten ihre gesellschaftliche und ökonomische Situation nahelegte, ihr Wissen durch Schrift und Druck zu verbreiten und den neuen Wert theoretischen Denkens zu betonen. Es ist bezeichnend, daß sich Biringuccio in seiner „Pirotechnia“ gegen den Vorwurf verteidigt, Geheimnisse zu verraten, und daß Alberti, Lucca Pacioli, Leonardo da Vinci u. a., wenn sie die Baukunst, Malerei usw. zur Wissenschaft erklären, deutlich den Zweck verfolgen, die mechanischen Künste in den höheren Rang der freien Künste zu erheben. Den Gelehrten fehlte allerdings der Maßstab und das Kriterium für Wahres und Falsches und damit für eine neue Fundierung der Naturwissenschaft. Sie empfingen ihre Anregungen nur indirekt auf dem Wege über bereits schriftlich Fixiertes, während die Praktiker diesen Maßstab und dieses Kriterium in ihrer aktiven Tätigkeit besaßen und mit den neuen, durch die Entwicklung der Produktivkräfte und der neuen Produktionsverhältnisse hervorgerufenen Bedürfnissen und Anforderungen in lebendiger Verbindung standen.

---

[19] Vgl. G. Harig, Cardans und Tartaglias Streit um die kubischen Gleichungen und seine gesellschaftlichen Grundlagen, vorl. Bd., S. 60—88.

[20] Johannes Kepler, Einleitung zu den Rudolphinischen Tafeln: „Etsi homo cunctator et secretorum suorum custos foetum in partu destituit, non ad usus publicos educavit.“ (Zitiert nach: M. Cantor, Vorlesungen über Geschichte der Mathematik, Bd. 2, Leipzig 1892, S. 665.)

## 7. Galileo Galilei

Zur Herausbildung einer klassischen Naturwissenschaft bedurfte es einer kritischen Überarbeitung und Überprüfung des wissenschaftlichen Erbes insbesondere vom Standpunkt der neuen Bewertung der Produktion durch eine Persönlichkeit, die den Sinn und die Fähigkeit für wissenschaftliches Denken und theoretisches Abstrahieren mit der Aufgeschlossenheit für Tatsachen und dem Bewußtsein ihrer Unumstößlichkeit verband. Um zu einer vollen Synthese zu gelangen, mußten zugleich sowohl die ökonomische Kurzsichtig-
434 keit der Praktiker / als auch die Starrheit und der Bildungs- und Standesdünkel der Gelehrten überwunden werden, die unkritisch an einer sich schon auflösenden und zerfallenden Naturanschauung festhielten.

Diesen Schritt hat bekanntlich Galileo Galilei vollzogen. Im Unterschied zu den früher genannten Vorläufern des neuen wissenschaftlichen Denkens war Galilei von Haus aus ein Vertreter der offiziellen Wissenschaft, als Gelehrter ausgebildet und als solcher tätig. Galilei hat Jahre und Jahrzehnte Vorlesungen über Mechanik, Astronomie und Naturlehre nach Aristoteles gehalten; mit seinen eigenen Ansichten ist er erst als reifer Mann öffentlich in Erscheinung getreten und niemals im Rahmen seiner Tätigkeit als Universitätslehrer. Gleichzeitig aber hatte Galilei neben der üblichen Universitätsausbildung in Pisa an der Florentinischen Kunstakademie, einer Art polytechnischen Schule, bei Ostilio Ricci eine Ausbildung in praktischer Mechanik und angewandter Mathematik genossen, die an den Universitäten nicht gelehrt wurden und auf die Überlieferungen von Empirikern und auf die Schule Tartaglias zurückgingen.[21] Galilei erteilte, wie wir von ihm selbst wissen, neben seiner Tätigkeit als Hochschullehrer ständig Privatunterricht in diesen beiden Disziplinen und hat selbst zeitweise eine kleine Werkstatt zur Anfertigung wissenschaftlicher Instrumente betrieben. Damit aber trafen Theorie und Praxis oder, um in Anlehnung an Galileis eigene Ausdrucksweise zu formulieren, Spekulation und Beobachtung unmittelbar in einer Person zusammen, die so groß war, die Synthese vollziehen zu können. Die zweifache Herkunft seiner neuen Wissenschaften kommt auch sprachlich darin deutlich zum Ausdruck, daß eben in diesem Hauptwerk Galileis die Lehrsätze in lateinischer, die Beweise und Erläuterungen aber in italienischer Sprache geschrieben sind. Galilei selbst hat uns diese Tatsache bezeugt, indem er sein letztes und reifstes Werk „Die Unterredungen und mathematischen Demonstrationen über zwei neue Wissenszweige“ mit folgender Rede und Gegenrede beginnen läßt: „Salvati: Ein weites Feld des Philosophierens scheint mir den spekulativen Geistern der häufige Besuch Eures berühmten Arsenals, meine Herren Venetianer, zu bieten, besonders das Gebiet der Mechanik; denn hier werden fortwährend Instrumente und Maschinen jeder Art von zahlreichen Handwerksmeistern in Arbeit genommen; unter ihnen müssen — sowohl auf Grund der von ihren Vorgängern gemachten Beobachtungen als auch derjenigen, die sie immer wieder durch eigene Achtsamkeit anstellen — sehr erfahrene und äußerst logisch denkende Männer gewesen sein. Sagredo: Sie haben vollkommen Recht, mein Herr; und ich, der ich von Natur aus wißbegierig bin, kehre zu meinem Vergnügen immer wieder an diesen Ort und zur Praxis derjenigen zurück, die wir auf Grund ihres Vorranges über die anderen Handwerksmeister ‚die Ersten‘ (Proti) nennen. Ihr Meinungsaustausch hat mir zu wiederholten Malen bei der Erforschung der Ursachen nicht nur wunderbarer, sondern auch schwer verständlicher und unerklärbarer Erscheinungen geholfen. Und wirklich wurde ich manchmal in Verwirrung und Verzweiflung gesetzt,

---

[21] Vgl. L. Olschki, Geschichte . . ., a. a. O., Bd. 3, S. 141—153.

jemals so wie derjenige in die Dinge eindringen zu können, der, all meinen Abstraktionen fern, mir vor Augen führt, daß der Sinneseindruck das Wahre ist."[22] /

435 Hier ist mit klaren Sätzen die Bedeutung der Produktionserfahrungen für die Entstehung der klassischen Naturwissenschaften und die Überlegenheit der Praxis über die alten theoretischen Vorstellungen von dem Begründer der klassischen Naturwissenschaft selbst ausgesprochen worden.

Die wissenschaftliche Leistung Galileis ist in der Gegenwart von einer Reihe von Historikern sehr eingehend untersucht worden. Man hat nachgewiesen, daß Galilei auch im Bereich des wissenschaftlichen Denkens selbst Vorläufer gehabt hat, und diese Ansätze gründlich analysiert. Man hat dabei mit Recht auf die Bedeutung der Schriften von Jordanus Nemorarius, Albert von Sachsen, Johannes Buridan, Nicolas von Oresme und deren Schüler und Anhänger im 14. Jahrhundert hingewiesen. Man darf dabei jedoch keineswegs übersehen, daß Galilei selbst mit der Praxis in lebendiger Verbindung stand und seine Anregungen, wie u. a. aus den oben zitierten Sätzen hervorgeht, keineswegs nur aus Büchern und Manuskripten empfing. Man sollte sich darüber klar werden, daß Galilei über die aristotelische Naturlehre hinaus auch die Impetus-Lehre und die Denkweise des 14. Jahrhunderts überwinden mußte. Erst als er ihre noch undifferenzierten Vorstellungen vom „Maß der Bewegung" durch festumrissene und differenzierte Begriffe faßte und mit den Begriffen Beschleunigung, momentum, impetus, gravitas secundum situm mathematisch faßbare Größen bezeichnete, gelang es ihm, seine neuen Wissenschaften zu schaffen; erst als Galilei an die Stelle der Deutung verborgener Ursachen die Suche nach dem Naturgesetz (und nicht die Beschreibung des Naturgeschehens, wie die Positivisten meinen) setzte, war der Durchbruch zur neuen Naturwissenschaft mit ihrer charakteristischen Verbindung von Mathematik und Naturerkenntnis vollzogen.

Es ist hier nicht der Ort, diese Entwicklung in Galileis Schaffen im einzelnen zu verfolgen. Es sei nur zusammenfassend betont, daß im Werk Galileis sowohl die der Praxis fremden naturphilosophischen Spekulationen als auch der reine Empirismus der Werkstatt überwunden wird. Erst mit und durch Galilei wurde das praktische Problem zum Gegenstand wissenschaftlichen Nachdenkens und systematischen Forschens, die Erfahrung zum Versuch und die Spekulation zur mathematischen Ableitung. In der Vereinigung dieser drei Momente liegt die Größe von Galileis Leistung, die ihn heraushebt aus der Reihe derjenigen seiner hervorragenden Zeitgenossen, die, wie Francis Bacon, William Gilbert, Simon Stevin, mit ihm zu den Begründern der klassischen Naturwissenschaft zählen.

Es ist sicher kein Zufall, daß die Entwicklung dieser neuen Methode, die das Mathematische und Experimentelle so fruchtbar vereint, im Zusammenhang und im Gefolge der großen weltanschaulichen Kämpfe um das astronomische Weltbild stattfand. Weltanschauliche Zielsetzung und wissenschaftlich-methodische Einsichten mußten sich vereinen, um das große Werk zu vollbringen. Fehlte die wissenschaftliche Einsicht, so blieb die neue Weltauffassung eine halb mystische Spekulation, wie das Werk von Giordano Bruno, fehlte der neue weltanschauliche Grundgedanke, so blieb die wissenschaftliche Einsicht ohne große Linie, wie etwa die Arbeit von Simon Stevin erkennen läßt.

Es sei nur am Rande vermerkt, daß die Vereinigung von Mathematik und Experiment sich wiederfindet in der Verbindung der Astronomie, einer damals rein rechnerischen Wissenschaft, mit der Bewegungslehre, die sich besonders in ihren praktischen Auswirkungen und Anwendungen als Dynamik und Festigkeitslehre mehr auf die Beobachtung und den Versuch gründet als auf die Mathematik. /

---

[22] Le opere di Galileo Galilei, Edizione nazionale, Bd. 8, Florenz 1898, S. 49. Neue deutsche Übersetzung von A. Ketzel, Leipzig

436 So wurden auch von Galilei und um Galilei die Kämpfe zwischen dem Alten und dem Neuen am heftigsten geführt. Die Notwendigkeit, neue Wege zu gehen, machte den Kampf unvermeidlich. In weiterer Entfaltung der Gegensätze, die wir schon im Keim bei Tartaglia treffen, tritt Galilei in seinen Schriften sowohl in der Astronomie wie besonders in der Mechanik offensiv gegen die peripatetische Naturlehre und die Autorität von Aristoteles auf. Er zerpflückt und widerlegt die alte überlieferte Lehre und setzt ihr eine neue entgegen, die nach den Ursachen und nicht mehr nach dem Sinn der Naturerscheinungen fragt und deren quantitativen Ablauf verfolgt.

Galilei geriet damit in eine scharfe Auseinandersetzung nicht nur mit der herrschenden christlichen klerikalen Ideologie seiner Zeit und seines Landes, sondern auch mit der offiziellen Wissenschaft, welche die neuen wissenschaftlichen Anschauungen und Tatsachen nicht nur ablehnte, sondern sie sogar vielfach nicht einmal zur Kenntnis nahm oder nehmen wollte. Die Auseinandersetzung wurde in dem Augenblick zum offenen Kampf, als Galilei seine astronomischen Entdeckungen und Anschauungen in italienischer Sprache veröffentlichte und die Auseinandersetzung damit erst eigentlich aus dem engeren Kreis der Gelehrten und Humanisten in die Öffentlichkeit trug und vor ihr die scholastische Naturlehre als unzureichend und ihre Vertreter als beschränkte Köpfe bloßstellte. Die Stadien dieses Kampfes brauchen hier im einzelnen nicht entwickelt zu werden. Allein die Tatsache, daß dieser Kampf ausgetragen werden mußte, ist auch heute noch von nachhaltiger Wirkung. Sie verleiht der Naturwissenschaft und Technik mit Recht noch heute einen vorwärtstreibenden und in diesem Sinne revolutionären, umgestaltenden Charakter. Sie verdeutlicht die von der modernen Gesellschaftswissenschaft entdeckte Tatsache, daß die Produktivkräfte das treibende Element der gesellschaftlichen Entwicklung bilden. Sie unterstreicht den Umstand, daß Naturwissenschaft und Technik sich nur im Rahmen der gesamten gesellschaftlichen Entwicklung entfalten und fortbilden.

## 8. Die Entstehung der Dynamik

Eines der zentralen Probleme bei der Formierung der neuen Mechanik und damit der Grundlagen der klassischen Naturwissenschaft überhaupt war bekanntlich die Fall- und Wurfbewegung. Hier standen der richtigen Lösung grundsätzliche Thesen der peripatetischen Naturlehre entgegen, deren Überwindung nicht nur ein vollständiges Umdenken und ein neues Herangehen an die begriffliche Darstellung dieser Erscheinungen verlangte, sondern auch einen entschiedenen Bruch mit der scholastischen Naturlehre voraussetzte und bedeutete. Deshalb soll der oben entwickelte allgemeine Gang der Entstehung der klassischen Naturwissenschaften an dieser Frage im besonderen kurz skizziert werden.

Die peripatetische, scholastische Erklärung ging von der Vorstellung aus, daß es ihrem Wesen nach schwere und leichte Körper gäbe, die nach ihrem „natürlichen" Ort streben und dementsprechend fallen bzw. aufsteigen. Die Peripatetiker lehrten weiter, daß die einem bewegten Körper mitgeteilte Geschwindigkeit anfangs zunimmt, durch die ständige Einwirkung des umgebenden Mediums aufrechterhalten wird und durch Nachlassen dieses
437 Einwirkens allmählich / auf Null herabsinkt. Ein bewegter Körper kommt von selbst zur Ruhe, wenn keine Kraft auf ihn einwirkt. Bezüglich der Fallbewegung lehrte Aristoteles, daß deren Geschwindigkeit proportional dem Gewicht des fallenden Körpers und umgekehrt proportional der Dichte des durchfallenen Mediums sei. Die Vorstellung einer zusammengesetzten Bewegung in dem Sinne, daß ein Körper unter der gleichzeitigen Einwirkung mehrerer Kräfte eine resultierende Bewegung ausführt, war der aristotelischen Mechanik fremd.

Die neue Mechanik geht bei der Deutung der Wurf-Bewegung gerade von dieser Vorstellung aus. Sie lehrt, daß alle Körper gleich schnell fallen und die Fallgeschwindigkeit proportional mit der Zeit wächst. Sie lehrt weiter, daß jede Änderung der Geschwindigkeit eines bewegten Körpers nach Größe und Richtung, nicht aber die Beibehaltung der Geschwindigkeit durch die Einwirkung äußerer Kräfte hervorgerufen wird, d. h., daß jeder Körper ohne äußere Einflüsse seine Geschwindigkeit unverändert beibehält. Die neue Mechanik kennt nur schwere Körper. Der gewaltige Unterschied zwischen beiden Auffassungen wird noch dadurch vergrößert, daß sich die klassische Mechanik die Aufgabe stellt, das den Bewegungsvorgängen zugrunde liegende (quantitative) Naturgesetz zu ermitteln, was ihr die Möglichkeit gibt, die mechanischen Erscheinungen mathematisch zu beschreiben und sich zugleich von spekulativen Vorstellungen über Zweck und Ziel der Bewegung, die in der peripatetischen Naturlehre eine so dominierende Rolle spielten, zu befreien.

Vor der Entdeckung der klassischen Naturwissenschaft verstand man unter Mechanik im Grunde nur die Statik bzw. die Lehre von der Wirkung der einfachen „Maschinen" (Hebel, Flaschenzug, Rolle, Keil und Schraube). Die Dynamik bestand nur in Ansätzen und wurde nicht zur Mechanik gezählt. Wir begegnen den Auswirkungen dieser Auffassung noch bei Galilei, dessen beide oben erwähnten neuen Wissenschaften „die Mechanik und die lokalen Bewegungen" (mecanica e i movimenti locali) betreffen, womit also die Wissenschaft von den Ortsbewegungen nicht mit zur Mechanik gerechnet wird. Wie ist nun die klassische Lehre von der Fall- und Wurfbewegung entstanden und welche Anteile haben die von uns aufgezählten gesellschaftlichen Gruppen?[23]

Es muß hier darauf verzichtet werden, die spätmittelalterlichen Ansätze zur Lösung der Frage der Fall- und Wurfbewegungen darzustellen, und dafür auf die oben erwähnten modernen Gesamtdarstellungen sowie auf entsprechende Spezialuntersuchungen hingewiesen werden.[24]

Es sei aber ausdrücklich vermerkt, daß damit ein theoretischer Vorstellungsstoff entwickelt worden ist, der, wie schon Pierre Duhem nachgewiesen hat, in den Kreisen der Artefici
438 Italiens offensichtlich allgemein verbreitet war und für / Leonardo da Vinci und seine Gleichstrebenden zum Ausgangspunkt ihrer theoretischen Überlegungen wurde. Gleichzeitig blieb diese Lehre in den Kreisen der offiziellen Wissenschaft Italiens unbekannt oder doch unberücksichtigt. Die Praktiker schöpften zwar aus diesen Quellen, ihr Interesse und ihre Anregungen, sich mit solchen Fragen zu befassen, empfingen sie aber von anderer Seite, nämlich eben von der Seite der Praxis.

Erstmalig Anfang der dreißiger Jahre des 14. Jahrhunderts ist die Benutzung der Feuerwaffen im Kriege urkundlich nachgewiesen.[25]

Seit dieser Zeit hatte ihre Anwendung bei Angriff und Verteidigung bedeutend zugenom-

---

[23] In einer sorgfältigen Untersuchung ist E. J. Dijksterhuis der Entwicklung der Lehre von Fall und Wurf eingehend nachgegangen (E. J. Dijksterhuis, Val en worp, Groningen 1924), leider ohne die direkten und indirekten Einwirkungen der Praxis und der Praktiker zu berücksichtigen. In der Monographie werden nur die Schriften und Bücher der Gelehrten und Schulmänner analysiert. Auch in seinem späteren Werk über die Mechanisierung des Weltbildes, wo der Einfluß der Technik berücksichtigt ist, überschätzt Dijksterhuis die Eigengesetzlichkeit des theoretischen Denkens und vermag deshalb den entscheidenden Anstoß, den dieses durch die praktischen Erfahrungen und Errungenschaften erhält, nicht oder doch nur indirekt aufzudecken.

[24] Vgl. u. a. E. J. Dijksterhuis, Val en worp, a. a. O.; A. Meyer, Die Vorläufer Galileis im 14. Jahrhundert. Studien zur Naturphilosophie der Spätscholastik, Rom 1949.

[25] Vgl. O. Mahr, Zeittafel zur Geschichte des Geschützwesens bis zum Weltkrieg, in: Technik-Geschichte. Beiträge zur Geschichte der Technik und Industrie 27 (1938), S. 107.

men. Im 14. und 15. Jahrhundert entstanden, wohl ausgehend von Deutschland, der Beruf und das Handwerk der „Büchsenmacher“, die schon frühzeitig darangingen, ihre Erfahrungen schriftlich festzuhalten. So entstanden schon im 15. Jahrhundert mehrere Feuerwerksbücher, die uns heute von ihrer Tätigkeit und ihren Kenntnissen berichten. Die Büchsenmacher stellten nicht nur die Geschütze sowie die dazugehörigen Geschosse und das Pulver her, sondern sie bedienten sie auch und verdingten sich mit ihren Gehilfen zur Teilnahme an entsprechenden Kriegshandlungen. Ihre schriftlichen Aufzeichnungen, die als Handwerks- und Militärgeheimnis angesehen wurden, stellen eine bunte Sammlung von Rezepten, praktischen Ratschlägen, chronikartigen Erzählungen und phantastischen Wundergeschichten dar und lassen durchweg eine Auseinandersetzung mit theoretischen Vorstellungen, ja auch nur eine Wiedergabe solcher Vorstellungen vermissen.

Es leuchtet ein, daß die Entwicklung auf diesem Stande nicht stehenblieb, als in Verbindung mit der Entwicklung des Handels, der Manufakturen und des Marktes der Widerstand der kleineren selbständigen Herren und Ritter gebrochen wurde, die zentrale Gewalt erstarkte und die europäischen Nationalstaaten entstanden. Engels formuliert den Zusammenhang folgendermaßen: „Zur Erlangung von Pulver und Feuerwaffen gehörte Industrie und Geld, und beides besaßen die Städtebürger. Die Feuerwaffen waren daher von Anfang an Waffen der Städte und der auf die Städte gestützten, emporkommenden Monarchie gegen den Feudaladel. Die bisher unnahbaren Steinmauern der Adelsburgen erlagen den Kanonen der Bürger, die Kugeln der bürgerlichen Handbüchsen schlugen durch die ritterlichen Panzer. Mit der geharnischten Kavallerie des Adels brach auch die Adelsherrschaft zusammen; mit der Entwicklung des Bürgertums wurden Fußvolk und Geschütze mehr und mehr die entscheidenden Waffengattungen; durch das Geschütz gezwungen, mußte das Kriegshandwerk sich eine neue, ganz industrielle Unterabteilung zulegen: das Ingenieurwesen.“[26]

Die neuen gesellschaftlichen Kräfte bedienten sich der neuen Kriegstechnik, und die Verwendung der Feuerwaffen nahm im 15. und 16. Jahrhundert immer größeren Umfang an. Damit aber entstand das Bedürfnis nach ihrer Verbesserung, nach einer vollkommeneren technischen Beherrschung ihrer Herstellung und ihres Gebrauches und damit zugleich das Bedürfnis nach der Lösung zahlreicher, allgemeiner theoretischer Fragen, die in diesem
439 Zusammenhang neu auftauchten. / Darunter spielte die Frage der Fall- und Wurfbewegung eine nicht geringe Rolle. Die Fragen der Geschoßbahn und der Schußweite, deren Abhängigkeit vom Abschußwinkel u. a. forderten eine unmittelbare praktische Lösung und verlangten nach Verallgemeinerung, die weiter reichte, als die bloße empirische Erfahrung.

In den Papieren Leonardo da Vincis finden sich zahlreiche Notizen, die sich eben in Anknüpfung an diese praktischen Aufgaben auf Fall und Wurf beziehen. Sie zeigen, daß Leonardo da Vinci sowohl mit den praktischen Problemen des Gießens, der Aufstellung, der Ladung und des Abschusses von Geschützen beschäftigt war, und zugleich, daß er die theoretischen Vorstellungen der peripatetischen wie auch der spätmittelalterlichen Naturlehre kannte und bei seinen Überlegungen heranzog.

Bekanntlich ist es Leonardo da Vinci nicht möglich gewesen, in der Lehre von der Fall- und Wurfbewegung eine zusammenhängende Vorstellung zu entwickeln.

Die ersten wirklichen Fortschritte über das antike und mittelalterliche Erbe hinaus stammen von dem schon mehrfach erwähnten Nicolò Tartaglia, einem aus und für die Praxis tätigen italienischen Rechenmeister. Seine „Nova scientia“ handelt von der Fall- und Wurfbewegung in Verbindung mit der Bedienung von Feuerwaffen. Tartaglia berichtet

---

[26] F. Engels, Herrn Eugen Dührings Umwälzung der Wissenschaft, in: MEW, Bd. 20, Berlin 1962, S. 155.

in diesem Werk, daß sich Büchsenmachermeister, Gießer und Artilleristen an ihn, der noch „niemals ein Geschütz, eine Büchse, einen Mörser oder ein Gewehr abgeschossen hatte und in dieser Kunst nicht die geringste Erfahrung hatte“, gewendet hätten mit der Frage, unter welchem Abschußwinkel die Schußweite am größten sei, und daß er eben dadurch zur Bearbeitung militärischer Fragen gekommen sei.[27]

Tartaglia behandelt vorwiegend ballistische Fragen und findet, freilich noch auf völlig unzureichende Weise, heraus, daß die größte Schußweite bei einem Abschußwinkel von 45° erreicht wird. Er berichtet gleichzeitig von einem Wettschießen, durch das seine Berechnungen bestätigt wurden. Auf Grund physikalischer Überlegungen vertritt er die Auffassung, daß die Flugbahn infolge der Schwere des Geschosses in ihrem ganzen Verlauf gekrümmt ist, gleichzeitig hält er aber kritiklos an der scholastischen Unterscheidung von „erzwungener“ und „natürlicher“ Bewegung fest und lehrt, daß erstere mit der Entfernung zu-, letztere dagegen abnimmt. Deshalb bezeichnet er es ausdrücklich als absurd, ein gleichzeitiges Vorhandensein beider Bewegungen anzunehmen. Die natürliche Bewegung tritt vielmehr erst nach Erlöschen der erzwungenen in Erscheinung. Das Abnehmen der erzwungenen und das Zunehmen der natürlichen Bewegung vergleicht er mit dem ähnlichen Verhalten eines Menschen, der an einen ihm nicht genehmen Ort zu gehen gezwungen ist bzw. aus der Ferne in die Heimat zurückkehrt, ohne sich auf Spekulationen über die Beschleuni-
440 gung der Bewegung durch / die umgebende Luft, über eine vis impressa und dergleichen einzulassen. Tartaglia dringt also nicht zu der Einsicht durch, daß die ständige Wirkung der Schwere einer ständigen Fallbewegung gleichzusetzen ist. Ebenso war er nicht in der Lage, die gekrümmte Flugbahn mathematisch zu behandeln. Er zerlegt sie vielmehr in einen geradlinigen Teil zu Anfang, dessen Abweichung von der Geraden vernachlässigt wird, einen kreisförmig gebogenen Teil in der Mitte und einen senkrechten oder geradlinigen Teil am Ende der Bahn. Die beiden ersten Teile sieht er als „erzwungene“ und nur den letzten Teil als „natürliche“ Bewegung an.[28]

Einen ersten Bruch mit den Lehren von Aristoteles über Fall und Wurf finden wir erst bei Benedetti, Mathematiker des Herzogs von Savoyen, der von Tartaglia in die Anfangsgründe der Mathematik eingeführt wurde und dessen Schriften gekannt und studiert hat. Benedetti beweist in seinem 1585 erschienenen Werk „Diversarum speculationum mathematicarum et physicarum liber“ an einem Gedankenexperiment, daß Körper von gleichem spezifischem Gewicht im leeren Raum die gleiche Fallgeschwindigkeit annehmen müssen. Er bestreitet die Behauptung, daß der Antrieb der erzwungenen Bewegung durch die Luft erfolge. Er behauptet, daß der im Anfang mitgeteilte Impuls ständig wächst und die Bewegung beschleunigt und findet auf dieser Grundlage die ersten Ansätze zur Überwindung der Vorstellung eines prinzipiellen Unterschiedes zwischen schweren und leichten Körpern sowie zwischen natürlicher und erzwungener Bewegung.

---

[27] Tartaglia berichtet im gleichen einleitenden Widmungsbrief seiner „Nova scientia“ weiter, daß ihn zunächst fromme Gedanken der Nächstenliebe davon abhielten, seine Untersuchungen weiterzuführen, daß er sie aber jetzt (1537) veröffentlichte, weil die Türken Venedig anzugreifen drohten. „Da ich sehe, wie der Wolf nach unserer Herde trachtet, und daß alle unsere Hirten sich zur Verteidigung zusammentun, scheint es mir unerlaubt zu sein, diese Dinge verborgen zu halten; und so habe ich beschlossen, sie teils schriftlich, teils mündlich jedem treuen Christen bekanntzugeben, damit ein jeder besser gerüstet sei zum Angriff wie zur Verteidigung.“ (Zitiert nach L. Olschki, Geschichte . . ., a. a. O., Bd. 3, S. 76.). Diese Erklärung verdient als ein bemerkenswertes Beispiel von gesellschaftlichem und humanistischem Verantwortungsgefühl eines aus dem Volk hervorgegangenen Wissenschaftlers zu Beginn der kapitalistischen Entwicklung hervorgehoben zu werden.

[28] Über Wirkung, Verbreitung und Übersetzung der ballistischen Schriften Tartaglias vgl. G. Harig, Walter Hermann Ryff und Nicolò Tartaglia. Ein Beitrag zur Entwicklung der Dynamik im 16. Jahrhundert, vorl. Bd., S. 120—137.

Diesen Unterschied, ebenso wie den zwischen Himmel und Erde, für immer aus der Naturlehre entfernt zu haben ist das unbestrittene Verdienst von Galilei, der eben damit den Weg für die klassische Mechanik Newtons freilegte. Es würde den Rahmen der vorliegenden Untersuchung weit überschreiten, die Entwicklung der Lehre von Fall und Wurf bei Galilei, d. h. seine Versuche mit der Fallrinne, über das Pendel, die Entwicklung der Kinetik, des Kraftbegriffes und des Begriffes der Trägheit im einzelnen zu verfolgen. Es genügt, darauf hinzuweisen, daß Galilei die alten Vorstellungen schrittweise überwunden und seine reifsten Ergebnisse in seinem letzten großen Werk „Discorsi e dimostrazioni matematiche intorno à due nuove scienze" dargestellt hat. Dort wird am dritten Tag die Fallbewegung und am vierten Tag die Wurfbewegung behandelt. Galilei leitet die Wurflinie richtig als Parabel ab und bringt dazu eine Tabelle der Schußweiten bei verschiedenen Abschußwinkeln. Das Thema dieses vierten Tages unter der Überschrift „Über die Wurfbewegung" (De motu projectorum) wird mit folgender Bemerkung Salviatis festgelegt, die sofort den wesentlichen Fortschritt gegenüber der Behandlung der gleichen Aufgabe bei früheren Autoren erkennen läßt: „Im Nachfolgenden wage ich es, einige Erscheinungen und einiges Wissenswerte mit sicheren Beweisen vorzuführen über Körper mit zusammengesetzter Bewegung, einer gleichförmigen nämlich und einer natürlich beschleunigten; denn solcher Art ist die Wurfbewegung und so läßt sie sich erzeugt denken."[29] /

441 In der Unterredung weist Galilei mehrfach auf die Erfahrungen des Artilleriewesens hin und schreibt in diesem Zusammenhang: „Sagr.: Erstaunlich und entzückend ist die Macht zwingender Beweise und so sind die mathematischen allein geartet. Ich kannte schon nach Aussage der Bombenwerfer die Tatsache, daß von allen Kanonen- oder Mörserschüssen die unter einem halben Rechten abgeschossene Kugel am weitesten fliege; sie nennen es den sechsten Punkt des Winkelmaßes. Aber das Verständnis des inneren Zusammenhanges wiegt unendlich viel mehr als die einfache Versicherung Anderer, und selbst mehr als der häufig wiederholte Versuch. Salv.: Ihre Bemerkung ist sehr wahr: Die Erkenntnis einer einzigen Tatsache nach ihren Ursachen eröffnet uns das Verständnis anderer Erscheinungen, ohne Zurückgreifen auf die Erfahrung; so ist es gerade auch im vorliegenden Falle, wo wir durch Überlegung uns die Gewißheit verschafft haben, daß der weiteste Wurf unter einem halben Rechten erzielt werde; in Folge beweist uns der Autor etwas, was durch das Experiment vielleicht nicht beobachtet worden ist; daß nämlich andere Schüsse gleich weit tragen, wenn die Neigungen gleich viel unter oder über einem halben Rechten betragen."[30]

Galilei drückt in diesen Sätzen seine Überzeugung von der Bedeutung und Überlegenheit wissenschaftlicher Erkenntnis über die bloße Erfahrung aus, womit der durch die praktische Erfahrung angeregte und durch das theoretische Verallgemeinern bereicherte Charakter seiner neuen Wissenschaft gekennzeichnet ist.

Hinweise auf Erscheinungen und Erfahrungen beim Schießen finden sich in den „Discorsi e dimostrazioni matematiche intorno à due nuove scienze" auch an anderen Stellen wie auch in vielen anderen Schriften Galileis,[31] wobei nicht nur auf die Wurflinien, sondern auch auf den Luftwiderstand, die Pulverladung der Geschütze, die Wirkung der Geschosse und die damit zusammenhängenden Fragen der Stoßfestigkeit eingegangen wird, ja, die

---

[29] Le opere di Galileo Galilei, Bd. 8, a. a. O., S. 268; vgl. Galileo Galilei, Unterredungen und mathematische Demonstrationen über zwei neue Wissenszweige, die Mechanik und die Fallgesetze betreffend, 3. und 4. Tag, hrsg. von A. von Oettingen, Leipzig 1891, S. 80 (Ostwald's Klassiker der exakten Wissenschaften, Nr. 24).

[30] Le opere di Galileo Galilei, Bd. 8, a. a. O., S. 296; vgl. Galileo Galilei, Unterredungen ..., a. a. O., S. 107.

[31] Vgl. Le opere di Galileo Galilei, Indici dei nomi e dei cose notabili, Bd. 20, Florenz 1909, S. 77 (Stichwort „Artiglieri").

Erfahrungen des Artilleriewesens spielten sogar in dem Streit um die beiden Weltsysteme eine Rolle, indem bei der Argumentation für bzw. gegen die Erdrotation die Frage diskutiert wurde, ob zwei in entgegengesetzter Richtung abgegebene Schüsse unter dem Einfluß der Erddrehung verschiedene Schußweiten ergeben. Galilei, der aus der Erfahrung weiß, daß dies nicht der Fall ist, findet bei der Diskussion dieser Frage wichtige Ausgangspunkte zur Entwicklung des nach ihm benannten Relativitätsprinzipes — ein weiteres Beispiel für die allgemeine Tatsache, daß in diesem Stadium der Verbindung von Theorie und Praxis die praktischen Erfahrungen zum Ausgangspunkt wie zum Kriterium theoretischer Überlegungen geworden sind.

## 9. Mathematik und Naturwissenschaft

Was die Verbindung von Mathematik und Naturerkenntnis im besonderen angeht, so sei zunächst darauf hingewiesen, daß diese Verbindung in erster Annäherung einer Verbindung von Theorie und Praxis gleichkommt. Die Mathematik, wie sie im Unterschied zur einfachen Rechenkunst wesentlich als Geometrie Euklids in der antiken und in der schola-
442 stischen Bildung ihren Eingang / und festen Platz gefunden hatte, galt in Verbindung mit platonischen Vorstellungen von der Erhabenheit der Beschäftigung mit reinen Gedanken als wesentlicher Bestandteil des abstrakten theoretischen Denkens, während die Naturlehre oder Naturgeschichte, die sich mit den Gegenständen und Erscheinungen der äußeren Welt befaßt, nach christlichen Vorstellungen nicht zum Reiche des reinen Gedankens, sondern in das Reich des Studiums der Werke Gottes gehörte.

Natürlich treten diese Züge nicht rein und ohne innere Widersprüche in Erscheinung. So wurde bekanntlich die Naturgeschichte vielfach losgelöst von einem echten Studium der Natur betrieben, und treten andererseits bei mathematischen Untersuchungen die Regeln und Rezepte des praktischen Rechnens und Zeichnens zutage. Eben deshalb aber setzt eine feste und dauernde Verbindung zwischen Mathematik und Naturwissenschaft neben der Überwindung des spekulativen Elementes in der Naturforschung auch eine Verbindung von logisch-theoretischer Einsicht und praktischer Rechenkunst im Bereich der mathematischen Wissenschaft selbst voraus. Diese Verbindung erfolgte gleichzeitig mit der entsprechenden Verbindung auf dem Gebiete der Naturerkenntnis. Sie ist gekennzeichnet durch das Zusammentreffen und Zusammenwirken von Gelehrten, wie Lucca Pacioli, Girolamo Cardan, Vieta, Michael Stifel, Napier, Kepler und Künstlern, Rechenmeistern, Baumeistern und anderen Praktikern, wie Adam Ries, Nicolò Tartaglia, Simon Stevin, Joost Bürgi u. a. Sie führte zur Ausbildung unserer Buchstaben-Algebra und, wie auch den Zeitgenossen schon bewußt war, zu den ersten mathematischen Entdeckungen, die über das überlieferte Wissen der Antike hinausreichten.[32]

War auch die Mathematik zur Zeit Galileis noch längst nicht in der Lage, den neu an sie herantretenden Anforderungen zu genügen, und fehlte ihr insbesondere damals noch die Möglichkeit, eine sich verändernde Größe algebraisch auszudrücken, so verfügte Galilei zweifellos über einen weitaus besser geeigneten und durchgebildeten mathematischen Apparat als er etwa Leonardo da Vinci und anderen Vorläufern Galileis zur Verfügung stand (bzw. zur Verfügung gestanden hätte; denn in den Aufzeichnungen Leonardo da Vincis spielen mathematische Überlegungen nur eine untergeordnete Rolle).

---

[32] Auch in dieser Beziehung spielte die Lösung der kubischen Gleichungen eine besondere Rolle, hatte doch Lucca Pacioli in seiner „Summa" 1494 ausdrücklich die Lösung der kubischen Gleichungen für unmöglich erklärt.

Das Zusammenwirken der beiden hier genannten Gruppen ist leider bis heute noch nicht näher untersucht worden. Es verspricht, Aufschluß über den „inneren Mechanismus" der ganzen Entwicklung zu geben, der heute, wie J. Needham richtig bemerkt, noch als unverstanden bezeichnet werden muß.

Die Überwindung der spekulativen und magischen Elemente in der Naturforschung setzt andererseits die Einführung mathematischer Methoden unbedingt voraus. Bekanntlich hat Francis Bacon, dieser Rufer im Streit gegen die spekulative Naturforschung, die Bedeutung der Mathematik für die Naturforschung noch nicht erkannt,[33] und gebraucht
443 William Gilbert in seiner bedeutenden Experimental-Untersuchung über den Ma/gneten aus dem Jahre 1600 keine mathematischen Formulierungen. Niemand wird bestreiten, daß diese beiden Forscher trotzdem zur Entwicklung der klassischen Naturwissenschaft in Europa beigetragen haben. So sprechen denn beide Seiten, die Entwicklung der Mathematik und die Entwicklung der Naturerkenntnis, dafür, daß ihre fruchtbare Verbindung eine Folge, nicht aber die tiefere Ursache zur Herausbildung der klassischen Naturwissenschaft in Europa gewesen ist und sich allein die Verbindung von Theorie und Praxis, von theoretischer Besinnung und praktischer Erfahrung sowohl in der mathematischen wie in den anderen Naturwissenschaften als entscheidend erweist.

## 10. Die gesellschaftliche Entwicklung

Bei der vorangehenden Untersuchung der einzelnen Stadien in der Annäherung und Verbindung von Theorie und Praxis, die zur Geburt der klassischen Naturwissenschaft führte, ist bereits mehrfach auf die engen Beziehungen zu der gleichzeitigen gesellschaftlichen Entwicklung hingewiesen worden.

Die Veränderungen, die sich damals in der Struktur der europäischen Gesellschaft vollzogen, bildeten den Hintergrund oder besser gesagt, den Schauplatz, auf dem sich die von uns geschilderte Entwicklung vollzog, ja, sie wirkten insofern aktiv gestaltend auf die ganze Entwicklung ein, als sie den Ablauf der Ereignisse bald erleichterten und beschleunigten, bald erschwerten und behinderten, die innere, gesetzmäßige Entwicklung des wissenschaftlichen Denkens zur Entfaltung brachten und diese Entfaltung den historischen Bedingungen entsprechend prägten.

Mit Recht ist mehrfach darauf hingewiesen worden, daß die naturwissenschaftlichen und technischen Kenntnisse für sich allein genommen bereits in der Spätantike weit genug entwickelt waren, um den Übergang zur klassischen Naturwissenschaft zu erlauben. Sicher ist darin eine der Ursachen dafür zu finden, daß die Wiedererweckung und Wiederentdeckung des alten Schrifttums einen so positiven Einfluß auf die Entwicklung ausüben konnte. Die neue Naturwissenschaft konnte aber im Hellenismus eben deshalb nicht entstehen, weil die gesellschaftlichen Zustände dazu keine Möglichkeit boten, sondern der Entwicklung entgegenstanden.

Die gesellschaftliche Entwicklung im 15. und 16. Jahrhundert ist gekennzeichnet durch die Entwicklung des Kaufmannskapitals und die Entstehung der Manufaktur als einer kapitalistischen Produktionsweise aus der vorhergehenden feudalen Produktionsweise.[34]

Schon die Entwicklung des frühkapitalistischen Handels, insbesondere des Fernhandels,

---

[33] Vgl. u. a. G. Harig, Die neue Auffassung vom Wesen der Wissenschaft bei Francis Bacon, vorl. Bd., S. 138—152.

[34] K. Marx bestimmt die Manufakturperiode als „rauh angeschlagen" von der Mitte des 16. Jahrhunderts bis zum letzten Drittel des 18. Jahrhunderts (Marx, Das Kapital, Bd. 1, a. a. O., S. 356).

stellte durch den zunehmenden Transport zu Wasser und Land, aber auch durch den damit verbundenen Auftrieb der Produktion und der Gewinnung von Edelmetallen neue Anforderungen technischer und naturwissenschaftlicher Art. Diese Aufgabe wurde umfassender und dringender mit dem Übergang vom Handwerk zur Manufaktur.

Marx hebt im „Kapital“ besonders die ausschlaggebende Bedeutung der Entstehung
444 der Manufaktur hervor. Er weist nach, daß die Entwicklung des / Handelskapitals allein
den Übergang zur kapitalistischen Produktionsweise nicht herbeiführte und deshalb das Merkantilsystem keine ausreichende theoretische Behandlung der neuen Produktionsweise bildet. „Die wirkliche Wissenschaft der modernen Ökonomie beginnt erst, wo die theoretische Betrachtung vom Zirkulationsprozeß zum Produktionsprozeß übergeht.“[35]

Karl Marx schreibt: „Der Übergang aus der feudalen Produktionsweise macht sich doppelt. Der Produzent wird Kaufmann und Kapitalist, im Gegensatz zur agrikolen Naturalwirtschaft und zum zünftig gebundnen Handwerk der mittelalterlichen städtischen Industrie. Dies ist der wirklich revolutionierende Weg. Oder aber, der Kaufmann bemächtigt sich der Produktion unmittelbar. Sosehr der letztre Weg historisch als Übergang wirkt..., sowenig bringt er es an und für sich zur Umwälzung der alten Produktionsweise, die er vielmehr konserviert und als seine Voraussetzung beibehält.“[36]

Infolge dieser Entwicklung gewinnen die Kaufleute und kapitalistischen Produzenten damals steigende gesellschaftliche Bedeutung und wachsenden Einfluß oder, was dasselbe bedeutet, erhalten die langsam aber unaufhaltsam sich entwickelnden Produktivkräfte die Möglichkeit, sich gegen die feudalen Produktionsverhältnisse durchzusetzen, die feudalen Fesseln zu sprengen. Neue kapitalistische Produktionsverhältnisse treten in einem zähen, jahrhundertelangen Kampf an ihre Stelle.

Es leuchtet ein, daß unter diesen Bedingungen die politisch und ökonomisch herrschenden Kreise die Produktion auch in Hinsicht auf die Produktionsverfahren und die darin enthaltenen Produktionskenntnisse und -erfahrungen beherrschen und sich aneignen mußten. Sie taten das teils in eigener Person, teils vermittelt durch eine neu aufkommende Schicht von Fachleuten, die, bevorrechtigt gegenüber den einfachen Zunft- und Handwerksmeistern, in ihren persönlichen Diensten standen und ökonomisch von ihnen abhängig waren.

Im 15. und 16. Jahrhundert entwickelte sich, zuerst in Italien und bald auch in Frankreich und England, der Ingenieur und technische Berater als ein neuer im Mittelalter unbekannter Beruf. Nach W. B. Parsons, der in seinem Werk über das Ingenieurwesen der Renaissance die Lebensläufe einiger bedeutender Ingenieure nachzeichnet, war Lucca Fancelli, ein Zeitgenosse und Mitarbeiter von Leon Battista Alberti, einer der ersten italienischen Künstler, der sich nicht nur als Architecto, sondern bei entsprechenden Anlässen auch als Ingegnero bezeichnete.[37]

Der Ingenieur übernahm die Aufgabe, die mannigfachen zivilen und militärischen Bedürfnisse zu befriedigen, die mit der Veränderung der gesellschaftlichen Verhältnisse, insbesondere mit der Erstarkung der großen Monarchien und der Städte sowie der Entwicklung des Transportwesens auftraten. Neben der Anlage von Befestigungen und der Entwicklung der Artillerie wandten sie sich insbesondere dem Brückenbau, dem Straßenbau und dem Wasserbau, d. h. dem Bau von Kanälen und der Regulierung von Flüssen zu. Damals wurde in Oberitalien die Schiffsschleuse erfunden, die sich von hier aus schnell
445 in ganz Europa / verbreitete. Schon zu Beginn des 16. Jahrhunderts finden wir in steigender

[35] Marx, Das Kapital, Bd. 3, in: MEW, Bd. 25, Berlin 1964, S. 349.

[36] Ebenda, S. 347.

[37] W. B. Parsons, Engineers and engineering in the Renaissance, Baltimore 1939, S. 325/326.

Zahl den städtischen oder herzoglichen Ingenieur sowie den Militär-Ingenieur als Titel und Beruf. Die Ingenieure gehörten im 16. Jahrhundert als technisch-wissenschaftliche Ratgeber, als Leiter großer Bauvorhaben, als Zeugmeister und Vorsteher von Arsenalen und Werkstätten zu den unentbehrlichen Männern im Dienste jeder freien Stadt und jedes bedeutenden Hofes. Auch die großen englischen Schiffahrts- und Handelsgesellschaften des 16. und 17. Jahrhunderts beschäftigten Mathematiker und Ingenieure.

Daneben entwickelte sich, teils gesondert, teils in Personalunion, parallel mit der Herausbildung des nationalen Marktes und der Nationen der Beruf des technisch-wissenschaftlichen Ratgebers, an den sich Einzelpersonen wie Kaufleute, Handwerksmeister, Militärpersonen, aber auch städtische Verwaltungen, Edelleute und Fürsten wandten zwecks Lösung einzelner sie interessierender praktisch-technischer Probleme und Aufgaben. Der Rechenmeister entwickelte sich auf diese Weise vom einfachen Lehrer zum vielseitigen Berater.

Viele dieser neuen Menschen führten in diesen politisch bewegten Zeiten ein unstetes Wanderleben. Sie wechselten vielfach ihre Herren und Auftraggeber und wurden von diesen mit Versprechungen und Zwangsmaßnahmen zu bestimmten Aufgaben herangezogen. Leonardo da Vinci z. B. war nacheinander unter den Medici in Florenz, unter den Sforza in Mailand, unter Cesare Borgia in Rom, unter der Signoria von Florenz, dann wieder in Mailand unter französischer Herrschaft und zuletzt in Frankreich unter Franz I. tätig. Als er 1506 zum zweiten Male von Florenz nach Mailand ging, wo er von dem französischen Gouverneur Charles d'Amboise mit offenen Armen aufgenommen wurde, erhielt er den erbetenen Urlaub von der Signoria von Florenz nur für drei Monate unter der Bedingung, eine Geldstrafe von 50 Golddukaten zu zahlen, wenn er nicht rechtzeitig zurückkehre.[38] Antonio Lupicini, einer der führenden Wasserbauingenieure des 16. Jahrhunderts, der gleichzeitig Bücher über Kalenderreform, astronomische Instrumente und Festungsbau geschrieben hat, war in Florenz und Venedig tätig, wurde 1587 vom Kaiser an den Prager Hof gerufen und nahm 1594 unter dem Großherzog von Florenz an dem kaiserlichen Feldzug in Ungarn als Ingenieur teil.[39] Diese Beispiele, die sich leicht vermehren ließen, zeigen zugleich, wie sehr diese neuen Fachleute gebraucht und gesucht wurden. Die aktivsten unter ihnen haben, wie wir gesehen haben, ihre Erfahrungen und Erlebnisse niedergeschrieben. Diese neue Schicht rekrutiert sich, wie vermerkt wurde, teilweise aus „Künstlern", Handwerkern und Rechenmeistern, teilweise aus Mitgliedern der höfischen Kreise selbst. Viele von ihnen begannen ihre Tätigkeit als bildende Künstler und wandten sich erst später dem Ingenieurwesen zu — ein Zeichen dafür, wie schnell sich die zunehmende Arbeitsteilung und Spezialisierung gerade auf diesem Gebiet entwickelte. Nur vereinzelt sind sie gleichzeitig oder zeitweise als Hochschullehrer tätig. Die Kreise der offiziellen Wissenschaft haben auch in dieser Beziehung keinen Beitrag zur Herausbildung der neuen Gesellschaftsschicht geleistet. Diese Schicht stellte wohlgemerkt nicht die werdenden Kapitalisten dar, sondern bildete deren wertvolle neuen Hilfskräfte. Sie standen zunächst
446 außerhalb oder neben den / bisherigen und noch lange weiterbestehenden mittelalterlichen Ständen und fanden nicht allein ihren materiellen, sondern auch ihren ideologischen Rückhalt in den Kreisen der weltlichen Würdenträger und der neuen kapitalistischen Unternehmer.

Einen interessanten Einblick in diesen neuen gesellschaftlichen Zustand gibt uns die Einleitung zu der Schrift „Divina proportione" von Fra Lucca Pacioli, Mitglied des Franziskaner-Ordens und Professor der Theologie und Mathematik an der Universität Padua.

---

[38] Vgl. ebenda, S. 345.

[39] Vgl. ebenda, S. 347/348.

Dort heißt es: „Im Jahre unseres Heils 1498, erhabener Herzog, am neunten Tage des Februar als ich in der uneinnehmbaren Burg Eurer berühmten Stadt Mailand, würdigstem Orte Ihrer gewohnten Residenz, in den lobenswerthen wissenschaftlichen Wettkampf eingeführt worden, im Beisein von Ihnen, begleitet von vielen sehr berühmten und weisen Männern, Geistlichen wie Weltlichen, woran Ihr glänzender Hof stets Ueberfluss hat. Unter deren Zahl befanden sich ausser den hochehrwürdigen Herrschaften von Bischöfen, Protonotarien und Aebten von unserem heiligen seraphischen Orden, der ehrwürdige Pater und berühmte Theolog Magister Gometius, der hochwürdige Prediger der heil. Schrift, Frater Domenico, mit dem Beinamen Ponzone: der ehrwürdigste Frater, Magister Francesco Busti, gegenwärtig abgeordneter Oberaufseher in unserem würdigen Kloster von Mailand. Und von Weltlichen zuerst mein specieller Beschützer, der berühmte S. Galeazzo Sforza VI., [sowie] S. Severino der sehr tapfere und Generalcapitän Euer herzoglichen Hoheit, der in den Waffen heutzutage Niemand nachsteht, und emsiger Nachahmer unserer Lehren. Sodann von ausserordentlichen Rednern vorzüglichster Facultäten und von Höchsten der Medicin und Astronomie der berühmte und sehr scharfsinnige de Serapione und Avicenna und der Erforscher der höheren Körper und Dolmetscher der Zukunft Ambrogio Rosa, der sehr gelehrte Heiler aller Krankheiten, Aluisi Marliano, und Gabriel Pirovano, der sehr sorgsame Beobachter der Medicin nach jeder Richtung. Und der von den Vorgenannten in allen vorerwähnten Fächern viel bewunderte und verehrte Nicolo Cusano, mit dem in denselben Wissenschaften sehr bewanderten Andrea von Novara. Und andere ausgezeichnete sehr erfahrene Doctoren beider Rechte und Räthe, Secretäre und Kanzler Eures wohllöblichen Magistrats im Verein mit den scharfsinnigsten Architekten und Ingenieuren und emsigen Erfindern neuer Dinge, [wie] Leonardo da Vinci, unser Florentiner Landsmann, . . . Sodann Jacob Andreas von Ferrara, ihm wie ein Bruder scharfsinnigstem Ergründer der Werke Vitruv's, der trotzdem in seinem speciellen militärischen Fache in keiner Sache weniger bewandert.“[40]

Die Aufzeichnung vermittelt uns einen lebendigen und konkreten Einblick in die Zusammensetzung der künstlerisch-wissenschaftlichen Zirkel an den italienischen Fürstenhöfen und damit in die großen Veränderungen, die schon zu Ende des 15. Jahrhunderts in der gesellschaftlichen Rangordnung eingetreten waren. Architecti und Ingenieri werden in einem Atem mit geistlichen, weltlichen und militärischen Würdenträgern genannt.

Die Schilderung Lucca Paciolis darf uns aber nicht verleiten, anzunehmen, innerhalb dieses Kreises wie auch zwischen diesen Kreisen und der übrigen Bevölkerung habe volle
447 Eintracht und Harmonie geherrscht. Das 15. und 16. Jahr/hundert sind Zeiten großer Klassenkämpfe zwischen dem Adel, der neu sich formierenden bürgerlichen Klasse und der Bauernschaft, in denen die Widersprüche der gesellschaftlichen Verhältnisse ihren Ausdruck fanden. Diese Kämpfe, Widersprüche und Gegensätze spiegeln sich auch in den Kreisen der Intelligenz wider, die sich damals um die Architecti und Ingenieri vermehrte. So findet sich etwa in der „Pirotechnia“ Biringuccios folgende aufschlußreiche Bemerkung: „Vielmehr meine ich, daß ein Edelmann die Gießkunst nicht ausüben kann und darf, auch wenn er Talent hat und die Freude an der Arbeit ihn anzieht, schon allein deshalb, weil man den Schweiß und die vielen Plagen, die sie bereitet, gewohnt sein muß.“[41]

In den Notizen Leonardo da Vincis sind Aufzeichnungen enthalten, in denen er sein Wissen und seinen Stand gegen die Überheblichkeit der Humanisten und Literaten vertei-

---

[40] Fra Luca Pacioli, Divina proportione. Die Lehre vom goldenen Schnitt, neu hrsg., übers. und erl. von C. Winterberg, Wien 1889, S. 180/181 (Quellenschriften für Kunstgeschichte und Kunsttechnik, Neue Folge, Bd. 2).

[41] Biringuccio, Pirotechnia, a. a. O., S. 251.

digt. So heißt es etwa im „Codex atlanticus“: „Wenngleich ich nicht, wie die anderen, namhafte Schriftsteller anführen kann, so ist es doch eine viel größere und würdigere Sache, unter Hinweis auf die Erfahrung, die Lehrmeisterin ihrer Meister, zu lehren. Jene laufen aufgeblasen und wichtigtuerisch herum, nicht mit ihren eigenen, sondern mit fremden Leistungen geschmückt, und wollen die meinigen nicht gelten lassen. Aber wenn sie mich als Erfinder geringschätzen, um wieviel mehr mögen sie selbst dann getadelt werden, da sie nicht Erfinder sind, sondern Marktschreier und Nachbeter der Werke anderer!“[42]

Bedeutend schärfer traten die Gegensätze zwischen den Vertretern der offiziellen Wissenschaft und den wenigen einflußreichen Vertretern der praktischen Interessen hervor, wie der Streit zwischen Cardan und Tartaglia deutlich anzeigt. Tartaglia, der aus sehr einfachen Kreisen stammt, steht offensichtlich sozial gesehen auf der Scheidelinie zwischen den arrivierten Ingenieuren im Dienste politischer Machthaber und den Handwerksmeistern, Baumeistern usw., die damals, halb Zunftmeister, halb „Künstler“, mit ihren Arbeitern selbst noch produktiv tätig waren. Tartaglias Mißgeschick verdeutlicht die allgemeine Tatsache, daß in der Renaissance keineswegs die Klassenschranken zwischen den besitzenden und den besitzlosen Klassen beseitigt gewesen sind.

J. D. Bernal, dessen Untersuchungen über die Entwicklung der Wissenschaft hier weitgehend benutzt worden sind, und Edgar Zilsel kommen bei der Darstellung der gesellschaftlichen Beziehungen zu dem Schluß, daß in der Periode der Entstehung der klassischen Naturwissenschaften der Unterschied zwischen geistiger und körperlicher Arbeit vorübergehend gemildert, wenn nicht gar aufgehoben gewesen ist. Bernal schreibt z. B.: „. . . the Renaissance healed, though only partly, the breach between aristocratic theory and plebeian practice which had been opened with the beginning of class society in early civilization and which had limited the great intellectual capacity of the Greeks.“[43] Und noch deutlicher: „It is significant that the periods of greatest productivity in the arts and sciences — the time of the early Greeks, the Renaissance, the Enlightment — have all been those in which for a short time class barriers were partially broken down. In such
448 periods it is the aim of a rising class to capture / literacy, culture, and science and in the process to make them far more generally available.“[44]

Diese Schlußfolgerung scheint angesichts des oben Ausgeführten irreführend. Die Verhältnisse liegen doch wohl komplizierter. Nicht um eine Zusammenarbeit auf der Basis der Gleichberechtigung zwischen Ausbeutern und Ausgebeuteten handelt es sich, auch nicht um eine Gleichstellung der neu sich bildenden Schicht der Intelligenz mit den Handwerkern und Arbeitern in der von uns behandelten Epoche, sondern, wie Bernal selbst feststellt, um die Aneignung der Herrschaft über die Produktion durch die neue aufsteigende Klasse.

Bernals Feststellungen bestehen deshalb nur insofern zu Recht, als die Hinwendung zum Diesseits und die Entdeckung der Produktivkräfte für Wissenschaft und Kultur sowie der Potenzen der Wissenschaft und Kultur für eine Verbesserung des menschlichen Lebens notwendig verbunden waren, einmal mit dem Anspruch, der ganzen Menschheit Glück zu bringen und zum anderen mit einer Hochschätzung der Tätigkeit von Erfindern und Entdeckern. Die oben angeführten Veränderungen in den Kreisen der Intelligenz sind somit nicht Ausdruck einer vorübergehenden Klassenharmonie, sondern Ausdruck der Ablösung einer auch über die Wissenschaftler herrschenden Klasse durch eine andere. Die neue Bewertung der produktiven Arbeit ist nicht Ausdruck des Verzichtes auf Aus-

---

[42] Leonardo da Vinci, Tagebücher mit Aufzeichnungen, Leipzig 1952 (2. Aufl.), S. XXI.
[43] J. D. Bernal, Science in history, a. a. O., S. 254 (Die Wissenschaft in der Geschichte, S. 231).
[44] Ebenda, S. 886/887 (S. 814).

beutung, sondern Ausdruck einer Änderung in deren Methoden, Ausdruck des Interesses der neu heranreifenden Klasse an der Steigerung der gesellschaftlichen Produktivkräfte. Die Produktivkräfte aber waren damals so weit entwickelt, daß ihre Beherrschung und Ausnutzung die Entwicklung einer neuen, eben der klassischen Naturwissenschaft erforderte. Diese neue Wissenschaft konnte nur unter der Förderung der gesellschaftlichen Kräfte entwickelt werden, die an der Entwicklung der Produktion interessiert waren, weil sie daraus, d. h. aus der Manufaktur, ihre ökonomische und politische Macht ableiteten, sie darauf begründeten. Die neue Wissenschaft wurde gleichzeitig von den gesellschaftlichen Kreisen bekämpft, die ihre Herrschaft auf die alten, unentwickelten Produktivkräfte und die alten Produktionsverhältnisse gründeten. Sie wurde deshalb, wie Karl Marx an der oben angeführten Stelle ausführt, auch vom Kaufmannskapital in der weiteren Entwicklung nicht weitergefördert.

Unter diesen Umständen entwickelten sich auch die Vertreter der neuen gesellschaftlichen Schichten über den Dilettanten und Empiriker hinaus zu dem Fachwissenschaftler, wie er uns schließlich in Galilei und seinen unmittelbaren Schülern begegnet. Dabei ist dieser Fachwissenschaftler natürlich mit dem Spezialisten unserer Tage ebensowenig auf eine Stufe zu stellen wie der Ingenieur des 15. und 16. Jahrhunderts mit unseren modernen Ingenieuren. Er unterscheidet sich aber deutlich von dem Gelehrten des Mittelalters, der in seinem Werdegang als Hochschullehrer die einzelnen (Fach-)Fakultäten durchlief, bis er als Theologie-Professor die höchste Stufe erreichte. Er unterschied sich ebenfalls von dem Universalgelehrten in der Art Cardans, der alle Fächer zugleich betrieb, und zeigt, daß mit der Entfaltung der kapitalistischen Produktion und der Manufaktur auch im Bereiche der geistigen Arbeit zwangsläufig eine Arbeitsteilung einsetzte, die seitdem gewaltig zugenommen hat, und unter deren positiven wie negativen Auswirkungen wir heute noch stehen. /

449 Unter diesen Umständen erfuhren die neuen Bestrebungen wissenschaftlicher Forschung weiteren Auftrieb. In Verbindung mit der zunehmenden Zahl naturwissenschaftlich Interessierter entwickelten sich im 16. Jahrhundert die ersten wissenschaftlichen Gesellschaften. So wurde etwa von Giambattista della Porta die *Accademia curiosorum hominum* in Neapel geschaffen, und in Rom entstand die *Accademia dei Lincei*, die Galilei zu ihren Mitgliedern zählte. Letztere sah ihre Aufgabe im Studium der Natur und schloß Priester von der Mitgliedschaft aus. Sie entstand ebenso wie ihre berühmte Nachfolgerin, die *Accademia del Cimento* oder *Akademie des Experiments* unter dem Protektorat eines italienischen Fürsten und erlosch nach dem Tode ihres Protektors. Vergleicht man die Zusammensetzung der Akademien, so erkennt man deutlich eine Verschiebung von bloßen Liebhabern zu Fachleuten der Naturforschung entsprechend der zunehmenden wissenschaftlichen Fundierung der neuen Naturforschung und Herausbildung einer exakten Naturwissenschaft.

Alle diese Akademien standen unter dem ständigen Druck der katholischen Kirche und ihrer Inquisition, die schon die Akademie des Giambattista della Porta verbot und mit der Auflösung der *Accademia del Cimento* das Ende der italienischen Führung in der neuen Wissenschaft besiegelte.[45]

Es muß unterstrichen werden, daß die Verfolgungen der Kirche die neue Organisationsform der wissenschaftlichen Arbeit ebensowenig aufzulösen vermochte wie die neue Naturwissenschaft selbst. Im Jahre 1626 erschien Francis Bacons utopische Erzählung „Nova Atlantis“, in der unter der Bezeichnung „Das Haus Salomons“ das Modell einer wissenschaftlichen Gesellschaft eben dieser Art gezeichnet ist. Dieser Vorschlag hat in der wissen-

---

[45] Fürst Leopold von Medici, der Begründer und Vorsitzende der *Accademia del Cimento*, erhielt die erstrebte Kardinalswürde nur unter der Bedingung, die Akademie aufzulösen.

schaftlichen Welt größtes Interesse und in der Mitte des 17. Jahrhunderts die erste Verwirklichung gefunden. Schon wenige Jahre nach der englischen Revolution von 1640 fanden sich in London interessierte Laien und Professoren zu Sitzungen und Aussprachen über die neue Experimental-Wissenschaft zusammen. Ihre Bestrebungen und Interessen führten schließlich 1662 zur Gründung der *Royal Society*. Die in dem von Magalotti 1667 ausgearbeiteten Bericht über die Untersuchungen der *Accademia del Cimento* geschilderten Experimente wurden außerhalb Italiens vielfach nachgeahmt und fortgesetzt.

Die Tätigkeit einzelner Gelehrter wie ihre Zusammenarbeit in Akademien erwies sich um so entscheidender und dementsprechend die Unterdrückung ihrer Tätigkeit für die reaktionären kirchlichen Kreise um so erwünschter, als die europäischen Universitäten, die sich zum überwiegenden Teil unter der Schirmherrschaft der katholischen und später auch der evangelischen Kirchen befanden, bis ins 18. Jahrhundert dem wissenschaftlichen Fortschritt verschlossen blieben. Die neuen wissenschaftlichen Erkenntnisse und Auffassungen wurden dort weder gelehrt noch etwa gar betrieben. Versuche zu Universitäts-Reformen scheiterten oder blieben in sehr unzureichenden Ansätzen stecken. Es versteht sich von selbst, daß unter diesen Umständen die europäischen Universitäten bis gegen Ende
450 des / 18. Jahrhunderts nur einen minimalen Beitrag zur Entwicklung der klassischen Naturwissenschaft lieferten.[46]

## 11. Schlußfolgerungen

Der wahre Zusammenhang zwischen der Entwicklung der Naturwissenschaft und der Entwicklung der Gesellschaft kann in Ergänzung zu dem eingangs Gesagten als Ergebnis der vorliegenden Untersuchung kurz zusammengefaßt so bestimmt werden, daß die Entwicklung neuer Bedürfnisse und neuer Produktivkräfte dann und nur dann zur Entstehung einer neuen Naturwissenschaft führt, wenn sie infolge der Herausbildung neuer Produktionsverhältnisse zu einer Verbindung der neuen Praxis mit der überlieferten Schulung im abstrakten Denken und dem theoretischen Vorstellungsstoff ihrer Epoche führt. Ist doch, wie im Anschluß an die bekannten Ausführungen von Friedrich Engels im „Anti-Dühring" festgestellt werden muß, die Kunst, Begriffe zu bilden und mit Begriffen zu operieren, nicht mit dem gewöhnlichen Alltagsbewußtsein gegeben, sondern seit der Trennung zwischen geistiger und körperlicher Arbeit das gehütete Privileg der herrschenden Klasse.[47]

In dem Maße, wie die neue, sich herausbildende Klasse die ökonomische und politische Macht ergreift, eignet sie sich den überlieferten Schatz an Kenntnissen von der Natur und die Kunst des Denkens an, gestaltet das Ganze ihren Bedürfnissen und Interessen entsprechend um, vermehrt und entwickelt sie es im Rahmen ihrer Möglichkeiten, entwickelt sie gleichzeitig diejenigen Fachleute und Anschauungen, die sie zur Beherrschung der Natur durch den Menschen braucht.

Heute können wir auf drei solcher Wendepunkte in der Geschichte der Naturwissenschaft und Technik wie in der Geschichte der Gesellschaft zurückblicken: auf den Übergang von der Urgesellschaft zur Sklaverei, der mit den Anfängen der Naturwissenschaft und Technik zusammenfällt, auf den Übergang von der Sklaverei zum Feudalismus, dem der Zerfall der antiken Wissenschaft und die Entstehung der christlichen Scholastik und der peripatetischen Naturlehre entspricht, und schließlich auf den Übergang von Feudalismus zum Kapitalismus, der die klassischen Naturwissenschaften hervorbrachte.

---

[46] Vgl. dazu M. Ornstein, The rôle of scientific societies in the seventeenth century, Chicago 1938 (3. Aufl.), mit ausführlichen Belegstellen und Literaturangaben.

[47] F. Engels, Herrn Eugen Dührings Umwälzung der Wissenschaft. Vorwort (1885), in: MEW, Bd. 20, Berlin 1962, S. 14.

Wir befinden uns heute nicht nur in Europa, sondern auch in Asien in der Übergangsperiode vom Kapitalismus zum Sozialismus und sind gleichzeitig Zeitgenossen und Teilnehmer einer Erneuerung der Naturwissenschaft. Diese moderne (nicht klassische) Naturwissenschaft hat heute schon der Menschheit eine neue mächtige Energiequelle, neue Möglichkeiten zur Umgestaltung der Natur und neue Methoden zur Steuerung und Lenkung (Automatisierung) des Produktionsprozesses gegeben. Sie hat gleichzeitig in den sozialistischen Ländern das Bildungsprivileg der Ausbeuterklasse ein für alle Mal beseitigt und trägt auf diese Weise dazu bei, die Produzenten selbst zu Fachleuten, die Wissenschaft zum Allgemeingut der Menschheit und das Recht des Menschen auf die Herrschaft über die Natur, das bisher ein streng gehütetes Vorrecht der herrschenden Klasse gewesen ist, zum allgemeinen Menschenrecht zu machen.

# Die Aneignung des antiken Wissens auf dem Gebiet der Naturwissenschaft in der Renaissance*

3 In seinem Meisterwerk über die Kultur der Renaissance in Italien entwickelt Jacob Burckhardt einen faszinierenden Überblick über diese entscheidende Periode in der Entwicklung der menschlichen Gesellschaft. Mit einer staunenerregenden Belesenheit und Sachkenntnis wird der gesamte Bereich der kulturellen Lebensäußerungen dieser Zeit vom Staat über seine Bürger und Menschen bis zu Sitte und Religion dargestellt. Dabei werden die vielgestaltigen, widerspruchsvollen und doch einheitlichen Grundzüge einer menschlichen Haltung gegenüber der Natur und in der Gesellschaft herausgearbeitet, die später im Liberalismus und Humanismus des Bürgertums ihren reifsten Ausdruck gefunden haben. Ohne daß es im Buch selbst ausgesprochen wird, fand sich der bürgerlich Gebildete der Mitte des 19. Jahrhunderts in seiner ungestümen, alles versprechenden Jugend vorgestellt. Unzählige Autoren haben auf dieses Werk zurückgegriffen, auch heute noch kann man nicht daran vorübergehen, ohne sich mit ihm auseinanderzusetzen.

Die Zeiten haben sich allerdings geändert. Auf den Kapitalismus der freien Konkurrenz folgte der Monopol-kapitalismus, auf den naiven Glauben an den Fortschritt die Gewißheit des Unterganges der bürgerlichen Gesellschaft, auf den bürgerlichen Humanismus des vorigen Jahrhunderts folgte der Faschismus.

Auf einem weiten Territorium von Europa und Asien besteht heute eine sozialistische Gesellschaftsordnung mit neu gesteckten Zielen. Sie hat die Überzeugung von dem fortschreitenden Entwicklungsprozeß der menschlichen Gesellschaft aufgenommen und arbeitet am Aufbau einer Welt ohne Unterdrückung und Ausbeutung. Die alten orientalischen Kulturländer, von den europäischen Kolonialmächten und der europäischen Kultur scheinbar für immer annektiert, erwachen zu selbständigem wirtschaftlichem, politischem und kulturellem Leben. Die neuen, erst in der Renaissance entdeckten Kontinente befreien sich aus europäischer Vormundschaft. Das europäische Denken weicht dem Denken im Maßstab unserer ganzen Erde. Zwei Weltlager — das zum Untergehen verurteilte kapitalistische, die späte, überreife Frucht der in der Renaissance entstandenen Keime, und das aufsteigende sozialistische — Erbe, Umgestalter und Erneuerer der alten Gesellschaftsordnung und ihrer Kultur — stehen einander gegenüber.

Ebenso bedeutend und einschneidend sind die Fortschritte der Wissenschaft in den
4 hundert Jahren, die uns von dem Erscheinen der „Kultur der Renaissance in / Italien" trennen. Die Gesellschaftswissenschaft hat mit der Lehre von Marx und Engels ein neues Fundament gefunden, das uns ein weit tieferes und umfassenderes Verständis der Gesellschaft und ihrer Geschichte vermittelt, als es Jacob Burckhardt möglich war. Die Entwicklung der Naturwissenschaft und Technik hat die Herrschaft der Menschen über die Natur bedeutend erweitert und uns damals unbekannte und kaum geahnte Möglichkeiten

* Erschienen in: Renaissance und Humanismus in Mittel- und Osteuropa, Band I, hrsg. von Johannes Irmscher, DAdW zu Berlin, Schriften der Sektion für Altertumswiss., Bd. 32, Berlin 1962, S. 3—15.

zur Entwicklung der Menschheit und ihrer Kultur eröffnet. Die Wissenschaft ist heute zu einem notwendigen und unentbehrlichen Bestandteil des gesellschaftlichen Lebens geworden. Ohne tägliche wissenschaftliche Arbeit würden Millionen der heute lebenden Menschen zugrunde gehen. Der Kampf geht heute darum, daß sie nicht auch zugleich mit Hilfe der Wissenschaft vernichtet und damit die entsetzlichen Vorgänge in den Gaskammern der faschistischen Konzentrationslager in weltweitem Maßstab wiederholt werden; es geht darum, daß der sterbende Kapitalismus nicht die ganze Menschheit in seinen Untergang mit hineinreißt.

Es versteht sich, daß unter diesen veränderten Bedingungen auch die Renaissance und ihre Kultur heute eine andere Einschätzung und Beurteilung erfahren als vor hundert Jahren.

Betrachten wir zunächst nur die Kapitelüberschriften und die Einteilung des Stoffes bei Jacob Burckhardt, so ergibt sich vom modernen Standpunkt aus, daß er in seinem Werk nur den Überbau der menschlichen Gesellschaft behandelt. Es fehlt eine Darstellung der Basis und der Klassenstruktur sowie der Klassenkämpfe in der italienischen Renaissance, obwohl auch über diese Bereiche in dem Werk selbst zahlreiche Tatsachen und Einzelheiten angegeben werden. Eine dem Stand unserer heutigen Kenntnisse entsprechende Darstellung der Renaissance und ihrer Kultur ist daher notwendig geworden, ganz abgesehen davon, daß in den vergangenen hundert Jahren die historische Einzel- und Quellenforschung eine Fülle neuen Materials erschlossen hat.

Im nachfolgenden soll dazu ein kleiner Beitrag gegeben werden durch eine Betrachtung vom Standpunkt der Geschichte der Naturwissenschaft, die bei Jacob Burckhardt nur gestreift wird. Eine solche Betrachtung der Renaissance erscheint hinlänglich dadurch gerechtfertigt, daß gerade in dieser Zeit die Anfänge einer neuen Wissenschaft entstanden sind, die heute von den Naturwissenschaftlern ganz allgemein als die klassische Naturwissenschaft bezeichnet wird. In der Geschichtsschreibung der Naturwissenschaft hat sich der Ausdruck „wissenschaftliche Revolution“ für dieses Geschehen durchgesetzt, so, wie man von der „industriellen Revolution“ zu Ende des 18. und zu Beginn des 19. Jahrhunderts spricht.

Die Entwicklung ging auch hier von Italien aus, das noch bis Ende des 16. Jahrhunderts als wissenschaftliches Zentrum Europas bezeichnet werden kann, blieb aber keineswegs auf dieses Land beschränkt, sondern hatte Ende des 15. Jahrhunderts ganz Europa erfaßt. Die großen Entdeckungsreisen gingen von Portugal und Spanien aus, die Erneuerung
5 der rechnenden Astronomie von / Peuerbach und Regiomontau in Wien, Begründer der Mineralogie sowie der Berg- und Hüttenkunde ist der Deutsche Georg Agricola usw. Von den drei bedeutenden Werken, die im Jahre 1543 erschienen, stammt „De revolutionibus“ von dem polnischen Gelehrten Kopernikus, „De humani corporis fabrica“ von dem in Italien lebenden Flamen Andreas Vesalius und die „Cosmographia“ von Sebastian Münster aus Basel. Ihnen ist eine bedeutende wissenschaftliche Entwicklung in diesen Ländern vorausgegangen.

Niemand wird ernstlich bestreiten, daß die Entwicklung der Naturwissenschaft und Technik wesentlich durch die Entwicklung der Produktion bestimmt ist. In bezug auf die Produktion aber können das 15., 16. und teilweise auch das 17. Jahrhundert als die Übergangszeit vom Handwerk zur Manufaktur bezeichnet werden. Zu Beginn dieser Periode herrscht die Handwerksproduktion noch uneingeschränkt und mit ihr das Zunftwesen, das auf dem Höhepunkt seiner Entwicklung steht. In der zweiten Hälfte des 17. Jahrhunderts dagegen haben sich die Manufaktur und das Verlagswesen weitgehend durchgesetzt. Die Monopolstellung der Zünfte ist durchbrochen, sie beginnen, trotz weiterer Differenzierung zu zerfallen.

Diese Entwicklung ist einerseits durch die Herausbildung neuer Produktionszweige gekennzeichnet, wie etwa der Papierherstellung und des Buchdrucks, der Büchsenmacherei und der bedeutenden Erweiterung des Bergbaus, die von Anfang an nicht in Zünften organisiert waren, selbst wenn sie vorübergehend zunftähnliche Organisationsformen annahmen, und andererseits durch den Übergang alter Produktionszweige, wie etwa der Tuchmacherei und anderer Textilgewerbe, zum Verlagssystem und zur Kooperierung gleichartiger Handwerksbetriebe und sogar verschiedener Handwerksbetriebe unter der Leitung eines Unternehmers. Besonders im Bergbau kommt es zur Bildung von Gesellschaften, deren Anteile als Kuxe gehandelt werden. Mit der Manufaktur erscheinen die ersten freien Lohnarbeiter. Man findet diese Entwicklung der Wirtschaft in jedem modernen Lehrbuch der Wirtschaftsgeschichte dargestellt, sie ist heute weitgehend erforscht und in vielen Einzelheiten sowohl bezüglich einzelner Produktionszweige wie bezüglich einzelner Länder bekannt.

Mit und infolge dieser ökonomischen Veränderungen entstand zugleich ein neuer Mensch, der von Jacob Burckhardt und anderen Historikern in seiner kraftvollen Lebendigkeit und in seinen vielgestaltigen Lebensäußerungen begeistert geschildert worden ist. Man entdeckte in diesen Jahrhunderten den Menschen, das Individuum und die Natur in ihrer eigenen Gesetzmäßigkeit, man bejahte das irdische Leben, die irdischen Güter und die irdischen Freuden. Nicht von ungefähr nannten sich die Anhänger der neuen Denkweise schon im 16. Jahrhundert Humanisten — das Wort umanista stammt von Ariost — und wurde gerade im 19. Jahrhundert, daran anknüpfend, der Ausdruck Humanismus geprägt: Das zur Macht gekommene Bürgertum erkannte in den neuen Menschen der Renaissance seine eigenen Anfänge. /

6 Diese beschränkten sich keineswegs auf eine stattliche Reihe hervorragender Literaten, Künstler, Gelehrter und Poltiker, sie finden ihre Anhängerschaft in einer breiten städtischen Bevölkerungsschicht, die diese neue Intelligenz und ihre Werke trägt. Die Kultur der Renaissance ist in allen Ländern eine städtische Kultur, und auch dort, wo der kleine oder große Herrscher und der Hof als geldkräftiger Förderer und Beschützer von Wissenschaft und Kunst in den Vordergrund tritt, bleibt diese Oberschicht dem städtischen Leben ökonomisch und politisch verbunden. Der alte feudale Landadel gehört nicht zu den Parteigängern der Humanisten und der Renaissance.

Das aber bedeutet, daß die Wissenschaftler, Künstler und Literaten Beauftragte eben dieser neuen gesellschaftlichen Kräfte ihrer Zeit sind und ihre Schöpfungen in Kunst und Wissenschaft letzten Endes deren Bedürfnissen entsprechen und sie widerspiegeln, d. h., sie zum Ausdruck und zugleich zum Bewußtsein bringen. Dabei ist unter „letzten Endes“ zu verstehen, daß auch diese gesellschaftliche Erscheinung nicht rein, sondern in Verbindung mit anderen Einflüssen zum Ausdruck kommt. Die Humanisten stehen nicht nur unter dem Einfluß der neuen gesellschaftlichen Schichten und drücken nicht nur deren Bedürfnisse aus, sondern nehmen an den Klassenkämpfen ihrer Zeit, in deren Verlauf das Bürgertum erst allmählich zur Klasse heranreift, auf verschiedenen Seiten Anteil, ihre Streitigkeiten sind selbst Ausdruck der Parteiungen und Klassenkämpfe. Der Purismus und Bildungsstolz der Literaten z. B. isoliert sie schon in der ersten Hälfte des 16. Jahrhunderts von der breiten städtischen Bevölkerung und den praktischen Künstlern. Die wissenschaftliche Revolution vollzog sich auf dem Hintergrund entscheidender gesellschaftlicher Veränderungen und ist selbst in ihrem Ablauf Ausdruck der damit verbundenen Kämpfe und Auseinandersetzungen. Sie brachte nicht nur eine Umwälzung in den Grundlagen der Naturwissenschaft, sondern war bekanntlich auch von ideologischen und politischen Kämpfen begleitet, in die Kirche und Staat entscheidend eingegriffen haben, eben damit den gesellschaftlichen Charakter dieser Auseinandersetzungen und ihre praktische politische Bedeutung in den Klassenkämpfen jener Zeit zum Ausdruck bringend.

Welche Bedeutung kommt unter diesem Aspekt der „Wiedererweckung des Altertums" zu, und welche Rolle spielt sie in der wissenschaftlichen Revolution?

Die neu aufkommende bürgerliche städtische Schicht vom Bankherren und Unternehmer bis zum Baumeister, Buchdrucker und Instrumentenmacher brauchte tiefere und breitere Kenntnisse der Natur als die herrschende feudale Klasse, wenn sie sich ihr gegenüber durchsetzen und die Führung in Wirtschaft und Politik übernehmen wollte. Dieses Bedürfnis nach Kenntnissen führte von Anfang an zu einem Studium der Wirklichkeit und der Praxis, das die entscheidende und wesentliche Ursache für die Entstehung der neuen Naturwissenschaft bildet. Die moderne Geschichtsforschung stimmt im wesentlichen darin überein, daß in der Wendung zur Praxis die Ursache zu der stürmischen Entwicklung der Natur-
7 wissenschaft liegt und hat im einzelnen nachgewiesen, wie die / praktischen Bedürfnisse diese Entwicklung angeregt und vorangetrieben haben. Diese Wendung zur Praxis konnte sich vor allem auch deshalb fruchtbar auswirken, weil schon im 13. und 14. Jahrhundert die Entwicklung der Produktivkräfte und des Handwerks einen Stand erreicht hatte, der den früherer Jahrhunderte weit übertraf.

Zugleich aber findet das allgemeine Bedürfnis nach Kenntnissen seinen Ausdruck in der Notwendigkeit, sich die bereits vorhandenen Kenntnisse von der Natur anzueignen. Diese Aneignung wissenschaftlicher Kenntnisse durch eine neu sich formierende Klasse scheint mir ein ganz wesentliches und bisher zu wenig beachtetes Merkmal der Renaissance, auf das deshalb etwas näher eingegangen werden soll.

Sie erfolgte natürlich entsprechend den Bedürfnissen und Interessen der neuen gesellschaftlichen Kräfte, d. h. mit Auswahl und keineswegs kritiklos. Sie erfolgte auf verschiedenen Ebenen der Bildung, und sie führte schließlich zur Übernahme des Bildungsgutes in die Volkssprachen, die sich gleichzeitig zu Schriftsprachen entwickelten, in denen auch komplizierte wissenschaftliche Darstellungen möglich wurden.

Die ganze neue Richtung drapierte sich besonders im 15. Jahrhundert mit dem Gewand der Antike. Die Kardinäle wurden als Senatores, die Stadträte als Patres conscripti und selbst die christlichen Heiligen als Divus oder Deus bezeichnet und die Nonnen als Virgines Vestales.[1] Das gilt auch auf dem Gebiet der praktischen Künste und Wissenschaften. Jacob Burckhardt spricht geradezu von einem „Vitruvianismus" der Architekten als Parallele zum „Ciceronianismus" der Literaten.[2]

In seiner Schrift „Der achtzehnte Brumaire des Louis Bonaparte" weist Karl Marx auf die „Selbsttäuschungen" hin, deren die bürgerlichen Revolutionen bedurften, „um den bürgerlich beschränkten Inhalt ihrer Kämpfe sich selbst zu verbergen und ihre Leidenschaft auf der Höhe der großen geschichtlichen Tragödie zu halten"[3]. Er sieht darin einen wesentlichen Grund „jener weltgeschichtlichen Totenbeschwörungen"[4]. Zweifellos waren diese Momente auch schon in der Renaissance gegeben und im politischen wie literarischen Bereich weit umfangreicher als die Erinnerung an die frühere nationale Größe Italiens, der Jacob Burckhardt einen wesentlichen Anteil an der „Wiedererweckung des Altertums" zuschreibt.

Dazu kommt, daß damals noch mehr als zur Zeit der großen Französischen Revolution die Überzeugung allgemein war, daß das goldene Zeitalter in der Vergangenheit, christlich gesehen vor dem Sündenfall, bereits existiert habe und wiederkommen werde. Eine

---

[1] Vgl. J. Burckhardt, Die Kultur der Renaissance in Italien, in: Burckhardt, Gesammelte Werke, Bd. 3, Berlin o. J., S. 167.

[2] Ebenda, S. 170.

[3] K. Marx, Der achtzehnte Brumaire des Louis Bonaparte, in: MEW, Bd. 8, Berlin 1960, S. 116.

[4] Ebenda, S. 115.

8 solche geistige Haltung, die das Ideal in der Ver/gangenheit suchte, mußte sich bei der Suche nach neuen Vorbildern auf die Vergangenheit orientieren. Damit aber erhielt der Blick in die Vergangenheit einen in die Zukunft weisenden Inhalt und konnte die Wiedererweckung des Altertums zum Ausdruck des sich anbahnenden Neuen werden. Wir finden diese eigenartige Verbindung besonders augenfällig bei Francis Bacon. Die von ihm erdachte mächtige wissenschaftliche Organisation in der utopischen „Nova Atlantis“ nennt er das Haus Salomons und legt sich dabei eine Theorie zurecht, wonach die Menschen vor dem Sündenfalle bereits einmal die Herrschaft über die Natur besaßen, die sie durch die Entwicklung der neuen Wissenschaft zurückerobern könnten und sollten.

Auf dem Gebiete der Naturerkenntnis wie der Wissenschaft im allgemeinen kommt schließlich bei der Aneignung des überlieferten Wissens als sachliches Moment hinzu, daß das reiche wissenschaftliche Erbe, welches die Antike hinterlassen hatte, im Mittelalter bei weitem nicht ausgeschöpft und in jeder Richtung ausgewertet worden war. Hier waren tatsächlich noch Schätze verborgen, die gehoben unmittelbar zu einem tieferen Verständnis und damit zu einer besseren Beherrschung der Natur beitragen konnten. Hand in Hand mit der „altehrwürdigen Verkleidung“ (Marx) geht somit besonders auf wissenschaftlichem Gebiet eine echte Aneignung und Anwendung antiken Wissens und antiker Kenntnisse.

Erst als die eigenen Errungenschaften die Leistungen und Kenntnisse der Antike sichtlich übertrafen, wozu insbesondere die geographischen Entdeckungen Anlaß gaben, löste man sich von diesen Vorstellungen und damit von der Überschätzung der Antike.

Girolamo Cardano schrieb 1574 in seiner Selbstbiographie: „Zu den größten und allerseltsamsten Ereignissen natürlicher Art zähle ich in erster Linie dies, daß ich in dem Jahrhundert zur Welt kam, da der ganze Erdkreis entdeckt wurde, während den Alten nur wenig mehr als der dritte Teil bekannt gewesen war. ... Gibt es Wunderbareres als die Erfindung des Pulvers, dieses Blitzes in Menschenhand, der viel verderbenbringender noch ist als der des Himmels? Und auch Dich will ich nicht vergessen, Du großer Magnet, der Du uns durch die weitesten Meere, durch finstere Nacht und fürchterliche Stürme sicher in fremde unbekannte Länder geleitest. Und als viertes sei noch genannt die Erfindung der Buchdruckerkunst. Menschenhände haben dies alles gemacht, Menschengeist erfunden, was mit des Himmels Wundern wetteifern kann! Was fehlt uns noch, daß wir den Himmel stürmen?“[5]

Der Kult, den man mit der Antike getrieben hatte, erlosch, und insbesondere in der Naturlehre wurde die Kritik an den alten Autoren immer intensiver. Noch Luca Paccioli
9 hielt die Lösung der kubischen Gleichung deshalb für unmöglich, / weil sie von den Griechen nicht entdeckt worden war. Aber diese Haltung fand nach 1500 schon keine allgemeine Zustimmung mehr. Die Lösungsversuche wurden fortgesetzt und führten schon kaum fünfzig Jahre später zum Erfolg. Der Philosoph und Mathematiker Pierre de la Ramé verteidigte 1536 an der Pariser Universität erfolgreich die These: Quaequumque ab Aristotele dicta essent, commenticia esse („Alles, was von Aristoteles gesagt wurde, ist falsch“), und bei Francis Bacon, der sein Werk als „Novum organum“ dem des Aristoteles gegenüberstellte, findet sich der Satz: „Plato hat die Naturphilosophie durch seine Theologie ebenso verdorben wie Aristoteles durch seine Logik.“[6]

Die Aneignung der antiken Kenntnisse in der Naturlehre und Naturerkenntnis oder, wie man damals noch ohne genaue Differenzierung zu sagen pflegte, in der „Philosophie“

[5] Des Girolamo Cardano von Mailand (Bürgers von Bologna) eigene Lebensbeschreibung, übertr. und eingel. von H. Hefele, Jena 1914, S. 138.

[6] The works of Francis Bacon, eds. J. Speeding, R. L. Ellis and D. D. Heath, Bd. 3, London 1887, S. 569.

vollzog sich unter diesen Umständen in ständiger Auseinandersetzung mit ihr in mehreren Stufen oder Etappen entsprechend den primär wirksamen Bedürfnissen der Entwicklung von Produktion und Technik.

Die wichtigsten Werke der Antike über Naturlehre und Mathematik lagen schon zu Ende des 15. Jahrhunderts in sorgfältig redigierten brauchbaren Drucken vor. Es sind dies in der Reihenfolge des Erscheinens der Editio princeps: Plinius (1469), Aristoteles („Opera omnia", lat. 1472—1474, griech. 1495—1498), Celsus (1478), Dioskurides (lat. 1478, griech. 1499), Euklid (lat. 1482, griech. 1533), Plato (lat. 1482, griech. 1513), Theophrast (lat. 1483, griech. 1497), Vitruv (1486), Galen (lat. 1490, griech. 1525), Ptolemäus („Tetrabiblos", lat. 1484, griech. 1533; „Almagest", lat. 1496, griech. 1525 bzw. 1538).[7] Man kann wohl das Erscheinen dieser ersten gedruckten Ausgaben als einen Ausdruck dafür werten, daß diese Werke aus dem Bereich der Klostergelehrsamkeit in den geistigen Besitz der neuen weltlichen und städtischen Schichten der Gesellschaft übergegangen waren.

Mit fortschreitender eigener Entwicklung und selbständiger Forschung genügen aber diese seit dem 13. Jahrhundert bekannten Werke schon im zweiten Drittel des 16. Jahrhunderts nicht mehr. Man geht, wie oben ersichtlich, von den lateinischen Übersetzungen zu den griechischen Originalen über und greift zu Schriften und Autoren, die höheren Ansprüchen genügen und höhere Anforderungen stellen. 1543 bzw. 1544 erscheinen die ersten gedruckten Werke von Archimedes in lateinischer bzw. griechischer Sprache, 1537 bzw. 1566 die „Kegelschnitte" des Apollonius (die ersten vier Bücher), 1575 die „Pneumatica" des Heron von Alexandria und im gleichen Jahr die mathematischen Schriften von Diophant und 1588 die von Pappos.

In dem Stadium schließlich, als die Grundlagen der neuen Naturwissenschaft bereits vorlagen und die neuen Methoden bereits formuliert waren, d. h. also nach der Veröffent-
10 lichung der mechanischen Untersuchungen von Galilei und nach / dem Erscheinen des „Novum organum" von Francis Bacon und des „Discours de la méthode" von Descartes, um nur die bedeutendsten Werke zu nennen, endet die Aneignung der antiken Wissenschaft auf unserem Gebiet schließlich mit der Übernahme der antiken Atomlehre Epikurs und der Grundlagen des antiken Materialismus durch Pierre Gassendi, der sie gleichzeitig zu entschärfen und für die christliche Lehre annehmbar zu machen verstand.

In diesem Zusammenhang möchte ich zugleich noch auf einen anderen charakteristischen Zug der Aneignung des antiken Wissens aufmerksam machen. Während die humanistischen Literaten zunächst an dem antiken Text und Autor selbst interessiert sind und sich bemühen, durch Textvergleiche und unter Ausbildung und Anwendung der Philologie einwandfreie Texte herzustellen, wendet sich ihr Interesse im 16. Jahrhundert zusehends der Praxis zu.

Georg Agricola z. B., ein in Leipzig ausgebildeter Humanist, der als erstes Werk eine lateinische Grammatik geschrieben hat, sich später der Medizin zuwendete und in Venedig als Lektor und Korrektor einer Galen-Ausgabe tätig ist, fängt an, sich dafür zu interessieren, welche tatsächlich existierenden Mineralien unter den bei Galen für Heilzwecke aufgeführten zu verstehen sind und kommt von dieser Seite her zum Bergbau, dem er dann sein Hauptwerk „De re metallica" widmet. Noch nach seiner Rückkehr nach Deutschland hat er zunächst an einem Kommentar zu Galen über mineralische Heilmittel gearbeitet. Entsprechendes gilt für die Botanik. Einer der Beweggründe, der zum Studium

[7] G. Sarton, The appreciation of ancient and medieval science during the Renaissance (1450—1600), Philadelphia 1955; ders., Introduction to the history of science, Bd. 1, Baltimore 1927.

der einheimischen Pflanzen führte, war der Wunsch von Anhängern des Humanismus, die bei antiken Autoren genannten und beschriebenen Pflanzen in der Natur zu identifizieren.

In der bekannten „Geschichte der Royal Society“ von Thomas Sprat aus dem Jahre 1667 findet sich folgende Stelle, die sozusagen als eine abschließende Beurteilung dieser Seite der Aneignung antiker Kenntnisse hervorgehoben zu werden verdient: „Das Erste, was unternommen wurde, war, die ausgezeichneten Werke früherer Autoren der Verborgenheit zu entreißen . . ., so daß jetzt die griechische und lateinische Sprache begehrt sind und alle die alten Autoren, die heidnischen Philosophen, die Mathematiker, Redner, Historiker und Dichter, die verschiedenen Abschriften und Übersetzungen der Bibel und der Kirchenväter hergestellt werden. Sie hatten alle durch die mehrfachen Abschriften und die Unkenntnis der Abschreiber sehr verschiedene Lesarten, und viele Teile waren ganz verloren oder durch den zeitlichen Abstand und die Änderung der Sitten unverständlich geworden. Mit ihrer Deutung, Erklärung, Ergänzung und dem Kommentieren waren fast alle ersten Denker beschäftigt. Ein Werk von großem Nutzen, für das wir uns ihnen sehr verpflichtet halten sollten, denn, wenn sie dieses Geschäft nicht für uns besorgt hätten, so hätten wir in der Gegenwart nicht so viel Zeit, wie wir sie hoffentlich heute haben, um neue Erfindungen zu verfolgen. Wenn es sie nicht gegeben hätte, müßten wir es tun, woran
11 nicht zu zweifeln ist, wenn wir / sehen, daß selbst heute, wo der Boden des Kritizismus fast unfruchtbar ist und kaum eine Ernte tragen wird, viele gelehrte Männer nicht umhin können, ihre ganze Zeit mit seiner Bearbeitung zu verbringen. Was würden wir getan haben, wenn alle diese Bücher unberührt in unsere Hände gekommen wären! Wir können somit die Kritiker und Philologen, deren Arbeit wir genießen, nicht im Ernst herabsetzen, sondern wir sollten ihnen vielmehr das Zeugnis ausstellen, daß sie Männer von bewundernswerter Geduld sind und daß die Sammlungen, die sie aus den Denkmälern der Alten hergestellt haben, für uns wunderbar vorteilhaft sind, wenn man den richtigen Gebrauch davon macht . . ., wenn sie benutzt werden, um uns die Wege zum Wissen zu führen, die wir in Zukunft gehen müssen, wenn sie uns, indem sie uns zeigen, was schon vollendet ist, die wahrscheinlichsten Mittel aufweisen, um zu vollenden, was dahinter liegt. Mir scheint, daß die Weisheit, die sie aus der Asche der Toten hervorgeholt haben, etwas von der gleichen Natur hat wie die Asche selbst. Wird sie in Haufen zusammengehalten, so ist sie nutzlos, wird sie aber über lebenden Boden gestreut, so wird sie ihn fruchtbarer machen für das Hervorbringen der verschiedensten Arten von Früchten.“[8]

In bezug auf die anderen von mir genannten Punkte: das Bedürfnis nach Aneignung von Wissen und die zunehmende Verbreitung von Wissen auf den verschiedenen Ebenen, sei zunächst darauf hingewiesen, daß in der Renaissance in den Städten sehr viel mehr Menschen lesen, schreiben und rechnen gelernt haben und lernen mußten als früher. Überall tauchten städtische Schreib- und Rechenmeister auf, die Anfangsunterricht erteilten.

Was speziell das Rechnen anbelangt, so setzten sich damals bekanntlich die arabischen Ziffern und das „Rechnen mit der Federn“, d. h. das schriftliche Rechnen, gegenüber dem „Rechnen auf der Linien“, d. h. mit dem Rechenbrett oder auf dem Rechentisch, durch, dem sowohl für das praktische Rechnen wie für die Entwicklung der Elementarmathematik eine große Bedeutung zukommt. Der Rechenmeister Adam Ries ist in Deutschland zum allgemeinen Begriff geworden. Die ersten Rechenbücher in den Nationalsprachen erschienen in Spanien 1512, in Deutschland 1514, in Italien 1515, in Portugal 1519, in England 1542,

---

[8] Th. Sprat, The history of the Royal Society of London for the improving of natural knowledge, London 1667, S. 23—25.

in Frankreich 1554, in Mexiko 1556.[9] Sie erlebten vielfach mehrere Auflagen bzw. Nachdrucke. Aus den Kreisen der Rechenmeister ist ein so bedeutender Wissenschaftler und Mathematiker wie Nicolò Tartaglia hervorgegangen. Welches Interesse man ihnen entgegenbrachte und zugleich welche sozialökonomische Stellung sie einnahmen, bezeugt die Tatsache, daß in der ersten Hälfte des 16. Jahrhunderts zwischen den Rechenmeistern öffentliche Wettkämpfe ausgetragen wurden, bei denen man sich gegenseitig Aufgaben stellte und auf ein schaulustiges Publikum rechnen konnte. /

12 Das Bedürfnis nach wissenschaftlichen Kenntnissen machte sich von Anfang an gerade unter den praktisch tätigen Menschen geltend, und zwar vorzugsweise dort, wo die Praxis und die Produktion über das rein Zunftmäßige und Altgewohnte hinausreichte. Der „Vitruvianismus" der Architekten findet seine Ursache in der Zunahme von Pracht- und Profanbauten und neuer Befestigungen im 15. und 16. Jahrhundert. Albrecht Dürer hat bekanntlich eine Befestigungslehre geschrieben. In fast allen zeitgenössischen wissenschaftlichen Werken finden wir Hinweise darauf, daß von Praktikern wissenschaftliche Fragen aufgeworfen wurden. Vielen von ihnen verdanken wir bedeutende wissenschaftliche Leistungen. Allgemein bekannt sind die erfolgreichen Bemühungen der bildenden Künstler zur Ausbildung einer auf mathematisch-wissenschaftlicher Grundlage beruhenden Perspektive; die Entwicklung und Ausbreitung des Geschützwesens führte zur Entwicklung der Ballistik und wurde damit ein Anlaß zur Schaffung der klassischen Dynamik; die Schiffahrt verlangte die Verbreitung eines Grundwissens in der praktischen Astronomie usw.

Der bildende Künstler entwickelte sich unter diesen Umständen zuerst im Italien des 15. Jahrhunderts zum Artefico und Ingegnero, eine Bezeichnung, die erstmalig in der zweiten Hälfte des 15. Jahrhunderts auftaucht. Ich brauche nur auf Leonardo da Vinci hinzuweisen, um die ganze Breite und Fülle dieser neu erwachten Interessen und Bedürfnisse deutlich werden zu lassen. Dieses Bedürfnis wurde mit fortschreitender Entwicklung so allgemein, daß es 1563 in Florenz zur Gründung einer Kunstakademie kam, die 1571 den Rang und Titel einer Universität erhielt. Der Lehrplan umfaßte Anatomie, Mathematik, das Bauwesen, d. h. Straßen-, Kanal-, Brücken- und Festungsbau, Maschinenbau, Architektur und Perspektive. Der Unterricht wurde in italienischer Sprache erteilt. Die Professoren waren verpflichtet, an Sonn- und Feiertagen für ein breites Publikum öffentliche Vorträge über Mathematik zu halten. Diese Accademia del Disegno, deren Geschichte m. W. bisher nur vom kunsthistorischen Standpunkt untersucht wurde, kann somit als ein Vorläufer späterer technischer Lehranstalten angesehen werden.

Ebenso wurde in England 1579 auf Grund einer Stiftung von Sir Thomas Gresham, dem Gründer der Londoner Börse, ein nach ihm benanntes College gegründet, als Ausbildungsstätte für Kaufleute und Seefahrer. Auch dort stand der Unterricht in den mathematischen Wissenschaften im Vordergrund, und Englisch trat als Unterrichtssprache neben Latein. Im Gresham-College fanden später die ersten Zusammenkünfte der Royal Society statt.

Wissenschaftliche Kenntnisse brauchten aber auch die Handelsherren und Unternehmer selbst. Agricola empfiehlt das Studium des Bergwesens ausdrücklich auch denen, die Kuxe kaufen wollen. Wie stark das Bedürfnis nach mathematischen und naturwissenschaftlichen Kenntnissen auch in den oberen Schichten der Gesellschaft war und welches Interesse man der antiken Wissenschaft entgegenbrachte, zeigt etwa die Tatsache, daß Luca
13 Paccioli am 11. August 1508 / in der Bartholomäuskirche von Venedig vor etwa fünfhundert Hörern einen Vortrag über euklidische Geometrie hielt. In der von ihm besorgten lateini-

[9] Vgl. G. Sarton, The appreciation . . ., a. a. O., S. 152—156.

schen Euklid-Ausgabe werden die bekanntesten unter seinen Zuhörern namentlich aufgeführt, darunter fünf hohe Staatsbeamte, sechsundzwanzig Professoren, neunundzwanzig Ärzte, neunundzwanzig Literaten, Architekten, Musiker, Kosmographen usw. In den Jahren zwischen 1472 und 1500 sind allein in Italien 214 mathematische Werke veröffentlicht worden.

Das Bedürfnis nach naturwissenschaftlichen und mathematischen Kenntnissen zeigt sich somit sowohl unter den verschiedenen Schichten der werktätigen Bevölkerung wie bei der städtischen Oberschicht. Damit aber ging die Aneignung der Wissenschaft bald so in die Breite, daß das Wissen in die Vulgärsprache eindrang, womit diese Aneignung des Wissens durch die städtische Bevölkerung und durch die Nationen ihren vollen Ausdruck fand. Schon Leon Battista Alberti schrieb sein berühmtes Werk über Bauwesen zugleich in lateinischer und italienischer Sprache, 1472 gab Regiomontan zugleich einen lateinischen und einen deutschen Kalender heraus usw. Ich verweise ferner auf die zahlreichen Pestschriften und Berichte über geographische Entdeckungen in den Nationalsprachen. In diesem Zusammenhang verdienen vor allem die grundlegenden Untersuchungen von L. Olschki[10] über die Geschichte der neusprachlichen wissenschaftlichen Literatur hervorgehoben zu werden.

Von welcher großen gesellschaftlichen und kulturpolitischen Bedeutung gerade diese sprachliche Aneignung war, geht nicht nur aus der Bedeutung der Bibelübersetzungen hervor, sie tritt auch in der Naturwissenschaft deutlich in Erscheinung. Im 16. Jahrhundert ist eine ganze Reihe antiker Autoren in die Vulgärsprache übersetzt worden. Nach der Zusammenstellung von Johann Friedrich Degen[11] sind im 16. und 17. Jahrhundert folgende antike naturwissenschaftliche Werke in deutscher Sprache gedruckt erschienen: Aristoteles („Problemata“, 1492), Celsus (1531), Plinius (1543), Vitruv (1548), Euklid (1555 bzw. 1562), Apollonius (1658), Archimedes (1670). Vor der deutschen Übersetzung erschien Euklid 1543 in italienischer Sprache, nach ihr 1564 bzw. 1565 in französischer, 1570 in englischer und 1576 in spanischer Sprache.[12]

Ebenso erschienen Plinius und Vitruv im 16. Jahrhundert außer in deutscher auch in italienischer und französischer Übersetzung. Die praxisbezogenen, enzyklopädischen Werke stehen somit auch hier an erster Stelle, während die schwierigen theoretischen Werke später folgen und zum Teil erst im 19. Jahrhundert übersetzt worden sind. /

14 Die ideologischen Auseinandersetzungen um die Kopernikanische Lehre spitzten sich erst dann besonders zu, als Galilei die neuen Ansichten in italienischer Sprache darlegte und sie damit aus dem Kreis der lateinkundigen Gelehrten in den Kreis der neuen Intelligenz und ins Volk trug. Die Sprachenfrage wurde zu einem Ausdruck des Klassenkampfes und ist es bis Thomasius und darüber hinaus geblieben. Es ging dabei nicht nur um die eine oder andere Lehre oder Ansicht, sondern um das Privileg der feudalen Kreise, insbesondere der Kirche auf Wissenschaft und Bildung.

Spätestens mit der Übernahme der antiken Atomlehre durch Gassendi war die Aneignung des antiken Wissens auf dem Gebiet der Mathematik und Naturwissenschaft abgeschlossen. Man hatte eigene, neue Wege eingeschlagen, die Kenntnisse von der Natur durch eigene Studien und Entdeckungen bedeutend erweitert. Damit aber hatte sich auch die Haltung der Antike gegenüber geändert. Wie aus der früher zitierten Stelle von Thomas Sprat hervorgeht, achtete man sie nach wie vor, aber jetzt als Vorstufe und nicht mehr als Vorbild der

---

[10] L. Olschki, Geschichte der neusprachlichen wissenschaftlichen Literatur, Bd. 1—3, Heidelberg 1919—1927.

[11] J. F. Degen, Versuch einer vollständigen Literatur der deutschen Übersetzungen der Römer, Altenburg 1794; ders., Litteratur der deutschen Übersetzungen der Griechen, 2. Bde., Altenburg 1797/98.

[12] Vgl. G. Sarton, The appreciation . . ., a. a. O., S. 138/139.

„neuen Philosophie". Diese Wandlung läßt sich in verschiedenen Zweigen der Naturwissenschaft bereits viel früher feststellen. Immer dann, wenn die eigene Leistung vorlag, trat die Antike zurück, bis man schließlich ganz auf sie verzichtete. Während etwa Kopernikus noch bemüht ist, antike Belege für seine Ansichten anzuführen und vielleicht durch antike Quellen dazu angeregt worden ist, benutzt Kepler in seiner „Astronomia nova" die antiken Kenntnisse einfach als Mittel zu eigener Forschung, ebenso wie er die astronomischen Beobachtungen Tycho Brahes benutzt. In der Mechanik führt der Weg von der Übernahme der Aristotelischen Bewegungslehre über ihre Kritik und Überwindung zu völliger Ausscheidung. In den „Philosophiae naturalis principia mathematica" Newtons ist von Aristoteles überhaupt nicht mehr die Rede.

Das Studium und die Erforschung der Antike wurde zu einem Spezialgebiet der Historiker, Philologen und Philosophen und verlor mehr und mehr seine Bindung zur Naturwissenschaft, die sich selbständig weiterentwickelte. Erst mit der Entstehung der modernen Naturwissenschaft gewinnen auch die naturphilosophischen Schriften der Antike neues Interesse bei den Naturwissenschaftlern. Während Heisenberg bei Plato eine Bestätigung seiner idealistischen Konzeptionen sucht, studieren marxistische Naturwissenschaftler und Philosophen, dem Beispiel Lenins folgend, die Ansätze tiefen dialektischen Verständnisses der Begriffe Raum, Zeit, Bewegung und Veränderungen bei Aristoteles im Zusammenhang mit den Problemstellungen der modernen Physik.

Soviel über die „Wiedererweckung des Altertums" als Ausdruck der in der Renaissance infolge wirtschaftlicher und gesellschaftlicher Veränderungen notwendig gewordenen Aneignung des überlieferten Wissens durch eine neu sich formierende gesellschaftliche Klasse!

Das Thema ist mit den vorliegenden Ausführungen keineswegs erschöpft, sondern bedarf
15 im Gegenteil noch weitergehender Forschung. Es kam mir hier / darauf an, auf diese Zusammenhänge hinzuweisen, um deutlich zu machen, daß die „Wiedererweckung des Altertums" eine kulturpolitische Erscheinung ist, die sowohl mit der Entwicklung der Produktivkräfte wie mit dem Entstehen einer neuen Gesellschaftsklasse zusammenhängt.

Mit der Bourgeoisie entstand zugleich ihr Gegensatz und ihr Totengräber, das Proletariat. Die Werktätigen stehen heute vor der Aufgabe, sich das kulturelle und wissenschaftliche Erbe der Vergangenheit anzueignen, kritisch zu überwinden und die Kultur und Wissenschaft weiterzuentwickeln. Die wissenschaftlichen und kulturellen Erfolge des sozialistischen Lagers lassen an der Lösung dieser historischen Aufgabe nicht mehr zweifeln. Die gegenwärtige kulturelle Revolution unterscheidet sich dabei von der Renaissance grundlegend durch die Tatsache, daß die sozialistische Gesellschaft keiner „weltgeschichtlichen Rückerinnerungen" bedarf, da ihr Inhalt ihren Zielen entspricht:

„Dort" — so beschreibt Karl Marx den Unterschied zwischen der bürgerlichen und der sozialistischen Revolution — „ging die Phrase über den Inhalt, hier geht der Inhalt über die Phrase hinaus."[13]

---

[13] K. Marx, Der achtzehnte Brumaire . . ., a. a. O., S. 117.

# From the critique of scholasticism to the critique of antiquity*

19 Suppose we agree with George Sarton[1] and Marie Boas Hall[2] that the revival of natural sciences began in the middle of the 15th century, that is at a time when, according to Karl Marx, the „Manufakturperiode“[3] started or, in other words, in a period when feudalism in Europe was already doomed and its significance in the economy, politics and thinking gradually declined, and when first forms of capitalism were discernible due to the emergence of commercial and manufacturing capital. This, then, was the time of a rapid growth of production and with it an expansion of trade and handicraft. It is remarkable that the classes of the population that participated in this expansion repudiated the recent past as gloomy, "gothic", meaning barbaric, and turned in their thinking from life of the hereafter to earthly thoughts. This trend can be noticed in all countries experiencing this growth of production and trade, and this novel outlook on life found its expression in humanism and in the Renaissance, that is, in the rebirth and restoration of the philosophy, science, art and literature of antiquity.

A more involved cause was the reason for going back to antiquity. The philosophy prevailing in those times, that is the authoritative science of feudalism as established in the 13th century by Thomas Aquinas, presented a combination of Christian tenets and ancient philosophy, and served as a philosophical basis of Christian theological teachings. The (genuine or assumed) works of Aristotle and the works of his commentators were
20 acknowledged as beyond question or doubt, just as the / Bible and the writings of the Fathers of the Church. Especially in secular problems, antique philosophy and science enjoyed great and even the greatest regard. Yet is was precisely in these worldly things that the limitations became apparently inherent in actual cognition and prevailing ideas, and that one became conscious in regard to the contrast between the newly discovered conception of life and the old traditional way of the world. It seems understandable that, as long as notions of eternal and not replaceable values were not only dominant but at the same time linked to the belief in an ultimate authority as origin of all knowledge, an urge grew up to look for better and more profound knowledge at those sources which hitherto had been exclusively supplying this knowledge. Deeply rooted and commonly accepted— augmented by the Christian doctrine of original sin and by antique concepts dated from Hesiod and Homer — was the belief, that the "golden era" should be looked for in the past. This explains, why even Simon Stevin mentions in his writings the past era of wisdom in which man was supposed to have kown all of nature's wonders,[4] and why Francis Bacon built

---

* Erschienen in: Organon 4/1967, S. 19—26.

[1] G. Sarton, The appreciation of ancient and medieval science during the Renaissance (1450—1600), Philadelphia 1955, S. 1.

[2] M. Boas, Die Renaissance der Naturwissenschaften 1450—1630, Gütersloh 1965.

[3] K. Marx, Das Kapital, vol. 1, in: MEW, vol. 23, Berlin 1962, p. 356.

[4] G. Sarton, On the history of science, Cambridge (Mass.) 1962, pp. 164/165.

up his theory asserting that prior to the original sin man ruled over nature, and that this rule could and should be recaptured by labour, industry, and the development of a new science surpassing that of the antique.[5]

However, it was palpably necessary first to investigate and master the antique science, in order to associate the belief in a golden era of the past with the endeavour and the confidence of eclipsing the antique. This intensified study of the antique brought, at the outset, two striking surprises. It came to light, in the first place, that the traditions from the antique that were at hand contained inaccuracies, distortions and outright errors and, at the same time, that in all its domains including philosophy and sciences, life in the antique was much more abundant and variated and not all as monotonous and single-minded as was commonly thought. Thus it appeared from two different points of view, that the "restitution of the antique" was indeed apt to satisfy the new demands: on the one hand by releasing tradition from the fetters of distortions and errors and, on the other, by enriching it with newly discovered source material. Today we may freely admit that antique science had indeed possessed much more knowledge and deep thinking than was perceived at those times.

Both these discoveries contained, at the same time, seeds for a critique of antique philosophy and science. Wherever contradictions and omissions occurred, even in philologi-
21 cally incontestable texts, short/comings of this kind were not chargeable against ignorant commentators of later periods. Indeed, there were instances when in matters of essential importance ambiguities were discovered between the opinions of two authors of the antique; but in their contemporaneous argumentations each was able to have recourse to authors from antiquity — and in this way the trustworthiness of antiquity suffered severe damage, so that here the intensified study of antiquity became the seed for its loss of credit.

Thus, as early as in the Quattrocento there can be seen, parallel with each other, admiration of antiquity manifested by the humanists in their copying antique images, which today is occasionally termed classicism, on the one hand, and on the other one sees the first steps towards overthrowing antiquity, expressed by giving equal rank to contemporaneous times and to antique eminence, and by refusing to admit a gradual decline of the world following what was called the "golden age".[6] In consistence with G. Sarton one can distinguish, from the very beginning, two groups among the representatives of the Renaissance: the imitators of the antique, belonging to the educated classes and pursuing philology and archeology, and the "rebels" — as they are called by Sarton — whose mind was set on actual performance, independent creators who where outdistancing the antique.[7] Both these groups were united in their struggle against scholasticism, and each contributed its share towards overcoming this philosophy.

In the 15th century, the humanists undoubtedly took first place as far as the evolution of new thinking and the new science was concerned; Sarton speaks bluntly of a predominance of philosophy over all other sciences.[8] However, while initially both groups were complementing each other, the 16th and 17th centuries — with their intensification of the class struggle between the followers of the declining old social order and the representatives of the newly emerging one — brought with increasing clarity to light the differences

---

[5] Cf., e. g., F. Bacon, Das neue Organon, transl. by R. Hoffmann, Berlin 1962, pp. 305/306.

[6] Leon Battista Alberti a humanist and architect, dedicated his book on painting to Filippo Brunelleschi because, in his opinion, the Florentine cathedral built by Brunelleschi surpassed the science of antiquity, and because this masterpiece had vanquished his own regret about nature having grown old tired and unable to produce again giants in body and spirit.

[7] G. Sarton, The appreciation . . ., pp., S. 2/3.

[8] Ibid., pp. 169, 171.

between the philologers and the rebels. The humanists, vel classicists, kept off the revolutionary tendencies from the people at large. Even when opposing scholasticism, they lost themselves in a sophistry of literary insinuations understood only by a narrow circle of educated people; they failed to appreciate the value of practical experience and proved incapable of complying with the new demands imposed by science in connection with the
22 further evolution of productive vigour. In this manner they lost / their leading role in science and in culture, and their place was taken by the rebels who were enjoying the support of merchants, bankers and manufacturers as well as of the new aristocracy; this group, consisting of artefici, virtuosi and curiosi who, in part, had evolved from the above supporters, went ahead with its own independent research.

Under these conditions the rebels, champions of the practical application of science, managed to attain gradually the upper hand in the more profound knowledge made accessible by the humanists: part of the humanist school changed over from studying antique literature to investigation of nature, and this activity increased the amount of scientific literature published in a variety of languages.

Within the various domains of science, this change-over from humanistic studies to the study of nature proceeded at a different rate, alternately in league and in conflict with the humanists and artificers, depending on the significance of a given domain in world outlook and in practical life, and on the attainment previously reached in antique science. At any rate, this transition constituted not only the release from the despotic rule of philology as claimed by Sarton,[9] but, at the same time, the full liberation from the autocracy of theology — a fact overlooked by Sarton — and from reliance upon the authority of bygone time.

Here, on the one hand, it was the question of reconciling with the tendencies held thus far, which the new knowledge derived from antique sources or gained from practical experience; this was a step ahead which in botany, anatomy, geography, mining and metallurgy, that is, in the whole of natural science and in technical attainments went beyond a mere increase and enrichment of knowledge and a defeat of antique science. On the other hand, it was important to comprehend the failure of natural science and natural philosophy of those times in clarifying or, even, appraising practical problems and in discovering new solutions — a failure which recognized as such, taking astronomy, mechanics and the atomistic theory as example, brought about revolutionary transformations in fundamental beliefs and thus developed into an entirely new natural science.

The resuscitation of antiquity was significant in a twofold sense. It supplemented and enriched extant knowledge and, at the same time, it supplied footholds for the critical examination of existing doctrines by referring back to those ancient writers or publications that had been unknown to, or overlooked by, routine philosophy, or which so far had been deliberately disavowed in conformity with acknowledged authorities of antique times.

In consideration of these interrelations, historiographers of philosophy and science
23 have pointed out the significance of Platonism and Neo/platonism as a countercurrent to the Thomistic philosophy, and they have investigated the effect of this development upon Copernicus, Kepler and other scientists of the 16th and 17th centuries.[10] However, let us not confine ourselves to philosophical reflexions, but rather illustrate these events by indi-

---

[9] Ibid. p. 169.

[10] A. Koyré, From the closed world to the infinite universe, Baltimore 1957, and, La révolution astronomique, Paris 1961.

cating a most important change in the history of science: the history of astronomy or, to be exact, of the astronomic world systems.

During the 15th century, astronomy was very backward. It was unable or, rather, not able any more to satisfy practical demands, neither in the construction of the calendar nor the computation of the position of the sun, the moon and the planets — thus neither for astrological purposes nor for establishing the position of ships on the high seas. Under these conditions two prominent astronomers, Georg Peuerbach and Johannes Regiomontanus, living in humanistic surroundings at Vienna, tried first to ascribe the difficulties encountered by astronomy to erroneous translations and to outright forgeries in Ptolemy's chief work. Aided by the bibliophile and collector of books, Cardinal Bessarion they managed by their many years' strenuous work to prepare from a Greek copy of the "Almagest" a carefully executed summary in Latin.[11] The result however, was, that even the genuine Ptolemy failed to throw light on the existing difficulties.

The next chapter in the acquisition of antique astronomical knowledge was written by Copernicus. This scientist, an ardent admirer of Ptolemy, had studied the "Almagest" as given in Regiomontanus' epitome and arranged his principal book in the same order as Ptolemy had done. However, taking into account the shortcomings of astronomy of those times, he made bold to criticize Ptolemy from a Platonist's point of view and, being a humanist, he attempted to find more profound knowledge in earlier antiquity. As Copernicus himself stresses in the well-known Preface to his principal book, he had taken pain to study the works of all the philosophers: omnium philosophorum — obviously this could only mean all philosophers of past times — "to seek out whether any of them had ever supposed that the motions of the spheres were other than those demanded by the mathematical schools", and in this way Copernicus discovered the ancient opinion on the heliocentric system.[12] The commonly held concept of the universe was, therefore, radically criticized by him on the basis of a resuscitation of antique tradition and, at the
24 same time, this critical attitude was in turn supported by this / reference to antiquity. Copernicus developed his new concepts during the first decade of the 16th century. Only half a century after the beginning of the Renaissance, all relevant antique works had been translated anew by humanists. Copernicus wrote his own Preface in 1542 or 1543.

When, barely forty yearst later, Tycho Brahe divulged his own system of the universe, he concealed the fact, that in antiquity there had been precursors of this system also. Like Copernicus, in disproving Ptolemy he made reference only to astronomical, physical and theological arguments; he may even not have looked for a confirmation of his theory in ancient writings. Astronomy had become self-reliant, undertaking research of its own.

Afterwards it was Galilei, who made the next momentous step forward by his declaring war on antique science. In his famous "Dialogue Concerning the Two Chief World Systems", Galilei blunty emphasized many times, that now more valuable knowledge could be attained than antiquity had known and that even Aristotle himself, were he then living, would change his opinions. The pedantic bookworms who considered Aristotle's authoritative reputation indispensable, were dismissed by Galilei with the advice: everyone should use his own eyes.[13] In this manner, the critique of the scholastic philosophy by the use of diverse

---

[11] Epitome in Cl. Ptolemaei magnam compositionem, Venedice 1496. This work appeared after Regiomontanus' death. The Greek manuscript in Regiomontanus possession was printed in Basle in 1538. Cf. G. Sarton, The appreciation . . ., pp. 146/147.

[12] N. Copernicus, Über die Kreisbewegungen der Weltkörper, 1. Buch, zweisprachige Ausg., Berlin 1959, pp. 10, 11.

[13] Le opere di Galileo Galilei, Edizione nazionale, vol. 7, Firence 1897, p. 138.

antique teachings had turned into a critique of antique science on the basis of Galilei's own new discoveries and reflexions.

In the above I have presented in some detail the evolution of astronomy, because I consider it remarkably typical. The same pattern was repeated in the 17th century in the theory of the structure of matter, by the resumption of antique atomistics and of the works of Lucretius and Epicurus. Modified, we again meet this pattern in statics and hydrostatics in consequence of the revoal of Archimedes' scriptures; in dynamics this process presents a different aspect, because Aristotle's doctrine on motion — a doctrine upon which the "impetus theory" of the Paris terminists was founded — was never followed in antique science by a second theory on motion. In the evolution of the new dynamics the antique science was, therefore, unable to serve as means of criticizing the peripatetic doctrine of motion; yet, it fulfilled its task inasmuch as Galilei's known allegation, that the Book of Nature was written in mathematical language,[14] also contained contemporaneous Neoplatonic reasoning.

In this context we note the historical and logical vindication, why the new mechanics developed not in the initial stage, when judgment was being pronounced upon the philo-
25 sophy of the feudal schools, that is, / in the Renaissance, but only after this critique had resulted in the defeat of the peripatetic doctrines and of the belief in authority in other domains also.

While in 1609 Pierre Camus, bishop of Bellay, still asserted in his "Diversités": "Thus, in any dissertation, authority is the same as foundations to a building or roots to a tree; lacking authority no dissertation can abide"[15], there dates back from the same time to Francis Bacon the dictum: "Plato harmed natural philosophy by his theology as much as did Aristotle by his logic."[16]

Thus initiated, the radical break with the belief in authority and the supremacy of philosophy was ultimately accomplished by René Descartes in his work "Discours de la Méthode", which he addressed, in French language, to all those who — as he put it — "profit solely by their natural pure intellect" and refuse to "have faith merely in the ancient books"[17] (infortunately without contrasting authority with experience and experiment). An anecdote reports Descartes to have said to Queen Christine of Sweden: "I am surprised to see Your Majesty engaged in such nonentities", when she was given lessons in Greek by the famous Dutch humanist Vossius.[18]

Towards the end of the 17th century (1687/88), the feud between humanists and philologers as champions of the authority and the importance of antiquity, on the one hand, and the followers of the new science and of Descartes' philosophical teachings on the other, occassioned in the literary-philological domain of France a dramatic finale in the famous Querelle des anciens et des modernes. Released by a controversy, whether the inscriptions on the Arc de Triomphe in Paris, intended to glorify the achievements of Louis XIV, should be given in Latin or French, there developed a discussion on the argument whether or not the age of Louis XIV excelled that of Rome's Augustus. The decision in favour of modern times, of France and the French language, constituted not merely the victory of

[14] Ibid. vol. 6, Firenze 1896, S. 138.

[15] H. Gillot, La querelle des anciens et des modernes en Franҫe, Nancy 1914, p. 282.

[16] The works of Francis Bacon, eds. J. Speeding, R. L. Ellis and D. D. Heath, vol. 3, London 1887 (2nd ed.), p. 569.

[17] R. Descartes, Abhandlung über die Methode, transl. by A. Buchenau, Leipzig 1948, p. 64 (Philosophische Bibliothek, 26a).

[18] H. Gillot, La querelle . . ., p. 289.

a national state and absolutism but, at the same time, a declaration in favour of progress, based to a high degree also on the achievements of the new sciences and upon the hopes maintained for a more auspicious future.[19] While in France discourses continued throughout the 18th century on the ambiguous question of the superiority of one or the other language,
26 literature and literary style, matters took an altogether different turn / in England: here, interested in the new sciences, the emerging bourgeoisie, that in 1662 had established what was to be called the Royal Society, adopted a much more realistic attitude. In 1667, i.e. twenty years prior to the rise of the Querelle des anciens et des modernes, Thomas Sprat in his "History of the Royal Society" concluded his dissertation on the merits of antiquity and philologers by a comparison which shall also be the final accent of my recital: "It seems to me, that the wisdom they (the philologers — G. H.) recovered from the ashes of the dead, is of about the same nature as ashes are. When concentrated in heaps, it is useless; when spread out over living soil, however, it renders it fertile so as to yield the most variegated kinds of fruit."[20]

## Von der Kritik an der Scholastik zur Kritik an der Antike

Wir wollen George Sarton[(1)] und Marie Boas Hall[(2)] darin zustimmen, daß das Wiederaufleben der Naturwissenschaften in der Mitte des 15. Jahrhunderts begann, d. h. in einer Zeit, in der, wie Karl Marx sagte, die „Manufakturperiode"[(3)] anfing. Mit anderen Worten in einer Periode, in der der Feudalismus in Europa bereits zum Untergang verurteilt war, seine Bedeutung in Wirtschaft, Politik und Denken allmählich abnahm und erste Formen des Kapitalismus aufgrund des Entstehens von Handels- und Manufakturkapital sichtbar wurden. Es war dies die Zeit eines raschen Anwachsens der Produktion und damit einer Ausdehnung von Handel und Handwerk. Es ist bemerkenswert, daß diejenigen Klassen der Bevölkerung, die an dieser Expansion teilnahmen, die jüngste Vergangenheit als düster, „gotisch", was barbarisch hieß, verwarfen und sich ihr Denken vom Leben im Jenseits abwandte und auf irdische Dinge richtete. Diese Tendenz kann in all den Ländern verfolgt werden, die ein solches Wachstum von Produktion und Handel erfuhren, und diese neue Lebensanschauung fand ihren Ausdruck im Humanismus und in der Renaissance, d. h. in der Wiedergeburt und Wiederherstellung von Philosophie, Wissenschaft, Kunst und Literatur der Antike.

Der Grund für dieses Zurückgehen auf die Antike hatte eine weit kompliziertere Ursache. Die in der damaligen Zeit herrschende Philosophie, die im 13. Jahrhundert von Thomas von Aquin begründete autoritative Wissenschaft der Epoche des Feudalismus, stellte eine Kombination von christlichen Lehrsätzen und antiker Philosophie dar und diente den christlichen theologischen Lehren als philosophische Grundlage. Die (echten oder angenommenen) Werke des Aristoteles und die seiner Kommentatoren wurden als über jede Frage und über jeden Zweifel erhaben anerkannt — genau wie die Bibel und die Schriften der Kirchenväter. Besonders in bezug auf säkulare Probleme erfreuten sich antike Philosophie und Wissenschaft großer und sogar größter Hochachtung. Doch wurden gerade bei diesen weltlichen Dingen die Grenzen der tatsächlichen Erkenntnis und der vorherrschenden Ideen augenscheinlich, und man wurde sich ihrer bewußt in Anbetracht des Gegensatzes zwischen neuentdeckter Lebensauffassung und althergebrachtem Weltbild. Es scheint verständlich, daß, solange Begriffe von ewigen und nicht ersetzbaren Werten nicht nur dominierten, sondern gleichzeitig mit dem Glauben an eine letztendliche Autorität als Ursprung allen Wissens verbunden waren, der Drang entstand, an den Quellen, die bisher ausschließlich dieses Wissen geliefert hatten, nach besserem und gründlicherem Wissen zu suchen. Der Glaube, daß man nach dem *goldenen Zeitalter* in der Vergangenheit suchen müsse, war tief verwurzelt und allgemein anerkannt; er wurde vertieft durch die christliche Doktrin

---

[19] In his writings, Fontenelle proclaimed the law of continuous and necessary progress in science and attempted to prove the validity of this law in the domain of language and literature as well. Cf. ibid., pp. 494—496.

[20] Th. Sprat, The history of the Royal Society of London for the improving of natural knowledge, London 1667, pp. 24/25.

[(1)] G. Sarton, The appreciation of ancient and medieval science during the Renaissance (1450—1600), Philadelphia 1955, S. 1.

[(2)] M. Boas, Die Renaissance der Naturwissenschaften 1450—1630, Gütersloh 1965.

[(3)] K. Marx, Das Kapital, Bd. 1, in: MEW, Bd. 23, Berlin 1962, S. 356.

von der Erbsünde und antike, auf Hesiod und Homer zurückgehende, Vorstellungen. Das erklärt, warum sogar Simon Stevin in seinen Schriften das vergangene Zeitalter der Weisheit erwähnt, in dem der Mensch alle Wunder der Natur gekannt haben soll,[4] und warum Francis Bacon seine Theorie auf der Behauptung aufbaute, daß vor der Erbsünde der Mensch über die Natur herrschte und daß diese Herrschaft durch Arbeit, Fleiß und die Entwicklung einer neuen, die Antike übertreffende Wissenschaft wieder errungen werden könne und müsse.[5]

Es war jedoch offensichtlich notwendig, zuerst die antike Wissenschaft zu erforschen und zu meistern, um den Glauben an ein goldenes Zeitalter der Vergangenheit mit dem Bemühen und der Zuversicht, der Antike ihren Glanz zu nehmen, zu verbinden. Dieses verstärkte Studium der Antike führte anfangs zu zwei eindrucksvollen Überraschungen. Zunächst einmal fand man heraus, daß die bislang bekannten Überlieferungen der Antike Ungenauigkeiten, Entstellungen und regelrechte Fehler enthielten, und zugleich, daß das Leben in der Antike auf allen Gebieten, einschließlich Philosophie und Wissenschaften, viel reicher und vielfältiger gewesen war — nicht so monoton und einheitlich wie allgemein angenommen. So erschien in der Tat die Wiederherstellung der Antike von zwei verschiedenen Gesichtspunkten aus geeignet, den neuen Forderungen zu entsprechen: einerseits durch die Befreiung der Tradition von den Fesseln der Entstellungen und Fehler, andererseits durch ihre Bereicherung mit neuentdecktem Quellenmaterial. Heute können wir freimütig einräumen, daß die antike Wissenschaft in der Tat größeres Wissen und tieferes Denken besaß, als man in jener Zeit erkannte.

Gleichzeitig enthielten diese beiden Entdeckungen die Keime für eine Kritik an der antiken Philosophie und Wissenschaft. Wo immer Widersprüche und Auslassungen zutage traten, sogar in philologisch unangreifbaren Texten, konnten Mängel dieser Art nicht den unwissenden Kommentatoren aus späteren Epochen angelastet werden. Es gab in der Tat Fälle, in denen bei wesentlichen Fragen Unterschiede zwischen den Meinungen zweier antiker Autoren entdeckt wurden, damit war in den Auseinandersetzungen dieser Zeit jeder in der Lage, sich auf Autoren aus der Antike zu berufen. Auf diese Weise erlitt die Glaubwürdigkeit der Antike schweren Schaden, so daß hier das verstärkte Studium der Antike zum Keim für den Verlust ihres Ansehens wurde.

Schon im Quattrocento kann man daher parallel zueinander zwei Dinge beobachten, einerseits die Bewunderung der Antike, die sich darin äußerte, daß die Humanisten die antiken Vorstellungen nachahmten, was heute gelegentlich Klassizismus genannt wird, andererseits die ersten Schritte zur Überwindung der Antike, die ihren Ausdruck darin fanden, daß der jeweiligen Gegenwart und der Überlegenheit der Antike der gleiche Rang zuerkannt wurde und daß man sich weigerte, einen allmählichen Niedergang der Welt nach dem *goldenen Zeitalter* zuzugeben.[6] In Übereinstimmung mit G. Sarton kann man von Anfang an zwei Gruppen unter den Repräsentanten der Renaissance unterscheiden: die Imitatoren der Antike, die den gebildeten Klassen angehören und sich mit Philologie und Archäologie beschäftigen, und die „Rebellen", wie Sarton sie nennt, unabhängige Schöpfer, deren Geist auf eigene Aktivität gerichtet war und die über die Antike hinausgingen.[7] Beide Gruppen verbanden sich im Kampf gegen die Scholastik, und jede trug ihren Teil zur Überwindung dieser Philosophie bei.

Was die Entwicklung des neuen Denkens und der neuen Wissenschaft betrifft, so nahmen die Humanisten im 15. Jahrhundert zweifellos den ersten Platz ein; Sarton spricht ganz klar von einer Vorherrschaft der Philosophie über alle anderen Wissenschaften.[8] Während sich anfangs jedoch beide Gruppen ergänzten, traten im 16. und 17. Jahrhundert mit der Verschärfung des Klassenkampfes zwischen den Anhängern der untergehenden alten und den Repräsentanten der neuentstehenden Gesellschaftsordnung die Differenzen zwischen den Philologen und den Rebellen immer deutlicher zutage. Die Humanisten — oder auch Klassizisten — taten nichts, um die revolutionären Tendenzen im Volk zu verbreiten. Sogar im Kampf gegen die Scholastik verloren sie sich in der Spitzfindigkeit literarischer Anspielungen, die nur ein kleiner Kreis Gebildeter verstand; sie vermochten es nicht, den Wert der praktischen Erfahrung zu würdigen, und erwiesen sich als unfähig, den neuen Anforderungen der Wissenschaft im Zusammenhang mit der weiteren Entwicklung der Produktivkräfte zu entsprechen. So verloren sie ihre führende Rolle in Wissenschaft und Kultur. Ihr Platz wurde von den Rebellen eingenommen, die die Unterstützung der Kaufleute, Bankiers und Manufakturbesitzer sowie der neuen Aristokratie genossen; diese Gruppe, die aus Artefici, Virtuosi und Curiosi bestand,

---

(4) G. Sarton, On the history of science, Cambridge (Mass.) 1962, S. 164/165.

(5) Vgl. z. B. F. Bacon, Das neue Organon, übers. von R. Hoffmann, Berlin 1962, S. 305/306.

(6) Leon Battista Alberti, Humanist und Architekt, widmete sein Buch über die Malerei Filippo Brunelleschi, da seiner Meinung nach die von Brunelleschi gebaute Kathedrale von Florenz die Wissenschaft der Antike übertraf und dieses Meisterwerk dazu beigetragen hatte, sein Bedauern über die Natur, die alt, müde und unfähig geworden war, wieder Riesen an Körper und Geist hervorzubringen, zu überwinden.

(7) G. Sarton, The appreciation . . ., a. a. O., S. 2/3.

(8) Ebenda, S. 169, 171.

welche teilweise aus dem Kreis ihrer Förderer hervorgegangen waren, schritt mit ihrer eigenen selbständigen Forschung voran.

Unter diesen Bedingungen erlangten die Rebellen, die Verfechter der praktischen Anwendung der Wissenschaft, allmählich die Oberhand in Hinblick auf ein gründlicheres Wissen, das von den Humanisten zugänglich gemacht worden war. Ein Teil der humanistischen Richtung wandte sich vom Studium der antiken Literatur zur Untersuchung der Natur, und diese Aktivität ließ die Menge der wissenschaftlichen Literatur anwachsen, die in einer Vielzahl von Sprachen veröffentlicht wurde.

Innerhalb der verschiedenen Wissenschaftsgebiete verlief dieser Wechsel von humanistischen Studien zum Studium der Natur, der sich entweder im Rahmen eines Bündnisses oder in der Auseinandersetzung zwischen Humanisten und Artefici vollzog, unterschiedlich schnell, und zwar in Abhängigkeit von der Bedeutung, die ein bestimmtes Sachgebiet für die Weltanschauung und das praktische Leben hatte, und von dem bereits von der antiken Wissenschaft erreichten Kenntnisstand. Auf jeden Fall aber stellte dieser Übergang nicht nur die Befreiung von der despotischen Herrschaft der Philologie dar, wie Sarton behauptete,[9] sondern gleichzeitig auch die vollständige Befreiung von der Autokratie der Theologie — ein Faktum, das Sarton übersah — und vom Vertrauen auf die Autorität einer vergangenen Zeit. Hier mußte es einerseits zur Versöhnung mit den bisher vertretenen Richtungen kommen, die das neue Wissen aus antiken Quellen ableiteten oder aus praktischer Erfahrung gewannen, dies war ein Schritt vorwärts, der in Botanik, Anatomie, Geographie, Bergbau und Metallurgie, d. h. in der gesamten Naturwissenschaft und in den technischen Disziplinen, mehr war als eine bloße Vergrößerung und Bereicherung des Wissens und eine Überwindung der antiken Wissenschaft bedeutete. Andererseits war es wichtig, die Unzulänglichkeit der in dieser Zeit gültigen Naturwissenschaft und Naturphilosophie bei der Klärung oder gar richtigen Einschätzung praktischer Probleme und beim Auffinden neuer Lösungen zu verstehen — eine Unzulänglichkeit, die einmal als solche erkannt, z. B. in der Astronomie, Mechanik und der atomistischen Theorie revolutionäre Umgestaltungen grundlegender Annahmen hervorbrachte und somit zu einer gänzlich neuen Naturwissenschaft führte.

Die Wiedererweckung der Antike war in doppeltem Sinne bedeutsam. Sie ergänzte und bereicherte das vorhandene Wissen und lieferte gleichzeitig einen festen Ausgangspunkt für die kritische Untersuchung bestehender Lehren; man konnte sich auf jene alten Schriftsteller und Publikationen beziehen, die die übliche Philosophie entweder nicht gekannt oder übersehen oder in Übereinstimmung mit den anerkannten Autoritäten der Antike bewußt verleugnet hatte.

Unter Berücksichtigung dieser Wechselbeziehungen haben Philosophie- und Wissenschaftshistoriker die Bedeutung von Platonismus und Neoplatonismus als Gegenströmung zur thomistischen Philosophie hervorgehoben und die Auswirkung dieser Entwicklung auf Kopernikus, Kepler und andere Wissenschaftler des 16. und 17. Jahrhunderts untersucht.[10] Wir sollten uns jedoch nicht auf philosophische Reflexionen beschränken, sondern diese Ereignisse durch den Hinweis auf eine höchst wichtige Veränderung in der Geschichte der Wissenschaft illustrieren: die Geschichte der Astronomie oder, um genau zu sein, des astronomischen Weltsystems.

Im 15. Jahrhundert war die Astronomie sehr zurückgeblieben. Sie war unfähig oder, besser, nicht mehr fähig, praktische Bedürfnisse zu befriedigen, weder bei der Aufstellung des Kalenders noch bei der Berechnung der Positionen von Sonne, Mond und Planeten, und war somit weder für astrologische Zwecke noch für die Festlegung von Schiffspositionen auf hoher See brauchbar. Unter diesen Bedingungen versuchten zunächst zwei bekannte, in humanistischen Kreisen in Wien wirkende Astronomen, Georg Peuerbach und Johannes Regiomontanus, die Schwierigkeiten, denen sich die Astronomie gegenübersah, fehlerhaften Übersetzungen und Fälschungen in Ptolomäus' Hauptwerk zuzuschreiben. Mit Unterstützung von Kardinal Bessarion, einem Bibliophilen und Büchersammler, gelang es ihnen, in jahrelanger angestrengter Arbeit, aus einem griechischen Exemplar des „Almagest" eine sorgfältige lateinische Zusammenfassung anzufertigen.[11] Das Ergebnis war jedoch, daß auch der echte Ptolemäus bei der Lösung der bestehenden Schwierigkeiten versagte.

Das nächste Kapitel in der Aneignung antiker astronomischer Kenntnisse wurde von Kopernikus geschrieben. Dieser Wissenschaftler, ein glühender Bewunderer des Ptolemäus, hatte den „Almagest" in der von Regiomontanus verfaßten Zusammenfassung studiert und ordnete sein Hauptwerk in derselben Weise an. Indem er jedoch die Mängel der Astronomie jener Zeiten in Betracht zog, wagte er es, Ptolemäus vom Standpunkt eines Platonikers aus zu kritisieren, und als Humanist versuchte er, in der früheren Antike profundere Kennt-

---

(9) Ebenda, S. 169.

(10) A. Koyré, From the closed world to the infinite universe, Baltimore 1957; ders., La révolution astronomique, Paris 1961.

(11) Epitome in Cl. Ptolemaei magnam compositionem, Venedig 1496. Das Werk erschien nach dem Tode von Regiomontanus. Das in Regiomontanus' Besitz befindliche griechische Manuskript wurde 1538 in Basel gedruckt. Vgl. G. Sarton, The appreciation . . ., a. a. O., S. 146/147.

nisse zu finden. Wie Kopernikus selbst in dem bekannten Vorwort zu seinem Hauptwerk betont, hatte er sich bemüht, die Werke aller Philosophen zu studieren (omnium philosophorum — womit offensichtlich nur alle Philosophen der Vergangenheit gemeint waren), „um nachzusuchen, ob nicht irgendeiner einmal die Ansicht vertreten hätte, die Bewegungen der Sphären des Weltalls seien anders geartet als diejenigen annehmen, die in den Schulen die mathematischen Wissenschaften gelehrt haben",[12] und so entdeckte Kopernikus die alte Ansicht vom heliozentrischen System. Daher kritisierte er entschieden die allgemein angenommene Vorstellung vom Universum auf der Grundlage der Wiedererweckung der antiken Tradition, gleichzeitig wurde diese kritische Haltung durch seine Bezugnahme auf die Antike gestützt. Kopernikus entwickelte seine neuen Vorstellungen im ersten Jahrzehnt des 16. Jahrhunderts. Nur ein halbes Jahrhundert nach dem Beginn der Renaissance waren alle wichtigen Werke der Antike von den Humanisten neu übersetzt worden. Kopernikus schrieb sein Vorwort 1542 oder 1543.

Als kaum vierzig Jahre später Tycho Brahe sein eigenes System des Universums veröffentlichte, verbarg er die Tatsache, daß es in der Antike Vorläufer auch dieses Systems gegeben hatte. Wie Kopernikus bezog er sich bei der Widerlegung des Ptolemäus nur auf astronomische, physikalische und theologische Argumente. Er mag nicht einmal nach einer Bestätigung seiner Theorie in alten Schriften gesucht haben. Die Astronomie war selbstsicher geworden und unternahm eigene Forschungen.

Später war es Galilei, der den nächsten gewichtigen Schritt vorwärts tat, indem er der antiken Wissenschaft den Krieg erklärte. In seinem berühmten Werk „Dialogo sopra i due massimi sistemi del mondo Tolemaico, e Copernicano" betonte Galilei mehrfach mit allem Nachdruck, daß jetzt wertvolleres Wissen als in der Antike erlangt werden konnte und daß sogar Aristoteles selbst, lebte er jetzt, seine Ansichten ändern würde. Die pedantischen Bücherwürmer, die Aristoteles' Autorität für unerläßlich hielten, wurden von Galilei mit dem Ratschlag entlassen: Jedermann sollte seine eigenen Augen benutzen.[13] Damit war die Kritik an der scholastischen Philosophie durch die Benutzung verschiedener antiker Lehren zu einer Kritik an der antiken Wissenschaft auf der Grundlage von Galileis neuen Entdeckungen und Betrachtungen geworden.

Im Vorhergehenden habe ich die Entwicklung der Astronomie etwas ausführlicher dargestellt, weil ich sie für bemerkenswert typisch halte. Das gleiche Muster wiederholte sich im 17. Jahrhundert bei der Theorie von der Struktur der Materie durch die Wiederaufnahme antiker Atomlehren und der Werke von Lukrez und Epikur. In modifizierter Form begegnet uns dieses Muster auch in der Statik und Hydrostatik als Folge der Wiederbelebung der Schriften des Archimedes wieder; in der Dynamik stellt sich dieser Prozeß unter einem anderen Aspekt dar, da auf die Aristotelische Lehre von der Bewegung, auf der die *Impetus-Theorie* der Pariser Terministen gründete, in der antiken Wissenschaft niemals eine zweite Bewegungstheorie folgte. Daher konnte also bei der Entwicklung der neuen Dynamik die antike Wissenschaft nicht als Mittel zur Kritik an der peripatetischen Lehre von der Bewegung dienen; dennoch erfüllte sie ihre Aufgabe insofern, als Galileis bekannte Behauptung, das Buch der Natur sei in der Sprache der Mathematik geschrieben,[14] auch zeitgenössisches neoplatonisches Denken enthielt.

In diesem Zusammenhang sehen wir die historische und logische Rechtfertigung dafür, warum sich die neue Mechanik nicht zu Beginn entwickelte, als das Urteil über die Philosophie des Feudalismus gesprochen wurde, d. h., in der Renaissance, sondern erst, nachdem diese Kritik auch auf anderen Gebieten zur Niederlage der peripatetischen Lehren und der Autoritätsgläubigkeit geführt hatte.

Während Pierre Camus, Bischof von Bellay, 1609 in seinen „Diversités" noch behauptete: „Daher ist in jeder gelehrten Abhandlung die Autorität das gleiche wie die Fundamente für ein Gebäude oder die Wurzeln für einen Baum; ohne Autorität kann keine gelehrte Abhandlung von Dauer sein",[15] stammte aus der gleichen Zeit Francis Bacons Dictum: „Plato hat die Naturphilosophie durch seine Theologie ebenso verdorben wie Aristoteles durch seine Logik."[16]

Solcherart eingeleitet, wurde der radikale Bruch mit der Autoritätsgläubigkeit und dem Supremat der Philosophie endgültig von René Descartes in seinem Werk „Discourse de la méthode" vollzogen. Er richtete es in französischer Sprache an all jene, die, wie er sagte, „sich nur ihrer natürlichen, ganz reinen Vernunft bedienen" und es ablehnen, „bloß an die alten Bücher (zu) glauben",[17] leider ohne dabei der Autorität Erfahrung und Experiment gegenüberzustellen. Eine Anekdote erzählt, Descartes hätte zu Königin Christine

---

(12) N. Copernicus, Über die Kreisbewegungen der Weltkörper, 1. Buch, zweisprachige Ausg., Berlin 1959, S. 10/11.

(13) Le opere de Galileo Galilei, Edizione nazionale, Bd. 7, Florenz 1897, S. 138.

(14) Ebenda, Bd. 6, Florenz 1896, S. 232.

(15) H. Gillot, La querelle des anciens et des modernes en France, Nancy 1914, S. 282.

(16) The works of Francis Bacon, ed. by J. Speeding, R. L. Ellis and D. D. Heath, Bd. 3, London 1887, (2. Aufl.), S. 569.

(17) R. Descartes, Abhandlung über die Methode, übers. von A. Buchenau, Leipzig 1948, S. 64 (Philosophische Bibliothek, 26a).

von Schweden, als sie Griechischunterricht bei dem bekannten holländischen Humanisten Vossius nahm, gesagt: „Ich bin überrascht, Eure Majestät mit solchen Nichtigkeiten beschäftigt zu sehen".[18]

Die Fehde zwischen Humanisten und Philologen als den Verteidigern der Autorität und der Bedeutung der Antike auf der einen Seite und den Anhängern der neuen Wissenschaft und der philosophischen Lehren Descartes' auf der anderen erreichte gegen Ende des 17. Jahrhunderts (1697/98) ihren Höhepunkt auf literarisch-philologischem Gebiet in Frankreich in der berühmten *Querelle des anciens et des modernes*. Angefacht durch die Kontroverse darüber, ob die Inschriften auf dem Arc de Triomphe in Paris, die die Taten Ludwigs XIV. verherrlichen sollten, lateinisch oder französisch abzufassen seien, entwickelte sich dort eine Diskussion über die Frage, ob das Zeitalter Ludwigs XIV. das des römischen Kaisers Augustus übertraf. Die Entscheidung zugunsten der modernen Zeit, zugunsten Frankreichs und der französischen Sprache war nicht nur ein Sieg des Nationalstaates und des Absolutismus, sondern gleichzeitig eine Deklaration für den Fortschritt, die in einem hohen Grade auch auf den Leistungen der neuen Wissenschaften und den Hoffnungen auf eine glücklichere Zukunft beruhte.[19] Während in Frankreich die Auseinandersetzungen über die strittige Frage der Überlegenheit der einen oder anderen Sprache, Literatur oder des literarischen Stils das ganze 18. Jahrhundert hindurch andauerten, nahmen die Dinge in England einen ganz anderen Verlauf: Hier nahm die aufkommende Bourgeoisie, die an den neuen Wissenschaften interessiert war und 1662 den Grundstein für die Royal Society gelegt hatte, eine viel realistischere Haltung ein. 1667, zwanzig Jahre vor dem Aufkommen der *Querelle des anciens et des modernes*, schloß Thomas Sprat in seiner „History of the Royal Society" die Erörterung der Verdienste der Antike und der Philologen mit einem Vergleich, der auch am Ende meines Vortrags stehen soll: „Mir scheint, daß die Weisheit, die sie [die Philologen — G. H.] aus der Asche der Toten hervorgeholt haben, etwas von der gleichen Natur hat wie die Asche selbst. Wird sie in Haufen zusammengehalten, so ist sie nutzlos, wird sie aber über lebenden Boden gestreut, so wird sie ihn fruchtbarer machen für das Hervorbringen der verschiedensten Arten von Früchten."[20]

---

(18) H. Gillot, La querelle, a. a. O., S. 289.

(19) Fontenelle verkündete in seinen Schriften das Gesetz des ununterbrochenen und notwendigen Fortschritts der Wissenschaft und versuchte, die Gültigkeit dieses Gesetzes auch für das Gebiet der Sprache und Literatur zu beweisen. Vgl. ebenda, S. 494—496.

(20) Th. Sprat, The history of the Royal Society of London for the improving of natural knowledge, London 1667, S. 24/25.

# Cardans und Tartaglias Streit um die kubischen Gleichungen und seine gesellschaftlichen Grundlagen*

67 Cardan und Tartaglia lebten ungefähr zur gleichen Zeit, der eine wurde 1501 geboren, der andere 1499.

Cardan entstammte einer gebildeten und wohlhabenden Gesellschaftsschicht. Schon der Vater — ein in seiner Heimatstadt bekannter Jurist — interessierte sich für mathematische und naturwissenschaftliche Fragen. Wir wissen, daß er Leonardo da Vinci persönlich kannte und selbst die „Perspectiva communis" Peckhams aus dem 13. Jahrhundert herausgegeben hatte.[1]

Im Gegensatz dazu wuchs Tartaglia in sehr engen Verhältnissen auf. Sein Vater, dessen Familienname nicht bekannt ist, war ein berittener Postbote, der Briefe aus Brescia in die umliegenden Orte brachte.

Schon als Knabe wurde Cardan von seinem Vater zur Arbeit angehalten und erfüllte dessen Aufträge. Dieser war auch sein erster Lehrer. Später absolvierte er die Universität und wurde Mediziner. Allerdings beschränkte er sich nicht nur auf die ärztliche Praxis, sondern wollte, von Ehrgeiz erfüllt, Wissenschaftler werden. Bereits in jungen Jahren begann er Bücher über medizinische, mathematische und allgemeine philosophische Probleme zu verfassen.

Tartaglia hingegen erlernte — nach seinen eigenen Worten — lediglich die Anfänge des Lesens und Schreibens und durchwanderte dann die oberitalienischen Städte (genau in jenem Alter, in dem Cardan das Universitätsstudium begann). 1521 wurde er „Rechenmeister" in Verona, wo er anscheinend in einer Handelsschule unterrichtete, was ihm eine außerordentlich bescheidene Existenz ermöglichte.

Trotz seiner sehr angesehenen Herkunft errang sich Cardan nur langsam und unter großen Mühen eine eigene gesellschaftliche Stellung. Als er sich zu Beginn des Jahres 1539 mit den kubischen Gleichungen zu beschäftigen begann, war er ein noch völlig un-
68 bekannter Mann, / dessen größter Wunsch darin bestand, berühmt zu werden; sein ungeheurer Ehrgeiz war bislang unbefriedigt geblieben. Er lebte damals mit seiner Frau und zwei Kindern im Hause seiner Mutter, die ein Jahr zuvor gestorben war, erwarb sich den Lebensunterhalt durch Mathematikunterricht an Sonn- und Feiertagen und diente gleichzeitig bei den Augustinermönchen in Mailand.

Diese Tätigkeiten ließen ihm viel Zeit für wissenschaftliche Studien, mit denen er sich autodidaktisch beschäftigte, weil Mailand keine Universität hatte. In jener Zeit gab es zwischen Philosophie, Wissenschaft und Kunst meist noch keine scharfen Abgrenzungen. Cardan war — im eigentlichen Sinne — ein Privatgelehrter, ein wissenschaftlicher Dilettant. Mit eiserner Energie, getrieben von einem schier unersättlichen Wissensdurst und dem

---

* Erschienen in: Archiv istorii nauki i techniki 7/1935, S. 67—104.

[1] Perspectiva communis d. Johannis Archiepiscopi Cantuarinensis ad unguem castigata per . . . Facium Cardanum, Mediolani 1480.

Streben nach enzyklopädischer Gelehrsamkeit, schrieb er Buch um Buch über die verschiedensten Wissensgebiete. Die Zahl der von ihm verfaßten Werke überschritt bald die seiner Lebensjahre, doch nur zwei von ihnen gelangten zum Druck. In dem einen erörterte er medizinische Probleme, das andere war eine Abhandlung zur Astrologie, die er beide aus eigenen Mitteln finanzierte.[2] Das erste Buch hatte einigen Erfolg, erregte Aufsehen und brachte dem Herausgeber reichlichen Gewinn ein. Doch zugleich rief es den Protest der Ärzte Mailands hervor, die sich unmittelbar getroffen fühlten. Sie behaupteten, der Autor sei kein Praktiker und habe deshalb kein Recht, über sie zu urteilen. So vertrieben sie auch noch jene wenigen Patienten, die sich von Cardan behandeln ließen. „Statt des Ruhms erntete ich nur Schande", schrieb er später über diese seine ersten Versuche, berühmt zu werden.[3]

Tartaglia lebte seit 1534 in Venedig, wiederum als Rechenmeister. Hier aber vermittelte er nicht mehr nur Elementarkenntnisse, sondern wurde im Zusammenhang mit seiner Lehrtätigkeit zu einer Art Konsultant für mathematische und technische Fragen. Praktiker, einfache und hochgestellte Leute, die auf schwierige Probleme stießen, suchten bei Tartaglia Rat. Sie forderten von ihm die Lösung bestimmter Aufgaben und die Berechnung verschiedener Konstruktionen. Bald wurde er in diesen Kreisen ein bekannter Mann. Alle seine Klienten hatten als Praktiker eine unmittelbare Verbindung mit der Technik und der Produktion jener Zeit. So ist es verständlich, daß sie an die Wissenschaft völlig andere Forderungen stellten als die offiziellen Gelehrten. Ihr Ziel war die Anwendung wissenschaftlicher Ergebnisse in der Praxis. Sie beschäftigten sich mit der Theorie nicht um ihrer selbst willen, sondern betrachteten sie als ein Hilfsmittel zur Meisterung schwieriger Fragen. In dieser Tätigkeit wurde Tartaglia zum Vertreter einer neuen Richtung der Wissenschaft, die sich das Ziel stellte, eine Wissenschaftspraxis zu schaffen. /
69 Diese Orientierung stimulierte ihn und war gleichzeitig alltägliche Lebensnotwendigkeit, weil er nur so die ihm gestellten Aufgaben lösen und seine Klienten befriedigen konnte. Tartaglia stand also unter dem Zwang, die offizielle Wissenschaft auf Grund einer ganz bestimmten ökonomischen Situation zu erlernen.

Diese neue Forschungsrichtung, zu deren Vertreter Tartaglia wurde, entwickelte sich besonders lebhaft in Venedig, der bedeutenden Handelsstadt und unabhängigen italienischen Republik, die Kaufleute, Industrielle, Handwerker, Militärtechniker und Künstler anzog. Damals war Venedig noch immer das wichtigste Handelszentrum Europas. In Murano befand sich die bedeutendste Glasmanufaktur jener Zeit. Das große staatliche Arsenal Venedigs, mit seinen Werften und Werkstätten, eröffnete den Technikern alle Möglichkeiten. Auf die Impulse, die von diesen Werkstätten ausgingen, verweist beispielsweise Galilei, der seine „Discorsi e dimostrazioni" mit folgenden Worten beginnt: „Ein weites Feld des Philosophierens scheint mir den spekulativen Geistern der häufige Besuch Eures berühmten Arsenals, meine Herren Venetianer, zu bieten, besonders das Gebiet der Mechanik; denn hier werden fortwährend Instrumente und Maschinen jeder Art von zahlreichen Handwerksmeistern in Arbeit genommen; unter ihnen müssen — sowohl auf Grund der von ihren Vorgängern gemachten Beobachtungen als auch derjenigen, die sie immer wieder durch eigene Achtsamkeit anstellen — sehr erfahrene und äußerst logisch denkende Männer gewesen sein."[4]

---

[2] H. C. Cardanus, De malo recentiorum medicorum medendi usu libellus . . ., Venedig 1536, vgl. H. Cardani Mediolanensis . . . Opera omnia, cura Caroli Sponii, Lugduni 1663, Bd. 1, S. 62.

[3] Ebenda, Bd. 1, S. 102.

[4] Le opere di Galileo Galilei, Edizione nazionale, Bd. 8, Florenz 1898, S. 49. Neue deutsche Übersetzung von A. Ketzel, Leipzig.

Nur in einer solchen Stadt, die ohne ihren Handel ökonomisch nicht hätte existieren können, konnten die Voraussetzungen für die Entwicklung einer neuen Richtung in der Wissenschaft und für die Herausbildung eines Forschers vom Typ Tartaglias entstehen.

Im Gegensatz zu Venedig gehörte Mailand, wo Cardan lebte, nicht zu den Zentren der neuen Industrie und des Handels. Eine Refeudalisierung, die seit dem 15. Jahrhundert in Italien eingesetzt hatte, war hier wesentlich weiter vorangeschritten als in Venedig. Es entfaltete sich eine neue Aristokratie, die mit überholten mittelalterlichen Bestrebungen auftrat, freilich ein wenig beeinflußt durch die vorangegangenen bürgerlichen Fortschritte, und die sich so in manchem verändert zeigte, aber dennoch Stand und Herkunft betonte. Der ökonomisch und politisch führenden Schicht der Aristokratie entsprach eine Gruppe Gebildeter, die durch scholastische, humanistische, neoplatonistische und andere Elemente charakterisiert war und sich deutlich von der „ungebildeten" Masse abhob. Diese Gruppe war konservativ ausgerichtet, und sie war gleichermaßen zur traditionellen Rechtfertigung und Verteidigung des Feudalismus wie zum Widerstand gegen jegliche Willkür und Gewalttätigkeit bereit. Cardan stand voll und ganz auf den Positionen dieser Gesellschaftsschicht.
70 Er war ein Vertreter jener Wissenschaft, die sich durch enzyklo/pädische Sammlung von Kenntnissen ohne irgendwelche Kriterien oder methodologische Grundlagen auszeichnete. Diese Wissenschaft systematisierte alle möglichen Daten nach alten Regeln auf ausschließlich rationalem Weg, ohne sich dem Experiment zuzuwenden. Doch sie war, auch wenn sie durch alle Vorurteile der Vergangenheit belastet blieb, frei vom Glauben an irrationale Wunder.

Die Auffassungen Cardans und Tartaglias bildeten sich unter völlig entgegengesetzten Bedingungen heraus. Sie genossen eine unterschiedliche Ausbildung, und in der Wissenschaftsentwicklung ihrer Zeit wurden sie zu Vertretern gänzlich verschiedener Richtungen. Sie verfolgten unterschiedliche Ziele und gehörten verschiedenen Gesellschaftsschichten an. Dennoch hatten sie ein und dieselben mathematischen Interessen.

Nicht zufällig stießen sie in mathematischen und nicht in physikalischen oder mechanischen Bereichen aufeinander. Sie beschäftigten sich mit der Mathematik in gleicher Art und Weise und folgten denselben Prinzipien. Die Mathematik war das Gebiet, wo die enzyklopädischen Kenntnisse Cardans kraft der ihnen eigenen inhaltlichen Logik in eine bestimmte Ordnung und Systematik gelangten. Hier sollten Grundlagen für alle angewandten Wissenschaften entstehen, denn die Resultate und Methoden der Mathematik jener Zeit waren schon tief in die Praxis eingedrungen.

1539 erfuhr Cardan, daß Tartaglia schon einige Jahre zuvor die Lösung der kubischen Gleichungen gefunden hatte. Diese Entdeckung stand im Zentrum seiner mathematischen Interessen. Ihm selbst jedoch gelang sie nicht. Cardan nahm an, daß Tartaglia, ein einfacher Rechenmeister, nicht wisse, was wissenschaftlicher Ehrgeiz ist, und einverstanden sein werde, ihm für Geld und gute Worte seine Entdeckung zu überlassen. Tartaglia hingegen war sich nicht nur über die enorme Bedeutung seiner Entdeckung im klaren und wollte aus ihr, im Glauben, daß er der einzige Besitzer des Lösungsweges sei, nicht nur weiteren Nutzen ziehen, sondern fühlte sich gerade durch jene Aufmerksamkeit, die seine Entdeckung in den Kreisen der Gelehrten erregte, in seiner Überzeugung bekräftigt, daß sie von großem Wert ist, und das erweckte in ihm den ehrgeizigen Gedanken, sich selbst die Anerkennung der gelehrten Welt zu erkämpfen.

Zunächst entsandte Cardan zu Tartaglia einen Buchhändler namens Zuanantonio mit dem direkten Auftrag, diese Entdeckung um jeden Preis zu erwerben. Das Gespräch, das zwischen ihnen stattfand, ist von Tartaglia im Buch 9 seiner „Quesiti et inventioni diverse", wo er die ganze Geschichte der Entdeckung der Lösung kubischer Gleichungen darlegt, wörtlich wiedergegeben worden. Wir sehen deutlich, daß Cardan anfangs glaubte, seinen Konkurrenten überrumpeln zu können und daß er ihn weder in gesellschaftlicher noch in wissenschaftlicher Hinsicht für einen gleichwertigen Gegner hielt.

Zuanantonio suchte Tartaglia am 2. Januar 1539 in Venedig auf und führte mit ihm fol-
71 gendes Gespräch:[5] / „Zuanantonio. Messer Nicolò, ein Mann von Ehre, Medicus zu Milano, namens Messer Hieronimo Cardano, welchselbiger ein hochberühmter Mathematicus ist und öffentliche Vorlesung über den Euklid in Milano hält und derzeit eines seiner letzten Werke über den praktischen Gebrauch der Arithmetik, der Geometrie und Algebra, welches von sich reden machen wird, drucken läßt, hat mich zu Euch gesandt, da er vernommen hat, daß Ihr einen Wettstreit mit Maestro Antoniomaria Fiore geführt habt und daß Ihr übereingekommen wäret, ein jeglicher 30 Aufgaben oder Fragen zu stellen und daß Ihr selbiges ausgeführet. Desweiteren hat der edle Herr vernommen, daß besagter Maestro Antoniomaria Euch alle seine 30 unterbreitete, welche Euch in der Algebra auf das Problem ‚cosa è cubo equal à numero' lenkten. Und daß Ihr für selbiges Problem die allgemeine Regel gefunden hättet und kraft dieser Eurer Erfindung alle Euch gestellten besagten Aufgaben nach Ablauf zweier Stunden gelöst hättet. Und dessenthalben ersucht Euch der edle Herr, daß Ihr ihm die Gunst erweisen möget, ihm besagte, von Euch gefundene Regel zu übersenden, und wenn es Euch genehm ist, wird er sie in seinem derzeitigen Werk unter Eurem Namen herausbringen, und, falls es Euch nicht genehm ist, daß er sie öffentlich macht, wird er sie geheimhalten.

Nicolò. Sagt dem hochverehrten Herrn, daß er mir vergeben möge, aber wenn ich diese meine Erfindung zu veröffentlichen gedenke, werde ich es in meinen Werken tun und nicht in den Werken von anderen, was der hochverehrte Herr mir nachsehen möge.

Zuanantonio. Solltet Ihr diese Eure Erfindung nicht geben wollen, so hat mich der edle Herr beauftragt, Euch zu bitten, daß Ihr ihm besagte 30 Aufgaben, die er Euch vorlegte, mit Eurer Lösung geben möget und Eure 30, die Ihr ihm gestellt habt, gleichermaßen.

Nicolò. Das wird mitnichten geschehen, denn jedes Mal, wenn er eine dieser besagten Aufgaben mit der dazugehörigen, von mir gefundenen Lösung vor sich hätte, würde der edle Herr sofort der von mir gefundenen Regel, mit der man viele andere Regeln betreffs dieser Materie finden kann, gewahr werden.

Zuanantonio. Der edle Herr hat mir folgende 8[6] Fragen oder auch Aufgaben gegeben, um sie Euch auszuhändigen und Euch zu bitten, daß Ihr sie lösen wollet (wir geben sie in ihrer heutigen Form wider, G. H.: $1 + x + x^2 + x^3 = 5$; $1 + x + x^2 + x^3 = 5x$; $x + x^3 = 5$; $x^2 + x^3 = 5$; $1 + x^3 = 5x$; $x^4 + 8x^2 + 64 = 80x$; $x^3 + 3x = 21$).

Nicolò. Diese Aufgaben stammen von Messer Zuanne da Coi und von keinem anderen. Erkenne ich sie doch an diesen beiden letzteren, denn eine der sechsten ähnliche hat er mir bereits vor zwei Jahren gestellt und aus jenem Anlaß brachte ich ihn zum Eingeständnis, daß er selbst sie weder verstand noch zu lösen wußte, und eine, ähnlich der letzten (welche den Operator in ‚censo è cubo equal à numero' einführt) gab ich ihm vor noch nicht einem Jahr mit der Lösung, und für selbige Lösung fand ich eine eigene Regel für derlei Aufgaben.

Zuanantonio. Ich stehe dafür ein, daß diese Aufgaben von dem erwähnten edlen Herrn, Messer Hieronimo Cardano, und von keinem anderen gestellt worden sind."

---

[5] N. Tartaglia, Quesiti et inventioni diverse, Buch 9, Aufgabe 31, in: Niccolò Tartaglia, Quesiti et inventioni diverse. Riproduzione in facsimile dell'edizione del 1554, ed. da A. Masotti, Brescia (1959), S. 113 r/v.

[6] Offensichtlich ein Druckfehler. Es sind nur sieben Aufgaben genannt worden, im weiteren Text ist auch nur von sieben Aufgaben die Rede.

Im weiteren Gespräch setzt sich dieser Streit fort, Tartaglia weist erneut auf die Möglichkeit hin,
72 daß Cardan diese Aufgaben von / Zuanne da Coi, der in Mailand gewesen war, erhalten habe), und verweigert ihre Lösung. Es genügt ein Blick auf die ersten fünf Aufgaben, um den Standpunkt Tartaglias zu verstehen. Offensichtlich sind sie so formuliert, daß ihre Lösung, sogar wenn die Wurzeln gezogen sind, ausreicht, um einen gescheiten Mathematiker auf die richtige Formel zu bringen. Gegen Ende des Gesprächs kommt Zuanantonio nochmals auf die zuvor erwähnten dreißig Aufgaben zurück und erreicht schließlich, daß Tartaglia ihm die dreißig Aufgaben von Fiore übergibt, allerdings ohne ihre Lösungen.

Der erste Versuch Cardans, die Lösung zu bekommen, erwies sich als erfolglos. Cardan gab sich damit nicht zufrieden. Er sammelte Auskünfte über Tartaglia und erfuhr, daß dieser Griesgram keinesfalls irgendein unbedeutender Rechenmeister ist, dem es (wie er anfangs vielleicht vermutete) zufällig gelang, die Lösung der kubischen Gleichung zu finden. Um ihn nachgiebiger zu stimmen, versuchte Cardan die Bedeutung anderer Forschungen Tartaglias in Frage zu stellen. Am 12. Februar schrieb er Tartaglia einen Brief, in dem nach einem sehr höflichen Beginn dessen Werk „Nova scientia" einer scharfen Kritik unterzogen wurde. Abschließend wiederholte er die uns schon bekannten Bitten um die dreißig Aufgaben und deren Lösungen und legte zwei neue Aufgaben vor.[7]

Tartaglia antwortete am 18. Februar mit einem sehr ausführlichen Brief. Er wies den Angriff energisch zurück und gab eine detaillierte Lösung der beiden von Cardan übersandten Aufgaben, vermied aber die Mitteilung weiterer Angaben.[8]

Cardan reagierte am 19. März schon bedeutend liebenswürdiger. Er schreibt, daß Tartaglia das Recht habe, seine „Nova scientia" zu verteidigen und wiederholt seine Bitte mit folgenden Worten: „. . . ich bitte Euch, mir unbedingt das, was von Euren 30 Lösungen der Aufgaben, die Euch Maestro Antoniomaria vorlegte, übrigblieb, zu übergeben oder zuzusenden. Ich wäre Euch in höchstem Maße verbunden, wenn Ihr einverstanden wäret, mir auch noch einige Lösungen nach Euren beiden Formeln zu schicken oder sie mir auszuhändigen, falls Ihr hierher kämet, denn Ihr sollt wissen, daß ich gern jeden Dienst erweise und daß ich zur Zeit ein ganzes Buch über angewandte Geometrie, Arithmetik und Algebra im Druck habe, wovon bis zur Stunde die Hälfte gedruckt ist; und wenn Ihr sie [die Formeln, G. H.] zusendet, dann kann ich sie am Ende meines Buches unter Eurem Namen veröffentlichen, wie ich es immer mit denen tat, die mir etwas Wertvolles gaben; und ich stelle Euch als den Urheber der Formeln vor, und wenn Ihr wünscht, daß ich dies geheimhalte, so mache ich es, wie Ihr wollt."[9]

Abschließend verwies er auf seine guten Beziehungen zu einem gewissen Marchese, der großzügig alle talentierten Leute unterstütze und mit dem er ihn bekannt machen könne. Am Ende des Briefes lädt Cardan Tartaglia ein, nach Mailand zu kommen und in seinem Hause zu wohnen.

Tartaglia war einverstanden. Am 25. März 1539 standen sie sich im Hause des Messer
73 Hieronimo Cardano gegenüber. Tartaglia war zwei Jahre / älter als Cardan und besaß die wertvolle Lösung der kubischen Gleichungen. Doch Cardan verfügte über alle Vorteile eines Menschen, der sich in einer besseren sozialen und ökonomischen Lage befand, ein Umstand, den man besonders deutlich in seinem Hause empfinden mußte. Tartaglia selbst zeichnete das zwischen ihnen geführte Gespräch auf.

---

[7] N. Tartaglia, Quesiti, Buch 9, Aufgabe 32, S. 115r—116r.
[8] Ebenda, S. 116r—119r.
[9] Ebenda, Buch 9, Aufgabe 33, S. 119v.

„Aufgabe 34, persönlich gestellt von ebendemselben edlen Herrn, Messer Hieronimo Cardano zu Milano in seinem Hause, am 25. März 1539

Messer Hieronimo. Es ist mir überaus genehm, daß Ihr hierher gekommen seid, da Seine Exzellenz, der Herr Marchese, nach Vegevene[10] geritten ist und wir die Annehmlichkeit haben werden, bis zu seiner Rückkehr in aller Muße gemeinsam unsere Angelegenheiten besprechen zu können. Zweifelsohne seid Ihr gar wenig zuvorkommend gewesen betreffs des Gegenstands ‚cosa è cubo equal à numero', wenngleich ich Euch so sehr darum gebeten hatte.

Nicolò. Seid versichert, daß ich mich nicht nur betreffs dieses Gegenstandes allein noch betreffs der daraus abgeleiteten Formeln zurückhalte, sondern wegen der Formeln, die durch Kenntnis derselben gefunden werden können, denn das ist ein Schlüssel, der den Weg öffnet, um unzählige andere Probleme zu erforschen. Wenn es nicht an dem wäre, daß ich derzeit mit der Übersetzung des Euklid ins Italienische befaßt wäre (den ich bis zur Stunde bis zu seinem 13. Kapitel übersetzt habe), hätte ich schon für viele andere Probleme die allgemeine Regel gefunden, aber angesichts dessen, daß ich meinen Eifer bereits an den Euklid gesetzt habe, hege ich die Absicht, ein Werk über praktische Anwendung abzufassen und zusammen mit diesem eine neue Algebra, in welcher ich nicht nur beabsichtigt habe, für jedermann alle meine besagten Erfindungen von neuen Problemen zu veröffentlichen, sondern viele andere, die ich zu finden hoffe und von denen ich ebenfalls die Regel zeigen will, um mit ihr gleicherweise zahllose andere zu erforschen, was nützlich und gut sein wird.

Selbiges ist die Ursache, es jedermann abzuschlagen, weil ich derzeit keinerlei Mühe darauf verwende (da ich, wie erwähnt, mit dem Euklid befaßt bin). Wenn ich sie einem gelehrten Mann (wie Ihr, edler Herr, einer seid) übermittele, könntet Ihr leicht dank solcher Klarheit andere Formeln finden (welche mit Leichtigkeit den gefundenen hinzugefügt werden können) und sie als Erfinder veröffentlichen, durch welches Tun Ihr alle meine Pläne verderben würdet. Selbiges ist der hauptsächliche Grund, welcher mich Euch gegenüber, hochwerter Herr, zu so geringer Höflichkeit veranlaßt hat, und selbiges um so mehr, als Ihr derzeit Eure Werke mit ähnlichem Gegenstand drucken laßt. Obzwar Ihr mir des weiteren von Eurer Absicht geschrieben habt, meine besagten Erfindungen unter meinem Namen zu veröffentlichen und mich als Erfinder zu nennen, gefällt mir selbiges in Wahrheit in keinerlei Hinsicht, weil ich meine besagten Erfindungen in meinen Werken veröffentlichen will und nicht in den Werken anderer.

Messer Hieronimo. Indes habe ich Euch auch geschrieben, im Falle Ihr nicht zustimmt, daß ich sie nicht veröffentliche und daß ich sie geheimhalte.

Nicolò. Kurzum, betreffs dieses Falles wollte ich Euch nicht glauben. /

74 Messer Hieronimo. Ich schwöre Euch bei dem Heiligen Evangelium Gottes und als wirklicher Mann von Ehre, Eure genannten Erfindungen nicht nur nicht zu veröffentlichen, wenn Ihr Euch selbiges ausbedinget, sondern ich verspreche Euch des weiteren und verbürge mich mit meinem Glauben als wahrer Christ, sie mir nicht in Ziffern zu bewahren, damit niemand sie nach meinem Tode verstehen kann. Wenn Ihr mir glauben wollt, wenn nicht, laßt es dabei bewenden.

Nicolò. Wollte ich so vielen Eurer Schwüre keinen Glauben schenken, verdiente ich es gewiß, als Mensch, der keinen Glauben hat, zu gelten. Da ich indes beschlossen habe, nach Vegevene zu reiten, um seine Exzellenz, den Herrn Marchese aufzusuchen, denn ich bin nunmehr drei Tage hier, und ich bin es leid, so lange auf ihn zu warten; ich verspreche, Euch alles nach meiner Rückkehr zu zeigen.

---

[10] Sommersitz des Marchese in der Nähe von Mailand.

Messer Hieronimo. Da Ihr nunmehr entschieden habt, auf jeden Fall nach Vegevene zu dem Herrn Marchese zu reiten, will ich Euch einen Brief für seine Exzellenz übergeben, um ihn wissen zu lassen, wer Ihr seid, bevor Ihr jedoch aufbrecht, will ich, daß Ihr mir die Formel dieser Eurer Probleme zeigt, wie Ihr es mir versprochen habt.
Nicolò. Ich willige ein, doch solltet Ihr wissen, daß ich, um mich bei jeglichem unvorhergesehenen Umstand dieser Rechenart erinnern zu können, selbiges Problem in Verse gefaßt habe, denn hätte ich selbige Vorsichtsmaßregel nicht getroffen, wäre es meinem Gedächtnis oft entglitten. Und wenngleich diese meine Art, Verse zu machen, nicht gar so vollkommen ist, bekümmert mich das nicht, weil es mir ausreicht, selbige Formel im Gedächtnis zu haben für jeden Fall, da ich ihrer bedarf. Ich will Euch jenes Kapitel eigenhändig niederschreiben, auf daß Ihr gewiß seid, daß ich Euch die genaue und rechte Erfindung gebe."

Im Text folgt ein Gedicht in Terzinen, über dessen Inhalt wir später noch ausführlich zu sprechen haben werden. Unmittelbar danach fährt Tartaglia fort: „Selbiges Kapitel ist so beredt in seiner Klarheit, daß Ihr, hochgelehrter Herr, glaube ich, alles ohne weiteres Exempel verstehen werdet.
Messer Hieronimo. Es ist an dem, und ich habe es fast jetzt schon verstanden. Macht Euch nur auf den Weg, sobald Ihr zurückgekehrt seid, werde ich Euch zeigen, ob ich es verstanden habe.
Nicolò. Nun wollet, ehrenwerter Herr, es nicht daran fehlen lassen, Euch Eures Gelöbnisses zu erinnern, denn sollte ich durch widriges Geschick dessen verlustig gehen, kurzum, solltet Ihr selbiges Kapitel herausgeben, sei es in diesem Werk, das Ihr derzeit drucken laßt, sei es in einem anderen, gleichwohl Ihr es unter meinem Namen erscheinen ließet, und mich darin als eigentlichen Erfinder nennt, verspreche und schwöre ich Euch, umgehend ein übriges drucken zu lassen, welches Euch nicht sehr genehm sein wird.
Messer Hieronimo. Zweifelt nicht daran, daß das, was ich Euch versprochen habe, ich auch halten werde. Begebt Euch fort und seid gänzlich ruhig, übergebt von meiner Seite diesen meinen Brief dem Herrn Marchese.
Nicolò. Alsdann empfehle ich mich.
Messer Hieronimo. Gehabt Euch wohl.
Nicolò. Ich versichere Euch, daß ich mich nicht mehr nach Vegevene begeben will, vielmehr werde ich unverzüglich nach Venedig zurückkehren, komme was da wolle."[11] /

75 Nun, Tartaglia hatte sich, wie Cantor es ausdrückt,[12] breitschlagen lassen, und Cardans Ziel war erreicht.

An diesem Punkt ihrer Verhandlungen angelangt, müssen wir feststellen, daß Cardan seinen Schwur bekanntlich brach.

1545 veröffentlichte er sein zweites großes mathematisches Werk, die „Ars magna", das die Lösung der kubischen Gleichungen und die Formel, die er Cardansche Formel nannte, enthielt. In der „Ars magna" erwähnt Cardan zwar, daß die Entdeckung dieser Formel Tartaglia gelang, aber in seinem Vorwort legt er die Geschichte dieser Entdeckung in folgender Weise dar: „... In unserer Zeit entdeckte Scipione dal Ferro aus Bologna eine Formel, der zufolge der Kubus einer Unbekannten plus der Unbekannten gleich [einer gewissen, G. H.] Zahl ist [$x^3 + ax = b$, G. H.]. Das war in der Tat eine sehr schöne und bewunderungswürdige Angelegenheit. Da diese Kunst jede menschliche Findigkeit und die Klarheit des Verstandes eines jeden Sterblichen übertrifft, muß man sie sowohl als ein himmlisches Geschenk, aber auch als eine Fähigkeit der Kraft des Geistes betrach-

[11] N. Tartaglia, Quesiti, Buch 9, Aufgabe 34, S. 120r—121r.
[12] M. Cantor, Vorlesungen über Geschichte der Mathematik, 2. Aufl., Bd. 2, Leipzig 1913, S. 488.

ten, doch dies war eine so berühmte Entdeckung, daß derjenige, der sie erlangte, glaubt, er könne alles verstehen. Ihm nacheifernd, hat unser Freund Nicolò Tartaglia aus Brescia, als er in einen Wettstreit mit Antonio Maria Fiore, einem Schüler des dal Ferro, getreten war, dieselbe Formel gefunden, um nicht besiegt zu werden. Nach langem Bitten hat er sie mir selbst übergeben. Ich selbst war nämlich irregeführt durch die Worte Luca Paciolis, der sagte, daß es über seine Formeln hinaus keine andere allgemeine Formel geben könne, und obwohl ich viele schon früher von mir selbst gemachte Entdeckungen in den Händen hielt, verlor ich dennoch nicht die Hoffnung, das zu finden, was ich nicht zu suchen wagte. Als ich diesen Fall erhielt und von daher zur Beweisführung gelangte, begriff ich, daß damit sehr vieles andere erreicht werden kann. Und durch dieses Studium, nachdem das Vertrauen gewachsen war, entdeckte ich weitere Teile selbst, andere mit meinem ehemaligen Schüler Lodovico Ferrari."[13]

Im 11. Kapitel, wo Cardan auf die kubischen Gleichungen zu sprechen kommt, steht: „Scipione dal Ferro aus Bologna fand schon vor ungefähr 30 Jahren die Lösung dieses Problems und sandte sie Antonio Maria Fiore in Venedig zu. Als dieser einst in einen Wettstreit mit Nicolò Tartaglia aus Brescia getreten war, gab er Nicolò die Möglichkeit, daß er es auch selbst fände. Letzterer übermittelte sie uns auf unsere Bitten hin, jedoch ohne Lösungsweg. Wir suchten im Vertrauen auf diese Hilfe selbständig nach dem Lösungsweg und legen ihn im folgenden, nachdem wir ihn in eine bestimmte Form gebracht haben, was sich als das schwierigste erwies, hier dar."[14]

Wenn wir das Gesagte mit der Darlegung Tartaglias vergleichen, so sehen wir, daß beide Versionen einander keineswegs widersprechen: Die Mitteilungen Cardans sind so
76 raffiniert formuliert, daß die Verdienste Tartaglias lediglich keine entspre/chende Würdidung erfahren; Cardan nutzt bewußt den Umstand, daß bereits Scipione dal Ferro die Entdeckung gelang, aus, um Tartaglias Leistung lediglich als Nachahmung erscheinen zu lassen und sich selbst als den Gelehrten darzustellen, der die Forschungen dal Ferros weiterführt und vollendet. Auf diese Art und Weise umging Cardan mit Absicht das eigentliche Problem und verschob geschickt den Schwerpunkt der Prioritätsfrage.

Tartaglia, wegen dieses Diebstahls seines geistigen Eigentums empört, veröffentlichte im folgenden Jahr in den „Quesiti" die oben angeführten Dokumente und bestand auf seiner Priorität. Cardan ließ diese Vorwürfe nicht unwidersprochen, was zu einem Wechsel von Briefen und Erwiderungen (cartelli i riposti) führte, die die Aufmerksamkeit breiter Kreise der italienischen Gesellschaft auf sich zogen.

Seit jener Zeit kamen viele Historiker und Mathematiker auf diese mathematische Sensation des 16. Jahrhunderts zurück. Über sie schrieb man sowohl in Übersichtsdarstellungen zur Geschichte der Mathematik wie auch in den speziell ihr gewidmeten Untersuchungen.[15] Dennoch läßt sich nicht behaupten, daß diese Frage heute völlig geklärt sei. Sogar in unserer Zeit stehen noch einige Historiker unbewußt unter dem Einfluß der Dar-

---

[13] Opera omnia, Bd. 4, S. 222.

[14] Ebenda, Bd. 4, S. 249.

[15] Von den letzteren seien hier folgende Arbeiten genannt: S. Gherardi, Einige Beiträge zur Geschichte der mathematischen Facultät der alten Universität Bologna, dt. von M. Curtze, Grunerts Archiv der Mathematik und Physik 52 (1871), S. 65—204; H.-G. Zeuthen, Tartalea contra Cardanum. Réplique relative à la question de priorité sur la résolution des équations cubiques, Oversigt over det Kgl. Danske Videnskabernes Selskabs. Forhandlinger og dets medlemmers arbeijder 1893, S. 303—330; G. Eneström, Hat Tartaglia seine Lösung der kubischen Gleichungen von del Ferro entlehnt?, Bibl. math. (3) 7 (1906), S. 38—43; E. Bortolotti, L'algebra nella scuola matematica bolognese del secolo XVI, Periodico di matematiche, ser. 4, 5 (1925), S. 147—184; ders., I contributi del Tartaglia, del Cardano, del Ferrari, e della scuola matematica bolognese alla teoria algebrica delle equazioni cubiche, Studi e memorie per la storia dell'università di Bologna IX (1926), S. 55—108; ders., Il primo fra i quesiti propositi dal Ferrari al

legungen Cardans und folgen der Auffassung vom entscheidenden Beitrag dal Ferros zu dieser Entdeckung.

Wir haben hier nicht die Absicht, den Anteil dal Ferros zu untersuchen, sondern wollen uns dem gegenseitigen Verhalten beider Kontrahenten zuwenden. Soweit es ihren Aussagen zu entnehmen ist, stellt sich die Sache wie folgt dar.

Sowohl Cardan als auch Tartaglia hörten, daß ein gewisser Professor der Mathematik
77 in Bologna die Lösung der kubischen Gleichungen längst entdeckt hatte. / Später fand Tartaglia die Lösung erneut und teilte sie Cardan mit, der sie selbst nicht hatte herausfinden können.

Das Unvermögen der bürgerlichen Historiographie, eine gründlichere Untersuchung dieses Problems zu liefern, ist durch den Umstand bedingt, daß sie sich mit der Erörterung von rein mathematischen Gesichtspunkten begnügt und keine Bezüge zu sozialen und ökonomischen Interessen und zu gesellschaftlichen Widersprüchen, die ihren Ausdruck in den Positionen beider Gegner fanden, herzustellen versucht. Wenn solche Erscheinungen bisher überhaupt eine Rolle bei historischen Forschungen spielten, so nur deshalb, weil die Klassenposition eines Historikers einen (bewußten oder unbewußten) Einfluß auf seine Darlegungen hatte.

Aus welchen Anlässen haben sich Cardan und Tartaglia mit den kubischen Gleichungen beschäftigt?

In Italien waren im 16. Jahrhundert breite Kreise — soweit sie die lateinische Sprache beherrschten — an höherer Bildung außerordentlich interessiert. Aus diesem Grunde kam es zu öffentlichen Auftritten und literarischen Wettbewerben, wo sich Philosophen, Mediziner und sogar Mathematiker oder, besser gesagt, Rechenmeister einander Aufgaben stellten, deren Lösung entweder öffentlich erfolgte oder durch einen Notar festgestellt wurde. So sprach am 11. August 1508 Luca Pacioli vor fünfhundert Hörern in der Bartholomäuskirche zu Venedig über das 5. Buch der „Elemente" des Euklid. Olschki beschreibt diese Situation in folgender Weise: „Wenn auch ähnliche Vorfälle aus der älteren Geschichte der Mathematik nicht bekannt sind, so war auf anderen Gebieten die Sitte öffentlicher Ausschreibung von Wettaufgaben sehr verbreitet. An philosophischen Preisthesen gab es bis Ende des Jahrhunderts die Fülle, und die neapolitanische Nationalbibliothek bewahrt zahlreiche Flugschriften und Anschlagzettel mit Aufrufen zu solchen Turnieren, die mit einer wahren Maskerade eingeleitet wurden. Denn die beiden Kämpen marschierten mit Herolden und Fahnen zur Kampfstelle, von schaulustigem Volke begleitet, das mehr an Radau und Streit, als an der Sache interessiert war. Mit großem Pomp wurde der Sieg gefeiert und der Preisträger wie ein Triumphator begrüßt. Wenn auch die Wissenschaft aus solchen Narrenpossen keinen unmittelbaren Gewinn erzielte, so stachelten sie die Eitelkeit talentierter Leute an und gaben den Streitfragen eine geräuschvolle Popularität. In ruhigeren Formen erhielt sich diese Sitte der öffentlichen Preisausschreiben noch lange als ein Zeichen weit verbreiteter mathematischer Interessen und der Überzeugung,
78 daß man ihre Förderung / nicht allein von Fachleuten, sondern auch von Dilettanten und natürlichen Begabungen erwartete."[16]

---

Tartaglia nel suo 3° Cartello di matematica disfida . . ., Rendiconti delle sessione della R. Ac. d. Sc. della Istituto di Bologna 1925/26; ders., Sulla scoperta della risoluzione algebrica delle equazioni del quarto grado, Periodico di matematiche, ser. 4, 6 (1926), S. 217—230 und ders., I cartelli di matematica disfida e la personalità psichica e morale di Girolamo Cardano, Studi e memorie per la storia dell'università di Bologna 12 (1935), S. 1—79.

[16] L. Olschki, Geschichte der neusprachlichen wissenschaftlichen Literatur, Bd. 3: Galilei und seine Zeit, Halle 1927, S. 91.

Unter solchen gesellschaftlichen Bedingungen gingen aus dem Kreis der Rechenmeister, wie Tartaglia einer war, Leute hervor, für die diese Art von Wettbewerben zum Beruf wurde; sie zogen von Stadt zu Stadt, um ihre jeweiligen Berufskollegen zum Wettstreit herauszufordern. Der Sieger erhielt ja nicht nur eine Prämie, gleichzeitig wuchsen auch sein Ansehen und Ruhm, so daß die Chancen auf ein größeres Einkommen und folglich auf ein höheres Amt in den entsprechenden Lehranstalten stiegen.

1530 kam einer von ihnen, Zuanne di Tonini da Coi, Lehrer für Arithmetik in Brescia, zu Tartaglia und legte ihm folgende zwei Aufgaben, die die Lösung der kubischen Gleichungen voraussetzten, vor:

$$x^3 + 6x^2 = 5 \quad \text{und} \quad x^3 + 6x^2 + 8x = 100 .$$

Doch weil da Coi diese Aufgaben selbst nicht lösen konnte, weigerte sich Tartaglia, sie auszurechnen, und schrieb: „Ich sage nicht, daß derlei Fälle unmöglich sind, vielmehr bin ich gewiß, für den ersten, nämlich betreffend 3. Potenz plus 2. Potenz gleich Zahl seine allgemeine Regel gefunden zu haben, aber ich will darüber zu diesem Zeitpunkt aus vielerlei Gründen Stillschweigen bewahren. Für den zweiten Fall, nämlich 3. Potenz(en) plus 2. Potenz(en) plus (mehrere) Unbekannte gleich Zahl räume ich ein, bis zu dieser Stunde keine allgemeine Regel gefunden zu haben, aus selbigem schließe ich aber nicht, noch will ich daraus schließen, daß es unmöglich wäre, sie zu finden, wenngleich sie bis zu dieser Zeit nicht gefunden worden ist.“[17]

Ein zweites Mal stieß Tartaglia in seiner Praxis am 12. Februar 1535 auf solche Aufgaben. Damals unterbreitete ihm ein gewisser Antoniomaria Fiore, „non haveva scientia, ma solamente gran practica“, dreißig Aufgaben des Typs $x^3 + ax = b$, deren Lösung spätestens nach fünfzig Tagen einem Notar übergeben werden sollte.[18]

Aus der bloßen Tatsache, daß diese Aufgaben gestellt worden waren, kann man keinesfalls schlußfolgern, daß es damals schon eine Formel für ihre Lösung gab. Ohne weiteres hätten die Aufgaben auch in einer anderen Anordnung formuliert, d. h. mit einem bekannten x aufgebaut werden können. Deshalb lehnte Tartaglia das Angebot zunächst ab, „. . . da man des Glaubens war, daß derlei Aufgaben niemand zu lösen vermöchte, weil Bruder Luca in seinem Werk versichert, daß es unmöglich wäre, selbiges Problem mit einer allgemeinen Regel zu lösen.“[19]

Fiore selbst jedoch besaß eine solche Formel, die schon dreißig Jahre zuvor von Professor Scipione dal Ferro gefunden worden war, was Tartaglia jedoch nicht wußte. Sobald dieser
79 hörte, daß eine derartige allgemeine / Formel „da un gran matematico“ existiere, begann er danach zu suchen. Er fürchtete, den Wettstreit und damit die Belohnung, die in einem Galadiner für so viele Personen, wie Aufgaben gelöst wurden, bestand,[20] zu verlieren. Es gelang ihm, die Formel zu finden, und mit ihrer Hilfe löste er in zwei Stunden alle dreißig Aufgaben.

Auf diese Weise ist Tartaglia das Problem der Berechnung kubischer Gleichungen von anderen Rechenmeistern und Berufskollegen vorgelegt worden. Er mußte sich damit aus sozialen und ökonomischen Gründen befassen und nach einer Lösung suchen, dazu angeregt also von den Praktikern, d. h. von jenen Kreisen, die unmittelbaren Kontakt zur Technik hatten.

---

[17] Tartaglia, Quesiti, Buch 9, Aufgabe 14, S. 101v.
[18] Ebenda, Buch 9, Aufgabe 25, S. 106v.
[19] Ebenda, S. 1060.
[20] H. Morley, The life of Girolamo Cardano of Milan, Physician, Bd. 1, London 1854, S. 215.

In der Person Luca Paciolis behauptete die offizielle Wissenschaft noch kurz zuvor, daß dieses Problem nicht lösbar sei. Alle „bekannten" Gelehrten gaben sich mit dieser Behauptung zufrieden und verzichteten darauf, wie wir bereits durch Cardan wissen, die Lösung zu finden. Damals galt eine Beschäftigung mit jenen Problemen als unwissenschaftlich und sprach für einen Bildungsmangel. Etwa so, wie sich heute kein ernst zu nehmender Wissenschaftler mit der Herstellung von Gold befassen würde.

Die Rechenmeister hingegen versuchten es auf ihre Weise, sich dem Problem zu nähern. Frei vom Traditionsdruck wissenschaftlicher Theorien strebten sie weiter, und sobald einer von ihnen eine Lösung fand, nutzte er sie zu seinem Vorteil aus und versuchte, seine Konkurrenten zu übertreffen. Wir sahen, auch Tartaglia besaß eine solche traditionelle mathematische „Bildung", die ihn veranlaßte, zunächst die Aufgaben für unlösbar zu halten. Am angegebenen Ort der „Quesiti" sagt sein Partner Zuanne di Tonini da Coi: „Es war ein glückliches Geschick, das Euch so unvermittelt selbige Lösung finden ließ, denn hättet Ihr sie nicht gefunden, wäret Ihr vom gemeinen Volke als einer von den Unwissenden geschmäht worden . . .".[21]

So war Tartaglia in einen eigenartigen Zwang geraten. Einerseits glaubte er als Mathematiker, daß die Aufgaben unlösbar seien, andererseits war er aufgrund seiner sozialen Lage, die ihn gerade von den in wissenschaftlichem Sinne ungebildeten Praktikern abhängig machte, genötigt, diese Aufgaben zu meistern. In diesem Gegensatz zwischen Wissenschaft und sozialen Erfordernissen waren die letzteren die ausschlaggebenden. Tartaglia kam von der Praxis zur Wissenschaft und stand der ersteren näher als der letzteren. Darum mißtraute er nicht den Angaben der Praktiker, sondern denen der Wissenschaft und erreichte so die Lösung des Problems.

Völlig anders verhielt sich die Sache bei Cardan.

1536 schrieb er sein Buch über Mathematik, in dem er nach dem Vorbild der „Summa"
80 von Luca Pacioli und unter direkter Berufung darauf / das gesamte mathematische Wissen systematisch darlegen wollte. Die Widmung des Buches datiert in der Ausgabe der „Opera omnia" vom 5. Januar 1545.[22] Das ist identisch mit Cardans eigenem Hinweis aus „De libris propriis Liber recognitus", wo es heißt: „Im 36. Lebensjahr schrieb ich ein Buch über die Kunst der Arithmetik in 68 Kapiteln, dessen Titel unterschiedlich ist; die Prinzipien führe ich jedoch, da ich sie in das „Opus perfectum" übernehmen möchte, zum gegenwärtigen Zeitpunkt nicht an, auch wenn sie bereits veröffentlicht worden sind."[23]

Die Zahl der erwähnten Kapitel deckt sich mit der der „Practica arithmeticae". Darum geht es an der genannten Stelle zweifellos um eben dieses Werk. Aus den Angaben Tartaglias wie aus den eigenen Aussagen Cardans folgt, daß zu Beginn des Jahres 1539 Cardans Buch noch nicht endgültig fertiggestellt war. Erst am 12. Mai 1539 sandte Cardan das druckfrische Buch an Tartaglia, um so den Verdacht des letzteren, daß darin seine Entdeckung veröffentlicht sein könnte, zu zerstreuen. Doch Cardan ließ keineswegs von diesem Vorhaben ab und schrieb: „Betreffs Eurer Befürchtungen, welche Ihr hattet, daß ich selbige Erfindungen in Druck geben könnte, hätte Euch mein Wort, das ich Euch mit meinem Schwur gab, genügen müssen, denn die Fertigstellung meines Buches tat dem keinen Abbruch, wann immer nämlich ich es erachte, kann ich es immer hinzufügen . . ."[24] Verständlicherweise war Tartaglia durch solche Worte nicht zu beruhigen, und so ist es auch nicht verwun-

[21] N. Tartaglia, Quesiti, Buch 9, Aufgabe 25, S. 106v.
[22] Opera omnia, Bd. 4, S. 222.
[23] Ebenda, Bd. 1, S. 101.
[24] N. Tartaglia, Quesiti, Buch 9, Aufgabe 36, S. 122r.

derlich, daß er, wie wir noch sehen werden, keine weiteren Angaben machte und den Briefwechsel mit Cardan einstellte.

Wenn wir uns die Lage Cardans im Jahre 1539 vergegenwärtigen, so verstehen wir sofort, daß die Herausgabe der „Practica arithmeticae" für ihn ein sehr bedeutendes Ereignis war. Jahrelang hatte er an diesem Werk gearbeitet, und nach seinem Erscheinen erwartete er nun nichts sehnlicher als die endgültige Anerkennung seiner Fähigkeiten, die ihm bislang ja versagt geblieben war. Wir wissen das aus seinem letzten Buch, „De libris propriis", wo er erwähnt, daß er nicht mehr bei dem alten Verleger, Ottaviano Scoto, drucken lassen wollte, weil dessen Druckerei sein erstes Buch durch zahllose Druckfehler völlig entstellt habe. Cardan befürchtete, daß sein neues mathematisches Werk, das sehr viel mehr Sorgfalt der Setzer und Korrektoren erforderte, völlig verdorben werden würde. Es gelang ihm, einen Verleger zu finden, Bernardo Caluscho, der für das Manuskript 10 Kronen zahlte. Diese außergewöhnlich bescheidene Summe belegt, wie unbekannt Cardan damals noch war. Das Buch erschien in Mailand, wahrscheinlich unter sorgfältiger Aufsicht durch
81 den Verfasser. Er / bat sogar einen Dichter, Annibale della Croce,[25] ihm einige lateinische Verse für die Widmung zu schreiben, und ergänzte das Buch durch eine Beilage mit der Aufzählung seiner zahlreichen unveröffentlichten Manuskripte und dem Aufruf an auswärtige Verleger, seine Werke zu drucken. Das Buch enthält ein Porträt Cardans mit folgender Unterschrift: „Acceptus in patria nemo propheta". Doch gerade in dem Moment, als dieses so sorgfältig vorbereitete Werk mit dem erwähnten Aufruf an die Verleger im Druck war, hörte Cardan von der Entdeckung Tartaglias. Schlagartig erfaßte er, ein guter Mathematiker, der er war, die gewaltige Bedeutung dieser Entdeckung, einer Sensation ersten Ranges. Sein wissenschaftliches Interesse, sein wachsamer, grenzenloser Wissensdrang waren in höchstem Maße erregt worden.

Er wollte unbedingt diese bemerkenswerte Entdeckung in seine Arbeit einfügen. Eine solche Publikation würde ihn, das wußte er, wirklich berühmt machen. Darum versuchte er mit aller Energie und allen ihm zur Verfügung stehenden Mitteln, in den Besitz dieses Geheimnisses zu kommen. Wir wissen bereits, wie er es anstellte, von Tartaglia die nötige Formel zu erhalten, und sahen, wie weit ihm das gelang.

Mit dem Wissen um die Verhältnisse, in denen Cardan sich befand, können wir uns folgende Frage stellen: Warum veröffentlichte Cardan, wo er doch ohnehin seinen Schwur brach, die Entdeckung Tartaglias nicht schon 1539, sondern erst sechs Jahre später?

Wir wissen nicht, in welchem Maße sich Cardan damals an seinen Eid gebunden fühlte, und lassen einstweilen dieses rein persönliche Element, das sicher eine gewisse Rolle spielte, unbeachtet. Anscheinend gab es Schwierigkeiten, die Cardan damals noch nicht überwinden konnte.

Zu jener Zeit schien seine Stellung kaum ausreichend gefestigt, um sich einen offenen Wortbruch leisten zu können. Die Kunde von Tartaglias Entdeckung war vermutlich schon weit verbreitet. Noch vor Cardan hatte sich gegen Ende des Jahres 1536 Zuanne di Tonini da Coi, von dem weiter oben die Rede war, persönlich an Tartaglia mit der Bitte gewandt, ihm die gefundene Lösung mitzuteilen, und nach der ihm, wie Cardan, erteilten Absage, bat auch er vergeblich um die von Fiore gestellten Aufgaben mit ihren Ergebnissen. Dieser Mann, den Cardan mit den Worten charakterisierte, „er war hochgewachsen, hager, bleich, schwarzhaarig, mit tiefliegenden Augen, zurückhaltend, langsam in seinen

---

[25] Annibale della Croce war Bruder Francesco della Croces, Freund und Arzt des Senators Francesco Sfondrati, der ein Bekannter Cardans war. Beide bemühten sich um die Aufnahme Cardans in das Ärztekollegium Mailands.

[26] Opera omnia, Bd. 1, S. 103.

Bewegungen [und] wortkarg",[26] zeichnete sich, wie auch Antoniomaria Fiore, nicht durch Großzügigkeit oder Liebenswürdigkeit aus und hätte ohne weiteres gegen Cardan auftreten können, wenn der letztere seinen Eid gebrochen und das ihm anvertraute Geheimnis
82 der Entdeckung, die er ja selbst nicht finden konnte, veröffentlicht hätte. / Wie die anderen mehr oder weniger herausragenden Rechenmeister zählte auch Antoniomaria Fiore den damals noch unbekannten Cardan nicht zum Kreis jener Personen, mit denen man rechnen mußte. Aus Briefen, die Tartaglia in seinen „Quesiti"[27] anführt, wissen wir beispielsweise, daß da Coi im Januar 1540 nach Mailand reiste, wo er einige Monate Mathematik lehrte und im April jenen Posten erhielt, den Cardan bislang innehatte. Cardan befand sich damals noch in einer außerordentlich bescheidenen gesellschaftlichen Stellung, weshalb er gezwungen war, diese Rechenmeister zu respektieren.

Außerdem war die Lösung der kubischen Gleichungen zu jener Zeit noch nicht genügend ausgearbeitet, und in der vorliegenden Form konnte man sie nicht drucken. Tartaglia hatte Cardan lediglich fertige Formeln übergeben und mehrfach darauf hingewiesen, daß mit ihrer Hilfe „noch eine Unmenge anderer gefunden werden könnte".

Cardan war nicht in der Lage, selbständig den Beweis für diese Formeln zu finden. In der kurzen Zeit, die ihm bis zum Abschluß seines Buches verblieb, gelang es ihm auch nicht, zumal da er offensichtlich daran interessiert war, dessen Erscheinen zu beschleunigen, weitere Ableitungen zu finden. Er vermochte es nicht einmal, wie das aus weiteren Briefen an Tartaglia hervorgeht, sich selbst sofort über die Formel klar zu werden. Erst am 12. Mai schrieb er Tartaglia: „Ich überprüfte diese Formel und glaube, sie hat eine allgemeine Bedeutung".[28] Aus diesen Worten wird ersichtlich, daß Cardan damals noch keine Beweise für die Formel besaß und sogar nicht bemerkt hatte, daß sie im casus irreducibilis, d. h. im Falle der Quadratwurzel aus einer negativen Größe, nicht angewandt werden kann. Genau denselben mathematischen Überlegungen, die Tartaglia von der Veröffentlichung seiner Entdeckung zurückhielten, folgte nun auch Cardan. Er wollte die Formel nicht publizieren, um sich damit nicht selbst in der öffentlichen Meinung zu schaden, und er wünschte es offensichtlich auch deswegen nicht, weil er erst ihre wissenschaftliche Bedeutung voll erfassen und alle ihre Möglichkeiten ausschöpfen wollte, in der Absicht, die Arbeit dann als Forschungsergebnis und nicht als einfaches „Kochrezept" herauszubringen. Dieser Wunsch entsprach sowohl seiner wissenschaftlichen Erziehung wie auch seinem gesellschaftlichen Ehrgeiz.

Die „Practica arithmeticae" brachte Cardan auch ohne das Kapitel über die kubischen Gleichungen den gewünschten Erfolg. Man las sie sogar außerhalb der Grenzen Italiens, und als Folge seiner im Anhang formulierten Bitte um weitere Verbreitung seiner Werke erschien im Auftrage des Verlegers Johannes Petreius aus Nürnberg Andreas Osiander, ein protestantischer Humanist, bei ihm und erklärte die Bereitschaft, beliebige Teile seiner Arbeiten zu veröffentlichen.

„Und so war", wie Cardan selbst sagt, „der Beginn unseres Ruhmes; wenn es ihn danach
83 gegeben hat, hatte er hier seinen Ursprung."[29] / Im Erscheinungsjahr seines Buches war Cardan endlich Mitglied des Ärztekollegiums von Mailand geworden. Die Schranken waren also damit gefallen, und der Weg zu Ruhm und Erfolg stand ihm offen. Es folgten zwar noch vier schwere Jahre, in deren Verlauf er um seinen Platz auf dem neuen Gebiet kämpfen mußte, doch im Jahre 1543 erhielt er schließlich den Lehrstuhl in Padua. Das sicherte ihm eine feste Position unter den Vertretern der offiziellen Wissenschaft, brachte gesellschaft-

[27] N. Tartaglia, Quesiti, Buch 9, Aufgabe 41, S. 126r.
[28] Ebenda, Buch 9, Aufgabe 36, S. 122r.
[29] Opera omnia, Bd 1, S. 104.

liche Anerkennung und gab ihm vor allem die Möglichkeit, sich mehr oder weniger ungestört mit eigenen Forschungen zu beschäftigen. „So ist es gekommen, daß mein Leben erst begann, als ich es schon für beendet hielt, im 43. Lebensjahr“, schrieb er in seiner Autobiographie.[30]

Nunmehr waren alle gesellschaftlichen Hindernisse, die einer Veröffentlichung des Lösungsweges kubischer Gleichungen entgegenstanden, überwunden. Jetzt fand Cardan auch Zeit, mit Hilfe seines Schülers Lodovico Ferrari die gesamte mathematische Problematik gründlich auszuarbeiten. Die objektiven Schwierigkeiten waren also beseitigt. Wenn Cardan 1539 noch sein gegebenes Wort zurückgehalten hat, jetzt, nach sechs Jahren, fühlte er sich nicht mehr daran gebunden, und so erschien 1545 die Andreas Osiander gewidmete „Ars magna“ in einer von Petreius in Nürnberg besorgten Ausgabe. Dieses Werk Cardans unterscheidet sich von all seinen vorangegangenen Arbeiten zweifellos durch ein höheres theoretisches Niveau und weist, verglichen mit früheren Lehrbüchern, den Charakter einer wissenschaftlichen Dissertation auf. Es stellt im wesentlichen eine systematische Darstellung zeitgenössischer Lösungsmethoden von Gleichungen dar und enthält in seinem Hauptteil die Lösung der kubischen Gleichungen, sorgfältig ausgearbeitet und auf alle wichtigen Sonderfälle ausgedehnt.

Für die Mathematik selbst war die Lösung der kubischen Gleichungen eine gewaltige Errungenschaft. Zeuthen schrieb dieser Entdeckung eine Bedeutung zu, die weit über die Grenzen des speziellen Gebiets der Theorie von Gleichungen hinausreicht, und meinte, daß sie einen großen Einfluß auf die Entwicklung der zeitgenössischen Mathematik insgesamt hatte. Er sagt: „Pour gagner la confiance en ses propres forces, si nécessaire pour les rendre bien disponibles, il fallait l'encouragement de se voir capable de trouver quelque chose qui fût inconnu aux maîtres vénérées. Voilà ce qui explique comment la découverte de la résolution des équations du troisième degré dans la première moitié du XVI$^{e}$ siècle donna le signal d'un développement nouveau et rapide de toutes les branches des mathématiques pures et appliquées. Il suffit de citer les Viète, les Galilée, les Keppler,
84 les Néper, les Fermat et les Descartes pour rappeler / la diversité des directions de ce nouveau développement et sa grande importance.“[31]

Zeuthen irrt, wenn er die Entwicklung der modernen Mathematik lediglich mit psychologischen Erwägungen erklärt. Natürlich ist es nicht unwahrscheinlich, daß das vom Erfolg hervorgerufene Gefühl des Optimismus eine gewisse Rolle spielte. Für weitere Fortschritte in der Mathematik war jedoch ein anderer mächtiger Impuls notwendig. Dieser Impuls erwuchs im 16. Jahrhundert aus der Entwicklung der gesellschaftlichen Produktivkräfte. Denn die Lösung der kubischen Gleichungen war für die gesamte westliche Mathematik ein überaus bedeutender Schritt nach vorn, der die antiken Vorbilder weit hinter sich zurückließ, und in diesem Sinne wurde sie zum Beginn der Entwicklung moderner Mathematik.

Bis zu dieser Entdeckung gab es überhaupt keine algebraische Theorie der Gleichungen und sogar keine Algebra im heutigen Sinne des Wortes. Die heute üblichen mathematischen Bezeichnungen waren ebensowenig bekannt wie die modernen Methoden der Berechnung.

Bekanntlich operierte man damals bei der Berechnung noch nicht mit negativen Zahlen. Der allgemeine Fall $x^3 + px + q = 0$, wo p und q sowohl positive als auch negative Werte annehmen können, wurde deshalb in drei Einzelfälle zerlegt:

$$x^3 + ax = b; \quad x^3 = ax + b; \quad x^3 + b = ax,$$

wobei a und b immer positive Zahlen bezeichneten.

---

[30] Ebenda, Bd. 1, S. 8.

[31] H.-G. Zeuthen, Tartalea contra Cardanum . . ., a. a. O., S. 304.

Der vierte mögliche Fall $x^3 + ax + b = 0$ war damals gegenstandslos, weil die Summe dreier positiver Zahlen nicht gleich Null sein kann.

Tartaglia fand die Lösung der ersten Gleichung und teilte Cardan in Versen den folgenden Lösungsweg mit:

In den beiden Gleichungen

$$u - v = b \quad \text{und} \quad uv = \left(\frac{a}{3}\right)^3$$

muß man u und v bestimmen.

Dann ist

$$x = \sqrt[3]{u} - \sqrt[3]{v}.$$

Diese Formel unterscheidet sich von der heute angewandten dadurch, daß x eine Differenz und nicht die Summe zweier Größen darstellt. Anstatt der bekannten Formel

$$x = \sqrt[3]{\frac{b}{2} + \sqrt{\left(\frac{b}{2}\right)^2 + \left(\frac{a}{3}\right)^3}} + \sqrt[3]{\frac{b}{2} - \sqrt{\left(\frac{b}{2}\right)^2 + \left(\frac{a}{3}\right)^3}}$$

85 erhalten wir auf diese Weise den Ausdruck

$$x = \sqrt[3]{\sqrt{\left(\frac{b}{2}\right)^2 + \left(\frac{a}{3}\right)^3} + \frac{b}{2}} - \sqrt[3]{\sqrt{\left(\frac{b}{2}\right)^2 + \left(\frac{a}{3}\right)^3} - \frac{b}{2}}.$$

Auf diesem Prinzip baute Tartaglia die Lösung des 2. und 3. Falles auf. Zur Lösung des zweiten Falles gab er mit den genannten Versen folgende Methode an:

u und v müssen bestimmt werden in den Gleichungen

$$u + v = b \quad \text{und} \quad uv = \left(\frac{a}{3}\right)^3.$$

Dann ist

$$x = \sqrt[3]{u} + \sqrt[3]{v}.$$

Die Lösung des dritten Falles war nicht so exakt angegeben worden. Tartaglia vermerkte lediglich: „Es löst sich wie der zweite, wenn du gut aufmerkst, daß sie von Natur aus fast zusammengefügt sind.“[32]

Bei Anwendung des gleichen Verfahrens mußte Tartaglia hier von den Gleichungen

$$u + v + b = 0, \qquad uv = \left(\frac{a}{3}\right)^3$$

ausgehen.

Dann erhalten wir erneut

$$x = \sqrt[3]{u} + \sqrt[3]{v}.$$

Hier ergab sich eine gewisse Schwierigkeit bei der Gleichung $u + v + b = 0$, weil man sie zu jener Zeit weder auf Null reduzieren noch mit negativen Ausdrücken z. B. vom Typ $u + v = -b$ operieren konnte.

Möglicherweise formuliert Tartaglia gerade deshalb etwas unbestimmt, wenn er davon spricht, daß er außerstande sei, die Gleichung in die einzige der Wissenschaft damals bekannte

---

[32] „Se solue secondo se ben guardi che per natura son quasi congionti“. N. Tartaglia, Quesiti, Buch 9, Aufgabe 34, S. 120v.

Form umzuwandeln. Indessen ist es wenig wahrscheinlich, daß er dieses Problem nicht hätte lösen können.

Cardan, der zweifellos eine allgemeinere mathematische Ausbildung als Tartaglia besaß und sich deshalb strenger an die Schulregeln hielt, wählte auch in diesem Fall einen anderen Weg. Er fand eine spezielle Methode der Reduktion, mit deren Hilfe man den dritten Fall auf den zweiten zurückführen kann.

Der Gleichung

$$x^3 + b = ax$$

wird die Gleichung

$$y^3 = ax + b \text{ , /}$$

86 deren Lösung bekannt ist, gegenübergestellt. Durch die Addition beider Gleichungen erhalten wir:

$$x^3 + y^3 = a(x + y)$$

und auf diese Weise x aus der quadratischen Gleichung:

$$x^2 - xy + y^2 = a \, .$$

Tartaglia vermerkte in seinen Arbeiten nur die Lösung der kubischen Gleichung, nicht aber deren Beweis, obwohl er verschiedentlich andeutet, er beabsichtige, ihn noch zu liefern. Deshalb ist man bei der Klärung der Frage, wie er zur Lösung dieser Gleichung gelangte, fast ausschließlich auf Vermutungen angewiesen.

Das Fehlen dieser Angaben ruft den ernsten Verdacht hervor, er habe die schon fertige Formel auf irgendwelchen Umwegen von Scipione dal Ferro nur übernommen, so ähnlich wie sein Gegner Antoniomaria Fiore. Aus diesem Grunde schreibt Cantor: „Ist es denn nur in einer Weise möglich, die kubischen Gleichungen aufzulösen? Die Geschichte hat diese Frage mit lautem Nein beantwortet. . . . Ist es unter diesen Umständen nicht gestattet, Zweifel daran zu hegen, dass beide untereinander übereinstimmende Gedankenfolgen ganz unabhängig in zwei verschiedenen Köpfen sich bildeten?“[33]

Diesem unverhohlenen Verdacht ging Eneström in einer speziellen Arbeit nach. Er verglich alle möglichen Lösungsformen und fand zwischen ihnen nur so unwesentliche Unterschiede, daß sie vernachlässigt werden können.[34] Aus der Übereinstimmung der Lösungen ist es somit nicht angängig, auf die Identität der Quellen zu schließen. Einen neuen Beitrag zur Aufhellung dieser Frage leistete Bortolotti.[35] Wie wir jedoch bereits an anderer Stelle feststellten,[36] ist sowohl die Frage nach den Lösungsmethoden des Scipione dal Ferro als auch die nach der Selbständigkeit der Entdeckung Tartaglias noch nicht endgültig geklärt worden.

In seinem Gedicht gibt Tartaglia einen fertigen Lösungsweg an, doch weder dort noch an irgendeiner anderen Stelle zeigt er, auf welche Weise die Lösung gefunden wurde. Nur in der „Ars magna“ Cardans finden wir einen entsprechenden Hinweis. Cardan schreibt: „Als ich aber begriff, daß die Formel, die Niccolò Tartaglia mir übergeben hatte, von ihm

---

[33] M. Cantor, Vorlesungen über Geschichte . . ., a. a. O., S. 513.

[34] Vgl. G. Eneström, Hat Tartaglia seine Lösung . . ., a. a. O.

[35] Siehe seinen Aufsatz „L'algebra nella scuola matematica bolognese del secolo XVI“.

[36] Vgl. unsere Rezension zu E. Bortolotti, I cartelli in: Archiv istorii nauki i techniki 7 (1935), S. 486—489.

mit Hilfe eines geometrischen Beweises entdeckt worden war, da wußte ich, daß dies der königliche Weg sei, der zu allen Formeln führt."[37] /

87 Eine geometrische Lösung dieser Art kommt tatsächlich den modernen mathematischen Vorstellungen sehr nahe, und deshalb hielt sich bis jetzt die Meinung, daß Tartaglia genauso wie Cardan den geometrischen Weg beschritten habe. Erst in jüngster Zeit gelang es Bortolotti, eine zweite Möglichkeit aufzufinden, die Tartaglia ebenfalls zur Verfügung stand.[38]

Seiner Meinung nach war die Lösung der kubischen Gleichungen über die Erforschung der kubischen Irrationalitäten gefunden worden. So wie man damals das Problem der Umwandlung von Quadratwurzeln in Euklidische Binome behandelte, schien sich auch das Problem der Verwandlung kubischer Wurzeln in Binome abzuzeichnen. Nehmen wir die etwas kompliziertere Aufgabe der Überführung des Ausdruckes

$$\sqrt[3]{\sqrt{n} \pm m}$$

in die Form

$$\sqrt{v} \pm u\,,$$

so erhalten wir damit die Möglichkeit, die kubischen Gleichungen zu lösen. Ghaligai wußte schon 1521, daß kubische Wurzeln dieser Art zur Lösung der Gleichung

$$ax^6 + bx^3 + c = 0$$

dienen. Es scheint, daß von hier aus der Übergang zu den kubischen Gleichungen nicht mehr so schwer sei. Ganz sicher läßt das die Erwartung zu, daß auf diesem Wege die Lösung zu finden sei. Für den Fall nämlich, wenn

$$n > m^2$$

ist, ergibt sich anstatt der Gleichung

$$\sqrt[3]{\sqrt{n} \pm m} = \sqrt{v} \pm u$$

über die Multiplikation einer Gleichung mit positiven Vorzeichen mit einer Gleichung mit negativen Vorzeichen die Gleichung (1), über ihre Erhebung in die dritte Potenz und die Subtraktion des zweiten Kubus vom ersten aber die Gleichung (2):

$$v - u = \sqrt[3]{n - m^2} \qquad (1)$$

$$u^3 - 3\,uv = m\,. \qquad (2)$$

Davon ausgehend, kann man durch die Elimination von v die kubische Gleichung

$$8u^3 + 6u\sqrt[3]{n - m^2} = 2m$$

erhalten.

Aus der ursprünglichen Gleichung folgt jedoch, daß

$$2u = \sqrt[3]{\sqrt{n} + m} - \sqrt[3]{\sqrt{n} - m}$$

ist. /

88 Kubische Wurzeln dieser Art stellen die Lösung der kubischen Gleichungen dar, und

[37] Opera omnia, Bd. 4, S. 235.

[38] E. Bortolotti, L'algebra nella scuola matematica bolognese del secolo XVI, a. a. O., S. 158—165.

folglich steckt in der einfachen Verallgemeinerung der Methode die Möglichkeit, eine allgemeine Lösung der kubischen Gleichungen ohne quadratisches Glied zu erreichen.

Bortolotti teilt diesen Lösungsweg nach Bombelli mit, der sie bedeutend später niederschrieb. Leider ist bis jetzt die Algebra Ghaligais nicht so gründlich erforscht, daß es möglich wäre, konkret zu sagen, wie er an dieses Problem heranging. Wir wissen nicht, ob Tartaglia die „Pratica d'aritmetica" Ghaligais bekannt war. Im Verzeichnis der Werke, die von Tartaglia nach seinem Tode hinterlassen wurden, war das Buch nicht enthalten.[39] Die Tatsache jedoch, daß sie in italienischer Sprache geschrieben worden war, erhöht die Wahrscheinlichkeit, daß Tartaglia diese Arbeit kannte. Auf jeden Fall ist der Zugang über die kubische Irrationalität nicht unmöglich, und wenn man in Erwägung zieht, daß Tartaglia diese mathematischen Folgerungen kannte, dann gewinnt die nachfolgende Bemerkung Tartaglias in seinem Buch „General trattato di numeri e misuri" einen neuen Sinn: „Den Grund der gegebenen Formel zum Ziehen der kubischen Wurzel und ebenso den zur Errechnung des Bruchs der verwandten kubischen Wurzeln aus Zahlen, die nicht kubisch sind, kann man selbigem dargestellten Lehrsatz entnehmen ... ich habe die allgemeine Formel für das Problem ‚cosa è cubo equal à numero' und für viele andere davon abzuleitende im Jahre 1534 in Venedig gefunden, was gegebenen Ortes gesagt wird."[40]

Daß ein solcher Lösungsweg für kubische Gleichungen tatsächlich möglich war, folgt auch daraus, daß er den Ansatz zu einer Zweiteilung der Unbekannten enthält, was eine wesentliche Voraussetzung dieser Lösung darstellt. Andererseits würde dann der zitierte Hinweis auf Cardan völlig unverständlich bleiben.

Leider konnte ich den „General trattato" nicht einsehen. Vielleicht hätte man aus seiner Durchsicht noch genauere Angaben ableiten können. Gleichermaßen wünschenswert wäre es, die sich in der Oxforder Bodleiana befindliche Handschrift des „General trattato" auszuwerten, von der lediglich bekannt ist, daß sie sich vom gedruckten Text unterscheidet.[41]

Nun genug über Tartaglia. /

89 In seinem Werk „Ars magna" zeigt Cardan einen anderen Weg für die Lösung der kubischen Gleichungen. Dieser stützt sich auf das geometrische Verfahren und kopiert den Beweis für die quadratischen Gleichungen. Bei der Beurteilung dieser Herleitung dürfen wir nicht vergessen, daß Cardan die Lösung bis auf den Beweis kannte und so, in Kenntnis des Ergebnisses, ihn gewissermaßen „rückwärts" konstruierte.

Dieses Herangehen ist bis heute noch nicht völlig rekonstruiert worden. Cantor beschränkt sich auf folgende Feststellung: „... und wenn er die so erhaltenen Auflösungen in eine geometrische Form kleidete, so ist damit nicht das geringste Verdienst verbunden".[42]

M. Marie geht bei dem Versuch, den Beweis zu rekonstruieren, am Wichtigsten vorbei, an der logischen Ableitung des Lösungsweges.[43]

Cardan stellt sich einen großen Würfel mit der Seitenlänge m vor. Diese Länge wird in zwei Teile x und n geteilt; parallele Flächen entstehen durch die Teilungspunkte auf den Seitenflächen, so daß der Würfel in zwei kleine Würfel mit der Seitenlänge x und n und

---

[39] Vgl. V. Tonni-Bazza, Framenti di nuove richerche intorno a Nicolò Tartaglia, Atti del Congresso Internazionale die Scienze Storiche (Roma, 1—9 apr 1903), Bd. 12, Rom 1904, S. 297/298.

[40] „La causa della regola data per cavar la R c. e similmente quella da formar il rotto delle propinque radici cubi delli numeri non cubi, si puo assignare da questa sottoscritta propositione ... fu da me trovata la regola generale al capitulo di cosa è cubo equale à numero, ed a molti altri suoi dependenti, l'anno 1534 in Venetia como al suo luogo si dira."

[41] Vgl. V. Tonni-Bazza, S. 303—305.

[42] M. Cantor, Vorlesungen über Geschichte ..., a. a. O., S. 504.

[43] M. Marie, Histoire des sciences mathématiques et physiques, Bd. 2, Paris 1883, S. 254.

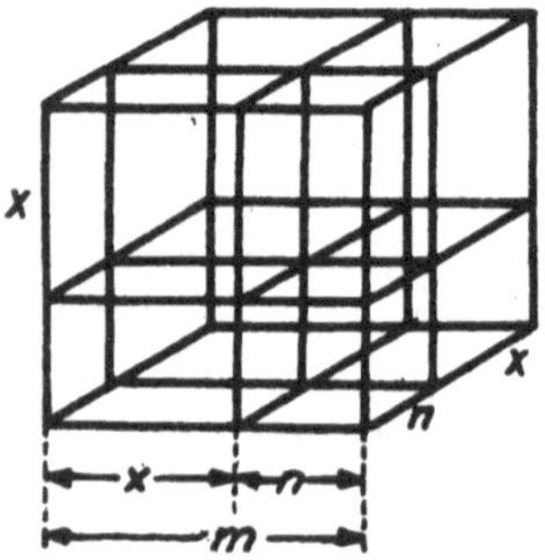


Abb. 1

sechs rechtwinklige Quader zerfällt (s. Abb. 1). Von diesen Quadern haben drei das Volumen $n^2x$ und drei das Volumen $nx^2$. Damit ergibt sich auf geometrischem Wege der Beweis des einfachen Theorems, daß nämlich:

$$m^3 = (x + n)^3 = x^3 + 3x^2n + 3nx^2 + n^3$$

ist.

Denselben Würfel kann man jedoch auch in zwei kleinere Würfel, zwei Quader mxn und je einen Quader $x^2n$ bzw. $xn^2$ unterteilen. Wir erhalten auf diese Weise:

$$m^3 = x^3 + n^3 + 2mnx + nx^2 + n^2x\,.$$

Weiter, auf der Grundfläche des großen Würfels kann man geometrisch zeigen, daß

$$xn + n^2 = mn$$

ist.

Somit wandelt sich die zuletzt angeführte Gleichung in

$$m^3 = x^3 + n^3 + 3mnx$$

oder

$$x^3 + 3mnx = m^3 - n^3$$

um.

Auf diese Weise erhält Cardan die Gleichung von der Form $x^3 + ax = b$, wo für die Größen m und n

$$m^3 - n^3 = b\,,\ 3mn = a$$

gilt. /

90 Wenn wir schließlich noch annehmen, daß $m^3 = u$ und $n^3 = v$ sind, so haben wir die bekannten Gleichungen Tartaglias vor uns:

$$u - v = b; \qquad uv = \left(\frac{a}{3}\right)^3,$$

wobei entsprechend der Annahme

$$x = \sqrt[3]{u} - \sqrt[3]{v}$$

ist.

Der auf diese Weise dargestellte Beweis gibt natürlich nur den Kern der Cardánschen Methode wieder. Cardans eigene Schlußfolgerung ist nicht vollständig. Im 6. Kapitel der „Ars magna“ mit dem Titel „De modis inveniendi capitula nova“ nennt Cardan verschiedene mögliche Teilungen des Würfels, dabei sogar solche, die er zur Ableitung dieses Beweises überhaupt nicht braucht. Er zieht daraus keine weiteren Schlüsse und macht an vielen Stellen sogar Fehler bei seinen Berechnungen. In den Kapiteln 11 und 12, in denen er die beiden ersten Formen der kubischen Gleichungen behandelt, beläßt er es bei nur einfachen Zahlenbeispielen. Obwohl die Aufteilung des Würfels hier mitabgehandelt wird, werden die Gleichungen

$$u - v = b \quad \text{und} \quad uv = \left(\frac{a}{3}\right)^3$$

als Voraussetzungen eingeführt, so daß sie eigentlich nur der Nachprüfung und nicht zum Beweis seiner Formel dienen.

Offensichtlich war Cardan nicht in der Lage, diese Ableitung in der Art, wie sie eben dargelegt worden ist, folgerichtig, vom Anfang bis zum Ende, vorzunehmen. Der Gedanke, zur Lösung der kubischen Gleichungen die Unbekannte in zwei Teile zu teilen, war gut, aber gerade diesen entscheidenden Punkt übernahm Cardan von Tartaglia. Hier, wie auch in der dargelegten Beweisführung, offenbart sich die Unfähigkeit Cardans, der nur bis zur Überprüfung der Formel und nicht zu ihrem Beweis gelangte und unfähig war, sie selbst abzuleiten.

Man muß hinzufügen, daß denselben Beweis wie Cardan 1657 der holländische Mathematiker Johann Hudde lieferte und ihn als seine eigene Entdeckung ausgab. Er gelangte aber bereits auf rein algebraischem Wege dahin, ohne jegliche Hilfe von anschaulichen geometrischen Konstruktionen. Daraus kann man schließen, daß zu jener Zeit die Lösungsform und nicht der Beweis Cardans gut bekannt war, und man kann weiterhin annehmen, daß die Beweisführung Cardans zu ihrer Zeit unklar blieb.

Bei der Anwendung und Ausweitung dieser Lösung ging Cardan jedoch viel weiter als Tartaglia. Vor allem bemerkte er sehr bald, daß im Falle des casus irreducibilis die notwendige Lösung nicht zu erlangen ist. Danach befragte er Tartaglia.[44] Dieser konnte ihm
91 jedoch darüber nichts sagen, und da er hörte, „daß der Medicus / Cardano aus Milano ein weiteres Werk der Algebra über gewisse, wieder aufgefundene Probleme verfaßt“ hatte,[45] versuchte er ihn mit allgemeinen Worten in die Irre zu führen. Weder Cardan noch Tartaglia waren imstande, diese Schwierigkeit zu meistern. Erst siebenundzwanzig Jahre später gelang es Bombelli, diesen toten Punkt zu überwinden.

Doch Cardan gelang etwas anderes. Er löste die allgemeinen Gleichungen dritter Potenz, in denen die Unbekannte im Quadrat vorkommt. Das erreichte er, indem er in den Gleichungen das Quadrat beseitigte.

Tartaglia hat anscheinend nie nach dieser Umformung gesucht und sie deshalb auch nicht gefunden. Nur in den letzten Aufgaben des 9. Buches seiner „Quesiti“ gibt es eine ähnliche Umwandlung. Dabei führt die Gleichung, die Tartaglia nennt, zu der gleichen Lösung, wie sie in der „Ars magna“ Cardans erscheint. Tartaglia hat sie wahrscheinlich von dort entlehnt.

Diese Begrenztheit Tartaglias erklärt sich augenscheinlich durch den Umstand, daß er seine Aufmerksamkeit nicht den Gleichungen der Form

$$x^3 + ax^2 + bx = c\,,$$

[44] N. Tartaglia, Quesiti, Buch 9, Aufgabe 38, S. 123r.
[45] Ebenda, Buch 9, Aufgabe 37, S. 122v.

sondern auf die des Typs

$$x^3 + ax^2 = b$$

richtete, also auf Gleichungen ohne Unbekannte in der ersten Potenz, die er, wie es scheint, als eine besondere, von den anderen kubischen Gleichungen sich grundsätzlich unterscheidende „Abteilung" betrachtete. Diese Gleichungen lassen sich aber wie normale kubische Gleichungen behandeln, kann man sie doch durch einfache Permutation aus allen kubischen Gleichungen herleiten, so wie Cardan es tat.[46] Wir können nur Vermutungen anstellen, ob Tartaglia das wußte oder nicht, er selbst sagt darüber nichts. Er verfügte allerdings über solche rechnerischen Fertigkeiten, daß er die Vermutung, gerade er habe die Umstellung gefunden, leicht erwecken kann. Hier ist auch anzumerken, daß er diese Gleichungen in der letzten Aufgabe seiner „Quesiti" im Zusammenhang mit den allgemeinen kubischen Gleichungen untersuchte. Darum ist die Möglichkeit nicht auszuschließen, daß Tartaglia die Lösung der allgemeinen kubischen Gleichung nur deshalb nicht fand, weil er den falschen Weg beschritt. Andererseits war er sehr nahe daran, die allgemeine Form der kubischen Gleichungen auf das schon gelöste Teilproblem zurückzuführen. Nur bei einer äußerst wohlwollenden Beurteilung Tartaglias können wir sagen, daß er möglicherweise hoffte, die Schwierigkeiten des casus irreducibilis durch irgendeine eigene Methode zu überwinden, und zur Bekräftigung dieser Behauptung darauf verweisen, daß die Fälle, in denen er Gleichungen ähnlicher Art löste, ihn, wenn sie auf andere Weise gelöst worden wären, zum casus irreducibilis hätten führen können. /

92 Schon 1530 behauptete Tartaglia, er könne die kubischen Gleichungen der Form

$$x^3 + ax^2 = b$$

lösen. Bortolotti[47] kommt das Verdienst zu, über die Nutzung der Angaben, die in den „Quesiti" enthalten waren, die Lösungsmethoden Tartaglias rekonstruiert zu haben. Dank dieser Tatsache konnte er ihn von den oft geäußerten Vorwürfen befreien, er hätte sich mit einer falschen Entdeckung einen Namen gemacht. Die Überlegungen Tartaglias sind deshalb interessant, weil sie zur Rechnung mit Irrationalen hinführen und die Wahrscheinlichkeit, daß er auf diesem Wege die Lösungen der anderen kubischen Gleichungen fand, beträchtlich erhöhen. Das Wesen seines Herangehens besteht in folgendem: wenn man in der variablen Gleichung

$$x^3 + px^2 = y$$

x gleich $\sqrt{a} - b$ setzt, d. h. gleich einer irrationalen Zahl, so erhalten wir für y die Gleichung

$$y = (a + b^2)\,p - 3ab - b^3\,,$$

wobei

$$a = 2pb - 3b^2$$

ist.

Bei bekanntem p kann man für beliebige Werte von b das a ausrechnen und damit auch y und x. Der Fall

$$x^3 + y = px^2$$

---

[46] Anzunehmen ist: $x = \frac{1}{y} - \frac{a}{3}$.

[47] E. Bortolotti, L'algebra . . ., S. 158—165.

läßt sich auf dem gleichen Wege lösen, was ja Tartaglia auch tat. Bortolotti führt eine ganze Tabelle mit Zahlen a und b auf, die von Tartaglia zur Lösung ähnlicher, in der letzten Aufgabe des 9. Buches erscheinender Aufgaben verwandt wurden.

Wenn wir diese Methode jedoch gründlicher betrachten, so sehen wir, daß es sich keinesfalls um einen Lösungsweg handelt. Mit ihrer Hilfe kann man Gleichungen konstruieren, die auf diesem Weg lösbar wären. Wenn wir allerdings für y eine beliebige Größe setzen, dann erhalten wir für b die allgemeine kubische Gleichung, eben deren Lösung nicht bekannt war.

Entweder hat Tartaglia diesen Umstand überhaupt nicht bemerkt, oder er wollte sich über seinen Gegner lustig machen. Die erste Vermutung, nämlich daß Tartaglia die Berechnung für abgeschlossen hielt, scheint wenig glaubhaft zu sein, weil ein so geschickter Rechenmeister, wie er es war, dies hätte sofort erkennen müssen. Wahrscheinlicher ist die Annahme, daß Tartaglia die Unzulänglichkeit seines Herangehens sah. So schrieb er beispielsweise in seiner Antwort auf die ihm 1530 vorgelegte Frage: „io me persuado di haveri trovata la sua regola", aber nicht „io trovai". Offensichtlich meinte Tartaglia doch, daß er auf dem richtigen Wege war, und wollte gerade deshalb seine Formel geheimhalten. Insgesamt
93 ist / aber festzustellen, daß er mit dem *Capitulo de censo è cubo equal à numero* nicht zurechtkam und diesen Abschnitt keineswegs so weit auszuarbeiten vermocht hat, um ihn klar formulieren zu können.

Cardan reagierte sehr schnell auf Tartaglias Angriff. Die „Quesiti" erschienen im Juli 1546. Schon am 10. Februar 1547 kam der erste „Cartello" Ferraris heraus. Am 19. Februar ließ Tartaglia seine Antwort drucken.

In dieser Polemik wurden alle sozialen Unterschiede, die die beiden Gegner trennten, sichtbar. Aufgrund von einsichtigen taktischen Erwägungen blieb Cardan selbst im Hintergrund und schob seinen Schüler Lodovico Ferrari vor, der sich zu jener Zeit bereits einen Ruf als Lektor erworben und mit der Lösung von Gleichungen vierter Potenz einen Namen gemacht hatte.

Tartaglia versuchte immer wieder, Cardan selbst, der ja sein eigentlicher Gegner war, in die Auseinandersetzung einzubeziehen. Seine Äußerungen in den „Quesiti" muß man verständlicherweise nicht nur auf die persönliche Kränkung, die Cardan ihm zufügte, indem er seine Entdeckung veröffentlichte, zurückführen, man muß auch den Umstand berücksichtigen, daß der Sieg über einen solchen Gelehrten Tartaglia Ruhm und Vorteile gebracht hätte. Ein erfolgreicher Streit und der mögliche Sieg über Cardan, der damals schon ein bekannter und angesehener Arzt und Mathematikprofessor an der Universität von Padua war, hätte für Tartaglia bei weitem mehr bedeutet, als einen Sieg über dessen Schüler, der zwar schon einen gewissen Ruf hatte, in der Wissenschaft jedoch noch ein Anfänger war, war doch Ferrari damals erst fünfundzwanzig Jahre alt. In seiner ersten, anscheinend sehr schnell erschienenen Antwort versuchte Tartaglia ohne Umschweife, Cardan zu provozieren. Er sagte: „Ich schrieb dort [in meinem Buch, G. H.] in einem solch heftigen und beleidigenden Ton, um seine Exzellenz (und nicht Sie) zu veranlassen, eigenhändig dazu Stellung zu nehmen, weil ich mit ihm alte Rechnungen zu begleichen habe."[48] Cardan ging auf diese Provokationen nicht ein. Er und Ferrari waren seit langem entschlossen, sich nicht mit Tartaglia auf die gleiche Stufe zu stellen. Sie betonten bewußt die Standesunterschiede zwischen ihnen, den gebildeten Universitätsprofessoren und diesem einfachen Rechenmeister, den sie als einen streitsüchtigen, hoffärtigen und ungebildeten Menschen hinzustellen suchten.

---

[48] Zitiert nach E. Bortolotti, I cartelli . . ., a. a. O., S. 17.

Später hob Cardan in seinen anderen Arbeiten den Klassenunterschied zwischen sich und Tartaglia ausdrücklich hervor. So schrieb er beispielsweise im „Liber de vita prop-
94 ria: / „Von denen, die schlecht von mir geredet haben, wüßte ich keinen, der auch nur über die Grammatik hinausgekommen wäre, und es ist mir unbegreiflich, mit welcher Kühnheit sie sich unter die Gelehrten zählen. Ich meine nämlich . . .“ (hier folgt eine Reihe von Namen, unter ihnen auch der des Tartaglia).[49]

Ein weiterer Ausdruck des auf die Klassenunterschiede zurückgehenden Bildungsgefälles zwischen ihnen beiden ist in der Sprachenfrage zu sehen. Cardan schrieb fast alle seine Arbeiten in lateinischer, Tartaglia aber in italienischer Sprache. Dieser Gegensatz hatte damals auch politische Bedeutung.

Zu einer Zeit, als die Kirche und mit ihr auch die Wissenschaft am Lateinischen festhielten, forderten die breiten Massen schriftliche und mündliche Werke in der Muttersprache, um an der Kultur teilhaben zu können. So wurde das Sprachproblem unvermeidlich zu einer Erscheinungsform des Klassenkampfes, der sich im Rahmen der feudalen Gesellschaftsordnung vollzog. Man muß das hervorheben, weil die Sprache, in der die hier behandelten Gelehrten jeweils schrieben, sowohl dem Leserkreis, an den sie sich wandten, als auch der sozialen Stellung der Autoren selbst entsprach.

Während der ganzen Polemik nutzten Cardan und Ferrari diese Tatsache bewußt aus, um von vornherein den tonangebenden Mathematikern Italiens als gebildete Menschen zu erscheinen. So schrieb etwa Ferrari den zweiten „Cartello“ lateinisch und ließ ihn zudem von einem bekannten Humanisten redigieren. Tartaglia wandte sich in dieser Polemik, wie er es in allen seinen anderen Büchern tut, an die breite Masse der Praktiker, die bei ihm Hilfe suchten und auf die er sich stützen konnte. In der zweiten „Risposta“ schreibt er, „daß es in den Disputen über Mathematik und ihre Zweige auf die lateinische Sprache ebensowenig ankomme wie auf die arabische und chaldäische, sondern auf ihre eigene, die kein Gegenstand der Rhetorik und der Grammatik sei“.[50]

So zeigte es sich, daß Tartaglia, als er sein Recht als derjenige, der die Lösung der kubischen Gleichungen fand, verteidigen wollte, vor die geschlossene Front der offiziellen Gelehrten geriet. Sie wollten Tartaglia, diesen einfachen Rechenmeister, nicht als gleichberechtigten Forscher anerkennen. Deshalb ignorierten sie den offensichtlichen Wortbruch Cardans, der, obwohl er es nicht offen zugab, nicht in der Lage war, diese Tatsache abzustreiten. Sie kamen zu der Ansicht, Tartaglia solle sich mit dem Hinweis auf diesen Sachverhalt begnügen.

In welchem Maße diese Orientierung taktisch erfolgreich war und wie gut Cardan und
95 Ferrari es begriffen hatten, daß die ganze Polemik den / Anschein einer Verteidigung gegenüber einem arroganten und störrischen Menschen, der am Rande der Gesellschaft steht, tragen muß, geht aus den folgenden Worten Bombellis hervor. Dieser meinte in der Einführung zur „Algebra“, einer Arbeit, die er 1572, d. h. fünfundzwanzig Jahre danach, verfaßte: „. . . einiger seiner (Cardans, d. Ü.) Cartelle, welche er zusammen mit unserem Bürger aus Bologna, Lodovico Ferrari, gegen Nicolò Tartaglia aus Brescia schrieb, welchen man bewunderungswürdige und sinnreiche Probleme entnehmen kann; aber mit seiner so geringen Bescheidenheit beleidigte Tartaglia (welcher sich die üble Nachrede zu einer fast natürlichen Angewohnheit gemacht hatte, dermaßen, daß er damals glaubte, seine Rechtschaffenheit bewiesen zu haben, wenn er jemandem Schlechtes nachsagte) fast alle edlen

---

[49] Opera omnia, Bd. 1, S. 47. Deutsche Übersetzung nach: Des Girolamo Cardano von Mailand (Buergers von Bologna) eigene Lebensbeschreibung, übertr. und eingel. von H. Hefele, Jena o. J., S. 189.

[50] L. Olschki, Geschichte . . ., a. a. O., S. 97.

Menschen von Bildung, welche sahen, wie er Cardano und Ferrario herabsetzte, welche zu ihrer Zeit eher als göttliche denn menschliche Geister galten".[51]

Der portugiesische Mathematiker Núñez schrieb gegen Ende seiner „Algebra", die die 1567 in spanischer Übersetzung erschien, Tartaglia habe sich so ereifert, daß er den Eindruck eines Wahnsinnigen hervorriefe.

Warum hatte Tartaglia nicht selbst rechtzeitig seine Formeln veröffentlicht? Warum hielt er sie geheim und legte sie nicht einmal später, als sie durch Cardan sowieso schon bekannt waren, vollständig dar?

Aus Tartaglias eigenen Worten wissen wir bereits zum Teil, welche Ursachen sein Schweigen hatte. Er war mit Arbeit überlastet und fand damals keine Zeit. Das sagte er seinerzeit Cardan in Mailand, und in der letzten Aufgabe seiner „Quesiti" nannte er dieselben Gründe, als Richard Wentworth 1541 die Veröffentlichung seiner Entdeckung von ihm forderte.[52] Wir erwähnten auch schon die mathematischen Erwägungen, die dieses Schweigen ebenfalls erklären: Tartaglia war sich der Unvollständigkeit seiner Lösungen bewußt und zögerte deshalb ihre Publikation hinaus. Das gilt nicht nur für die kubischen Gleichungen mit der Unbekannten im Quadrat, sondern, wie schon Zeuthen bemerkte,[53] auch für den Ausgangspunkt, wo der casus irreducibilis eine unüberwindliche Schwierigkeit darstellt. Tartaglia war, wir wissen das aus zahlreichen Äußerungen, fest davon überzeugt, daß er den richtigen Weg zur Lösung aller dieser Probleme gefunden hatte. Mehr noch, er glaubte auch fest daran, daß er dank der von ihm gefundenen Formel noch weitere Schlußfolgerungen ziehen könne. Gerade zu Cardan sprach er ja über die neue Algebra, die er zu schreiben gedachte.

Bis heute wissen wir jedoch nicht, ob es Tartaglia in den sechs Jahren von 1539 bis 1545 gelang, wenigstens einen Teil jener Ableitungen zu gewinnen, wie sie Cardan in dieser Zeit ausarbeitete und in seiner „Ars magna" darlegte. In den „Quesiti" wird wie auch in seinen weiteren Büchern darüber nichts gesagt. Ebenso ist es uns unbekannt, ob Tartaglia
96 nur der / Zeitmangel und die Beschäftigung mit anderen Problemen daran hinderten oder ob er erfolglos entsprechende Versuche gemacht hatte, die er verschweigen wollte. Jedenfalls erreichte er bis 1545 die erstrebten Ziele nicht, und in der Sorge, man könnte ihn leicht übertreffen, verschloß er so auch für die anderen den Zugang zu diesem Gebiet.

Allerdings waren alle diese Erwägungen für die Vertreter der offiziellen Wissenschaft nicht überzeugend. Wie das Beispiel Cardans zeigt, brachte allein schon die Veröffentlichung des neu entdeckten Weges ihrem Autor in den wissenschaftlichen Kreisen hohe Anerkennung. Die Ursache für das seltsame Verhalten Tartaglias müssen wir tiefer suchen: sie liegt in seiner ökonomischen und sozialen Lage.

Als Konsultant für Fragen der Mathematik und Mechanik war Tartaglia zweifellos aus denselben Gründen daran interessiert, daß das von ihm enthüllte Geheimnis nicht an die Öffentlichkeit drang, wie ein moderner Fabrikant, der seine Produktionsgeheimnisse vor den Konkurrenten verbirgt. Wir wissen natürlich nicht, welchen unmittelbaren Nutzen Tartaglia aus seiner Entdeckung zog, weil er in seinen „Quesiti" nichts über weitere derartige Anfragen seitens der Praktiker mitteilt. Man kann jedoch annehmen, daß er solche Anfragen erhielt und dadurch sein Einkommen erhöhte. Eine noch größere Bedeutung als dieser unmittelbare Nutzen hatte die Tatsache, daß Tartaglia sich dadurch den Ruf eines Menschen mit ungewöhnlichen, geheimen Kenntnissen verschaffen konnte, deren Umfang in den

---

[51] Zitiert nach E. Bortolotti, I cartelli . . ., a. a. O., S. 4 Anm. 1.
[52] N. Tartaglia, Quesiti, Buch 9, Aufgabe 42, S. 126v.
[53] H.-G. Zeuthen, Tartalea contra Cardanum . . ., a. a. O., S. 311.

Augen seiner Auftraggeber schwer abzuschätzen war. Dieser Ruhm, das versteht sich von selbst, muß ihm materiellen Gewinn gebracht haben.

Aus seiner Stellung und seinem Beruf ergibt sich von allein, daß er an wissenschaftlichen Problemen seiner Zeit nicht in demselben Maße interessiert war wie die Vertreter der offiziellen Wissenschaft. Wir sahen bereits, daß die offizielle Wissenschaft die kubischen Gleichungen für unlösbar hielt. Um so größer mußte das Interesse dieser Kreise an der Lösung sein, als sie erschien. Sie rückte schlagartig in den Mittelpunkt des wissenschaftlichen Interesses aller damaligen Physiker und wurde zur Sensation.

Vom Standpunkt der Praxis hatte die Lösung dieses Problems jedoch keine derartige Bedeutung. Auf dieser Ebene war sie anderen Problemen gleichwertig. Charakteristisch für diese Einstellung ist die Stelle in den „Quesiti", wo Tartaglia sich mit Zuanne di Tonini da Coi über seine Entdeckung unterhält. Dort charakterisiert da Coi die Lösung der kubischen Gleichungen als „uno particolar secreto" und fügt hinzu: „. . . denn die Wissenschaft soll den allgemeinen Dingen dienen und nicht den einzelnen, weil die Einzelheiten unendlich sind, und es folglich nicht möglich ist, Kenntnis von jedem einzelnen zu haben".[54] /
97 Tartaglia widerspricht dieser Feststellung nicht und erkennt damit eine solche Bewertung des Problems stillschweigend an. Auf diese Weise wurde die Lösung der kubischen Gleichungen in eine Reihe mit anderen Problemen gestellt und mit keinem Wort ihre zentrale Bedeutung für die Algebra erwähnt.

Es ist darum auch denkbar, daß Tartaglia sich für dieses Problem nicht übermäßig interessierte, auch nicht, nachdem er es gelöst hatte, und ihm keineswegs eine solch gewaltige Bedeutung beimaß wie die offizielle Wissenschaft. Diese so unterschiedliche Bewertung ein und desselben Gegenstandes findet ihre Bestätigung schon in der Tatsache, daß Cardan, nachdem er von der Entdeckung erfuhr, einige Jahre hintereinander systematisch die Ausarbeitung dieser Thematik fortsetzte und aus ihr alles herausholte, was nur möglich war, während Tartaglia sich zur gleichen Zeit in dieser Frage ziemlich gleichgültig verhielt. Entweder wollte oder konnte er in der Erforschung dieses Problems nicht die wichtigste Aufgabe der nächsten Jahre sehen. Im 9. Buch der „Quesiti" behandelt er ausführlich die kubischen Gleichungen, aber selbst hier wird von ihm das Problem nicht separat dargelegt, sondern in eine Reihe mit anderen algebraischen, arithmetischen und geometrischen Fragen gestellt. Die übrigen 8 Bücher der „Quesiti" befassen sich mit völlig anderen Fragen, wie mit dem Artilleriefeuer, dem Festungsbau, der Entfernungsmessung, der Statik usw. Im Gegensatz dazu schuf Cardan mit seiner „Ars magna" eine rein mathematische Arbeit, die hauptsächlich den Gleichungen gewidmet ist; von vierzig Kapiteln des Buches befaßt sich mehr als die Hälfte mit den kubischen Gleichungen.

Bereits damals wurde Tartaglia der Vorwurf gemacht, er begriffe nicht die Bedeutung der kubischen Gleichungen für die Wissenschaft und habe deshalb seine Entdeckung verheimlicht. Im zweiten „Cartello" vom 1. April 1547 schrieb Ferrari, er sei bei dem Gespräch zwischen Cardan und Tartaglia dabeigewesen und zitiert wörtlich: „Und was wollt Ihr noch?" „Ich will nicht, daß sie (die Erfindung, d. Ü.) veröffentlicht wird." „Und warum?" „Damit sich niemand meine Erfindungen zunutze machen kann." . . . „In Anbetracht dessen, daß wir nicht nur für uns alleine geboren werden, sondern auch für das Vaterland und für die ganze Menschheit, warum wollt Ihr, so Ihr etwas Gutes in Euch habt, nicht die anderen daran teilhaben lassen?"[55] So kehrte Ferrari die Waffe geschickt um und hielt Tartaglia vor, seine Entdeckung so lange verheimlicht zu haben.

---

[54] N. Tartaglia, Quesiti, Buch 9, Aufgabe 25, S. 106v.

[55] E. Bortolotti, I contributi . . ., a. a. O., S. 89.

Dieser Vorwurf gegen Tartaglia war schon deshalb ungerecht, weil auch sein Vorgänger, Scipione dal Ferro, sich genauso verhielt und dafür von niemandem, nicht einmal von Ferrari selbst, gerügt worden war. Der Vorwurf selbst zeugt jedoch von einem Umschlag in der Haltung der Wissenschaftler. Früher galt es als ganz natürlich, daß einzelne
98 Gelehrte oder ihre Schulen die gemachten Entdeckungen geheimhielten und / sie als ihr eigenes unveräußerliches Gut ansahen, ebenso wie noch heute Ingenieure kapitalistischer Länder ihre Erfindungen als ihr Privateigentum betrachten. Die Forscher waren damals Vertreter der Artes, die die Geheimnisse ihrer jeweiligen Kunst streng hüteten. Sie alle reizte noch der zwar zweifelhafte, aber gleichzeitig verlockende Nimbus eines Magiers.

Die Renaissance brachte mit dem Bürgertum auch ein neues Ideal wissenschaftlicher Bildung hervor. Die aufstrebenden Schichten standen vor der Notwendigkeit, an der Kultur ihrer Zeit nicht nur zu partizipieren, sondern sie auch umzugestalten. In Übereinstimmung mit der wachsenden Unternehmungslust auf wissenschaftlichem Gebiet, die sich scharf von der statischen Gesetzmäßigkeit des Mittelalters abhob, tauchten in der geistigen Sphäre freie Strömungen auf, die dynamisch voranstrebten. Mit dem entschlossenen Streben der führenden Kreise des Bürgertums zur Macht und ihrem Kampf gegen die Feudalaristokratie entstand die für die gesamte Menschheit bedeutsame Idee der humanistischen Bildung. In der Auseinandersetzung mit dem Adel richtete man den Angriff gegen dessen Privilegien, gegen seine besonderen Ansprüche auf Kultur und Bildung und beseitigte sie unwiederbringlich.

In der Periode seiner Stabilisierung und seiner beginnenden Spaltung, die im 16. Jahrhundert, d. h. in der Phase der Refeudalisierung, einsetzte, war das Bürgertum, nachdem es in seinen führenden Schichten an die Macht gelangt und bestrebt war, sie in erster Linie zu festigen und mit Hilfe alter ideologischer Strukturen zu legalisieren, und nachdem es das, was es wollte, erreicht und die Politik den Politikern überlassen hatte, als Reaktion auf die schweren Kriegswirren zur Ruhe und Ordnung geneigt, um die Möglichkeit zu haben, sich mit eigenen Angelegenheiten zu befassen, es wurde konservativ, und der Kampf mit den aufstrebenden unteren Klassen rückte an die erste Stelle.

Von seinen alten kulturellen Idealen rückte das Bürgertum jedoch nicht ab, sondern bewahrte und legalisierte sie. Mehr oder weniger deutlich wurden diese Ansprüche von den Humanisten proklamiert, die verkündeten, daß Kultur und Bildung der ganzen Menschheit gehörten. Dieser Humanismus verwandelte sich allerdings schnell in eine tote, vom Leben getrennte Phrase. Das jahrzehntelange Ringen gegen die Macht der Tradition kehrte sich in sein Gegenteil um, die bürgerliche Kultur der Renaissance wurde nun selbst zur Tradition. Im Bewußtsein des gebildeten Großbürgertums stellt sich der Schatz seines Wissens und seiner Kunst als „allgemeinmenschliche“ Kultur dar. Dann muß aber jeder Fortschritt, der von außen kommt, als etwas Ungehöriges, fast Widernatürliches erscheinen. Und umgekehrt wurde für das Bürgertum, das sich mit der ganzen Menschheit gleichsetzte, jede neue Entdeckung, die aus seinen Kreisen hervorging, zu etwas „Allgemeinmenschlichem“.

Gerade in der Periode der Refeudalisierung waren die Grenzen zwischen der bürgerlichen
99 Aristokratie und den anderen Gesellschaftsschichten noch schärfer geworden. / Unter dem Banner des Kampfes für die ganze Menschheit strebte die bürgerliche Aristokratie nach der Monopolisierung des gesamten Wissens. Sie gab nicht nur das, was unmittelbar aus ihr hervorging oder zum wissenschaftlichen Erbe der Vergangenheit gehörte, als ihre Errungenschaft aus, sondern betrachtete jeden neuen Fortschritt, sogar dann, wenn er nicht von ihr ausging, als ihr Eigentum.

Unterdessen war das Wissen umfangreicher und tiefer als das im Mittelalter geworden. Derjenige, der sich zu den Mittelschichten der Gesellschaft rechnete, mußte ein wirklich gebildeter Mensch sein. In allen Buchwidmungen jener Zeit finden wir auf den ersten Seiten als höchstes Lob die Feststellung, daß die Persönlichkeit, an die sich der Autor wendet, zu den eruditissimi zähle und daß sie Sprachen, Philosophie und Wissenschaft beherrsche. Mit dem wachsenden Bildungsstreben stiegen auf diese Weise das allgemeine Interesse an der Wissenschaft und ihr Ansehen. Der Konservatismus in der Kultur führte nicht zur Ablehnung jeglichen Fortschritts und Wissenszuwachses. Im Gegenteil, verhältnismäßig frische geistige Kräfte forschten nach neuen Kenntnissen. Das Interesse an der Wissenschaft war immer noch außerordentlich groß.

Der Buchdruck, der sich gerade in dieser Zeit kräftig entwickelte, spielte bei der schnellen Verbreitung der Wissenschaft eine sehr bedeutende Rolle. Bücher und literarische Neuerscheinungen wurden in weit größerer Auflage und wesentlich rascher herausgegeben. Damit erhöhte sich aber seinerseits das schon starke Interesse an der Wissenschaft noch weiter und führte dazu, daß einzelne Persönlichkeiten ihre Isoliertheit überwanden und die Forschungsergebnisse zum Gut der ganzen gebildeten Schicht der Gesellschaft wurden. Kaufmännische und kulturelle Interessen gingen Hand in Hand. Schon der Vater Cardans schrieb im Vorwort seiner 1480 erschienenen Ausgabe der „Perspectiva communis" von Peckham: „Bei solcher Fülle von Werken jeder Nation, die für die gewissermaßen göttliche Buchdruckerkunst gedacht sind, strebten die Drucker dieser Stadt nach etwas Neuem, was dem nach Belehrung Suchenden einen gewissen Nutzen brächte, und darum war ich bemüht, meiner Arbeit diesen Charakter zu verleihen. Alle am Fortschritt Interessierten vertraten diese Meinung."[56]

Die Schicht der Gebildeten ging, den Kaufleuten vergleichbar, immer mehr von der Auftragsproduktion zur Produktion für den breiten Markt über. Bücher wurden nicht mehr nur auf eine spezielle Anforderung hin gedruckt, nicht nur für einen sehr eingeschränkten, fast privilegierten Kreis, sondern für das „Publikum". Dazu mußte man die ganze Bildungsschicht rechnen. Demzufolge waren ihre Vertreter gezwungen, wie Kauf-
100 leute auf dem internationalen Markt zu erscheinen. Die Auffassung, der zufolge / die Schätze des Wissens der ganzen Menschheit gehörten, ist Ausdruck einer neuen ökonomischen Situation.

Cardan, der, wie aus all dem Gesagten deutlich wird, schon aufgrund seiner Herkunft diese Einflüsse in sich trug, war in vollem Maße vom Geist der Zeit ergriffen. Er verstand es hervorragend, die neuen Möglichkeiten des Buchdrucks zu nutzen und Markt wie Publikum mit seinen Büchern zu versorgen. Sein oft gerügter Hang nach Ruhm und Eigenlob resultiert zweifellos aus der allgemeinen Anerkennung und dem Interesse, das die Wissenschaft in jener Zeit fand. Die naive und unverfrorene Form, in der Cardan über seine persönlichen Qualitäten und Gemütsbewegungen spricht, ist ohne Zweifel ein Ausdruck des gesellschaftlichen Aufschwungs, den der Gelehrtenstand, zu dem Cardan gehörte, damals erlebte. Forschungsarbeit und Persönlichkeit der Wissenschaftler wurden in einem solchen Maße eine öffentliche Angelegenheit, daß ihre privaten Dinge ebenfalls allgemeines Interesse hervorriefen. Wenn jemand diese neue Einstellung begriff und in der Manier urteilte, wie Cardan es in seinen Büchern tat, konnte er die Ansprüche seiner gebildeten Leser befriedigen. Das Eigenlob, das bei einem modernen Menschen sicher einen strengen Tadel hervorgerufen hätte, stieß anscheinend seine Zeitgenossen keineswegs ab, sondern erweckte, im Gegenteil, ihr besonderes Interesse an seinen Büchern.

Wir sahen bereits, daß der Autodidakt Tartaglia nicht zum offiziellen Kreis der gebildeten Leute seiner Zeit gehörte. Obwohl auch er Bücher verfaßte und damit an der allgemeinen

[56] H. Morley, The life . . ., S. 4.

Bewegung jener Zeit teilnahm, war das nicht sein Hauptziel. Wie fern er dem Kreis der Intelligenz stand, ist beispielsweise der Tatsache zu entnehmen, daß er nicht nur sein erstes Werk, die „Nova scientia“, sondern auch seine „Quesiti“ mit eigenen Mitteln druckte.[57]

Tartaglia schrieb und arbeitete hauptsächlich für sich selbst und für einen kleineren Kreis von Klienten. Seiner sozialen Herkunft und gesellschaftlichen Stellung nach war er kein Angehöriger des gebildeten Standes wie Cardan. Er war ein klassenorientierter Handwerker. Seine wissenschaftliche Tätigkeit nutzte er nur im Geist der alten Zünfte aus, der noch lange nicht beseitigt war. Die Schranken christlicher und zünftlerischer Ideologie konnte er nicht überwinden, sondern blieb in ihr verwurzelt. Zu einer Zeit, als beispielsweise französische Mönche einen Bund mit dem Osmanischen Reich schlossen, tat er alles, was er konnte, um das Christentum vor den Heiden in Schutz zu nehmen. In seiner Einführung
101 zu den „Quesiti“ sagt er: / „Aber als ich im Jahre 1537 hörte, nach welchen großen Vorbereitungen Soliman, der Herrscher der Türken, sich in Bewegung setzte, um unsere christliche Religion zu vernichten, verfaßte ich in aller Eile ein kleines Werk über diese Materie [über das Artilleriefeuer, G. H.] und veröffentlichte es zu dem Zweck, daß diese meine besonderen Erfindungen erprobt, gesehen und darüber befunden werden sollte, ob aus selbigen irgendeine gute Construction zu ihrem (der Religion, d. Ü.) Wohle und zu ihrer Verteidigung entnommen werden könnte ...“[58]

Hier setzt die Diskrepanz zwischen dem progressiven Charakter der Forschungen Tartaglias (besonders auf dem Gebiet der Mechanik) und seinen rückständigen gesellschaftlichen Auffassungen ein. Was nicht ausschließt, daß Tartaglia als Vertreter einer neuen aufstrebenden Klasse ein Vertreter des Fortschritts war, aber bedeutet, daß er in bezug auf die Umsetzung, in bezug auf die Organisation seiner Forschungstätigkeit und besonders in bezug auf die Verbreitung seiner Kenntnisse hinter den Forderungen der Wissenschaft zurückblieb. Hierin liegt der tiefere Grund dafür, weshalb Tartaglia seine Entdeckungen verbarg und sie nicht der Öffentlichkeit übergab. Dieser Umstand erklärt das und gibt eine historische Rechtfertigung für das Unvermögen, in seiner Zeit den persönlichen Erfolg zu erreichen, aber in gleichem Maße bezeugt dies, daß er heute mit vollem Recht als ein echter Wegbereiter der modernen Wissenschaft betrachtet werden kann.

Wir wollen nicht bei weiteren Einzelheiten des Streites zwischen Cardan und Ferrari auf der einen und Tartaglia auf der anderen Seite stehenbleiben. Es sei nur darauf verwiesen, daß die Aufgaben, die Tartaglia seinerzeit zur Geometrie mit konstanten Zirkelspannen usw. gestellt worden waren, ausschließlich in die praktische Mathematik gehören, d. h., es waren gerade solche Aufgaben, die die Künstler und Ingenieure jener Zeit interessierten. Hier begnügen wir uns mit Hinweisen auf die soziale Seite des Streites.

Zweifellos steigerte das Erscheinen der „Quesiti“ das Ansehen Tartaglias in bedeutendem Maße. Er erhielt eine Einladung nach Brescia, um dort öffentliche Vorlesungen zur Mathematik zu halten. Darüber hinaus sollte er in besonderen Veranstaltungen auftreten, „an denen lediglich einige Doktoren und Personen von Rang teilnehmen werden“[59], die nicht in der Öffentlichkeit erscheinen wollten. Tartaglia ging auf diesen Vorschlag ein und nahm seine Tätigkeit in Brescia Mitte März 1548 auf. Diese neue Stellung war für ihn

---

[57] Quesiti et inventioni diverse de Nicolò Tartaglia Bresciano. Stampata in Venetia per Venturino Ruffinelli ad instantia et requisitione et a proprie spese de Nicolò Tartaglia Bresciano autore. Nel mese di Luio, l'anno di nostra salute MDXLVI. Vgl. dazu auch V. Tonni-Bazza, Framenti ..., S. 293ff.

[58] N. Tartaglia, Quesiti, Die Widmung an Heinrich VIII., S. 4r.

[59] N. Tartaglia, Ragionamenti sopra la sua travagliata inventione. Nelli quali se dechiara volgarmente quel libro di Archimede de Siracusano intitolato, Venetia 1551, Tertio ragionamento.

unzweifelhaft ein sehr großer Erfolg, nicht nur in materieller, sondern auch in sozialer Hinsicht. Vom Privatunterricht ging er zur öffentlichen Lehre über, die auf die herrschende Intelligenz der Stadt ausstrahlte. Damit, so schien es, war der Weg in die Kreise der gebildeten Schicht geebnet.

Gleichzeitig begann der Austausch der „Cartelli“ und der „Risposti“. Die detaillierte
102 Beschreibung, die Tartaglia von seinem Aufenthalt in Brescia gab,[60] läßt klar erkennen, / daß seine Gönner, die ihn eingeladen hatten, immer weiter und weiter von ihm abrückten. Wahrscheinlich sah er sich gerade deshalb genötigt, an einem öffentlichen Streitgespräch teilzunehmen, zu dem ihn Ferrari schon im ersten „Cartello“ herausgefordert hatte. Dieser Disput fand achtzehn Monate nach dem Beginn des Streites statt, am 10. August 1548, und endete mit der vernichtenden Niederlage Tartaglias, der — nach seinen eigenen Angaben — durch seinen Gegner, der mit einer großen Schar von Freunden und Schülern erschienen war, vollkommen geschlagen wurde. Cardan selbst, der auch diesmal im Hintergrund blieb, vermerkte in seiner Autobiographie diese Tatsache mit folgenden gehässigen Worten: „. . . Nicolò Tartaglia, der übel über mich redete und dann in Mailand gezwungen wurde, einen Widerruf zu blasen“.[61]

Dieser dem Wesen der Sache nicht entsprechende Ausgang des Streites führte dazu, daß Tartaglia sich in Brescia nicht mehr halten konnte und achtzehn Monate nach seinem Eintreffen wieder nach Venedig zurückkehren mußte, sogar ohne das Honorar für seine Vorlesungen erhalten zu haben. Gleichzeitig war die Aussicht, in die Gelehrtenkreise einzudringen, für immer verloren. Die Eifersucht von Vertretern der offiziellen Wissenschaft hatte ihn wieder in die alten sozialen Grenzen zurückgeworfen.

Ferrari hingegen erhielt nach diesem Streit eine Reihe sehr vorteilhafter Angebote: öffentliche Vorlesungen in Rom, eine sehr einträgliche Privatlehrerstelle in Venedig und beim Kardinal von Mantua; der Kaiser trug ihm die Erziehung seines Sohnes und Ferdinando Gonzaga schließlich die Steuerverwaltung der Provinz Mailand an.[62]

So haben wir nun den sozialen Rahmen des aufsehenerregenden wissenschaftlichen Streites erörtert. Tartaglia war ein unbekannter Rechenmeister, der nicht am kulturellen Leben der damaligen offiziellen Kreise gebildeter Leute partizipierte. Als Forscher erschloß er neue Wege, aber in den Methoden der Verbreitung seiner Resultate blieb er weit hinter seiner Zeit zurück. In Italien wurde gegen Ende des 16. Jahrhunderts die Tendenz zur Restauration des Feudalismus eine allgemeine Linie der sozialen Entwicklung. Die neuen gesellschaftlichen Kräfte, denen Tartaglia diente, waren noch zu schwach, und rückständige Gesellschaftsauffassungen lähmten die progressive Wirkung seiner Entdeckungen.

Wir können noch heute Tartaglias Erfolglosigkeit und sein Unvermögen, die errungene gesellschaftliche Stellung zu bewahren, bedauern, müssen aber anerkennen, daß nicht die Charaktere Tartaglias oder die seiner Gegner daran schuld sind, sondern die Klassenverhältnisse im Italien des 16. Jahrhunderts und deren Widerspiegelung im kulturellen Leben.

---

[60] Ebenda.

[61] Opera omnia, Bd. 1, S. 46; vgl. H. Hefele, S. 189.

[62] Vita Ludovici Ferrari Boloniensis, in: H. Cardani Opera omnia, Bd. 9, S. 568.

# Die Statik Cardans und Tartaglias*[1]

23 Dem allgemeinen Entwicklungsstand der Wissenschaften im 16. Jahrhundert entsprach der Umstand, daß es damals noch keine in sich abgeschlossene Disziplin gab, die sich mit all den Naturerscheinungen beschäftigte, deren Erforschung und Untersuchung wir heute als Aufgabe der Physik ansehen. Eine derartige wissenschaftliche Spezialdisziplin entstand erst wesentlich später. Zu jener Zeit existierten lediglich einzelne zu ihr gehörende Teile, die Mechanik, Elemente der Optik und Anfänge einer Theorie des Magnetismus. Allerdings waren diese Bausteine der Physik mit anderen Gebieten, die jetzt nicht mehr dazu gehören, so eng verbunden, daß das Gebäude der Naturwissenschaft der damaligen Zeit, ja der Wissenschaft überhaupt, ganz anders konstruiert erscheint als in unserer Zeit.

Im Verlauf der letzten vierhundert Jahre wurde dieses Gebäude grundlegend umgestaltet, erweitert und in einigen seiner Teile sogar zerstört, so daß wir heute nur kleinste Reste der wissenschaftlichen Konstruktionen aus jener Zeit nutzen können, und man darf deshalb alte Teile dieses Bauwerks lediglich unter Vorbehalt mit jenen Bezeichnungen markieren, die die ihnen entsprechenden Teile in unserer modernen Physik tragen. Doch wenn sich auch Methoden, Ziele und Theorien vollständig verändert haben, kann man die Forschungen jener Zeit ohne weiteres als „physikalisch“ bezeichnen, weil sie sich auf solche Gegenstände richteten, mit denen sich heute die Physik befaßt.

Der historisch bedeutsamste Teil der Physik ist die Mechanik. Sie wurde zum entscheidenden Kristallisationspunkt bei der Entstehung der modernen Physik.

Es ist heute üblich, die Mechanik als ein einheitliches System aufzufassen, das sich auf einige allgemeine Axiome gründet. Im 16. Jahrhundert konnte davon noch keine Rede
24 sein. Die Mechanik zerfiel in einzelne Teile, die . . . / nicht in einem geordneten, logischen Zusammenhang standen, und ihre wechselseitige Wirkung aufeinander war lediglich das Ergebnis der natürlichen Beziehungen zwischen den behandelten Problemen.

Gleichzeitig war die Mechanik so eng mit der Mathematik verbunden, daß es unmöglich war, eine klare Trennung zwischen mathematischen und physikalischen Argumenten vorzunehmen, die letztgenannten blieben im allgemeinen im Hintergrund. Gerade zu dieser Zeit kam es zur allmählichen Herausbildung der experimentellen Methode. Eine Experimentalwissenschaft gab es noch nicht. Wenn man sich bei der Erörterung mechanischer Probleme auch auf Versuche stützte, weil sie die Voraussetzungen für jede Wissenschaft von der Natur darstellen, so begriff man doch noch nicht, daß nur das Experiment der einzig legitime Ausgangspunkt für eine sich erfolgreich entwickelnde Physik sein kann, und aus diesem Grunde bildete es noch immer nicht die Grundlage und die Voraussetzung einer

---

* Erschienen in: Archiv istorii nauki i techniki 9/1936, S. 23—63 (Kürzungen durch die Herausgeber).

[1] Die vorliegende Untersuchung ist Teil einer Monographie über diese beiden italienischen Forscher des 16. Jahrhunderts. Vgl. den Aufsatz Cardans und Tartaglias Streit um die kubischen Gleichungen und seine gesellschaftlichen Grundlagen, Archiv istorii nauki i techniki, 7, 1935 (s. oben S. 60—88).

jeden Untersuchung. ... Experimentelle Beweise galten als wenig zuverlässig und waren nur dann als Notbehelf gestattet, wenn die Mathematik allein nicht ausreichte.

Es versteht sich von selbst, daß unter solchen Umständen die Dynamik und die Statik voneinander noch völlig getrennt waren und auch unabhängig voneinander betrieben wurden. Diese Tatsache macht es notwendig und möglich, die Statik Cardans und Tartaglias als einen besonderen Teil ihrer gesamten wissenschaftlichen Lehre zu untersuchen, und sie gestattet es zugleich, ihren Platz in der Wissenschaft und der gesellschaftlichen Kultur jener Zeit zu bestimmen.

Sowohl Cardan als auch Tartaglia hinterließen eine ganze Reihe einzelner Lehrsätze zur Mechanik, auch wenn beide kein spezielles Werk über diese Disziplin verfaßten. Von besonderem Interesse scheinen die von beiden erreichten Ergebnisse zur Problematik des Hebels und der Waage zu sein; wir haben deshalb die Absicht, im folgenden in erster Linie darauf einzugehen.

Cardan hat sich ausführlicher darüber in der „Practica arithmeticae“, Kapitel 65, in „De subtilitate“, Buch 1, und in den Propositiones 45, 92 und 109 des „Opus novum“ geäußert.

Tartaglia gibt im 8. Buch seiner „Quesiti et inventione diverse“ eine zusammenhängende und nahezu erschöpfende Darstellung dieser Fragen unter dem Titel „Sopra la scientia di pesi“.

Aus den Darlegungen Cardans geht hervor, daß er das ganze Material in zwei fast voneinander isolierte Kapitel einteilte: in die Behandlung der gleicharmigen Waage und ihrer Stabilität sowie in die Betrachtung des Hebels und der ungleicharmigen Waage, der sogenannten römischen oder mechanischen Waage. Das erste Gerät nennt er libra, das zweite statera. /

25 Die beiden sich daraus ergebenden Fragestellungen betrachtete Cardan nicht als unterschiedliche Beispiele für ein und denselben Gegenstand, sondern als zwei verwandte Probleme gleicher Ordnung. So geht er z. B. in „De subtilitate“ mit folgenden Worten von der libra zur statera über: „Schwieriger und unklarer ist die Einrichtung der mechanischen Waage, über die wir in der Arithmetik sprachen [offensichtlich ist hier sein Werk „Practica arithmeticae“ gemeint G. H.]. Da sie nun aber dem vorliegenden Gegenstand unserer Betrachtung nahesteht, ist es am besten, sie, soweit es für dieses Thema notwendig ist, hinzuzufügen.“[2]

Im „Opus novum“ behandelt Cardan beide Probleme an völlig verschiedenen und weit voneinander entfernten Stellen, und in der „Practica arithmeticae“ begnügt er sich sogar mit der Betrachtung der mechanischen Waage (vgl. Abb. 2). Zu seiner Zeit waren diese beiden Fälle kein Novum mehr, sie stellten längst bekannte und gelöste Fragen dar. Wie untersuchte und bewältigte nun Cardan diese Probleme?

Die mechanische Waage oder die statera, die schon im antiken Rom bekannt und, das geht aus den Schriften Cardans hervor, auch zu seiner Zeit in Italien weit verbreitet war, ist eine ungleicharmige Waage; am Ende des kürzeren Armes wurde eine Waagschale oder ein Haken befestigt, in der bzw. an dem Waren lagen oder hingen. Dieser Arm wurde durch den anderen längeren Arm mit einem beweglichen Gewicht ins Gleichgewicht gebracht. So spielt bei diesen Waagen das Gewicht am Balken die entscheidende Rolle.

In früheren Werken über dieses Gerät stoßen wir mehrfach auf genaue Herleitungen

[2] H. Cardani Mediolanensis De subtilitate libri XXI, Lugduni apud Gulielmum Rouillium 1559, S. 40.

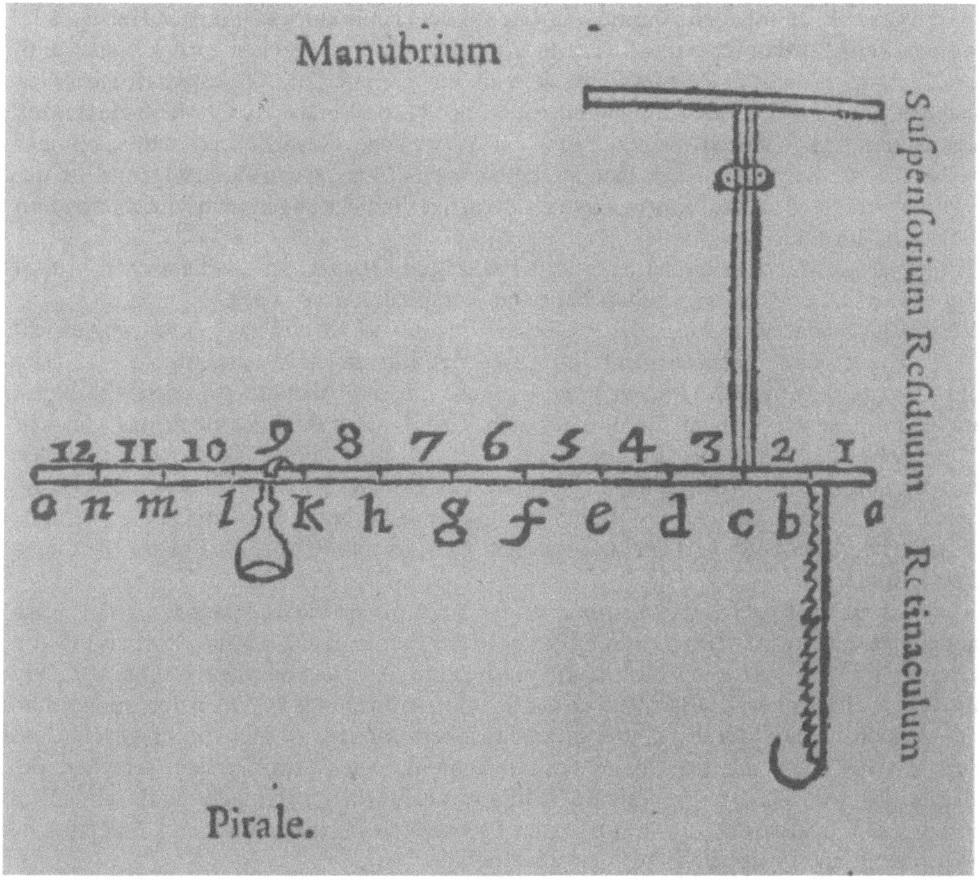


Abb. 2 Schematische Darstellung der mechanischen Waage nach Cardan (Opera omnia, Bd. 4, S. 134)

seiner Funktionsweise auf der Grundlage des Hebelprinzips. Bei Cardan ist eine solche Ableitung nirgends zu finden. . . . /

26 Zuerst beschäftigte er sich mit diesen Fragen in der „Practica arithmeticae"; die hier erfolgte Darlegung ist, wie schon erwähnt, der mechanischen Waage gewidmet.[3] . . .

Als eine Regel für mechanische Waagen wird die Tatsache genannt, daß das Gewicht unabhängig davon wirkt, ob es am Waagebalken selbst oder an einem Haken unter ihm befestigt ist. Für Cardan war dieser Umstand keineswegs selbstverständlich, schreibt er doch: „. . . das ist hervorzuheben, weil viele sich irren."

Schließlich geht Cardan auf jenen Fall ein, wo sich am langen Arm der Waage ein bewegliches Gewicht befindet, und formuliert dafür seine secunda regula principalis: „Die zweite Grundregel besteht in folgendem: Je weiter das bewegliche Gewicht vom Drehpunkt entfernt wird, um so schwerer wird es, und diese Schwere befriedigt dasselbe Verhältnis wie die Verschiebung gegenüber der (ursprünglichen) Verschiebung."

Ergänzend zitiert er Biagio Pelacani (Blasius von Parma), nach dessen Meinung eine

[3] H. Cardani Mediolanensis Opera omnia, Lugduni 1663, Bd. 4, Kap. 66, S. 134/135.
Ein Vergleich zwischen dem vorangegangenen und diesem Kapitel zeigt allerdings, daß hier ein Druckfehler vorliegt und es sich in Wirklichkeit um das Kap. 65 handelt. Im folgenden wird es deshalb als Kap. 65 zitiert.

Fliege die ganze Erde anheben könnte, wenn sie auf dem Ende eines sehr langen Hebels säße. Allerdings weist Cardan derartige bildhafte Vorstellungen als Märchen zurück, auch wenn er ihre Richtigkeit nicht in Zweifel zieht, sie seien nur geeignet, die Wissenschaft lächerlich zu machen. Gegen Ende des Kapitels schreibt Cardan, daß man das Gewicht des ganzen Waagebalkens, das Gewicht seiner Teile, das bewegliche Gewicht und schließlich das Gewicht des zu wiegenden Gegenstandes bestimmen könne, wenn die übrigen Teile der Formel bekannt sind. Selbst führt er jedoch derartige Berechnungen nicht durch, sondern begnügt sich mit ihrer Erwähnung. /

27 Bis hierher gibt Cardan die zu jener Zeit bekannten Gesetze der mechanischen Waage richtig wieder. Doch er versagt schon bei etwas komplizierteren Fällen.

Es handelt sich dabei um folgendes Problem: Wie muß bei einer Waage ohne Laufgewicht das Gewicht p sein, wenn es nicht am Ende des kurzen Arms angebracht ist? Hier nimmt Cardan als Länge des kurzen Waagebalkens nur den Abstand zwischen Achse und Gewicht an, und von der so für p erhaltenen Größe subtrahiert er noch das Gewicht des überstehenden Teiles des kurzen Arms. Der Abstand dieses Teils von der Achse wird von ihm nicht berücksichtigt, wodurch ein falsches Ergebnis zustande kommt. Gerade dieser Fehler Cardans weist darauf hin, daß er das Prinzip, das dem Gesetz zugrunde liegt, nicht begriffen hatte und demzufolge auch nicht imstande war, die Formel für diesen Fall zu verändern.

Es ist daraus zu folgern, daß Cardan zu der Zeit, als er dieses Kapitel schrieb, noch keinerlei eigene Untersuchungen durchgeführt hatte, sich lediglich auf die Bearbeitung von Resultaten anderer Autoren beschränkte und deren Arbeit kompilierte. Die von ihm benutzten Quellen gehören ausschließlich der Schule von Jordanus an. Denn dort sprach man von der gravitas secundum situm, und gerade die obengenannte zweite Grundregel Cardans stimmt mit der Denkrichtung dieser Schule überein. Auch wird in den Schriften des Jordanus die von Cardan dargestellte Aufgabe ausführlich behandelt, und schließlich stammen die Schriften des von ihm zitierten Blasius von Parma, der einen „Tractatus de ponderibus“ verfaßte, ebenfalls aus derselben Schule.

Zehn bis zwölf Jahre später stellt Cardan das Problem der mechanischen Waage sehr viel detaillierter dar. Die im ersten Buch der Schrift „De subtilitate“ enthaltene[4] Darlegung ist dabei in mehrfacher Hinsicht außerordentlich charakteristisch.

Als Grundlage führt Cardan zu Beginn das einfache Hebelgesetz ein: Ein Gleichgewicht besteht dann, wenn sich die Gewichte umgekehrt proportional zu ihren Entfernungen vom Drehpunkt verhalten. Danach wird das uns schon bekannte Gesetz der mechanischen Waage ohne bewegliches Gewicht genannt. . . .

Sehr interessant ist der dritte Punkt seiner Überlegungen. Hier beweist Cardan, daß ein Gewicht, wenn es über einen beliebigen Teil des Hebelarms gleichmäßig verteilt ist, ebenso wirkt, wie dann, wenn es in seinem Mittelpunkt aufgehängt ist. Die Beweisführung bedient sich, wie üblich, geometrischer Methoden und stützt sich auf die beiden eben erwähnten Sätze. Auf diese Weise stellt Cardan den ganzen Beweis auf den Kopf und leitet den Sachverhalt, der die physikalisch neue Konzeption des Schwerpunkts enthält,
28 anstatt — wie es in der Natur / der Sache läge und wie es ja schon von den Arabern gemacht worden war — aus seinem dritten Satz und aus den ersten beiden Sätzen des Hebelprinzips ab.

Das heißt aber, daß Cardan sich hier noch immer von rein mathematisch-geometrischen Vorstellungen leiten und ein Gespür für den spezifisch physikalischen Gehalt der behandelten

---

[4] De subtilitate, S. 40—44.

Gebiete vermissen ließ. ... Das entsprach noch völlig dem scholastischen Geist alter feudalistischer Wissenschaft und war von modernen Methoden der Naturerforschung noch weit entfernt.

Das wird auch aus der Haltung Cardans zu den Unzulänglichkeiten der physikalischen Theorien seiner Zeit deutlich. Die Entwicklung der technischen Praxis und das Wissen um Gesetzmäßigkeiten von Naturvorgängen hatten bereits solche Fortschritte gemacht, daß die Begrenztheit scholastischen Denkens spürbar geworden war. Während diese Unzulänglichkeiten bei anderen Forschern zum Ausgangspunkt der Behandlung und Formulierung von neuen theoretischen Problemen wurden, war Cardan noch so weit von dem Gedanken der Herleitung der physikalischen Gesetze aus der Realität entfernt, daß derartige Diskrepanzen bei ihm nicht die geringsten Zweifel an der Richtigkeit und Vollkommenheit seiner Theorie und der ihr zugrunde liegenden Axiome weckten. Im Gegenteil, er schrieb die Schwächen seiner Theorie der ungenügenden Genauigkeit ihrer praktischen Realisierung und den Unvollkommenheiten der Natur selbst zu.

In dem letzten Werk, das Cardan veröffentlichen konnte, bevor ihm jegliche Publikationstätigkeit verboten wurde, im „Opus novum", kommt er von neuem auf das Problem des Hebels zurück.

Diese Arbeit des fast siebzigjährigen Cardan zeichnet sich im Unterschied zu seinen früheren Werken ähnlichen Inhalts durch größere Sorgfalt, Reife und eine gewisse Einheitlichkeit aus.

In der Propositio 45 bringt er unter Bezugnahme auf Archimedes das einfache Hebelgesetz und versucht es zum ersten Mal in seinem Leben auch zu beweisen. ...

Die Beweisführung für das Gesetz, die Cardan von Archimedes entlehnte, wird auf Aristotelische Weise geführt. Cardan vergleicht die Längen der von den Hebelarmen beschriebenen Kreisbögen und nicht ihre größere oder geringere Neigung zur Senkrechten. Weil er, zu Recht, annimmt, daß die in gleichen Zeiträumen durchlaufenen Wege proportional der Geschwindigkeit sind, und wie Aristoteles meint, der sich hier jedoch irrte, /
29 daß die Geschwindigkeit proportional der Kraft sei, gelangt er zu einem richtigen Ergebnis. Aus diesem Beispiel wird ersichtlich, daß Cardan in seinem letzten Werk der peripatetischen Physik größere Bedeutung beimaß als in seinen früheren Schriften. Darauf werden wir später noch einmal zurückzukommen haben, wenn uns für eine genauere Analyse auch noch anderes Vergleichsmaterial zur Verfügung stehen wird.

Das Problem der gleicharmigen Waage war damals zugleich das Problem ihrer Stabilität. Denn mit dem Konstatieren der Tatsache, daß die an beiden Seiten angebrachten gleichen Gewichte ein Gleichgewicht bedingen, ist ja die Problematik der Waage noch nicht erschöpft. Es wäre noch zu erklären, warum sich die gewöhnliche Waage horizontal einstellt und warum sie immer wieder in diese Lage zurückkehrt, wenn sie aus ihr herausgebracht worden war.

Heute wissen wir, daß dafür die Lage des Schwerpunktes in bezug auf den Drehpunkt entscheidend ist. Wenn der Schwerpunkt sich unter dem Drehpunkt befindet, hat die Waage ein stabiles Gleichgewicht und kehrt selbständig in die horizontale Lage zurück. Wenn Schwerpunkt und Drehpunkt zusammenfallen, entsteht ein indifferentes Gleichgewicht; die Waage nimmt jede beliebige Stellung ein. Wenn aber schließlich der Schwerpunkt über dem Drehpunkt liegt, ist das Gleichgewicht labil, die Waage beginnt zu kippen.

Die theoretische Erörterung von Waage und Hebel setzte Experimente und praktische Erfahrungen voraus. Bei der Waage gibt es nur den Fall des stabilen Gleichgewichts, d. h. also den Fall, wo der Schwerpunkt unter dem Drehpunkt liegt, genügt doch schon ein geringer Unterschied zwischen diesen Punkten, damit ein indifferentes in ein stabiles Gleichgewicht übergeht.

Der Fall, wenn Drehpunkt und Schwerpunkt nicht übereinstimmen, war schon vor Aristoteles detailliert untersucht worden. Wegen ungenau arbeitender Instrumente, fehlerhafter Beobachtungen und des völligen Verzichts auf spezielle Versuche, blieb der Fall des indifferenten Gleichgewichts jedoch faktisch unbekannt. Dort, wo man ihn entdeckt zu haben meinte oder wo man, modern gesagt, annahm, daß Schwerpunkt und Drehpunkt zusammenfallen, existierte in Wirklichkeit immer ein stabiles Gleichgewicht. Deshalb galt der Fall des indifferenten Gleichgewichts als dem des stabilen verwandt, und man vergeudete unnötig viel Zeit, um dies zu beweisen.

Das Problem des Hebels war lange eng mit dem der Stabilität verknüpft gewesen, und man kann, meiner Meinung nach, erst mit der Blickrichtung auf die Praxis, die allein das Hebelprinzip in die theoretischen Erörterungen einbrachte, den besonderen Charakter der
30 Beweise der alten Mechanik vor Galilei verstehen. ... / Es bedurfte sehr gründlicher physikalischer Untersuchungen, einer scharfen Analyse und hoher Abstraktion, um hier auf dem richtigen Weg voranzukommen.

Das hatte bereits Archimedes erkannt. Er wollte das Hebelgesetz wie Euklid auf ein einfaches Axiom zurückführen und betrachtete dieses Grundgesetz der Statik tatsächlich statisch, d. h., er leitete es aus dem Ruhezustand ab. Dank der natürlichen Verknüpfung der Erscheinungen entwickelte Archimedes dabei den Begriff des Schwerpunktes.

Aristoteles und die Peripatetiker beschritten jedoch einen anderen Weg. Sie behandelten die statischen Erscheinungen dynamisch, d. h. in der Bewegung. Die rein statische Vorstellung eines Schwerpunktes war dieser Schule fremd, und so gelangte sie nicht zur Abgrenzung jener beiden grundlegenden Prinzipien, denen eine normale Waage folgt. Diese Prinzipien stellten für sie noch eine unauflösbare Einheit dar.

Unter dem vorherrschenden Einfluß der Aristotelischen Schule blieb der Schwerpunktbegriff in der Mechanik des 16. Jahrhunderts noch völlig ungenutzt, obwohl die Schriften von Archimedes, Heron und Pappos, die diesen Begriff schon voll im modernen Sinne bestimmt und angewandt hatten, bekannt waren. Doch es blieb absolut unklar, was man mit diesem Begriff anfangen sollte: im System der peripatetischen Mechanik ist er ein Fremdkörper und wurde deshalb zu Problemlösungen überhaupt nicht herangezogen. Auch Cardan bildet hier keine Ausnahme. In der Propositio 176 des „Opus novum" schreibt er über den Schwerpunkt: „Die Frucht steht aber in keinem Verhältnis zur Mühe, denn von jener Zeit [Zeit des Archimedes, G. H.] an bis heute hat sich niemand gefunden, der hätte zeigen können ..., welcher Nutzen aus einer Betrachtung dieser Art erwächst. Deswegen haben wir das ganze mit einer propositio abgeschlossen."[5]

Cardan gelang es nicht, die Frage der Stabilität einer Waage von ihrem gewöhnlich stabilen Gleichgewicht zu trennen und sie für sich zu behandeln. Er untersuchte diese Fragen wie seine Zeitgenossen und unmittelbaren Vorgänger in einem Zusammenhang.

Bei der Behandlung der libra ging es Cardan offensichtlich in erster Linie darum, das Hebelgesetz zu beweisen. Doch allein schon die besondere Problemstellung offenbart deutlich die eben charakterisierte Provenienz seiner Untersuchung. Er geht, und keinesfalls als erster, sondern hierin dem Vorbild vieler Generationen folgend, von der Bewegung des Waagebalkens im Kreis aus, dessen Durchmesser von dem Waagebalken gebildet wird. Er verweist auf die unten wiedergegebene Zeichnung (vgl. Abb. 3) und bemüht sich, den folgenden Satz zu beweisen: „Ich behaupte, daß ein im Punkt C befindliches Gewicht

[5] Opera omnia, Bd. 4, S. 563.

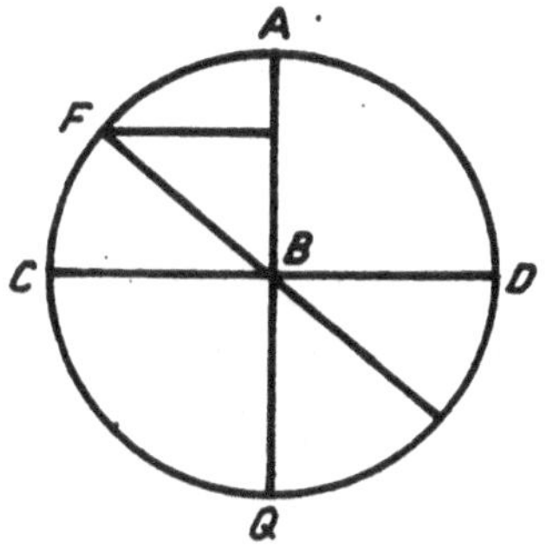


Abb. 3

schwerer sein wird, als wenn die Waagschale an eine beliebige andere Stelle versetzt wird, z. B. wenn sich die Waagschale im Punkt F befände."[6] /

31 Bei dieser Beweismethode wird das Gewicht nicht auf dem horizontalen Arm verlagert, sondern bleibt fest an seinem Ende, und der ganze Arm dreht sich. Jede derartige Drehbewegung hat natürlich zur Folge, daß die Entfernung des Gewichts von der Mittelsenkrechten geringer wird. So vermittelt dieses Verfahren eine geometrische Vorstellung vom einfachen Hebelgesetz. . . . /

32 Duhem verweist darauf, daß sich bei Leonardo da Vinci eine ähnliche Annahme findet, und es ist gut vorstellbar, daß Cardan den Gedanken aus dessen Schriften übernahm. Allerdings hatte Leonardo diese Anregung den Werken der Jordanischen Schule entlehnt, so daß es auch denkbar wäre, daß Cardan die gleiche Quelle benutzt hat.

Es unterliegt keinem Zweifel, daß Cardan die Schrift des Jordanus sehr aufmerksam studiert hatte. Dafür spricht schon sein Hinweis auf Biagio Pelacani bei der Behandlung der statera in der „Practica arithmeticae". Im Streit um die kubischen Gleichungen erwähnt außerdem Ferrari, daß er die Arbeit des Jordanus gut kenne und Tartaglia ihn deswegen nicht habe in die Irre führen können. Wenn aber Ferrari diese Werke gut kannte, so waren sie sicher auch Cardan vertraut. Und schließlich bezieht sich Cardan selbst im untersuchten Text zweimal direkt auf Jordanus. Einige Zeilen weiter unten schreibt er: „Das hatte Jordanus weder bewiesen noch bemerkt", und weiter: „Das hat auch Jordanus nicht bewiesen."[7]

Diese Äußerungen weisen darauf hin, daß Cardan an den Stellen, an denen eine derartige Bemerkung fehlt, unmittelbar aus Jordanus schöpft. In der Tat stellt man, wenn man die Werke der Jordanischen Schule mit den gerade eben behandelten Beweisen Cardans vergleicht, volle Übereinstimmung fest. Der Satz von der Rückkehr der Waage in ihre horizontale Lage wird dort auf analoge Weise bewiesen, mit dem Unterschied allerdings, daß Jordanus den Sachverhalt klarer, tiefer und durchdachter darlegt als Cardan.

In allen diesen Fällen beschäftigt sich Cardan immer nur mit einem Gewicht am Ende des Waagebalkens. Jordanus und seine Schüler untersuchten dagegen die Problematik von zwei Gewichten, die jeweils am Ende eines jeden Arms angebracht waren. Infolgedessen wurde deren Untersuchung zwar komplizierter, dafür aber vollständiger und — abgesehen von den

---

[6] De subtilitate, S. 37.
Diese, hier wörtlich zitierte Behauptung ist falsch, weil sich weder das einfache Gewicht des angebrachten Körpers noch sein Drehmoment ändern.

[7] Ebenda, S. 38.

falschen Voraussetzungen — auch besser. Bei der Analyse der Arbeiten Tartaglias werden wir noch auf die von Jordanus selbst stammende Deutung dieser Frage zurückkommen. Bereits jetzt wird aus dem Gesagten aber ersichtlich, daß Cardan sich mit einer vereinfachten, deswegen vergröberten und in wissenschaftlicher Hinsicht schwächeren Darstellung begnügte. /

33 Die Argumentationen Cardans sind ausführlich, bedauerlicherweise aber nicht mit genügender Sorgfalt von Duhem untersucht worden.[8] Er zitiert lange Passagen aus einer alten zeitgenössischen französischen Übersetzung des Werkes von Cardan[9], läßt dabei jedoch umfangreiche Zwischentexte weg, so daß die bei Cardan vorliegende Unterscheidung zwischen dem ersten und dem zweiten Beweis untergeht und die Grundidee der Cardanschen Beweisführung entstellt wird.[10]

Cardan behandelt diese Beweise entgegen der Annahme von Duhem weder zusammenhängend noch in Verbindung mit der Frage der größeren oder kleineren Neigung der Bewegungsrichtung und des Abstandes von der Mittelsenkrechten, im Gegenteil, die betreffenden Beweisführungen werden von ihm eindeutig voneinander geschieden. Darum überschätzt Duhem die Verdienste Cardans, wenn er sagt: „Indem er dieses Axiom [das Axiom des Aristoteles, G. H.] erweitert und umbildet . . ., verwandelt er es in eine Regel für mögliche Verlagerungen, so wie sie von Galilei benutzt wird und so wie sie bis Descartes erhalten bleibt.“[11] Auch zitiert Duhem die unmittelbare Fortsetzung der Überlegungen Cardans viel weiter unten,[12] ohne allerdings darauf zu verweisen, daß die entsprechenden Textstücke bei Cardan unmittelbar aufeinander folgen.

In direkter Verbindung mit dieser Frage ging Cardan auch auf das Problem der Stabilität der Waage ein und ließ in eben diesem Zusammenhang die Bemerkung fallen, Jordanus habe das Problem nicht berührt. Diese Behauptung stimmt jedoch mit dem uns bekannten Inhalt der Werke des Jordanus nicht völlig überein.

Von Cardan werden tatsächlich Probleme nicht behandelt, mit denen sich schon Aristoteles beschäftigt hatte, d. h. die Fälle, in denen Schwerpunkt und Drehpunkt nicht übereinstimmen, doch dafür untersucht er den Fall, wo der Drehpunkt sich in der Mitte des Waagebalkens befindet, jenen Fall also, in dem die Schule des Jordanus noch irrtümlich das Vorliegen eines stabilen Gleichgewichts annahm. Da Cardan aber diese drei Fälle nicht scharf trennte, kam es bei ihm zu einer Verwirrung der Begriffe.

Bei der Erörterung des zuletzt genannten Problems übernimmt Cardan peripatetische Untersuchungsmethoden und verwendet weiter die Argumente seines zweiten Beweises, so daß eine chaotische Unordnung entsteht. Eingangs will Cardan beweisen, indem er
34 Aristoteles korrigiert, ohne es direkt auszusprechen, daß eine Waage ohne Gewicht, d. h. / ein einfacher von unten abgestützter Hebel, nicht in die horizontale Lage zurückkehrt, sondern, im Gegenteil, sich vertikal einstellt. Cardan versucht, auch diese Aufgabe zu lösen, ohne zu dem unbedingt erforderlichen Schwerpunktbegriff zu gelangen und behandelt sie deswegen auf folgende Weise.

Zunächst fällt auf, daß er nicht die Neigung zur Horizontalen untersucht, sondern nur den Winkel, der von ihr zur meta gebildet wird, wobei er unter meta die Senkrechte

[8] P. Duhem, Les origines de la statique, Bd. 1, Paris 1905, S. 35ff. [Les sources des théories physiques].
[9] Cardan, Les livres de la subtilité, traduit de la Latin en François par Richard Le Blanc, Paris 1556.
[10] Der Vergleich der beiden mir zur Verfügung stehenden Editionen von „De subtilitate“ (Lugduni 1551 und Basil. 1616) zeigt, daß dieser Abschnitt in den folgenden Ausgaben von Cardan nicht mehr verändert wurde, so daß das Vorgehen von Duhem damit nicht erklärt werden kann.
[11] P. Duhem, Les origines . . ., a. a. O., S. 45.
[12] Ebenda, S. 207.

versteht, die durch den Drehpunkt verläuft. Im weiteren formuliert er folgenden Satz: Ein größerer Winkel zur meta entspricht einem größeren Gewicht. Cardan berücksichtigt somit hier erstmals zwei Gewichte, eins auf jeder Seite des Waagebalkens. Wenn die Waage aus dem Gleichgewicht geraten ist, so sei der gehobene Teil schwerer als der herabgesunkene, und hieraus folge wiederum, daß die Waage in die horizontale Lage zurückkehren muß. Falls sich der Drehpunkt unter dem Hebel befindet, so zeigt die meta logischerweise nach oben, der zuvor schon herabgesunkene Teil werde noch schwerer und sinke bis zum tiefsten Punkt weiter herab.

Diese Argumentation gründet sich zweifellos auf richtige Beobachtungen. Die tatsächlichen Wechselbeziehungen werden in Cardans Überlegungen zutreffend wiedergegeben. Allerdings wird die physikalische Ursache des Verhaltens der Waage damit keineswegs enthüllt; wir sind ihrer Klärung nicht einmal näher gekommen. Denn physikalischerseits ist entscheidend, daß sich der Schwerpunkt bei jedem Abgleiten eines Körpers aus der Gleichgewichtslage nach oben verschiebt. Dieser Umstand kam in der ursprünglichen Argumentation des Aristoteles weitaus deutlicher zum Ausdruck. Dort wird die Länge des herabgesunkenen Armes mit der des angehobenen verglichen und, davon ausgehend, die Bedingung für eine Stabilität bestimmt. In dieser Beziehung ist Cardans Argumentation als ein Schritt zurück anzusehen, obwohl er im Gegensatz zu Aristoteles das Problem der von unten abgestützten Waage richtig löst.

Die Überlegungen Cardans stellen, wie Duhem zu Recht bemerkt,[13] lediglich eine unbedeutende Verbesserung und nicht eine Umwälzung der Aristotelischen Mechanik dar. Die ganze Argumentation bleibt im Rahmen der peripatetischen Lehre; es werden die Winkel miteinander verglichen, d. h. die Länge der Kreisbögen und nicht die Richtungen. Dabei kommt es zu einer eigentümlichen Erweiterung ursprünglicher Aristotelischer Voraussetzungen, die durch die teleologische Denkweise der peripatetischen Schule bedingt ist. Ursprünglich wird, und zwar zu Recht, angenommen, daß die in gleicher Zeit zurückgelegten Strecken proportional der Geschwindigkeit seien und die Geschwindigkeit, was nicht stimmt, der Kraft proportional wäre. Ein derartiges Herangehen führt im Falle des ungleicharmigen Hebels zu einem richtigen Ergebnis. Wenn aber die Hebelarme gleich lang sind, sind, wie sich von selbst versteht, die auf beiden Seiten zurückgelegten Wege ebenfalls gleich, und es entsteht somit keine Seitendifferenz. /

35 Darum vergleicht Cardan in der soeben dargestellten Betrachtung nicht die Wege, die Kreisbögen, die tatsächlich bei der Drehung zurückgelegt werden, sondern jene, die zum Erreichen irgendeiner extremen Stellung *möglich* sind. Nur dank einer solchen Verallgemeinerung konnte er den Satz formulieren: „der größere Winkel zur meta macht das Gewicht schwerer".[14]

Bei einer derartigen Verallgemeinerung geht der ursprüngliche physikalische Gehalt des peripatetischen Satzes, der trotz der falschen Voraussetzungen die wirkliche Lage der Dinge widergibt, völlig verloren, und es bleibt eine rein logisch-scholastische Spekulation übrig. Ein Gelehrter, der eine solche Lehre verbreitet, hat die lebendige Verbindung zur Wirklichkeit verloren. Ursprünglich richtige oder richtig gemeinte Gesetze und Begriffe verändern sich unter dem Einfluß der rein spekulativen Denker so sehr, daß sie zu falschen und dem gesunden Menschenverstand widersprechenden Schlußfolgerungen führten. ... Dieser Widerspruch blieb Cardan nicht verborgen und sollte mit folgendem Hinweis aufgehoben sein: „Die allgemeine Regel soll also wie folgt lauten: Je weiter

---

[13] Ebenda, S. 208.

[14] De subtilitate, S. 38.

die Gewichte von der meta entfernt sind . . ., um so schwerer sind sie. Aber zuerst muß man die Größe der geraden Linie berücksichtigen. Wenn die geraden Linien gleich sind, dann wird der Winkel um so größer sein, je schwerer das Gewicht ist.“[15] . . .

Gegen Ende seiner Erörterung liefert Cardan noch einen vierten Beweis für denselben Satz. Diese letzte Konzeption hat einen schon fast philosophischen Charakter und ist vom modernen Standpunkt aus bar jeglichen physikalischen Inhalts. Wir wollen die betreffende Stelle hier anführen: „Du aber sagst: Warum bewegt sich also bei einer leeren Waage C nicht in Richtung auf Q zu? Ich antworte: Weil dann D sich auf Punkt A zu bewegte. Aber wie aus dem Verhältnis der geraden Linien ersichtlich ist, wäre, wenn sich C in Q und D in A befänden, von Teil D so viel verloren, wie für C selbst hinzugewonnen wäre. Aber das, was
36 von Teil D verloren wäre, wäre mehr wider / die Natur, als jenes, was für C selbst hinzugewonnen wäre, der Natur entsprechend ist. Der Schaden wäre also größer als der Nutzen.“[16] . . .

Konsequenterweise muß man somit allen Überlegungen Cardans über die Waage, die in seinem Werk „De subtilitate“ zu finden sind, ungeachtet aller Gelehrsamkeit und Belesenheit des Verfassers jede wissenschaftliche Bedeutung absprechen. Sie stellen nicht mehr als eine fleißige, aber unkritische Kompilation aller im 16. Jahrhundert bekannten Theorien über die Waage dar.

Völlig ungeordnet werden von Aristoteles, Jordanus und Archimedes stammende Theoreme dargeboten, wobei Cardan die prinzipiellen Unterschiede zwischen diesen Schulen nicht erwähnt, ja sie nicht einmal begreift. Der Eklektizismus Cardans hat aber auch nichts mit der Absicht zu tun, alles für die Praxis Notwendige zusammenzutragen. In erster Linie wendet er sich an seine Zeitgenossen, die an der Theorie interessiert sind. An die Stelle einer konsequenten Durchbildung einer Theorie ist kritikloses Sammeln getreten.

So liefert Cardan in „De subtilitate“ nicht nur einen Überblick über den Stand der Wissenschaft seiner Zeit, er zeigt darüber hinaus auch deutlich den Zerfall der scholastischen Wissenschaft. Es wäre falsch, anzunehmen, daß die moderne Naturwissenschaft im Kampf mit einem einheitlichen und unerschütterlichen Gebäude der peripatetischen Wissenschaft entstanden wäre. Die Herausbildung neuer Lehren wurde durch die allgemeine wissenschaftliche Situation jener Zeit vorbereitet. In der scholastischen Wissenschaft äußert sie sich als Zerfall und Selbstauflösung, die, ein Symptom der allgemeinen Situation, ihren Untergang prophezeit.

In der Propositio 109 des „Opus novum“[17] gibt Cardan eine Beschreibung der Waage, die sich von allen vorangegangenen völlig unterscheidet.

Die Bewegung der Waage wird hier mit der Bewegung eines Rades verglichen. Wie früher spricht Cardan nur von einem herabsinkenden Gewicht und erklärt, daß dieses Gewicht am Ende eines Hebels zwei Bewegungen vollziehe: eine vertikale nach unten und eine horizontale zur Seite, denn wie bei einem Rad, so existierten auch bei der Waage zwei Bewegungen. /

37 Die Bewegung jeder der beiden Komponenten wird hier unabhängig von der der anderen behandelt. Dieser Umstand ist deshalb von Bedeutung, weil man in diesem speziellen Fall schon früher, lange vor Cardan, die Bewegung ganz konsequent in zwei zueinander

---

[15] Ebenda, S. 38/39.
[16] Ebenda, S. 39.
[17] Opera omnia, Bd. 4, S. 514/515.

senkrechte Komponenten zerlegt hatte. Cardan kehrte zu dieser alten Konzeption zurück und übernahm sie in echt peripatetischem Geiste völlig schematisch.

Er erklärt, daß die senkrechte Komponente, die wie eine Fallbewegung von selbst entsteht, die „natürliche" sei, während die Bewegung zur Seite, die sich als horizontale Komponente darstellt, eine „erzwungene" Bewegung wäre, welche nur auf eine äußere Einwirkung hin zustande komme. Weiterhin nimmt er an, daß die erzwungene Bewegung nur dann durch die natürliche hervorgerufen werden kann, wenn die Bewegung in vertikaler Richtung größer ist als die in horizontaler.

Bei diesen Überlegungen ging er offensichtlich von dem Vergleich mit dem Rad und demzufolge nicht von einer horizontalen Gleichgewichtslage aus, sondern betrachtete ein Gewicht, das vom höchsten Punkt des Kreisbogens herabfällt. Dieser Scheitelpunkt wird von Cardan gesondert untersucht. Er entspricht dem labilen Gleichgewicht, und Cardan schreibt zwar nicht ganz eindeutig, aber völlig zu Recht: „Wenn sich der Waagebalken auf der Linie AB befindet, bewegt sich nichts, weil das Streben, vom Punkt A herabzufallen, am größten ist und nichts zu einer unnatürlichen Bewegung beiträgt; genau dasselbe sage ich über ein Gewicht, das im Scheitelpunkt von BA angebracht ist."

Bei der Wiedergabe seiner weiteren Überlegungen stößt Cardan auf eine eigentümliche Schwierigkeit, die auf den ersten Blick seine ganze Überlegung ad absurdum zu führen scheint.

Wenn wir uns einen Hebelarm vorstellen, der um einen kleinen Winkel von der Senkrechten gedreht ist, so zeigt sich, daß bei einer weiteren Bewegung bis 45° die horizontale Komponente mehr wächst als die vertikale. Erst für einen Winkel von über 45° gilt die entgegengesetzte Beziehung.

Heute können wir diesen Sachverhalt leicht auf folgende Art beweisen (s. Abb. 4): Wenn wir den Radius des Kreises gleich 1 setzen, so wird die horizontale Komponente $l_1 = \sin \varphi$, die vertikale Komponente $l_2 = 1 - \cos \varphi$. Folglich erhalten wir bei einer Vergrößerung des

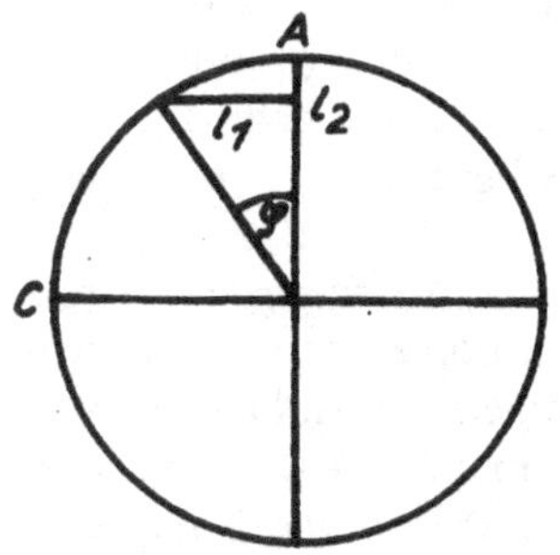


Abb. 4

Winkels auf $d\varphi$ den Zuwachs $d(l_1) = \cos \varphi d\varphi$ und den Zuwachs $d(l_2) = \sin \varphi d\varphi$, d. h. für

$\varphi < 45°$ wird $dl_1 > dl_2$
$\varphi = 45°$ wird $dl_1 = dl_2$
$\varphi > 45°$ wird $dl_1 < dl_2$ . /

38 . . . Gemäß Propositio 109 kann die Bewegung von 45° an selbständig erfolgen. Doch bis 45° ist sie unmöglich. Auf den ersten Blick scheint dieser Umstand einer Bewegung vom

oberen Punkt des Kreises aus zu widersprechen. Auch Cardan war einen Moment verwirrt und schrieb, daß dieser Schwierigkeit wegen selbst Aristoteles und seine Nachfolger versagt hätten. Dabei kam er aber keinesfalls selbst auf diese Beweisführung, sondern entlehnte sie, wie er zu verstehen gibt, bei Jordanus, wohingegen der erste Beweis, die Zerlegung der Kreisbewegung in eine horizontale und eine vertikale Komponente, in genau derselben Form bereits in den „Quaestiones mechanicae" enthalten ist.

Zur Bewältigung der genannten Schwierigkeit wird folgende Erklärung herangezogen. Cardan schreibt, daß dennoch eine Bewegung stattfinde, und zwar deswegen, weil das Gewicht vom Erdmittelpunkt angezogen werde, und liefert dafür auch noch einen geometrischen Beweis, der auf der ohne jede Verlegenheit geäußerten Annahme beruht, der Schwerpunkt der Erde liege im tiefsten Punkt des Kreises. . . .

Die Schwierigkeit, die bei der peripatetischen Zerlegung in Komponenten auftaucht, besteht eigentlich darin, daß hierbei zwei völlig unterschiedliche Begriffe vermischt werden. /

39 Einerseits ist jede beliebige Bewegung (Geschwindigkeit, Kraft, Richtung), logischerweise auch die tangentiale Bewegung, in jedem beliebigen Punkt des Kreises in zwei senkrecht aufeinander stehende Komponenten zerlegbar, umgekehrt ist jede Bewegung aus den Komponenten beider Richtungen zusammensetzbar. Von dieser Möglichkeit gingen die Peripatetiker aus und zergliederten die Kreisbewegung in zwei senkrecht aufeinander stehende Komponenten, in eine vertikale und in eine horizontale.

Da aber die horizontale Bewegung nicht aus eigenem Antrieb erfolgt, entsteht wiederum die Aufgabe, sie auf die vertikale Bewegung als ihre Quelle zurückzuführen. Physikalisch ist das unmöglich, da die Bewegung in eine Richtung, die senkrecht zur gegebenen Kraft oder Geschwindigkeit ist, gleich Null ist. Man muß die vertikale Resultante in eine tangential gerichtete und eine radial gerichtete Komponente zerlegen. Auf diesem Weg hätten die Begriffe der zentrifugalen und zentripetalen Kraft in die Physik eingeführt werden können. Cardan nahm indessen eine solche Zerlegung ebensowenig vor wie seine Vorgänger. Der Begriff der zentripetalen Kraft war ihm unbekannt, und darum war er auch nicht imstande, auf dem bezeichneten Wege zur Lösung dieser Aufgabe zu gelangen.

Der Ausweg, den Cardan nach dem Muster der Jordanischen Schule gefunden hat, besteht letztlich in der Annahme, daß die vertikale Bewegung eine beschleunigte Bewegung ist, in die immer neue Impulse eingehen. . . .

Der Vergleich der Ausführungen im „Opus novum" mit den Darlegungen in „De subtilitate" zeigt, daß die Untersuchung der libra bei Cardan geschlossener und folgerichtiger geworden ist. Seine Darstellung ist nicht mehr eine unsystematische Anhäufung verschiedenartiger Argumente; im Gegenteil, er verfolgt hier erstmalig einen bestimmten Gedankenweg bis zum Ende. Obwohl seine neue Beweisführung ebenso wie früher eine Mischung Aristotelischer und Jordanischer Beweise darstellt, sind diese im Gegensatz zu früher nicht mehr willkürlich nebeneinander gestellt. Cardan versucht, die Ergebnisse beider Schulen zu einem gemeinsamen Ganzen zu vereinen. Bereits bei der statera konnten wir eine ähnliche Entwicklung seiner Auffassungen konstatieren.

Die Verschmelzung beider Richtungen erfolgt deutlich auf Kosten der Jordanischen Schule, deren Überlegungen von der gravitas secundum situm den peripatetischen Vor-
40 stellungen angepaßt werden. Es ist charakteristisch, daß / Cardan in seinem „Opus novum" die Jordanische Erörterung zur libra überhaupt nicht mehr nutzt. Er erwähnt die Berechnungen des Jordanus und dessen Ausführungen nur als Ergänzung zu den „Quaestiones mechanicae" und ist offenbar bemüht, die Ergebnisse der Jordanischen Schule in die allgemeine peripatetische Naturauffassung einzugliedern, er versucht aber nicht, die Ideen des Jordanus selbst weiterzuentwickeln oder sie etwa den peripatetischen entgegen-

zusetzen. In „De subtilitate“ standen beide Arten der Beweisführungen noch gleichberechtigt nebeneinander, und von dem in diesem Werk eingenommenen Standpunkt aus blieben beide Wege für die weitere Entwicklung der Statik objektiv offen. Nun aber entschied sich Cardan für die offizielle Wissenschaft, deren Vertreter er ja auch war.

Diese darin zum Ausdruck kommende objektiv rückschrittliche Rolle Cardans spiegelt sein spätes Werk wider. Es belebte die scholastische Wissenschaft und nützte voll und ganz der anwachsenden Reaktion, der insgesamt zunehmenden Refeudalisierung und der Verschärfung der antireformatorischen Bewegung in Europa im Laufe des 16. Jahrhunderts. Das Tridentiner Konzil vereinigte alle Gegner der Reformation, und sein Einfluß führte zu einer Verschärfung der päpstlichen Zensur. Unter diesen Bedingungen mußte die offizielle scholastisch-peripatetische Wissenschaft wieder erstarken und die in sie eindringenden fremden Elemente assimilieren.

Wenn wir jedoch die Entwicklung der Auffassungen Cardans aus seiner persönlichen Sicht betrachten, so stellen wir zweifellos einen subjektiven Fortschritt fest. Er blieb stets ein Vertreter der offiziellen Wissenschaft und zweifelte nie an ihren Grundpositionen. Selbst sein Schüler Ferrari machte im Streit mit Tartaglia diesem Angriffe auf Aristoteles ausdrücklich zum Vorwurf.

Wir haben in Cardan einen typischen enzyklopädischen Wissenssammler der Periode des Zerfalls der scholastischen Wissenschaft vor uns, einen Sammler, der mit unersättlichem Wissensdurst danach strebt, das gesamte vorhandene Material zu erfassen. Wir sahen, daß dieses Material die viel zu engen Grenzen der alten Wissenschaft sprengte und mit den alten Klassifizierungsprinzipien nicht mehr zu erfassen war. Auf diese Weise kam Cardan in seinen Jugend- und frühen Mannesjahren um jene Maßstäbe, mit deren Hilfe er Richtiges von Falschem, Gehaltvolles von Inhaltsleerem und Wertvolles von Unbedeutendem hätte unterscheiden können. Daraus resultiert auch die für ihn charakteristische Überfülle des Materials, das er nicht selbständig verarbeiten konnte.

Doch mit zunehmendem Alter drang Cardan tiefer in das Verständnis der Prinzipien ein, auf denen seine Wissenschaft beruhte, d. h. in das Verständnis der peripatetischen Naturauffassung. Es gelang ihm immer besser, das Material zu ordnen, welches sich seit seiner Jugend in schier unerschöpflicher Menge in seinem Kopfe angesammelt hatte, und es gelang ihm zunehmend, dieses Material nach einem bestimmten Gesichtspunkt durchzuarbeiten. Diesen Gesichtspunkt stellte die offizielle peripatetische Naturlehre dar. Unter dem Einfluß der allgemeinen kulturellen Entwicklung seines Jahrhunderts begriff Cardan den eigentlichen Sinn der alten Aristotelischen Axiomatik erst in seinen
41 reiferen / Jahren und machte sie zur Grundlage seines eigenen wissenschaftlichen Systems, wobei er konsequenter und durchdachter vorging als früher. Im Ergebnis konnte er genauer als bisher Aristotelisches von Nichtaristotelischem scheiden, und der Umstand, daß er im „Opus novum“ nicht mehr alle ihm zugänglichen Auffassungen über die libra und die statera unüberlegt wiedergibt, sondern eine bestimmte Auswahl trifft und versucht, fremde Auffassungen im Aristotelischen Sinne zu verarbeiten, spricht für seine geistige Reife.

Cardan wollte ein Peripatiker sein. Zu einem solchen wurde er jedoch erst dann, als die allgemeinen kulturellen Bedingungen seiner Zeit das Aufleben der peripatetischen Naturphilosophie zu fördern begannen. Cardan war imstande, diesem Bedürfnis einer bestimmten Gesellschaftsschicht Rechnung zu tragen und ihm Verständnis entgegenzubringen, da er selbst aus dem feudalen Milieu des mailändischen Staatswesens stammte und von Anfang an ein, zuerst allerdings recht inkonsequenter, Peripatetiker war.

Wesentlich anders waren die Positionen Tartaglias zu all diesen Problemen. Wie wir schon feststellten, bezeichnete er die Statik als scientia di pesi (Wissenschaft vom Gewicht) und legte sie in geschlossener Form im 8. Buch seiner „Quesiti“ dar.

Das vorangehende 7. Buch der „Quesiti“ trägt den Untertitel „Sopra gli principi delle questioni mechanice di Aristotele“, es stellt eine Einführung in das 8. Buch dar und begründet die Notwendigkeit einer besonderen Wissenschaft vom Gewicht. Diese Darstellung ist außerordentlich wichtig, um den Denk- und Forschungsstil Tartaglias zu begreifen, und liefert reiches Material für Schlußfolgerungen.

Als Gesprächspartner[18] erscheint in beiden Büchern Don Diego Hurtado di Mendozza. Der Spanier Mendozza war damals königlicher Gesandter in Venedig. Er galt als sehr gebildet, war Vertreter Spaniens beim Tridentiner Konzil, hatte ein bekanntes Werk über die Geschichte des Krieges mit den Mauren und einen humoristischen Roman geschrieben. Als Politiker und Staatsmann richtete sich sein Interesse zweifellos auf eine enge Verbindung von Wissenschaft und Praxis. Nach den Worten Tartaglias hatte ihn Mendozza um ein Privatissimum über die Statik gebeten. Wenn man die politischen Verhältnisse, die damals in Europa herrschten, bedenkt, muß man annehmen, er habe sich als Diplomat über die wissenschaftlich-technischen Forschungen in anderen Ländern informieren wollen. Die Tatsache, daß Hurtado sich mit seiner Bitte gerade an Tartaglia gewandt hatte, zeigt die Bedeutung Tartaglias erst richtig auf. /

42 Nach einigen einleitenden Worten schlägt ihm Tartaglia vor, die scientia di pesi zu behandeln. Mendozza meint: „Mir scheint indessen, daß Aristoteles dieses alles beweist, ohne [so] zu verfahren und ohne im übrigen von der Wissenschaft vom Gewicht Kenntnis zu haben.“ Darauf sagt Tartaglia, das sei richtig, Aristoteles habe in der Tat diese Aufgaben teilweise mit „natürlichen“, teilweise mit mathematischen Mitteln gelöst. „Aber“, so fährt er fort, „einige dieser seiner natürlichen Argumente können mit anderen natürlichen Argumenten im Widerspruch stehen. Andere wiederum können sich [bei einer Gegenüberstellung] mit mathematischen Argumenten (mittels der oben genannten scientia di pesi) als falsch erweisen. Außerdem übergeht oder verschweigt er eine Frage über die libre oder bilanze [gleicharmige Waagen] von nicht geringer Bedeutung oder gedanklicher Relevanz, und dies ist geschehen (soweit ich es beurteilen kann), weil man die Grundlage [für die Lösung] dieser Frage nicht mit natürlichen Überlegungen, sondern allein mit der genannten scientia di pesi bestimmen kann.“[19]

Im 16. Jahrhundert waren das kühne und ungewohnte Worte über Aristoteles und die ganze peripatetische Physik. Darum ist die Antwort Mendozzas, er glaube nicht, daß das der Wahrheit entspreche, völlig natürlich. Anschließend fordert er eine genauere Erläuterung.

Tartaglia gibt sie, indem er als Beispiel das Problem der Empfindlichkeit einer Waage heranzieht. Seine prinzipielle mathematische Einstellung besteht in der Überzeugung, daß es mit Hilfe einer rein mathematischen Analyse unmöglich sei, physikalische Fragen zu lösen. Er konstatiert einen Widerspruch zwischen mathematischen und „natürlichen“ oder, wie wir heute sagen würden, physikalischen Untersuchungen der Probleme: „Beim natürlichen Vorgehen werden die Dinge den Sinnen und den materiellen Erscheinungen entsprechend betrachtet, beurteilt und bestimmt. Beim mathematischen Vorgehen aber werden die Dinge

---

[18] Die „Quesiti“ sind von Tartaglia in Dialogform abgefaßt worden. Im Rahmen dieser Gespräche erörtert er mit verschiedenen Fragestellern wissenschaftliche Probleme und gibt Auskunft auf entsprechende Anfragen.

[19] N. Tartaglia, Quesiti et inventioni diverse, Buch 7, Aufgabe 1, in: Nicolò Tartaglia, Quesiti et inventioni diverse. Riproduzione in facsimile dell'edizione del 1554, ed. da A. Masotti, Brescia (1959), S. 78r.

nicht den Sinnen, sondern dem Verstand entsprechend betrachtet, beurteilt und bestimmt, unabhängig von jeder wahrnehmbaren Materie, wie Euer Ehren es von der Gewohnheit Euklids kennen."[20]

Schon diese Gegenüberstellung ist für Tartaglia außerordentlich charakteristisch. Seinem Wesen nach ist das der alte Gegensatz zwischen Theorie und Praxis, zwischen reiner und angewandter Wissenschaft, den Tartaglia hier in der Sprache seiner Zeit ausdrückt.

Aber in der Formulierung Tartaglias steckt noch viel mehr. Der Gegensatz zwischen natürlichen und mathematischen Beweisführungen war schon vor Tartaglia festgestellt worden. Doch der mathematische Beweis, von dem Tartaglia spricht, schien „zuverlässiger",
43 nur er allein galt / als begründet, und deswegen versuchte man, „natürliche" Argumente durch mathematische zu ersetzen. Diesen Bemühungen begegnen wir in allen wissenschaftlichen Arbeiten jener Zeit. Doch Tartaglia richtet seine Aufmerksamkeit ganz bewußt auf natürliche Beweise. Er betont, daß sie sich auf sinnliche Wahrnehmungen stützen, und versucht, eine Gleichwertigkeit beider Beweismethoden festzustellen. So etwa, wenn er zu Beginn des 8. Buches, in dem er von Texten des 13. Jahrhunderts ausgeht, schreibt: „. . . diese Wissenschaft [die Wissenschaft vom Gewicht, G. H.] leitet sich zum Teil von der Geometrie und zum Teil von der Naturphilosophie ab, denn ihre Folgerungen werden teils auf geometrische und teils auf physische, d. h. auf natürliche Art bewiesen".[21] Schon dieses Bekenntnis allein war ein großer Fortschritt für die Erkenntnistheorie einer modernen Naturwissenschaft, der zufolge nur die Erfahrung Grundlage jeder Erkenntnis sein kann. Dieses Prinzip steht aber in direktem Gegensatz zu dem rein mathematisch-geometrischen Herangehen Cardans.

Danach beendet Tartaglia seine Ausführungen über die Empfindlichkeit der Waagen und verweist noch einmal darauf, daß „per vigore et autoritate de senso del vedere" (auf Grund der Kraft und der Autorität des Gesichtssinns) es hier nicht zu den Widersprüchen komme, auf die wir bei einer mathematischen Behandlung der Fragen stoßen. Mendozza antwortet: „Ich bin der festen Meinung, daß derjenige, der diese Materie mit Sorgfalt untersucht, alle jene stofflichen Besonderheiten findet, die die Ursache dafür sind, daß derartige Fragen und Folgerungen durch die Materie nicht bestätigt werden, wie der Autor schlußfolgert und sagt. Und nachdem jene gefunden und erkannt worden sind, wird es, glaube ich, einfach sein, dem abzuhelfen und zu erreichen, daß sie, wie der Autor es vorschlägt, durch die Materie genauestens verifiziert werden." Niccolò entgegnet: „Der von Euer Ehren ausgesprochene Gedanke entbehrt nicht des Gehalts, denn in der Tat müssen jene Dinge, die durch den Verstand als wahr erkannt werden und unabhängig von jedweder Materie als Maximen für Demonstrationen dienen, vernünftigerweise noch durch die sichtbare Wahrnehmung der Materie bestätigt werden (andernfalls wäre die Mathematik in jeglicher Hinsicht nichtig und ohne jeden Wert und Nutzen für den Menschen)."[22] /

---

[20] „El naturale considera, giudica, e determina le cose, secondo el senso, e apparentia di quelle in materia. Ma el Mathematico le considera, guidica, e determina, non secondo el senso, ma secondo la ragione (astrate da ogni materia sensible), come che V. Sig. sà, che costuma Euclide." Ebenda, S. 78v.

[21] Ebenda, Buch 8, Aufgabe 1, S. 82v.

[22] „Anci è ho ferma opinione che chi studiasse con diligentia sopra à tal materia, ritrouaria tutte quelle particolarità materiale, che sono causa, che tal questione, e conclusioni non se uerificano in materia, come che l'autor conchiude, e dice. Et dapoi che quelle fusseno ritrouate, et conosciute, tengo che saria cosa facile à rimediarli, et fare che se uerificasseno in materia precisamente, come che l'autor propone. N.: Vostra Signoria non è dica uana opinione, perche in effetto tutte quelle cose che nella mente sono conosciute uere, et massime per dimonstrationi astratte da ogni materia, ragioneuolmente si debbono anchora ueri-

44 Im weiteren wirft Tartaglia den Mathematikern vor, daß sie Abweichungen von ihren Regeln lediglich mit materiellen und konstruktiven Mängeln erklären, anstatt nach ihrer eigentlichen Ursache zu forschen.

In diesen Passagen des Dialogs zeigt sich vor allem das große Vertrauen in die Entwicklung der Wissenschaft. Tartaglia kennt noch nicht den genauen Weg, doch er ist fest davon überzeugt, daß die von ihm vertretenen wissenschaftlichen Ideen vorhandene Schwierigkeiten bewältigen und alles wissenschaftlich erklären werden.

Hierbei geht Tartaglia von den Bedürfnissen der Praxis aus. Die zitierten Bemerkungen Tartaglias zeigen, daß er die Bedeutung des Problems einer Forschungsmethodik begriff, und sie belegen seine Absicht, alle seine Forschungen auf eine unerschütterliche Grundlage zu stellen. Darüber hinaus beweisen sie, daß Tartaglia diese Überlegungen nur insofern anstellte, als sie seinen Interessen dienten und ihm nützlich erschienen. Mehr als ein halbes Jahrhundert vor Galilei wirkend, war Tartaglia nur ein Vorbote und nicht der Begründer der modernen Naturwissenschaften. Und mehr als ein halbes Jahrhundert vor Francis Bacon war er nicht imstande, tiefer in jene Wechselbeziehungen einzudringen, die später Bacon herstellte. Seine philosophischen Auffassungen waren ebenso unreif wie seine physikalischen Forschungen. Doch in dem einen wie in dem anderen waren Keime einer künftigen Entwicklung enthalten. Tartaglia gelangte zwar nicht zu ausreichend klaren methodologischen Formulierungen, für sich erarbeitete er aber eine Forschungsmethodik, die ihm für die Praxis wertvolle und nützliche Resultate einbrachte.

Die Theoreme Tartaglias offenbaren die Unklarheit seiner Vorstellungen von der Bedeutung der Mathematik für die Wissenschaft. Tartaglia war noch nicht so konsequent, die Mathematik nur als Instrument und nicht als Grundlage der Mechanik zu apostrophieren. In seinen Beweisführungen wird faktisch nirgends die Frage behandelt, wo die Physik endet und wo reines Rechnen beginnt. Damals, als die Geometrie das Muster für jede Wissenschaft darstellte, kam schon die einfache Erwähnung der Bedeutung „natürlicher“ Beweise einem wesentlichen Schritt zur modernen Wissenschaft von der Natur gleich, und weist auch dies als eine überragende Leistung dieses Forschers aus.

Wir stoßen bei Tartaglia sogar bereits auf Andeutungen jener Auffassung, daß nur „natürliche“ Beweise, die wir heute als physikalische bezeichnen, die Grundlage der Mechanik sein können. Das tritt in seiner soeben erwähnten Polemik gegen die Mathematiker deutlich hervor. Tartaglia verurteilt mathematische Kniffe und die Selbstgefälligkeit der Mathematiker, die alle Abweichungen experimenteller Fakten von der Theorie auf Ungenauigkeiten in der Beobachtung zurückführten und es nicht für nötig hielten, die wirklichen Ursachen dieser Abweichungen aufzudecken. Tartaglia besteht darauf, gerade diese Abweichungen einer wissenschaftlichen Untersuchung zu unterziehen, und äußert seine Überzeugung, daß sie nur dann mathematisch faßbar sind. Dieser Standpunkt ist in der Naturwissenschaft der einzig fruchtbare, und man hat sich ihn bis heute zu eigen gemacht. In der Geschichte der Wissenschaft war Tartaglia der erste, der
45 das so klar forderte. / Solange man den Gegensatz zwischen Theorie und Erfahrung ignorierte, war an eine Erweiterung realer menschlicher Kenntnisse nicht zu denken. Solche Gegensätze mußten zu Ansatzpunkten für neue Forschungen werden, damit die Wissenschaft nicht im Dickicht leerer Scholastik steckenblieb.

---

ficare al senso del uedere in materia, altramente de Mathematiche sariano in tutto uane, e di nullo giouamento ouer profitto a l'huomo, . . .“
Ebenda, Buch 7, Aufgabe 1, S. 79r/v.

Für Tartaglia ist charakteristisch, daß er seine methodologischen Überlegungen nicht von ihrer praktischen Anwendung trennt und den Versuch unterimmt, die Notwendigkeit einer scientia di pesi, einer besonderen Wissenschaft vom Gewicht, die die Grenzen der Aristotelischen Lehre überwinden soll, zu beweisen.

Diesen seinen Nachweis führt er auf folgende Weise. Zu Beginn zeigt er am Beispiel der Empfindlichkeit einer Waage, daß die peripatetische Theorie der Praxis widerspricht, und unterstreicht damit die Notwendigkeit einer Ausweitung der Aristotelischen Physik. Um die Lücke zu schließen, sei eine spezielle Wissenschaft vom Gewicht tatsächlich notwendig.

Tartaglia bekundet ein außerordentliches Interesse am Problem der Empfindlichkeit der Waage, die für die Genauigkeit jeder Gewichtsbestimmung von großer praktischer Bedeutung ist. Hier übertraf er in der Tat alle seine Vorgänger und lieferte etwas Neues. Nach dem alten Aristotelischen Standpunkt waren größere Waagen, d. h. Waagen mit längeren Armen, empfindlicher als kleinere. Der Grund für diese Annahme lag in der Vorstellung, daß das Drehmoment um so größer sei, je länger der Hebelarm wäre. Doch die Empfindlichkeit einer Waage hängt auch vom Gewicht des Waagebalkens und von der Lage des Schwerpunkts ab. Es verging viel Zeit, bis exakte Berechnungen all dieser Einflüsse zur Konstruktion genauer mechanischer Waagen führten; noch gegen Ende des 19. Jahrhunderts wurden empfindliche Waagen mit übermäßig langen Armen ausgestattet, und erst moderne Konstrukteure nahmen davon Abstand.

Einer Wiedergabe des peripatetischen Standpunkts begegnen wir in Cardans „Opus novum". Er faßt dort seine Darlegung mit folgenden Worten zusammen: „Die Sache beruht auf drei Faktoren, auf der Länge des Waagebalkens, auf der Leichtigkeit seines Materials und auf der der Waagschalen."[23] Cardan empfiehlt deshalb, eine Waage aus feinem Stahl herzustellen. Hieran knüpft er eine ausführliche Überlegung darüber, welche Bedeutung der Abstand des Gewichts vom Waagebalken habe. Im Gegensatz zur richtigen Feststellung bei der statera, führt ihn diese Erörterung zu dem Resultat, daß bei größerem Abstand das Gewicht schwerer wird. In der ganzen Erörterung über die Empfindlichkeit der Waage wird an keiner Stelle erwähnt, daß man eine wirkliche Waage von einer idealen zu unterscheiden hätte, im Gegenteil, er hält es für selbstverständlich, daß eine wirkliche Waage ebenfalls den Aristotelischen Gesetzmäßigkeiten unterliegt. /

46 Dabei war die Entdeckung, daß eine übermäßig große Waage weniger genau ist als eine kleinere, auf rein empirischem Wege schon viel früher gemacht worden, und Waagen für Gold u. ä. waren bereits im damaligen Venedig und sogar in noch weiter zurückliegenden Perioden kleiner und leichter. Der Widerspruch zwischen dem aus der Erfahrung längst bekannten Umstand und der Theorie war offensichtlich, was natürlich auch ein Forscher wie Tartaglia nicht übersehen konnte. Er erfaßt das Problem der Waage in seiner ganzen Breite. So fährt er, nachdem er anfangs Mendozza die Aristotelische Auffassung dargelegt hat, fort: „Ich meine, daß man mit solchen Argumenten eine derartige Frage im allgemeinen nicht beantworten kann. Man muß vielmehr ganz entgegengesetzt vorgehen, sind doch die kleinen libre oder bilanze empfindlicher als die großen, und die Erfahrung beweist, daß das für die materiellen Waagen zutrifft. Denn wenn wir wissen wollen, wieviel Gran an einem zu leichten Dukaten fehlen, können wir das nicht mit einer großen Waage feststellen, wie sie von den Händlern zum Abwiegen von Gewürzen, Zucker, Ingwer, Zimt und ähnlichen Dingen verwandt werden, sondern mit einer von jenen winzig kleinen

---

[23] Opera omnia, Bd. 4, S. 515, Propositio 109.

Waagen, deren sich die Geldwechsler, Goldschmiede und Juweliere bedienen; [mit dieser] können wir das mit völliger Gewißheit prüfen."[24]

Nach der Darlegung der Tatsachen schickt Tartaglia sich an, sie zu erklären. Er erwähnt, daß man in der Mathematik lediglich „ideale" Waagen (bilanza ideale) behandle, deren Waagebalken weder ein Gewicht noch einen Durchmesser hätten und an denen der Drehpunkt nur ein Punkt sei; im Gegensatz dazu hätte in der Realität der Balken einer wirklichen, „materiellen" Waage (libra over bilanza materiale) nun einmal eine Achse, ein Gewicht und natürlich auch eine bestimmte Stärke. Es unterliegt keinem Zweifel, sagt er, daß, wenn man eine ideale Waage bauen könnte, diese viel empfindlicher sein müßte, „weil sie völlig frei von irgendwelchen stofflichen Hindernissen wäre".[25] Waagen für Gold seien deshalb viel empfindlicher, weil sie näher an dieses Ideal herankämen als die gewöhnlichen Waagen.

Tartaglia liefert also keine mathematischen oder geometrischen Beweise, sondern begnügt sich mit allgemeinen qualitativen Feststellungen. Wahrscheinlich behandelt er gerade deshalb die Frage der Empfindlichkeit nicht im 8. Buch, weil eine qualitative Behandlung nicht in den Rahmen dieses Buches hineingepaßt hätte, wo er sonst streng mathematisch und quantitativ vorgeht.

Nachdem er auf diese Weise den Boden für eine Erweiterung der Aristotelischen Mechanik vorbereitet hatte, untersucht Tartaglia im 7. Buch seiner „Quesiti" die Stabilität der Waage in den beiden Fällen, wo die Achse sich unter bzw. über dem Balken befindet.
47 Er ist sogar damit einverstanden, den Beweis / ebenso zu führen, wie das bei Aristoteles geschah. Es ist hervorhebenswert, daß er beim zweiten Fall den bekannten Fehler des Aristoteles, der in der Annahme bestand, daß eine solche Waage sich im labilen Gleichgewicht befinde, weder bemerkte noch korrigierte und unbesehen die falsche Beweisführung von Aristoteles übernahm. Gerade dieser Fehler wäre vom peripatetischen Standpunkt aus durchaus zu korrigieren gewesen, und er ist auch tatsächlich im rein peripatetischen Sinne sowohl von Cardan als auch von anderen vor ihm korrigiert worden. Doch solche Details interessierten Tartaglia offensichtlich nicht. Er geht, ohne sie zu beachten, zügig an ihnen vorbei und zeigt damit, daß bei ihm sowohl praktische Gesichtspunkte wie Erfahrungen nicht ausreichend entwickelt waren. Er beabsichtigt nicht, die peripatetische Mechanik in Ordnung zu bringen, sondern wollte sie durch eine andere Lehre ergänzen und beschritt damit den Weg des Ersatzes der einen Wissenschaft durch eine andere. Ob Tartaglia die letzten Konsequenzen seiner Kritik vorhersah oder nicht, geht aus seinen Ausführungen nicht hervor. Zuerst spricht er nur von einer Ergänzung. Am Ende des 7. Buches schreibt er, daß Aristoteles den dritten Fall, wo die Mitte des Waagebalkens und die Achse identisch sind, nicht habe erklären können und daß er selbst dafür der neuen Wissenschaft, der scientia di pesi, der Wissenschaft vom Gewicht, bedurft hätte.

Jene Ergänzung zur Aristotelischen Mechanik, die von Tartaglia mit solcher Beharrlichkeit gefordert wurde und die, wie wir später sehen werden, eine partielle Einschränkung dieser Lehre nach sich zog, erblickte Tartaglia in der Mechanik der Schule des Jordanus Nemorarius. Das 8. Buch der „Quesiti" stellt im Grunde genommen nur eine, allerdings sehr selbständige Bearbeitung der Jordanischen Schrift „De ponderositate" dar.

---

[24] N. Tartaglia, Quesiti, Buch 7, Aufgabe 1, S. 78v.

[25] Ebenda, Buch 7, Aufgabe 2, S. 80r.

Die Ursache, warum Tartaglia bei seinen Bestrebungen, die Aristotelische Mechanik zu erweitern, gerade diese Schrift des Jordanus benutzte, wird schon aus den einleitenden Sätzen des 8. Buches deutlich, die in den Jordanischen Schriften nicht zu finden sind. Mendozza fragt ihn: „Sagt mir, welchen Gewinn könnte man aus dieser Wissenschaft ziehen?“, und Tartaglia antwortet: „Es ist fast unmöglich, Euer Exzellenz, den Nutzen, den man aus dieser Wissenschaft ziehen könnte, darzulegen oder aufzuzählen. Nichtsdestoweniger will ich Euch denjenigen darlegen, der mir bis zum gegenwärtigen Zeitpunkt bekannt ist. Und deshalb sage ich zum ersten, daß man dank dieser Wissenschaft imstande ist, die Kräfte und Fähigkeiten aller jener mechanischen Instrumente, die von unseren Vorfahren erfunden worden sind, zu erkennen und mit Bedacht zu messen, um die Kraft des Menschen beim Heben, Bewegen und Versetzen einer jeglichen großen Last, unabhängig von ihrer Größe, Beschaffenheit oder Herstellungsart, zu vergrößern. Zum zweiten ist es dank dieser Wissenschaft nicht nur möglich, die Kraft des Menschen zu erkennen und mit Bedacht zu messen, sondern auch die Art zu finden, um jene Kraft auf verschiedenste Weise bis zur Unendlichkeit zu vermehren. Und so ist es möglich, auf beliebige Weise die Größe und das Verhältnis dieser Vermehrung festzustellen, wie ich es Euer Gnaden an Hand von verschiedenen mechanischen Instrumenten zur Kenntnis geben und vor Augen führen werde.“[26] /

48 Im Gegensatz zu Cardan ist Tartaglias Herangehen an diese Probleme von Anfang an durch eine bestimmte praktische Absicht geprägt, und so erhält er eine Grundlage für seine Kritik, die bei Cardan völlig fehlt. Wir werden sehen, daß die Schrift „De ponderositate“ tatsächlich den Forderungen Tartaglias entsprach. Jedenfalls muß er ihr einen besonders großen Wert beigemessen haben, hat er sie doch für einen Neudruck vorbereitet und sie dabei offenbar mit erklärenden Abbildungen versehen. Das Bändchen erschien nach seinem Tode im Jahre 1565 unter dem Titel „Jordani Opusculum de ponderositate Nicolai Tartaleae studio correctum novisque figuris auctum“.[27]

Die Bedeutung dieses Werkes für die mittelalterliche Mechanik stellt Duhem in seinen Arbeiten besonders heraus.

„De ponderositate“ hatte Petrus Apianus in Nürnberg bereits 1533 herausgegeben. Beide Ausgaben unterschieden sich wesentlich voneinander.

Schon ein flüchtiges Überfliegen zeigt, daß beide Editionen, das hebt Duhem hervor, außerordentlich unklare Beweisführungen aufweisen und schwer verständlich sind. Duhem ist über die Ausgabe Tartaglias empört und wirft ihm vor, daß er, ohne philologisch vorgebildet zu sein, an diese Aufgabe heranging und deshalb nicht in der Lage war, die zahlreichen Kürzeln seiner Vorlage zu verstehen. Deswegen habe Tartaglia beim Abschreiben mit Akribie alle Fehler wiederholt, die seine Vorlage entstellten. Natürlich hat Duhem mit seiner Einschätzung vollkommen recht, aber das heißt noch lange nicht, daß Tartaglia um die Unzulänglichkeiten seiner Ausgabe nicht gewußt hätte.

Man muß annehmen, daß er als Autodidakt großen Respekt vor alten Autoren hegte und es darum nicht wagte, den Text zu korrigieren. Es kann sein, daß er, wäre die von ihm besorgte Ausgabe noch zu seinen Lebzeiten erschienen, noch einen Kommentar dazu geschrieben hätte; es kann aber auch sein, daß er den Druck des bei ihm längst vorliegenden Werkes gerade deshalb hinauszögerte, weil er fühlte, daß ein Kommentar dazu nötig sei. Und schließlich auch die Möglichkeit nicht auszuschließen, daß die Ausgabe gar nicht von Tartaglia vorbereitet wurde, oder aber, daß die Arbeit daran noch

---

[26] Ebenda, Buch 8, Aufgabe 2, S. 82v.

[27] Venetiis apud Curtium Troianum 1565.

nicht beendet war und der Verleger aus kommerziellen Gründen das Manuskript mit den Zeichnungen ausstattete, die er anderen Werken Tartaglias entnommen hatte.

Die von Duhem und anderen entdeckte fehlende Übereinstimmung zwischen den Zeichen der Abbildungen und den Lettern im Text, die das Verständnis des tatsächlichen Sinns der Beweisführung außerordentlich erschwert, ist eigentlich, wie man bei einer aufmerksameren Durchsicht der Ausgabe leicht feststellen kann, vor allem das Ergebnis technischer Schwierigkeiten bei der Drucklegung. Bei den Textlettern standen die in den Abbildungen eingetragenen Zeichen nicht zur Verfügung und wurden aus diesem Grunde durch andere, ihnen ähnliche ersetzt.

Jedenfalls waren Tartaglia die Mängel der Jordanischen Abhandlung in der Form, wie sie
49 damals vorlag, bekannt. Als Ferrari im Streit / mit Cardan Tartaglia vorwarf, er habe das 8. Buch seines Werkes von Jordanus übernommen, ohne dessen Namen anzugeben, konnte Tartaglia ihm mit vollem Recht entgegnen: „Darauf erwidere ich Euch, daß es mir in diesem Falle ausreicht, wenn Ihr bekennt, daß ich die Beweise selbständig finde, und der Beweis ist (wie Ihr wissen werdet) von viel höherer Bedeutung, Wissenschaftlichkeit und größerer Schwierigkeit als die reine propositio. Denn jegliche mathematische propositio ist ohne ihren Beweis für jeden Mathematiker völlig wertlos, da es einfach ist vorzuschlagen und da jeder Dummkopf [zwar] imstande ist, eine propositio zu formulieren, aber nicht, sie zu beweisen. Wenn Ihr mir also den gelehrteren, geschätzteren und wissenschaftlicheren Teil dieser propositioni zubilligt und bestätigt, daß er der meinige ist, so wie es [in der Tat] ist, so ist es nicht unehrenhaft, zu sagen, daß diese propositioni von mir sind, und das um so mehr, als meine Anordnung [der Darlegung] keinerlei Übereinstimmung mit der von Giordano [Jordanus, Übers.] hat. Ein Autor kann ein Werk stets sein eigen nennen, wenn die Anordnung des Materials in dieser Schrift sich von der eines anderen Verfassers unterscheidet, sogar wenn Gegenstand und Inhalt übereinstimmen; denn das Talent zum Schreiben wird in der Gliederung deutlicher sichtbar als in der Höhe der von ihm behandelten Materie."[28]

Im Vergleich mit dem Text des Jordanus zeichnet sich das 8. Buch der „Quesiti" Tartaglias in der Tat durch eine hervorstechende Klarheit und Folgerichtigkeit in der Darstellung aus. Man kann sagen, daß Tartaglia das alte Werk auf das wissenschaftliche Niveau seiner Zeit gebracht hat. In beiden Arbeiten sind einzelne Gedanken identisch. Allerdings änderte Tartaglia ihre Reihenfolge, ließ einiges weg und fügte anderes hinzu. Besonders klar und ausführlich bearbeitete er die Beweise, obwohl er sich auch dabei eng an seinen Vorgänger hielt.

Andererseits verzichtete Tartaglia völlig auf die Behandlung des Winkelhebels und zeigte sich nicht an der Diskussion dieses wichtigen wissenschaftlichen Problems interessiert, die richtige Wege für die Entdeckung des Prinzips der schiefen Ebene und des Kräfteparallelogramms wies. In diesem letzten Punkte ging Tartaglia nicht über seine Vorgänger hinaus. Er behandelt die gleichen Probleme wie Cardan. Mit einführenden Definitionen und einigen allgemeinen Theoremen liefert er die Begründungen für seine weiteren Beweisführungen und formuliert sechs Sätze, deren Begründung wir hier nicht wiederholen wollen. Sie lauten:

1) Die natürliche Bewegung eines jeden schweren und wägbaren Körpers ist direkt auf den Erdmittelpunkt gerichtet. /

---

[28] Lodovico Ferrari, I sei cartelli di matematica disfida . . ., hrsg. von E. Giordani, Milano 1876, S. 7 (Seconda risposta data da Nicolo Tartalea).

50 2) Ein Körper mit größerer potentia muß auch schneller fallen, und er wird bei der entgegengesetzten Bewegung, d. h. beim Steigen, langsamer gehoben als ein anderer.

3) Ein schwerer Körper ist beim Fallen um so schwerer, je geradliniger seine Bewegung auf das Zentrum gerichtet ist.

4) Körper sind ihrer Lage nach gleich schwer, wenn ihr Fall von dem Punkt aus, wo sie liegen oder sich in Ruhe befinden, in gleicher Neigung erfolgt; dabei wird jener Körper schwerer, der von seinem Platz aus steiler fällt.

5) Ein Körper ist seiner Lage nach leichter als der andere, wenn der letztere, der sich am anderen Ende einer Waage befindet, durch den Fall herabsinkt, so daß der erste sich in entgegengesetzter Richtung bewegt, d. h., aufsteigt.

6) Kein Körper hat ein Gewicht in sich selbst; so z. B. haben Wasser im Wasser, Wein im Wein, Öl im Öl und Luft in der Luft keinerlei Gewicht.

Das Postulat, welches das spezifische Gewicht betrifft, übernahm Tartaglia von den Peripatetikern, im 6. Buch benutzt er es nicht. Die restlichen fünf finden wir bereits im Traktat des Jordanus.

Von diesen Festlegungen ausgehend, erörtert Tartaglia zuerst die gleicharmige Waage und das Problem ihrer Stabilität. Wir sahen schon, daß er gerade dies für eine der wesentlichsten Fragen hielt und annahm, daß sie einzig und allein von einer scientia di pesi gelöst werden kann.

Die Jordanische Schule hatte ein falsches Theorem bewiesen, das besagte, daß ein sich um seinen Schwerpunkt drehender gleicharmiger Hebel von selbst in die horizontale Gleichgewichtslage zurückkehrt. Als Ausgangspunkt für die Beweisführung diente die Vorstellung von der gravitas secundum situm. Dieses der Lage entsprechende Gewicht war proportional der Fallneigung und bei einer Kreisbewegung demzufolge proportional der Vertikalkomponente. Der Umfang des Kreises wurde in sechzehn gleiche Abschnitte geteilt, wie das aus Abb. 5 ersichtlich ist. Die vertikalen Komponenten der Bögen EJ, JL, LN, NB

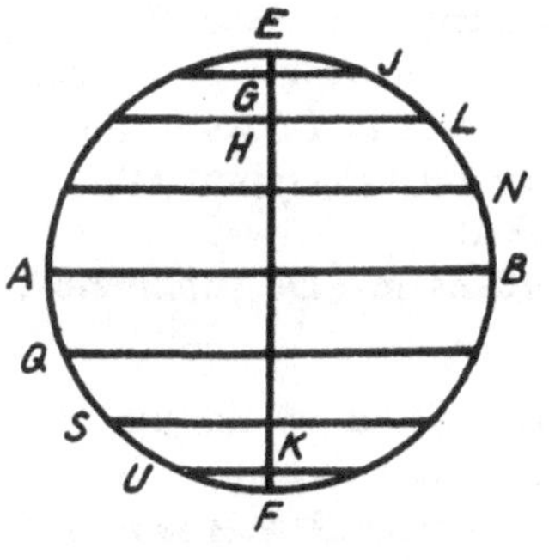


Abb. 5

und FU, US, SQ, QA sind in jedem Halbkreis paarweise einander gleich und vergrößern sich zur Mitte hin. Ein gleicharmiger Hebel mit zwei Gewichten wird künstlich aus dem Gleichgewicht gebracht, so daß das anfangs im Punkt A befindliche Gewicht zum Punkt U herabsinkt, während das Gewicht am anderen Ende zum Punkt J aufsteigt.

Dann werde das Gewicht im Punkt J „schwerer" als das im Punkt U, denn wenn jedes von ihnen herabsinkt, so ist die vertikale Komponente des gleichen Bogens von Punkt J herab größer als die jeweilige Komponente des Bogens von Punkt U an: GH > KF.

Entsprechendes gilt für jeden Punkt des Kreisumfangs. Tartaglia bemerkt sehr richtig,
51 daß die Teilung des Quadranten in vier / Abschnitte vollkommen willkürlich sei. Daraus schließt er, daß die Waage in die horizontale Lage zurückkehre. Der Beweis ist logisch einwandfrei und seine Herleitung klar und eindeutig.

Erst das Kennenlernen dieses Beweises und sein Vergleich mit der zweiten Beweisführung Cardans, die er vier Jahre nach den „Quesiti“ in „De subtilitate“ lieferte, lassen uns die kolossale Begabung dieses einfachen Rechenmeisters richtig einschätzen. Der Beweis wird Schritt für Schritt breit und ausführlich geführt, dabei durch nichts Überflüssiges belastet. Tartaglia verwendet die italienische Volkssprache, und es gelingt ihm, schwierige und abstrakte Beziehungen exakt darzustellen, ohne in akademische Gelehrsamkeit zu verfallen oder zu einer besonderen wissenschaftlichen Kastensprach zu greifen. Eine solche Darlegung konnte, auch wenn sie von einem anderen ausging, nur jemand bieten, der sich den Gegenstand voll zu eigen gemacht hatte und darüber hinaus zweifellos Talente als Pädagoge und Schriftsteller besaß.

Im Gegensatz dazu ist die Darstellung Cardans, wenn auch nicht falsch, so doch oberflächlich und verworren. Cardan gibt zwar das Gelesene richtig wieder, aber ohne es voll verarbeitet zu haben.

Tartaglia, der sich in ständiger Verbindung mit der Praxis befand und von zwar ungebildeten, aber praktisch talentierten Leuten umgeben war, konnte sich nicht auf eine nur theoretische Behandlung der Probleme beschränken, sondern mußte sie so ausarbeiten, daß sie zur Lösung praktischer Aufgaben beitrugen.

Tartaglias Horizont war wesentlich enger als der von Cardan, denn dieser verfügte als enzyklopädisch gebildeter Gelehrter über ein weitaus umfangreicheres Wissen. Die Darlegung Tartaglias geht nicht über die Grenzen eines mittleren Kenntnisniveaus seiner Zeit hinaus. Er hat keine Ahnung davon, daß die Frage der Stabilität einer Waage nur mit Hilfe des Schwerpunktbegriffs fehlerfrei gelöst werden kann. Andererseits waren ihm bis auf das Manuskript Leonardo da Vincis im wesentlichen die gleichen Quellen zugänglich, die auch Cardan benutzt hatte. Darum ist Tartaglias engerer Horizont nicht so sehr eine Schwäche, welche durch seine einfache soziale Lage und unzureichende Bildung bedingt ist, als vielmehr eine durch seine gesellschaftliche Stellung erzwungene Selbstbeschränkung und Einseitigkeit sowie das Ergebnis einer auf ganz bestimmte Gesichtspunkte gerichteten Auswahl. Produkt dieser Einseitigkeit sind darum Fortschritt und nicht Rückschrittlichkeit, Reichtum und nicht Armut. All das sicherte letztlich der durch Tartaglia repräsentierten Forschungsrichtung den Sieg über die scholastische Gelehrsamkeit. /

52 Erinnern wir uns an die vier bereits erwähnten Beweise Cardans in „De subtilitate“. Cardan läßt folgende vier Annahmen zu:

1) In einer höheren Lage bewegt sich ein Gewicht langsamer und ist darum dort leichter. Wir sahen schon, daß dieser Beweis auf einem circulus vitiosus beruht.

2) Ein Gewicht ist proportional der vertikalen Komponente. Dieser Beweis läuft auf den gleichen Gedanken hinaus wie bei Tartaglia.

3) Ein Gewicht ist proportional dem Winkel, den es zur meta bildet.

4) Obwohl der Gewichtsverlust, der beim Anheben auftritt, auch der Zuwachsgröße beim Absinken auf der anderen Seite des Waagebalkens entspricht, ist er qualitativ dennoch größer. Auf den philosophischen Charakter dieser Argumentation hatten wir ebenfalls schon hingewiesen.

Wenn wir unsere heutigen Kenntnisse in der Mechanik berücksichtigen und die Frage stellen, welcher Beweis von praktisch-technischen Gesichtspunkten aus am ehesten akzeptabel wäre, so fielen (1) und (4) von vornherein weg. Es bliebe also die Wahl zwischen dem zweiten Weg, den Tartaglia beschritt, und dem dritten. Wie wir bereits sahen, hat die dritte Beweisführung, obwohl sie auf richtigen Beobachtungen beruht, den Nachteil, daß für diesen Einzelfall eine völlig neue spezielle These aufgestellt werden muß, die im Widerspruch zu den allgemein anerkannten Axiomen steht. So zeigt schon eine ganz einfache Überlegung, wie gut Tartaglia es verstand, aus den vorhandenen Möglichkeiten zur Problemlösung genau jene auszuwählen, die seinen Forderungen nach Klarheit, Einfachheit, Allgemeingültigkeit und praktischer Anwendbarkeit am besten entsprach.

Der Beweis Tartaglias war natürlich falsch. Worin bestand sein Fehler?

Bei der Überprüfung des Beweises wird sofort sichtbar, daß er nur dann zum gewünschten Resultat führt, wenn man beide Seiten der Waage und beide Gewichte unabhängig voneinander behandelt und wenn man ihren eigentlich unlösbaren Zusammenhalt außer acht läßt. Dabei ist die vertikale Komponente eines angehobenen Gewichts tatsächlich größer als die eines herabgesunkenen. Anders verhält es sich im Falle des starren Waagebalkens. Hier ergibt sich beim Anheben des unteren Gewichts ein Gewichtszuwachs, der der Gewichtszunahme des angehobenen Gewichts bei seinem Absinken gleich ist. Demzufolge würde die Waage, auch wenn man voraussetzt, daß die gravitas secundum situm proportional der Vertikalkomponente ist, nicht in die horizontale Lage zurückkehren. Allerdings ist gerade die starre Verbindung des Waagebalkens charakteristisch für einen Hebel, sogar für einen „idealen“ Hebel, und das konnte man unmöglich ignorieren. So wurde trotz des Gegensatzes zur rein peripatetischen Lehre in die scientia di pesi eine unzulässige Abstraktion eingebracht, die das rein logisch-abstrakte Denken ihres Schöpfers kennzeichnet. Die Wissenschaft vom Gewicht beschreitet zwar richtigere Wege und gelangt näher an das Verständnis der eigentlichen Wechselbeziehungen heran als die „Quaestiones
53 mechanicae“, / doch ging auch sie nicht von einer sorgfältigen Naturbeobachtung, sondern von abstrakten logischen Spekulationen aus. Somit erweist sich auch die Jordanische Schule als Bestandteil der feudalen Wissenschaft ihrer Epoche.

Ebendenselben Beweis finden wir, stellenweise in wörtlicher Übereinstimmung, im 1. Buch der „Quesiti“, wo es im übrigen um völlig andere Probleme geht. Dort wird ihm folgende Annahme vorangestellt: „Der Fall eines schweren Körpers wird als um so geneigter angesehen, ein je größeres Stück von der Vertikalen oder von irgendeiner anderen ihr parallelen Linie er beim Durchlaufen der gegebenen Wegstrecke wegnimmt, d. h. beim Durchlaufen jenes Kreisbogens, an dem entlang er sich bewegt.“[29] Bei dieser Aussage wird angenommen, daß die Fallneigung und damit die gravitas secundum situm der Vertikalkomponente direkt proportional sind. Die Bestimmung der Neigung ist aber keineswegs die entscheidende Verallgemeinerung in der Jordanischen Schule. Im 8. Buch nimmt Tartaglia in Übereinstimmung mit dem Jordanischen Traktat, wie das aus dem oben angeführten vierten Postulat deutlich wird, als Maß für die Neigung einfach den Winkel mit der Vertikalen an. So wurde eine zweite Beweisführung nötig, die es erlauben sollte, das Theorem auch bei dieser Annahme zu bestätigen.

Diese Beweisführung liefert Tartaglia in folgendem Satz, der eine interessante infinitesimale Überlegung enthält. Tartaglia vergleicht hier die Winkel zwischen dem Bogen AF und der Senkrechten HA einerseits mit dem Winkel zwischen dem Bogen BF und der Senkrechten BD andererseits (Abb. 6).

Mit dieser Absicht zeichnet er in Punkt B an den Kreis AFBE einen Hilfskreis mit gleichem Radius, dessen Mittelpunkt auf der Verlängerung des Durchmessers AB liegt und ... sagt hierzu folgendes: „... so ist die Differenz oder das Verhältnis des Winkels HAF zu

---

[29] N. Tartaglia, Quesiti, Buch 1, Aufgabe 2, S. 8v.

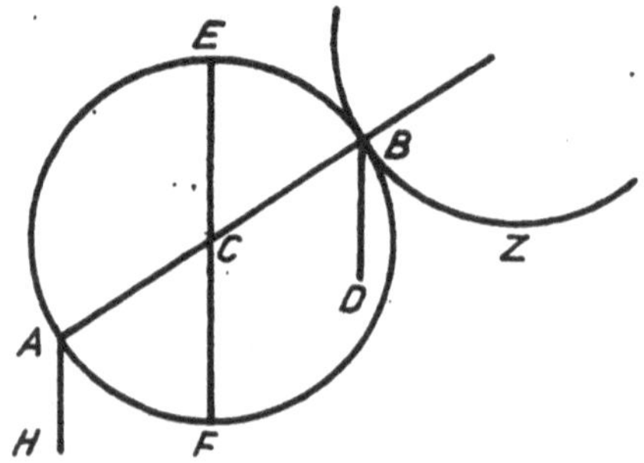


Abb. 6

dem Winkel zwischen der Vertikalen BD und dem Kreisbogen BF im Punkte B kleiner
54 als / jede andere Differenz und jedes andere Verhältnis, das aus beliebig großen oder kleinen Größen gebildet werden kann, und folglich ist die Differenz der Fallneigungen auf AF und BF und demzufolge die Differenz entsprechend der Lage der zwei Körper A und B kleiner als jede beliebige aus zwei ungleichen Größen gebildete Differenz".[30] Mit anderen Worten, der Winkel in B ist kleiner als der Winkel in A, und demzufolge kehrt die Waage in die horizontale Lage zurück.

Wir hatten schon hervorgehoben, daß dieser zweite Beweis für die Jordanische Schule in Anbetracht der veränderten Annahmen über die gravitas secundum situm unentbehrlich geworden war. Allerdings finden wir weder in der Schrift des Jordanus noch in den „Quesiti" einen direkten Hinweis auf diese logische Verbindung. In der Schrift „De ponderositate" werden im Rahmen des zweiten Postulats die These über die Stabilität der Waage und gleichzeitig die beiden Beweise genannt. Tartaglia verknüpft in den „Quesiti" den zweiten Satz mit einer ausführlichen Erläuterung des Verhaltens einer Waage beim Vorliegen eines Zusatzgewichtes.

Aus dem ersten Beweis folgt, daß bei einer Neigung der Waage das angehobene Gewicht „schwerer" ist als das herabgesunkene. Wenn wir die Frage quantitativ stellen, so zeigt sich, daß man durch ein Zusatzgewicht auf der herabgesunkenen Seite den Waagebalken schräg ausbalancieren könnte. Offenbar bringt Tartaglia seinen zweiten Beweis, um zu zeigen, daß ein derartiges Ausbalancieren unmöglich ist. Auf diese Weise wird der Kern der Argumentation verlagert. Statt ein übriges Mal, wie Jordanus, zu zeigen, daß das angehobene Gewicht schwerer ist, nutzt Tartaglia den zweiten Beweis, um damit zu demonstrieren, daß dieser Gewichtszuwachs kleiner als jede meßbare Größe bleibt und nicht durch ein Zusatzgewicht ausgeglichen werden kann. Sogar mit dem allerkleinsten Zusatzgewicht sinke die Waage so lange, bis sie mit der senkrechten Stellung des Balkens den absolut tiefsten Punkt erreicht hat.

Ebenso wie beim Problem der Empfindlichkeit einer Waage können wir uns hier davon überzeugen, daß Tartaglia langen, rein theoretischen Erwägungen nicht zugetan war. Er begreift solche Beweisführungen sehr wohl, eine Bedeutung erlangen sie für ihn jedoch nur, wenn sie zu praktischen Ergebnissen führen. Solche praktischen Schlußfolgerungen zieht er sogar dann, wenn die Prinzipien selbst noch völlig abstrakt sind. Auch darin zeigen sich die progressiven Resultate der Forschungen Tartaglias.

Tartaglia weiß natürlich, daß eine materielle Waage sich ganz anders verhält. Das ver-

[30] Ebenda, Buch 8, Aufgabe 33, S. 92r.

anlaßt ihn zu einer interessanten Polemik gegen die Peripatetiker, die eine folgerichtige Entwicklung seiner Gedanken im 7. Buch der „Quesiti" darstellt.

Die Peripatetiker meinten, daß man das Verhalten der materiellen Waage mit dem
55 Wissen um eine „ideale" Waage erklären könne. Tartaglia protestiert gegen diese / Auffassung und beweist, daß sich eine ideale Waage, wie er meint, wesentlich anders verhält. Die Bewegungen einer materiellen Waage führt er wie bei der Untersuchung ihrer Empfindlichkeit auf materielle Eigenschaften (Gewicht und Umfang des Waagebalkens usw.) zurück.

Bei dieser letzten Frage werden Ziel und Wesen von Tartaglias Forschungsrichtung noch klarer als in der Diskussion über die Empfindlichkeit. Er glaubte nicht daran, daß bei einer richtigen Anwendung scholastischer Theorien die tatsächlichen Abweichungen letztlich ebenfalls erklärt werden können; er sah die Mängel der Theorie und verwies auf die Grenzen ihrer Anwendung. Aus den Forschungen Tartaglias geht hervor, daß auch die Jordanische Schule die Lücken nicht zu schließen vermocht hatte. Nach seiner Ansicht trug sie jedoch dazu bei, die Ursachen für die Kluft zwischen Erfahrung und Theorie zu enthüllen. Der Grund für diese Divergenz liege nicht in einer mangelhaft ausgearbeiteten Theorie, wie andere meinten, sondern in der Vernachlässigung der von der Materie bedingten Abweichungen.

Bei Tartaglia finden wir keinerlei Hinweis darauf, wie man die Einflüsse der Materie in Rechnung stellen könnte. Sein oben erwähnter Satz zeigt lediglich, daß er in der Berücksichtigung der von der Materie hervorgerufenen Abweichungen eine Bedingung für die erfolgreiche Entwicklung der Mechanik sah. Die Überlegungen Tartaglias zu dieser Frage stehen weder im Mittelpunkt noch bilden sie das Ziel seines 8. Buches. Er unternahm eher den Versuch, aus den vorhandenen Theorien das Mögliche auszuschöpfen als sie in Frage zu stellen. Dennoch unterzog er sie einer gründlichen Kritik, die keineswegs ohne Einfluß auf die nachfolgende Entwicklung der Mechanik blieb.

Nach Abschluß des Problems der Stabilität einer Waage wendet sich Tartaglia der ungleicharmigen Waage zu. In Übereinstimmung mit der grundlegenden Vorstellung von der gravitas secundum situm erklärte er den Umstand, daß das Gewicht auf dem längeren Arm „schwerer" sei, kurz und bündig mit dem Hinweis, hier wäre der Winkel zwischen dem Kreisbogen und der Senkrechten kleiner. Der Beweis selbst folgt unmittelbar aus Abb. 7, die er für die Erläuterung verwendet.

Tartaglia bezieht sich also nicht auf die Länge der Kreisbögen oder auf die Geschwindigkeit der Bewegung, sondern nur auf die Fallrichtung.

In der folgenden Aufgabe[31] „beweist" er den Satz des Archimedes vom Gleichgewicht

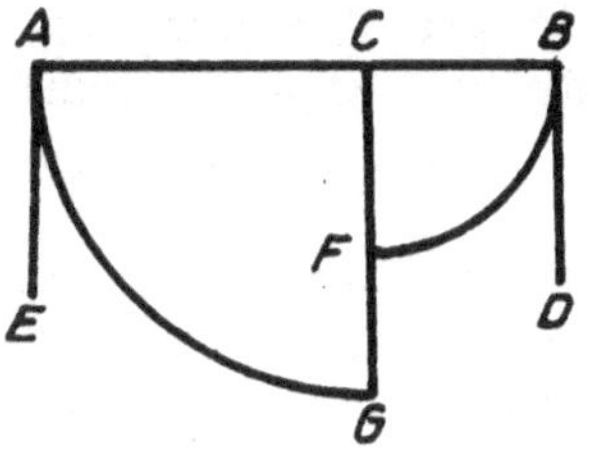


Abb. 7

[31] Ebenda, Buch 8, Aufgabe 35.

ungleicharmiger Hebel, jedoch anders als dieser es tat. Archimedes ging, wie auch Tartaglia, von zwei Grundsituationen aus, zum einen, daß ein gleicharmiger und gleichmäßig belasteter Hebel sich im Gleichgewicht befindet, und zum anderen, daß bei einem ungleicharmigen
56 Hebel der längere Arm schwerer ist. / Archimedes beweist, wie Tartaglia richtig bemerkt, den allgemeinen Fall, indem er den Begriff des Schwerpunkts benutzt. Tartaglia indes lehnt die Anwendung des Schwerpunktbegriffs ab, „weil diese seine Prinzipien oder Argumente nicht in diese Abhandlung passen, berühren sie doch eine andere Materie",[32] und setzt an seine Stelle die vierte These des 8. Buches, in der es heißt: „Das Verhältnis zweier im einfachen Sinne gleich schwerer, ihrer Lage oder ihrer Position nach aber ungleicher Körper und das Verhältnis ihrer Entfernung vom Mittelpunkt oder Zentrum der Waage erweisen sich als gleich."[33]

Dieser Satz ist die einfache Umkehrung des allgemeinen Hebelgesetzes und wird damit bewiesen, daß der vigor del sito over positione proportional der Entfernung von der Achse ist. Man kann also letztlich sagen, daß der zu beweisende Satz als Axiom vorausgesetzt wird.

Im Zusammenhang mit diesen beiden Gesetzen über den ungleicharmigen Hebel äußert sich Tartaglia über die statera und behandelt im Gegensatz zu Cardan die libra und die statera nicht unabhängig oder getrennt voneinander. Er spricht eigentlich gar nicht über mechanische Waagen, sondern stellt seine Untersuchung in diesem Zusammenhang auf eine allgemeinere Grundlage.

Er untersucht das Gleichgewicht eines in einem bestimmten Punkt abgestützten Balkens, an dessen kürzerem Ende noch ein Gewicht befestigt ist. Wie schon Jordanus löst Tartaglia die Aufgabe für zwei besonders wichtige Fälle, nämlich:

1. Wenn Gewicht, Länge und das Verhältnis der Arme des Balkens bekannt sind und das Gewicht zu ermitteln ist, das im untersuchten Teilungspunkt den Waagebalken im Gleichgewicht hält, sowie
2. wenn Gewicht und Länge des Waagebalkens ebenso bekannt sind wie das Zusatzgewicht und der Punkt zu bestimmen ist, wo der Balken abgestützt werden muß, damit er sich im Gleichgewicht befindet.

Diese Überlegungen werden mit folgendem richtigem Satz begonnen: „Wenn zwei feste Stangen, Balken oder Knüppel von gleicher Länge, Breite, Dicke und Schwere derart an eine Waage gehängt werden, daß sich der eine [Körper] horizontal, der andere vertikal befindet, und sie solcherart hängen, daß das eine Ende des [vertikal] hängenden und die Mitte des anderen gleich weit vom Zentrum der Waage entfernt sind, so werden sie in dieser Lage oder Position gleich schwer sein."[34]

Damit beschreitet Tartaglia also einen anderen Weg als Cardan, der, wie wir schon sahen, denselben Satz aus dem Gesetz des Gleichgewichts mechanischer Waagen ableitet. So erreicht Tartaglia, wie auch sein Vorgänger, von dem er das Theorem übernimmt, eine
57 viel / tiefere und reifere Einsicht als Cardan. Das, was bei Cardan eine bunte Mischung von Thesen über die statera bleibt, wird im 8. Buch der „Quesiti" zu einer logisch geordneten und systematisierten Lehre.

Ausgesprochen interessant ist die Beweisführung für dieses Theorem, denn sie zeigt am konkreten Beispiel die Rolle des Schwerpunktbegriffs in der Mechanik des 16. Jahrhunderts. Tartaglia schreibt, daß dieses Gesetz auf unterschiedliche Weise bewiesen werden

---

[32] Ebenda, Buch 8, Aufgabe 35, S. 93v.
[33] Ebenda, Buch 8, Aufgabe 31, S. 89r.
[34] Ebenda, Buch 8, Aufgabe 36, S. 93v.

könne: „Die erste Art, es zu beweisen, ist diejenige, die aus den von Archimedes gezeigten Dingen in jener [Schrift] über den Schwerpunkt (centro della gravita) hervorgeht, wonach der feste Körper FE in der Position an der Waage angehängt ist, als ob er noch senkrecht zum Punkt D hinge, weil unter diesem Punkt D sich der Schwerpunkt dieses festen Körpers befindet, und weil diese beiden festen Körper entsprechend der Annahme gleich schwer sind und in gleicher Entfernung vom Punkt oder Zentrum C hängen, verbleiben sie entsprechend der Annahme fünf in ihrer angenommenen Gleichgewichtslage."

Tartaglia hat also den Beweis des Archimedes nicht nur gekannt, sondern auch verstanden und richtig wiedergegeben. Er ist damit allerdings nicht zufrieden und fährt fort: „Dieser Satz kann auch auf folgende Weise bewiesen werden. Dieser Beweis stellt [sogar] die angemessenste Demonstration dar, weil er auf Grund seiner ihm eigenen und nicht fremder Prinzipien geführt wird."[35]

Diese Äußerung macht zusammen mit dem, was über den Hebel ausgeführt wurde, folgendes deutlich: Tartaglia sah den Schwerpunktbegriff ebensowenig wie seine Zeitgenossen als Bestandteil der scientia di pesi an und schon gar nicht als Bestandteil der Mechanik. Alle damit verbundenen Theoreme und Erfahrungen stellten für ihn ein besonderes Gebiet der Erkenntnis dar.

Interessant ist nur, wie Tartaglia versucht, das Theorem zu beweisen, indem er den Begriff des Schwerpunktes vermeidet. Es ist a priori klar, daß der Nachweis schließlich zur Auswertung einzelner experimenteller Daten greifen muß, die mit dem Schwerpunktbegriff verknüpft sind, d. h. in gewissem Grade zur Zerlegung dieses Begriffes in seine Bestandteile und seiner Zurückführung auf einen Spezialfall. Faktisch geht das so vor sich:

Tartaglia stellt sich vor, daß auf dem einen Hebelarm an zwei verschiedenen Stellen gleiche Gewichte angebracht sind, während auf dem anderen Arm ein doppeltes Gewicht ebenso weit von der Achse entfernt ist wie der Mittelpunkt zwischen den beiden anderen Gewichten. Im weiteren zeigt er auf rein geometrischem Wege mit Hilfe des Hebelgesetzes, daß bei solchen Verhältnissen das Gleichgewicht gewahrt bleibt. Er behauptet, daß diese
58 Aufgabe mit der behandelten übereinstimmt: / „denn wenn man den oben erwähnten festen Körper FE in zwei gleiche Teile zerlegen würde, von denen der eine im Punkt F und der andere im Punkt E aufgehängt würde, so würden die auf diese Weise zerlegten Teile in dieser Lage ebenso viel wiegen, wie wenn sie zusammengefügt wären."

Die letzte Behauptung beinhaltet aber gerade das, was mit dem Begriff Schwerpunkt erfaßt wird. Es ist keineswegs selbstverständlich, wie Tartaglia glaubt, daß der an beiden Enden aufgehängte Körper so wirkt, als würde jede Hälfte an einem Ende aufgehängt. Das in dieser richtigen Beobachtung verborgene Prinzip des Schwerpunkts war von Archimedes entdeckt und erklärt worden. Doch weder Tartaglia noch seine Zeitgenossen haben dieses Axiom begriffen oder es gar in dem allgemein bekannten Verhalten fester Körper von neuem entdecken können. Dieses Unverständnis zeigt sich sogar bei Galilei, der ebenfalls versucht hatte, das allgemeine Hebelgesetz ohne die Erwähnung des Schwerpunktes zu beweisen. Interessanterweise benutzt Galilei, wie Tartaglia, hierbei die Methode des Gedankenexperiments, das das Anbringen und Teilen des Körpers auf verschiedene Weise durchspielt. Zwar ist die Befestigungsart anders als bei Tartaglia, doch die Methode bleibt dieselbe wie schon im Jordanischen Werk aus dem 13. Jahrhundert.

Die allgemeine Untersuchung der statera in den „Quesiti", wo es überhaupt nicht um eine praktische Verwendung des Instruments geht, könnte abstrakt und praxisfern erscheinen. Das ist jedoch nicht der Fall, denn Tartaglia spricht auch hier detailliert über Balken,

[35] Ebenda, Buch 8, Aufgabe 36, S. 93v./94r. sq.

Stäbe oder Stöcke (solide, vergae, travi over bastione), wobei schematische Zeichnungen seine Worte illustrieren. In den Arbeiten das Jordanus werden nur oblongae, d. h. längliche Körper, behandelt. Tartaglia offenbart jedoch in seiner Interpretation ein reges Interesse am Experiment. Eine Verallgemeinerung führt bei ihm keineswegs zu abstraktem Theoretisieren, im Gegenteil, sie erlaubt ihm, die entdeckten Gesetzmäßigkeiten nicht auf die mechanischen Waagen zu begrenzen, sondern sie auch auf andere Konstruktionen, etwa auf verschiedene Bauwerke, und Instrumente zu übertragen. Demzufolge ist die Verallgemeinerung bei Tartaglia keine praxisferne scholastische Abstraktion, sie ist eine rein wissenschaftliche Konstruktion.

Besonders wichtig scheinen mir die letzten Thesen des 8. Buches zu sein, die bisher wenig Aufmerksamkeit fanden. Hier erweitert Tartaglia seinen Problemkreis und kommt auf die schiefe Ebene zu sprechen. Die These 14 lautet: „Ein und derselben Neigung entspricht ein und dasselbe Gewicht.“[36] Wie aus diesem Beispiel deutlich wird, will Tartaglia folgendes sagen: Ein Körper auf einer horizontal geneigten Geraden hat überall das „gleiche“ Gewicht. /

59 Die 15. und letzte These besagt: „Wenn zwei schwere Körper auf zwei verschieden geneigte Ebenen fallen und wenn das Verhältnis der Neigungen dieser beiden Ebenen und das des Gewichts der beiden genannten Körper gleich ist, so verringert es sich in derselben Ordnung. Ebenso bleibt auch die virtu der beiden schweren Körper beim Fallen dieselbe.“[37] . . .

Auch diese letzten Thesen stammen nicht von Tartaglia selbst. Auch sie übernahm er von Jordanus. Das zeigt aber, mit welcher Sorgfalt Tartaglia dessen Werk durchgearbeitet hatte und wie in historischem Sinne makellos er die Beweisführungen, die zuvor sehr verworren waren, darzulegen imstande war.

Es ist anzunehmen, daß gerade diese Überlegungen trotz ihres rein geometrischen Charakters wegen ihrer fehlerfreien Durchführung den Weg zu einer physikalischen Lösung des Problems der schiefen Ebene vorbereiteten, was dann Stevin mit seiner Kette gelang.

Damit endet das 8. Buch der „Quesiti“. An anderen Stellen seines Werkes berührte Tartaglia wiederholt genau dieselben Fragen.

Es ist sehr schwer, heute über den Einfluß des 8. Buches der „Quesiti“ zu urteilen. Jeden-
60 falls erlebten die „Quesiti“ in kurzer Zeit mehrere Auflagen und wurden / auch später mehrfach herausgegeben. Gerade das 8. Buch war von Rivius ins Deutsche übersetzt worden und wurde schon 1547, ein Jahr nach dem Erscheinen der „Quesiti“, in Nürnberg gedruckt.[38] Man darf deshalb die Popularität dieses Werkes, vor allem in den Kreisen der Praktiker, nicht unterschätzen. Wenn man es aus der heutigen Sicht betrachtet, so ist in erster Linie festzustellen, daß die Praktiker damit eine klare und inhaltsreiche Einführung in die Statik erhielten, die bei ihrer Anwendung in der Praxis zu richtigen Ergebnissen führte. Die Praxisorientierung der „Quesiti“ wird in den Untersuchungen praktischer Verhältnisse unübersehbar, wie wir sie bei der Behandlung des Problems der Empfindlichkeit einer Waage eingehend charakterisierten. Ähnliche Hinweise sind an vielen Stellen des Werkes zu finden. So etwa dort, wo der Gesprächspartner Tartaglias darauf verweist, daß eine materielle Waage im Unterschied zu der nur theoretisch behandelten Waagschalen habe, und nach ihrem Einfluß fragt. Nicolò antwortet, daß die Schalen an sich nicht zur Waage gehörten, sondern nur für das einfachere Wiegen hinzugefügt werden — genauso-

---

[36] Ebenda, Buch 8, Aufgabe 41, S. 96v.

[37] Ebenda, Buch 8, Aufgabe 42, S. 97r.

[38] Vgl. G. Harig, Tartaglia in einer deutschen Übersetzung des 16. Jahrhunderts, Archiv istorii nauki i techniki, vyp. 11 [diese Arbeit ist nicht mehr erschienen, vgl. aber vorl. Bd., S. 120—137; Hrsg.].

wenig wie ein Sattel Teil des Pferdes sei und nur der Bequemlichkeit des Reiters diene. Bei Jordanus läßt sich eine derartige Einbeziehung von praktischen Fällen nicht nachweisen, sie ist eine Besonderheit der Arbeit Tartaglias.

Die rasche Übersetzung der Schrift ins Deutsche macht deutlich, daß das 8. Buch der „Quesiti" einem dringenden Bedürfnis der Zeit entsprach. Auch wenn sie dem Autor keinen großen Ruhm einrug, so besteht doch der Wert dieses Buches gerade darin, einem weiten Kreis lateinunkundiger Techniker die besten Kenntnisse jener Zeit zugänglich gemacht zu haben.

Wenn wir das Gesagte zusammenfassen, so wird der Unterschied zwischen der Aristotelischen und der Jordanischen Statik oder der Wissenschaft vom Gewicht deutlich. Wir sahen schon, wie sich beide Lehren teilweise überlappten und jede von ihnen Fragen beantwortete, die die andere nicht zu lösen vermochte. Aus unseren Darlegungen geht weiterhin hervor, daß beide Lehren sich nicht unabhängig voneinander entwickelten, sondern insbesondere die peripatetische Schule die Jordanische mehrfach beeinflußte. Duhem, der die Arbeiten der Peripatetiker gründlich untersucht hat, spricht direkt von einer peripatetischen Überarbeitung des ursprünglichen Jordanischen Textes. Umgekehrt finden wir bei Cardan deutliche Einflüsse der Jordanischen Schule auf die peripatetische Darstellung.

Doch die Unterschiede dieser beiden Richtungen bestehen nicht nur in den behandelten Problemen oder im Charakter der theoretischen Einstellung; sie liegen tiefer und gehen letztlich auf die verschiedenen gesellschaftlichen Bedürfnisse zurück. Nur so läßt sich er-
61 klären, daß beide Richtungen nicht voll/ständig verschmolzen und daß die Jordanische Schule sich vom 12./13. Jahrhundert an im Gegensatz zur Aristotelischen festigen und selbständig entwickeln konnte.

Im 16. Jahrhundert hatten sich die Peripatetiker von einer unmittelbaren Naturforschung sehr weit entfernt. Ihre ganze Lehre wurde rein abstrakt, fast transzendental. Alles wurde zu einem geschlossenen logischen Gebäude gefügt, und wenn auch einige Erscheinungen in das damit vermittelte Bild nicht hineinpaßten, so entsprach doch dieses Gebäude den philosophischen Bedürfnissen, die für das Mittelalter kennzeichnend waren, und lieferte eine Erklärung der Natur im Unterschied zu deren reinen Beschreibung. In diesem Sinne war die peripatetische Lehre eine echte Philosophie der Natur, die sich voll der christlichen Weltanschauung anpaßte. Allerdings konnte diese Lehre von der Natur den Drang nach Wissen und das Streben, möglichst viele Tatsachen genauer zu erklären, nicht befriedigen.

Obwohl dieses Bedürfnis immer vorhanden war, trat es um so deutlicher hervor, als Entdeckungen und Erfindungen zahlreicher wurden, als mit der Entwicklung des Handels und des Handwerks der Ruf nach weiteren Verbesserungen lauter ertönte, als die statische mittelalterliche Welt in Bewegung geriet und als sich auf Grund neuer Möglichkeiten individuelle Bestrebungen regten und stärker wurden, mit der Beseitigung alter Zustände Macht, Ehre und Reichtum zu erlangen. Der Drang nach mehr Wissen zeigte sich überall. Für Cardan war er der hervorstechendste Charakterzug. Die Beschreibung einzelner Fälle erhielt die Dominanz gegenüber der Erklärung des Allgemeinen. So verwandelte sich die Forderung der alten Naturlehre nach der Erklärung alles Seienden unmerklich in das Bedürfnis, alles zu wissen, was sich in enzyklopädische Faktensammlungen umsetzte.

Doch gleichzeitig wuchs auch das Interesse an der genauen Erforschung von bestimmten Gegenständen. Dadurch entstanden einzelne, in sich abgeschlossene Spezialwissenschaften, wie etwa die scientia di pesi. So fand die auch in der geistigen Tätigkeit zunehmende Arbeitsteilung einen entsprechenden Ausdruck in der weiteren Gliederung der Wissenschaft in einzelne Disziplinen. Hier suchte man nicht nach allgemeingültigen Regeln und Gesetzen für die gesamte Natur, sondern gab sich mit jenen zufrieden, die man für einzelne Gebiete formulieren konnte.

Wie wir schon sahen, schickte Tartaglia seinen Gesetzen und Beweisen einige Prinzipien voraus, wobei er in diesem Zusammenhang unmißverständlich davon sprach, daß jede Wissenschaft ihre eigenen Prinzipien oder Voraussetzungen habe. Er nennt sie Petitionen, „. . . denn wenn man über solche Wissenschaft disputieren und diese mit Demonstrationen belegen will, muß man zuerst vom Gegner die Zustimmung zu jenen [Petitionen] erlangen, da, wenn er ihnen nicht zustimmen will, sondern sie ablehnt, die ganze Wissenschaft abgelehnt werden würde.“[39] /

62 Diese Spezialwissenschaften waren ihrem Wesen nach und entsprechend den Bedürfnissen, für die sie sich entwickelten, phänomenologisch. Jede von ihnen erfaßte ein enges Gebiet von Fakten und logisch begründeten Kausalabhängigkeiten. Alle bei Jordanus entlehnten und von Tartaglia weitergeführten Darlegungen zeugen von dem Versuch, eine in sich geschlossene Wissenschaft zu formulieren. Wenn die „Wissenschaft vom Gewicht“, wie Tartaglia zu Beginn seines 8. Buches schreibt, auch nicht zu den sieben freien, sondern nur zu den zweitrangigen (subalternata) Künsten gehöre, so sei sie in ihrem systematischen Aufbau dennoch streng nach dem Beispiel einer selbständigen Wissenschaft, wie sie die Geometrie Euklids darstellt, ausgerichtet.

Es ist klar, daß der Bedarf an solchen Wissenschaften überall dort schneller entstand, wo die Leute mit der täglichen Praxis, mit dem Produktionsprozeß enger in Berührung kamen. Verständlicherweise blieb Tartaglia nicht der einzige, der annahm, in den Werken des Jordanus sei eine abgeschlossene Wissenschaft vom Gewicht enthalten. Diese Auffassung finden wir schon im 14. und 15. Jahrhundert, und sie wurde von einer ganzen Reihe von Forschern und Praktikern geteilt, zu denen auch Tartaglia gehörte. Offensichtlich waren ihm die betreffenden Schriften bzw. ihr Inhalt zuerst nur unter dieser Bezeichnung bekannt. 1539 schrieb der Cardan, man solle eine öffentliche Vorlesung über die sientia di pesi halten,[40] und im 1. Buch seiner „Quesiti“, wo die scientia di pesi beiläufig erwähnt wird, vermerkt er, daß dies eine sehr schwierige Wissenschaft sei.[41] Dabei war die Jordanische Wissenschaft vom Gewicht nicht die einzige ihrer Art. Ähnliche Ausrichtung und Zielsetzung weisen sowohl frühere Arbeiten über den Magnetismus als auch eine größere Zahl von Schriften über die Perspektive und die Optik auf. Die scientia di pesi war jedoch schon deshalb die wichtigste von ihnen allen, weil sie fundamentale Probleme der Mechanik berührte.

Die im 14. Jahrhundert einsetzende freie Entfaltung wissenschaftlicher Kenntnisse führte durch die zunehmende Refeudalisierung und Stabilisierung der italienischen Kultur immer mehr zu einer Spaltung und einem Verfall der Wissenschaft. Gleichzeitig verschärfte sich aber auch mit der Zuspitzung der Klassenwidersprüche der Gegensatz zwischen den Wissenschaftlern und den an ihr interessierten Kreisen. An die Stelle der Humanisten, die sich für alles interessierten und den regen Austausch zwischen Meistern der Praxis und wissenschaftlichen Theoretikern förderten, traten gebildete Scholastiker und gelehrte Theologen sowie die sich an Zunftgesetzen orientierenden Handwerker. Zu der Zeit, als die scholastische feudale Wissenschaft erstarrte, sich immer mehr von der Masse Lateinunkundiger entfernte, damit auch nicht mehr auf die peripatetischen Einflüsse von außen reagierte und auf diese Weise, wie wir das am Beispiel Cardans sahen, in ein un-

[39] N. Tartaglia, Quesiti, Buch 8, Aufgabe 21, S. 84v.
[40] Ebenda, Buch 9.
[41] Ebenda, Buch 1, Aufgabe 2, S. 8r.

kritisches Sammeln mündete, entfaltete sich unter den in zünftlerischen Traditionen verhafteten Praktikern allgemein die Vorstellung von einzelnen, in sich abgeschlossenen Wissen-
63 schaften, eine Vorstellung, die / in den verschiedenen in sich abgeschlossenen Gewerken eine Entsprechung fand und zu der systematischen Ausarbeitung dieser Wissenschaften führte.

Das damit verbundene Absinken des wissenschaftlichen Niveaus auf beiden Seiten machte jedoch durch die schärfere Ausprägung der Widersprüche die eigentlichen Gegensätze deutlicher erkennbar. Während die offizielle Wissenschaft sich in sich abschloß und infolge ihres Mangels an wirklich neuen, fruchtbaren Forderungen und Methoden allmählich verfiel, bildeten sich dort, wo neue gesellschaftliche Bedürfnisse unmittelbar hervortraten, immer sichtbarer die Grundlagen und Voraussetzungen für die Entstehung eines völlig neuen wissenschaftlichen Systems heraus.

In solchen Einzelwissenschaften, wie in der scientia di pesi, die keineswegs unbedingt auf neuem Material aufbauten und auch nicht von vornherein zu neuen Entdeckungen führen mußten, sondern, im Gegenteil, sich zunächst völlig unselbständig an die schon bestehenden Lehren anschlossen und auch selbst, wie festgestellt werden konnte, noch ganz vom Feudalismus geprägt waren, fand der Wissensdurst der neuen Klasse ihren anfangs zwar inhaltsärmeren, aber von Anbeginn an zielstrebigeren und direkteren Ausdruck als in den Werken der Humanisten des 14. und 15. Jahrhunderts, in denen sich dieser Drang nur indirekt zeigte.

In den Arbeiten so einfacher Rechenmeister, wie Tartaglia einer war, die selbst der neuen Klasse entstammten, wurde das besonders deutlich und führte zu einer noch unklaren, aber nicht zu übersehenden Kritik an den allgemeinen Grundlagen feudaler Wissenschaft, deren Niedergang ihre inneren Widersprüche offenlegte, Keime des künftigen Fortschritts in sich trug und den Beginn einer neuen Entwicklungsperiode kennzeichnete.

# Walter Hermann Ryff und Nicolò Tartaglia

## Ein Beitrag zur Entwicklung der Dynamik im 16. Jahrhundert*

40 In seinem Aufsatz „Warum gab es in der Antike keine Dynamik?“[1] begründet E. J. Walter die von ihm schon 1938 ausgesprochene These, daß die Entstehung der Dynamik in der Renaissance aufs engste mit der Entwicklung der Feuerwaffen und der Einführung und Verbreitung von Geschützen zusammenhängt, ja in dieser Entwicklung der Militärtechnik und der damit verbundenen Produktionszweige ihre eigentliche Erklärung findet.

Man kann dieser Ansicht, die von Walter mit zahlreichen Beispielen und Hinweisen gestützt wird, sicher vorbehaltlos zustimmen. Die Einführung und Vorbereitung der Feuerwaffen hängt unmittelbar mit der Herausbildung des Bürgertums, dem allmählichen Übergang zu kapitalistischen Wirtschaftsformen und der Bildung und Festigung von zentral organisierten europäischen Staaten zusammen und hat ihrerseits bedeutende Rückwirkungen auf die politische und Wirtschaftsgeschichte gehabt. Friedrich Engels faßt diese gesellschaftlichen und ökonomischen Zusammenhänge und Wechselwirkungen in folgenden Sätzen zusammen: „Zur Erlangung von Pulver und Feuerwaffen gehörte Industrie und Geld, und beides besaßen die Städtebürger. Die Feuerwaffen waren daher von Anfang an Waffen der Städte und der auf die Städte gestützten, emporkommenden Monarchie gegen den Feudaladel. Die bisher unnahbaren Steinmauern der Adelsburgen erlagen den Kanonen der Bürger, die Kugeln der bürgerlichen Handbüchsen schlugen durch die ritterlichen Panzer. Mit der geharnischten Kavallerie des Adels brach auch die Adelsherrschaft zusammen; mit der Entwicklung des Bürgertums wurden Fußvolk und Geschütz mehr und mehr die entscheidenden Waffengattungen; durch das Geschütz gezwungen, mußte das Kriegshandwerk sich eine neue, ganz industrielle Unterabteilung zulegen: das Ingenieurwesen.“[2]

Die „neue, ganz industrielle Unterabteilung“ des Kriegshandwerks aber erweckte, wie Walter nachweist, das Bedürfnis nach einer wissenschaftlichen Lösung der damit verbundenen naturwissenschaftlichen und technischen Fragen, zumal Geschütze und Pulver sich als recht kostspielig erwiesen.[3]

Die bemerkenswerten Ansätze zu einer Lehre von den Bewegungen, die sich vereinzelt schon in den naturphilosophischen und mechanischen Schriften des 14. Jahrhunderts finden und in den letzten Jahrzehnten eingehend untersucht worden sind, wären damals kaum über bloße Spekulationen hinaus zur klassischen Mechanik entwickelt worden, hätten nicht die unmittelbaren Bedürfnisse des Schießwesens sowohl in technischer wie in ökonomischer Beziehung dazu gedrängt, sich der wissenschaftlichen Behandlung der zahlreichen dadurch aufgeworfenen Fragen zuzuwenden.

---

* Erschienen in: Forschungen und Fortschritte, Jg. 32, 2/1958, S. 40—47.

1 E. J. Walter, Warum gab es in der Antike keine Dynamik?, in: Archives internationales d'histoire des sciences, N. S. d'Archeion 27 (1948), S. 365—382.

2 F. Engels, Herrn Eugen Dührings Umwälzung der Wissenschaft, in: MEW, Bd. 20, Berlin 1962, S. 155.

3 E. J. Walter, a. a. O., S. 372/373.

E. J. Walter gibt in seinem Aufsatz insbesondere eine eingehende Darstellung des Werkes „Die geometrische Büchsenmeisterei" des Straßburger Arztes Walter Hermann Ryff (oder latinisiert: Rivius). Diese Analyse ist seitdem u. a. von E. J. Dijksterhuis in sein groß-angelegtes Werk „Die Mechanisierung des Weltbildes"[4] übernommen und damit allgemeiner zugänglich geworden. Leider aber hat Walter dabei einen wesentlichen Umstand übersehen!

Früher als Ryff hat der Italiener Nicolò Tartaglia die gleichen Fragen wie Ryff behandelt und in seinem Erstlingswerk „Nova scientia"[5] systematisch dargestellt. Es ist bekannt, daß Tartaglia in diesem Werk als erster theoretisch zu begründen versuchte, warum die größte Schußweite bei einem Abschußwinkel von 45° erreicht wird. Neun Jahre später hat Tartaglia in seinen „Quesiti et inventioni diverse"[6] diese und andere Fragen des Geschützwesens erneut aufgegriffen und dargestellt.

Ryff (auch Reiff, Rijf), der sich selbst als Medicus und Mathematicus bezeichnet, hat neben einer Reihe medizinischer zwei Werke mathematisch-technischen Inhalts geschrieben: eine deutsche Übersetzung der Werke Vitruvs über die Architektur, die zuerst bei Johann Petreius 1548 in Nürnberg[7] erschienen ist, und als Ergänzung das Werk „Der furnembsten / notwendigsten / der gantzen Architectur angehörigen Mathematischen vnd Mechanischen künst / eygentlicher bericht / vnd vast klare / verstendliche vnterrichtung / zu rechtem verstandt der lehr Vitruuij / in drey furneme Bücher abgetheilet . . . in Truck verordnet / Durch Gualtherum H. Riuium Medi. & Math. . . . Zu Nürnberg Truckts Johan Petreius Anno 1547"[8]. Diese drei Teile sind: 1. die neue Perspektive in sechs Teilen einschließlich je einer Abhandlung über künstlerisches Malen und über Skulptur, 2. die geometrische Büchsenmeisterei in acht Teilen einschließlich einer Schrift über Festungsbau, 3. die geometrische Messung in drei Teilen und ihnen angehängt vier kurze Bücher
41 über Statik. / Der zweite, hier besonders interessierende Teil dieses „Berichts" trägt den Titel „Das ander buch / der klaren vnd verstendlichen vnterrichtung / der fürnembsten notwendigsten / der gantzen Architectur angehörigen Mathematischen / vnd Mechanischen künst der Geometrischen Büxenmeisterey. . . . in Truck verordnet durch Gualtherum H. Riuuium Medi. & Math. Des gleichen in Teutscher sprach noch nit gelesen oder gesehen worden".

Vergleicht man nun den „Bericht" Ryffs mit den Schriften Nicolò Tartaglias, so zeigt sich sofort, daß Ryff ganze Bücher seines Berichts einfach aus der „Nova scientia" und den „Quesiti et inventioni diverse" Tartaglias fast wortgetreu übersetzt hat. Der Zusatz auf dem Titelblatt der „Büchsenmeisterei": „Des gleichen in Teutscher sprach noch nit gelesen oder gesehen worden" ist also inhaltsreicher oder, wenn man so will, aufschlußreicher, als es auf den ersten Blick scheint.

---

[4] E. J. Dijksterhuis, Die Mechanisierung des Weltbildes, Berlin — Göttingen — Heidelberg 1956, S. 303. In der Arbeit von E. J. Walter ist an einer Stelle (S. 373) offensichtlich versehentlich das Jahr 1537 anstatt richtig 1547 als Erscheinungsjahr der „Geometrischen Büchsenmeisterei" angegeben. Der Irrtum wird von Dijksterhuis übernommen.

[5] La nova scientia, cioè inventione nuovamente trovata per ciascuno speculativo matematico bomardiero e altri, Venetia 1537.

[6] Quesiti et inventioni diverse, Venetia 1546, per Venturio Ruffinelli ad instantia et requisitione et a proprie spese de Nicolò Tartaglia bresciano autore.

[7] Vitruvius Teutsch, nemlichen des aller namhafftigisten vnn hocherfarnesten / Römischen Architecti / vnd Kunstreichen Werck oder Bawmeisters / Marci Vitruuij Pollonis / Zehen Bücher von der Architectur vnd künstlichem Bawen . . . in Truck verordnet durch D. Gualtherum H. Riuium Medi. & Math. . . . Zu Nürnberg Truckts Johan Petreius Anno MDXLVIII.

[8] Weitere Ausgaben: Nürnberg 1558 und Basel 1582.

Abb. 8 Stich auf dem Titelblatt der „Nova scientia“ von Tartaglia

Abb. 9 Stich auf dem Titelblatt des „Berichts“ von Ryff.

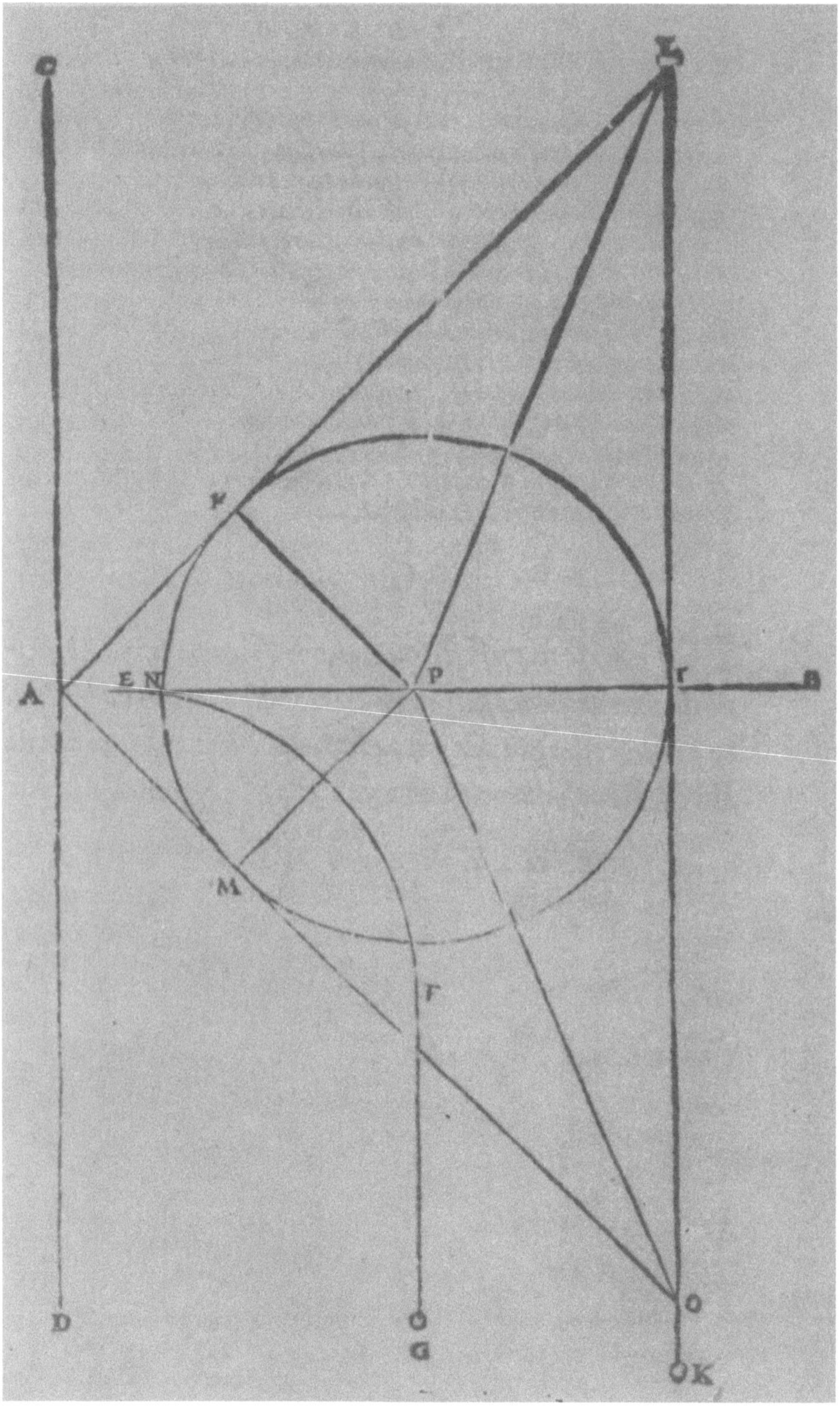


Abb. 10 Ganzseitige geometrische Figur aus der „Nova scientia“ von Tartaglia.

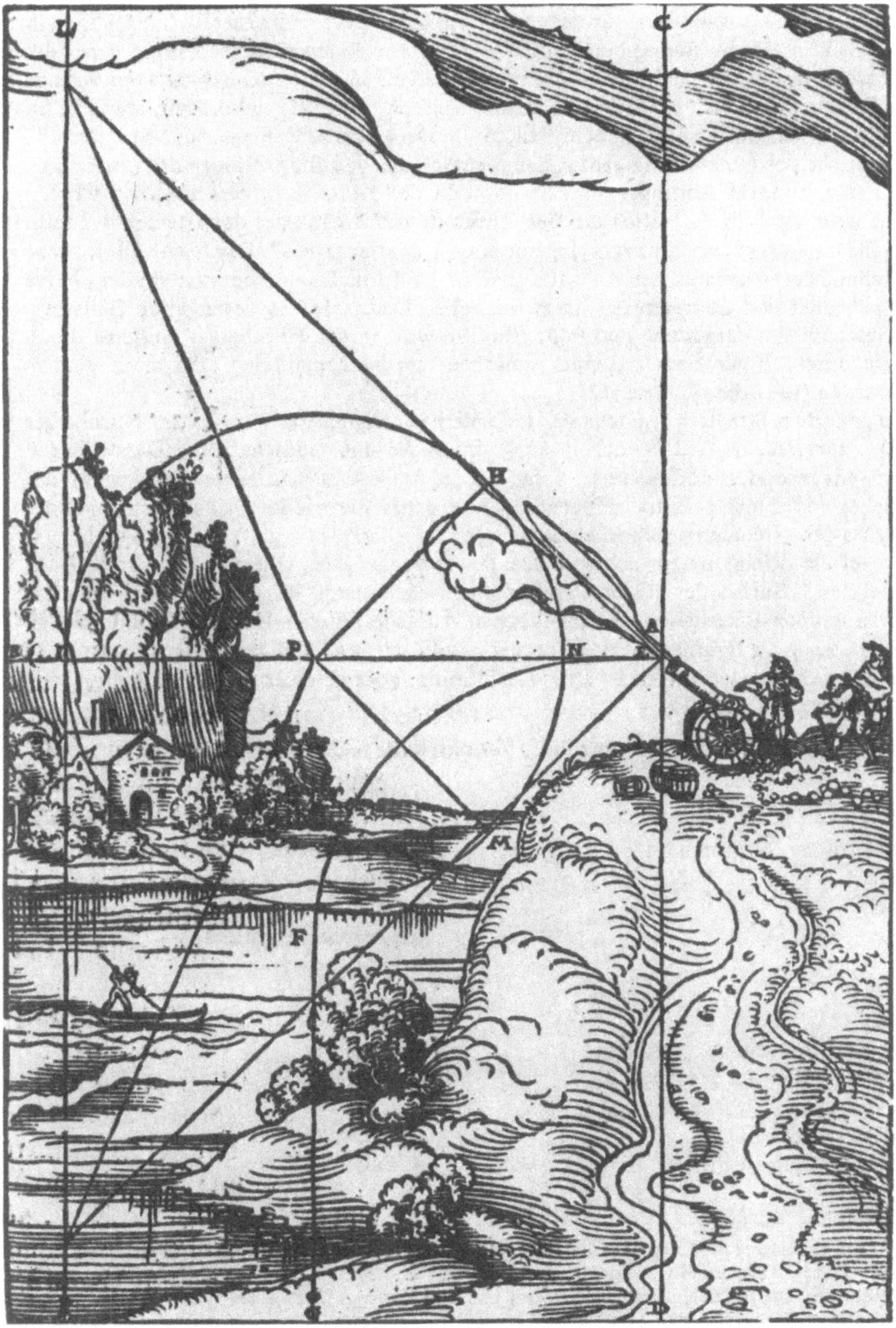


Abb. 11 Ganzseitiger Stich aus der „Geometrischen Büchsenmeisterei“ von Ryff.

Auf Tartaglia als wahren Autor der „Geometrischen Büchsenmeisterei" hat schon Wilhelm Dilich in seinem „Kriegsbuch" 1689 hingewiesen. Einen eingehenden Nachweis der Übersetzungen brachte im 19. Jahrhundert Max Jähns in seiner „Geschichte der Kriegswissenschaften"[9]. Auch in Jöchers Gelehrtenlexikon von 1751 wird Ryff, diesmal im Hinblick auf seine medizinischen Schriften, als „unverschämtester Plagiarius" bezeichnet[10]. Die Tatsache der Übersetzung geht zudem deutlich aus den Illustrationen des „Berichtes" hervor, die Heinrich Röttinger vom Standpunkt des Kunsthistorikers untersucht hat.[11]

Ryff übernimmt in dem Stich auf der Rückseite des Titelblattes das lateinische Motto Tartaglias: „Aurum probatur igni, ingenium uero Mathematicis". Die reiche allegorische Darstellung der venezianischen Ausgabe aber, in der Tartaglia als Repräsentant der „Nova scientia" unter den Gestalten der mathematischen Disziplinen sowie feuernde Geschütze mit Geschoßbahn dargestellt sind (vgl. Abb. 8), wird in der Nürnberger Ausgabe durch
42 die allegorische Figur eines / Genius, umgeben von mathematischen und mechanischen Werkzeugen (vgl. Abb. 9), ersetzt.[12]

Die einfachen Strichzeichnungen des italienischen Originals kehren in dem Nürnberger Druck seitenverkehrt und bereichert durch figürliche und landschaftliche Darstellungen wieder. Als besonders auffallend sei dabei auf die große Figur zur letzten Proposition des 2. Buches der „Nova scientia" hingewiesen, die ganzseitig wie im Original am Ende des 2. Buches der „Geometrischen Büchsenmeisterei" wiederkehrt (vgl. Abb. 10 und Abb. 11) sowie auf die Zeichnung zur achten Frage des 1. Buches der „Quesiti", die dem sechsten Kapitel des 3. Buches der „Geometrischen Büchsenmeisterei" entspricht. Hier sind sogar die erläuternden Buchstaben der italienischen Ausgabe seitenverkehrt übernommen (vgl. Abb. 12). Auch die figürlichen Stiche aus der „Nova scientia" und den „Quesiti" werden an entsprechenden Stellen in bereicherter Ausführung, aber getreuer Kopie wiederholt (vgl. die Abbildungen 13 und 14).

Eine Übersicht über die Übersetzungen vermittelt die nachstehende Tabelle:

| Ryff | Tartaglia |
|---|---|
| „Geometrische Büchsenmeisterei" | „Nova scientia" |
| 1. Buch | 1. Buch |
| 2. Buch | 2. Buch |
| | „Quesiti et inventioni diverse" |
| 3. Buch | 1. Buch |
| 4. Buch | 2. Buch |
| „Von der grundtlegung / erbawung vnd befestigung / der Stedt / Schlösser / vnnd Flecken" | |
| 2. Teil des ersten Buchs | 6. Buch |
| 4. Teil des ersten Buchs | 4. Buch |

9 M. Jähns, Geschichte der Kriegswissenschaften, München — Leipzig 1889, S. 507, 603/604, 707, 800.

10 Ch. G. Jöcher, Allgemeines Gelehrten-Lexicon, Dritter Teil, Leipzig 1751, S. 2130.

11 H. Röttinger, Die Holzschnitte zur Architektur und zum Vitruvius Teutsch des Walter Rivius. Studien zur deutschen Kunstgeschichte, Straßburg 1914.

12 Der gleiche Stich findet sich im „Vitruvius Teutsch" mit der Legende „Circkels / Richtscheid / vnd aller gebreuchlichen Geometrischen Instrument / künstliche Fürbildung". Er wird im „Bericht" zu Beginn des Buches über die geometrische Messung, diesmal ohne Beschriftung, wiederholt.

| | |
|---|---|
| „Geometrische Messung“ 2. Unterschied | „Nova scientia“ Teile des 3. Buches |
| „Von rechtem verstandt / Wag vnd Gewicht“ 1. Buch | „Quesiti et inventioni diverse“ 8. Buch |

Aus der Tabelle geht hervor, daß gerade die hier interessierenden Bücher über ballistische und mechanische Fragen nicht von Ryff stammen.

Ein als 4. Buch des „Rechten verstandt Wag vnd Gewicht“ in dem Gesamtwerk enthaltener „kurtzer bericht der natürlichen bewegung / tribs vnd faels / aller Cörperlichen ding ...“ entspricht inhaltlich keineswegs dem, was wir heute nach diesem Titel erwarten. Dieser „kurze Bericht“ bringt nichts über Fall- und Wurfbewegungen und Wurflinien oder Flugbahnen, sondern in sehr einfacher Weise eine bloße Aufzählung und Erklärung verschiedener Bewegungsarten schwerer und leichter Körper im Sinne der scholastisch-aristotelischen Naturlehre. Von einer eigenen wissenschaftlichen Leistung Ryffs kann somit keine Rede sein. /

43 Die Erinnerung an diesen in der neueren Literatur vergessenen Tatbestand erfolgt jedoch nicht nur um einer notwendigen Berichtigung willen und auch nicht, um Ryff nochmals als Plagiator bloßzustellen, sondern vielmehr mit der Absicht, der Grundthese der Arbeit von E. J. Walter über den Zusammenhang zwischen der Entwicklung des Artilleriewesens und der Dynamik nachzugehen.

Mit der Klärung der Autorschaft der hier behandelten ballistischen Schriften ändert sich zwar die Einschätzung der wissenschaftlichen Leistungen von Ryff, den Walter gegen den Vorwurf des Plagiats in Schutz zu nehmen versucht, unangetastet aber bleibt die Feststellung Walters: „Ryffs Büchsenmeisterei erbringt den Beweis, daß sich dynamisches Denken aus den Problemen der Schießkunst entwickelt hat“[13], wenn man sie auf die Schriften Tartaglias bezieht bzw. ausdehnt.

In dem Einleitungsschreiben zu seiner „Nova scientia“ — das Ryff ausgelassen hat — berichtet Tartaglia, daß er selbst keine Praxis im Schießen gehabt habe und erst durch Anfragen eines erfahrenen Artilleristen auf ballistische und andere damit zusammenhängende Probleme hingewiesen worden sei. Er habe schon 1532 herausgefunden, daß die größte Schußweite bei einem Abschußwinkel von 45° erreicht werden müßte. Diese Behauptung sei von einem Artilleristen bestritten worden, der die größte Schußweite bei einem Abschußwinkel von 30° erwartete. Man habe daraufhin eine Wette abgeschlossen und sie durch praktische Versuche bei Santa Lucia zu seinen (Tartaglias) Gunsten entschieden. Eine Nacherzählung dieser Begebenheit bringt Ryff in seinem „Vitruvius Teutsch“ ohne Angaben der Personen und des Ortes, aber mit genauer Angabe der erzielten Schußweiten in „Ruten nach veronesischem Maß gerechnet“.[14] Die Erzählung erscheint um so glaubwürdiger, als damals vielfach öffentliche Wetten und Wettstreite zur Lösung bestimmter Rechenaufgaben durchgeführt worden sind. Ebenso erfahren wir aus alten Chroniken, daß auch öffentliche Wett- und Preisschießen aus Kanonen und Mörsern stattgefunden haben.[15] Solche Wetten trugen wohl gerade wegen ihres leichten Beigeschmacks von Jahr-

---

[13] E. J. Walter, a. a. O., S. 379.

[14] Kommentar zu: Vitruvius Teutsch, 10. Buch, Kapitel 18 (fol. 314v/315r).

[15] Über Preisschießen vgl. M. Jähns, Geschichte der Kriegswissenschaften, a. a. O., S. 672/673, wo Beispiele aus deutschen Städten angegeben werden.

markt dazu bei, die Rechen- und Büchsenmeister bekannt zu machen, und bezeugen gleichzeitig das Interesse breiterer Kreise der Bevölkerung an mathematisch-technischen Fragen.

Die „Quesiti et inventioni diverse" Tartaglias sind in Dialogform geschrieben. Als Gesprächspartner treten der Herzog Francesco Maria von Urbino, Offiziere, ein kaiserlicher und ein englischer Gesandter, aber auch genannte und ungenannte Geschützgießer, Büchsenmeister und einfache Artilleristen in Erscheinung. Wir erfahren teilweise die Daten der Anfragen, ja sogar, ob diese schriftlich oder mündlich gestellt worden sind. Jede Aufgabe wird mit der Anfrage des Klienten eingeleitet und von „Nicolò", d. h. von Tartaglia, beantwortet. Dabei werden gelegentlich auch Zwischenfragen gestellt, Einwände erhoben, oder es wird mit der Bemerkung, man habe es nicht verstanden, um weitere Erklärung oder um ein Beispiel gebeten. Am Schluß jeder Aufgabe drückt der Fragesteller seine Befriedigung über die Lösung aus. Wie Tartaglia angibt, hat er das ganze Werk aus seinen Notizen und Tagebüchern zusammengestellt.

Wir erhalten damit einen lebendigen Einblick in die Tätigkeit dieses Rechenmeisters und Mathematikers und damit in die Form der unmittelbaren Zusammenarbeit dieses Wissenschaftlers einer neuen Art mit den Praktikern seiner Zeit. Wenn nun gerade unter diesen Bedingungen wesentliche Fortschritte in der Ballistik und entscheidende Ansatzpunkte zur Entwicklung der Dynamik erzielt worden sind, so ist die Bedeutung der Praxis und der Erfahrung für die Entwicklung der Mechanik mit den Händen zu greifen.

Tartaglia unterteilt die Flugbahn in drei Teile: ein schräg nach oben (oder unten) gerichtetes geradliniges Stück zu Anfang, ein kreisförmig gekrümmtes Stück in der Mitte und ein senkrechtes Stück am Ende der ganzen Bahn. Dabei sieht er die beiden ersten Teile als eine „erzwungene" und nur den letzten Teil als eine „natürliche" Bewegung an. Aus rein geometrischen Überlegungen zieht er in der „Nova scientia" den Schluß, daß die größte Schußweite bei einem Abschußwinkel von 45° erreicht wird, ohne zunächst auf mechanische oder physikalische Gründe einzugehen. Solche Betrachtungen bringt er erst in den „Quesiti", wo er breit darlegt, was er in der „Nova scientia" mit einer kurzen Nebenbemerkung abgetan hatte, daß nämlich das erste geradlinige Stück wegen der ständigen Einwirkung der Schwere des Geschosses in Wirklichkeit stets gekrümmt sei. Diese Ausführungen sind deshalb von Bedeutung, weil hier erstmalig und deutlich die Vorstellung der Wurflinie als einer Kurve entwickelt und damit in das Denken und Nachdenken der Wissenschaftler eingeführt worden ist.

Leider war Tartaglia offenbar nicht in der Lage, seine Auffassung auch rechnerisch zu behandeln, und so behilft er sich mit der genannten Drei-Teilung der Flugbahn als Näherungslösung, indem er angibt, die Abweichung von der geradlinigen Bahn sei anfangs so gering, daß sie vernachlässigt werden könne. Auch seine physikalischen Vorstellungen bleiben noch unklar. Tartaglia dringt nicht zu der Erkenntnis durch, daß die ständige Einwirkung der Schwere eine ständige Fallbewegung erzeugt, und hält das gleichzeitige Vorhandensein zweier Bewegungen für absurd.

Die Erkenntnis, daß die Wurfbewegung eine zusammengesetzte Bewegung und die Wurflinie eine Parabel ist, sowie die mathematische Behandlung einer solchen Bahn gelang auf Grund einer viel reiferen Vorstellung von der Bewegung erst Galilei.

Die Lehre Tartaglias fand bald nach ihrem Bekanntwerden große Beachtung. Wir wissen, daß seine Schüler seine Vorstellungen und Überlegungen übernahmen und daß noch Galilei in seinen frühen Schriften die Vorstellungen Tartaglias über die Flugbahn wiederholt und aufgreift. Tartaglias Schriften sind bis zu Beginn des 17. Jahrhunderts immer wieder neu aufgelegt und außer in die deutsche auch in die spanische, englische und französische Sprache übersetzt worden. M. Jähns stellt fest: „die Mehrzahl der artilleristischen Werke, welche bis Ende des 17. Jahrhunderts veröffentlicht wurden, sind von Tartaglias ballisti-

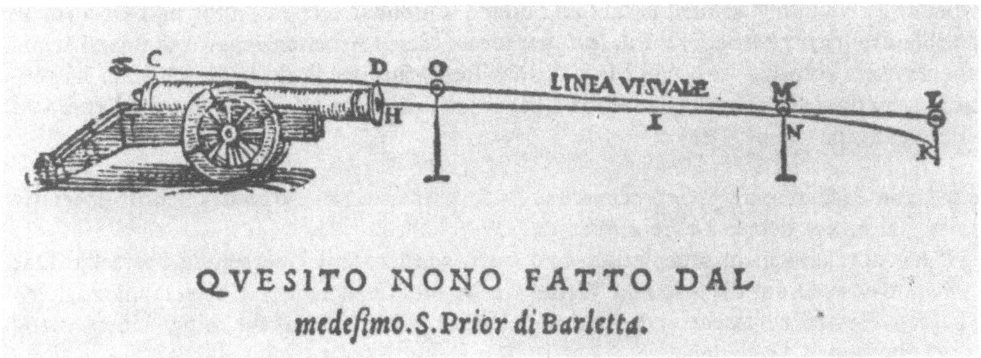


Abb. 12 Schuß- und Visierlinie.
Darstellung oben: aus den „Quesiti et inventioni diverse" von Tartaglia
Darstellung unten: aus der „Geometrischen Büchsenmeisterei" von Ryff.

schen Anschauungen erfüllt"[16]. Dabei ist es sicher kein Zufall, daß die deutsche Übersetzung als erste schon ein Jahr nach der italienischen Originalausgabe im Druck er-
44 schienen / ist, war doch Deutschland damals das Land, in dem die Produktion und die Handhabung von Geschützen am besten und längsten entwickelt waren. Die Pulverwaffen galten seinerzeit ganz allgemein als deutsche Erfindung; deutsche Büchsenmeister sind als Geschützmeister und Teilnehmer an Feldzügen in vielen europäischen Ländern nachgewiesen. Nürnberg war damals eines der deutschen Zentren dieses Gewerbes.[17]

Die in den „Quesiti et inventioni diverse" behandelten Aufgaben stammen nach einzelnen Angaben Tartaglias aus den Jahren zwischen 1538 und 1545. Selbst wenn also Ryff als Autor oder Petreius als Verleger und Drucker schon vor dem Erscheinen des italienischen Originals Kenntnis von ihm gehabt haben sollten, ist die mit vielen Stichen ausgestattete deutsche

[16] Ebenda, S. 604.
[17] Vgl. O. Johannsen, Deutsche Büchsenmeister als Lehrmeister im Ausland, in: Technik-Geschichte, Beiträge zur Geschichte der Technik und Industrie 27 (1938), S. 1—11.

Bearbeitung erstaunlich schnell herausgekommen. Offenbar setzten Autor und Drucker in Deutschland ein ganz besonderes Interesse gerade an diesen Arbeiten des großen italienischen Mathematikers voraus — ein Ausdruck für das Bedürfnis der Praktiker nach einer wissenschaftlich-mathematischen Behandlung ballistischer Fragen und damit nach einer Lehre von den Bewegungen.

Wie hat nun Ryff in seiner „Geometrischen Büchsenmeisterei" Tartaglias Schrift übersetzt und was hat er aus dessen Lehre gemacht?

Ryff hat durchaus nicht schematisch und starr, sondern mit Überlegung übersetzt. Das bezieht sich sowohl auf die Art und Weise, wie er die Tatsache der Übersetzung zugleich mit halben Worten zugesteht und doch verschweigt, wie auch auf die seiner Übersetzung zugrunde liegenden Absichten.

An drei Stellen seines Werkes weist Ryff auf seine Übersetzertätigkeit hin und nennt dabei auch Nicolò Tartaglia als einen der Autoren, deren Schriften er benutzt hat.[18] Im übrigen aber vermeidet er geschickt jede genaue Angabe und übergeht insbesondere Einzelheiten, die für die deutschen Leser ferner lagen und sie dadurch vielleicht vom Studium seines Berichtes hätten abhalten können.

Offensichtlich aus diesen Gründen hat Ryff die Dialogform der „Quesiti" aufgelöst. Er geht dabei so vor, daß aus der Frage jeweils eine Überschrift und aus der Antwort der Inhalt eines einzelnen Kapitels wird. Dabei faßt er nur gelegentlich mehrere Quesiti in einem Kapitel zusammen[19] und läßt nur einmal eine Aufgabe aus[20]. Nur in dem Buch „Von rechtem verstandt Wag und Gewicht" behält Ryff die Dialogform bei, wobei er kühn die Gesprächspartner des Originals — Signor Don Diego Hurtado di Mendozza, kaiserlicher Gesandter in Venedig, und Nicolò Tartaglia — durch Johann Neudörffer, einen Nürnberger Rechen- und Schreibmeister,[21] und sich selbst ersetzt.

Ryff vermeidet auch im übrigen geschickt jede zu genaue Angabe. Er geht darin sogar so weit, daß er einzelne Angaben Tartaglias über konkrete Begebenheiten entweder ganz ausläßt oder in allgemeinen Wendungen umschreibt.

Zu Beginn der siebenten Frage des 2. Buches der „Quesiti" erzählt der Fragesteller Gabriel Tadino Cavallier de Rodi und Prior di Barletta, daß bei der Belagerung von Rhodos durch die Türken vier Artilleristen getötet wurden, weil eine zweite von den Türken abgeschossene Kanonenkugel sich im Gegensatz zur ersten nicht durch lautes Pfeifen vorher bemerkbar machte, und schließt daran die Frage, wie dieses verschiedene Verhalten zu

---

[18] Im Widmungsschreiben des Gesamtwerkes an den Bürgermeister und Rat der Stadt Nürnberg, im fünften Kapitel des vierten Buches der „Geometrischen Büchsenmeisterei" und in einem Eingangsschreiben an Johann Neudörffer zu dem Buch „Von rechtem verstandt Wag und Gewicht".

[19] Die Quesiti 1 bis 3 des ersten Buches der „Quesiti" zum ersten Kapitel des dritten Buches der „Geometrischen Büchsenmeisterei"; die Qu. 1 bis 4, 5 und 6, 7 und 8, 9 bis 12 des zweiten Buches der „Quesiti" zum ersten, zweiten, dritten, vierten und fünften Kapitel des vierten Buches der „Geometrischen Büchsenmeisterei". Hier scheint allerdings im Text selbst durch Formulierungen wie „Die fünffte frag dises buchs ist . . ." die ursprüngliche Einteilung durch.

[20] Qu. 24 des ersten Buches der Quesiti. Sie bildet sachlich eine bloße Wiederholung der bereits in Qu. 21 behandelten Erscheinung.

[21] Johann Neudörffer d. Ä., Schreib- und Rechenmeister zu Nürnberg und Schwager von Johann Petreius, gilt als der „erste und würdigste Vertreter der deutschen Kalligraphie" (A. Kapr, Johann Neudörffer d. Ä., der große Schreibmeister der deutschen Renaissance, Leipzig 1956, S. 38). Er wurde 1531 Genannter des Großen Rates der Stadt Nürnberg und 1543 zum Kaiserlichen Pfalzgrafen ernannt. Neudörffer d. Ä. gilt zugleich als kenntnisreicher Mathematiker und hat den „Vitruvius Teutsch" von Ryff vor der Drucklegung durchgesehen (vgl. das Widmungsschreiben Ryffs an J. Neudörffer und den Anfang des Buches „Von rechtem verstandt Wag und Gewicht").

erklären sei. Ryff übergeht diese Einzelheit und schreibt statt dessen: „Es begibt sich vilmals das die kugel / wañ sie im schuß gehet / dermassen in lüfften sausset / als ob sie pfeiffe / das man sie laut daher komẽ höret / ee dann sie antrifft / wie dann den alten tapfferen kriegsleuten di diser ding erfaren vnd geübt sind / wol zu wissen ist / Nun möchte aber einer fragen / aus was vrsach sich dises saussen oder pfeiffen / ein mal mer dann das ander / zutraget.“[22]

Wo es der Text erfordert, schreibt Ryff ohne nähere Angaben von dem „welschen brauch“, so z. B. bei der Übernahme einer Aufzählung Tartaglias von sechsundzwanzig verschiedenen Geschützen mit Angaben über das Gewicht der Kugeln, die Länge und das Gewicht des Geschützes und die Zahl der Pferde, die zu seinem Transport gebraucht werden.[23] Dieser Mangel aber spricht keineswegs gegen die wissenschaftliche und praktische Sachkenntnis Ryffs; im Gegenteil, die selbständige Anordnung des Stoffes und die Bereicherung der „Geometrischen Büchsenmeisterei“ durch andere Schriften sowie später zu behandelnde selbständige Formulierungen zeigen, daß Ryff mit vollem Verständnis für die dargestellte Materie in eine klare und verständliche deutsche Sprache übersetzt hat, so daß sein Bericht sicherlich zur Verbreitung naturwissenschaftlicher Kenntnisse und Erfahrungen beigetragen hat. Eben das war seine Absicht.

In den Widmungsschreiben an den Bürgermeister und Rat der Stadt Nürnberg und an Johann Neudörffer unterrichtet Ryff seine Leser lang und breit von dem Zweck, den er mit
45 der Herausgabe der Bücher verfolgt. An Neudörffer schreibt er wörtlich: / „Dieweil aber mir (doch on allen rhum zu reden) der mehrer theil solcher frembden sprachen bekant / hab ich nach meinem kleinen verstandt: vnnd vermögen des kleinen verlihenen Talents / mich gegen gemeinem Vaterlandt Teutscher Nation / auch in etwas / wie gering oder nachgültig / dasselbig immer geacht werdẽ möcht, danckbar zu erzeigẽ / vnterstandẽ / disen mangel (souil mir dañ bey neben meiner furgenomenen Profession / der hochlöblichen Kunst der Medicin / hat gebüren mögen) zum theil etwas zu mindren / nit allein durch die Arbeit vnnd mühe der Tranßlation / solcher vilfeltiger künstlicher Bücher / meinen guten willen vnnd wolmeinung / gegen yederman zu erzeigen / sonder vil mehr weitere anreitzung zu geben / andren Künstnern / jre scharpffsinnige erfindung / zu nutz vnd fürdernus gemeins Vaterlandts / vnd sonderlichen vortheil aller Kunstliebhaber / auch lenger nit zu verhalten / damit diser mangel bey vns Teutschen nit allein gantz auffgehabẽ / sonder wir in diesem fal (wie auch gentzlichen zu verhoffen) andere Nation weit vbertreffen möchten.

Vnd ist dises in der warheit günstiger Herr vñ Freundt die furnembste Haubtvrsach gewesen / dardurch ich in sonderheit bewegt worden / nit allein die trefflichen herrlichẽ Bücher Vitruuij / Euclidis, Archimedis, Ctesybij, Iordani, Mechanica Aristotelis, fragmenta quaedam Ptolemei, Plinij, vnd andere mehr / was mich dann dem Teutschen Kunstbegirigen Leser / hat nutzlich / notwendig fürderlich vnd vortheilig bedaucht / in die Teutsche sprach zu Tranßferiren / sambt andren vilfeltigen Künstlichen erfindungen / der Mathematick vñ Architectur berümpten Scribenten / als Lucae Paccioli, Caesaris Caesarini, Sebastiani Serlij, Nicolai Tartelae, & c. die jre sinreiche Werck / vn scharpfsinnige erfindung / zu ehrẽ vnd frommen jrs Vaterlands in mancherley frembden sprachẽ / yederman williglichen mit getheilet haben.“ Wie aus diesen Worten hervorgeht, hat Ryff in erster Linie die Förderung der Wissenschaft und des Gewerbes in Deutschland im Auge. Seine Aufgeschlossenheit gegenüber dem Neuen zeigt sich nicht nur im wissenschaftlichen Bereich,

---

[22] Geometrische Büchsenmeisterei, 4. Buch, Kapitel 3 (fol. Lv).
[23] Geometrische Büchsenmeisterei, 3. Buch, Kapitel 8 ~ Quesiti, 2. Buch, Aufgabe 11.

wo er die neueste Entwicklung sofort aufgreift, sondern auch in der Absicht, die er mit seiner schriftstellerischen und wissenschaftlichen Tätigkeit verfolgt.

In einer Zeit, in der sich die europäischen Nationen bildeten, erhielt in Deutschland ebenso wie in anderen Ländern die Verwendung der Landessprache im Gegensatz zum Latein der Scholastik und des Humanismus eine allgemeine nationale Bedeutung, mußte sie zur Herausbildung des deutschen Nationalgefühls und damit zu staatlicher Zentralisierung beitragen. Bekanntlich hatten die revolutionären deutschen Bauern im Bauernkriege die Bildung einer einheitlichen, demokratischen deutschen Nation auf ihre Fahnen geschrieben.

Im Unterschied zu den Humanisten, die sich besonders nach dem Scheitern des deutschen Bauernkrieges deutlich vom Volk und von der Reformation abwandten, schrieb Ryff diese seine Bücher nicht in lateinischer, sondern in deutscher Sprache für die deutschen Handwerker und Künstler. Schon im Titel der „Geometrischen Büchsenmeisterei" empfiehlt er ihnen sein Werk mit den Worten: „Nit allein den jungen angeenden Zeugmeistern oder Büxenmeistern vnd Schutzen / sondern allen andern kunstlichen Handwerckern vñ der Architectur fleissigen erkundigern (von) fürnemlichen nutz / notwendig vnd fürderlich." Im Titel des „Berichtes" wird in entsprechender Weise die Empfehlung auch noch auf Werkmeister, Steinmetzen, Baumeister, Maler, Bildhauer, Goldschmiede, Schreiner „vnd was sich des Zirckels vnd Richtscheidts künstlichen gebraucht" ausgedehnt.

Verstärkt wird dieser Eindruck von Ryffs Aufgeschlossenheit dem Neuen gegenüber noch dadurch, daß er eben diesen Kreis auffordert, seine „Erfindungen . . . lenger nit zu verhalten". Damit kommt nicht nur zum Ausdruck, daß Ryff die Kenntnisse und Erfahrungen der Praktiker für besonders wertvoll hält, sondern wird zugleich auch auf eine Ursache hingewiesen, die nicht nur in Deutschland der Verbreitung wissenschaftlicher Methoden und Erkenntnisse sowie der Entwicklung der Naturwissenschaft besonders in den von Ryff angesprochenen Kreisen hindernd im Wege stand. Wie von mir bereits an anderer Stelle bemerkt wurde,[24] hielten die Praktiker aus naheliegenden gesellschaftlichen und wirtschaftlichen Gründen ihre Kenntnisse und Erfahrungen geheim und hüteten sich, sie anderen mitzuteilen oder gar zu veröffentlichen. Wenn Ryff nun eben sie zur Veröffentlichung aufruft, so tritt er damit ganz deutlich als Vertreter einer Denkweise in Erscheinung, die der Einstellung der Zünfte und der Wahrung von Zunftgeheimnissen sowie der Geringschätzung praktischer Erfahrungen entwachsen ist.

Da Ryff, wie bereits betont, nicht schematisch übersetzt, sondern die deutschen Verhältnisse berücksichtigt hat, vermittelt ein eingehender Vergleich zwischen Übersetzung und Original zugleich einen Einblick in die Unterschiede zwischen den deutschen und den italienischen Zuständen auf dem hier behandelten Gebiet in der Mitte des 16. Jahrhunderts.

Aus einzelnen kleineren Abweichungen ergibt sich zunächst, daß Ryff stärker noch als Tartaglia an dem praktischen Nutzen der theoretischen Einsichten interessiert ist und die lebendige Anschauung einer rein abstrakten Darstellung vorzieht.

Die „Quesiti" Tartaglias vermitteln deutlich und lebendig den Eindruck, daß im praktischen Leben stehende Männer an ihn als Mathematiker herantreten, um sich bei ihm Rat und Auskunft über die Ursachen der von ihnen beobachteten Erscheinungen zu holen. Die Darstellung dieser Erscheinungen wird konsequent stets dem Fragesteller in den Mund gelegt. Nicolò sieht in seinen Antworten davon ab, selbst praktische Ratschläge zu er-

[24] G. Harig, Über die Entstehung der klassischen Naturwissenschaften in Europa, vorl. Bd., S. 11—39.

teilen, und überläßt die praktische Nutzanwendung der von ihm gegebenen Erklärungen den Fragestellern selbst. Indem Ryff die Dialogform aufgibt, wird dieser Unterschied zwischen Empirikern und Theoretikern verwischt. Der Mathematicus hat allein das Wort, und so wird eher der Eindruck erweckt, als ob er sich an die Empiriker, nicht aber diese sich an den Mathematiker wenden. Die Initiative scheint somit in Italien und in Deutschland auf verschiedenen Seiten zu liegen.

Vergleichen wir etwa folgende Stellen aus der Aufgabe Zwanzig des 1. Buches der „Quesiti", wo über die Unzulänglichkeit des rein empirischen Verfahrens gesprochen wird. Bei Tartaglia heißt es: „. . . a me mi pare, che piu se conuegnaria che io ui adimandasse à uoi la causa di tal cautella, cha che uoi l'adimandasti à me, perche se uoi usati di far tal cosa ogni uolta che uoi cargati un pezzo, uoi doueresti pur sapere à che fin il fatti, perche l'arte bisogna che la imiti la natura in questo, che tutte le cose, che quella fa, le faccia à qualche fine. B. Ma ue dirò, io non ho grammatica, et se pur uso di far
46 questa cosa, lo faccio, perche ho uisto che tutti gli altri lo fanno. / N. Questo si costuma in molti, et in molte arte, si mecaniche come liberale, e però non me marauiglio di uoi, ne manco ui biasimo, anci ue laudo à ricercar la causa di quelle cose che si costuma di fare nell'arte uostra, ilche doueria far ogniuno, perche il sapere non è altro che conoscere la cosa per la causa . . ."[25] [Nicolò (zu dem Fragesteller, einem ungenannten „Capo de Bombardiero"): . . . mir scheint, daß es sich mehr schicken würde, daß ihr bei Euch die Ursache dieser Vorsichtsmaßregel ergründet, als daß Ihr sie bei mir ergründet, denn wenn Ihr diese Sache jedes Mal zu tun pflegt, wenn Ihr ein Geschütz ladet, müßt Ihr doch wissen, aus welchem Grunde es gemacht wird, denn die Kunst hat es nötig, die Natur darin nachzuahmen, daß sie jede Sache, die sie macht, aus irgendeinem Zweck tut. Artillerist: Aber ich sage Euch, ich habe keine Bildung, und wenn ich diese Sache nach allgemeinem Gebrauch mache, so tue ich sie, weil ich gesehen habe, daß alle anderen es machen. Nicolò: Das ist so der Brauch bei vielen und in vielen Künsten, sowohl in den mechanischen wie in den freien, und deswegen wundere ich mich nicht über Euch und tadele Euch nicht einmal. Ich lobe Euch vielmehr, weil Ihr Euch nach der Ursache dieser Sache erkundigt, die in Eurer Kunst Brauch ist. Das sollte jeder tun, denn Wissen ist nichts anderes, als die Sache durch die Ursache erkennen.]

Diese aufschlußreichen Zwischenbemerkungen gibt Ryff (unter Umgehung der Dialogform) folgendermaßen wieder: „. . . vnd wo solche etwan gefragt werden, wissen sie wenig bescheids zu geben / sondern was sie von einẽ ander sehen / dem kommẽ sie schlechtlichẽ nach / fragen selten weiter / wie dañ solchs / nit allein in der Büchsenmeisterey / sonder in allen künstlichen handwercken / gemeinglichẽ geschicht / das der weniger teil / jrs thuns vnd wercks wissen gründliche vrsach zu geben / ob sie gleich darumb gefragt werden / welches doch der hochberümbte Architectus Vitruuius von yedem künstner auffs aller höchst erfordert / darumb ich solchen vnfleiß nit loben kan / dieweil man ein ding nit recht wissen / oder in gnugsamen verstand bringen mag / dann so wir wissen vnd mercken warumb es also / oder nit also sein müsse."[26] Hier spricht nicht der Rechenmeister zu seinem Klienten, sondern der Wissenschaftler in lehrhaftem Tone zu seinen Schülern. — Der gleiche Unterschied ergibt sich aus weiteren kleinen Abweichungen im Text, mit denen Ryff die abstrakte Darstellung durch die lebendige Anschauung verdeutlicht.

Die erste Definition, mit der das Ganze beginnt, lautet bei Tartaglia: „Corpo egualmente graue è detto quello, che secondo la grauita della materia, e la figura di quella è atto

---

[25] Quesiti, 1. Buch, Aufgabe 20.

[26] Geometrische Büchsenmeisterei, 3. Buch, Kapitel 17 (fol. XLv).

à non patire sensibilmente la opposition di l'aere in alcun suo moto." Ryff übersetzt: „Wir nennen das ein gleichlich schwer Corpus / welches von der schwere wegen der materi: vß form oder gestalt seiner figur / also geschickt ist / das es in seiner bewegung / vom lufft nit scheinbarlichen oder mercklichen verhindert werde / als die ronden Buxen kugeln von was materi die seien." So wie hier der Ausdruck „gleichlich schwer Corpus" durch den Zusatz „ronde Buxen kugeln" bzw. an anderer Stelle „Lod oder Buchsen kugel" verdeutlicht wird, übersetzt Ryff später die Ausdrücke „il transito ouer moto violente" durch „Trieb so mit Gewalt geschieht". Besonders auffallend tritt dieser Zug bei der Definition des Augenblickes in Erscheinung. Tartaglia schreibt in der dritten Definition des 1. Buches der „Nova scientia" kurz: „lo instante e quello che non ha parte". Ryff aber schreibt ausführlicher: „Das nennen wir die Instantz / den punckten der Zeit vñ gerad den selbigen Augenplick / so yetzund also gerad vorhanden / vnd zugegen ist / das wir es weder auff das vergangen noch auff das künfftig ziehen mögen." Hier wird deutlich, daß Ryff bei seinen Lesern weniger Abstraktionsvermögen voraussetzt als Tartaglia und Gefallen daran findet, die abstrakten theoretischen Begriffe mit solchen des täglichen Lebens gleichzusetzen. Damit aber wird eine weit stärkere Annäherung von Theorie und Praxis erreicht, als wenn er sich mit einem Fremdwort und der zugehörigen rein logischen Definition begnügt hätte. Dieser Umstand verdient unsere Aufmerksamkeit auch deshalb, weil eine Reihe der von ihm gebrauchten deutschen Ausdrücke, wie außer den genannten z. B. „Stupfflin" für „Punkt", „pley rechte lini"

Abb. 13 Figürliche Darstellung der Fallbewegung
Darstellung links: aus der „Nova scientia" von Tartaglia
Darstellung rechts: aus der „Geometrischen Büchsenmeisterei" von Ryff.

für „Vertikale", „Absehen" für „Visier", „Richtscheid" für „Lineal" u. dgl. m., später in dieser Bedeutung aus der deutschen Sprache wieder verschwunden sind.

Die neue Einstellung zur Wirklichkeit kommt bei Tartaglia darin zum Ausdruck, daß er stets der Erfahrung den Vorzug gibt, d. h., sie als Kriterium der Richtigkeit seiner Überlegungen anerkennt. Einige seiner Aufgaben schließen damit, daß Nicolò seine Befriedigung darüber ausdrückt, daß seine aus „natürlichen Gründen" gezogenen Schlußfolgerungen durch die Erfahrung bestätigt werden.[27] Ebenso unterscheidet Tartaglia an einigen Stellen deutlich und auffallend zwischen natürlichen Gründen (ragioni naturali) und philosophischen Gründen. Beide Züge finden sich bei Ryff deutlich, ja, wo es erforderlich erscheint, sogar nachdrücklicher ausgesprochen wieder.

Wenn Tartaglia z. B. ziemlich unbestimmt schreibt: „Diese Eure Ansicht stimmt mir gut überein" („Questa vostra opinione molto mi consona"), so übersetzt Ryff breiter: „das aber solche meinung sich also warhafftig befinden werde, bezeigt die erfarnuss genugsamlichen".[28] Wenn Tartaglia von einem Schuß „gerade nach unten zum Zentrum der Welt" („rettamente in giu verso il centro del mondo") spricht, übersetzt Ryff erläuternd: „gerat unter sich in die tieffe / der erden zum Centro oder mittelpunckten der Welt (nach philosophischer weise zu reden)".[29] Diese Feinheiten zeigen, daß Ryff auch die der ganzen wissenschaftlichen Tätigkeit Tartaglias zugrunde liegenden neuen Ausgangspunkte verstanden hat und ihnen zustimmt.

Schließlich muß in diesem Zusammenhang darauf hingewiesen werden, daß Ryff bei seiner Übersetzung alles Nur-Rechnerische und manches Nur-Spekulative, das sich bei Tartaglia findet, ausgelassen hat.

Gegen Ende des 2. Buches seiner „Quesiti" bringt Tartaglia im Zusammenhang mit der Berechnung des Durchmessers von Kugeln von gegebenem Gewicht einige rein mathematische Aufgaben über das Ausziehen von Kubikwurzeln. Dabei begnügt sich Tartaglia mit Zahlenbeispielen und verweist bezüglich des Lösungsverfahrens auf spätere Veröffentlichungen. Ryff hat diese Zahlenbeispiele ausgelassen. Er faßt das Wesentliche mit eigenen Worten kurz zusammen und verweist im übrigen auf den „brauch der erfarnen Welschen Rechenmeisteren" und auf sein neues Rechenbuch „nach dem scherffisten Welschen brauch".[30]

Ebenso hat Ryff eine Betrachtung Tartaglias über die schwingende und gedämpfte Bewegung eines bis zum Erdmittelpunkt fallenden Körpers und deren naturphilosophische Begründung vollständig ausgelassen.[31]

Durch diese Kürzungen gewinnt die Ryffsche Bearbeitung zweifellos an Geschlossenheit der Darstellung. Sie verliert aber damit nicht nur an Breite, sondern in gewisser Beziehung auch an Weite des Gesichtskreises und läßt wieder deutlich werden, daß die Ziele und die Denkweise des deutschen Bearbeiters stärker auf die unmittelbare An-
47 wendung / gerichtet waren als diejenigen des italienischen Mathematikers. M. Jähns bestätigt diesen Unterschied zwischen Deutschland und Italien, wenn er in seinen Untersuchungen abschließend feststellt: „Das Problem der Flugbahn war zuerst von Italienern selbständig durchdacht worden. Die Anfänge der Ballistik knüpfen sich an die Namen Tartaglia und Cardanus. Aber den deutschen Büchsenmeistern gebührt das Verdienst, die

---

[27] Quesiti, 1. Buch, Aufgaben 25, 26, 29.

[28] Quesiti, 1. Buch, Aufgabe 14; Geometrische Büchsenmeisterei, 3. Buch, Kapitel 12.

[29] Quesiti, 1. Buch, Aufgabe 3; Geometrische Büchsenmeisterei, 3. Buch, Kapitel 1.

[30] Dieses Buch ist nirgends nachgewiesen und scheint demnach nicht gedruckt worden zu sein.

[31] Nova scientia, 1. Buch, 1. Proposition; Geometrische Büchsenmeisterei, 1. Buch, 1. Proposition oder auffgab.

Abb. 14 Das Richten der Geschütze
Darstellung oben: aus den „Quesiti et inventioni diverse“ von Tartaglia
Darstellung unten: aus der „Geometrischen Büchsenmeisterei“ von Ryff.

praktischen Hilfsmittel hergestellt zu haben, um die Ergebnisse der mathematischen Untersuchungen ins Leben zu führen.“[32]

Es kann nicht die Aufgabe der vorliegenden Arbeit sein, die Entstehungsgeschichte der

[32] M. Jähns, Geschichte der Kriegswissenschaften, a. a. O., S. 670.

Dynamik weiterzuverfolgen. Der Vergleich zwischen Tartaglia und Ryff und damit zwischen italienischen und deutschen Zuständen zeigt, daß sich Tartaglia als der originellere, tiefere und reifere Denker erweist. Ryff als Übersetzer blieb ein verständnisvoller Anhänger und Propagandist der neu sich bildenden Naturwissenschaft — ein Verdienst, das ihn auch ohne eigene wissenschaftliche Leistung entschieden heraushebt aus der Masse der einfachen Praktiker wie aus der Masse der in alten Denkgewohnheiten verharrenden deutschen und ausländischen Gelehrten.

Der Vergleich zeigt darüber hinaus, daß die neuen Kenntnisse und Auffassungen des italienischen Mathematikers in Deutschland in den gleichen Kreisen wie in Italien volles Verständnis und eine bereitwillige Aufnahme fanden. Er unterstrich damit noch einmal die Bedeutung des Geschützwesens und der aus ihren Bedürfnissen entstandenen Ballistik für die Entstehung der klassischen Dynamik und damit die Bedeutung der Entwicklung kapitalistischer Wirtschaftsformen für die Entstehung der klassischen Naturwissenschaft.

Es sei zum Schluß nur angedeutet, daß dem Wasserbau und der Hydraulik für die Hydromechanik, der Linsen- und Brillenfabrikation für die Optik die gleiche Bedeutung zukommt wie dem Geschützwesen und der Ballistik für die Dynamik. Unter den allgemeinen Bedingungen des Frühkapitalismus führten die aus diesen Zweigen der materiellen Produktion erwachsenden Bedürfnisse zur Entwicklung unserer klassischen Naturwissenschaft.

# Die neue Auffassung vom Wesen der Wissenschaft bei Francis Bacon*

## 441 1. Francis Bacon und seine Zeit

Bacons mit hohen Ansprüchen und in prägnanter aphoristischer Form vorgetragenen Schriften haben im 17. Jahrhundert in ganz Europa großes Aufsehen erregt, sind im 18. Jahrhundert in den wichtigsten europäischen Ländern wieder aufgelegt und im 19. Jahrhundert in einer wissenschaftlichen Gesamtausgabe herausgegeben worden.[1] Noch im 20. Jahrhundert sind einzelne seiner Werke in neuen Übersetzungen erschienen. Diese Schriften haben die Entwicklung des wissenschaftlichen Denkens wie die Entwicklung der organisatorischen Form wissenschaftlichen Arbeitens stark beeinflußt, seine Gedanken haben sich bei aller Zeitgebundenheit als fortschrittlich und in die Zukunft weisend erwiesen. Die von ihm entwickelte neue Auffassung vom Wesen der Wissenschaft liegt in konsequenter Weiterentwicklung unseren modernen Auffassungen noch heute zugrunde.

Trotzdem sind, fast vierhundert Jahre nach seiner Geburt, die Ansichten über Francis Bacons Wert und Bedeutung für die Geschichte des europäischen Geisteslebens uneinheitlich. Von überschwenglicher Hochachtung, die so weit ging, daß man in ihm den unbekannten Shakespeare sehen wollte, bis zu scharfer Verurteilung seiner staatspolitischen Tätigkeit und der völligen Negierung seiner wissenschaftlichen Leistungen reichen die Urteile seiner Kritiker aus den Kreisen der Philosophen, Historiker und Naturwissenschaftler.

Francis Bacon wurde 1561 in Yorkhouse geboren. Sein früh verstorbener Vater nahm als Großsiegelbewahrer, d. h. erster Kronjurist des Landes, eine hohe Staatsfunktion unter Elisabeth am englischen Hof ein. Francis selbst studierte Jura, wurde mit dreiundzwanzig Jahren Mitglied des Unterhauses und nach dem Tode Elisabeths von ihrem Nachfolger, Jacob I., 1603 in den Ritterstand erhoben, 1607 zum zweiten Kronanwalt und in weiterem, schnellem Aufstieg schließlich 1618 zum Lordkanzler ernannt. Zwei Jahre später erschien das dem König gewidmete Hauptwerk „Instauratio magna" von Francis of Verulam, Lordkanzler in England. Die politische Laufbahn Bacons endete jäh im Jahre 1621. Vor dem Parlament wurde er der Annahme von Bestechungsgeldern beschuldigt, überführt und vom König und seinem Günstling fallengelassen. Nach kurzer Haft, mit einer auskömmlichen Pension versehen, widmete er sich bis zu seinem fünf
442 Jahre / später erfolgten Tod ausschließlich seinen philosophischen Studien, mit denen er als Einunddreißigjähriger zum ersten Male hervorgetreten war.

Als Bacon geboren wurde, waren England und Schottland selbständige Staaten, die unter dem Einfluß der großen rivalisierenden Monarchien Europas einander befehdeten

---

* Erschienen in: Deutsche Zeitschrift für Philosophe 5/1957, S. 441—456.

[1] The works of Francis Bacon, Baron of Verulam, Viscount St. Alban and Lord High Chancellor of England, eds. J. Speeding, R. L. Ellis, D. D. Heath, Bd. 1—7, London 1857ff. (Im folgenden zitiert als: The works.)

und bekämpften. Als Bacon starb, waren England und Schottland vereinigt und stand das Land am Vorabend der englischen Revolution von 1640. In der Zwischenzeit hatte im Gefolge der Entdeckungsfahrten Englands Seehandel einen bedeutenden Aufschwung genommen, war die spanische Armada Philipps II. 1588 besiegt und der englische Bergbau und Englands Tuchfabrikation zu den ersten Europas entwickelt worden, waren die kapitalistischen Kreise Englands zur ökonomisch stärksten Klasse herangewachsen. Im gleichen Zeitraum entstanden im Kampf gegen die Vorherrschaft von Spanien und Portugal die Anfänge des englischen und holländischen Kolonialreiches. 1581 kehrte Francis Drake als erster Engländer von seiner Erdumsegelung zurück. 1579 wurde in London das Gresham-College für kaufmännische Fortbildung eröffnet. 1616 erscheint Walter Raleighs Denkschrift über Englands Seegeltung. 1624 wurde in England der erste gesetzliche Schutz für technische Erfindungen eingeführt und 1625 eine Kolonialbehörde geschaffen.

In den Werken Bacons findet diese beginnende kapitalistische Entwicklung Englands ihren beredten und eindringlichen Ausdruck. Er, der an den Staatsgeschäften höchstes Interesse nahm und später auf Seiten der Krone unmittelbar daran beteiligt war, stand dem Neuen aufgeschlossen gegenüber und hat es stets gefördert.

Die noch heute bestehenden Unklarheiten über Francis Bacon können wohl auf zwei Hauptursachen zurückgeführt werden, eine subjektive und eine objektive.

Francis Bacon war kein Wissenschaftler, sondern ein Staatsmann mit einer großen neuen Konzeption vom Wesen der Wissenschaft, der er sein ganzes Leben nachgehangen hat. Von dem englischen Arzt William Harvey, dem Entdecker des großen Blutkreislaufes, ist der Ausspruch überliefert: „Bacon schrieb über Philosophie wie ein Lordkanzler." Sicher eine treffende Formulierung, die um so mehr Beachtung verdient, als sie von einem Gelehrten stammt, der als Leibarzt König Karls I. auch von der Stellung eines Lordkanzlers eine begründete Meinung hatte. Es hat Zeiten gegeben, wo diese Beurteilung als vernichtend galt. Mir scheint, daß gerade in der Gegenwart, wo die Naturwissenschaften und die technischen Wissenschaften eine so gewaltige gesellschaftliche Bedeutung erlangt haben, die Beurteilung und die Einschätzung der Wissenschaft durch einen Staatsmann zu Beginn der kapitalistischen Entwicklung die volle Aufmerksamkeit nicht nur der Politiker, sondern auch der Wissenschaftler selbst verdient.

Aber es ist nicht nur dieser Zwiespalt in der Person und Tätigkeit Francis Bacons selbst, der eine richtige historische Würdigung seiner Person erschwert. Bacon ist mit seiner Philosophie der Wissenschaft ganz einwandfrei von der idealistischen Auffassung seiner Vorgänger abgerückt und hat eine neue materialistische Auffassung über das Wesen und die Aufgaben der Wissenschaft entwickelt. Karl Marx hat Bacon als den „wahren Stammvater des englischen Materialismus", als dessen „ersten Schöpfer" bezeichnet.[2] /

Hegel nennt Bacon in seinen „Vorlesungen über die Geschichte der Philosophie" sarkastisch den „Heerführer der Erfahrungsphilosophen". Diese Philosophie aber gilt ihm als oberflächlich, weil sie die Wirklichkeit und nicht die Vernunft zum Gegenstand hat. Bacon gilt ihm als „philosophierender Weltmann" wie alle „diese Erfahrungshelden nach ihm", und seine scharfsinnigen Bemerkungen bezeichnet er gar als „Sprüchelchen", mit denen „man auch bei uns noch jetzt gerne die Werke ziert".[3]

---

[2] F. Engels und K. Marx, Die heilige Familie oder Kritik der kritischen Kritik, in: MEW, Bd. 2, Berlin 1959, S. 135.

[3] G. W. F. Hegel, Vorlesungen über die Geschichte der Philosophie, Bd. 3, in: Hegel, Sämtliche Werke, hrsg. von H. Glockner, Bd. 19, Stuttgart 1941, S. 278.

Diese negative Einschätzung Bacons ist kennzeichnend für die Haltung des philosophischen Idealismus, sie hat fortgewirkt und ist heute durchaus noch nicht überwunden.

In diesen verschiedenen Bewertungen Bacons drückt sich der fundamentale Gegensatz zwischen dem philosophischen Materialismus und Idealismus aus, der seinerseits dazu beigetragen hat und beiträgt, das Urteil über Francis Bacon und seine Anschauungen zu formen. In Zeiten, die dem philosophischen Materialismus aufgeschlossen gegenüberstanden, wurde Bacon zu den großen Bahnbrechern des menschlichen Denkens gerechnet. In den Blütezeiten des philosophischen Idealismus wurden seine Ansichten abgelehnt oder, soweit sie inzwischen zum Gemeingut menschlichen Denkens geworden waren, zumindest bagatellisiert.

Es kann nicht die Aufgabe der vorliegenden Arbeit sein, die Werke und Schriften Bacons im einzelnen zu analysieren und darzustellen. In dieser Beziehung sei auf die neueren über Bacon erschienenen Darstellungen verwiesen, die allerdings vielfach darunter leiden, daß die Verfasser bei ihren Analysen nicht von dem grundlegenden Gegensatz zwischen Materialismus und Idealismus ausgehen.[4] Hier soll vielmehr der Kern seiner Auffassung über die Bedeutung und die Aufgaben der Wissenschaft herausgearbeitet und diese mit den gegenwärtigen Auffassungen von der Wissenschaft verglichen werden. Dabei wird sich zeigen, daß damit zugleich ein Zugang zur Beurteilung der Leistung und Wirkung Bacons gewonnen ist, der weiterführt als Diskussionen über philosophische und naturwissenschaftliche Einzelfragen.

Die vorliegende Arbeit knüpft damit an die Darstellung von Benjamin Farrington an, der Francis Bacon zuerst als Philosophen der Industriewissenschaft behandelt hat,[5] sowie an einen Aufsatz von Jürgen Kuczynski[6] und unternimmt es, den Anfängen der materialistischen Auffassung vom Wesen der Wissenschaft nachzugehen.

## 2. Das Wesen der Wissenschaft

Bacon hat schon als junger Oxforder Student die Unfruchtbarkeit der scholastischen,
444 angeblich auf Aristoteles fußenden Wissenschaft erkannt und sich / damals als Lebensaufgabe gestellt, an deren Stelle eine neue, praktische Wissenschaft oder, um in seiner und in der Ausdrucksweise seiner Zeit zu sprechen, eine praktische Philosophie zu setzen. Er hat diese große Idee zeit seines Lebens weiter verfolgt, nach allen Seiten ausgebaut und sie in verschiedenen Formen und Werken der gebildeten Öffentlichkeit seiner Tage unterbreitet. Es liegt allerdings in der Natur dieser Idee, daß sie ein Programm bleiben mußte und eine neue umfassende praktische Wissenschaft nicht von einem einzelnen in wenigen Jahren geschaffen werden konnte. Bacon hat den gewaltigen Umfang dieser großen Aufgabe mit den Jahren selbst immer besser erkannt und gegen Ende seines Lebens in seinem Hauptwerk den Inhalt und die Bedeutung dieser neuen Philosophie oder, wie er sie nunmehr nannte, der „aktiven Wissenschaft“, mit folgenden Worten dargestellt: „Aber diesen letzten Teil fertigzustellen ist eine Angelegenheit, die über meine Kraft und meine Erwartungen hinausgeht. Ich habe, wie ich hoffe, einen

---

[4] K. Fischer, Francis Bacon, Leipzig 1856 (3. Aufl. 1904); H. Heußler, Francis Bacon und seine geschichtliche Stellung, Breslau 1889; W. Frost, Bacon und die Naturphilosophie, München 1927.

[5] B. Farrington, Francis Bacon, Philosopher of industrial science, London 1951.

[6] J. Kuczynski, Francis Bacon — Philosoph der Industriewissenschaft, dargestellt insbesondere an Hand seiner „Weisheit der Antike“, in: Kuczynski, Studien über schöne Literatur und politische Ökonomie, Berlin 1954, S. 21—26.

nicht zu verachtenden Anfang geschaffen. Den Ausgang wird das Geschick des menschlichen Geschlechtes geben, und die Lösung wird vielleicht so sein, wie es die Menschen im gegenwärtigen Zustand ihres Vermögens und Verstehens gar nicht leicht erfassen und ermessen können. Denn es handelt sich nicht nur um eine geistige Befriedigung, sondern in Wahrheit um die Angelegenheit der Menschen und des Schicksals und die volle Macht zum Handeln. Der Mensch ist der Diener und Deuter der Natur. Er kann nur so viel tun und verstehen, wie viel er durch sein Wirken und seinen Geist von der Ordnung der Natur beobachtet haben wird. Darüber hinaus weiß und kann er nichts. Denn es gibt keine Kräfte, die Kausalkette zu lösen oder zu brechen: die Natur wird nur besiegt, indem man ihr gehorcht. Somit fallen am Ende jene beiden Ziele: menschliche Wissenschaft und menschliche Macht in eins zusammen. Das Mißlingen im Handeln kommt meist aus der Unkenntnis der Ursachen."[7]

Diese große Konzeption Bacons — homo naturae minister et interpres — von der Beziehung des Menschen zur Natur bedeutet einen entschiedenen Bruch mit jeder idealistischen Auffassung vom Wesen der Wissenschaft. Sie bildet die Grundlage einer materialistischen Deutung und eines materialistischen Programms und verdient allein schon deswegen unser Interesse und eine eingehende Analyse.

Das Neue der Baconschen Auffassung besteht nämlich darin, daß er weder die Erkennbarkeit der Natur bezweifelt noch die Pflege der reinen Wissenschaft als Selbstzweck betrachtet, sondern diesen scholastischen, idealistischen Kreis durchbricht und die These aufstellt und vertritt, daß es dem Menschen möglich ist, durch wissenschaftliche Erkenntnisse die Natur zu beherrschen, sie sich untertan zu machen und dadurch sein Los wesentlich zu verbessern. Er forderte deshalb eine Erneuerung der Wissenschaft, „damit", wie er in seinem Hauptwerk schreibt, „endlich nach so vielen Jahrhunderten Philosophie und Wissenschaft nicht mehr in den Lüften schweben, sondern sich auf die sicheren Grundlagen einer Alles umfassenden und wohldurchdachten Erfahrung stützen".[8] /
445 Bacon als Urheber dieser Aufgabenstellung kennt keinen Zweifel an der Möglichkeit zur Durchführung seines Programms. Der von ihm geprägte Satz „Wissen ist Macht" ist seine tiefste Überzeugung.

Heute ist uns diese Auffassung weder fremd noch überraschend und neu. Zu seiner Zeit aber, als die Philosophie und mit ihr die Wissenschaft noch als Magd der Theologie galt, war der Gedanke, die menschliche Kenntnis und die Wissenschaft zur Magd oder zum Werkzeug des irdischen Glückes der Menschen zu machen, außergewöhnlich. „Das wahre und gesetzmäßige Ziel der Wissenschaft ist nichts anderes als dies, das menschliche Leben mit neuen Erfindungen und Reichtümern auszustatten."[9]

„Die Herrschaft des Menschen über die Dinge hängt allein von den Künsten und Wissenschaften ab, denn wir können der Natur nur befehlen, indem wir ihr gehorchen."[10]

So klar und deutlich hat das vor Bacon niemand und haben es nach ihm nur wenige ausgesprochen.

Lenin formulierte die gleiche Erkenntnis zweihundertachtundachtzig Jahre später, nachdem inzwischen die materialistischen Philosophen in stetem Kampf mit dem Idealismus die Grundlagen der Erkenntnistheorie ausgearbeitet hatten, vom Standpunkt des dialekti-

---

[7] Instauratio magna. Distributio operis, in: The works, Bd. 1, S. 144.

[8] Franz Baco's Neues Organon, übers., erl. und mit einer Lebensbeschreibung des Verfassers versehen von J. H. v. Kirchmann, Berlin 1870, S. 35 (Philosophische Bibliothek, 32). Der Band enthält zugleich die Einleitung der „Instauratio magna", deren zweiten ausgearbeiteten Teil das „Novum organum" bildet, The works, Bd. 1, S. 124.

[9] Novum organum I, 81, in: The works, Bd. 1, S. 188.

[10] Novum organum I, 129, in: ebenda, S. 222.

schen Materialismus mit folgenden Worten: „... solange wir das Naturgesetz nicht kennen, das neben unserem Bewußtsein, außerhalb unseres Bewußtseins existiert und wirkt, macht es uns zu Sklaven der ‚blinden Notwendigkeit'. Sobald wir aber dieses Gesetz, das (wie Marx tausendmal wiederholte) *unabhängig* von unserem Willen und unserem Bewußtsein wirkt, erkannt haben, sind wir die Herren der Natur."[11]

Um das Neue zu gestalten, mußte sich Bacon mit der überlieferten scholastischen Wissenschaft auseinandersetzen. Er hat dabei Erkenntnisse gewonnen, die in ihrer Präzision wie in der Art, in der er auf den Kern der Sache eingeht und es versteht, allzu Diffiziles beiseite zu lassen und das Wesentliche vom Unwesentlichen zu unterscheiden, von seiner logischen Konsequenz, von seinem Kampfgeist, seiner Zuversicht, aber auch von einem gewissen verständlichen Hochmut und von Überheblichkeit zeugen. Indem er den Hauptteil seines Hauptwerkes als „Novum organum" bezeichnet, stellte er dieses Werk bewußt dem des Aristoteles gleich und gegenüber, werden doch die logischen Schriften von Aristoteles von alters her unter dem Titel „Organum" zusammengefaßt. Bacon gilt mit Recht als einer der konsequentesten und mutigsten Kämpfer gegen die Scholastik und die von ihr vertretene oder, genauer gesagt, umgearbeitete Naturauffassung von Aristoteles und Plato. Berühmt wurde schon im 17. Jahrhundert seine Einschätzung der Scholastik, die es durchaus verdient, der Vergessenheit entrissen zu werden, zumal Tendenzen zu bloßer Buchstabengelehrsamkeit bekanntlich in der Geschichte der Wissenschaft immer wieder hervortreten. Bacon schrieb 1605: „Diese Art degeneriertes Lernen herrscht hauptsächlich unter den Scholastikern. Sie haben einen scharfen und starken Verstand, einen Überfluß an Freizeit und eine geringe Auswahl von Lektüre. Ihre Gehirne sind in den Zellen einiger weniger Autoren, hauptsächlich des Aristoteles, ihres Diktators, einge-
446 schlossen so wie ihre Leiber in den Zellen der Klöster und Kollegien. Da / sie wenig Geschichte der Natur oder der Zeit kennen, spinnen sie aus einer nicht eben großen Menge von Stoff, aber mit unendlicher Anstrengung des Verstandes unter uns jene mühseligen Netze der Gelehrsamkeit, wie sie in ihren Büchern existieren. Denn der Verstand und Geist des Menschen arbeitet, wenn er darüber arbeitet, was die Betrachtung der Werke Gottes ist, entsprechend dem Stoff und ist dadurch begrenzt, aber wenn er aus sich selbst arbeitet, wie die Spinne ihr Netz webt, dann ist es endlos und bringt er tatsächlich Spinnweben von Gelehrsamkeit hervor, bewundernswert nach der Feinheit von Faden und Arbeit, aber ohne Substanz und Nutzen."[12]

Bacon sieht in dieser Fruchtlosigkeit des rein spekulativen Denkens eine sträfliche Vernachlässigung menschlicher Aufgaben und verurteilt die Scholastiker deshalb auch aus moralischen Gründen. In einer seiner Schriften redet er Plato folgendermaßen an: „Ihre Philosophie, Plato, war nichts als polierte und zusammengeflickte Brocken von Informationen aus zweiter Hand. Ihre Weisheit war ein Trug, den Sie durch die Heuchelei der Unwissenheit erzielten. Sie haben die Geister der Menschen durch vage Induktionen verlockt, aber waren niemals in der Lage, sie aus diesen Ungewißheiten herauszubringen. Sie haben wenigstens das Verdienst, Themen für Tafelgespräche gebildeter und erfahrener Menschen zu liefern, indem Sie sogar der täglichen Konversation tatsächlich Grazie und Charme hinzufügten. Als Sie indessen fälschlicherweise versicherten, daß die Wahrheit, wenn es sie gäbe, dem menschlichen Geist eingeboren ist und nicht von außerhalb kommt, um dort ihren Aufenthalt zu nehmen, als Sie unseren Verstand ablenkten von der Beobachtung und von den Gegenständen, denen gegenüber er gar nicht aufmerksam und

---

[11] W. I. Lenin, Materialismus und Empiriokritizismus, in: Lenin, Werke, Bd. 14, Berlin 1962, S. 187.

[12] Of the proficience and advancement of learning, book 1, in: The works, Bd. 3, S. 285/286.

folgsam genug sein kann, als Sie uns lehrten, unseren Geist nach innen zu lenken und vor unseren eigenen blinden und wirren Idolen unter dem Namen kontemplative Philosophie auf dem Bauch zu kriechen, da haben Sie uns wahrhaftig einen tödlichen Schaden zugefügt. Es sollte auch nicht vergessen werden, daß Sie sogar einer kaum geringeren Sünde schuldhaft waren, als Sie Ihre Narrheit vergöttlichten und sich erdreisteten, Ihre verächtlichen Gedanken mit dem Pfeiler der Religion zu stützen."[13]

Auch wenn Bacon an anderen Stellen keinen so scharfen Ton anschlägt und die Bedeutung von Aristoteles und Plato anerkennt, so steht doch sein Urteil fest: „Plato hat die Naturphilosophie durch seine Theologie ebenso verdorben wie Aristoteles durch seine Logik."[14] Diese Sätze Francis Bacons ließen an Deutlichkeit nichts zu wünschen übrig, wenn die oben aufgeführten allerdings auch erst kurz nach seinem Tode veröffentlicht worden sind.

So hat es denn an Gegenangriffen der Anhänger der Scholastik wie der idealistischen Philosophie seither nicht gefehlt. Seine Gegner preisen die Reinheit des spekulativen Denkens und verurteilen den utilitaristischen Charakter der Baconschen Philosophie. So findet sich im „Lehrbuch der Geschichte der Philosophie" von Windelband und Heimsoeth aus dem Jahre 1935 folgende abfällige Kritik: „In der Hast der Utilität verfehlte Bacon sein Ziel, und die geistigen Schöpfungen, welche die Naturforschung befähigt haben, die Grundlage unserer äußeren Kultur zu werden, gingen von den vornehmeren Denkern
447 aus, die reinen Sinnes und / ohne Weltverbesserungsgelüste die Ordnung der Natur, welche sie bewunderten, verstehen wollten."[15]

Mit solchen Argumenten hat sich natürlich auch Bacon selbst schon auseinandersetzen müssen und folgendes erwidert: „Aber der größte Irrtum von allen besteht darin, daß man das letzte Ziel der Erkenntnis nicht richtig aufstellt. Denn wenn sich Menschen vom Verlangen nach Erkenntnis und Wissen leiten ließen, so geschah es bisweilen aus natürlicher Wißbegierde und Lust am Untersuchen, bisweilen um das Gemüt mit Abwechslung und Vergnügen zu erfreuen, bisweilen aus persönlicher Eitelkeit und aus dem Drang, sich einen Namen zu machen, bisweilen um im Wortgefecht zu überragen, und allermeist, um einen gewinnbringenden Beruf zu haben; nur selten aber, um mit dem Pfunde ihrer Vernunft zum Heil und Nutzen der Menschheit zu wuchern. Als wäre Erkenntnis eine Ottomane, auf der ein suchender und rastloser Geist Ruhe finden könnte, oder eine Terrasse, auf der ein wanderndes und wandelbares Gemüt auf und ab spaziert, um eine schöne Aussicht zu genießen, oder eine Königsburg, zu der ein stolzer Geist emporklimmt, oder ein Festungswall und Glacis, auf dem man ficht und streitet, oder ein Laden, wo man mit Profit verkauft — und nicht eine reiche Vorratskammer zum Ruhme des Schöpfers und zur Erhebung des Menschen in einen höheren Stand seines Daseins!" Bacon schließt seine Darstellung mit der Aufforderung, sich so zu verhalten, „daß Erkenntnis nicht eine Kurtisane sei, die nur zu Vergnügen und eitlem Genuß da ist, noch eine Leibeigene, die nur zum Nutzen ihres Herrn schaffen muß, sondern eine Gattin, die fruchtbar ist und uns das Leben lebenswert macht".[16]

In der Auffassung Bacons vom Ziel und Nutzen der Wissenschaft erkennen wir unschwer die Keime einer materialistischen Auffassung von Gesellschaft und Geschichte.

---

[13] Temporis partus masculus, in: ebenda, S. 530/531.

[14] Redargutio philosophiarum, in: ebenda, S. 569.

[15] W. Windelband, Lehrbuch der Geschichte der Philosophie, hrsg. von H. Heimsoeth, Tübingen 1935, S. 326.

[16] Of the proficience and advancement of learning, book 1, in: The works, Bd. 3, S. 294/295. Hier zitiert nach: E. Lewalter, Francis Bacon. Ein Leben zwischen Tat und Gedanke, Berlin 1939, S. 237—239.

Hier ist nicht mehr die Rede von der Befreiung aus dem irdischen Jammertal durch göttliche Erlösung, vom irdischen Leben als Vorbereitung auf ein besseres Leben im Jenseits, sondern hier wird gefordert, auf Erden schon das Himmelreich zu errichten, wie rund zweihundert Jahre später Heinrich Heine formulierte, und werden Wege und Möglichkeiten dazu vorgeschlagen. Wenn Bacon im „Novum organum“ ausdrückt, daß der Unterschied zwischen den sogenannten zivilisierten und wilden Völkern nicht auf Klima oder Rasse zurückzuführen ist, sondern nur auf die „Kunst“, d. h. auf die Kenntnisse der Naturerscheinungen und deren praktische Anwendungen, so ahnt er bereits die Erkenntnisse des historischen Materialismus.

Wir wissen heute, daß die Entwicklung der Produktivkräfte das treibende Element der Entwicklung der Produktionsweise und damit der menschlichen Gesellschaft bildet. Wir halten die Naturerkenntnis für eine Grundlage der produktiven Tätigkeit der Menschen und die Naturwissenschaften (einschließlich der technischen Wissenschaften) für die Zusammenfassung des menschlichen Wissens auf dem Gebiet des Kampfes der Menschheit mit der Natur für die Produktion materieller Güter. „In Baco, als seinem ersten
448 Schöpfer“, so schreibt Marx / in der „Heiligen Familie“, „birgt der Materialismus noch auf eine naive Weise die Keime einer allseitigen Entwicklung in sich.“[17]

Allerdings beschränkt sich auch bei Bacon, wie bei allen bürgerlichen Materialisten nach ihm, die materialistische Haltung auf die Naturerkenntnis und die Beziehungen des Menschen zur Natur. Von einer materialistischen Auffassung der Beziehungen der Menschen untereinander, d. h. in erster Linie ihrer Produktionsverhältnisse, ist Bacon noch weit entfernt.

Bacon war kein Atheist und hat es im Rahmen seiner Zeit und seines Standes durchaus verstanden, seine große Idee vom Sinn der Wissenschaft persönlich wie gesellschaftlich mit dem christlichen Glauben in Einklang zu bringen. In einer Zeit, lange vor Darwin, wo man noch nichts vom Ursprung und der Entwicklung der Menschheit und von der Entwicklungsgeschichte der Erde wußte, wo die Naturwissenschaft erst ein Programm war und die Schilderungen der Bibel noch als exakte historische Wahrheit galten, legt er sich folgendes zurecht: Vor dem Sündenfall besaßen die ersten Menschen im Paradies bereits einmal auf übernatürliche Weise die Herrschaft über die Natur. Mit der Vertreibung aus dem Paradies und der ewigen Verdammnis ging auch diese Herrschaft verloren, ja die Verdammnis besteht neben dem Verlust des Standes der Unschuld in eben diesem Verlust. Der Mensch wurde zu Qual, Leiden und Arbeit verurteilt, aber er behielt sein Erkenntnisvermögen. Mit und durch die Erkenntnis der Natur nun kann er sich eben diese Herrschaft über die Natur zurückerobern und damit ein irdisches Paradies, ein, wie er es nannte, „Königreich des Menschen“ schaffen. Bacon spricht eben deshalb immer von der Wiedergewinnung dieses Reiches und nennt sein Hauptwerk „Instauratio magna“, d. h. die große Erneuerung bzw. Wiederherstellung. Mit dieser Bezeichnung ergibt sich zugleich eine weltanschauliche Parallele zu der Begriffsbildung Renaissance, wie sie im 16. Jahrhundert in Italien aufkam. Dem Rückgriff auf die Antike entspricht hier in einer weniger der Antike verhafteten, dafür im Rahmen des Puritanismus mehr durch die Bibel bestimmten historischen Betrachtung der Rückgriff auf deren goldenes Zeitalter.[18]

---

[17] F. Engels und K. Marx, Die heilige Familie, a. a. O., S. 135.

[18] Es sei in diesem Zusammenhang darauf hingewiesen, daß zu Lebzeiten Bacons in England die von der anglikanischen Kirche autorisierte Ausgabe der Bibel herausgegeben wurde und Bacon eines seiner letzten, unvollendet gebliebenen Werke dem Bischof Lancelot Andrewes widmete, der als Gelehrter und einer der Väter der anglikanischen Kirche diese Ausgabe mit einer Kommission besorgte. In der Ausgabe von 1611 wird die Schöpfung in das Jahr 4004 v. Chr. verlegt.

Es ist klar, daß diese Deutung, wonach sich neben der göttlichen Erlösung auch ein Weg zur Befreiung der Menschheit aus eigener Kraft ergibt, theologisch nicht ohne Bedenken ist und wahrscheinlich in einem Land, dessen Geistesleben von der katholischen Kirche beherrscht wurde, nicht ungehindert hätte verbreitet werden können. Selbst in seinem Vergleich mit dem christlichen Glauben zeigt sich Bacons materialistische Grundhaltung.

## 3. Theorie und Praxis

Mit der Zielsetzung ändern sich Inhalt, Aufgaben und Methoden der Wissenschaft. In der Erarbeitung und Entwicklung dieser Fragen sieht Bacon seine eigentliche Lebensarbeit. /

449 Die aktive Wissenschaft, so betont Bacon immer aufs neue, kann nur geschaffen werden durch eine enge Verbindung von Theorie und Praxis oder, um in seiner eigenen Sprache zu sprechen, durch den „Verkehr des Geistes mit den Dingen". Bacon führt aus, daß Erfindungen und Entdeckungen bisher von Handwerkern gemacht worden sind und daß sie zufällig und sporadisch erfolgten. Er bemängelte die ungenügende Beachtung der praktischen Überlieferungen und erklärt es für vorbildlich, den großen Entdeckern und Erfindern wie z. B. dem ersten Ackerbauer und Brotbäcker, dem ersten Erbauer eines Schiffes, dem Entdecker des Zuckers, der Glasmacherei oder der Metallbearbeitung Statuen zu errichten.[19] Er hebt besonders die Erfindung des Buchdrucks, des Schießpulvers und des Kompasses hervor und stellt fest: „Keine Herrschaft, keine Sekte, kein Gestirn scheinen je eine größere Wirkung und einen größeren Einfluß auf die menschlichen Verhältnisse ausgeübt zu haben als diese mechanischen Erfindungen."[20]

Bacon überlegt, daß es sich dabei nicht nur um eine Verbesserung schon bekannter Verfahren, sondern um die Anwendung neuer Prinzipien handelt und zieht daraus die Schlußfolgerung, daß ein systematisches Studium der Natur neue, größere Fortschritte bringen müsse. Dementsprechend stellt er den Wissenschaftlern praktische Aufgaben wie etwa das systematische Studium von Erfindungen und Maschinen, die Behandlung sogenannter unheilbarer Krankheiten, die Verlängerung des Lebens und die Erleichterung des Sterbens, die Herstellung neuer künstlicher Metalle sowie neuer Textilien und Farben, die Verbesserung der Brillen, Lupen und Fernrohre, die Erfindung neuer Harmonien mit Vierteltönen, aber auch die Züchtung neuer Pflanzen- und Tierarten, die Erfindung besserer Speisen und Getränke usw. Zugleich aber warnt Bacon davor, über dem Nächstliegenden die allgemeine Erforschung der Natur nicht zu vernachlässigen und verdeutlicht diese Warnung durch den Hinweis auf die antike Erzählung von Atalante, die ihren Wettlauf verlor, weil sie während des Laufes einen goldenen Apfel aufhob, den man ihr listigerweise vor die Füße geworfen hatte.

Bacon war sicher nicht der einzige und auch keineswegs der erste, der den praktischen Nutzen der Naturwissenschaften gesehen hat. Wir finden Hinweise auf die Möglichkeit neuer Erfindungen und Konstruktionen auf Grund des Studiums der Natur schon hunderte Jahre früher bei seinem Namensvetter und Landsmann Roger Bacon, bei Albertus Magnus und anderen, und wir finden entsprechende Aussagen auch bei dem fünfunddreißig Jahre jüngeren französischen Mathematiker und Philosophen René Descartes, aber

---

[19] Vgl. F. Bacon, Neu-Atlantis. Eine utopische Erzählung, übers. von G. Bugge, Leipzig 1926, S. 76 (Reclams Universal-Bibliothek 6645).

[20] Novum organum I, 129, in: The works, Bd. 1, S. 222.

keiner der genannten und ungenannten Gelehrten vor ihm hat so folgerichtig wie Bacon die neue materialistische Auffassung vom Wesen der Wissenschaft und der Notwendigkeit der Verbindung von Theorie und Praxis, des „Verkehrs des Geistes mit den Naturdingen", in den Mittelpunkt seines Lebenswerkes gestellt. Bacon versteht sehr wohl, daß im Gegensatz zu den beschreibenden Naturwissenschaften als Ausgangsstoff für seine aktive Philosophie die Darstellung und Klassifikation der freien Natur (natura libera) allein nicht genügt, sondern durch eine Darstellung der durch menschliche Einwirkungen veränderten Natur (natura vexata) ergänzt werden muß, und fordert daher neben der
450 Naturgeschichte / eine im gleichen Sinn verstandene Geschichte der mechanischen Künste oder, um in unserer modernen Ausdrucksweise zu sprechen, neben der Naturkunde auch eine Technologie. „Der Gebrauch der Technologie (historiae mechanicae) ist in bezug auf die Naturphilosophie das wichtigste und fundamentalste. Ich meine eine solche Naturphilosophie, die sich nicht in dem Bereich scharfsinniger und erhabener Spekulationen verliert, sondern wirksam an die Erleichterung der Unannehmlichkeiten des menschlichen Lebens herangeht."[21]

Bacon selbst hat allerdings auch aus dieser Erkenntnis eher praktische als theoretische Schlußfolgerungen gezogen. Die tieferen Fragen der Erkenntnistheorie interessieren ihn offensichtlich nicht. Erst Hobbes, der eine Zeitlang Bacons Sekretär gewesen ist, und die anderen englischen Materialisten nach Bacon haben sich dem eingehenden Studium erkenntnistheoretischer Probleme zugewandt. Bacon begnügt sich mit den einfachen Annahmen von der Existenz und der Erkennbarkeit einer vom Bewußtsein des Menschen unabhängigen Außenwelt. Er fordert eine sorgfältige Kontrolle der Sinneseindrücke und empfiehlt, die Untersuchung so einzurichten, „daß die Sinne nur über das Experiment, das Experiment aber über die Sache das Urteil fällt".[22]

Die neue Wissenschaft muß sich deshalb vor allem von falschen Vorstellungen und Ideen befreien und vor der kritiklosen Übernahme allgemein verbreiteter Unwahrheiten, Fabeln und Wunderberichte in acht nehmen. Sie soll sich vor jeder vorschnellen Verallgemeinerung hüten und braucht deshalb Beobachtungen und Experimente, die fachkundig und systematisch gesammelt und durchgeführt werden, „denn ich gründe das Bild der Welt im menschlichen Geist so, wie sie besteht, und nicht, wie sie jeder aus seinen eigenen Sinnen sich ausgedacht hat . . . Deshalb verlange ich die Beseitigung jener törichten Modelle und Nachäffungen der Welt, welche man in den philosophischen Systemen phantastisch aufgerichtet hat".[23]

Diese Forderung Bacons ist und bleibt die Grundlage jeder materialistischen Auffassung von Natur und Geschichte. Gut zweihundert Jahre später kehrt die gleiche Forderung bei Engels wieder, der in seinem Werk „Ludwig Feuerbach und der Ausgang der klassischen deutschen Philosophie" über die von Marx vollzogene „Rückkehr zum materialistischen Standpunkt" folgendes schreibt: „. . . man entschloß sich, die wirkliche Welt — Natur und Geschichte — so aufzufassen, wie sie sich selbst einem jeden gibt, der ohne vorgefaßte idealistische Schrullen an sie herantritt; man entschloß sich, jede idealistische Schrulle unbarmherzig zum Opfer zu bringen, die sich mit den in ihrem eignen Zusammenhang, und in keinem phantastischen, aufgefaßten Tatsachen nicht in Einklang bringen ließ. Und weiter heißt Materialismus überhaupt nichts."[24]

---

[21] De dignitate et augmentis scientiarum II, 2, in: ebenda, S. 500.
[22] Instauratio magna. Distributio operis, in: ebenda, S. 138.
[23] Novum organum I, 124, in: ebenda, S. 218.
[24] F. Engels, Ludwig Feuerbach und der Ausgang der klassischen deutschen Philosophie, in: MEW, Bd. 21, S. 292.

## 4. Die Methode

Der Entwicklung einer seinen Zielen dienenden neuen Methode der wissenschaftlichen
451 Forschung hat Bacon große Mühe zugewendet. Ihr ist der zweite / Teil seines „Novum organum" gewidmet, aber leider zählt eben dieser Teil seines Lebenswerkes zu den vergänglichen, zeigen sich hier am deutlichsten die Grenzen seiner Person und seiner Zeit.

So wie Bacon das bloße Spekulieren oder kontemplative Denken mit der Tätigkeit einer Spinne vergleicht, die aus ihrem eigenen Saft Netze spinnt, vergleicht er das rein empirische Vorgehen mit der Tätigkeit von Ameisen, die das Vorgefundene nur sammeln und verbrauchen. Er fordert vom Wissenschaftler die Eigenschaft der Bienen, die das gesammelte Material mit eigenen Kräften zu Honig verarbeiten.

Die Hauptgefahr sieht er offensichtlich darin, bei ungenügender Kenntnis weniger Tatsachen zu vorschnellen Verallgemeinerungen überzugehen. Lebhaft kritisiert er die Unbestimmtheit solcher Begriffe wie Substanz, Form, Schwere, das Flüssige, das Anziehen, die Elemente und andere Kategorien, auf denen die Aristotelische Naturlehre basiert. Dieses Mißtrauen geht bei Bacon so weit, daß er auch seine Zeitgenossen wie etwa William Gilbert kritisiert, der auf Grund seiner experimentellen Untersuchungen des Magnetismus eine allgemeine magnetische Theorie der Natur entwickelt hat.

Trotzdem vermag sich Bacon selbst noch nicht so weit von den scholastischen Auffassungen zu befreien, daß er nach neuen Kategorien der Naturwissenschaften sucht. Sein Bestreben läuft schließlich doch nur darauf hinaus, die Kategorien der alten Naturphilosophie neu und besser zu erforschen.

Bacon entwickelte deshalb als Leitfaden zur Erforschung der Natur eine induktive Methode, die sich das Ziel setzt, durch systematisches Sammeln und Verarbeiten des empirischen Materials zu tieferen Einsichten und zu neuen Entdeckungen und Erfindungen zu führen. Dazu empfiehlt Bacon folgendes Verfahren: Um bestimmte Erscheinungen zu untersuchen, sollen in drei Listen die darauf bezüglichen Beobachtungen und Ergebnisse von Experimenten gesammelt werden. In die erste Liste sind alle positiven Fälle aufzunehmen, bei denen die Erscheinung aufgetreten ist, in die zweite Liste die negativen Fälle, wo sie unter scheinbar verwandten Umständen ausgeblieben ist, und in die dritte Liste die graduellen Unterschiede ihres Auftretens. Aus diesen Listen, so stellt sich Bacon vor, könne man dann durch ein logisches Ausschließungsverfahren relativ einfach das Wesen der zu untersuchenden Erscheinungen ableiten.

Bacon selbst hat sein Verfahren bei der Untersuchung der Erscheinung „Wärme" demonstriert und bringt dabei in seinen Listen eine Fülle richtiger und falscher Beobachtungen, zusammengehöriger und zusammenhangloser Tatsachen in buntem Durcheinander. So etwa: warm sind die Sonnenstrahlen, auch die reflektierten, aber ohne Wärme die Strahlen der Kometen, der Sterne und des Mondes. Warm sind die Blitze, nicht aber das Wetterleuchten. Warm ist die eingeschlossene Kellerluft im Winter, kalt dagegen im Sommer. Warm sind stark geriebene Stoffe, die durch Blasebälge bewegte Luft aber wirkt kalt. Alle leblosen Körper sind von Natur aus kalt, alle lebenden aber warm, wobei diese Wärme durch Anstrengung, Fieber, Schmerzen und Mahlzeiten gesteigert wird usw.

Durch Vergleichen und Abwägen gelangt Bacon zu folgendem wortreichen Resultat: „Die Wärme ist eine ausdehnende und gehemmte Bewegung, die sich auf die kleineren Teile stützt. Die Ausdehnung wird verändert, indem der Umfang sich vergrößert und sie etwas
452 nach der Höhe strebt. Das Drängen in den Teilen be/stimmt sich näher dahin, daß es nicht ganz träge bleibt, sondern daß es gereizt ist und einen gewissen Antrieb hat. Was aber die Wirksamkeit anlangt, so ist sie dieselbe Sache; denn die nähere Bestimmung derselben

ist: Wenn man in einem Naturkörper eine Bewegung auf Erweiterung und Ausdehnung erregen könnte, und wenn man diese Bewegung so zurückdrängen und auf sich selbst richten könnte, daß jene Ausdehnung nicht gleichmäßig vor sich ginge, sondern teils geschähe, teils zurückgestoßen würde, so würde man unzweifelhaft Wärme erzeugen ohne Rücksicht darauf, ob der Körper, wie man sagt, elementar oder von den Himmelskörpern ausgestattet ist, ob er hell oder dunkel ist; ob locker oder dicht, ob örtlich ausgedehnt oder ob er innerhalb der Schranken der ursprünglichen Ausdehnung sich hält; ob er zur Auflösung neigt oder in seinem Zustand beharrt, ob er ein Tier oder eine Pflanze oder ein Stein ist; oder Wasser oder Öl oder Luft oder irgendeine andere Substanz, wenn sie nur der erwähnten Bewegung empfänglich ist."[25]

So bemerkenswert es uns heute erscheinen muß, daß Bacon die Wärme als Bewegung verstanden hat, ebenso deutlich geht aus seiner Formulierung hervor, daß sein Resultat viel zu unbestimmt ist, um die Naturwissenschaft bereichern zu können und sein Vorschlag zur Erzeugung von Wärme viel zu verschwommen, um zu praktischen Ergebnissen zu führen.

Im Gegensatz zu der tatsächlichen Entwicklung der Naturwissenschaft ist Bacon bei der Untersuchung der Wärmeerscheinungen nicht zu neuen Begriffen wie Temperatur, Wärmemenge, Wärmeleitung usw. vorgedrungen und konnte er auf Grund seines Verfahrens auch gar nicht dahin gelangen. Er war vielmehr unfähig, sich vom Begriffssystem der scholastischen Naturphilosophie zu lösen. Gleiches gilt von seinen Betrachtungen über Bewegung, Schwere usw. Er verfügte einfach nicht über genügend Fachkenntnisse auf dem Gebiet der Naturwissenschaften und Mathematik seiner Zeit, um als Wissenschaftler selbst zu neuen Erkenntnissen und Entdeckungen zu gelangen, ja er blieb sogar in wesentlichen Punkten hinter dem wissenschaftlichen Fortschritt seiner Zeit zurück und hat die Leistungen der großen Naturforscher seiner Zeit wie Kopernikus, Galilei, Kepler, Gilbert, Harvey kaum gekannt und vielfach abgelehnt. Mit Recht ist von modernen Kritikern darauf hingewiesen worden, daß Bacon kein Verständnis für die Bedeutung der bereits zu seiner Zeit entstehenden mathematischen Methode in der Naturwissenschaft gezeigt hat.[26]

Wie eingangs betont, war Bacon weder Naturwissenschaftler noch Mathematiker, auch kein Handwerker oder Künstler, sondern Jurist und stammte aus einer Juristenfamilie. Das Verfahren Bacons gleicht viel eher dem Vorgehen eines Juristen, der durch die Vernehmung von Be- und Entlastungszeugen und durch Vergleich mit der Rechtsprechung in früheren ähnlich gelagerten Fällen zur Entscheidung gelangt, als dem eines beobachtenden, experimentierenden und rechnenden Naturwissenschaftlers und konnte ebendeshalb auch nicht zur Richtschnur naturwissenschaftlicher Forschung werden.[27] Jede enthu-
453 siastische Beurteilung von / Bacons wissenschaftlichen Leistungen ist in dieser Beziehung fehl am Platze.

Trotzdem wäre es falsch, Bacon jeden Platz in der Geschichte der Wissenschaft, auch der Naturwissenschaft, abzuerkennen. Er hat ihr ganz zweifellos in einer Zeit gewaltiger gesellschaftlicher Umwälzungen, in der Übergangsperiode vom Feudalismus zum Kapitalismus, neue weittragende Perspektiven und Ziele eröffnet und auf Grund seiner eigenen

[25] Novum organum II, 20, in: The works, Bd. 1, S. 266—268.

[26] Vgl. E. J. Dijksterhuis, Die Mechanisierung des Weltbildes, Berlin—Göttingen—Heidelberg 1956, S. 447.

[27] J. v. Liebig bemerkt in seiner sehr scharfen und einseitigen Kritik Bacons mit Recht: „Das Verfahren Bacons hört auf unverständlich zu sein, wenn man sich daran erinnert, daß er Jurist und Richter ist, und daß er einen Naturprozeß genau wie eine Zivil- und Kriminalsache behandelt." (J. v. Liebig, Reden und Abhandlungen, Leipzig—Heidelberg 1874, S. 233.)

materialistischen Einstellung den vielfachen Bestrebungen seiner Zeit einen richtigen weltanschaulichen Ausgangspunkt gegeben. Sein Ruf nach systematischem Sammeln, Beobachten und Experimentieren, seine Warnung vor der reinen Spekulation und dem bloßen Bücherstudium sind nicht ungehört verhallt, sondern von seinen Zeitgenossen und Nachfolgern aufgegriffen, weitergetragen und weiterentwickelt worden.

## 5. Wissenschaft und Gesellschaft

Bacon, der ein so umfangreiches Programm wissenschaftlicher Forschung entwarf und der Wissenschaft so große Ziele und Aufgaben wies, wurde sich sehr bald darüber klar, daß diese Aufgabe nur durch eine entsprechend organisierte Arbeit vieler Wissenschaftler in einem längeren Zeitraum gelöst werden könnte und zu ihrer Lösung auch entsprechender Einrichtungen bedurfte.

Schon als Dreiunddreißigjähriger schlägt er in einer anläßlich einer Feier gespielten Aufführung einem Phantasieregenten zur Förderung der Wissenschaft vor: 1. eine umfassende Bibliothek, 2. einen umfassenden botanischen und zoologischen Garten, 3. ein riesiges Raritätenkabinett und 4. ein großes Schmelzhaus oder Laboratorium zu errichten.[28]

Bacon hat später seine Gedanken über die Organisation der wissenschaftlichen Arbeit, d. h. über die Formen, in denen sie seiner Ansicht nach durchgeführt werden sollte, in einer utopischen Schrift „Nova Atlantis" eingehender entwickelt. Durch widrige Winde werden Seefahrer an eine unbekannte Insel verschlagen, wo sie als bemerkenswerte Einrichtung das Haus Salomons kennenlernen, ein Orden oder eine Gesellschaft des Landes, deren Ziel es ist, „die Veränderungen in der Natur und die Naturkräfte zu erforschen und die Grenzen der menschlichen Macht soweit wie möglich auszudehnen"[29]. Die Einrichtungen des Hauses Salomons bestehen in künstlich angelegten Höhlen zur Untersuchung von Mineralien und in Bergen mit Türmen zur Untersuchung von meteorologischen Erscheinungen. In dem Hause Salomons gibt es weiter mannigfache botanische und zoologische Gärten mit Teichen und Flüssen, Brauereien, Bäckereien und Küchen, Apotheken und Bäder, Fabrikationsstätten für Papier, Leinen, Seide, Farbe und andere Produkte, Häuser mit verschiedenartigen Herden und Öfen, ein „Perspektivhaus" zur Untersuchung optischer Erscheinungen, eine umfangreiche Mineraliensammlung, ein „Tonhaus" zur Untersuchung der akustischen Erscheinungen und der Musik, ein „Parfümhaus" mit einem angeschlossenen Haus für Konfitüren zur Untersuchung und Herstellung verschiedenartiger Gerüche und Aromen sowie von Süßspeisen, Weinen, Brühen und Sala-
454 ten, ein Maschinenhaus für mechanische Einrichtungen mit Waffen, Schießpulver und /
Feuerwerk, in dem Flugmaschinen, Unterseeboote und verschiedene Uhrwerke vorhanden sind sowie die Bewegungen von Lebewesen nachgeahmt werden durch Modelle von Menschen, Tieren, Vögeln, Fischen und Schlangen, ein Mathematikerhaus mit geometrischen und astronomischen Instrumenten und schließlich ein Haus der „Sinnestäuschung", wo alle Arten von Zauberkunststücken, Tricks und Illusionen vertreten sind. Kurz, in diesem Haus Salomons lacht die Materie „in poetisch-sinnlichem Glanze den ganzen Menschen an", wie Marx über den naiven Materialismus Bacons bemerkt hat.[30]

---

[28] Vgl. B. Farrington, Francis Bacon, a. a. O., S. 35/36.
[29] Vgl. F. Bacon, Neu-Atlantis, a. a. O., S. 60, The works, Bd. 3, S. 165.
[30] F. Engels und K. Marx, Die heilige Familie, a. a. O., S. 135.

Die Mitglieder des Hauses haben genau festgelegte Funktionen und Aufgaben. Zwölf sammeln in der ganzen Welt Bücher und Muster neuer Konstruktionen. Weitere sammeln die in Büchern und Schriften enthaltenen Experimente und stellen selbst neue Versuche an. Drei stellen aus diesem Material die oben erwähnten Listen zusammen, und weitere ziehen daraus die Schlußfolgerungen oder geben neue Experimente an. Die letzten und höchsten Mitglieder fassen die Ergebnisse schließlich nach Beratungen mit allen übrigen Mitgliedern als „Deuter der Natur" in Axiomen und Aphorismen zusammen. Ferner gibt es im Haus Salomons Assistenten, Lehrlinge und Arbeiter. Kurz, wir haben einen Apparat vor uns, der sich in seiner abstrakten Struktur, die sich nicht nach Fachgebieten, sondern nach Aufgabenbereichen gliedert, durchaus in den Grenzen einer höfisch gegliederten Einrichtung bewegt. Auch und gerade in dieser Beziehung schreibt Bacon über die Wissenschaft wie ein Staatsmann seiner Zeit.

Noch ist in der „Nova Atlantis" keineswegs die Rede davon, daß alle Menschen in irgendeiner Form an der wissenschaftlichen Arbeit Anteil nehmen sollten, im Gegenteil: die wissenschaftliche Forschung selbst wie ihre Ergebnisse bleiben zunächst ein Geheimnis der Eingeweihten, worüber diese zu strengem Stillschweigen verpflichtet sind. Nicht einmal dem König und Senat des utopischen Staates wird alles mitgeteilt, geschweige denn der einfachen Bevölkerung.[31] Bacon ist offensichtlich der Meinung, daß sein hohes, ethisches Ziel, die Lage der Menschen zu verbessern, auf diese Weise von selbst erreicht wird. „Möge nur das menschliche Geschlecht erst sein Recht über die Natur wiedergewinnen ... und möge es dieses Recht voll ausüben, den rechten Gebrauch wird dann die rechte Vernunft und die gesunde Religion schon bestimmen" heißt es im „Novum organum".[32]

Bacon sieht nicht, daß das Recht zur Herrschaft über die Natur, von dem er spricht, nur dann zum Segen führt, wenn es allen Menschen und nicht nur der herrschenden Klasse erkämpft wird, und daß dazu auch eine entsprechende Änderung der Gesellschaftsordnung erforderlich ist.

Bacon war kein Puritaner, sondern Monarchist und hat sich dementsprechend mit seinen Forderungen und Wünschen nicht an die Handwerker und Künstler seiner Zeit, nicht einmal an die englische Kaufmannschaft und die anderen kapitalistischen Kreise seines Landes gewendet, sondern sowohl unter Elisabeth wie unter Jacob I. an den Hof und den absoluten Herrscher selbst. Sein Hauptwerk, die „Instauratio magna", ist König Jacob I. gewidmet. In dieser Widmung trägt Bacon seinem Herrn unter den schmeichelhaftesten Vergleichen und Hinweisen die Bitte vor, für die Ausarbeitung und Vollendung seiner
455 „auf Versuche sich / stützenden Naturbeschreibung" zu sorgen. Bacon blieb auch in dieser Beziehung in den Grenzen seines Herkommens und seines Amtes.

Trotzdem haben seine Bestrebungen Früchte getragen, wurde das von ihm proklamierte Recht der Menschen zur Herrschaft über die Natur und wurden seine Anregungen zu neuen Formen wissenschaftlicher Arbeit von den herrschenden Klassen im Rahmen ihrer Interessen anerkannt.

Die politischen Ereignisse in England haben die Verwirklichung seiner Pläne gleichzeitig verzögert wie heranreifen lassen. Aus privaten Gesellschaften von Gelehrten entstand im Jahre 1662 durch königliche Order *The Royal Society of London for Improving Natural Knowledge*, in deren Statut festgelegt ist, „die Aufgabe der königlichen Gesellschaft ist es, die Kenntnis aller natürlichen Dinge und aller nützlichen Künste, Manufakturen, mechanische Praxis, Maschinen und Erfindungen durch Experimente zu verbessern —

---

[31] Vgl. F. Bacon, Neu-Atlantis, a. a. O., S. 75, The works, Bd. 3, S. 165.
[32] Novum organum I, 129, in: The works, Bd. 1, S. 223.

(nicht sich zu befassen mit der Gotteslehre, Metaphysik, Moral, Politik, Grammatik, Rhetorik und Logik)“[33].

Zur Eröffnung wie zur Feier der ersten fünf Jahre des Bestehens der *Royal Society* wurde von den Zeitgenossen ausdrücklich auf Bacon als Initiator der experimentellen Wissenschaft wie ihrer Organisation ehrenvoll hingewiesen.

Allerdings hatte sich in der Zwischenzeit die englische Gesellschaft weiterentwickelt. Der Kapitalismus hatte sich auch politisch gegen die Restaurationsversuche des in- und ausländischen Feudalismus sowie gegen die Umsturzversuche des ländlichen und städtischen Proletariats durchgesetzt. In der Folgezeit bemächtigten sich als Nachfolger der Kirche die herrschenden Klassen (der neue Adel und die Kaufmannschaft) der neuen weltlichen Wissenschaft immer vollständiger und förderten sie im Rahmen ihrer Interessen. Die Naturforschung wurde salonfähig. In der Mitte des 18. Jahrhunderts besaß jeder Hof, der etwas auf sich hielt, eine eigene Akademie der Künste und Wissenschaften. Fürsten beschäftigten sich in ihren Mußestunden mit Experimenten. Damen der Gesellschaft besuchten wissenschaftliche Vorträge und Schaustellungen, die naturwissenschaftliche Forschung galt als standesgemäße Beschäftigung für die Freizeit des englischen Gentleman. Diese ganze Entwicklung hat sich vielfach auf den Kanzler Bacon als ihren Initiator berufen.

Es würde zu weit führen, hier die positiven und negativen Seiten der Wechselbeziehungen zwischen Gesellschaft und Wissenschaft in den Jahrzehnten nach Bacon zu verfolgen. Es sei nur bemerkt, daß eine Änderung erst eintrat, als das Bürgertum zu uneingeschränkter politischer und wirtschaftlicher Macht gelangte, und daß erst heute, wo in den sozialistischen Ländern die Ausbeutung des Menschen durch den Menschen beseitigt ist, das von Bacon proklamierte Recht des Menschen zur Herrschaft über die Natur ein allgemeines Menschenrecht und die Wissenschaft zum Besitz der ganzen Gesellschaft geworden ist.

Es versteht sich von selbst, daß der Wissenschaft damit neue Perspektiven eröffnet sind, daß sie neue Methoden und neue Formen wissenschaftlicher Arbeit entwickelt und auf neue größere Bereiche des menschlichen Daseins übergegriffen hat. Seit Marx und Engels ist nicht nur das Reich der Natur, sondern auch das Reich der Gesellschaft, Geschichte und Wirtschaft der Wissenschaft erschlossen.

Die neue Wissenschaft, von der Bacon geträumt hat, die er zeit seines Lebens propagierte
456 und deren Ziele er bestimmte, kommt erst heute in veränderter Form / in den sozialistischen Ländern zum vollen Durchbruch. In der Übergangsperiode vom Feudalismus zum Kapitalismus, in der Bacon lebte, trat ihre Zielsetzung, der Menschheit ein besseres und leichteres Leben zu ermöglichen, deutlicher hervor als Jahrzehnte und Jahrhunderte später, wo die Naivität und Jugendfrische der neuen Ansätze der Reife der bürgerlichen Gesellschaft weichen mußten und idealistische Entstellungen und Auffassungen wieder Boden gewonnen hatten.

Es liegt klar auf der Hand, daß Bacons philosophische Ansichten, seine Konzeption von der Bedeutung der Wissenschaft für das praktische Leben vollständig der fortschrittlichen Entwicklung der Produktivkräfte und Produktionsverhältnisse des damaligen England entsprachen. In religiösem Gewand, wie es der Denkweise seiner Zeit und seines Landes entspricht, hat Bacon diesen Zusammenhang sogar selbst zum Ausdruck gebracht. Auf dem Titelkupfer seines Hauptwerkes, der „Instauratio magna“, ist ein Dreimaster abgebildet, der zwischen zwei Säulen hindurchfährt, die man sowohl als die Säulen des

[33] Zitiert nach: J. D. Bernal, Science in history, London 1954, S. 317 (Die Wissenschaft in der Geschichte, Berlin 1967 [3. Aufl.], S. 285).

Herkules wie auch, nach Bacons Erläuterung im Vorwort, als die zwei gefährlichen Hindernisse ansehen soll, die die Menschen abhalten, in den Ozean des Wissens hinauszusegeln: die Überschätzung des gegenwärtigen Zustandes und die Unterschätzung ihrer Macht, ihn zu verbessern. Darunter befindet sich folgender Bibelspruch: „multi pertransibunt et augebitur scientia" („Viele werden hin- und hereilen, und die Wissenschaft wird zunehmen", Daniel XII, 4). Bacon sieht in dieser Bibelstelle eine Bestätigung dafür, „daß die Durchwanderung der Welt, die nach so vielen langen Seereisen beinahe erreicht ist oder wenigstens nahe bevorsteht, und der Neuanfang der Wissenschaft in dasselbe Zeitalter fallen werden"[34]. Ist hier genau genommen auch zunächst nur von einer zeitlichen Koexistenz und noch nicht von einer gegenseitigen Bedingtheit und einem inneren Zusammenhang die Rede, so werden diese aber jedenfalls nicht ausgeschlossen.

Rückblickend können wir heute feststellen, daß Bacon mit seiner neuen Konzeption von der Wissenschaft den Weg eingeschlagen hat, der uns heute befähigt, diesen Zusammenhang zu erkennen und auf diese Weise dazu beizutragen, das Königreich der Menschen herbeizuführen, das Bacon sich erhoffte.

---

[34] Novum organum I, 93, in: The works, Bd. 1, S. 200.

# Galilei und sein Kampf gegen die aristotelisch-scholastische Naturlehre*

14 Werk und Wirken von Galilei haben in der historischen Forschung keineswegs eine so einhellige Beurteilung gefunden, wie man wohl zunächst annehmen mag. Während man einerseits die Grundsätze der heute sogenannten klassischen Naturwissenschaft unbedenklich als „galileisch" bezeichnet und in diesem Sinne vom galileischen Relativitätsprinzip, von galileischer Mechanik usw. spricht, weisen moderne Wissenschaftshistoriker solche Bezeichnungen als historisch unbegründet zurück und sprechen von einem „Galilei-Mythos".

Das Bemühen der Historiker, die Ursprünge und Quellen aufzuspüren, neue Gedanken und Einsichten auf ältere zurückzuführen, birgt die Gefahr, das Neue zerfließen zu lassen und zum Verschwinden zu bringen. So läßt sich etwa nachweisen, daß Galilei auf die Impetus-Theorie des 14. Jahrhunderts zurückgreift, daß er wichtige Einsichten dem venezianischen Mathematiker Giovanni Battista Benedetti verdankt und daß er andererseits wesentlich neue, weiterführende Ansichten und Erkenntnisse Keplers nicht berücksichtigt und mißachtet hat. Die berühmten Fallversuche am Schiefen Turm zu Pisa sind historisch nicht beglaubigt.

Ebenso verschieden werden auch Galileis methodische Errungenschaften beurteilt oder, fast könnte man in einigen Fällen sagen, bezweifelt. Auf eine Periode, in der man Galileis Vorgehen im Sinne des Positivismus interpretierte, folgt heute, besonders durch Koyré in Paris der Versuch, ihn als spekulativ denkenden, metaphysisch orientierten Wissenschaftler hinzustellen, der dem Experiment und der Erfahrung nur eine sekundäre Bedeutung beigemessen habe.[1]

Angesichts der Tatsache, daß Galilei das Trägheitsgesetz, das klassische Relativitätsprinzip und die Begriffe gleichförmige und beschleunigte Bewegung noch nicht exakt formuliert hat, gesteht Dijksterhuis geradezu, daß man sich heute nicht einig darüber
15 sei, / worin Galileis Größe eigentlich bestehe und welches seine Beiträge zur Naturwissenschaft gewesen seien.[2]

Die neueren Forschungen haben trotz ihrer Widersprüchlichkeit dazu beigetragen, unser Bild von den großen Auseinandersetzungen um die Geburt einer neuen Wissenschaft, von der wissenschaftlichen Revolution, die sich im 16. und 17. Jahrhundert vollzog, reicher und lebendiger zu machen. Sie haben deutlich werden lassen, daß das Neue auch in der Wissenschaft nicht in vollendeter Gestalt unvermittelt zutage tritt, sondern mit Schmerzen geboren wird und neben Richtigem auch manches Falsche und zu Korrigierende

---

* Erschienen in: Galileo Galilei. 1564—1964. Akademische Festveranstaltung der Friedrich-Schiller-Universität anläßlich der 400. Wiederkehr des Geburtstages des großen italienischen Gelehrten. Jenaer Reden und Schriften, Jena 1964, S. 14—44. (Einige geringfügige Kürzungen der Herausgeber.)

[1] A. Koyré, Galileo and Plato, in: Journal of the history of ideas 4 (1943), S. 400—428.

[2] E. J. Dijksterhuis, Die Mechanisierung des Weltbildes, Berlin — Göttingen — Heidelberg 1956, S. 371.

hervorbringt. Die vereinfachte, fast naive Vorstellung, wie sie im 19. Jahrhundert unter dem Eindruck des Siegeszuges der klassischen Naturwissenschaft und eines mechanischen Weltbildes auch in bezug auf die historischen Zusammenhänge hervortrat und die gelegentlich an Schwarz-Weiß-Malerei erinnerte, ist durch ein vielfältiges, lebensnahers Bild abgelöst worden.

So enthüllt uns die moderne Galilei-Forschung das Bild eines Gelehrten, der die Grenze vom Alten zum Neuen überschreitet, und je nach den Wertmaßstäben und der ideologischen Haltung der Historiker erscheint Galilei bald mehr, bald weniger in alte Vorstellungen verstrickt, bald als Suchender, bald als der echte Neuerer und Entdecker.

Galilei hat seine neuen Erkenntnisse erst relativ spät gewonnen und erst als Greis im Alter von vierundsiebzig Jahren einigermaßen zusammenfassend dargestellt, nachdem er sich jahrzehntelang mit dem Plan zu einem solchen Werk getragen hatte. In seinen verschiedenen Schriften lassen sich deutlich verschiedene Etappen in der Loslösung von den traditionellen Vorstellungen und Begriffen und damit in der Gestaltung des Neuen erkennen, und dabei nicht wenig Unfertiges und Widersprüchliches oft sogar in dem gleichen Werk. Wie ein roter Faden aber zieht sich durch alle Schriften und Äußerungen Galileis der Kampf gegen das Alte, Überlebte, gegen die peripatetische Naturlehre, wie sie zu seiner Zeit als offizielle Wissenschaft an den Universitäten und von der Kirche gelehrt wurde. Die Prinzipien und Sätze der neuen Naturwissenschaft sind nicht, wie es später Descartes von sich behauptet hat, ohne Bezugnahme auf das Alte entstanden, sondern in fortgesetztem unermüdlichem Kampf, in ständiger aktiver und leidenschaftlicher Auseinandersetzung mit dem Alten. Das ist in allen Werken Galileis spürbar, so wie sich die Auseinandersetzung mit der bürgerlichen Philosophie und Weltanschauung durch alle Werke und Schriften von Marx, Engels und Lenin hindurchzieht. Die Klassiker des Marxismus-
16 Leninismus ebenso wie Galilei als Klassiker der / neuen Naturwissenschaft haben polemische Schriften geschrieben und sind in diesem Kampf, in dieser Polemik zu der Reife gelangt, die ihr Werk auszeichnet.

Die Wirkung Galileis, seine entscheidende Rolle bei der Geburt der Naturwissenschaft beruhen außer auf seinen wissenschaftlichen Erkenntnissen gerade auf dieser bewußten und aktiven Auseinandersetzung mit dem Alten, die die Gegensätze deutlich und das Neue sichtbar werden ließ. . . .

Die wissenschaftliche Revolution des 16. und 17. Jahrhunderts vollzog sich vor dem Hintergrund einer Entwicklung der Produktivkräfte, die vom Handwerk zur Manufaktur führte und auf der Grundlage der Geldwirtschaft mit zunehmender Warenproduktion und weitgehender Verwendung der Wasserkraft als Energiequelle verbunden war. Der innere Zusammenhang beider Entwicklungen drückt sich im großen gesehen in einer bedeutenden Annäherung, ja Verbindung von Wissenschaft und Produktion, von Theorie und Praxis aus und zeigt sich konkret darin, daß praktische Bedürfnisse ebenso wie eine Unsumme neuer praktischer Erfahrungen und Kenntnisse — ich erinnere nur an die Auswirkungen der großen Entdeckungsreisen — nach wissenschaftlicher Behandlung und Bewältigung drängten. Der Gegenstand der traditionellen Wissenschaft erwies sich immer deutlicher als zu eng und zu begrenzt, und ebenso erwies sich die praktische Erfahrung, das bloße Rezeptwissen, als unzureichend für die Entwicklung der Maschinen, Geräte und Verfahren, die in der Manufaktur zur Anwendung kommen.

Galilei steht keineswegs am Anfang dieser Entwicklung, aber an ihrer entscheidenden Wende. Theoretisches Denken und praktische Erfahrung konnten erst dann eine Verbindung eingehen, als beide entsprechend ausgereift waren. Die Denker mußten Interesse und Verständnis für die Praxis, die Praktiker mußten ein Bedürfnis nach systematisiertem und

begründetem Wissen entwickeln. Anfangs stand dem einerseits das enge ökonomische Interesse des Handwerkers und Zünftlers entgegen, der seine Zunftgeheimnisse nicht lüften wollte und konnte, und andererseits das Werturteil von Denkern, die alles Irdische geringschätzen. Aber unter dem Eindruck der ökonomischen Entwicklung fanden sich
17 Denker — freilich nicht unter / den Gelehrten der Universitäten —, die die Produktion und die antike Wissenschaft literarisch entdeckten und darzustellen begannen, und Praktiker — auch hier keineswegs unter den Zunftmeistern —, die anfingen, theoretisch nach Gründen und Ursachen zu fragen und ihre Gedanken niederzuschreiben. Solche Männer fanden sich unter den Humanisten, soweit sie nicht im philologisch-literarischen Bereich befangen blieben — ich nenne den Deutschen Georg Agricola —, und unter den zuerst in Italien aufkommenden Artefici, d. h. Künstlern und Handwerkern, die wie Leonardo da Vinci zugleich als Baumeister, technische Berater und Erfinder an den Höfen der Kleinstaaten oder im Dienste von Städten tätig waren. Die Bezeichnung Ingegnero taucht erstmalig Ende des 15. Jahrhunderts in Italien auf. Die Tätigkeit dieser dem Neuen aufgeschlossenen Männer führte zur Entwicklung neuer Wissensgebiete, die von ihnen gelegentlich direkt als „neue Wissenschaften" bezeichnet wurden und neben den traditionellen Bereichen der an den Universitäten gelehrten Fächer standen. Von der respektablen, offiziellen Wissenschaft wurden diese neuen Wissenschaften nicht zur Kenntnis genommen, wie sie ihrerseits von der offiziellen Naturlehre nur gelegentlich Notiz nahmen.

Je mehr dieses systematisierte Wissen auf neuen Gebieten zunahm und nach theoretischer Fundierung verlangte, um so weniger konnten die beiden Bereiche einander ignorieren. Die Artefici mußten sich mit der traditionellen Wissenschaft auseinandersetzen, und die Schulgelehrten konnten ihrerseits an dem neuen Wissensstoff nicht vorübergehen. In der offiziellen Wissenschaft kam es vielfach zu einer kritiklosen, enzyklopädischen Sammlertätigkeit, der ein Maßstab für wahr und falsch fehlte. Die Außenseiter fingen an, gegen die Lehren von Aristoteles aufzutreten. Ich erinnere als Beispiele an Paracelsus und an Pierre de la Ramé, der an der Sorbonne die These verteidigte: „Alles, was Aristoteles geschrieben hat, ist falsch" und bei den Ereignissen der Bartholomäus-Nacht ermordet wurde. Damals war Galilei acht Jahre alt.

Die Gegensätze verschärften sich weiter, als die Anhänger des Neuen begannen, die Lehrsätze der peripatetischen Naturlehre nicht nur allgemein, sondern im einzelnen und konkret zu kritisieren, und als die Schulgelehrten unter dem Einfluß der Gegenreformation darangingen, auch in Einzelfragen stets den prinzipiellen, scholastischen Kern herauszufinden und zu verteidigen.

Letzteres lag insofern nahe, als die peripatetische Naturlehre einen festen Bestandteil des theologischen Lehrgebäudes der Scholastik bildete und mit der christlichen Weltan-
18 schauung des Feudalismus / und den ihr innewohnenden Werturteilen unmittelbar verbunden war. Dem prinzipiellen Unterschied zwischen Himmel und Erde, zwischen himmlischen und irdischen Erscheinungen, entsprach ein prinzipieller Unterschied zwischen himmlischen und irdischen Stoffen sowie den ihnen von selbst zukommenden sogenannten „natürlichen" Bewegungen. Das Himmlische galt als unveränderlich und unzerstörbar, das Irdische als vergänglich und unbeständig. Himmel, Gott, Unsterblichkeit und Unveränderlichkeit galten als hoch erhaben über alles Irdische und Vergängliche, die Erde als die Hefe, der Bodensatz des Universums. Derselben Rangordnung von Werten begegnen wir in der ständischen Gliederung der feudalen Gesellschaft, die damit in der Naturlehre zugleich ihre natürliche und göttliche Rechtfertigung erfuhr oder vielmehr, und genauer gesagt, deren Gliederung in die Religion und Naturlehre hineinprojiziert worden war.

Ein enger Zusammenhang bestand auch zwischen den einzelnen Bereichen der peripatetischen Naturlehre. Dem geozentrischen Weltbild entsprach der Mechanik die „natürlichen“ und „erzwungenen“ oder „gewaltsamen“ Bewegung, die Lehre von der Substanz und ihren Akzidentien, von Materie und Form, die Annahme von verborgenen Qualitäten sowie von inneren und äußeren Prinzipien usw. Und schließlich galt in Umkehrung der tatsächlichen Zusammenhänge dieses System philosophischer Axiome und Prinzipien auch in dem Sinne als primär, als eine Änderung oder Umgestaltung dieser Prinzipien einen Umsturz in der Natur selbst herbeiführen mußte und damit die Ordnung und Harmonie der Natur gefährdete. In seinem berühmten „Dialog über die beiden hauptsächlichsten Weltsysteme“ läßt Galilei den Vertreter der peripatetischen Naturlehre entsetzt rufen: „Diese philosophische Methode . . . bringt den Himmel, die Erde und das ganze Weltall in Unordnung und zertrümmert sie.“[3]

Auch in dieser Beziehung wurde somit die Gefahr für die gesellschaftliche Stabilität in die Vorstellung von der Natur und die Gefährdung ihrer Stabilität hineinprojiziert.

Diese Geschlossenheit des christlichen Weltbildes und der peripatetischen Naturlehre machte sie zugleich anfällig, empfindlich und hellhörig gegen Veränderungen in einzelnen ihrer Prinzipien, Denkformen und Werturteilen, so daß jede Neuerung von vornherein verdächtig war und den Widerstand der ganzen Kaste der Schulgelehrten hervorrufen mußte, wie andererseits ein Angriff oder auch nur ein Zweifel in einer Einzelfrage zum Zweifel und Angriff auf das Ganze führen mußte und geführt hat. /

19 Dieser Situation sah sich Galilei gegenüber, als er anfing, selbständig wissenschaftlich zu denken und zu forschen. Auf Wunsch seines Vaters, eines Kaufmanns und Kunstfreundes, begann Galilei 1581 in Pisa Medizin zu studieren. Er wendete sich aber vor Abschluß des Studiums den mathematischen Wissenschaften zu, die damals Arithmetik, Geometrie, Astronomie und Musiklehre umfaßten. Anschließend ergänzte er seine Ausbildung an der Kunstakademie von Florenz bei dem Mathematiker Ostilio Ricci. Man kann diese *Accademia del Disegno*, die 1571 sogar in den Rang einer Universität erhoben worden war, als frühen Vorläufer technischer Bildungsanstalten bezeichnen. Der Unterricht wurde in italienischer Sprache erteilt und umfaßte solche Fächer wie Anatomie, Architektur und Perspektive, Militärtechnik, Straßen-, Kanal- und Brückenbau, Maschinenkunde und Zeichnen, die an den Universitäten nicht gelehrt wurden. Die Schüler und Studenten rekrutierten sich aus den Kreisen der Künstler und Kaufleute. Die Absolventen traten vorwiegend als Künstler, Artefici und Ingegneri in den Dienst der zahlreichen Höfe und Städte Italiens. Als Galilei 1589 eine bescheidene Lehrtätigkeit an seiner Heimatuniversität Pisa aufgenommen hatte, hat er ebenso wie später an der Universität Padua neben seiner Tätigkeit als Hochschullehrer für Mathematik zahlreiche Schüler, darunter viele Ausländer, privat in den Fächern ausgebildet, die nicht in den Bereich der offiziellen Wissenschaft eingeschlossen waren. Zugleich betrieb er zeitweise eine kleine Werkstatt, in der wissenschaftliche Instrumente für den Verkauf angefertigt wurden. Von größeren technischen Konstruktionen kennt man eine Bewässerungsmaschine, für die Galilei im venezianischen Gebiet eine Art Schutzrecht besaß.

Aus der Zeit seiner Lehrtätigkeit in Pisa und Padua stammen die ersten Schriften Galileis, vielfach in Form von Skripten, die von seinen Schülern angefertigt und in einzelnen Exemplaren weit über Italien hinaus verbreitet worden sind. Gleichzeitig hat er selbst ganz im Sinne der Artefici versucht, Ansehen und Einkommen durch die Erfindung und Konstruktion mathematischer Instrumente zu erlangen. Als Frucht seines Studiums an der Kunstakademie erschien eine Schrift, in der die Konstruktion einer hydrostatischen

---

[3] Le opere di Galileo Galilei. Edizione nazionale (20 Bde.), Florenz 1890—1909 (im folgenden: Ed. nazionale), Bd. 7, S. 62.

Waage zur Bestimmung des spezifischen Gewichtes von Metallegierungen beschrieben wird. Einige Jahre später konstruierte er einen Proportionalzirkel. Solche Instrumente, die damals in verschiedenen Ausführungen auftauchten, erlaubten es, als Verbindung einer Meßvorrichtung mit darauf angebrachten Teilungen bestimmte häufig vorkommende und zeitraubende Rechnungen direkt abzulesen und gleichzeitig einfache Feldmessungen auszuführen. Im Jahre 1609 hat Galilei bekanntlich das Fernrohr nacherfunden und als erster
20 die / Gestirne damit beobachtet. Er hat das Thermoskop, einen Vorläufer des Thermometers, erfunden und noch gegen Ende seines Lebens die Anregung zur Konstruktion der Pendeluhr gegeben.

Aber Galilei war kein einfacher Arteficio oder Ingegnero, er war zugleich als Hochschullehrer ein in den offiziellen Wissenschaften bewanderter und mit ihren Methoden vertrauter Gelehrter, ein Forscher also, der die Praxis kannte und schätzte und zugleich dem theoretischen Denken und Abstrahieren verbunden war. Er teilte weder den Standesdünkel der Schulgelehrten noch den flachen Empirismus der Praktiker und war deshalb in der Lage, klarer als die Artefici zu erkennen, daß die Praxis der theoretischen Fundierung bedurfte, und klarer als die Schulgelehrten zu verstehen, daß die aristotelisch-scholastische Naturlehre bei der Gegenüberstellung mit den praktischen Erfahrungen versagte. Damit erreichte das bei den Artefici erwachte Bedürfnis nach neuen Wissenschaften den entscheidenden Punkt, wo es nicht mehr allein um zusätzliche Wissenschaften ging, sondern um eine andersartige, qualitativ neue Naturwissenschaft.[4]

Der Kampf war unvermeidlich geworden und entfaltete sich auf der ganzen Front der peripatetischen Naturlehre.

Dabei traten bekanntlich zwei eng miteinander zusammenhängende Gebiete in den Vordergrund: die Astronomie und die Mechanik oder, genauer gesagt, die Lehre von der Bewegung. Die Astronomie, weil in der an die christliche Religion gebundenen Naturlehre hier der weltanschauliche Aspekt mit seinen Werturteilen besonders hervortrat, die Bewegungslehre, weil die Ortsbewegung wohl die allgemeinste physikalische Erscheinung ist, mit der wir uns täglich zu befassen haben. Der Zusammenhang beider Gebiete ergibt sich aus der Tatsache, daß sich auch die Himmelskörper bewegen und die Vorstellungen über Raum und Zeit beide Gebiete gemeinsam betreffen.

Galileis bedeutendste Werke sind Streitschriften, in denen er sich mit den Peripatetikern, wie er selbst seine Gegner bezeichnet, wieder und wieder auseinandersetzt. Das gilt für seinen berühmten „Dialog über die zwei hauptsächlichsten Weltsysteme, das ptolemäische und das kopernikanische“ ebenso wie für die vorher entstandenen Briefe über die Sonnenflecke und den „Saggiatore“ und noch für sein letztes umfassendes Werk, die „Unterredungen und mathematischen Demonstrationen über zwei neue Wissenschaften“. Galilei scheut sich dabei nicht, geduldig auf die unsinnigsten Argumente seiner Gegner
21 einzu/gehen — so etwa auf die Behauptung, die Erde müsse Gelenke haben wie die Tiere, um sich bewegen zu können —, und widerlegt sie gründlich. Mit beißendem Spott und Ironie versteht er es, seine Gegner der Lächerlichkeit preiszugeben, ohne jemals in platte Beschimpfungen auszuarten oder in den hochtrabenden Ton gelehrter Disputationen zu verfallen. Galilei läßt sich keine Gelegenheit entgehen, Widersprüche innerhalb der peripatetischen Naturlehre aufzudecken, und liebt es, den Gegner zunächst in seinen Argumenten zu bestärken, um ihn dann womöglich selbst deren Haltlosigkeit entdecken zu

[4] In den „Discorsi“ erklärt Galilei in bezug auf die Bewegungslehre ganz unumwunden: „Über einen sehr alten Gegenstand bringen wir eine ganz neue Wissenschaft.“ (Ed. nazionale, Bd. 8, S. 190.)

lassen — ein Verfahren, das er nach dem Bericht von Teilnehmern auch bei mündlichen Auseinandersetzungen anwendete und meisterlich beherrschte. Er nennt sich selbst einmal einen „Bezwinger von Gehirnen" (cozzon di cervelli), der es verstehe, seine Gegner zum Eingeständnis der Wahrheit zu bewegen.[5]

In diesen ständigen Diskussionen, bei denen es nicht nur um fachliche Einzelprobleme, sondern ebensosehr um philosophische und religiöse Fragen geht, in dieser über Jahrzehnte geführten Polemik bilden sich die großen wissenschaftlichen Erkenntnisse Galileis auf den Gebieten der Astronomie und Bewegungslehre, formiert sich aber auch seine wissenschaftliche Weltanschauung und seine neue wissenschaftliche Methode.

Von den ersten Schriften über die Bewegung aus den Universitätsjahren in Pisa bis zu den reifen Alterswerken des erblindeten Greises läßt sich ein ständiger Reifungsprozeß verfolgen, in dessen Verlauf Galilei die offizielle Schulmeinung der Peripatetiker ebenso überwand und überwinden mußte wie die in den Kreisen der Artefici verbreitete Impetus-Lehre der Spätscholastik und die Denkweise des 14. Jahrhunderts.

Wir finden diese Entwicklung in nuce am zweiten Tage des „Dialoges" an einer Stelle wieder, die den Historikern manches Rätsel aufgibt. Galilei widerlegt hier eingehend die Einwände der Gegner des Kopernikanischen Systems gegen die tägliche Umdrehung der Erde, die sich aus dem senkrechten Fall eines Steines ergeben, der angeblich bei bewegter Erde bedeutend nach Westen abweichen müßte.

Zunächst bringt Galilei nach dem Vorbild von Kopernikus Einwände noch ganz im Rahmen der peripatetischen Bewegungslehre, die von dem prinzipiellen Unterschied von natürlicher und gewaltsamer Bewegung ausgehen und die inneren Widersprüche dieser Lehre aufzeigen. Er holt dann weit aus, um der Schulmeinung die Lehre vom Impetus entgegenzuhalten und zugleich zu zeigen, daß auch sie das Problem nicht zu lösen vermag.
22 Dann erst führt er das von ihm / entdeckte Fallgesetz an, um die aufgeworfene Frage richtig zu beantworten.

Es mag sein, wie die meisten Historiker wollen, daß Galilei hier ältere Aufzeichnungen aus überwundenen Stadien seiner Forschung eingearbeitet hat, mir scheint viel eher, daß er als ausgezeichneter Pädagoge, der er ganz zweifellos war, den zeitgenössischen Leser durch die gleichen Stufen der theoretischen Entwicklung führen wollte, die er selbst zurückgelegt hat, um jeden, der eine bestimmte Stufe erreicht hat, zu weiterem und tieferem Forschen anzuregen. Das gilt selbst für die letzte Stufe, denn Galilei ist sich darüber klar, daß noch längst nicht alle Geheimnisse der Natur enträtselt sind.

Sein ganzer Spott gilt daher denjenigen, die glauben, alles zu wissen und erklären zu können, und sein ganzer Zorn dem blinden Glauben an die Autorität des Aristoteles: Man soll zwar, so führt Galilei aus, Aristoteles fleißig studieren, aber man dürfte sich ihm nicht auf Gnade und Ungnade ergeben „derart, daß man blindlings jedes seiner Worte unterschreibt und sie, ohne nach anderen Gründen zu forschen, als ein unantastbares Dekret anerkennt."[6]

Galilei selbst hatte bittere Erfahrungen gemacht und erlebt, daß sich starre Anhänger von Aristoteles weigerten, durch das Fernrohr zu sehen, um sich von der Wahrheit der neuen astronomischen Entdeckung zu überzeugen. „Ehe sie am Himmel des Aristoteles etwas ändern lassen, bestreiten sie dreist, was sie am Himmel der Natur erblicken."[7] Galilei bekämpft deshalb die Ansicht, daß in den Schriften des Aristoteles bereits alles Wissen enthalten sei und darüber hinaus nichts Neues erforscht werden könne. Bitter charakterisiert

---

[5] Ebenda, S. 171.
[6] Ed. nazionale, Bd. 7, S. 138.
[7] Ebenda, S. 137.

er die geistige Situation seiner Zeit in den Sätzen: „Die Beschränktheit der gewöhnlichen Geister ist an dem Punkt angekommen, ... wo sie es ablehnen anzuhören, geschweige denn zu untersuchen, welche neuen Sätze oder Probleme es gibt, obwohl diese von ihren Autoren nicht nur nicht widerlegt, sondern nicht einmal untersucht und behandelt worden sind."[8] Galilei verachtet „die Herde derjenigen, die, um Kenntnisse von Naturerscheinungen zu erlangen, nicht auf die Schiffe oder an die Armbrust und an die Kanone gehen, sondern sich ins Studierzimmer zurückziehen, Register und Lexika durchblättern, um nachzusehen, ob Aristoteles nichts darüber gesagt habe. Sind sie sich dann des wirklichen Sinnes der Stelle sicher, so verlangen sie nicht nach weiteren und glauben nicht, daß man darüber
23 auch noch anderes wissen könne"[9]. / An anderer Stelle ruft er aus: „Was kann es Schmählicheres geben, als zu sehen, wie bei öffentlichen Diskussionen, wo es sich um beweisbare Behauptungen handelt, urplötzlich jemand ein Zitat vorbringt, das sich oft sogar auf einen ganz anderen Gegenstand bezieht, und damit dem Gegner den Mund stopft? Wenn Ihr aber durchaus fortfahren wollt, auf diese Weise zu studieren, so nennt Euch künftig nicht Philosophen, nennt Euch Historiker oder Doktoren des Auswendiglernens, denn wer niemals philosophiert, der darf den Ehrentitel eines Philosophen nicht in Anspruch nehmen."[10]

Diese eben zitierten Sätze aus dem „Dialog über die beiden Weltsysteme" lassen den Unterschied zwischen Altem und Neuem in der Methode und Auffassung der naturwissenschaftlichen und philosophischen Forschung deutlich werden. Während die offizielle Wissenschaft die Natur nur indirekt, durch Vermittlung von Büchern studierte, wendete sich die neue Wissenschaft direkt an die Natur. Auf die ängstliche Frage, wer denn Führer in der Wissenschaft sein soll, wenn man Aristoteles aufgibt, antwortete Galilei: „Wer Augen hat, körperliche und geistige, der nehme diese zum Führer!"[11] Während die Schulgelehrten und Peripatetiker die Wissenschaft als abgeschlossen und vollendet betrachteten und sich selbst auf Grund der Aristotelischen Schriften im Besitz des vollständigen und abgeschlossenen Wissens wähnten, betonte Galilei immer erneut, daß noch vieles unbekannt sei und erforscht werden müsse. Während sich die Peripatetiker auf den bequemen Standpunkt stellten, was Aristoteles nicht erkannt habe, sei überhaupt unerkennbar oder nicht wert, erkannt zu werden, vertraute Galilei auf die eigene Kraft, war es für ihn selbstverständlich, daß man zu tieferen Erkenntnissen vordringen kann als die Antike, und daß Aristoteles selbst, wenn er heute lebte, sein Wissen erweitern und seine Ansichten ändern würde.

Galilei hat damit eine Auffassung von der Wissenschaft entwickelt, die ihre ständige Erweiterung und Vertiefung einschließt und damit den Fortschritt der Wissenschaft zugleich fordert und fördert.

Das Vertrauen in die eigene Kraft und der kämpferische Wille zum Fortschritt gaben Galilei zugleich den Mut, überlieferten Werturteilen entgegenzutreten. Am ersten Tag des „Dialoges" führt Galilei in lebhafter, anschaulicher Weise aus, daß die Eigenschaft, erzeugbar und veränderlich zu sein, wertvoller ist als die den Himmelskörpern zugeschriebene Unveränderlichkeit und Unvergänglichkeit. Wäre die Erde, so wird dort ausgeführt, nichts als eine Sandwüste oder eine Kugel aus Jaspis, oder wäre sie zu Eis erstarrt, so wäre sie ein unnützer oder überflüssiger Gegenstand, so, „wie wenn sie in der Natur nicht vorhanden
24 wäre". Unveränderliche Gegenstände wie / Edelsteine, Silber und Gold seien viel überflüssiger als Erde und nur ihrer Seltenheit wegen geschätzt. Wäre die Erde so selten wie jene Kostbarkeiten, so würde jeder Fürst gern Diamanten, Rubine und Gold hingeben,

---

[8] Ebenda, S. 426.
[9] Ebenda, S. 211.
[10] Ebenda, S. 138/139.
[11] Ebenda, S. 138.

„um nur so viel Erde zu kaufen, als man braucht, um einen Jasminstrauch in ein kleines Gefäß zu pflanzen oder einen Orangenstrauch aus China zu säen, um zu beobachten, wie er keimt, wächst, so schönes Laub hervorbringt, so duftende Blüten, so liebliche Früchte“[12].

Leute, die die Unbeweglichkeit und Unveränderlichkeit so hoch schätzen, heißt es weiter, verdienten, durch den Anblick eines Medusenhauptes in eine Bildsäule von Jaspis oder Diamant verwandelt zu werden, um vollkommener zu werden, als sie sind. „Vielleicht“ — so fügt Galilei ironisch hinzu — „wäre ihnen eine solche Metamorphose ganz vorteilhaft, denn meiner Meinung nach ist es besser, gar nicht zu denken als verkehrt zu denken“[13].

Diese Ausführungen voll Ironie und tieferer Bedeutung kehren den christlichen Wertmaßstab um und geben im Zusammenhang mit den astronomischen Entdeckungen Galileis dieser Umwertung überdies eine wissenschaftliche Begründung. Die revolutionäre Sprengkraft der neuen Naturwissenschaft tritt handgreiflich in Erscheinung. Galilei scheut sich auch nicht vor der weiteren Schlußfolgerung, daß die Welt nicht allein zum Wohle des Menschen geschaffen sei und Gottes Fürsorge ihm allein gelte. Die Vorstellung, das Weltall sei allein der Menschen wegen geschaffen worden, hält er für ebenso töricht, wie wenn eine Weinbeere verlangen wollte, die Sonne solle nur um ihretwillen scheinen.[14]

Über die Aufhebung des Unterschiedes zwischen irdischen und himmlischen Erscheinungen und der damit verbundenen Umwertung der Werte gelangt Galilei in seinen reifsten Überlegungen auch zu einer Aufhebung des prinzipiellen Unterschiedes von natürlicher und gewaltsamer Bewegung, von inneren und äußeren Prinzipien, von leichten und schweren Körpern und damit zur Ablehnung der Annahme verborgener, okkulter Qualitäten in der Natur. Auch diese Loslösung von der herrschenden Schulmeinung vollzieht sich stufenweise und ist stets mit einer Umwertung der bestehenden Werturteile verbunden.

So führt er gleich zu Beginn des „Dialoges über die beiden Weltsysteme“ aus, daß sich Aristoteles eines Zirkelschlusses schuldig macht, wenn er einerseits den Unterschied zwischen
25 himmlischen und irdischen Körpern auf die ihnen innewohnende kreisförmige bzw. / geradlinige natürliche Bewegung zurückführt und andererseits die verschiedene Art der natürlichen Bewegung auf den Unterschied zwischen irdischen und himmlischen Körpern. Er entwickelt dann den Gedanken, daß allein eine kreisförmige Bewegung mit der vorhandenen Ordnung des Kosmos vereinbar sei, während die geradlinige nur diese Ordnung zerstören könne, und folgert daraus, daß auch der Erde eine kreisförmige Bewegung zugeschrieben werden muß und die geradlinige Bewegung nur solchen Teilen des Universums zukommen kann, die sich nicht an ihrem natürlichen Ort befinden.

Hier wird der neue Wein offensichtlich zunächst in alte Schläuche gegossen, insofern Galilei seine neuen Vorstellungen über die Bewegung noch im Rahmen der Begriffe von natürlichen Bewegungen entwickelt, wie sie für die peripatetische Naturlehre charakteristisch sind. Galilei hat auf Grund dieser allgemeinen Überlegungen das Trägheitsgesetz auch noch nicht in voller Allgemeinheit aufgestellt, sondern daran festgehalten, daß die kräftefreie Bewegung eine kreisförmige Bewegung sein müsse.

Erst in seinen „Discorsi“, wo er die Wurfparabel ableitet, vernachlässigt er die Krümmung der Erdoberfläche und gelangt damit zur kräftefreien Bewegung auf einer Geraden, wenn er dort schreibt: „Es ist überdies zu beachten, daß ein jeder Geschwindigkeitsgrad, der in einem bewegten Körper gefunden wird, demselben seiner Natur nach unzerstörbar eingeprägt

---

12 Ebenda, S. 83.
13 Ebenda, S. 84.
14 Ebenda, S. 395.

ist, wenn äußere Ursachen der Beschleunigungen oder Verzögerungen beseitigt werden, *was nur auf horizontaler Ebene zutrifft* ... Daraus folgt, daß die Bewegung in der Horizontalen ewig ist; wenn sie nämlich gleichförmig ist, so wird sie nicht geschwächt oder aufgehoben noch viel weniger zerstört."[15]

Der verdiente deutsche Wissenschaftshistoriker E. Wohlwill hat in einer grundlegenden Untersuchung über die Entdeckung des Beharrungsgesetzes schon 1884 nachgewiesen, daß damit das Eis gebrochen war und, wie es bei ihm heißt, „ein Geist vom Range Balianis [dem man die erste klare Formulierung des Trägheitsgesetzes verdankt — G. H.], ein klarer Kopf ohne hervorragende schöpferische Begabung genügte, um den Worten des Meisters zu entnehmen, was dieser unausgesprochen gelassen hatte".[16]

Dazu kommt noch ein weiteres entscheidendes Moment. Die peripatetische Naturlehre faßte Ruhe und Bewegung als eine Eigenschaft des betreffenden Körpers auf, ähnlich wie sein Gewicht, seine Farbe und dergleichen. Galilei aber begreift Ruhe und Bewegung als
26 einen / Zustand, in dem sich der betreffende Körper befindet. Er entkleidet sie damit ihres Charakters als inhärente Qualitäten und gewinnt auf diese Weise den entscheidenden Ausgangspunkt für seine neue Wissenschaft von der Ortsbewegung. Diese neue Auffassung von der Bewegung ermöglicht Galilei, in weiterem Nachdenken den prinzipiellen Unterschied zwischen natürlicher und gewaltsamer Bewegung zu relativieren, und läßt die vielumstrittene Frage, ob ein und derselbe Körper gleichzeitig mehrere Bewegungen ausführen könne, mit einem Schlag in einem völlig neuen Licht erscheinen. Sie führt Galilei zu der Erkenntnis, daß eine Bewegung, an der mehrere Körper gleichmäßig beteiligt sind, für ihre Beziehungen untereinander „so gut wie nicht vorhanden" ist, d. h. zur Entwicklung des auf ihn zurückgehenden Relativitätsprinzips sowie zu dem Superpositionsprinzip der Bewegungen, das mit dem Trägheitsgesetz direkt zusammenhängt.

Galilei lehnte die Annahme verborgener oder okkulter Qualitäten als Erklärung natürlicher Vorgänge von vornherein grundsätzlich ab und scheute sich nicht zu erklären: Ich weiß es nicht. Im „Saggiatore" heißt es zum Beispiel sehr charakteristisch: „Sympathie, Antipathie, verborgene Eigenschaften, Einflüsse und andere Ausdrücke werden von gewissen Philosophen als Deckmantel für die richtige Antwort gebraucht, die lauten müßte: ich weiß es nicht. Eine solche Antwort ist so viel erträglicher als die andere, wie fleckenlose Ehrlichkeit schöner ist als irreführende Doppeldeutigkeit."[17]

Physikalisch bedeutend wurde diese Haltung in bezug auf die Erklärung der Schwere als Eigenschaft der Körper. Mit Recht ist mehrfach auf folgende Stelle im „Dialog" aufmerksam gemacht worden: Auf die Frage, was die Teile der Erde nach unten bewege, erklärt Simplicio als Vertreter der Peripatetiker: „Die Ursache dieser Erscheinung ist allbekannt, jedermann weiß, daß es die Schwere ist." Ihm antwortet Salviati als Sprecher Galileis: „Ihr irrt, Signore Simplicio. Ihr solltet sagen, jedermann weiß, daß man sie Schwere nennt. Ich frage Euch aber nicht nach dem Namen, sondern nach dem Wesen der Sache. Über dieses Wesen wißt Ihr keinen Deut mehr als über das Wesen des bewegenden Prinzips der Sterne, abgesehen von dem Namen ..."[18]

Galilei versucht dann nicht etwa, dieses Wesen zu ergründen, sondern erklärt lediglich,

---

[15] Ed. nazionale, Bd. 8, S. 243; vgl. G. Galilei, Unterredungen und mathematische Demonstrationen über zwei neue Wissenszweige, die Mechanik und die Fallgesetze betreffend, 3. und 4. Tag, übers. und hrsg. von A. v. Oettingen, Leipzig 1891, S. 57 (Ostwald's Klassiker der exakten Wissenschaften, 24).

[16] E. Wohlwill, Die Entdeckung des Beharrungsgesetzes, in: Zeitschrift für Völkerpsychologie und Sprachwissenschaft 15 (1884), S. 135.

[17] Ed. nazionale, Bd. 6, S. 244.

[18] Ed. nazionale, Bd. 7, S. 260/261.

daß die Fragestellungen der Peripatetiker, ob es sich dabei um ein inneres oder äußeres Prinzip handele oder ob die Schwere ein Akzidens oder eine Substanz sei, „abseits lie-
27 gende / Untersuchungen“ sind. Er distanziert sich damit von der rein logisch-begrifflichen Untersuchung der Wirklichkeit, wie sie für das scholastische Denken charakteristisch ist, nicht aber von der Untersuchung der Wirklichkeit selbst, wie man mehrfach behauptet hat.

Die Annahme einer anziehenden Kraft als allgemeine Eigenschaft schwerer Körper, wie sie damals von Kepler schon entwickelt worden war, lehnte Galilei ausdrücklich ab, da er in dieser Annahme eine Form der von ihm verurteilten okkulten Qualitäten sah, und so blieb ihm nichts anderes übrig, als weiterhin mit dem Begriff einer natürlichen beschleunigten geradlinigen Bewegung der Teile eines Körpers zu ihrem Ganzen zu operieren und auf weitere Erklärungsversuche zu verzichten.

Es würde hier zu weit führen, auf die Konsequenzen dieser Haltung in bezug auf die Ableitung des Trägheitsgesetzes, die Erfassung der Rotationsbewegung und die Theorie der Gezeiten einzugehen, wie sie Galilei entwickelt hat. Ich möchte vielmehr darauf hinweisen, daß ganz dasselbe Bedenken auch noch nach der Formulierung des allgemeinen Gravitationsgesetzes durch Newton bestand. Huygens und die Cartesianer lehnten die Gravitation als einen Rückfall in die Annahme okkulter Qualitäten ab und versuchten, sie auf verschiedene Weise durch Rückgriff auf den elastischen Stoß, auf Wirbelbewegungen und ähnliches, wenn auch vergeblich, zu erklären. Newton, der selbst einige Erklärungen versuchte, gab schließlich die berühmte Erklärung ab „hypotheses non fingo“. Allmählich gewöhnte man sich daran und fand sich mit diesem Zustand ab, bis die allgemeine Relativitätstheorie Einsteins den Zusammenhang zwischen Masse und Metrik aufdeckte.

Die Entfernung der Qualitäten aus dem naturwissenschaftlichen Weltbild erreichte ihren reifsten Ausdruck in „Saggiatore“, wo Galilei in der Auseinandersetzung mit seinem Gegner, der Galileis Satz „Die Bewegung ist Ursache der Wärme“ bestritten hatte, folgendes ausführt: „Dazu sage ich: sobald ich mir eine Materie oder körperliche Substanz vorstelle, sehe ich mich wohl genötigt, mir zugleich vorzustellen, daß sie begrenzt ist und diese oder jene Gestalt hat, daß sie im Vergleich mit anderen groß oder klein ist, daß sie sich zu der und der Zeit an dem und dem Ort befindet, daß sie sich bewegt oder stillsteht, daß sie einen anderen Körper berührt oder nicht berührt, daß sie einzig oder wenig oder viel ist. Von diesen Bedingungen kann ich sie durch keinerlei Vorstellung trennen. Aber daß sie weiß oder rot, bitter oder süß, tönend oder stumm, wohl- oder übelriechend sein muß, als
28 notwendige Begleitumstände / anzuerkennen, fühle ich mich im Geiste nicht gezwungen. Im Gegenteil, Verstand oder Vorstellungsvermögen würden vielleicht von sich aus niemals dahin gelangen, wenn sie nicht von den Sinnen geführt würden. Deshalb denke ich, daß Geschmack, Geruch, Farbe usw. für das Objekt, in dem sie zu wohnen scheinen, nichts anderes als reine Namen sind und ihren Sitz allein in dem empfindenden Körper haben, so daß, wenn der beseelte Körper entfernt würde, auch alle diese Qualitäten aufgehoben und beseitigt wären.“[19]

Recht wenig feierlich verdeutlicht Galilei das Gesagte mit dem Beispiel des Kitzelns und stellt nochmals fest: „Die Kitzligkeit gehört ganz zu uns und nicht zu der Feder [die, unter die Nase gehalten, kitzelt — G. H.]. Wenn der lebendige und empfindliche Körper entfernt wird, bleibt nicht mehr als ein bloßer Name. Ich glaube, daß viele Qualitäten, die wir natürlichen Körpern zuschreiben, wie Geschmack, Geruch, Farben u. a. eine ähnliche und keine solidere Existenz besitzen können.“[20]

---

[19] Ed. nazionale, Bd. 6, S. 347/348.
[20] Ebenda, S. 348.

Wie sich zeigt, ist Galilei im Kampf gegen die okkulten Qualitäten der Scholastik, indem er gleichzeitig die Kategorien der Mechanik herausarbeitete, schon bis zu der Unterscheidung von primären und sekundären Qualitäten gelangt, d. h. zu der Lehre des Sensualismus, die John Locke zu Ende des 17. Jahrhunderts auf Grund der ausgereiften Mechanik Newtons entwickelt und ausgearbeitet hat. Das ist natürlich keine zufällige Übereinstimmung, sondern eine denknotwendige Folge der neuen Auffassung von Natur und Erkenntnis.

Die Auseinandersetzung mit der peripatetischen Naturlehre war eben nicht nur eine Frage der mathematischen Wissenschaften, die Galilei an den Universitäten Pisa und Padua vertrat, sondern in erster Linie eine Frage der Philosophie, zu deren Bereich die allgemeine Lehre von der Bewegung gezählt wurde.

Die philosophische Opposition gegen den scholastisch verstandenen Aristoteles orientierte sich im 16. und 17. Jahrhundert im Rahmen des christlichen Denkens auf Platon, in dessen Schriften man einen autoritativen Rückhalt zu finden glaubte. Der wahre Platon mußte sich dabei allerdings bedeutende Entstellungen gefallen lassen. Man hat zu unterscheiden zwischen dem Neoplatonismus der Florentiner Akademie, in dem mystische und magische Züge hervortreten und die Eigenschaften vollkommener Zahlen, Figuren und Körper ernst genommen werden, und den Ansichten Tartaglias, der Praktiker und Galileis, die sich auf Platon berufen, wenn sie den Peripatetikern ihre Geringschätzung der Mathematik vorhalten. /

29 Galilei hat — im Gegensatz zu Kepler — jede Vorstellung vollkommener Zahlen und Körper entschieden abgelehnt und spöttisch formuliert: „Da ich den Stammbaum und die Adelspatente der Figuren niemals studiert habe, weiß ich nicht, welche mehr und welche weniger adelig oder mehr oder weniger vollkommen sind. Ich glaube vielmehr, daß sie in irgendeiner Weise alle alt und adelig sind oder besser gesagt, daß keine adelig und vollkommen oder unadelig und unvollkommen ist, abgesehen davon, daß, um Mauern zu bauen, eine viereckige Gestalt vollkommener ist als eine kreisförmige und für Wagenräder der Kreis vollkommener als das Dreieck."[21]

Gegen Platon beruft sich Galilei mit Recht auf Aristoteles, wenn er immer wieder versichert, der Erfahrung gebühre der Vorrang vor jedem reinen Denken und der Spekulation. Trotzdem lehnt Galilei den Grundsatz der Platonischen Erkenntnistheorie „nostrum scire sit quodam reminisci" (unser Wissen sei ein gewisses Sicherinnern) nicht von vornherein ab. Er versteht ihn aber dahin, daß man sich an die täglichen, unbewußten Erfahrungen erinnern und sie analysieren müsse, und nicht etwa, daß man sich an ein Wissen erinnern solle, das vor jeder Erfahrung liegt.

Eine große Rolle spielt in seinen Überlegungen das Gedankenexperiment, d. h. ein Experiment, das nur in Gedanken, aber nicht tatsächlich durchgeführt wird. Galilei schätzt es höher als den praktischen Versuch und geht so weit, auf den praktischen Versuch zu verzichten, wenn in Gedanken die Zusammenhänge geklärt werden können. Mit Hilfe des Gedankenexperimentes analysiert Galilei die tägliche Erfahrung und erhebt die Empirie in den Rang durchdachten Wissens, wie er gleichzeitig das spekulative, theoretische Denken zwingt, den Boden der Tatsachen nicht zu verlassen. Mehr als einmal weist er seinen Gegnern nach, daß sie im täglichen Leben das recht gut wissen, was sie theoretisch bestreiten. Stolz erklärt er bei einer bestimmten Gelegenheit: „Ich habe den Versuch erst gemacht,

---

[21] Ebenda, S. 319.

als die natürliche Überlegung mich fest davon überzeugt hatte, daß der Vorgang so erfolgen muß, wie er gerade erfolgt."[22]

Galilei mißt dem theoretischen Denken und der Abstraktion höheren Wert bei als den Sinneseindrücken. Rühmend hebt er hervor, daß Kopernikus trotz entgegenstehender sinnlicher Erfahrungen, ja trotz gewisser Widersprüche mit der Erfahrung seine Lehre aufgestellt und daran festgehalten habe. Mit einer solchen Einschätzung wendet sich Galilei gegen den reinen Empirismus der Praktiker und begründet er in Verbindung mit der
30 Ablehnung / jeder leeren Spekulation und jeder Begriffsspielerei eine wirklich wissenschaftliche Forschungsmethode. Nur wenn man diese beiden Seiten seiner Überlegung im Auge behält, gelangt man zu einer richtigen Beurteilung seiner Leistung.

Galilei unterscheidet zwischen der resolutiven oder auflösenden und kompositiven oder zusammensetzenden Methode der Forschung und hält sie beide für notwendig. Er versteht darunter, daß der Verstand die komplexe Naturerscheinung erst analysieren müsse, um dann aus den Bestandteilen das Ganze wieder in Gedanken zu konstruieren. Der streng logische und mathematische Beweis, so führt er einmal aus, werde erst nach der eigentlichen Entdeckung geführt.[23]

Das alles hat mit Platonismus sicher nichts zu tun. Galilei entwickelt vielmehr in seinem Kampf gegen die Spekulation die Grundlagen eines naturwissenschaftlichen Materialismus, der von der Existenz und Erkennbarkeit der objektiven Außenwelt ausgeht und sie als das Primäre ansieht. An einer bemerkenswerten Stelle im „Dialog" kommt er direkt auf diese Frage zu sprechen und erklärt: „Es ist mir schon zwei- oder dreimal aufgefallen, daß der Verfasser [einer an dieser Stelle kritisierten Gegenschrift — G. H.] bei seinen Überlegungen . . . die Wendung gebraucht: auf diese Weise paßt sich die Sache unserer Intelligenz an, andernfalls wäre uns der Zugang zur Erkenntnis dieses oder jenes Umstandes verschlossen oder das Kriterium der Philosophie [daß die Sinne und die Erfahrung unsere Führer beim Philosophieren sind — G. H.] würde hinfällig, als ob die Natur zuerst das Gehirn der Menschen geschaffen und dann die Dinge entsprechend der Fassungsgabe unseres Verstandes geordnet hätte. Ich möchte eher glauben, die Natur habe zuerst die Dinge nach ihrer Weise geschaffen und dann erst die menschliche Vernunft mit der Fähigkeit ausgestattet, einiges von ihren Geheimnissen, wenn auch mit großer Mühe, zu begreifen."[24]

Der Kampf gegen jede Erklärung der Naturerscheinungen mit Hilfe okkulter Qualitäten hätte nicht zum Ziel und zur Begründung einer neuen Naturwissenschaft geführt und führen können, wenn er nicht von vornherein mit der Einführung von Maß und Zahl, also mit dem Bestreben, die Naturvorgänge zu messen, und das heißt wiederum, mit der Erkenntnis verbunden gewesen wäre, daß sich der Wissenschaftler oder Philosoph zur Erforschung der Natur der Mathematik und des messenden Experimentes bedienen muß.

Wir gehen wohl nicht fehl, wenn wir einen subjektiv günstigen Ausgangspunkt in dem
31 Umstand erblicken, daß Galilei an den Universitäten / Pisa und Padua Professor der Mathematik und nicht der Philosophie gewesen ist. Erst in Florenz wurde er auf seinen ausdrücklichen Wunsch nicht nur zum Ersten Mathematiker, sondern auch zum Philosophen des Großherzogs von Toscana ernannt und mit dem Titel in der bezeichnenden Reihenfolge „Filosofo e Matematico Primario del Serenissimo Gran Duca di Toscana" auch für die Naturlehre einschließlich der Lehre von der Bewegung offiziell zuständig.

[22] Ebenda, S. 545.
[23] Ed. nazionale, Bd. 7, S. 75.
[24] Ebenda, S. 289.

Die Hauptquelle für seine Bestrebung zum Messen ist aber sicher in der Praxis zu suchen. Ich habe bereits auf die Entwicklung in diesem Bereich hingewiesen und gezeigt, wie aufgeschlossen und verständnisvoll Galilei der Praxis gegenüberstand, und brauche deshalb hier nur darauf hinzuweisen, daß in diesem ganzen Bereich, d. h. im Bauwesen, im Bergbau, in der aufkommenden Manufaktur, vor allem aber im Handel, die Kennzeichnung durch qualitative Angaben nicht genügt, sondern Maß und Zahl unentbehrlich sind. Galilei übertrug diese Tatsachen des täglichen Lebens in die Naturlehre, wo sie vor ihm nicht oder doch nur sporadisch beachtet worden waren. Die von ihm herausgearbeiteten Begriffe der gleichförmigen und beschleunigten Bewegung, welche an die Stelle der peripatetischen Begriffe der natürlichen und gewaltsamen Bewegung traten und sie vollständig aus der Naturwissenschaft entfernen sollten, sind gerade dadurch gekennzeichnet, daß sie auf meßbaren Eigenschaften der Bewegung beruhen und Größenangaben zulassen, was bei den peripatetischen Begriffen keineswegs möglich ist. So hat Galilei auch diese wesentliche Seite der klassischen Naturwissenschaft nur in ständiger geistiger Auseinandersetzung mit der aristotelisch-scholastischen Naturlehre herausarbeiten können.

In Galileis Streitschriften berufen sich die Peripatetiker immer wieder darauf, daß Aristoteles gesagt habe, in der Philosophie sei mathematische Strenge nicht erforderlich und führten mathematische Betrachtungen nicht zum Ziel. Galilei und seine Anhänger berufen sich demgegenüber auf Platon, der bekanntlich die Kenntnis der Mathematik als Voraussetzung für das Philosophiestudium betrachtet. Die legendäre Aufschrift am Tor der Akademie Platons: „Niemand darf eintreten, der nicht Mathematiker ist“ findet sich bezeichnenderweise schon auf dem Titelblatt einer Schrift von Tartaglia, die man als das erste Werk über Ballistik bezeichnen kann.[25] Wenn auch der wahre Sinn des Platonischen Ausspruches mißdeutet ist, so zeigt allein diese Tatsache, daß schon die Artefici und Ingegneri die Bedeutung der Mathematik erkannt hatten. /

32 An unzähligen Beispielen läßt sich nachweisen, daß Galilei die Mathematik bewußt als Waffe gebraucht, um seine peripatetischen Gegner matt zu setzen. Er zeigt, daß sie die Mathematik selbst im bescheidenen Rahmen der euklidischen Geometrie nicht beherrschen, und weist ihnen wiederholt grobe mathematische Schnitzer nach. „Es gibt keine Wissenschaft“ — so meint Galilei im „Dialog“ —, „die sich besser als die Geometrie eignete, ihre Fehlschlüsse [d. h. die Fehlschlüsse der Peripatetiker — G. H.] an den Tag zu bringen.“[26]

Seine Vorstellung von der Bedeutung der Mathematik für die Wissenschaft hat er in dem häufig angeführten Gleichnis ausgedrückt: „(Das Buch der Natur) ist in mathematischer Sprache geschrieben, und seine Buchstaben sind Dreiecke, Kreise und andere geometrische Figuren; ohne sie ist es für die Menschen unmöglich, ein Wort zu verstehen“.[27] In den „Discorsi“ betont er: „Ich fange an zu begreifen, daß die Logik, obwohl sie ein vortreffliches Instrument ist, um unser Denken zu regulieren, nicht ausreicht, um den Geist zur Erfindung und zur Genauigkeit der Geometrie zu befähigen.“[28] Und in seinen nachgelassenen Papieren findet sich sogar die Notiz: „Auf die Titelseite meiner gesammelten Werke ist zu setzen: Hier ist an unzähligen Beispielen zu begreifen, welchen Nutzen die Mathematik für die Beurteilung von Sätzen über die Natur hat, und wie unmöglich es ist,

---

[25] Vgl. Nicolò Tartaglia, La nova scientia, cioè inventione nuovamente trovata per ciascuno speculativo matematico bomardiero e altri, Venetia 1537.

[26] Ed. nazionale, Bd. 7, S. 423.

[27] Ed. nazionale, Bd. 6, S. 232.

[28] Ed. nazionale, Bd. 8, S. 175.

gut philosophieren zu können ohne den Schutz, das Geleit der Geometrie entsprechend dem wahren Ausspruch von Platon."[29]

Galilei hat tatsächlich in seiner Forschung die Verbindung zwischen zwei bis dahin getrennten und verschieden bewerteten Gebieten hergestellt: zwischen der Mathematik, d. h., dem damaligen Stand entsprechend, der Geometrie, und der Naturlehre, die damals als Teil der Philosophie angesehen wurde und deshalb höheres Ansehen genoß als die Mathematik und das Rechnen, das die Scholastiker den Praktikern (Handwerkern und Kaufleuten) überließen.[30] Galilei hat sich dabei weniger Platon als vielmehr Archimedes zum Vorbild genommen, den er hoch verehrte und dessen Schriften in den Kreisen der Artefici eifrig studiert wurden, während die Peripatetiker sie ablehnten. Die Verbindung dieser beiden Bereiche ist somit ebenfalls mit der Überwindung einer traditionellen Wertordnung verbunden. Mit ihr tritt die Naturwissenschaft als eine qualitativ neue Art der Naturerkenntnis in Erscheinung.

Besondere Bedeutung kommt in diesem Zusammenhang den wirklichen Experimenten zu, die Galilei durchgeführt hat, dienten sie ihm doch dazu, die physische Existenz und
33 Gültigkeit der von ihm / deduzierten mathematischen Beziehungen nachzuweisen. In den „Discorsi" erkennt Galilei die Forderung, die tatsächliche Existenz der auf mathematischem Weg gewonnenen Resultate durch Experimente nachzuweisen, ausdrücklich als berechtigte Forderung an und fügt hinzu: „So ist es Brauch und muß es geschehen in den Wissenschaften, in denen mathematische Beweise für Schlüsse über die Natur geführt werden; so sieht man es bei denen, die sich mit Perspektive beschäftigen, bei den Astronomen, Mechanikern, Musikern und anderen, die durch sinnliche Experimente ihre Prinzipien, die das Fundament des ganzen folgenden Baues darstellen, bestätigen."[31]

Galilei hat damit die unbedingte Anerkennung der Tatsachen, wie sie dem Praktiker als rein empirisches Verhalten selbstverständlich ist und sein muß, in den Rang einer wissenschaftlichen Methode erhoben und das messende, quantitative Experiment als festen und unentbehrlichen Bestandteil in die neue Naturwissenschaft eingeführt, die bald nach seinem Tod allgemein als „Experimentalphilosophie" bezeichnet wurde.

Galileis Kampf gegen die peripatetische Naturlehre war, durch deren Charakter bedingt, zugleich eine wissenschaftliche, eine philosophische und eine religiöse Auseinandersetzung und daher ein Politikum ersten Ranges. Er wurde es in vollem Maße, als er nach den epochalen astronomischen Entdeckungen Galileis Anfang 1610 in breiter Öffentlichkeit geführt wurde. Galilei verließ die Universität Padua, trat in den Dienst des damals zwanzigjährigen Großherzogs von Toscana in Florenz, wurde Mitglied der angesehenen *Accademia dei Lincei* in Rom und gab damit auch die berufliche und administrative Bindung an die offizielle Wissenschaft auf. Er schrieb, lehrte und polemisierte fortan nur noch in

---

[29] Ebenda, S. 613.

[30] Im „Dialog" erklärt Simplicio als Vertreter der aristotelisch-scholastischen Philosophie: „Die Philosophen beschäftigen sich wesentlich mit dem Universellen; sie ermitteln die Definitionen und die allgemeinsten Kriterien und überlassen bestimmte Feinheiten und Einzelheiten, welche dann nur noch Kuriositäten sind, den Mathematikern. Aristoteles hat sich damit begnügt, vortrefflich zu definieren, was die Bewegung im allgemeinen ist, und die Haupteigenschaften der Ortsbewegung nachzuweisen, daß es nämlich eine natürliche und gewaltsame, eine einfache und zusammengesetzte, eine gleichmäßige und beschleunigte Bewegung gibt. Bei der beschleunigten hat er sich damit begnügt, den Grund der Beschleunigung nachzuweisen, die Erforschung des Verhältnisses dieser Beschleunigung und der anderen Einzelfragen aber überläßt er dem Mechaniker oder sonst einem untergeordneten Handwerker." (Ed. nazionale, Bd. 7, S. 189/190.)

[31] Ed. nazionale, Bd. 8, S. 212.

italienischer Sprache. Erst in seinem letzten Werk bringt er die Lehrsätze und Beweise wieder in lateinischer, die Diskussionen aber nach wie vor in italienischer Sprache, und damit gleichsam die Verbindung von Wissenschaft und Praxis, zum Ausdruck. Mit dieser Wendung im Sprachlichen trat Galilei aus der Enge der scholastischen Gelehrsamkeit mit ihrer logischen Disputierkunst und aus dem Kreis der zünftigen Gelehrten an die Öffentlichkeit, d. h. an den breiten Kreis eines in Italien herangereiften, allgemein interessierten, geistig regen und aufgeschlossenen, lesenden Publikums.

Galilei knüpfte damit zugleich an eine literarische Entwicklung an, die seit Dante und Petrarca zur Herausbildung der italienischen Literatursprache auf der Grundlage des
34 Toskanischen geführt hat. / Galilei liebte Ariost, er hat selbst Gedichte geschrieben und mit seinen wissenschaftlichen Werken die einfache, klare wissenschaftliche Prosa der italienischen Sprache geschaffen. Liebhaber und Anhänger der wissenschaftlichen Ansichten und des künstlerischen Geschmacks Galileis fanden sich ebenso in Venedig wie in Rom und Florenz, an den Höfen wie in städtischen Gemeinwesen, innerhalb und außerhalb des Klerus, kurz überall dort, wo neues gesellschaftliches und nationales Leben pulsierte. Oft ist es schwer zu entscheiden, ob das wissenschaftliche oder literarische Interesse oder auch das Gefallen an geistreicher und sinnvoller Polemik überwog. Alle diese Momente sind in Galileis Auftreten zu einer Einheit verschmolzen. Die Schriften Galileis erweckten eben deshalb reges Interesse, seine Ansichten wurden lebhaft diskutiert und seine Anhänger in Florenz bald „Galileisten“ genannt. Sie stellten eine ständig wachsende Gruppe meist jüngerer Literaten dar, die gegen die anerkannten Autoritäten rebellierten.

Die Peripatetiker ihrerseits sahen dieser Entwicklung nicht tatenlos zu. Man veröffentlichte Gegenschriften zunächst in lateinischer, dann auch in italienischer Sprache, in denen Galileis astronomische Entdeckungen als optische Täuschungen abgelehnt und seine Ansichten bekämpft wurden, und ging schließlich dazu über, die Bibel gegen Galilei ins Feld zu führen, um die kirchlichen Kreise zum Eingreifen zu veranlassen.

Und es wurde eingegriffen. Am 20. Dezember 1614 predigte in Florenz der Dominikanermönch Tommaso Caccini zu dem Bibeltext „Ihr Männer aus Galilaea, was steht Ihr und sehet gen Himmel?“, d. h. gegen die „Galileisten“. Er erklärte, die Lehre von der Bewegung der Erde widerspräche der Heiligen Schrift, versicherte, die Mathematik sei eine Erfindung des Teufels, und forderte, daß die Mathematiker aus den christlichen Staaten ausgewiesen würden. Hinter Caccini stand Pater Niccolò Lorini, Dominikaner, Prediger und Lehrer für Kirchengeschichte in Florenz. Einige Wochen später zeigte Pater Lorini, der nicht einmal den Namen von Kopernikus genau kannte, Galilei und die „Galileisten“ bei der Inquisition an.

Der Erfolg blieb nicht aus. Im Jahre 1616 wurde ein Edikt des Papstes erlassen, in dem die Kopernikanische Lehre verurteilt, ihre Verbreitung verboten und das Werk von Kopernikus dreiundsiebzig Jahre nach seinem Erscheinen suspendiert wurde, also in dem Moment, wo die Kopernikanische Lehre vom Bau der Welt aus den Gelehrtenstuben in die Öffentlichkeit gedrungen war, wo sie durch unerhörte astronomische Entdeckungen eine unerwartete Bestätigung gefunden hatte und wo ihre Auswirkung auf die gesamte aristo-
35 telisch-scholastische / Naturlehre und die damit verbundenen Werturteile deutlich geworden war.

Galilei war kein Atheist oder auch nur ein Gegner des Papsttums und der katholischen Kirche. Die Glaubenskämpfe zwischen Katholiken und Nichtkatholiken, die in dem politischen und ideologischen Leben seines Jahrhunderts eine so dominierende Rolle spielten, ließen ihn kalt. Sein Anliegen war die Wissenschaft und die Erkenntnis der Natur, die er im vollen Sinne des Wortes als das Werk Gottes betrachtete. Er kämpfte aber für den Gebrauch des eigenen Verstandes, den Gott den Menschen gegeben habe, um sein Werk zu erkennen. Nicht die Kirche, sondern die ganze Kaste der Schulgelehrten und Peripatetiker sah er als seine eigentlichen Gegner an. Sein ganzes Streben war dementsprechend darauf gerichtet, die oberste Kirchenführung in dieser Auseinandersetzung für sich und für die von ihm entwickelte neue Richtung der wissenschaftlichen Forschung, für die Eigenständigkeit der Wissenschaft zu gewinnen. Zu dem Zweck versandte er schon in den ersten Jahren nach seinen astronomischen Entdeckungen Briefe und Fernrohre an einflußreiche kirchliche und weltliche Würdenträger, reiste er mehrfach nach Rom, bearbeitete er Kardinäle, suchte er den Papst selbst auf. Er wollte der Kirche nicht schaden, sondern sie vor einem folgenschweren Fehler bewahren, als er erklärte: „Hütet Euch, Theologen, aus der Lehre von der Bewegung und Ruhe der Sonne und Erde einen Glaubensartikel zu machen. Ihr setzt Euch der Gefahr aus, eines Tages vielleicht diejenigen wegen Ketzerei verurteilen zu müssen, die behaupten, die Erde stehe fest und die Sonne bewege sich vom Fleck — eines Tages, sage ich, wenn sinnlich und zwingend bewiesen sein wird, daß sich die Erde bewegt und die Sonne feststeht usw."[32]

Galileis Bestreben läuft also, wie gerade die eben zitierten Sätze zeigen, darauf hinaus, die Wissenschaft von der Theologie zu lösen. Er bestreitet keineswegs die Zuständigkeit der Theologen in Fragen der Religion, aber er fordert Selbständigkeit für die Wissenschaft, d. h. die „Emanzipation der Naturforschung von der Theologie"[33], wie Friedrich Engels formuliert hat.

Die Kirchenführung aber hat sich weder 1616 noch später im Prozeß gegen Galilei darauf eingelassen, sondern, vielleicht nach einigem Zögern, die peripatetische Naturlehre im eigentlichen Sinn des Wortes sanktioniert. Man sah die enge und im Grunde genommen unlösbare Verbindung der aristotelisch-scholastischen Naturlehre mit den Dogmen des katholischen Glaubens und erkannte die Gefahr, die sich aus der mit der neuen Wissenschaft
36 verbundenen Umwertung der / alten traditionellen Wertsetzungen ergab. Die materiellen und ideellen Interessen der Kirche stimmten mit denen der Kaste der offiziellen Gelehrten viel zu weitgehend überein, als daß sie ihr entgegentreten konnte und wollte. Die Gegenreformation hatte sich formiert und versuchte in ganz Europa, besonders aber in Italien, jede freiheitliche Ansicht zu unterdrücken. Giordano Bruno war im Jahre 1600 ermordet worden. Mehrfach wurden selbst peripatetische Philosophen von der Inquisition verfolgt, wenn sie in ihren Schriften einzelne christliche Dogmen zu verletzen schienen oder sich den Plänen der Kirchenbehörden bzw. der Jesuiten zu widersetzen wagten.

Mit dem Verbot der Kopernikanischen Lehre im Jahre 1616 war natürlich nichts entschieden und die Situation keineswegs geklärt. Galilei selbst wurde ermahnt, die verurteilte Lehre in Zukunft nicht als Wahrheit zu vertreten[34], und erhielt auf sein Ersuchen sogar

---

[32] Ed. nazionale, Bd. 7, S. 541.

[33] F. Engels, Dialektik der Natur, Einleitung, in: MEW, Bd. 20, S. 313.

[34] Auf Beschluß der Indexkongregation wurde Galilei 1616 nach dem Erlaß, aber vor der Veröffentlichung des Verbotes der Kopernikanischen Lehre von Kardinal Bellarmin über den Inhalt des Ediktes informiert und ermahnt, die Lehre von Kopernikus fernerhin nicht zu vertreten und zu verteidigen. Als kurz darauf Gerüchte auftauchten, Galilei habe abgeschworen und sei mit Kirchenbuße bestraft worden, bestätigte ihm Bellarmin, „daß ihm nur die vom Heiligen Vater erlassene und von der Heiligen Indexkongregation veröffentlichte Erklärung mitgeteilt worden ist, in der enthalten ist, daß die dem Kopernikus zugeschriebene Lehre . . . der Heiligen Schrift widerspricht und deshalb weder verteidigt noch vertreten werden darf" (Ed. nazionale, Bd. 19, S. 348). Damit war die Behandlung der Kopernikanischen Lehre ex suppositione durchaus möglich, und Papst Urban VIII. hat Galilei sogar dazu aufgefordert. Während des Prozesses im Jahre 1633, als Bellarmin bereits gestorben war, stützte sich die Anklage auf ein offensichtlich falsches Protokoll dieser Unterredung, wonach Bellarmin darüber hinausgehend Galilei verboten habe, die Kopernikanische Lehre „mündlich oder schriftlich in irgendeiner Form zu vertreten, zu lehren oder zu verteidigen" (Ebenda, S. 322), und beschuldigte ihn, dieses nur ihn betreffende Verbot der Zensur gegenüber verschwiegen zu haben.

ein Zeugnis seiner Rechtgläubigkeit. So mußte der Kampf gegen die theologisch und kirchlich gebundene aristotelisch-scholastische Naturlehre und speziell um die Weltsysteme weitergehen.

Für Galilei brachten die folgenden Jahre keine neuen epochemachenden Entdeckungen, die den früheren gleichzustellen wären, sie bedeuteten für ihn vielmehr eine Zeit der Selbstbesinnung, in der er sein eigenes Anliegen tiefer und besser verstehen lernte. Im öffentlichen Leben trat er zunächst nicht in Erscheinung.

Aber die Gegner ließen ihm keine Ruhe und wurden in ihren Angriffen immer heftiger und gröber. Konnte man die Wahrheit seiner Entdeckungen nicht mehr länger bestreiten, so ging man dazu über, seine Priorität zu bestreiten, sich seine Entdeckungen anzueignen und Galileis Ansichten lächerlich zu machen.

Galilei antwortete sieben Jahre nach dem Edikt von 1616 mit einer literarisch hervorragenden Streitschrift über Kometen, die man, obwohl seine Ansichten über die Natur der Kometen falsch waren, mit Recht als Manifest der neuen Naturlehre bezeichnet hat, da er hier in Auseinandersetzung mit den Argumenten seiner Gegner die Grundzüge seiner neuen wissenschaftlichen Methode entwickelt. Die Schrift trägt als Antwort auf eine gegnerische Schrift mit dem Titel „Die astronomische und philosophische Waage" den Titel „Il saggiatore", d. h. „Die Goldwaage" (oder wörtlich übersetzt: „Der Goldwäger").

Der Inhalt rechtfertigt den Titel insofern, als in dem Werk tatsächlich den groben und dummen Angriffen der Peripatetiker eine subtile, geschliffene und elegante Abfuhr erteilt
37 wird. Galilei zerpflückt die einzelnen Sätze der „Waage", indem er zunächst die / logische Unzulänglichkeit der aus den Vordersätzen abgeleiteten Schlußfolgerungen nachweist, um schließlich die Unhaltbarkeit des Vordersatzes selbst zu zeigen. Während das Werk auf den modernen Leser wegen der häufigen Wiederholungen etwas ermüdend wirkt, hat es nach zahlreichen Zeugnissen von Galileis Zeitgenossen, für welche die versteckten Anspielungen aktuelle Gegenwart bedeuteten, allgemeine Bewunderung und Zustimmung gefunden. Selbst die päpstliche Zensur versah es mit einer lobenden Empfehlung, die *Accademia dei Lincei* veröffentlichte es unter ihrer Obhut, und der eben neu gewählte Papst Urban VIII. nahm die Widmung der Akademiker gern entgegen. Von der Bewegung der Erde wird in dem Werk nicht gesprochen.

In der entscheidenden Frage der wissenschaftlichen Revolution, in der Frage über das Weltsystem, hatte sich die wissenschaftliche Diskussion im europäischen Maßstab nach der Entdeckung der drei Keplerschen Gesetze auf die Frage zugespitzt, ob das Kopernikanische System wirklich bewiesen werden könne. Galilei glaubte schon 1616 einen echten Beweis dafür in seiner Theorie der Ebbe und Flut gefunden zu haben, und war überzeugt, der peripatetischen Naturlehre damit den entscheidenden Schlag versetzen zu können. Ermutigt durch den Erfolg des „Saggiatore" und weiterer Streitschriften und Briefe, in denen er sich mit den allgemeinen Grundsätzen der Peripatetiker auseinandergesetzt hatte, machte er sich daran, seinen lange gehegten und wiederholt angekündigten Plan zu verwirklichen, ein Werk über das Weltsystem zu schreiben. Es sollte den Titel „Dialog über Ebbe und Flut" erhalten.

Wieder machte er sich nach Rom auf den Weg, um den Papst selbst für die Aufhebung des Edikts von 1616 und damit die Kirche in ihrem eigenen Interesse für die Freiheit der wissenschaftlichen Forschung zu gewinnen. Zugleich glaubte er, durch seine neuen Entdeckungen und Darlegungen die nationalen Interessen Italiens als Land der fortschrittlichen Wissenschaft wahren zu sollen.

Über die privaten Gespräche zwischen Galilei und Urban VIII. ist nichts bekannt. Man weiß aber, daß der Papst nach Anhören der Argumente Galileis, die er offensichtlich nicht entkräften konnte, erwiderte, Gott könne die Gezeiten auch ohne Erdbewegung auf eine

andere, übernatürliche, wunderbare Art hervorrufen. Er legte Galilei nahe, das schon so gut wie abgeschlossene Werk als mathematische Betrachtung des Kopernikanischen Systems zu bezeichnen, womit ebenfalls eine Abschwächung des Hauptinhaltes verbunden war, und
38 verlangte, daß er seine päpstliche Argumentation in den Text auf/nähme. Von einer Aufhebung des Edikts vor der Veröffentlichung des Werkes, auf die Galilei vielleicht gehofft hatte, war keine Rede.

So entstand der berühmte „Dialog über die zwei hauptsächlichsten Weltsysteme, das ptolemäische und das kopernikanische", in dem Galilei nachweist, daß die Einwände gegen das Kopernikanische System hinfällig, die Argumente zu seinen Gunsten aber nicht zu widerlegen sind, soweit man im Rahmen der natürlichen Gründe und Ursachen bleibt. Die päpstliche Argumentation legte er dem Vertreter der peripatetischen Lehre in den Mund.

Es dauerte zwei Jahre, bis Galilei die Druckerlaubnis erhielt. Der weitere Verlauf ist bekannt. Im Februar 1632 konnte der achtundsechzigjährige Forscher das erste ausgedruckte Exemplar des „Dialoges" seinem Großherzog überreichen. Im August des gleichen Jahres wurde das Werk verboten, im Juni des folgenden Jahres, d. h. sechzehn Monate nach dem Erscheinen, war Galilei zum Widerruf und zu lebenslänglicher Haft verurteilt.

Galilei hatte schon Ende 1615, also ein Jahr vor dem Verbot des Kopernikanischen Systems erklärt: „Wenn auch nicht zu bezweifeln ist, daß der Papst bezüglich dieser und anderer Lehrsätze, . . ., stets die absolute Macht behält, sie zuzulassen oder sie zu verurteilen, so liegt es bereits nicht in der Macht irgendeines geschaffenen Wesens, sie wahr oder falsch sein zu lassen, im Unterschied davon, ob sie von Natur und de facto so befunden werden."[35]

Diese nüchterne und doch so kühne und revolutionäre Einschätzung der Macht des Papstes und der Macht der Tatsachen kommt unverändert zum Ausdruck, wenn sich Galilei in dem Konflikt zwischen Religion und Wissenschaft als gläubiger Katholik und gehorsamer Sohn der katholischen Kirche dem Spruch des obersten Kirchengerichtes fügte und die Lehre, wonach „die Sonne Mittelpunkt der Welt und unbeweglich und die Erde nicht der Mittelpunkt sei und sich bewege", verwünschte und verfluchte.[36]

Hatten Galileis Gegner geglaubt, ihn durch einen Prozeß vernichten zu können, entweder physisch oder doch wenigstens dadurch, daß er an der Wissenschaft irre würde und aufhörte, wissenschaftlich zu arbeiten, so sahen sie sich enttäuscht.

Trotz Haft und ständiger Kontrolle setzte Galilei seinen Kampf gegen die aristotelisch-scholastische Naturlehre und gegen die Peripatetiker fort, wenn er auch die anstößige Lehre, wie überhaupt die Frage nach dem Bau der Welt, nicht mehr erwähnte. Aus dieser Zeit
39 stammt Galileis reifstes Werk, die „Discorsi e dimostrazioni mate/matiche intorno à due nuove scienze" („Unterredungen und mathematische Demonstrationen über zwei neue Wissenschaften"), in dem er seine Bewegungslehre, so wie er sie vor seiner Verurteilung konzipiert hatte, klar und exakt dargestellt hat. Die „Discorsi" sind als eine bereits im „Dialog" mehrfach versprochene Fortsetzung der dort geführten Gespräche zwischen den gleichen Personen geschrieben und enthalten eine ebenso unumwundene und offene Kritik der aristotelischen Lehrsätze und der aristotelischen Methode wie der „Dialog", wenn Galilei auch darauf verzichtet, einzelne Gegner vorzunehmen und auf die zahlreichen Schriften zu antworten, mit denen nach seiner Verurteilung die Peripatetiker über ihn herfielen. Nur aus seinen Randbemerkungen zu einigen dieser Schriften können wir entnehmen, daß er an der Gültigkeit seiner Argumentationen festhielt. Die „Discorsi" wurden zum ersten

[35] Ed. nazionale, Bd. 5, S. 343.
[36] K. v. Gebler, Galileo Galilei und die römische Curie, Stuttgart 1876, S. 301/302.

Lehrbuch der neuen Mechanik; sie erschienen trotz des generellen Druckverbotes für alle Schriften Galileis noch zu seinen Lebzeiten in den befreiten Niederlanden.

Hatte die Kirche angenommen, sie könne durch die Verurteilung und den erzwungenen Widerruf Galileis die neue selbständige Wissenschaft ersticken und die Emanzipation der Naturforschung von der Theologie verhindern, so hatte sie sich gleichfalls gründlich geirrt.

Urteil und Abschwörung wurden besonders in den protestantischen Ländern als Machtspruch päpstlicher Politik und keineswegs, wie die Kirchenführung wohl erwartet hatte, als Schiedsspruch über Wahrheit und Gültigkeit des Ptolemäischen Weltsystems und der peripatetischen Naturlehre aufgefaßt. Drei deutsche protestantische Gelehrte übersetzten den „Dialog" ins Lateinische, um ihn außerhalb Italiens zugänglich zu machen. Im Jahre 1661 erschien die erste englische Übersetzung. Die Ausbreitung der Wissenschaft und des neuen Denkens war angesichts der Auflösung der feudalen Gesellschaftsordnung nicht aufzuhalten.

Gesellschaftspolitisch gesehen, waren die Verurteilung Galileis und das Verbot der Kopernikanischen Lehre siebzehn Jahre früher sowohl Wirkung wie Ursache der ökonomischen und politischen Stagnation und des beginnenden Verfalls Italiens. Im Ursprungsland der Renaissance waren damals die fortschrittlichen gesellschaftlichen Kräfte zu schwach, um der feudalen Gegenreform Einhalt gebieten zu können. Die Verurteilung Galileis bedeutete für Italien das Ende einer glänzenden Zeit wissenschaftlicher Blüte. Durch die geographischen Entdeckungen begünstigt, verschob sich der wirtschaftliche und politische Schwerpunkt
40 Europas mehr und mehr in die am Atlantischen Ozean gelegenen Länder. Beim Übergang vom Handwerk zur Manufaktur und bei der Entwicklung frühbürgerlicher Produktionsverhältnisse übernahmen sie von nun ab die Führung in der Entwicklung der Wissenschaft. Ein halbes Jahrhundert (genauer vierundfünfzig Jahre) nach dem Verbot des „Dialoges" lag Newtons Werk „Philosophiae naturalis principia mathematica" vor, in dem die neue Mechanik bereits ihre axiomatische Form gefunden hatte und das neue, heliozentrische Weltsystem mechanisch begründet war. Galilei hat in der sein ganzes Leben ausfüllenden geistigen Auseinandersetzung mit der in sich abgeschlossenen und zum Dogma erstarrten aristotelisch-scholastischen Naturlehre und mit der überholten Weltanschauung des Feudalismus, deren Teil diese Naturlehre bildete, die begriffliche und methodische Grundlage einer mit dem praktischen Leben verbundenen Naturwissenschaft geschaffen. In dem Werk Galileis verbindet sich die fachliche Kritik an den überlieferten Sätzen der Naturlehre mit der Kritik ihrer philosophischen Grundlagen und ihrer Methode. Diese Verbindung ermöglichte es ihm, bis zu prinzipiellen Fragen vorzustoßen und dadurch neue konkrete Wahrheiten zu entdecken. Ohne allgemeine philosophische Fragestellung war die fachliche Untersuchung, wie etwa bei Benedetti, in Einzelleistungen, ohne fachliche Untersuchung die philosophische Fragestellung, wie bei Giordano Bruno, im Allgemeinen steckengeblieben. Alles, was vorausging, waren einzelne Ansätze gewesen, die nicht das Ganze umspannten. Alles, was noch folgte, bis die klassische Naturwissenschaft formiert war, ist nicht mehr Umbruch und Umwertung, sondern Ausführung und Vollendung, auch dort, wo Galilei selbst noch nicht bis zur endgültigen Gestalt vorgedrungen war und einiges korrigiert werden mußte. Die Nachfolger Galileis konnten in seinen Formulierungen finden, was er selbst nicht auszusprechen wußte, und zwar sowohl im fachlichen wie im philosophischen Bereich.

In der ständigen Auseinandersetzung mit der Natur als Grundbedingung ihres Daseins glaubten die Menschen jahrtausendelang, die erstrebte Herrschaft über die Natur und ihre Kräfte mit Hilfe übernatürlicher Wesen erlangen zu können, indem sie diese veranlaßten, zu ihren Gunsten durch Wunder in den natürlichen Ablauf einzugreifen. Diese magischen

Vorstellungen sind in den großen Religionen weitgehend, wenn auch nicht durchweg, zu Vorstellungen über göttliche Vorsehung und Gnade sublimiert. Sie mögen zwar geistige Befriedigung und Trost gewähren, können aber nur eine illusionäre Herrschaft über die Natur verleihen und hindern die Menschen sogar daran, nach einer echten Herrschaft über die Natur zu streben. Erst indem die von Galilei geforderte Emanzipation der Naturforschung von der Theologie diese illusionäre Herrschaft als solche erkennen
41 ließ / und damit zugleich die Herrschaft der Kirche über die Wissenschaft und nicht nur über die Wissenschaft überflüssig machte, war der Weg frei, eine mit der Praxis und der Produktion verbundene Naturwissenschaft zu schaffen, die dem Menschen die wirkliche, echte Herrschaft über die Natur schenkt, indem er ihre Gesetzmäßigkeiten erkennt und lernt, mit Sachkenntnis zu entscheiden und die Natur zu verändern.

Heute, zum 400. Geburtstag Galileis, liegen die ersten Früchte dieser Bemühungen vor. Wissenschaft und Technik sind zu maßgebenden Faktoren der Wirtschaft wie des täglichen Lebens geworden. Die Naturforschung, einst Magd der Theologie, wird zur Mutter der Produktion, d. h. zu einer unmittelbaren gesellschaftlichen Produktivkraft. Gleichzeitig dringt die Naturwissenschaft immer tiefer in das Innere der Atome sowie in den Kosmos vor und entwickelt neue Begriffe vom Raum, Zeit, Materie sowie von den Gesetzmäßigkeiten der Natur, die weit über alles hinausgehen, was Galilei zu konzipieren wußte. Auch die gegenwärtige wissenschaftlich-technische Revolution vollzieht sich unter den Bedingungen des Übergangs zu einer neuen Gesellschaftsordnung, in der sich die schöpferische Arbeit noch umfassender entfalten kann und wird.

Wenn wir unter diesen Umständen heute Galileis in Ehrfurcht gedenken, ohne die von ihm begründete klassische Mechanik ebenso entschieden zu bekämpfen, wie er gegen die Peripatetiker und die aristotelisch-scholastische Naturlehre gekämpft hat und kämpfen mußte, so ist das wohl in erster Linie darauf zurückzuführen, daß Galilei für die wissenschaftliche Forschung neue Ziele und für die Gültigkeit wissenschaftlicher Erkenntnisse neue Maßstäbe gesetzt hat.

Galilei hat uns gelehrt, selbst zu denken und zu forschen, anstatt blindlings alten Autoritäten zu folgen, er hat in der Naturwissenschaft mathematische und experimentelle Beweise an die Stelle autoritativer Meinungen gesetzt und die objektiven Tatsachen als Ausgangspunkt und Kriterium erfolgreicher Forschung erkannt. So hörte die Naturwissenschaft auf, dogmatisch zu sein, und wurde Galilei selbst nicht zur unantastbaren Autorität. Im Gegenteil: Galilei begriff die wissenschaftliche Erkenntnis als einen Prozeß und faßte sein Werk als einen Anfang auf, der den Weg ebnet, auf welchem andere in die tieferen Geheimnisse der Natur eindringen werden.[37]

Galilei hat nicht zuletzt den Blick der Gelehrten auf die Praxis und die Produktion gelenkt, die Wissenschaft aus der Enge der Gelehrtenstuben befreit und aus einem Reservat der Zünftigen zu einem öffentlichen, allgemeinen Anliegen erhoben. Er hat auf diese Weise
42 den / Weg zu der Bedeutung eröffnet, die sie in der modernen Gesellschaft besitzt.

Die auf Galilei zurückgehenden Prinzipien der Naturwissenschaft erlauben uns, das humane Anliegen der Wissenschaft zu erfüllen, welches nach einer Formulierung von Brecht darin besteht, „die Mühseligkeit der menschlichen Existenz zu erleichtern". Dieses gesellschaftliche Ziel hat die Wissenschaftler stets mit den fortschrittlichen gesellschaftlichen Kräften und Klassen verbunden und verbindet sie heute mit allen Menschen guten Willens, besonders aber mit den Kräften des sozialistischen Weltlagers, die für unsere Gesellschaftsordnung kämpfen, in der die Wissenschaft ihr humanistisches Anliegen uneingeschränkt

[37] Vgl. Ed. nazionale, Bd. 8, S. 191 — vgl. Galileo Galilei, Unterredungen . . ., a. a. O., S. 3/4.

entfalten kann und die Früchte der Wissenschaft allen Menschen zugute kommen. Wir werden als Naturwissenschaftler neue Erfolge erzielen, wenn wir den von Galilei eröffneten Weg weiter verfolgen. Wir sind als Bürger unseres ersten deutschen Arbeiter-und-Bauern-Staates sicher, daß dafür bei uns dank des sozialistischen Charakters unserer gesellschaftlichen Ordnung die politischen, wirtschaftlichen und weltanschaulichen Voraussetzungen und Möglichkeiten vorhanden sind.

# Kepler und das Vorwort von Osiander zu dem Hauptwerk von Kopernikus*

13 Als Kopernikus wenige Stunden vor seinem Tode das erste gedruckte Exemplar seines Lebenswerkes „De revolutionibus" in den Händen hielt, stellte sich heraus, daß von dem Nürnberger Verleger Johann Petreius der Titel willkürlich in „De revolutionibus orbium coelestium" geändert, die Einleitung zum ersten Buch weggelassen und ein nicht signiertes Vorwort hinzugefügt worden war, in dem die neue Lehre vom Weltall nur als eine mathematische Möglichkeit bezeichnet wird, der keine Wirklichkeit entspricht. In diesem Vorwort heißt es wörtlich: „Es ist nämlich nicht erforderlich, daß diese Hypothesen wahr, ja nicht einmal, daß sie wahrscheinlich sind, sondern es reicht schon allein hin, wenn sie eine mit den Beobachtungen übereinstimmende Rechnung ergeben . . ."[1] und zum Schluß: „Möge Niemand in Betreff der Hypothesen etwas Gewisses von der Astronomie erwarten, da sie Nichts dergleichen leisten kann . . ."[2]

Die polnischen Freunde von Kopernikus waren empört, da sie — leider zu Recht — befürchteten, daß man allgemein als Verfasser dieses nicht signierten Vorwortes Kopernikus selbst ansehen würde.

Nach Bekanntwerden der Entstellung des Werkes wendete sich Tiedemann Giese, Bischof von Culm, mit einem empörten Schreiben an den mit Kopernikus befreundeten deutschen Mathematiker und Astronomen Georg Joachim Rheticus, in dem es unter anderem heißt: „Den Schmerz über den Verlust des Bruders und großen Mannes hätte ich durch Lesung des Buches, das mir ihn lebend wieder vorzuführen schien, ausgleichen können; aber gleich im Eingange bemerkte ich die Untreue und — Du bedienst Dich des rechten Ausdrucks — die Ruchlosigkeit des Petrejus, die einen Unwillen, größer, als die vorhergehende Traurigkeit bei mir erregte. Denn wer möchte nicht ergrimmen über eine so große, unter dem Schutze des Vertrauens begangene Schandthat? Doch ist sie vielleicht nicht sowohl
14 diesem / Drucker, der von Andern abhängig ist, als dem Neide eines Mannes zuzuschreiben, der vielleicht aus Schmerz darüber, von dem alten Bekenntniss ablassen zu müssen, falls dieses Buch Ruf erlangen sollte, die Einfalt des Druckers mißbraucht hat, um dem Werke das Vertrauen zu ihm zu entziehen. Damit aber derjenige nicht straflos ausgehe, der sich so durch fremden Betrug hat bestechen lassen, habe ich an den Senat in Nürnberg geschrieben, und in dem Schreiben angegeben, was meines Erachtens nothwendig ist, um das Vertrauen zu dem Verfasser herzustellen."[3]

Wie aus der Fortsetzung des Briefes hervorgeht, hat Giese einen Umdruck der ersten Blätter gefordert. Aber leider blieben seine Bemühungen vergeblich. Der Rat von Nürnberg

* Erschienen in: NTM 1 (1960ff.), H 2, S. 13—26.

[1] N. Coppernicus aus Thorn, Über die Kreisbewegungen der Weltkörper, übers. und mit Anm. von C. L. Menzzer, Leipzig 1939, S. 1.

[2] Ebenda, S. 2.

[3] Ebenda, S. 4 der Anm.

erklärte sich außerstande, gegen den Drucker vorzugehen,[4] und so blieb das unterschobene falsche Vorwort auch in späteren Ausgaben des Werkes bestehen. Der Verfasser des Vorwortes blieb zunächst unbekannt und die gelehrte Welt nahm tatsächlich lange Zeit an, Kopernikus selbst habe seine eigene Theorie nur als einen mathematischen Kunstgriff betrachtet.

Das Verdienst, diese Fälschung aufgedeckt zu haben, gebührt dem deutschen Astronomen Johannes Kepler, der, von der Wahrheit des Kopernikanischen Weltsystems fest überzeugt, das heliozentrische Weltbild durch seine jahrelangen Berechnungen aus den Beobachtungen Tycho Brahes bestätigt fand. Auf der Rückseite des Titelblattes seiner „Astronomia nova", dem Werk, in dem die ersten beiden Keplerschen Gesetze abgeleitet werden, bringt Kepler eine Stelle aus einem Werk des französischen Mathematikers Pierre de la Ramé, in der dieser Kopernikus vorwirft, nur Hypothesen erdichtet zu haben anstatt die Wahrheit zu erforschen, und antwortet ihm: „Es ist eine recht törichte Posse, ich gebe es zu, die Natur aus falschen Ursachen zu erklären. Aber die Posse liegt hier nicht bei Kopernikus, denn auch er hat seine Hypothese für wahr gehalten . . . Willst Du aber den Urheber dieser Posse, über die Du so erzürnt bist, wissen? Andreas Osiander ist in meinem Exemplar angegeben von der Hand des Hieronymus Schreiber in Nürnberg. Dieser Andreas, der die Ausgabe des Kopernikus überwachte, hat selber (wie aus seinem Brief an Kopernikus zu entnehmen ist) jene Vorrede, die Du sehr töricht nennst, er aber für sehr klug hielt, an die Spitze des Buches gesetzt. Kopernikus selber war bereits tot oder wußte jedenfalls nichts davon. Kopernikus dichtete also keinen Possen, sondern sagt allen Ernstes Unerhörtes, d. h. er treibt Philosophie und das wünschest Du ja von Deinem Astronomen."[5]

Ein Exemplar der Erstausgabe des Werkes von Kopernikus mit entsprechenden handschriftlichen Eintragungen und Korrekturen befindet sich heute in der Universitätsbiblio-
15 thek der Karl-Marx-Universität Leipzig. Schon 1911 hat der / bekannte polnische Kopernikusforscher Ludwik Birkenmajer in einem Schreiben an die Leipziger Universitätsbibliothek darauf aufmerksam gemacht, daß es sich bei diesem Band um das von Kepler erwähnte Exemplar handeln muß.

Für die Identität, d. h. für den Umstand, daß das Leipziger Exemplar tatsächlich aus Keplers Privatbesitz stammt, sprechen vor allem drei Tatsachen: 1. befindet sich auf dem Titelblatt eine handschriftliche Widmung des Verlegers Johann Petreius an Hieronymus Schreiber. Das Buch hat also offensichtlich dem Hieronymus Schreiber gehört, 2. befindet sich darin die von Kepler erwähnte handschriftliche Eintragung, auf die gleich noch näher eingegangen werden soll, und 3. befindet sich auf dem Vorsatz in anderer Handschrift als der des Petreius ein lateinisches Gedicht mit der Unterschrift J. K., das auch der Handschrift nach von Johannes Kepler stammen kann.

Die von Kepler erwähnte Eintragung des Hieronymus Schreiber besteht in dem Exemplar der Leipziger Universitätsbibliothek darin, daß mit Tinte über die Überschrift der Vorrede Osianders die Worte Andreas Osiander eingetragen sind, so daß sie mit diesem Zusatz lautet: „Andreas Osiander ad lectorem de hypothesibus huius operis". Gleichzeitig sind auf dem Titelblatt dieses Exemplares die vom Verleger willkürlich hinzugesetzten Worte orbium coelestium durchgestrichen worden.[6] In einer Handschrift, die der von Kepler

---

[4] Vgl. L. A. Birkenmajer, Nikolaj Kopernik, Kraków 1900, S. 403.

[5] J. Kepler, Neue Astronomie, übers. und eingel. von M. Vaspar, München — Berlin 1929, S. 4.

[6] Falls diese Streichung von E. W. L. herrührt, wie die Signatur vermuten läßt, dürfte sie jüngeren Ursprungs sein. Kepler erwähnt nichts von einer Änderung des Titels. Die von Osiander ausgelassene Einleitung des Kopernikus zum ersten Buch wurde erst im 19. Jahrhundert in dem Originalmanuskript von Kopernikus, das erhalten geblieben ist, entdeckt und zum ersten Male 1854 veröffentlicht.

16 ähnelt, / ist am Rande ein Hinweis auf die geographischen Längen von Krakau, Frauenburg, Durazzo (Albanien) und Rom eingetragen. Die oben erwähnte Widmung des Verlegers an Hieronymus Schreiber von 1543, dem Erscheinungsjahr des Buches, findet sich in der rechten unteren Ecke des Titelblattes.[7] /

17 Das Gedicht schließlich, ein Gespräch zwischen einem Gast und einem Gelehrten über das Werk von Kopernikus, ist bisher unbekannt und unveröffentlicht geblieben und soll deshalb ausführlicher behandelt werden.

Es ist mit dem 22. Dezember 1598 datiert und hat folgenden Wortlaut:

*In Opus Revolutionum Nicolai Copernici Torunnai Dialogus inter Hospitem et doctum quempiam*

H: Quid libri video? D: Novus est. H: Et quae nova profert?
D: Plurima. H: An et bona sunt? D: Optima cuncta puto.
H: Cerno Geometricas ex omni parte figuras,
quique notat numeros plurimus extat apex.
D: Ergo Geometricas indoctum rejicit artes
fertque tua titulum de fore, Summe Plato,
innumeras Sapientiae opes complexus. H: An ultra
pauca mihi integrum est quaerere? D: Quaere, feres.
H: Coelorum liber iste refert ex ordine motus?
Tellurem omnipatens an per inane rotat?
D: Utrumque. H: Obsecro, qua nam ratione? D: Libellum
hunc age perlustra singulaque ipse vide.
H: Jupiter, hocce quid est monstri? Terram ergo per orbes
credendum est vere volvier aëries?
At media mundi Sol in regione quiescit?
Custodita Jovis ceu sacra flamma sinu?
Hem versaque rerum facias: non jam occidit ultra
plejas, aut solito volvittur igne Canis.
D: Indoctis equidem mirum Doctrina, coorti
ex admirando sunt Studium atque labor.
Non ergo ô Hospes solum mirere, nec ante,
quod faciunt stulti, quam legis, obloquere.
Omnia percurras iterumque iterumque revolvens
quidque sibi multum praemeditere velint.
Proderit et veteres Megarensis noscere sensus
atque Syracosii talia scripta senis.
Ipse etiam Pelusiacus non pauca priorum
peccata in melius, dissonus ipse, dedit.
Aut igitur fateare bonum, hunc discasque laborem

---

[7] Weitere Eintragungen und Unterstreichungen in dem vorliegenden Exemplar von verschiedener Hand weisen darauf hin, daß einerseits Druckfehler verbessert worden sind und sich andererseits ein Eigentümer oder Benutzer dieses Buches besonders für die darin enthaltenen Angaben über astronomische Messungen interessierte. Die falschen Überschriften in den Tafeln der Breiten der Venus und des Merkur am Ende des Buches sind durch Überkleben korrigiert worden. Es liegt somit auf der Hand, daß das Exemplar der Leipziger Universitätsbibliothek von einem Astronomen benutzt worden ist, womit die Vermutung, daß es sich um das Exemplar Keplers handelt, verstärkt wird.

aut, si despicias, his meliora para.
Hic tamen authoris Musarum cura, libellus
famam inter doctos proferat usque viros.

J. K. vertit 22 decembr. 98 /

18 Und in deutscher Übersetzung:

„*Dialog zwischen einem Gast (B) und einem Gelehrten (G) zu dem Werk des Nikolaus Kopernikus aus Thorn über die Kreisbewegungen*

B: Was für ein Buch sehe ich?
G: Es ist ein neues.
B: Und was bringt es Neues?
G: Sehr vieles.
B: Ist es auch gut?
G: Im ganzen halte ich es für sehr gut.
B: Ich sehe allenthalben geometrische Figuren, und wer gar Zahlen bringt, ragt als höchste Spitze heraus.
G: Denn die Unwissenheit verwirft die geometrischen Künste und trägt die Inschrift von Deiner Tür weg, höchster Platon[8], der Du unzählige Werke der Weisheit umfaßt hast.
B: Ist es mir erlaubt, noch etwas darüber zu fragen?
G: Frage und du wirst hören.
B: Berichtet dieses Buch von den regelmäßigen Bewegungen der Himmel? Dreht der Allmächtige[9] die Erde durch den leeren Raum?
G: Beides.
B: Um des Himmels willen, wie ist das möglich?
G: Wohlan, blättere dieses Buch durch, und sieh Dir Einzelheiten selbst an.
B: Beim Zeus, was ist denn das Seltsames? Ist es denn zu glauben, daß sich die Erde durch die Luftkreise wälzt, daß aber mitten in der Welt die Sonne ruht, eine heilige Flamme, geschützt in der Brust des Zeus? O, Du verdrehst die Dinge, denn noch geht der Hund nicht jenseits der Plejaden unter, er wälzt sich wie gewohnt in der Hitze.[10]
G: Den Ungelehrten ist eine solche Lehre merkwürdig. Aus dem Staunen sind Studium und Arbeit erwachsen. Du sollst aber, o Gast, nicht bloß staunen und auch nicht, wie es die Dummen tun, dagegen sprechen, ehe Du es gelesen hast. Durchforsche alles, wieder und wieder überlegend, wie vieles sie voraus überdacht haben wollen. Es wird nützlich sein, die alten Sätze des Megarers[11] und die dasselbe behandelnden Schriften des syrakusischen Greises[12] zu kennen. Und selbst der Pelusier[13], der selbst nicht damit übereinstimmt, hat nicht wenige Fehler seiner Vorgänger verbessert. Entweder also bekenne es als etwas Gutes, und studiere diese Arbeit, oder falls Du es ablehnst, mache Besseres als dies.

---

8 Anspielung auf die bekannte Inschrift über dem Tor der Akademie Platos: Nur Mathematiker dürfen eintreten.
9 Das deutlich geschriebene „omnipatens“ wurde irrtümlich für „omnipotens“ angesehen.
10 Hinweis auf Sternbilder.
11 Euklid, als dessen Heimat vielfach irrtümlich Megara angesehen wurde.
12 Archimedes von Syrakus.
13 Claudius Ptolemäus.

Dieses Buch aber möge mit Hilfe der Musen stets den Ruhm des Autors unter den Gelehrten verbreiten.

J. K. hat (das Gespräch) aufgesetzt am 22. Dez. 98 /

19 Mit diesem Dialog hat Kepler dem Werk des Kopernikus eine Einführung vorangestellt, die sich von der Vorrede Osianders grundsätzlich unterscheidet und, wie wir heute sagen können, der Bedeutung des Verfassers und seines Werkes vollauf gerecht wird.

Ende 1598 befand sich Kepler noch in Graz, wo er seit 1594 als Mathematiker der „Landschaft", d. h. der Regierung in Steiermark tätig war. Er hatte sein erstes großes astronomisches Werk, das „Mysterium cosmographicum" vollendet, in dem er auf der Grundlage einfacher geometrischer Zusammenhänge eine Erklärung des Kopernikanischen Weltsystems zu geben versuchte.

Dieses Werk hatte er an die ihm bekannten Gelehrten versandt und von seinem Lehrer Michael Maestlin sowie von Tycho Brahe und Galilei anerkennende Antworten erhalten. Aus einem Brief an den bayrischen Kanzler Johann Georg Herwart von Hohenburg vom 16. Dezember 1598, also wenige Tage vor Abfassung unseres Gedichtes, geht hervor, daß sich Kepler damals intensiv mit der für die heliozentrische Auffassung wichtigen Frage nach der Größe der Fixsternsphäre beschäftigte und Vorschläge ausgearbeitet hatte, um die Parallaxe einiger Sterne zu bestimmen.[14] Kepler hat also gerade in diesen Tagen intensiv an dem weiteren Ausbau der Kopernikanischen Lehre gearbeitet. Weniger erfreulich für Kepler waren Ende 1598 seine äußeren Lebensumstände. Die Steiermark war im Herbst 1598 rekatholisiert und alle Protestanten waren des Landes verwiesen worden. Nur Kepler als unentbehrlichem Mathematiker und Kalendermacher war zunächst die Rückkehr gestattet worden. Im Herbst 1600 wurde Kepler mit seiner Familie dann endgültig aus der Steiermark ausgewiesen.

Über die Herkunft des Dialoges ist leider nichts zu ermitteln, ebensowenig steht zunächst fest, ob ihn Kepler an dem angegebenen Tag oder erst später in das vorliegende Exemplar eingetragen hat. Auf jeden Fall aber bezeugt der Dialog, fern von den zeitgemäßen Lobreden, wie man sie in Widmungen und dergleichen antrifft, wie hoch Kepler das Werk und seinen Verfasser schätzte.

Es entspricht durchaus dieser Einschätzung, wenn Kepler nach seiner Übersiedelung zu Tycho Brahe nach Prag, wo er in dessen Archiv eine weitere Bestätigung oder vielleicht auch erst die Erklärung für die Korrekturen in seinem Buche fand, zum ersten Male
20 1601 in einer damals ungedruckt gebliebenen / Schrift[15] und dann 1609 bei der Veröffentlichung seines zweiten großen astronomischen Werkes die von Osiander begangene Fälschung aufdeckte.

Der Hinweis von Kepler blieb nicht unbeachtet. Pierre Gassendi, der Erneuerer der antiken Atomlehre Epikurs, weist in seinem Werk „Vita Copernici" auf Osiander als

---

[14] Kepler ebenso wie Kopernikus hielt zunächst an der alten Vorstellung von einer Fixsternsphäre fest, die das Weltall umschließen sollte. Diese Sphäre mußte dann allerdings wesentlich größer sein, als man bis dahin angenommen hatte, worauf schon Kopernikus in „De revolutionibus" mit der Bemerkung hingewiesen hatte, „daß aber der Umfang der Welt so groß ist, daß jene Entfernung der Erde von der Sonne . . . gegen die Fixsternsphäre gehalten verschwindet" (Buch 1, Kapitel 10). Die Unmöglichkeit, mit den damaligen Instrumenten eine Parallaxe der Fixsterne festzustellen, war einer der Hauptgründe, die Tycho Brahe veranlaßten, das Kopernikanische System abzulehnen.

[15] Apologia Tychonis contra Nicolaum Raymarum Ursum, in: J. Kepler, Opera omnia, hrsg. von Ch. Frisch, Bd. 1, Frankfurt—Erlangen 1858, S. 245/246.

Verfasser der „Praefatiuncula“ (kurzen Vorrede) hin und führt dessen Vorgehen auf die Furcht zurück, durch die neue Lehre Anstoß zu erregen. Auch Alexander von Humboldt erwähnt und verurteilt im „Komos“ ausdrücklich die von Osiander begangene Fälschung und stellt bewundernd fest, „der Gründer unseres jetzigen Weltsystems . . . war durch seinen Muth und die Zuversicht, mit welcher er auftrat, fast noch ausgezeichneter als durch sein Wissen“.[16]

Seit Kenntnis dieses Zusammenhanges weiß man also, daß Kopernikus selbst von der Wahrheit seiner Lehre, oder anders formuliert, von der realen Existenz des heliozentrischen Systems überzeugt war und daß die von Osiander untergeschobene Vorrede die Ausbreitung und Wirkung der neuen Lehre abgeschwächt und gehindert, oder anders formuliert, die Entwicklung der Astronomie gehemmt hat.

Als Beispiel aus der Gegenwart sei etwa A. R. Hall angeführt, der schreibt: „If the celebrated note by the Lutheran minister Osiander . . . had any effect in warding off official censure (which seems doubtful), it certainly did nothing to weaken the general sentiment that speculation on the earth's movement was foolish and futile.“[17] Um so auffallender ist es, wenn E. J. Dijksterhuis eine Ehrenrettung und Rechtfertigung Osianders versucht. Er schreibt in bezug auf Osiander: „Heute beurteilt man ihn wohl anders: erstens ist die Auffassung über Ziel und Tragweite einer mathematisch-physikalischen Theorie, die seinen Betrachtungen zugrunde liegt, durchaus haltbar . . .“ und: „Schließlich kann man für die Motive, die Osiander offenbar zum Schreiben seiner Vorrede veranlaßt haben, wohl kaum etwas anderes als Anerkennung empfinden.“[18]

Diese Äußerungen des bekannten Historikers sind deshalb ernst zu nehmen, weil sie unmittelbar die Fragen nach Wesen und Aufgabe der Wissenschaft und ihren Verbindungen
21 und Einwirkungen auf das kulturelle und gesellschaft/liche Leben betreffen und in einem Buch vorgetragen werden, das den Anspruch erhebt, solche grundlegenden Fragen exakt zu behandeln.

Zur Begründung des ersten Teiles seiner Behauptung stützt sich Dijksterhuis auf die Ansicht, die Aufgabe einer naturwissenschaftlichen Theorie sei erfüllt, „wenn es ihr gelingt, ein mathematisches Gedankensystem zu konstruieren (!), dessen Resultate mit schon ausgeführten Messungen (!) übereinstimmen und durch neue Beobachtungen bestätigt werden“.[19]

Diese Ansicht Dijksterhuis' ist in dem Verzicht auf die Frage nach der objektiven Existenz des Dargestellten, in der charakteristischen Beschränkung auf die Übereinstimmung mit Messungen und Beobachtungen anstatt mit der Realität der objektiven Außenwelt sowie in der Betonung des Konstruierens von Gedankensystemen, bei der die Willkürlichkeit dieses Konstruierens implizit angenommen wird, reiner Positivismus. Dijksterhuis schließt sich mit seiner Auffassung vom Wesen der Wissenschaft und des Erkenntnisvermögens somit der Ansicht Osianders an, der die Astronomie auf bloßes Rechnen reduzieren wollte. In dieser Reduktion aber sahen die Freunde und Anhänger von Kopernikus schon im 16. Jahrhundert nicht nur eine Herabsetzung seiner Leistung, sondern auch eine Entstellung der Wissenschaft selbst, wie aus der oben erwähnten Bemerkung von Pierre de la Ramé und der Antwort Keplers deutlich hervorgeht.

In seiner Streitschrift „Apologia Tychonis contra Nicolaum Raymarum Ursum“ hat sich

---

[16] A. v. Humboldt, Kosmos, Bd. 2, Stuttgart—Tübingen 1847, S. 346.

[17] A. R. Hall, The scientific revolution 1500—1800, London 1954, S. 55.

[18] E. J. Dijksterhuis, Die Mechanisierung des Weltbildes, Berlin—Göttingen—Heidelberg 1956, S. 330, 331.

[19] Ebenda, S. 330.

Kepler mit diesen philosophischen Argumenten von Osiander, der darauf hingewiesen hatte, daß man ja mathematisch Epizyklen und exzentrische Kreise als gleichberechtigt ansehen kann, sehr gründlich auseinandergesetzt und zusammenfassend festgestellt: „In der Astronomie gibt es also dreierlei: geometrische Hypothesen, astronomische Hypothesen und die scheinbaren Bewegungen der Gestirne selbst; deswegen gibt es auch zwei verschiedene Aufgaben des Astronomen: eine wahrhaft astronomische, solche astronomische Hypothesen aufzustellen, aus denen die scheinbaren Bewegungen folgen, und eine geometrische, solche geometrische Hypothesen in irgendeiner Form (denn sie können in der Geometrie oft verschieden sein) aufzustellen, aus denen jene früheren astronomischen Hypothesen, d. h. die wahren Bewegungen der Planeten, unverfälscht durch die Veränderung des Anblickes sowohl abgeleitet wie berechnet werden.“[20] /

22 Von dem Astronomen also forderte er, entsprechend seiner späteren Bemerkung in der „Astronomia nova“, die Natur zu erklären, während der Geometer Rechenvorschriften zu geben hat. Ganz in diesem Sinne lehnte er die Ansicht Osianders mit den Worten ab: „Aber Osiander hielt, indem er das, was bei den geometrischen Hypothesen richtig ist, auf die astronomischen überträgt, durch diese Gleichstellung Kopernikus oder vielmehr dessen Leser zum Narren, da die Lage der beiden ganz verschieden ist.“[21]

Vom modernen Standpunkt aus gesehen, ging es auch bei diesen Auseinandersetzungen im 16. und 17. Jahrhundert um den Kampf zwischen der materialistischen und idealistischen Grundlage der Naturwissenschaft. Man werfe deshalb nicht ein, es handele sich bei Dijksterhuis um eine tiefere und gereiftere Ansicht, die die Schwierigkeiten der naiven älteren Ansichten aufdeckt und überwindet. Im Grunde genommen bezieht Dijksterhuis, der in seinem Werk ganz allgemein die Ansicht vertritt, der Fortschritt der Naturwissenschaft bestehe in ihrer zunehmenden Mathematisierung,[22] die gleiche idealistische Position wie Andreas Osiander.

Die Geschichte der Naturwissenschaft zeigt, daß diese Position von den großen schöpferischen Naturwissenschaftlern nicht geteilt worden ist. Sie standen und stehen vielmehr auf dem Standpunkt, daß die Naturerkenntnis mehr ist als das Konstruieren mathematischer Beziehungen. Die Naturwissenschaft selbst, einschließlich der Astronomie, hat sich bewußt oder unbewußt stets auf materialistischer Grundlage weiter entwickelt und ist letzten Endes steril geblieben, wenn sie idealistischen Gedankengängen folgte bzw. von idealistischen Vorstellungen ausging.

Dijksterhuis aber geht noch einen Schritt weiter. Er stellt die Zusammenhänge so dar, als ob Kopernikus selbst im Grunde genommen der gleichen Ansicht gewesen sei wie Osiander. „Weiter ist es keineswegs sicher“, so schreibt er, „daß Osianders Vorrede von Kopernikus selbst mit der gleichen Entrüstung zurückgewiesen worden wäre, mit welcher dessen Freunde nach seinem Tode darauf reagiert haben.“[23]

Dabei beruft er sich auf einen angeblich prinzipiellen Unterschied zwischen dem ersten

---

[20] „Summa, tria sunt in astronomia; hypotheses geometricae, hypotheses astronomicae et ipsi apparentes stellarum motus; propterea et duo distincta a astronomi officia, alterum vere astronomicum, hypotheses astronomicas tales constituere, ex quibus apparentes motus sequantur, alterum geometricum, hypotheses geometricas cujuscunque formae (variae namque saepe in geometria esse possunt) tales constituere, ex quibus hypotheses illae priores astronomicae, h. e. veri planetarum motus, non adulterati visus commutatione, et sequantur et calculentur.“ (J. Kepler, Opera omnia, Bd. 1, a. a. O., S. 246/247.)

[21] „At vero Osiander Copernicum vel potius ejus lectores aequivocatione ludificatus est, ea, quae in geometricis hypothesibus vera sunt, ad astronomicas transferens, cum diversissima sit utrarumque ratio.“ (Ebenda, S. 246.)

[22] E. J. Dijksterhuis, Die Mechanisierung . . ., a. a. O., S. 256/257.

[23] Ebenda, S. 330.

und den folgenden Büchern des Werkes von Kopernikus. Gewiß hat Kopernikus bei der Ausführung seines Systems, dem die Bücher II—VI gewidmet sind, vielfach auf Epizyklen zurückgegriffen, die für die Ptolemäische Astronomie charakteristisch sind. Wir wissen heute, daß seine Berechnungen unnötig kompliziert wurden, weil er an der Genauigkeit
23 der alten griechischen / Messungen nicht zu zweifeln wagte. Es ist ebenso richtig, daß er sein Ziel, die Bewegungen der Gestirne einfacher darzustellen als in der alten Astronomie, nur bedingt erreicht hat. Mit seinen neuen Vorstellungen konnte er nur die zweiten, aber nicht die ersten Ungleichheiten der Planetenbewegungen eliminieren, den Übergang von den Kreisbewegungen zu den Bewegungen der Ellipsen hat Kopernikus nur geahnt, aber nicht beschritten. Aber das Entscheidende und revolutionär Neue: die Bewegung der Erde und das Stillstehen der Sonne, hat Kopernikus keineswegs auch nur im geringsten in Frage gestellt, sondern im ganzen Werk für wahr gehalten. Dem können auch noch so viele Unvollkommenheiten und selbst einzelne Ungereimtheiten dieses ersten wissenschaftlichen Werkes über das heliozentrische Weltsystem keinen Abbruch tun.

Wenn Dijksterhuis vollends glaubt, sich auf Kepler berufen zu können, der in seiner „Astronomia nova" schreibt: „Was für ein Körper sich aber im Mittelpunkt (der Welt) befindet, ob keiner dort ist, wie Kopernikus will, wenn er rechnet, und zum Teil auch Tycho, oder die Erde, wie Ptolemäus oder Tycho wollen, oder endlich die Sonne, wie ich will und wie auch Kopernikus, wenn er spekuliert, das habe ich im I. Teil mit physikalischen Gründen zu erörtern begonnen."[24], so übersieht er, daß Kepler mit dieser Unterscheidung keineswegs Kopernikus unterstellt, dieser habe die Grundgedanken seiner Lehre aufgegeben oder auch nur als bloße Fiktion angesehen.

Kopernikus selbst beschreibt den Zusammenhang zwischen dem ersten und den folgenden Büchern seines Werkes ganz anders. In dem ersten Buch, so sagt er in der Widmung an Papst Paul III., habe er „gleichsam die allgemeine Verfassung des Universums" dargestellt, und dann fährt er fort: „In den übrigen Büchern aber trage ich hierauf die Bewegungen der übrigen Gestirne und aller Bahnen, mit Einschluß der Bewegungen der Erde (cum terrae mobilitate — G. H.) vor, damit daraus erkannt werden kann, inwiefern die Bewegungen und Erscheinungen der übrigen Gestirne und Bahnen beibehalten werden können, wenn sie auf die Bewegungen der Erde bezogen werden."[25]

Kopernikus hat sich also keineswegs die Aufgabe gestellt, die Epizyklen aus der Astronomie zu entfernen — das ist vielmehr eine Absicht, die man ihm zu Unrecht nachträglich zugeschrieben hat —, sondern er wollte im Gegenteil nur die Änderungen durchführen, die sich aus seinem Hauptanliegen, der Bewegung der Erde, ergeben.

Es gibt also keine zwei Kopernikus, sondern nur den einen, dessen wissenschaftliche Größe darin besteht, daß er sich keineswegs mit einer bloßen „Gedankenkonstruktion" begnügte, sondern daß er sich darüber hinaus bemühte, auf der Grundlage seiner Theorie
24 genauere astronomische Tafeln zu berechnen. In dem / Werk wird auf zahlreiche astronomische Messungen Bezug genommen und werden für die wichtigsten Zusammenhänge ausführliche Zahlentafeln gegeben als Grundlage zur Berechnung neuer Ephemeriden. Kopernikus hat in der Widmung an den Papst, die er dem Buch vorausschickt, ausdrücklich auch auf diesen praktischen Zweck seiner jahrzehntelangen „Nachtarbeiten" mit folgenden Sätzen hingewiesen: „Denn als vor nicht gar langer Zeit unter Leo X. im lateranischen Concile die Frage der Verbesserung des Kirchenkalenders erörtert wurde, blieb dieselbe nur deshalb unerledigt, weil die Größe des Jahrs und des Monats, und die

[24] J. Kepler, Neue Astronomie, a. a. O., S. 222.
[25] N. Coppernicus, Über die Kreisbewegungen . . ., a. a. O., S. 7.

Bewegungen der Sonne und des Mondes für noch nicht hinreichend bestimmt erachtet wurden. Angeregt durch den berühmten Herrn Paulus, Bischof von Fossombronn,[26] der damals jener Angelegenheit vorstand, legte ich mich seit jener Zeit darauf, diese Gegenstände genauer zu beobachten."[27]

Bekanntlich hat nach dem Tode von Kopernikus der aus Wittenberg stammende Mathematiker Erasmus Reinhold auf der Grundlage des Kopernikanischen Werkes neue Planetentafeln berechnet, die den älteren Tafeln so weit überlegen waren, daß sie der Gregorianischen Kalenderreform vom Jahre 1582 zugrunde gelegt worden sind.

Nicht weniger aufschlußreich sind die Argumente, die Dijksterhuis zungunsten von Osiander in politischer Beziehung geltend macht. „Es konnte nur vorteilhaft sein", so argumentiert Dijksterhuis, „wenn sich erst einmal Berufsastronomen mit ihr [der Idee der doppelten Erdbewegung — G. H.] befaßten und die Resultate, zu denen sie führte, an der Beobachtungen prüften, und dies konnte nicht besser erreicht werden, als indem man vorläufig den streng technisch-astronomischen Charakter, den die neue Lehre doch unzweifelhaft auch besaß, betonte."[28]

Aus der Tatsache, daß Kopernikus in der Widmung an Papst Paul III. mitteilt, er habe lange geschwankt, ob er seine neuen Ansichten veröffentlichen oder geheimhalten solle, und sich nur auf Zureden seiner Freunde entschlossen, sein Werk herauszugeben, folgert Dijksterhuis, daß das Vorgehen von Osiander „doch wohl mit den Wünschen des Autors in Einklang gestanden haben muß"[29].

Kopernikus selbst aber sagt in eben dieser Widmung, er habe dem Drängen seiner Freunde nachgegeben in der Hoffnung, durch die Herausgabe seines Werkes „den Nebel des Widersinnigen durch die klarsten Beweise beseitigt zu haben".[30] Die, wie Dijksterhuis betont, „berühmt gewordenen Worte, mathe/mata mathematicis scribuntur"[31] (Mathematik wird für Mathematiker geschrieben) aber finden sich gegen Ende dieser Widmung in folgendem Zusammenhang: „Wenn aber vielleicht Schwätzer kommen, die, obgleich in allen mathematischen Wissenschaften unwissend, sich dennoch ein Urteil darüber anmaßen und es wagen sollten, wegen einer Stelle der Schrift, die sie zu Gunsten ihrer Hypothese übel verdreht haben, dieses mein Werk zu tadeln oder anzugreifen — aus denen mache ich mir nichts, und zwar so sehr nichts, daß ich sogar ihr Urteil als ein dummdreistes (temerarium) verachte. Denn es ist nicht unbekannt, daß Lactantius, ein im übrigen berühmter Schriftsteller, aber ein schwacher Mathematiker, sehr kindisch (pueriliter) über die Form der Erde spricht, wobei er diejenigen verspottet, die gesagt haben, die Erde habe die Gestalt einer Kugel. Es darf daher die Studierenden nicht wundern, wenn solche Leute auch uns verspotten. Mathematik wird für Mathematiker geschrieben, die, wenn mich meine Meinung nicht täuscht, einsehen werden, daß diese unsere Arbeiten auch etwas zum kirchlichen Staatswesen beitragen, dessen höchste Stelle Deine Heiligkeit jetzt einnimmt."[32]

Wie aus diesem Zusammenhang hervorgeht, sind die „berühmt gewordenen Worte" also nicht etwa in dem Sinne geschrieben, daß die neue Lehre geheim und den Nichtmathematikern vorenthalten werden sollte, wie Dijksterhuis den von ihm herausgegriffenen

---

[26] P. v. Middelburg, später Bischof von Fossombronn, Astronom, schrieb u. a. „De recta paschal. celebratione ac mortis dominicae die" (1513).

[27] N. Coppernicus, Über die Kreisbewegungen . . ., a. a. O., S. 8.

[28] E. J. Dijksterhuis, Die Mechanisierung . . ., a. a. O., S. 331.

[29] Ebenda.

[30] „caliginem absurditatis sublatam viderent liquidissimis demonstrationibus".

[31] E. J. Dijksterhuis, Die Mechanisierung . . ., a. a. O., S. 331.

[32] N. Coppernicus, Die Kreisbewegungen . . ., a. a. O., S. 7.

Satz umdeutet, wenn er behauptet, Kopernikus gäbe damit „eindeutig zu erkennen, was für Leser er sich wünscht“[33], sondern in dem Sinne, daß die Beurteilung der neuen Lehre Fachkenntnisse voraussetzt. Selbstbewußt und entschieden verwahrt sich Kopernikus mit dem Hinweis auf die „kindischen“ Äußerungen des Kirchenvaters Lactantius gerade mit diesen Worten gegen die Eingriffe der Theologen in die Wissenschaft. Engels ist durchaus im Recht, wenn er feststellt: „Der revolutionäre Akt, wodurch die Naturforschung ihre Unabhängigkeit erklärte und die Bullenverbrennung Luthers gleichsam wiederholte, war die Herausgabe des unsterblichen Werkes, womit Kopernikus, schüchtern zwar und sozusagen erst auf dem Totenbett, der kirchlichen Autorität in natürlichen Dingen den Fehdehandschuh hinwarf. Von da an datiert die Emanzipation der Naturforschung von der Theologie ...“[34]

Das Verhalten Osianders, das bis zur Täuschung der wissenschaftlichen Öffentlichkeit ging, dadurch, daß sein Vorwort nicht signiert war, kann natürlich nicht losgelöst, sondern muß im Zusammenhang mit den allgemeinen weltanschaulichen Kämpfen in seiner Zeit und in Deutschland betrachtet und beurteilt werden.

Bekanntlich haben anfangs die Protestanten die neue Lehre weit entschiedener abgelehnt als die Katholiken, wie sie ja überhaupt der Naturwissenschaft weniger aufgeschlossen
26 gegenüberstanden, vielleicht, weil diese aus dem katho/lischen Italien kam. Erst als die Anhänger der Kopernikanischen Lehre von der katholischen Kirche verfolgt wurden, änderte sich die Einstellung der Protestanten ihr gegenüber. Es ist somit sehr wahrscheinlich, daß Osiander, der — nach Kepler — „mehr dem Vorteil als der Kunst folgte“,[35] und vielleicht auch der Verleger das Vorwort aus theologischen Bedenken und aus praktischen Gründen einfügten. Die Widmung an den Papst dürfte in den protestantischen Ländern in dieser Beziehung wohl nur ungenügenden Schutz geboten haben. So jedenfalls ist später diese Vorrede von gegnerischer Seite natürlich als ein Täuschungsmanöver von Kopernikus gedeutet worden.[36]

Allerdings ist wohl kaum anzunehmen, daß der Verleger im Jahre 1543 ohne diese Vorrede mit einem Verbot des Buches zu rechnen hatte. Auf jeden Fall spricht aus dieser Vorrede der Wunsch nach einem philosophischen Kompromiß zwischen Wissen und Glauben, Materialismus und Idealismus. Dieser Kompromiß aber hat, wie die nachfolgende Geschichte der Astronomie zeigt, von der Wissenschaft weggeführt, ihre Entwicklung nicht gefördert, wie Dijksterhuis glauben machen will. Die neue Lehre hat ihre volle weltanschauliche Wirkung zur Überwindung der religiösen Naturanschauung erst ausgeübt, als sie aus der Gelehrtenstube in das Volk drang, und sie hat auch damit zugleich erst ihre volle wissenschaftliche Aus- und Durchbildung erfahren. Die „wissenschaftliche Revolution“ vollzog sich nicht nur in der Studierstube der Gelehrten und konnte sich nicht nur dort vollziehen.

Osiander selbst hat 1548 Nürnberg verlassen und erhielt 1549 durch Herzog Albrecht von Preußen eine Pfarrstelle und eine Professur für protestantische Theologie an der 1544 gegründeten Universität Königsberg. Durch sein Auftreten kam es dort in den folgenden Jahren zu heftigen Kämpfen um die Dogmen der Lutherischen Lehre, die sich für die Wissenschaft und das Gedeihen der Universität Königsberg sehr schädlich ausgewirkt haben. Eigene mathematische oder naturwissenschaftliche Arbeiten hat Osiander nicht geschrieben.

---

[33] E. J. Dijksterhuis, Die Mechanisierung ..., a. a. O., S. 331.
[34] F. Engels, Dialektik der Natur. Einleitung, in: MEW, Bd. 20, S. 313.
[35] „utilia magis arti secutus“. (J. Kepler, Opera omnia, Bd. 1, a. a. O., S. 246.)
[36] Vgl. z. B. G. B. Riccioli, Almagestum novum. Bologna 1651, Bd. 1, 2. Teil, S. 294.

# Robert Hooke
# und die Experimentalwissenschaft des 17. Jahrhunderts*

417 Robert Hooke ist zweifellos einer der markantesten und vielseitigsten Vertreter der experimentellen Naturwissenschaft in der zweiten Hälfte des 17. Jahrhunderts. Mit Robert Boyle, Wilkins und Wren gehört er zu den bedeutendsten Wissenschaftlern der frühen Royal Society in London. Trotzdem ist er nach seinem Tode im Zusammenhang mit einer allgemeinen Änderung in der Zielsetzung wissenschaftlicher Arbeiten in den Hintergrund gedrängt und seine Rolle in der Geschichte der Wissenschaft übersehen worden. Erst in Verbindung mit der 300. Wiederkehr seines Geburtstages hat sich eine Einschätzung seiner Tätigkeit und seiner Leistungen herausgebildet,[1] die zwar nicht unwidersprochen geblieben ist[2], die wissenschaftlichen und gesellschaftlichen Zusammenhänge aber gründlicher erfaßt hat.

Der vorliegende Aufsatz soll im Anschluß an diese Untersuchungen dazu beitragen, die wesentlichen Merkmale der experimentellen Naturwissenschaft in der zweiten Hälfte des 17. Jahrhunderts am Beispiel der wissenschaftlichen Tätigkeit Robert Hookes herauszuarbeiten.

Robert Hooke wurde am 18. Juli 1635 als Sohn eines anglikanischen Geistlichen in Freshwater auf der Insel Wight geboren und zeigte nach seinen eigenen Angaben[3] schon als Kind eine ausgesprochene Neigung und Begabung zum Basteln. Nach dem Tode seines Vaters wurde er mit dem bescheidenen Erbe von 100 Pfund Sterling nach London geschickt, wo er die Westminster School besuchte und seine Lehrer in Erstaunen setzte, als er die ersten sechs Bücher der „Elemente" Euklids in einer Woche beherrschte. Mit achtzehn Jahren kam Hooke nach Oxford, wo er bald die Aufmerksamkeit der dort tätigen Wissenschaftler erregte. Im gleichen Jahre hatte Robert Boyle dort seinen Wohnsitz genommen und ein Jahr später begann er ein chemisches Laboratorium einzurichten. Bald wurde Robert Hooke sein Assistent und als solcher in den Kreis des *Experimentell-philosophischen Klubs* einbezogen, der einer der Vorgänger der späteren Royal Society geworden ist. 1658/1659 konstruierte Hooke für Boyle eine verbesserte Luftpumpe, mit der dieser seine berühmten Untersuchungen über den Luftdruck und die Eigenschaften der Gase durchführte, die 1660 veröffentlicht wurden.[4]

---

* Erschienen in: Wiss. Ztschr. der KMU Leipzig, Jg. 9 (1959/60), math.-nat. Reihe, H. 3, S. 417—431.

[1] The diary of Robert Hooke 1672—1680, hrsg. von H. W. Robinson und W. Adams, London 1935 im folgenden: The diary); M. Espinasse, Robert Hooke, London 1956, mit weiteren Literaturangaben.

[2] Vgl. die Besprechung des Werkes von M. Espinasse durch W. R. le Fanu, in: Archives internationales d'histoire des sciences 9 (1956), S. 360.

[3] R. Waller, The life of Dr. Robert Hooke, in: R. Hooke, The posthumous works, hrsg. von R. Waller, London 1705, S. I (im folgenden: The posthumous works).

[4] R. Boyle, New experiments physico-mechanicall touching the spring of the air, Oxford 1660. Dort heißt es: „Um diesen Unvollkommenheiten (der Guerickeschen Luftpumpe — G. H.) einigermaßen zu begegnen, zog ich . . . R. Hooke . . . hinsichtlich einer neu auszuführenden Luftpumpe zu Rate." Hooke selbst schreibt:

1662 beschloß die in London ein Jahr vorher gegründete Royal Society, deren Mitglieder sich nur in ihrer Freizeit mit der neuen experimentellen Philosophie befaßten, einen Kurator zur Durchführung der Experimente anzustellen, und wählte dafür Robert Hooke. Die Eintragung in dem Journal der Gesellschaft lautet: „12. November 1662. Sir Robert Moray schlug Mr. Hooke als Kurator für Experimente bei der Gesellschaft vor. Er wurde einstimmig angenommen. Es wurde festgelegt, daß die Gesellschaft Mr. Boyle danken solle, weil er zu ihren Gunsten auf ihn verzichtete, und daß Mr. Hooke kommen und an ihren Sitzungen teilnehmen solle und sowohl jeden Sitzungstag drei oder vier eigene Experimente bringen, wie auch für solche andere sorgen solle, die ihm von der Gesellschaft genannt werden.“[5]

Hooke wurde damit der einzige angestellte und bezahlte Wissenschaftler der Royal Society und ihrer Mitglieder. Die Gesellschaft erhielt nämlich von dem König oder der Regierung keinerlei Unterstützung, sondern finanzierte sich und finanziert sich auch heute noch wesentlich aus den Beiträgen ihrer Mitglieder und aus privaten Stiftungen. Hooke wurde schon ein Jahr später zum Mitglied der Royal Society gewählt und 1677 einer ihrer Sekretäre. 1664 wurde er Professor für Geometrie an dem berühmten Gresham-College in London und erhielt eine von einem Londoner Kaufmann, Sir John Cutler, gestiftete weitere Professorenstelle (die allerdings erst im Jahre 1696 auf entsprechende Klagen vor Gericht hin bezahlt wurde).

Man ist gelegentlich so weit gegangen, in diesem Zusammenhang Hooke als den
418 ersten Wissenschaftler von Beruf / zu bezeichnen. Diese Einschätzung ist insofern irreführend, als Hookes Einkünfte aus wissenschaftlicher Tätigkeit keineswegs ausreichten, um seinen Lebensunterhalt zu bestreiten. Der war erst dann gesichert, als Hooke nach dem großen Brand von London im Jahre 1666 zum städtischen Bauaufseher oder Baurat für den Wiederaufbau von London ernannt wurde. Hooke hat in dieser Eigenschaft gemeinsam mit Wren, der das entsprechende Amt von staatlicher Seite versah, besonders nach dem Tode seiner zwei Kollegen (Peter Mill, gest. 1673, Eduard Jarman, gest. 1668) dreißig Jahre lang intensive Arbeit geleistet, die ihn mit vielen Bevölkerungskreisen in Berührung brachte und seine Zeit und Arbeitskraft außerordentlich in Anspruch nahm. Wir besitzen eine Schilderung von Hookes Persönlichkeit, in der es heißt: „Was seine Person betrifft, so war er nur unansehnlich, da er sehr bucklig war ... Er war nur von einer dünnen, schwachen Körperbeschaffenheit, die zunahm, als er älter wurde, so daß sie zuletzt sehr auffiel ... Er war immer sehr blaß und bleich und schließlich nichts als Haut und Knochen, von hagerem Ansehen, seine Augen waren grau und voll mit einem scharfen intelligenten Blick, als er jünger war. Seine Nase war nur dünn und von mäßiger Höhe und Länge, sein Mund ziemlich groß und die Oberlippe schmal, sein Kinn scharf, die Stirn hoch, sein Kopf von mittlerer Größe. Er trug sein eigenes Haar von dunkelbrauner Farbe sehr lang, es hing ihm ungeschnitten und dünn über das Gesicht, bis er es ungefähr drei Jahre vor seinem Tode abschnitt und eine Perücke trug. Er ging gebückt und sehr schnell (bis seine Schwäche ihn einige Jahre vor seinem Tode daran hinderte), da er nur einen leichten Körper zu tragen hatte, aber eine große Menge von Geist und Aktivität besaß, besonders in seiner Jugend.“[6]

Einen Wagen pflegte er in London nicht zu benutzen. Hooke war nicht verheiratet,

---

„... denn 1658 oder 59 erfand und verbesserte ich die Luftpumpe für Mr. Boyle, nachdem ich zuerst einen Apparat gesehen hatte, der zu diesem Zweck für dieselbe ehrenwerte Person von Mr. Gratorix gemacht worden und zu schwerfällig war, um irgendeine große Sache durchzuführen.“ (The posthumous works, S. III.)

[5] Zitiert nach: The diary, S. XX.

[6] The posthumous works, S. XXVI/XXVII.

ständig unterwegs und ein häufiger Gast in Londoner Gaststätten und Kaffeehäusern, wo er mit Bekannten zusammenzutreffen, zu diskutieren und geschäftliche Besprechungen zu führen pflegte.

Wir haben in Robert Hooke einen typischen Vertreter der damals sogenannten Virtuosi vor uns, d. h. von an der Erforschung der Natur interessierten Wissenschaftlern, die ihre Forschungen außerhalb des Rahmens und unabhängig von der offiziellen Wissenschaft ihrer Zeit, wie sie an den Universitäten betrieben wurde, durchführten. Ihrer sozialen Stellung nach umfaßten sie einzelne Mitglieder der Gentry ebenso wie Kaufleute und Unternehmer sowie Ärzte, Geistliche und andere geistige Berufe. In ihren wissenschaftlichen Neigungen und Bestrebungen vertraten sie die Interessen der aufblühenden kapitalistischen Wirtschaft, die sich neben der feudalen mehr und mehr durchsetzte. Virtuosi gab es nicht nur in England. Auch in Frankreich, in den Niederlanden, in Deutschland und in anderen europäischen Ländern finden wir im 17. Jahrhundert Wissenschaftler, die sich selbst als Virtuosi bezeichneten oder so bezeichnet wurden. Besonders aber traten sie in England hervor, wo im 17. Jahrhundert die kapitalistische Produktionsweise am weitesten entwickelt war und Francis Bacon in seinem „Novum organon" eine neue Auffassung vom Wesen der Wissenschaft entwickelt hatte.[7]

Mit Francis Bacon lehnten die Virtuosi die scholastische Gelehrsamkeit ab, sahen sie in der neuen Experimentalphilosophie ein Mittel, das Leben der Menschen zu verbessern und zu erleichtern. Es ist bemerkenswert und charakteristisch, daß damals das Thema: „Die Nützlichkeit der experimentellen Naturphilosophie" von ihren Anhängern wieder und wieder diskutiert und dargestellt worden ist. Nach dem Vorbild von Francis Bacon selbst sucht man nicht nur die Vorwürfe der Gegner, die neue Wissenschaft mache die Menschen politisch und religiös aufsässig und ungläubig, zu entkräften, sondern überdies nachzuweisen, daß sie im praktischen Leben Vorteil bringt.

Robert Hooke sagt in diesem Sinne: „Die Aufgabe der Philosophie ist, eine vollkommene Kenntnis der Natur und der Eigenschaften der Körper und der Ursachen der natürlichen Werke herauszufinden, und diese Kenntnis wird nicht nur um ihrer selbst willen erworben, sondern um den Menschen zu befähigen . . . solche Wirkungen zu erzeugen und herbeizuführen, die sehr viel zu seinem Wohlbefinden in dieser Welt beitragen, sowohl um seine Wünsche zu befriedigen und ihn von seinen Nöten zu befreien als auch seine Lage über den allgemeinen Zustand des Menschen zu erheben und ihn zu befähigen, sie fast ebenso zu übertreffen, wie er (den Zustand von) Vieh und Schwachsinnigen (übertrifft)."[8]

Die Natur war in den Augen der Virtuosi kein Buch mit sieben Siegeln, sondern ein Reich der unbegrenzten und der ungeahnten Möglichkeiten und die neue Experimentelle Naturphilosophie ein allmächtiges Werkzeug, um die Natur in den Dienst der Menschheit zu stellen. So wurde die Aufgabenstellung ebensosehr von den praktischen Bedürfnissen der Zeit und des Landes wie von einem allseitigen Interesse, von einer umfassenden Wißbegierde bestimmt, während abstrakte und theoretische Fragestellungen in der ersten Periode der Royal Society bis zu einem gewissen Grade zurücktraten.

Die dort vereinigten Wissenschaftler befaßten sich immer wieder mit allen Fragen, die mit der Schiffahrt zusammenhängen, so etwa mit der brennenden Frage nach der Längenbestimmung auf See, mit der Konstruktion von Schiffen, mit der Konstruktion von Tauchapparaten und Instrumenten zur Bestimmung der Wassertiefe. Sie beschäftigten sich aber

---

[7] Vgl. G. Harig, Die neue Auffassung vom Wesen der Wissenschaft bei Francis Bacon, vorl. Bd., S. 138–152.

[8] R. Hooke, The method of improving natural philosophy, in: The posthumous works, S. 3.

auch mit dem Rückstoß der Kanonen, mit Methoden zum Schleifen von Linsen und der Herstellung von Glas, mit der Konstruktion von Waagen und Wagen, mit der Herstellung von Salpeter und der Praxis des Färbens und der Austernzucht, ebenso wie mit meteorologischen und astronomischen Beobachtungen sowie mit der Mikroskopie. An der Royal Society wurden Sektionen von Tieren durchgeführt und unter ihrer Anleitung wurde die Injektion von Flüssigkeiten in das menschliche Blut erfunden und erprobt.

In seiner Geschichte der Royal Society aus dem Jahre 1667 nennt Thomas Sprat folgende Tätigkeitsbereiche der Royal Society: Rundfragen und Anweisungen, Vorschläge und Empfehlungen, das Sammeln von Berichten, die Durchführung von Experimenten und Beobachtungen, die Herstellung und Verbesserung von Instrumenten, theoretische Abhandlungen sowie Beschreibungen und Darstellungen, wobei er in jedem Fall eine Reihe von
419 Beispielen aufzählt: wie etwa eine an einen Holländer in Batavia über dort vor/kommende Mineralien, Pflanzen und Tiere gerichtete Anfrage, Anweisungen zur Durchführung meteorologischer und astronomischer Beobachtungen. Die Royal Society machte den Vorschlag, ein Verzeichnis aller Gewerbe aufzustellen, „dadurch, daß Notiz genommen wird von allen physischen Rezepten oder Geheimnissen, von den Instrumenten, Werkzeugen und Maschinen, den handwerklichen Verfahren, Kunstgriffen, Schlichen und üblen Praktiken, der Güte und der Unechtheit und dem verschiedenen Wert der Materialien und von dem, was sonst noch zur Durchführung aller Gewerbe gehört".[9] Ebenso sollte ein Verzeichnis „aller Arten natürlicher Dinge, die in England gefunden werden" angefertigt werden, sowie Landkarten, Sternkataloge usw. Sprat bringt einen Bericht über die Besteigung des Piks von Teneriffa, berichtet von den Experimenten, Beobachtungen, Instrumenten und theoretischen Abhandlungen und bringt unter der letzten Rubrik u. a. eine Darstellung der Herstellung von Schießpulver und der Färberei.

Es versteht sich, daß die Betreuung dieser so vielseitigen Aufgaben und Interessen der Royal Society eine außergewöhnliche Wendigkeit und ein schnelles Sichzurechtfinden verlangte, zugleich aber ein Sichvertiefen in das einzelne Problem und ein Ausschöpfen oder auch nur Zuendeführen bestimmter Arbeiten außerordentlich erschwerte. Das gilt sowohl für die neue „Experimentelle Philosophie" im ganzen wie für Robert Hooke persönlich.

Die Forderungen, die an den damals Siebenundzwanzigjährigen bei Übernahme seines Amtes an der Royal Society gestellt wurden, waren ungewöhnlich. Sie hätten wohl mehr als einen Naturforscher bald in Verlegenheit gebracht. Hooke aber hat dieses Amt als Kurator und Experimentator der Royal Society vierzig Jahre lang ausgeübt und, wie die Tagebücher der Gesellschaft nachweisen, unzählige glänzende Experimente durchgeführt. Diese besondere und wie es scheint in ihrer Konsequenz einmalige Aufgabenstellung in der Geschichte der Naturwissenschaften hat das wissenschaftliche Schaffen Hookes ebenso bestimmt, wie es offensichtlich seinen Fähigkeiten und seiner Veranlagung, aber auch dem Charakter dieser ersten großen Blüte der Experimentalwissenschaft entsprach.

Im Jahre 1676 wurde in London eine Satire von Shadwell mit dem Titel „The Virtuoso" aufgeführt, die ihre Kritik vielfach von Hooke und den Veröffentlichungen der Royal Society bezog.[10] Zwei junge Kavaliere, die in die beiden reizenden Nichten des Virtuoso verliebt sind, dringen mit Hilfe eines Bekannten in das Haus des Virtuoso ein, indem sie sich als Anhänger der neuen Experimentalphilosophie ausgeben. Mit Täuschungen und

---

[9] Th. Sprat, The history of the Royal Society of London for the improving of natural knowledge, London 1667, S. 190.

[10] Th. Shadwell, The Virtuoso, London 1691. Vgl. C. Lloyd, Shadwell and the virtuosi, in: Publications of the Modern-Language-Association of America, Bd. 44 (1929), S. 472—494.

Intrigen gelangen sie an das Ziel ihrer Wünsche, der Virtuoso, auch von seiner Frau verraten, bleibt einsam und mittellos zurück. Bei dieser anspruchslosen Fabel ergibt sich mannigfache Gelegenheit, die Lebensgewohnheiten und Untersuchungen des Virtuoso lächerlich zu machen, ohne daß Shadwell ein tieferes Verständnis für die Vorzüge und Mängel wissenschaftlicher Arbeit erkennen läßt. Wohl aber zeigen seine Anspielungen, daß er die Veröffentlichungen der Royal Society eingehend studiert hatte, und die Tatsache, daß Shadwell voraussetzt, seine Anspielungen würden verstanden, zeigt zugleich, welche Aufmerksamkeit die Tätigkeit der Royal Society und der Virtuosi in der breiten Öffentlichkeit gefunden hat.

Ein wesentliches gemeinsames Merkmal der vielfältigen und zerstreuten experimentellen Arbeiten Hookes besteht darin, daß sie, wenn nicht die Erfindung, so doch die Verbesserung und Anwendung neuer Apparate und Instrumente zu wissenschaftlichen Untersuchungen enthalten. Gerade dieses Merkmal muß als wesentlich für die ganze neue Experimentalphilosophie angesehen werden, und auch in dieser Beziehung ist Robert Hooke einer ihrer markantesten Vertreter.

Die Erfolge der neuen Experimentalwissenschaft beruhten auf der Einführung und Entwicklung solcher wichtiger Instrumente wie des Fernrohres, des Mikroskopes, des Thermometers, des Barometers, der Luftpumpe und zahlreicher weiterer Beobachtungs- und Meßinstrumente. Robert Hooke hat sie alle gekannt und benutzt, viele von ihnen verbessert und einige neue angegeben und konstruiert.

Wie bereits erwähnt, war er schon bei Robert Boyle mit der Verbesserung der Luftpumpe auf diesen Weg gewiesen worden.

Besonderes Interesse verdienten und verdienen auch heute noch Hookes mikroskopische Untersuchungen, die er 1665 in dem Werk „Micrographia: Or some physiological descriptions of minute bodies made by magnifiying glasses with observations and inquiries thereupon“ in London veröffentlichte. Das Werk enthält sechzig als „Beobachtungen“ bezeichnete Kapitel, in denen jeweils sowohl das Aussehen wie auch andere Eigenschaften der untersuchten Gegenstände auf Grund eigener Untersuchungen eingehend beschrieben werden. Im Vorwort bemerkt Hooke ausdrücklich, daß er mit seiner Arbeit zu dem großen Bestand an Naturbeobachtungen beitragen will, den so viele Menschen zu beschaffen tätig sind, und vergleicht er seine Beiträge zur Wissenschaft mit den Beiträgen der Handwerker zu seinen eigenen Beobachtungen.[11] Diese Beschränkung schließt allerdings keineswegs aus, daß er zur Deutung seiner Beobachtungen nicht vielfach recht weitgehende Modellvorstellungen entwickelt, sie bezeichnet er aber ausdrücklich als „zweifelhafte Probleme und unsicheres Raten“, nicht aber als „unbestreitbare Schlußfolgerungen oder Angelegenheiten eines unwiderlegbaren Wissens“.[12]

Gelehrte Zitate oder Belegstellen aus Aristoteles und anderen antiken Autoren, wie sie noch im 16. Jahrhundert zur Regel wissenschaftlicher Darstellungen gehörten, fehlen vollständig. Ältere und zeitgenössische Autoren werden nur beiläufig als Quelle und nicht als

---

[11] „I have obtained my end, if these my small Labours shall be thought fit to take up some place in the large stock of natural Observations, which so many hands are busie in providing . . . and all my ambition is, that I may serve to the great Philosophers of this Age, as the makers and the grinders of my glassed did to me.“ (R. Hooke, Micrographia, Preface, London 1667, S. 5/6.)

[12] „Whereever he (der Leser — G. H.) finds that I have ventur'd at any small Conjectures at the causes of the things that I have observed, I beseech him to look upon them only as doubtful Problems and uncertain ghesses and not as unquestionable Conclusiones or matters of unconfutable Science.“ (ebenda, S. 5.)

Kronzeugen und Autoritäten angeführt. Wir haben also in der „Micrographia" ein in dieser Beziehung durchaus modernes naturwissenschaftliches Werk vor uns. /

420 Das Werk, dem einhundert ausgezeichnete Abbildungen nach Zeichnungen Hookes beigefügt sind, ist mit Recht als das klassische Werk seiner Zeit über Mikroskopie bezeichnet worden. Viele dieser Abbildungen übertrafen die bis dahin üblichen Darstellungen bei weitem und erhöhten damit die Anforderungen, die in Zukunft an mikroskopische Untersuchungen und Zeichnungen gestellt wurden. „Ich habe niemals angefangen, eine Zeichnung zu machen" so schildert Hooke selbst sein Verfahren „ehe ich nicht durch viele Prüfungen unter verschiedenem Licht und in verschiedenen Lagen zum Licht die wahre Form entdeckt hatte."[13] Zu seinen Beobachtungen benutzte Hooke ein von ihm verbessertes zusammengesetztes Mikroskop mit zwei plankonvexen Linsen als Objekt und Okular. Es war mit einem beweglichen Ring in einem Ständer befestigt. Der zu untersuchende Gegenstand wurde an einem beweglichen Stift befestigt und in dem durch einen Kondensor verstärkten auffallenden Licht der Sonne oder einer Lampe beobachtet. Hooke beschreibt sein Mikroskop im Vorwort des Werkes.

Um mit dem Einfachsten zu beginnen, untersucht Hooke nach dem Beispiel der Geometrie in der ersten Beobachtung den „physikalischen Punkt", d. h. die Spitze einer Nadel und einen auf Papier gedruckten Punkt. Beides erweist sich als unscharf, und Hooke bemerkt sehr richtig, daß die von ihm untersuchte Nadelspitze viel gröber sei als gleichfalls von ihm beobachtete feine Spitzen an Pflanzen und Tieren. Auch die Schneide eines Rasiermessers erweist sich in der zweiten Beobachtung keineswegs als eine fehlerlose Gerade.

In der 18. Beobachtung untersucht Hooke als erster die Feinstruktur von Kork und verwendet dabei schon in der Überschrift zur Beschreibung seiner Struktur den Ausdruck „Zelle", der sich von diesem Werk aus allgemein in der Biologie eingebürgert hat. Größtes Ansehen riefen seine ausgezeichneten Beobachtungen und Abbildungen einiger Insekten hervor. Allgemein bekannt wurde seine Zeichnung einer Laus durch eine politische Anspielung des fortschrittlichen englischen Dichters A. Marvell. Er reimte von der großen Laus, die den weißen Stab schwingt, d. h., er verglich das Haar, an dem sie sich auf der Zeichnung Hookes festhält, mit dem Abzeichen des Lordkanzlers. Ob Hooke selbst eine solche Anspielung im Auge hatte, entzieht sich heute jeder Beurteilung.

Als echter Experimentator und gelehrter Instrumentenmacher beschreibt Hooke in der „Micrographia" aber auch gleichzeitig die Herstellung von dickwandigen Glasröhren für Barometer und Thermometer (Observation 6), ein von ihm erfundenes Barometer (Preface) und Hygroskop (Observation 27) sowie die Konstruktion von Thermometern und deren Eichung (Observation 7).

Das Radbarometer, das in England weite Verbreitung gefunden hat, stellt ein Quecksilberbarometer dar, auf dessen unterem offenem Schenkel ein Metallzylinder schwimmt. Er ist mit einer Schnur über ein Rad mit horizontaler Achse durch ein Gegengewicht ausbalanciert. Das Steigen und Fallen des Zylinders wird von einem an dem Rad angebrachten Zeiger auf einer kreisförmigen Skala angezeigt. Um die Höhenunterschiede zu vergrößern, ist das Barometer am geschlossenen Ende kugelförmig erweitert.

Im Anschluß an die Beschreibung der Feinstruktur der Granne des wilden Hafers beschreibt Hooke die Herstellung eines Hygroskopes, bei dem diese Veränderung auf einen Zeiger übertragen wird.

Als Thermometer benutzte er ein verschlossenes, mit gefärbtem Alkohol gefülltes Glasrohr, wobei als Fixpunkt der Gefrierpunkt des Wassers gewählt wird. Die Festlegung von

[13] Ebenda, S. 24.

zwei Fixpunkten, die allein eine vergleichbare Temperaturmessung unabhängig von den Abmessungen des Thermometers gestattet, hat Robert Hooke allerdings noch nicht in Betracht gezogen. Sein Verfahren zur Eichung besteht darin, die Angaben jedes Thermometers mit denen eines als Norm dienenden Instrumentes zu vergleichen, dessen genaue Abmessungen er angibt.

Die letzten beiden Beobachtungen der „Micrographia“ betreffen Beobachtungen am Himmel mit Hilfe des Fernrohres, das in dem halben Jahrhundert seit seiner Erfindung und ersten astronomischen Anwendung bedeutend weiterentwickelt worden war. Um die durch die chromatischen Linsenfehler entstehenden Schwierigkeiten zu umgehen, benutzte man damals bekanntlich sehr lange Fernrohre. Hooke gibt an, mit Fernrohren von 12, 30 und 36 Fuß Länge beobachtet zu haben. Er war von dem Vorteil und der Notwendigkeit, neue Instrumente zu benutzen, so überzeugt, daß er in einen heftigen Streit mit dem zeitgenössischen Danziger Astronomen Hevel geriet, der es ablehnte, bei seinen astronomischen Messungen Fernrohre statt einfacher Diopter zu benutzen. Die Auseinandersetzung um den Gebrauch und Nutzen der neuen Instrumente erregte so großes Aufsehen und Interesse, daß die Royal Society im Jahre 1679 den jungen Edmond Halley nach Danzig sandte, um Vergleichsmessungen anzustellen. Dank der außerordentlichen Fähigkeiten von Hevel ergab sich damals keine Überlegenheit beim Gebrauch des Fernrohres — ein Umstand, der das Ansehen und die Beliebtheit von Hooke kaum gehoben haben dürfte. Erst die spätere Entwicklung sollte ihm Recht geben.

Ein Anliegen, dem die Royal Society ihr besonderes Interesse zuwandte, war die Beobachtung des Wetters. Auf Veranlassung der Gesellschaft entwarf Hooke eine Anweisung zur regelmäßigen Beobachtung des Wetters mit dem Ziel, Vergleiche anstellen zu können, um die „Axiome“ aufstellen zu können, „durch welche die Ursachen und Gesetze des Wetters herausgefunden werden können“.[14] Hooke schlägt darin vor, folgende acht Daten festzustellen und in eine von ihm entworfene Tabelle einzutragen:

1. das Datum sowie Angaben über die Stellung der Sonne im Tierkreis,
2. das Alter und die Stellung des Mondes im Tierkreis um Mitternacht,
3. die Richtung und Stärke des Windes,
4. die Lufttemperatur,
5. die Luftfeuchtigkeit,
6. den Luftdruck,
7. den Anblick des Himmels,
8. besondere bemerkenswerte Erscheinungen.

Die letzte, 9. Spalte schließlich soll zur Eintragung von allgemeinen Schlußfolgerungen
421 dienen, nachdem die Beobachtungen mehrere Tage fortgesetzt worden waren.[15] Gleich/zeitig hat aber Hooke auch die Instrumente angegeben und verbessert, mit denen diese Beobachtungen und Messungen durchgeführt werden können, nämlich ein Barometer, Thermometer und Hygrometer, die er, wie erwähnt, in seiner „Micrographia“ ausführlich beschrieben hat, sowie ein Instrument zur Messung der Windstärke.

Hooke hat darüber hinaus noch eine große Anzahl weiterer Apparate und Instrumente erfunden und konstruiert. Sie betreffen nicht nur den Bereich der wissenschaftlichen Instrumente, sondern — wie bereits erwähnt — auch technische Verfahren, wie etwa einen Apparat zum Glasschleifen und eine Maschine zur Herstellung von Zahnrädern, und ebenso

---

[14] Th. Sprat, The history of the Royal Society, a. a. O., S. 175. Thomas Sprat hat die Anweisung als besondere Errungenschaften der Royal Society in seine Geschichte der Gesellschaft aufgenommen.

[15] Vgl. ebenda, S. 179.

den Bereich der täglichen Bedürfnisse. Auf Hooke geht die Ankerhemmung und die Spiralfeder in der Unruhe unserer Taschenuhren ebenso zurück wie die Irisblende, die heute einen unentbehrlichen Bestandteil jedes Fotoapparates bildet.

Gerade mit der Verbesserung der Gangregulierung von Uhren hatte Hooke ein brennendes Problem seiner Zeit aufgegriffen, da genaue Uhren zur Bestimmung der geographischen Länge unentbehrlich sind. Mit der Verbesserung der Uhren beschäftigten sich deshalb auch noch andere Virtuosi ebenso wie Handwerker und Instrumentenmacher. Es ist somit nicht verwunderlich, daß es gerade hier zu Streitigkeiten über die Erfindung kam, zumal damit auch schon direkte materielle Vorteile verbunden waren, nachdem 1624 in England der erste gesetzliche Schutz für technische Erfindungen eingeführt worden war.

Nach seinen eigenen Angaben hat Hooke diese neue Gangregulierung im Jahre 1660, d. h. vor seinem Eintritt in die Royal Society erfunden. Er teilte seine Erfindung dem späteren ersten Präsidenten der Royal Society, Lord Brounker, Kanzler Karls II., Robert Boyle und Robert Moray mit, die ihm rieten, ein Patent anzumelden. Dazu kam es aber nicht, weil sich Hooke nicht auf die Klausel einlassen wollte, daß seine Rechte verfallen, wenn die Erfindung verbessert würde, da es, wie er schreibt, „leicht war, meine Prinzipien hundertfach abzuändern und nicht unwahrscheinlich, daß es eine bequeme Ergänzung zu dem geben möchte, was ich zuerst entdeckt hatte, da es leicht ist, Erfindungen hinzuzufügen“[16].

Hooke hat in den folgenden Jahren die Angelegenheit auf sich beruhen lassen. Als aber 1675 Oldenburg, der ständige Sekretär der Royal Society, einen Bericht des holländischen Wissenschaftlers Christian Huygens über die Erfindung einer Uhr mit Spiralfeder in der Unruhe veröffentlichte, wies Hooke auf seine alte Erfindung und seine alten Rechte hin. Oldenburg, dem Huygens die englischen Patentrechte auf die neue Erfindung angeboten hatte, wendete sich dagegen. Es kam zu öffentlichen Auseinandersetzungen in Druckschriften. Der König selbst wurde interessiert. Er verlangte eine Probeuhr, die er am 17. Mai 1675 von Hooke erhielt, aber er erteilte das Patent weder an Hooke, wie er zunächst versprochen hatte, noch an Oldenburg. In der Royal Society selbst endete der Streit im November 1676 mit einer Ehrenerklärung für Oldenburg, den Hooke beschuldigt hatte, seine Erfindung Huygens mitgeteilt zu haben. Erst nach dem Tode Oldenburgs (1677) wurden in dessen Nachlaß in diesem Sinne belastende, wenn auch nicht eindeutig beweisende Schriftstücke gefunden, ohne daß von Hooke oder von anderer Seite die Angelegenheit neu aufgerollt worden wäre.

Der ganze Streit unterstreicht nicht nur das große Interesse an einer Verbesserung der Uhren, er zeigt zugleich, daß in den Kreisen der Virtuosi selbst die Standesunterschiede und Klassengegensätze keineswegs aufgehoben waren. Gegenüber den Mitgliedern des Adels und Unternehmertums war nicht nur 1660 der fünfundzwanzigjährige Anfänger, sondern auch noch 1675/76 der von der Royal Society eingestellte Kurator, Professor am Gresham-College und Stadtbaurat in der Freiheit seines Handelns und Auftretens beschränkt. Er sollte es auch bis zu seinem Tode bleiben, zumal Hooke ganz offensichtlich kein Geschäftsmann war und den Anschluß an die Hofkreise weder suchte noch fand.

Robert Hooke, der das Experiment so hoch schätzte und niemals in Verlegenheit war, neue Experimente zu ersinnen, hat sich in seiner wissenschaftlichen Tätigkeit keineswegs auf das Experimentieren und Konstruieren beschränkt. Sein Interesse am Experiment und Instrument war stets mit einem tiefen Interesse an der Erforschung der Naturvorgänge

---

[16] Vgl. The posthumous works, S. V.

selbst verbunden. Er ist immer bestrebt gewesen, das Wesen der Erscheinungen und Vorgänge ohne Rückgriff auf scholastische Begriffe und ohne übernatürliche Wirkungen zu verstehen und zu erklären. Er unterscheidet sich damit sowohl vom bloßen Konstrukteur und vom Liebhaber der neuen Experimentalwissenschaft, dessen Neugierde und Interesse mit dem Auffinden seltsamer Naturvorgänge und Naturerscheinungen erschöpft war, wie von den Anhängern der neuen Philosophie, die aus Abneigung gegen jede Spekulation, wie sie für die scholastische Wissenschaft charakteristisch ist, auf einem rein empiristischen Standpunkt verharrten oder gar einem subjektiven Idealismus zuneigten. Zur Klärung der Naturvorgänge hat Hooke oft kühne Vermutungen geäußert, die sich bei genauer Nachprüfung als unhaltbar und sogar widerspruchsvoll erwiesen haben, stets aber einen rationellen Kern enthielten und vielfach neue Ausblicke und Einblicke eröffneten.

An die Stelle der Vorstellung von kontinuierlich den Raum erfüllenden Substanzen war bei den Anhängern der neuen Experimentalphilosophie eine atomistische oder korpuskulare Vorstellung von der Struktur der Materie getreten. Die neue Ansicht von der Existenz eines Vakuums hatte sich nicht zuletzt durch die experimentellen Untersuchungen der Virtuosi selbst, allen voran die von Robert Boyle, durchgesetzt. Von diesem Standpunkt aus lehnten sie die Lehre von Descartes als spekulativ und scholastisch ab und sahen die große Aufgabe vor sich, eine Bewegungslehre zu entwickeln, die auf der Grundkonzeption der Existenz von im leeren Raum sich bewegenden Korpuskeln beruhte.

Gleichzeitig waren an Stelle der scholastischen Begriffe „Form" und „Qualität", mit denen man bis dahin die Naturerscheinungen zu erklären versuchte, die Begriffe „Materie" bzw. „Körper" und „Bewegung" getreten, und damit schälte sich immer deutlicher als Programm und Ziel der neuen Naturauffassung die Aufgabe heraus, die Naturerscheinungen aus diesen Grundbegriffen zu erklären, d. h., die substantiellen Formen und realen Qualitäten auf Eigenschaften der Materie und der Bewegung zurückzuführen bzw. sie daraus abzuleiten.

Das Programm der neuen Experimentalwissenschaft war ebenso umfangreich wie schwierig. Es erforderte nicht nur eine bedeutende Erweiterung der Kenntnis von Tat-
422 sachen, / sondern auch eine Erarbeitung und Präzisierung neuer exakter Begriffe, von deren Schwierigkeiten wir uns heute, wo uns die Grundbegriffe der klassischen Naturwissenschaft als selbstverständlich erscheinen, nur schwer eine Vorstellung machen können, die wir uns aber gar nicht schwierig genug vorstellen können.

Hooke hat um diese Probleme gerungen wie nur wenige seiner Zeitgenossen und zu ihrer Lösung und begrifflichen Bewältigung wesentlich beigetragen, trotzdem seine Annahmen oder „Hypothesen" keineswegs die endgültigen Lösungen im Sinne der klassischen Naturwissenschaft darstellten.

Auf den ersten Blick scheint mit dieser letzten Feststellung das Urteil über Hooke bereits gesprochen und scheinen damit diejenigen im Recht, die ihn als Theoretiker nicht beachten oder höchstens seinen Anteil an bestimmten Entdeckungen aus einem historischen Gerechtigkeitsgefühl erwähnen.

Die Anschauungen und Hypothesen von Hooke erscheinen aber in einem ganz anderen Licht, wenn man sie anstatt vom Standpunkt der abgeschlossenen Lehren als Stadien der Formierung und Herausbildung dieser Lehren betrachtet und damit als Ausdruck der Experimentalwissenschaft in der zweiten Hälte des 17. Jahrhunderts als einer historisch notwendigen und gesetzmäßigen Etappe in der Entwicklung der klassischen Naturwissenschaft.

In der modernen bürgerlichen Geschichtsforschung wird bei der Suche nach den Quellen der Begriffe der klassischen Naturwissenschaft den im 17. Jahrhundert verstärkt auftretenden neoplatonistischen philosophischen Strömungen und Anschauungen besonderes Gewicht beigelegt. Alexandre Koyré hat unter diesem Gesichtspunkt besonders die Bedeutung des englischen neoplatonistischen Philosophen Henry More für die Herausbildung und begriffliche Trennung von Raum und Ausdehnung herausgearbeitet und legt besonderes Gewicht auf die „Vergöttlichung des Raumes“, d. h. auf die Identifizierung des unendlichen Raumes mit der Unermeßlichkeit Gottes durch Joseph Raphson, einem englischen Mathematiker und Schüler Isaak Newtons.[17]

Diese Verlagerung des Schwerpunktes der Formierung der klassischen Naturwissenschaft von der Experimentalwissenschaft auf die idealistische Philosophie und speziell Ontologie ist aber schon deshalb irreführend, weil ohne die Erfindung neuer wissenschaftlicher Instrumente und ohne experimentelle Forschung sich die Naturwissenschaft niemals aus den Fesseln der Theologie und spekulativen Naturphilosophie hätte befreien können.

Dem wissenschaftlichen Wirken von Robert Hooke kommt eine besondere Bedeutung deshalb zu, weil es stets eine direkte Verbindung zwischen experimenteller Forschung und den Versuchen, deren Ergebnisse zu verallgemeinern, aufweist und weil er sich niemals in rein philosophisches Spekulieren verliert. Hooke knüpft mit seinen Gedanken und Hypothesen stets unmittelbar an eigene Beobachtungen und Experimente an, nicht aber an die Meinungen von Philosophen, und behält deshalb trotz vorschneller Verallgemeinerungen stets festen Boden unter den Füßen. Jede philosophische Spekulation liegt ihm fern, und für philosophische Differenzierungen von Begriffen wie zwischen Unendlichkeit und Endlosigkeit des Universums bei Descartes oder zwischen dem Ansatz zur Bewegung und der Bewegung selbst bei Hobbes hat er keinen Sinn und kein Verständnis.[18] Er war und blieb ein Virtuoso im positiven und negativen Sinn dieses Wortes und stellt als solcher einen Wissenschaftler dar, der geradezu von Francis Bacon erfunden sein könnte.

Die Entwicklung der klassischen Mechanik oder genauer der Dynamik erfolgte bekanntlich im Zusammenhang mit der Suche nach der Ursache der Planetenbewegung, wie sie durch die drei Keplerschen Gesetze dargestellt wird. Die Lehre des Kopernikus hatte sich trotz und in gewisser Beziehung gerade wegen ihrer Verurteilung durch die katholische Kirche in den nichtkatholischen Ländern durchgesetzt und wurde auch in den Kreisen der Royal Society allgemein anerkannt. Aber noch war die Frage nach der Ursache der durch diese Gesetze beschriebenen Planetenbewegung ungelöst. Die Vorstellungen von einer allgemeinen Anziehungskraft oder Gravitation, schon von Kepler angedeutet, waren noch ganz unbestimmt, und die Frage nach den Eigenschaften und nach der Ursache der Gravitation wurden damals eifrig diskutiert.

In dieser Entwicklung kommt Hooke zweifellos ein entscheidender Anteil zu, der ihm selbst von solchen Historikern zugestanden werden muß, die ihn unter dem Eindruck der überragenden Leistungen von Newton sonst kaum beachten.

Seine Ansichten über den Zusammenhang zwischen einer allgemein wirkenden Anziehungskraft oder Gravitation und der Planetenbewegung entwickelte Hooke in Vorlesungen am Gresham-College, die er 1674 unter dem Titel „An attempt to prove the annual motion of the earth from observation“ veröffentlichte. Er entwickelte darin ein eigenes neues „Weltsystem“, dem er folgende drei Annahmen zugrunde legt: „Erstens, daß alle himmlischen Körper eine Anziehung oder Gravitation nach ihrem eigenen Mittelpunkt ausüben, so daß sie nicht nur ihre eigenen Theile anziehen und dieselben, wie wir an der Erde beobachten, von dem Davonfliegen abhalten, sondern daß sie auch alle anderen himmlischen Körper, welche in ihrer Wirkungssphäre sich befinden, anziehen . . . Die zweite Annahme ist die, daß alle möglichen Körper, welche eine einfache und geradlinige Bewegung

---

[17] A. Koyré, From the closed world to the infinite universe, Baltimore 1957, S. 197.
[18] The posthumous works, S. 76, 130.

einmal erhalten haben, dieselbe so lange in einer geraden Linie fortsetzen, bis sie durch eine andere wirkende Kraft in ihrer Bewegung abgelenkt und gezwungen werden, einen Kreis, eine Ellipse oder eine andere zusammengesetztere Linie zu beschreiben. Die dritte Annahme ist die, daß die anziehenden Kräfte in ihrer Wirkung um so größer sind, je näher die Körper, auf die sie wirken, dem Centrum der Anziehung sind. Was freilich die Grade dieses Wachsthums betrifft, so habe ich sie noch nicht experimentell bestätigt: aber es ist dies sicher ein Begriff, der, wenn er, wie er sollte, völlig erkannt wird, den Astronomen mächtig helfen wird, alle himmlischen Bewegungen auf ein Gesetz zurückzuführen, was ohne ihn niemals geschehen wird."[19]

Das Zitat zeigt, daß Hooke am Gresham-College Ansichten vortrug, die mit der zu seiner Zeit an vielen Universitäten immer noch gelehrten aristotelischen Mechanik nichts zu tun hatten, und daß er einer richtigen Auffassung vom Trägheitsgesetz und von der Gravitation recht nahekam. /

423 Es ist bezeichnend für die von ihm vertretene wissenschaftliche Richtung, daß er, anstatt seine Ansätze mathematisch durchzubilden, zahlreiche Experimente vorschlägt und zum Teil ausführt, um seine Annahmen zu prüfen. So empfahl er z. B., die Abnahme der Gravitation mit der Höhe durch Messungen an hohen Gebäuden oder im Zusammenhang mit einer vermuteten „ovalen" Form der Erde an verschiedenen Stellen der Erdoberfläche zu bestimmen. Die Planetenbewegungen versuchte er schon im Jahre 1666 durch Versuche an konischen Pendeln zu verdeutlichen.[20]

Die richtigen Vorstellungen Hookes, der zudem 1682 auch die Abnahme der Gravitation mit dem Quadrat der Entfernung richtig erkannt hatte, sind bekanntlich von Newton bestätigt und mathematisch einwandfrei bewiesen worden. Damit aber war die Frage nach der Ursache der Planetenbewegung keineswegs gelöst, sondern nur verschoben. Sie wurde jetzt zur Frage nach der Ursache der Gravitation oder allgemeinen Anziehungskraft. Diese einfach als eine allgemeine Eigenschaft der Materie zu erklären, wie es Newton getan hat, hieße der Materie eine neue „reale Qualität" zuzuschreiben, und so ist gegen dieses Vorgehen Newtons später mit Recht der Vorwurf erhoben worden, er sei zur Einführung okkulter Kräfte in die Naturwissenschaft zurückgekehrt. Solche Vorwürfe wurden im 18. Jahrhundert besonders von den Cartesianern formuliert, die ihrerseits von den Newtonianern wegen ihrer Ablehnung der Existenz des Vakuums als Anhänger der scholastischen Naturlehre bekämpft wurden.

Das Bestreben, die veralteten Begriffe „Form" und „Qualität" durch die Begriffe „Materie" bzw. „Körper" und „Bewegung" zu ersetzen, wurde von Hooke grundsätzlich und konsequent geteilt. In seiner Schrift über die Elastizität fester Körper, auf deren besonderes Thema später eingegangen werden wird, erklärt Hooke ganz eindeutig: „Ich nehme an, daß das wahrnehmbare Universum aus Körper und Bewegung besteht" und anschließend ausführlicher: „Unter Körper verstehe ich etwas, das Bewegung oder Fortschreiten aufnehmen oder mitteilen kann . . . Unter Bewegung verstehe ich nichts anderes als eine Kraft oder fortschreitende Tendenz des Körpers entsprechend den verschiedenen Graden der Geschwindigkeit. Diese beiden halten sich stets gegenseitig die Waage bei allen Wirkungen, Erscheinungen und Vorgängen der Natur. Es ist deshalb nicht unmöglich, daß sie ein und dasselbe sind . . . Ich nehme dann weiter an, daß alle Gegenstände im Universum, die Objekte unserer Sinne werden, aus diesen beiden, nämlich Körper und

[19] Zitiert nach: F. Rosenberger, Isaac Newton und seine physikalischen Principien, Leipzig 1895, S. 154.
[20] The posthumous works, S. XII.

zusammengesetzt sind, die wir zunächst als verschiedene Wesen voraussetzen, obgleich sie möglicherweise sich später nur als verschiedene Auffassungen eines und desselben Wesens herausstellen können."[21]

Es wäre falsch, Hooke auf Grund dieser unbeholfenen Formulierungen als Vorläufer der Erkenntnis von der Äquivalenz von Masse und Energie zu bezeichnen. Seine Äußerungen zeigen aber einmal, daß in diesem Anfangsstadium der klassischen Naturwissenschaft die neuen Grundbegriffe noch so weit und locker waren, daß sie Denkmöglichkeiten einschlossen, die später verschüttet worden sind, und zum anderen, daß Hooke diese Möglichkeiten geahnt hat.

Bei dem Versuch, alle Gegenstände und Erscheinungen der Natur auf Materie und Bewegung zurückzuführen, ergeben sich im Zusammenhang mit den korpuskularen Auffassungen prinzipiell zwei Möglichkeiten. Man kann bestimmte Annahmen über die Gestalt und Eigenschaften der Teilchen entwickeln, und man kann bestimmte Annahmen über die Arten oder Formen ihrer Bewegung aufstellen. In der Naturwissenschaft des 17. Jahrhunderts finden wir beide Wege beschritten. Aber trotzdem sie sich gegenseitig ergänzen, läßt sich doch ganz deutlich bei einigen Naturforschern eine Neigung zu einer Erklärung der Naturerscheinungen auf Grund besonderer struktureller Eigenschaften und bei anderen zu einer Erklärung auf Grund besonderer Bewegungsformen feststellen.

Hooke selbst hat zweifellos zu der zweiten Gruppe gehört, während Robert Boyle ebenso wie Isaac Newton, die beide im Unterschied zu Hooke stark an chemischen Fragen interessiert waren, zur ersten Gruppe gehörten.[22] Mir scheint gerade in dieser Unterscheidung ein allgemeiner Grund für die Gegnerschaft zwischen Hooke und Newton zu liegen, die Hooke zum Begründer einer Wellentheorie des Lichtes, Newton zu dem einer Emissionstheorie werden ließ.

Seine Lehre vom Licht entwickelt Hooke in der „Micrographia" im Zusammenhang mit der Untersuchung der Farbe dünner Glimmerplättchen, der Farberscheinungen an dünnem Glas, auf der Oberfläche von angelassenem Stahl, an Seifenblasen und der Farberscheinungen beim Aufeinanderpressen ebener Glasplatten, die er alle in der 9. Beobachtung lebhaft und mit Ausdrücken der Freude über die schönen Farberscheinungen beschreibt. Der Grundgedanke seiner recht komplizierten Theorie des Lichtes besteht darin, daß das Licht eine Schwingungsbewegung eines besonders feinen Stoffes darstelle. Er weist ausdrücklich die Lehre von Descartes, wonach das Licht durch eine Wirbelbewegung kleinster Teilchen hervorgerufen wird, zurück und leitet ab, daß es sich nur um eine „sehr kurze Schwingungsbewegung"[23] handeln kann.

Leider war Hooke, der diese Theorie später in Auseinandersetzungen mit Newton weiterverfolgte, nicht in der Lage, seine Ansichten wirklich durchzubilden. Zu seiner Zeit fehlten noch alle klaren Vorstellungen über Wellenlänge, Amplitude usw., und Hooke selbst war nicht so mathematisch ausgebildet, um sie entwickeln zu können; er begnügte sich vielmehr mit qualitativen Angaben.

Seine Erklärung der Farben, für die er allgemeine Gültigkeit in bezug auf alle Farberscheinungen beansprucht, muß vollends als inkonsequent und verfehlt bezeichnet werden. Genau genommen, kann ihm nur die allgemeine Erkenntnis des Wellencharakters des Lichtes und der Tatsache zugesprochen werden, daß die Fortpflanzungsrichtung und die

---

[21] R. Hooke, Lectures de potentia restitutiva or of spring, London 1678, S. 7.

[22] Betreffs Hookes Vorstellungen über das Feuer vgl.: The diary, S. XXVI–XXVIII.

[23] „A very short vibrating motion" (R. Hooke, Micrographia, a. a. O., S. 56.)

Wellenfläche aufeinander senkrecht stehen. Klare Vorstellungen über die Wellenbewegung im allgemeinen sind erst von Huygens 1678 entwickelt worden.[24]

In den nachgelassenen Schriften Hookes sind sieben Vorlesungen oder Vorträge über das Licht veröffentlicht, die er in den Jahren 1680 bis 1682 gehalten hat, d. h. in der Zeit nach der Polemik mit Newton über die Wellentheorie, in deren Verlauf ihm wohl die Schwierigkeiten einer Wellentheorie klar geworden waren. Hooke vertritt hier nach wie
424 vor ganz entschieden den Standpunkt, daß das Licht kein / Stoff, sondern eine Bewegungserscheinung ist. Von dieser Bewegung weist er aber nur nach, daß sie mit sehr großer Geschwindigkeit, fast instantan verläuft und daß es sich tatsächlich um eine lokale Bewegung handelt. In dem vorliegenden Teil der Vorlesung finden sich keine näheren Angaben über die Art dieser Bewegung. Er untersucht weitläufig die leuchtenden Körper selbst und das vom Licht durchflossene Medium und stellt lediglich fest: „Licht im Objekt ist also eine besondere Art der inneren Bewegung der Partikel“[25] und etwas später: „Licht scheint nichts anderes zu sein als eine innere Bewegung eines transparenten (Mediums), zuerst von den leuchtenden Körpern begonnen oder den Teilen des homogenen und transparenten Mediums eingeprägt und dann durch dieses Medium bis zu seinen äußersten Ausdehnungen oder seinen Grenzen fortgepflanzt.“[26]

Die Vorlesungen brechen ab, ehe Hooke auf die Lichtbrechung und die Farben zu sprechen kommt, so daß wir heute nicht wissen, ob er an der Wellentheorie und an seiner Theorie vom Zustandekommen der Farben festgehalten hat oder nicht. Auf jeden Fall zeigen die Vorlesungen, daß Hooke sich sehr eingehend und sorgfältig mit Untersuchungen und Überlegungen über die Natur des Lichtes befaßt hat und, reifer geworden, sich bemühte, keine voreiligen Schlußfolgerungen zu ziehen.

Das gleiche Bestreben bei der Suche nach dem Wesen der Erscheinungen, nach immer „höheren und höheren Stufen der Ursachen“, wie er es selbst einmal formuliert hat[27], auf Vorstellungen über Bewegungen zurückzugreifen, finden wir in Hookes Anschauungen über die allgemeine Natur der Körper. Hooke entwickelt sie im Zusammenhang mit seinen Untersuchungen der Elastizität, einer Erscheinung, unter die Robert Boyle bekanntlich auch die Untersuchung des Luftdrucks eingereiht hat.

In Verbindung mit der Einführung der Spiralfeder in die Unruhe der Uhren und dem daran entbrannten Streit um die Erteilung eines Patents hat Hooke in den siebziger Jahren eingehende experimentelle Arbeiten über die Elastizität fester Körper durchgeführt, deren unmittelbares Ziel wohl zunächst in dem Nachweis bestand, daß die zurücktreibende Kraft einer Spiralfeder eine konstante Schwingungsdauer unabhängig vom Ausschlag sichert. Die Ergebnisse seiner Untersuchungen faßte er in den am Gresham-College gehaltenen „Lectures de potentia restitutiva or of spring“ zusammen. Er ging dabei von den Eigenschaften zweier Federwaagen aus mit einer Spiralfeder in Form einer flachen Spirale, untersuchte die elastische Dehnung eines belasteten, senkrecht aufgehängten Drahtes und gelangte auf diese Weise rein empirisch zu dem Hookeschen Gesetz, das er in der Form ausspricht: „Ut tensio sic vis; that is the Power of any spring is in the same proportion with the tension thereof“[28] und in bezug auf die Federwaage in der Form: „Ut pondus sic tensio“[29].

[24] Vgl. Ch. Huygens, Abhandlung über das Licht, Leipzig 1913 (Ostwald's Klassiker der exakten Wissenschaften, 20).

[25] The posthumous works, S. 117.

[26] Ebenda, S. 130.

[27] Ebenda, S. 173.

[28] R. Hooke, Lectures . . ., a. a. O., S. 1.

[29] Ebenda, S. 5.

Überlegungen über die Ursache dieser Erscheinungen führen ihn dann zu der Ansicht, daß ein Körper nichts anderes ist als „ein bestimmter Raum oder eine bestimmte Ausdehnung, der durch eine Kraft von innen vor dem Eindringen eines anderen geschützt ist“.[30]

Diese Kraft, so führt er weiter aus, bestehe in der Schwingungsbewegung der Materieteilchen, „die Teilchen also, die alle Körper zusammensetzen, verdanken, so nehme ich an, den größten Teil ihrer wahrnehmbaren Ausdehnung einer Schwingungsbewegung“.[31]

Diese Schwingungen können von einem Teilchen auf ein anderes entsprechend seiner Größe übertragen werden, „d. h., jedes Materieteilchen ist entsprechend seiner bestimmten oder vorhandenen Größe aufnahmefähig für diese oder jene besondere Bewegung und keine andere, so daß Größe und Aufnahmefähigkeit für die Bewegung dasselbe zu sein scheint.“[32] Die Übertragung der Schwingungen aber erfolgt durch ein besonderes Medium, in dem alle Körper oder Teilchen schwimmen. Teilchen gleicher Art sollen sich leicht verbinden können und feste Körper bilden. Auf Grund der Annahme, daß bei einer Dehnung die Schwingungen langsamer werden, glaubt er dann, das Elastizitätsgesetz ableiten zu können.

Hooke erweitert also seine Wellentheorie des Lichtes zu einer allerdings unbestimmten und unklaren Wellentheorie der Materie. Ihr fehlen noch alle exakten Begriffe zur Kennzeichnung einer Schwingung und Wellenbewegung und sie erscheint bei Hooke eher als eine Modifikation der Wirbeltheorie von Descartes denn als eine Frühform der modernen Wellenmechanik. Trotzdem verdient die Tatsache hervorgehoben zu werden, daß unmittelbar vor Begründung der Newtonschen Mechanik mit ihrer Korpuskulartheorie die Ansätze zu einer ganz anderen Theorie der Materie auftraten. Sie konnten damals allerdings schon deshalb nicht weiterentwickelt werden und blieben so bis heute vergessen, weil alle mathematischen Hilfsmittel dazu fehlten.

Selbst in bezug auf Wesen und Ursache der Gravitation greift Hooke auf dieselbe Möglichkeit zurück. In einer Mitteilung an die Royal Society vom Jahre 1682 bezeichnet Hooke das Licht und die Gravitation als „die zwei großen Gesetze der Bewegung, die die Gestalt und Ordnung der Welt bestimmen“.[33] Er weist die Ansicht, es handele sich bei der Gravitation um eine „intelligente Materie, die voraussetzt, jeder Teil der Materie handele verstandesmäßig“, mit der Bemerkung zurück, dann sei jede Wissenschaft vergeblich und man brauche keine weitere Naturforschung. Das gleiche, so fügt er hinzu, gälte für die verwandte Ansicht von einer geistigen Kraft. Aber auch die Epikureische Atomlehre, die peripatetische Lehre von einem Streben nach dem Mittelpunkt der Welt, ebenso wie die Lehren von Descartes und Hobbes und die Identifizierung von Gravitation und Magnetismus, wie sie von Gilbert und Kepler gelehrt wurde, lehnt Hooke ab.[34] Seiner Ansicht nach ist die Gravitation vielmehr eine „Kugelbewegung“ (globular motion),
425 „bei der alle Teile eine Schwingung zu und von / dem Zentrum oder eine Expansion oder Kontraktion ausführen; und daß diese Schwingungsbewegung sehr kurz und sehr schnell ist, wie in allen sehr harten und festen Körpern“[35]. Die Bewegung soll sich dann durch den

[30] „A determinate space of extension defended from being penetrated by another, by a power from within.“ (ebenda, S. 8).

[31] „The particles therefore that compose all bodies I do suppose to owe the greatest part of their sensible or potential extension to a vibrative motion.“ (ebenda).

[32] „. . . that is, every particle of matter according to its determinate or present magnitude is receptive of this or that motion and no other, so that Magnitude and receptivity of motion seems the same thing.“ (ebenda).

[33] Vgl. The posthumous works, S. 175.

[34] Vgl. ebenda, S. 183.

[35] Vgl. ebenda, S. 184.

Äther ausbreiten, so daß „ihre Kraft stets reziprok ist zur Fläche oder Oberfläche der Ausbreitung, d. h. doppelt (reziprok) zur Entfernung".[36]

Es lohnt sich, diese Anschauungen oder Hypothesen Hookes wenigstens kurz den Anschauungen oder Hypothesen Newtons gegenüberzustellen, der — wie erwähnt — dazu neigte, strukturelle Vorstellungen zu entwickeln, und mit Hooke sowohl in bezug auf die Lehre vom Licht und von den Farben wie in bezug auf die Lehre von der Gravitation in einen lang dauernden Meinungsstreit geraten ist.

Newton hat seine Lehre vom Wesen des Lichtes erstmals sieben Jahre nach dem Erscheinen der „Micrographia" in einer Mitteilung an die Royal Society entwickelt und sie erst nach dem Tode Hookes in seiner „Optik" in Form von Fragen ausführlicher dargestellt. Er war der Ansicht, daß das Licht ein Körper sei und die Lichtstrahlen aus einem Strom von Teilchen bestehen, die von dem leuchtenden Körper ausgehen und beim Auftreffen auf einen anderen Körper in dem dort gleichzeitig vorhandenen Äther eine Wellenbewegung hervorrufen, ähnlich wie ein ins Wasser geworfener Stein. Diese Wellenbewegung sollte den Strahl überholen und die Teilchen des Körpers selbst geeignet machen, den Strahl bei der Ankunft teils zu reflektieren, teils zu brechen. Außerdem entdeckte Newton die Zusammensetzung des weißen Lichtes aus dem Licht verschiedener Farben, die er als Teilchen verschiedener Größe, die sich durch ihre Brechbarkeit voneinander unterscheiden, deutete.

Die Ursache der Gravitation sah Newton in der verschiedenen Dichte eines alles durchdringenden hypothetischen Äthers. Dieser sollte im interplanetaren Raum am dichtesten, in den Poren der Körper aber wesentlich dünner sein und dadurch die Körper zueinander treiben.

Im Gegensatz zu Hooke war sich Newton selbst allerdings der Fragwürdigkeit dieser Annahmen durchaus bewußt und schrieb ihnen deshalb nicht den gleichen Wahrheitscharakter zu wie seinen mathematischen Beweisen. Trotzdem hat Newton aber recht eingehende Untersuchungen über die Eigenschaften des von ihm postulierten Äthers durchgeführt, während sich Hooke in bezug auf das transparente Medium, durch das sich die Lichtwellen fortpflanzen, nur mit den obenerwähnten allgemeinen Andeutungen begnügt.

Der Streit um die richtige Deutung der Erscheinung ist von beiden Seiten mit großer Entschiedenheit geführt worden und endete schließlich mit einer Niederlage Hookes, nicht etwa, weil Newtons Ansätze die besseren waren, sondern weil Newton darüber hinaus Leistungen aufzuweisen hatte, die weit über das hinausgingen, was die bloße Experimentalwissenschaft leisten konnte. Die Emissionstheorie Newtons fand erst allgemein Anerkennung, nachdem er in seinen „Mathematischen Prinzipien der Naturphilosophie" die Grundlagen der Mechanik geschaffen hatte.

In den Jahren 1687/88 und erneut in den Jahren 1694, 1697 und 1699 befaßte sich Hooke eingehend mit geophysikalischen und geologischen Fragen. Seine diesbezüglichen Schriften wurden von R. Waller in recht oberflächlicher Weise in den nachgelassenen Schriften unter dem Titel „A discourse of earthquakes" zusammengestellt.[37]

Diese Untersuchungen stehen insofern mit denen über die Gravitation und ihre Ursachen im Zusammenhang, als Hooke eingehend die Frage der Gestalt des Erdkörpers diskutiert,

---

[36] Vgl. ebenda, S. 185.

[37] Ebenda, S. 279—450. — Die einzelnen Beiträge sind weder chronologisch noch inhaltlich geordnet, sondern offensichtlich in der zufälligen Reihenfolge aufgenommen, wie sie dem Herausgeber während der Drucklegung in die Hand kamen. Vgl. dazu den Schluß des Vorwortes von R. Waller.

die, wie oben erwähnt, im Zusammenhang mit der Gravitationstheorie große wissenschaftliche Bedeutung erlangte und im folgenden Jahrhundert Anlaß zu den großen Erdvermessungen gab. Hooke, der mit seinen Anregungen zunächst auf kein Verständnis und Interesse stieß, wendete sich dann einer Untersuchung der Versteinerungen zu, die das besondere Interesse und die Neugierde der Virtuosi des 17. Jahrhunderts erregten. Er teilte und verteidigte die Ansicht, daß es sich um Reste wirklicher Tiere und Pflanzen handele, die in der Mehrzahl der Fälle an den Stellen gelebt hatten, wo ihre Reste gefunden wurden. Konsequent weist er alle damals diskutierten Ansichten als „phantastisch und grundlos"[38] zurück, nach denen es sich um bloße Naturspiele handele, die durch irgendeine vegetative oder plastische Kraft der Erde oder durch die Einwirkung von Sternen und Planeten hervorgebracht worden seien.

Auch hier zieht er aus genauen, auch mikroskopischen Untersuchungen von Versteinerungen kühne und weitreichende Schlüsse. Als erster wirft er die Frage auf, „ob es nicht möglich gewesen sein könnte, daß eben das Land von England und Portland zu einer bestimmten Zeit im vergangenen Zeitalter in der heißen Zone gelegen hat und ob es, während es sich dort aufhielt oder während seines Durchziehens oder seines Durchganges durch sie, nicht bis zu einer bestimmten Höhe über den Spitzen der höchsten Berge von der See bedeckt war".[39]

Hooke führt die Veränderungen auf eine Verlagerung der Erdachse sowie auf wiederholte Erdbeben zurück. Zum Beweis sammelt er alle ihm zugänglichen Nachrichten über Erdbeben, Überschwemmungen und andere Veränderungen der Erdoberfläche in seiner Zeit und in früherer Zeit (auch aus der Bibel). Auch über den Vorgang der Versteinerung selbst macht er sich Gedanken und führt feurige Ausdünstungen bei Erdbeben, die Einwirkung salziger Substanzen, das Erhärten einer klebrigen oder zähen Masse und die langandauernde Einwirkung von Kälte und Druck als mögliche Ursachen an.

Die geophysikalischen und petrographischen Forschungen erregten im 17. und 18. Jahrhundert vor allem deshalb großes Aufsehen, weil damit der Bibelglaube an die Erschaffung der Welt in sechs Tagen, die Lehre von der Sintflut und andere theologische Fragen unmittelbar zusammenhingen. Es verdient deshalb besonders hervorgehoben zu werden, daß Hooke im Gegensatz zu anderen zeitgenössischen Forschern, die die Versteinerungen als Reste und Zeugnis der Sintflut ansahen, ausdrücklich hervorhebt, daß Noahs Sintflut nicht zur Erklärung herangezogen werden kann, da sie nur zweihundert Tage gedauert habe. Er spricht vielmehr von mehreren Katastrophen und wiederholten Über-
426 flutungen, die zwischen der ersten Schöpfung und der Sint/flut stattgefunden haben sollten. Dem Einwand, die Annahme, daß Tiere ausgestorben seien, widerspreche der Allmacht Gottes, begegnet er mit der Bemerkung: Da letzten Endes die ganze Welt untergehe, so stehe es Gott frei, einzelne Arten auch schon vorher zu vernichten, ebenso wie er ständig neue schaffen könne.

Eine Mitteilung an die Royal Society vom 25. Juli 1694 schließt mit den bemerkenswerten Sätzen: „Mir scheint es sehr absurd, zu folgern, daß die Dinge von Anfang an in demselben Zustand verharrt haben, wie wir sie jetzt finden, da wir in unserer eigenen Erinnerung finden, daß jedes Ding sich verändert und variiert; es ist sicherlich vergeblich, Experimente zu machen und Beobachtungen zu sammeln, wenn wir keinen Gebrauch davon machen, sobald wir sie haben; wenn wir unseren Sinnen nicht glauben sollen, wenn

[38] Ebenda, S. 288.
[39] Ebenda, S. 343.

wir über die Gegenstände nicht nach Ursachen und Sinnesbeweisen urteilen können, wenn es uns nicht erlaubt ist, davon Kenntnis zu nehmen und die notwendigen Bemerkungen zu machen, sondern an die Ansichten gebunden bleiben, die wir von anderen empfangen haben, und jedes Ding, wenn auch noch so vernünftig, ablehnen, sobald unsere überlieferten Historien es nicht bestätigen. Das wird wahrlich bedeuten, jurare in verba magistri, und wir hätten nichts anderes zu tun, als das zu lernen, was sie uns als geeignet hinterlassen haben. Aber das ist gegen das ‚Nullius in verba' [Wahlspruch der Royal Society — G. H.] unserer Gesellschaft, und ich hoffe, daß das Zeugnis der Sinne und die Vernunft schließlich gegen das Vorurteil überwiegen und daß die Libertas philosophandi zuletzt eine wahre und wirkliche Philosophie hervorbringen wird."[40]

Diese Bemerkung zeigt, daß Hooke offensichtlich mit seinen Ansichten auf den Widerspruch und den Widerstand der christlichen Mitglieder der Royal Society gestoßen ist. Es sei in diesem Zusammenhang daran erinnert, daß Robert Boyle in seinem Testament ein Legat von 350 £ zur Durchführung von acht Vorlesungen gegen den Atheismus ausgesetzt hat, die erstmals 1692 abgehalten worden sind, und daß Isaak Newton, der eingehende theologische Studien trieb, die Ausarbeitung dieser Vorlesungen aktiv unterstützt hat.

In diesem Zusammenhang verdient eine Lektion Hookes über die Seele unser besonderes Interesse, mit der seine (unvollendeten) Vorlesungen über das Licht abschließen. R. Waller, der Herausgeber, entschuldigt sich in einem Nachwort ausdrücklich dafür, diese Lektion in die nachgelassenen Schriften aufgenommen zu haben, so anstößig erschien sie ihm.[41]

Ausgehend von dem Grundsatz des Sensualismus „Nihil est in intellectu quod non fuerit prius in sensu" wirft Hooke die ungewöhnliche Frage auf, mit welchem Sinnesorgan wir die Zeit wahrnehmen. Für dieses Sinnesorgan hält er das Gedächtnis, es hat seinen Sitz im Gehirn. Am Hauptsitz der Seele, so setzt er breit auseinander, sollten dort ständig aus den von den fünf Sinnen mitgeteilten dynamischen Eindrücken aus fünf spezifischen chemischen Substanzen die Ideen geformt und in einem Speicher wie an einem Faden gestapelt werden. Die Menge der aufgesammelten Ideen vermittele dann das Gefühl der verflossenen Zeit. „Diese Ideen", so schreibt er weiter, „setze ich als materiell und massig voraus, d. h., daß sie gewisse Körper von bestimmter Größe sind, denen bestimmte Bewegungen eingeprägt sind und die unter sich verschieden sind, so daß also nicht zwei von ihnen an derselben Stelle sein können, sondern daß sie tatsächlich verschieden und getrennt voneinander sind. Und so wie sie ihre verschiedenen Gestalten haben, so hat jede von ihnen ihre bestimmte Art von Bewegung und Konstitution."[42] Hooke spinnt dann seine Gedanken weiter. Eine von den Zentren der Ideenbildung ausgehende Strahlung soll eine Verbindung zu den Ideen aufrechterhalten. Denken ist gleichbedeutend mit dem Richten der Strahlen auf bestimmte Ideen, also „teils Gedächtnis, teils die Betätigung der Seele bei der Bildung neuer Ideen"[43]. Nachdenken oder Schließen ist die Bildung neuer Ideen durch Vergleich verschiedener aufgespeicherter Ideen. Hooke schließt mit dem Hinweis auf die Schwierigkeit, die Wechselwirkung zwischen der unkörperlichen Seele und den körperlichen Ideen zu erklären, und der Versicherung, daß sie dennoch vorhanden sein muß.

Wir haben hier also unter Beibehaltung des Descartesschen Dualismus eine materiell-

---

[40] Ebenda, S. 450.
[41] Vgl. ebenda, S. 148.
[42] Ebenda, S. 142.
[43] Vgl. ebenda, S. 146.

mechanisch erklärte Psychologie vor uns, die weitaus konkreter durchgebildet ist als die Lehre von Hobbes und in ihrer Grundkonzeption weitgehend mit der Lehre von John Locke in seinem berühmten „Essay concerning human understanding“ übereinstimmt.

Die Arbeit Hookes ist in den nachgelassenen Werken nicht datiert, auf jeden Fall aber im Anschluß an die vorangegangene Vorlesung vom April/Mai 1682 geschrieben, d. h. wahrscheinlich mehrere Jahre vor Erscheinen des Hauptwerkes von John Locke. Während dieser alle physikalischen Überlegungen über die Entstehung von „Ideen“ ausläßt, stimmt seine Grundkonzeption mit der von Hooke insofern überein, als auch Locke lehrt, daß Ideen durch die Wahrnehmung geschaffen werden und das Objekt der Verstandestätigkeit bilden. Auch Locke nennt das Gedächtnis „die Vorratskammer unserer Ideen“, distanziert sich aber ausdrücklich von der materialistischen Auffassung Hookes, daß sie „wirklich vorhanden sind“, und spricht statt dessen dem Geist nur die Fähigkeit zu, sie wieder zu beleben.[44] Dieser Unterschied verdeutlicht die konsequente materialistische Haltung Baconscher Prägung Hookes als die eines Naturwissenschaftlers und Anhängers der neuen Naturphilosophie in bezug auf alle Naturerscheinungen.

Schon in den letzten beiden Jahrzehnten des 18. Jahrhunderts, also noch vor dem Tode Hookes, neigte sich die Periode der voll entfalteten Experimentalwissenschaft ihrem Ende zu und es folgte eine anders geartete, in der die theoretische Verallgemeinerung der neuen Tatsachen im Vordergrund der wissenschaftlichen Forschung stand. Es ist sicher kein Zufall, daß der sieben Jahre jüngere Newton erst in diesen Jahrzehnten seine früher begonnenen theoretischen Arbeiten wieder aufnahm und abschloß, während seine Arbeiten auf dem Gebiete der Chemie unbeachtet liegenblieben.

Die Veränderung ist nicht ohne Kämpfe und ohne Meinungsstreit verlaufen und führte leider auch zwischen Hooke als dem Vertreter der ersten und Newton als dem
427 über/ragenden Vertreter der folgenden Periode zu persönlichen Auseinandersetzungen.

Die Auseinandersetzungen interessieren heute nicht in den Einzelheiten, weder was die juristische Seite noch was die Charaktereigenschaften der beiden Gegner anbelangt, sie verdienen aber insofern Beachtung, als dabei Gegensätze zutage traten, die für die Entwicklung des wissenschaftlichen Denkens von Bedeutung sind. Es ging nicht nur, wie oben erwähnt, um die Bevorzugung struktureller oder kinetischer Annahmen bei der Erklärung der Naturerscheinungen, sondern es ging um die viel weiter reichende Frage nach dem Wert und der Berechtigung von Annahmen oder Hypothesen überhaupt.

In seiner Schrift über Isaac Newton hat S. I. Wawilow die beiden Richtungen als die „Physik der Hypothesen“ und die „Physik der Prinzipien“ gekennzeichnet.[45] Während die ersten Virtuosi nicht zögerten, die Ergebnisse ihrer Experimente und Beobachtungen durch kühne und zum Teil vorschnelle Annahmen über den zugrunde liegenden Vorgang oder Gegenstand zu erklären, lehnte man später solche Schlußfolgerungen als „romanhaft“ ab und bemühte sich, durch Mathematisierung und Abstraktion die wesentlichen Prinzipien oder allgemeinen Grundzüge herauszuschälen und das Ganze more geometrico aus solchen Axiomen abzuleiten. Die Erklärungen sollten als unwissenschaftlich aus der Naturwissenschaft ausgeschlossen bleiben. In dem berühmt gewordenen Schluß seiner „Prinzipien“ vom Jahre 1713 lehnte es Newton bekanntlich ab, Hypothesen zu erfinden.

Die Gegensätze der beiden Richtungen traten deutlich zutage, als Hooke, Wren und Halley bei einem Zusammentreffen in einem Londoner Kaffeehaus darin übereinkamen,

---

[44] Vgl. J. Locke, Essay concerning human understanding, Buch 2, Kapitel 10, §§ 1 und 2.
[45] S. I. Wawilow, Isaac Newton, Berlin 1951, S. 112—116.

daß die Keplerschen Gesetze aus dem Gesetz der Abnahme der Gravitation mit dem Quadrat der Entfernung abgeleitet werden könnten, und als Wren eine Prämie für die Lösung aussetzte, da sie selbst dazu nicht in der Lage waren. Damals schrieb Newton, der die Lösung schon lange gefunden hatte, in verständlicher Empörung an Halley in bezug auf Hooke: „Die Mathematiker, welche alles ausfindig machen, begründen und alle Arbeit verrichten, müssen sich damit begnügen, daß sie nichts weiter sind als trockene Rechner und geringe Arbeiter, und ein anderer, der nichts tut, als alles zu beanspruchen und nach allem zu greifen, der soll alle Erfindungen für sich vorwegnehmen, sowohl von seinen Nachfolgern wie von seinen Vorgängern.“[46]

Für Robert Hooke bildete die Erklärung der Naturerscheinungen einen notwendigen und wesentlichen Teil der Naturwissenschaft. Das Feststellen, Sammeln und Ordnen von Tatsachen oder die „Naturgeschichte“ erfuhr nach seiner Auffassung erst durch Erkenntnis des Wesens und der Ursache dieser Tatsachen in der „Naturphilosophie“ die notwendige Abrundung und Krönung.[47]

Richard Waller unterstreicht ausdrücklich Hookes „bewundernswerte Fähigkeit und Klarheit, die Naturerscheinungen zu erklären und seine Behauptungen zu beweisen; sein glückliches Talent, die Theorien den beobachteten Erscheinungen anzupassen und leichte und einfache statt pompöse und unterhaltende Experimente zu ersinnen, um diese Theorien zu stützen und zu prüfen . . .“[48].

Hooke, der sich in vielen allgemeinen Bemerkungen als überzeugter Anhänger von Francis Bacon ausweist und dessen Schriften offenbar genau kannte, hat sein Vorbild in der Erforschung der Naturerscheinungen weit übertroffen. Was bei Bacon nur Programm war bzw. unzulänglicher Versuch blieb, aus unzureichenden Daten Induktionsschlüsse zu ziehen, ist bei Hooke auf der Grundlage einer breiten Kenntnis von Naturerscheinungen, wie er sie sich durch sein unermüdliches aktives Experimentieren erworben hatte, zum Tragen gekommen. Bacons Programm, die Qualitäten der scholastischen Naturlehre auf Bewegungen zurückzuführen, das von ihm selbst nur in bezug auf die Qualität Wärme realisiert worden war, ist von Hooke auch in bezug auf das Licht, die Elastizität und die Gravitation durchgeführt worden. Auch die Aggregatzustände werden von Hooke aus den Bewegungen der Partikel abgeleitet.

Er ist, wie wir gesehen haben, immer für die Verwendung wissenschaftlicher Instrumente bei der Erforschung der Natur eingetreten und hat konsequent jede Einmischung übernatürlicher Kräfte in das Naturgeschehen abgelehnt. In einer 1677 erschienenen Schrift greift er den oben erwähnten angesehenen Cambridger Platoniker Henry More wegen seiner spiritualistischen Ansichten offen an und rät dem „gelehrten Doktor“, seine Kenntnisse in der Physik zu verbessern.[49] Seine Ansichten entwickelt Hooke mit einer Unbekümmertheit und einem Optimismus, der später, als das Gebäude der klassischen Naturwissenschaften schon anfing feste Formen anzunehmen, nicht mehr möglich und angebracht war. Auch von ihm können wir sagen, was Marx in bezug auf den ursprünglichen Materialismus von Francis Bacon geäußert hat, nämlich daß in seiner Naturforschung die Materie den ganzen Menschen in poetisch-sinnlichem Glanz anlacht.[50] An vielen Stellen seiner Schriften spürt der Leser noch heute die Freude, die Hooke selbst bei der Unter-

---

[46] Zitiert nach: ebenda, S. 110.

[47] Vgl. seine Abhandlung „The method of improving natural philosophy“, in: The posthumous works, S. 3—70.

[48] Ebenda, S. XXVIII.

[49] Vgl. M. Espinasse, Robert Hooke, a. a. O., S. 79.

[50] Vgl. F. Engels und K. Marx, Die heilige Familie oder Kritik der kritischen Kritik, in: MEW, Bd. 2, S. 135.

suchung von Naturvorgängen empfand, und die Begeisterung, mit der er seine Gedanken entwickelte.

In einer Zeit wie der unseren, in der neue wissenschaftliche Instrumente und Apparaturen uns neue Welten erschließen, verstehen wir diesen Enthusiasmus der Anhänger der ersten experimentellen Philosophie. Heute, wo die Wissenschaft unser tägliches Leben verändert hat, teilen wir ihre Ansicht, die damals vielfach nur eine Voraussicht sein konnte, daß mit Hilfe der Wissenschaft das Leben der Menschen erleichtert und verbessert werden kann, und teilen wir ihre humanistischen Bestrebungen, mit ihren Forschungen dazu beizutragen.

So erscheint Hooke heute als ein unentwegter Vorkämpfer einer natürlichen Erklärung der Natur, als ein Forscher, der zu einem überaus fruchtbaren Anreger geworden ist. Mit seinen Experimenten und Demonstrationen ebenso wie mit seinen Anschauungen und Gedanken hat er das Tor weit geöffnet, durch das die neue Experimentelle Philosophie auszog, um die Natur zu erobern und zu beherrschen.

Dieses Ziel war allerdings nicht leicht zu erreichen und erforderte schärfere Waffen und präziseres Nachdenken als wir es bei Hooke antreffen. Der große Anreger ist vielfach /
428 zurückgeblieben. Er, der so vieles begonnen hat, ist kaum irgendwo ans Ziel gelangt und von den nachrückenden Kräften eingeholt und überholt worden.

So ist Hooke einsam und fast verlassen gestorben. Man hat ihn zwar feierlich zu Grabe getragen, aber gegen die Gepflogenheit erschien in den „Transactions“ der Royal Society kein Nachruf auf Robert Hooke. Die von R. Waller im Auftrag der Gesellschaft herausgegebenen nachgelassenen Schriften sind lieblos bearbeitet worden. Zu Beginn der von ihm verfaßten Biographie spricht Waller von der Pflicht, aber keineswegs von der Ehre, die Werke von Hooke herauszugeben. Er nennt ihn mit Recht einen der großen Förderer der experimentellen Naturwissenschaft und eine Zierde des vergangenen Jahrhunderts, hält es aber gleichzeitig für notwendig, den offenbar vorhandenen Zweifeln an der Bezeichnung Hookes als kenntnisreichen und sorgfältigen Naturforscher mit dem Zusatz zu begegnen „wie allgemein zugestanden wird“[51]. Vielfach distanziert er sich in Vor- und Zwischenbemerkungen ausdrücklich von der Meinung und den Ansichten Robert Hookes.

Trotzdem wäre es falsch, nachträglich den Gelehrten des 18. Jahrhunderts Vorwürfe zu machen, sie der Pietätlosigkeit zu bezichtigen. Die neue Naturwissenschaft konnte und durfte nicht auf dem Zustand der Entwicklung stehenbleiben, wie er durch die Virtuosi der Mitte des 17. Jahrhunderts charakterisiert ist. Sie mußte zu einer strengen, systematischen und mathematisch fundierten Erkenntnis der Natur weiterschreiten, um festen Boden unter den Füßen zu gewinnen für den Aufbau und Ausbau des imposanten Gebäudes, das wir heute als klassische Naturwissenschaft bezeichnen. Dazu bedurfte es der Distanzierung von einem überholten Standpunkt.

Die „Physik der Prinzipien“ hat sich durchgesetzt und in den folgenden Jahrhunderten der Entwicklung der klassischen Naturwissenschaft ihre große Fruchtbarkeit unter Beweis gestellt. Es ist bezeichnend, daß Newton, der anfangs nur in loser Verbindung zur Royal Society gestanden hat, acht Monate nach dem Tode Hookes zu ihrem Präsidenten gewählt wurde, welches Amt er vierundzwanzig Jahre lang bis zu seinem Tode mit großer Sorgfalt und Souveränität ausgeübt hat. Es ist ebenso bezeichnend, daß die Instrumenten-

[51] „So knowing and dilligent an Inquirer into Nature as Dr. Robert Hooke is generally allow'd to have been.“ (The posthumous works, S. I).

sammlung der Royal Society bereits im Jahre 1710 vollkommen vernachlässigt war und nicht mehr benutzt wurde.[52]

Der Umschwung ist zugleich von einer merklichen gesellschaftlichen Umschichtung in den wissenschaftlichen Kreisen begleitet. Der Einfluß des Absolutismus wächst, und die Virtuosi werden im europäischen Maßstab mehr und mehr durch die Akademiker abgelöst. Die Versuche, Naturwissenschaft und Religion zu verbinden, werden verstärkt. Die „reine" Wissenschaft wird stärker betont, die unmittelbare Verbindung zur Praxis durch die mittelbare im Auftrag absoluter Herrscher ersetzt. Newton kam in direkte Verbindung zu den Hofkreisen, insbesondere um die Prinzessin von Wales, und wurde selbst 1705 in den Adelsstand erhoben. Unter diesen Umständen verfiel Hooke einer gewissen Verfemung. Er wurde „vergessen" und lange Zeit als ein rechthaberischer, neidischer Sonderling hingestellt.[53] Heute sehen wir, wie falsch diese Abstempelung Hookes gewesen ist. Indem wir seine Leistungen und Verdienste um die Entwicklung der Naturwissenschaft als bedeutenden Ausdruck allgemeiner Bestrebungen begreifen, erkennen wir sie als wesentlichen und unentbehrlichen Beitrag zur Erweiterung und Vertiefung unserer Kenntnisse von der Natur. Unter den begeisterten und optimistischen Vertretern der Experimentalphilosophie des 17. Jahrhunderts kommt Robert Hooke als einem ihrer markantesten Vertreter wie als einem ihrer fähigsten, beweglichsten und vielseitigsten Köpfe eine wesentliche Bedeutung zu, hat er es doch verstanden, experimentelle Untersuchungen mit theoretischem Nachdenken fruchtbar zu verbinden und die Reste scholastischer Denkweise und Begriffe endgültig zu überwinden. Er verdient einen vordersten Platz unter den Begründern der klassischen Naturwissenschaft um so mehr, als er im Unterschied zu manchen anderen Gelehrten seiner Zeit stets an einer materialistischen Naturanschauung festgehalten und Gott aus dem Spiele gelassen hat.

---

[52] Vgl. J. D. Bernal, Science in history, London 1954, S. 359 (Die Wissenschaft in der Geschichte, Berlin 1967 [3. Aufl.], S. 325).

[53] Diese Auffassung wird leider auch noch von Wawilow übernommen (s. S. I. Wawilow, Isaac Newton, a. a. O., S. 54).

# Alexander von Humboldt — Wissenschaftler und Humanist

## Zu seinem 100. Todestag*

253 Alexander von Humboldt lebte in einer Zeit großer Veränderungen auf politischem und ökonomischem Gebiet sowie einer bedeutenden Entwicklung der Naturwissenschaft und Technik. Er war zwanzig Jahre alt, als die Französische Revolution von 1789 ausbrach. Als er von seiner amerikanischen Forschungsreise nach Paris zurückkehrte, wurde Napoleon zum Kaiser gekrönt. Erst im Alter von achtundfünfzig Jahren übersiedelte er von dort endgültig nach Berlin, wo er die Märztage von 1848 noch um elf Jahre überlebte. Er hat als angehender Naturforscher Galvani und Volta in Italien aufgesucht und noch die Entdeckung des Prinzipes von der Erhaltung der Energie erlebt. Humboldt trat seine amerikanische Forschungsreise auf einem Segelschiff an und fuhr selbst noch mit der Eisenbahn zwischen Berlin und Potsdam. Er konnte sich auf seinen Forschungsreisen noch nicht der Photographie bedienen, ist aber selbst im hohen Alter photographiert worden.

Alexander von Humboldt ist schon zu Lebzeiten eine anerkannte wissenschaftliche Autorität gewesen, dessen Stellungnahme zu den politischen und kulturellen Ereignissen und Mächten seiner Zeit viel beachtet wurde und dessen Wirken in breite Kreise drang. Es ist deshalb nicht verwunderlich, daß er selbst von vielen Seiten angesprochen wurde und als Persönlichkeit wie als Wissenschaftler zwischen den Parteien und Strömungen seiner Zeit in eine schwierige und zwiespältige Lage geriet. Der Verehrung, die er in breiten Kreisen der an Natur und Naturforschung Interessierten genoß, stand der Haß der Reaktion und des Klerus gegenüber, die ihn als ihren Gegner erkannten, und die Skepsis der revolutionären Kräfte, die ihm mangelnde Konsequenz vorwarfen. Seine wissenschaftlichen Leistungen wurden und werden allgemein hoch geschätzt, liegen aber gleichzeitig am Rande der Entwicklung der Naturwissenschaft im 19. Jahrhundert und erfahren teilweise erst heute neues Verständnis. Es ist der Zweck der vorliegenden Arbeit, diese mit Humboldts Leben und Wirken verbundenen Fragen vom Standpunkt des historischen Materialismus aus einer Erklärung näherzuführen.

Alexander von Humboldt, der 1827 als Kammerherr des preußischen Königs endgültig nach Berlin übersiedelte, ist dort zweifellos in eine schwierige und zwiespältige Lage geraten. Schon in den letzten Jahrzehnten seines Lebens tauchen für ihn Bezeichnungen wie
254 „Hofdemokrat“ u. ä. auf. In neueren Biographien / trifft man Formulierungen wie „Kompromiß mit einem König“[1], „Im Zwielicht von Fortschritt und Reaktion“[2] u. dgl. m. Zur

* Erschienen in: Deutsche Zeitschrift für Philosophie 7/1959, S. 253—270.

1 H. de Terra, Alexander von Humboldt und seine Zeit, Wiesbaden 1956, S. 183.

2 H. Scurla, Alexander von Humboldt. Sein Leben und Wirken, Berlin 1955, S. 283 (9. Aufl. Berlin 1980, S. 245).

Erklärung und Deutung dieser Zwiespältigkeit wird dabei auf Humboldts Charakter eingegangen, in dem eine gewisse Eitelkeit zweifellos hervortritt, und werden Graphologen und Psychologen bemüht. De Terra erwähnt sogar homosexuelle Neigungen, um das Rätsel, das Humboldt seinen Biographen aufgibt, zu lösen. Zweifellos gehen solche psychologische Deutungsversuche am Kern der Sache vorbei. Näher an den Kern kommen schon die Hinweise auf Humboldts wirtschaftliche Situation. Humboldt hat sein Vermögen von knapp 100000 Talern nach seinen eigenen Angaben für die Forschungsreise und die anschließende Veröffentlichung der dabei gewonnenen Resultate verbraucht und die sich ihm als preußischem Kammerherrn bietende Gelegenheit wirtschaftlicher Sicherung ergriffen. Aber auch das allein genügt nicht, denn Humboldt hatte auch nach Verbrauch seines Vermögens noch andere Existenzmöglichkeiten und war niemals völlig mittellos. Um die wahren Zusammenhänge zu verstehen, ist es deshalb notwendig, Humboldts gesellschaftliche Lage nicht allein von der ökonomischen Seite her zu betrachten, sondern auch in bezug auf seine Zugehörigkeit zu einer bestimmten Klasse, d. h., es ist notwendig, die Frage nach seiner sozialen Herkunft und Stellung aufzuwerfen.

Humboldt stammt aus adeligen Kreisen und hat sich von der Aristokratie niemals, auch nicht in den Jahren seiner größten wirtschaftlichen Erfolge, wirklich gelöst. Die Humboldts gehören nicht dem alten unabhängigen Landadel an, der seine Geschlechter und Besitzungen auf die Zeit vor den Hohenzollern zurückführte, sondern sie gehören zu dem neuen Hofadel, der mit dem absoluten Fürstentum aufkommt. Humboldts Vater war Kammerherr am Hofe Friedrichs II. Er hat sich im Geburtsjahr Alexanders vom Hofdienst zurückgezogen und ist noch sieben Jahre vor seinem König (1779) gestorben. In der Familienchronik ist als besonderes Ereignis vermerkt, daß er als Adjutant des Herzogs von Braunschweig mit Friedrich II. mehrfach persönlich in Berührung kam. Landbesitz und Reichtum der Humboldts stammten von der Mutter der beiden berühmten Brüder, die als Witwe des Hauptmanns Ernst von Hollwede und Tochter des Direktors der Ostfriesischen Kammer Johann Georg Colomb einen bedeutenden Grundbesitz in ihre zweite Ehe einbrachte. Eben durch seine Verbindung zum Hof stand der neue Adel den Ideen der Aufklärung sowie der Kunst und der Wissenschaft aufgeschlossener gegenüber als der Landadel, und es mag diesen Einflüssen in Verbindung mit der Abstammung seiner Mutter aus einer französischen Emigrantenfamilie zuzuschreiben sein, daß die beiden Brüder Humboldt in dem kleinen Kreis der sogenannten Berliner Aufklärung verkehrten, dem u. a. eine Reihe reicher und gebildeter jüdischer Familien angehörte. Der gesellschaftliche Widerspruch kommt deutlich zum Ausdruck, wenn Henriette Herz, die gefeierte Schönheit dieses Kreises, davon erzählt, daß Alexander Briefe an sie in hebräischen Buchstaben geschrieben, aus „Schloß Langweil" datierte, und hinzufügt: „In Briefen, deren Inhalt jedem zugänglich gewesen wäre, kundzugeben, man unterhalte sich besser in Gesellschaft jüdischer Frauen als auf dem Schlosse der
255 Ahnen, war damals für einen jungen Edelmann doch nicht ganz / unbedenklich."[3] Eine entsprechende Einstellung der Familie Humboldt verrät die Auswahl der Hauslehrer, denen die Erziehung und Ausbildung der beiden Knaben anvertraut wurde. Es waren junge Männer, die die Ansichten Rousseaus und fortschrittliche pädagogische Prinzipien vertraten, und Gymnasiallehrer, die in Berlin durch ihre Bildung und Weltoffenheit hervortraten. In diesen Kreisen konnte Alexander von Humboldt zwar die großen Ideen einer freilich hoffähig gewordenen Aufklärung als geeignete Voraussetzung aufnehmen, um ihn

---

[3] Nach: K. Bruhns, Alexander von Humboldt. Eine wissenschaftliche Biographie, Bd. 1, Leipzig 1872, S. 49.

später zu einem „Anhänger der Ideen von 1789“ werden zu lassen, wie er sich selbst gern nannte. In diesen Kreisen entwickelte sich ebenso seine Neigung zu wissenschaftlicher Arbeit. In diesen Kreisen aber fand er keine Verbindung zur werktätigen Bevölkerung. Humboldt hat diese Isolierung von den Werktätigen zeit seines Lebens nicht überwunden und wohl nicht einmal als einen Mangel empfunden. Von Natur aus ein geselliger Mensch, hat er sich zwar keineswegs in eine Einsamkeit zurückgezogen, sondern in Paris und in Berlin lebhaft an dem geselligen Treiben der Salons und des Hofes sowie der Akademien und Gelehrtenkreise teilgenommen, alles aber, was außerhalb dieser begrenzten Kreise lag, blieb ihm fremd. Bürgerlich-kapitalistisches Profitstreben lag ihm ebenso fern, wie ein Verständnis für den Charakter der Lohnarbeit, obwohl er als Bergbeamter später Gelegenheit hatte, sie kennenzulernen, die Bergleute als eine „arbeitsame Menschenklasse“ rühmte und sogar Schulen für sie einrichtete. Humboldt hat mit dem Adel nicht gebrochen und ist nicht auf die Position des Bürgertums oder gar der Arbeiterklasse übergegangen. Humboldt hat sich dem regierenden preußischen König gegenüber stets verpflichtet gefühlt und wie so viele seiner Zeitgenossen von ihm die Einführung demokratischer Neuerungen erwartet. Noch Anfang 1850, nach dem Scheitern der revolutionären Bewegung von 1848, beschwört er König Friedrich Wilhelm IV., freilich vergeblich, einer konstitutionellen Monarchie zuzustimmen. Sowohl vor wie vor allem nach seiner Amerikareise und bis ins späte Alter ist er in diplomatischer Mission des preußischen Königshauses oder als sein repräsentativer Vertreter im Ausland tätig gewesen. Er hat seinen König zu den Gipfelkonferenzen seiner Zeit begleitet. In seinen Briefen finden sich zahlreiche Äußerungen, die von seiner Freude über Anerkennungen und Ehrungen zeugen, die ihm vom preußischen König oder vom russischen Zaren zuteil wurden.

Trotzdem stand Humboldt dem Volk nicht adelsstolz gegenüber. An den Idealen seiner Jugend, den hohen Ideen von Freiheit, Gleichheit, Brüderlichkeit des Jahres 1789, hat er bis zu seinem Tode festgehalten und jede Form von Privilegien, seien es die eines Standes, einer Rasse, einer Nation oder eines Glaubens, abgelehnt und bekämpft. Er ist für die Emanzipation der Jugend und für die Abschaffung der Sklaverei eingetreten, wo immer er ihnen begegnete. In einer Zeit, in der die Anschauungen von der Überlegenheit der weißen Rasse allgemein waren und die Existenz von Kolonien eine Selbstverständlichkeit schien, finden wir bei ihm auch nicht eine Zeile, die eine solche Kolonialideologie verriete. Den Übergang der von ihm besuchten Länder zu politischer Unabhängigkeit, der in den beiden Jahrzehnten nach seiner Reise erfolgte, hat er von ganzem Herzen begrüßt. Mit Bolívar, dem Führer der südamerikanischen Unabhängigkeitsbewegung,
256 verband ihn persönliche Freundschaft. Höher als alle Privilegien stand ihm / der Mensch,
und in den Menschen setzte er ein unbegrenztes Vertrauen. Zugleich allerdings verstand er den Menschen abstrakt im Sinne des idealistischen deutschen Humanismus. In seinen Schriften spricht Humboldt fast durchweg von der Menschheit oder dem Menschengeschlecht, selten von der menschlichen Gesellschaft. Dem „vielfach gestalteten, mit schaffender *Geisteskraft* begabten, spracherzeugenden Menschengeschlecht“ setzte er in Übereinstimmung mit den Ansichten und Worten seines Bruders Wilhelm als einem „zur Erreichung Eines Zweckes . . . bestehenden Ganzen“ hohe Ziele „auf unbestimmte Erweiterung seines Daseins“[4] — aber er übersah die inneren Gegensätze und Widersprüche in der menschlichen Gesellschaft. Zeit seines Lebens ist ihm die Erkenntnis, daß die

[4] A. v. Humboldt, Kosmos. Entwurf einer physischen Weltbeschreibung, Bd. 1, Stuttgart—Tübingen 1845, S. 385, 386.

„Geschichte aller bisherigen Gesellschaft die Geschichte von Klassenkämpfen“ ist, wie es im „Kommunistischen Manifest“ heißt, verschlossen geblieben und hat er zu den verschiedenen sozialistischen Bestrebungen und Richtungen seiner Zeit überhaupt keine Beziehung gehabt, lagen sie vollkommen außerhalb seines Gesichtskreises. Dieses Unvermögen, die Triebkräfte des gesellschaftlichen Lebens zu erkennen, beraubte Humboldt der Möglichkeit, sich bei der Durchsetzung seiner demokratischen Ideale auf die fortschrittlichen gesellschaftlichen Kräfte zu stützen und beschränkte seinen Gesichtskreis auf die Sphäre eines abstrakten, fast möchte man sagen utopischen Humanismus.

Dieser Humanismus erwies sich dann notwendigerweise beim Zusammenstoß mit der Wirklichkeit als zu schwach. Er war stets bereit zu Kompromissen und Selbsttäuschungen. So ist man z. B. heute erstaunt und enttäuscht, seine prinzipielle Ablehnung der Sklaverei verbunden zu sehen mit der Warnung, sie in Amerika sofort und radikal aufzuheben, da es dann zu revolutionären Unruhen kommen könne. Als 1856 in Preußen die Sklaverei aufgehoben wurde, schrieb er an seinen Freund Boeckh nicht ohne Stolz: „Ich habe zu Stande gebracht, was mir am meisten am Herzen lag, das von mir lang geforderte Negergesetz: jeder Schwarze wird frei werden, sobald er preussischen Boden berührt, Neuenburg und die überseeische Colonie (Neu-Barnim) in Marokko nicht mitgerechnet.“[5] Es versteht sich von selbst, daß die Aufhebung der Sklaverei in den afrikanischen Besitzungen Preußens erst wirklich von praktischer Bedeutung gewesen wäre. Bezeichnend ist auch der Fall bei der beabsichtigten Verleihung der Friedensklasse des Pour le mérite an den überzeugten revolutionären Demokraten Ludwig Uhland. Humboldt hatte mit viel Mühe die Zustimmung des preußischen Königs zu dieser Auszeichnung erwirkt und mußte erleben, daß der Dichter in einem stolzen Schreiben (vom 2. 12. 1853) die vorgesehene Verleihung des Ordens ablehnte, da dieser „Gunsterweis“ mit seinen „literarischen und politischen Grundsätzen ... in unlösbaren Widerspruch gerathen würde“[6]. Seinem König gegenüber begründete Humboldt die Ablehnung mit dem Hinweis auf Komplikationen, die sich im Zusammenhang mit der vorgesehenen Verleihung eines bayrischen Ordens ergaben, so indiskutabel erschien es ihm, dem König mitzuteilen, daß sein „Gunsterweis“ abgelehnt wurde.

Die Beispiele lassen sich unschwer vermehren. Sie zeigen die Schranken, die Humboldt durch seine soziale Stellung gezogen waren, die er nicht durchbrechen konnte, ohne mit
257 dem Adel zu brechen, aber sie werfen keinen moralischen / Schatten auf ihn. Wenn de Terra in seiner Humboldt-Biographie schreibt: „Damals schon spielte Humboldt bei Hofe die Rolle eines Zirkuslöwen, der gelernt hatte, durch Ringe zu springen, wenn auch mit gebleckten Zähnen. Ebenso hatte er gelernt, Ansichten und Hoffnungen zu verschweigen, die ihn vielleicht die Sicherheit seines Alters gekostet hätten, hätte er sie offen ausgesprochen.“[7] Diese moralische Diffamierung muß entschieden zurückgewiesen werden. Es handelt sich nicht um persönliche Charakterschwächen Humboldts, sondern um die Schwäche des Bürgertums und sein Paktieren mit den feudalen Kräften. Die „deutsche Misere“ und nicht die Furcht vor persönlicher Unsicherheit hinderte Humboldt daran, mit seiner Klasse zu brechen.

Die fehlende Bindung an die kapitalistischen Kreise ermöglichte allerdings dem freisinnigen Aristokraten einen tieferen Einblick in gesellschaftliche Zusammenhänge als den meisten bürgerlichen Demokraten. So finden wir bei ihm neben vielen Halbheiten Ein-

---

[5] Zitiert nach: K. Bruhns, Alexander von Humboldt Bd. 2, Leipzig 1872, S. 296.

[6] Uhlands Briefwechsel. Im Auftrag des Schwäbischen Schillervereins hrsg. von J. Hartmann, Bd. 4, Stuttgart—Berlin 1916, S. 74.

[7] H. de Terra, A. v. Humboldt ..., a. a. O., S. 233.

sichten, die über das bürgerliche Denken hinausgehen. Sein Humanismus, der an Rousseau anknüpft, ist durch Apologetik der kapitalistischen Ausbeutung noch nicht beeinträchtigt und eingeschränkt. Er ließ sich durch den Schein nicht trügen und schrieb im Jahre 1854: „In den Vereinigten Staaten ist allerdings viel Liebe für mich erwacht, aber das Ganze gewährt mir dort den traurigen Anblick, daß die Freiheit nur ein Mechanismus im Elemente der Nützlichkeit ist, wenig dort veredelnd, das Geistige und Gemüthliche anregend, was doch der Zweck der politischen Freiheit sein soll. Daher Gleichgültigkeit gegen Sklaverei.“[8] Er sah tiefer als die bürgerlichen Politiker und Historiker und ahnte die wahren Zusammenhänge, als er sagte: „Der große Fehler in der deutschen Geschichte ist, daß die Bewegung des Bauernkrieges nicht durchgedrungen ist.“[9] Daß er trotz aller Skepsis dem Volk vertraute und die Revolution bejahte, zeigt folgende Stelle eines Gespräches mit Gans, in dem er zu der Julirevolution von 1830, die in Frankreich die Restaurationsperiode beendete, Stellung nimmt: „Seit vierzig Jahren seh' ich in Paris die Gewalthaber wechseln, immer fallen sie durch eigne Untüchtigkeit, immer treten neue Versprechungen an die Stelle, aber sie erfüllen sich nicht, und derselbe Gang des Verderbens beginnt auf's neue. Ich habe die meisten der Männer des Tages gekannt, zum Theil vertraut, es waren ausgezeichnete, wohlmeinende darunter, aber sie hielten nicht aus, bald waren sie nicht besser als ihre Vorgänger, oft wurden sie noch größere Schufte. Keine Regierung hat bis jetzt dem Volke Wort gehalten, keine ihre Selbstsucht dem Gemeinwohl untergeordnet. So lange das nicht geschieht, wird keine Macht in Frankreich dauernd bestehen. Die Nation ist noch immer betrogen worden, und sie wird wieder betrogen. Dann wird sie auch wieder den Lug und Trug strafen, denn dazu ist sie reif und stark genug.“[10] Gerade diese tieferen Einsichten weisen ihn als einen späten Vertreter der deutschen Aufklärung aus, in deren Anschauungen sich seine Weltanschauung formte und als Anhänger der Ideen von 1789. Er ist diesen Ideen und der Wissenschaft treu geblieben und kein Renegat geworden, wie manche Politiker, Philosophen
258 und Gelehrte seiner / Zeit und seines Landes. Aber er hat den Weg aus seiner Klasse heraus zu den Massen nicht gefunden.

In diesem Zusammenhang ergibt sich auch eine Erklärung für seine Haltung zu Deutschland und Preußen. Es hat Perioden und Strömungen in der deutschen Geschichtsschreibung gegeben, in denen man Alexander von Humboldt eine antideutsche Haltung vorgeworfen hat, weil er sich in den Jahren des Befreiungskrieges gegen Napoleon in Frankreich aufhielt und weil er sein großes Werk über die Ergebnisse seiner amerikanischen Forschungsreise in französischer Sprache veröffentlichte. Sogar sein Bruder Wilhelm unterlag dem allgemeinen Einfluß und verurteilte in einem Schreiben an seine Frau Alexanders Teilnahmslosigkeit. Es ist hier nicht der Ort, auf die komplizierte Frage des deutschen und des preußischen Patriotismus einzugehen. Es genügt, darauf hinzuweisen, daß gerade in dieser Beziehung vom Tode Friedrichs II. von Preußen im Jahre 1786, als Humboldt siebzehn Jahre alt war, bis zu Humboldts eigenem Tode im Jahre 1859 eine ganz bedeutende Entwicklung und Wandlung eingetreten ist, bei der Humboldt noch ebenso wie Goethe zur älteren Generation gehört. Wir dürfen nicht übersehen, daß das Nationalgefühl ein bürgerliches und kein aristokratisches Anliegen ist und die nationale Befreiung in

---

[8] Briefe von Alexander von Humboldt an Varnhagen von Ense aus den Jahren 1827 bis 1858, hrsg. von L. Assing, Leipzig 1860 (4. Aufl.), S. 295.

[9] J. Fröbel, Ein Lebenslauf, Bd. 1, Stuttgart 1890, S. 133.

[10] Aus „Varnhagens Tageblättern“, zitiert nach: Briefe von Alexander von Humboldt an Varnhagen von Ense, a. a. O., S. 9.

Deutschland mit der Restauration verbunden war. Der von der Reaktion geschürte Franzosenhaß war Humboldt, der für Freiheit und Gleichberechtigung aller Völker eintrat, wesensfremd und unverständlich. Wie fern ihm die vaterländischen Gefühle der jüngeren Generation lagen und wie nüchtern er wohl von Anfang an ihre Aussichten beurteilte, geht aus folgender Briefstelle aus dem Jahre 1825 hervor: „Deutscher Patriotismus ist ein recht hübsch klingendes Wort! La jeunesse allmande au-delà de l'Elbe était enragée de ce mot en 1813! Und was ist aus den unendlichen Opfern von Gut und Blut geworden? Wie es kommen würde merkte man schon 1814 als die hohen Herren hier (in Paris) versammelt waren.“[11] Man hat Humboldt als Kosmopolit bezeichnet. Er ist von französischer Seite als geistiger Landsmann der Franzosen in Anspruch genommen worden, und es fehlt (natürlich!) heute nicht an dem Versuch, ihn als Deutsch-Amerikaner und Anhänger der amerikanischen Demokratie in Anspruch zu nehmen. De Terra schreibt im Vorwort seiner Humboldt-Biographie: „Er selbst hat sich im hohen Alter als ‚halben Amerikaner' bezeichnet, nachdem er mit wenigen kurzen Unterbrechungen die besten dreißig Jahre seines langen Lebens der Forschung und dem Wissen über amerikanische Länder gewidmet hatte.“[12] Demgegenüber scheint es wichtig und notwendig, darauf hinzuweisen, daß Alexander von Humboldt sein „deutsches Vaterland“, wie er sich ausdrückte, und seine deutsche Herkunft niemals verleugnet oder abgestritten hat und nicht emigriert ist, obwohl er Gelegenheit dazu hatte und sich mehrfach ernsthaft mit diesem Gedanken beschäftigte. In Briefen aus den zwanziger Jahren des 19. Jahrhunderts malt er das Zukunftsbild einer Übersiedlung nach Mexiko, wo er auf Grund eines Angebotes seiner
259 mexikanischen Freunde, die dort die / Unabhängigkeit des Landes von Spanien erkämpft hatten, ein wissenschaftliches und geistiges Forschungszentrum aufbauen wollte. Trotzdem zog er die Bindung an den preußischen König vor, den er in der gleichen Zeit auf einer italienischen Reise begleitete.

Auf diese Haltung dürften auch seine Pläne und Wünsche zu weiteren wissenschaftlichen Forschungsreisen nicht ohne Einfluß gewesen sein. Wie aus seinen eigenen Äußerungen hervorgeht, hatte Humboldt die Absicht, auch in Asien die Hochgebirge und Vulkane zu erforschen, von denen man damals in Europa nur recht vage Kenntnisse besaß. Bald nach Rückkehr von der amerikanischen Reise begann er, Material darüber zu sammeln und Vergleiche zwischen Asien und Amerika anzustellen. Ebenso studierte er orientalische Sprachen. 1816 veröffentlichte er die Arbeit „Sur les montagnes de l'Inde“, die besonders in England allgemein beachtet wurde. Die von ihm geplante Reise sollte vier bis sechs Jahre in Anspruch nehmen und nach den Quellen des Indus und des Ganges sowie in das Himalaja-Gebirge und nach Tibet führen. Gerade der Himalaja und Tibet waren damals im Zuge einer expansiven Kolonialpolitik Schnittpunkte der Interessen Großbritanniens und des zaristischen Rußlands, von denen jedes dem Eindringen des anderen zuvorzukommen bzw. ihm Hindernisse in den Weg zu legen versuchte. Es ist bemerkenswert, daß gerade in der ersten Hälfte des 19. Jahrhunderts sowohl von englischer wie von russischer Seite mehrere Forschungsexpeditionen ausgerüstet wurden, um die noch unbekannten und unabhängigen Gebiete zu erkunden und wenn möglich, zu unterwerfen bzw. deren spätere Unterwerfung und Ausbeutung vorzubereiten.[13] Es handelt sich dabei natürlich weniger um

[11] Briefwechsel Alexander von Humboldt's mit Heinrich Berghaus aus den Jahren 1825 bis 1858, 2. Jubelausg., Bd. 1, Jena 1869, S. 6.

[12] H. de Terra, A. v. Humboldt . . ., a. a. O., S. 11.

[13] Von Persien und Indien drangen die Engländer nach Norden vor. 1822 erreichte Moorcroft Kaschmir; 1833 erreichte A. Burnes von Indien aus über den Hindukusch Buchara und damit das zaristische Rußland. Es folgten große englische Vermessungsexpeditionen in Kaschmir und Ladak in den Jahren

dynastische als vielmehr um kommerzielle Interessen, die in England stärker und früher hervortreten als im zaristischen Rußland. Humboldt hat diese Bestrebungen seiner Zeit ganz offensichtlich nicht gesehen und nicht verstanden. Er erhoffte die Realisierung seiner Pläne vielmehr durch das preußische Herrscherhaus und dessen verwandtschaftliche Beziehungen zum russischen bzw. englischen Königshaus. Als er 1811 von russischer Seite ein Angebot erhielt, eine russische Expedition über Kaschgar nach Tibet zu begleiten, antwortete er am 7. 1. 1812 dahingehend, daß er zwar, um in die asiatischen Hochgebirge zu gelangen, den Weg über Indien vorziehe, aber auch bereit sei, über die Südgrenze Rußlands nach Zentralasien vorzustoßen. Er erkundigt sich, ob man nach Samarkand, Kabul und Kaschmir vordringen könne, äußert den Wunsch, Sibirien und den Baikal-See zu besuchen, und fragt an, ob sich Rußland mit den Volksstämmen an seiner Südgrenze im Kriegszustand befinde oder nicht. Man weiß heute noch nicht, wie weit diese Verhandlungen, die bezeichnenderweise vom Handelsminister Graf von Romanzow eingeleitet worden waren, damals gediehen sind. Jedenfalls wird man sich nicht wundern, daß Humboldt die erbetenen Informationen über diese Grenzgebiete nicht erhielt, ganz abgesehen davon, daß der Feldzug Napoleons gegen Rußland im Jahre 1812 diese Ver-
260 handlungen zunächst unterbrach und wohl auch die russischen Pläne / in weite Ferne rückte. Nach Beendigung des Krieges versuchte Humboldt, seine Pläne erneut in Verbindung mit dem preußischen Herrscher, diesmal aber in England, voranzutreiben. Als er sich im Juni 1814 als Begleiter von Friedrich Wilhelm III. in London aufhielt, knüpfte er Beziehungen zur Ostindischen Kompanie an, ohne jedoch dort die erhoffte warme Anteilnahme zu finden. Auch eine Unterredung des preußischen Königs mit dem englischen Prinzregenten brachte keine greifbaren Resultate. Als er einige Zeit später zusammen mit Arago seinen Bruder Wilhelm in London besuchte, erhielt er keine Genehmigung der englischen Regierung für eine Reise nach Indien. So erhoffte er sich einen Erfolg auf dem ersten Kongreß der „Heiligen Allianz“, der im September 1818 in Aachen stattfand. Humboldt, der als Berater an den Sitzungen teilnahm, erhielt zwar im Oktober vom preußischen König den erbetenen Zuschuß für die Reisekosten einschließlich der Mittel zur Beschaffung der notwendigen Instrumente, die Staatseigentum bleiben sollten, seine Unterredung mit dem englischen Premierminister aber verlief ergebnislos. Dessen Nachfolger lehnte die Genehmigung abermals ab. Helmut de Terra stellt fest: „Der neue Premierminister Canning hat sich zweifellos von der Ostindischen Kompagnie beraten lassen, und ebenso zweifellos gingen dort die Ansichten etwas auseinander. Humboldt war ja als scharfer Gegner des Sklavenhandels bekannt, und in Paris wurde er beschuldigt, gefährliche liberale Ansichten zu verbreiten. Zudem stießen sich die Engländer daran, daß er sich wegen seiner asiatischen Pläne früher an den Kaiser von Rußland gewandt hatte, der auch an Innerasien Interesse hatte.“[14] Mir scheint, daß vor allen Dingen der letzte Grund ausschlaggebend gewesen ist. Abwartend verhielt sich in Aachen auch der Kaiser von Rußland, den Humboldt ebenfalls um Unterstützung seiner Reisepläne gebeten hatte.

Humboldt selbst hat die Situation vollkommen falsch eingeschätzt, als er 1818 an den preußischen Staatskanzler Fürst von Hardenberg schrieb: „Der Prinz-Regent von Grossbritannien, von unserm König 1814 persönlich aufgefordert, hat mir die erneuerte Ver-

---

1845 bis 1848. Semenoff (Semenov) mit dem Beinamen Tienšanskij durchforschte im Auftrag der russischen Regierung in den Jahren 1856 bis 1858 Zentralasien vom Norden her. Seine Forschungen wurden in den folgenden Jahrzehnten von russischen Gelehrten mit Unterstützung ihrer Regierung erfolgreich fortgesetzt.

[14] H. de Terra, A. v. Humboldt . . ., a. a. O., S. 181.

sicherung seines Schutzes gegeben. Die Schwierigkeiten, welche die Englisch-ostindische Compagnie mir in den Weg legen könnte, sind durch meine Verbindungen mit den Directoren, die die grösste Unabhängigkeit von dem Ministerium behaupten und mich mit besonderm Wohlwollen behandeln, fast ganz entfernt. Der Minister des ostindischen Departements, Hr. Canning, ist mein persönlicher Freund."[15] Nicht persönliche Neigungen, sondern die politischen und ökonomischen Interessen gaben den Ausschlag. Es scheint deshalb durchaus möglich, daß ihm die ostindische Kompanie entgegengekommen wäre, wenn er mit seinem König und damit auch mit Rußland gebrochen hätte. Das aber lag außerhalb seines Denkens. Leider sind über diese Vorgänge bisher noch keine Nachforschungen in den britischen Archiven durchgeführt worden. Für Humboldt selbst mußte der Ausgang seiner vergeblichen Bemühungen die Wirkung haben, daß er sich noch enger als früher an das preußische Königshaus anschloß. Hier hatte er Entgegenkommen gefunden, und mit seiner Unterstützung konnte er erwarten, von der russischen Regierung die Erlaubnis zu einer asiatischen Forschungsreise zu erhalten. Man darf somit vermuten, daß bei Humboldts Entschluß, nach Abschluß der Herausgabe seines amerikanischen Reisewerkes nach Berlin überzusiedeln und direkt in die Dienste des preußischen Königs zu
261 treten, auch solche Erwägungen eine Rolle gespielt haben. Jedenfalls kam man / in Petersburg seinen Wünschen entgegen, als er diese feste Verbindung mit dem preußischen Herrscherhaus eingegangen war, und wußte man gleichzeitig, seine Reiseziele und -wünsche auf den Ural und Westsibirien zu lenken anstatt auf Innerasien. Schon zwei Jahre nach seiner Übersiedelung nach Berlin trat Humboldt seine asiatische Reise an, die ihn wenigstens zum Ural, an das Kaspische Meer und, in Abänderung der vorgesehenen Reiseroute, in die chinesische Dsungarei führte. Seinem Bruder schrieb er begeistert: „C'es un point lumineux de la vie, que d'avoir vu de ses yeux cette mer intérieure [das Kaspische Meer — G. H.] et d'en rapporter les productions. J'y mets autant d'importance que d'avoir été 80 W. au delà de la frontière Sibirienne dans la Songarie chinoise."[16] (Es ist ein Glanzpunkt des Lebens, mit seinen Augen dieses Binnenmeer gesehen zu haben und von seinen Produkten zu berichten. Ebenso große Bedeutung messe ich dem bei, 80 Werst jenseits der sibirischen Grenze in der chinesischen Dsungarei gewesen zu sein.)

Die großzügige Unterstützung durch die russische Regierung ermöglichte es ihm, in der verhältnismäßig kurzen Zeit von sechs Monaten zu Fuß und im Wagen rund 15000 km zurückzulegen. Auf der Reise wurden nach den Aufzeichnungen des ihm zur Verfügung gestellten Reisemarschalls, des späteren Berghauptmannes von Menšenin, 658 Poststationen passiert und 12244 Pferde gewechselt. Der Zar betrachtete Humboldt als persönlichen Gast und hatte Befehl gegeben, ihn überall mit den einem Senator oder einem General gebührenden Ehren zu empfangen. Seine Reise nach Asien unterschied sich dadurch wesentlich von der Reise nach Amerika, wo er als junger Privatgelehrter mit eigenen Mitteln seinen Studien und Forschungen nachgehen konnte. Daraus aber ableiten zu wollen, Humboldt sei mit Mißtrauen behandelt und bespitzelt worden, wie es de Terra versucht[17], heißt antisowjetische Propaganda historisch zurückzuprojizieren. Humboldt und seine Begleiter waren in ihrer persönlichen Freiheit ebensoviel und ebensowenig beschränkt, wie sie es als hohe repräsentative Gäste des Herrscherhauses und der Regierung in anderen Ländern gewesen wären. Über den Empfang Humboldts an der Moskauer Universität nach Abschluß seiner Reise gibt es eine köstliche Schilderung von Herzen, in der Humboldt

[15] Zitiert nach: K. Bruhns, Alexander von Humboldt, Bd. 1, a. a. O., S. 430/431.
[16] Briefe Alexander von Humboldts an seinen Bruder Wilhelm, Stuttgart 1880, S. 200.
[17] H. de Terra, A. v. Humboldt . . ., a. a. O., S. 208.

zwar als Opfer des höfischen Mummenschanzes, nicht aber als Gefangener der Ochrana geschildert wird.[18] Wie neueste polnische Forschungen ergeben haben, hat sich Humboldt damals beim russischen Zaren erfolgreich für verbannte polnische Wissenschaftler und Studenten eingesetzt. Die viel zitierte Briefstelle Humboldts aus einem Schreiben an den damaligen russischen Finanzminister Graf Cancrin, wonach er sich nur auf die tote Natur beschränken und alles vermeiden werde, was sich auf Menscheneinrichtungen bezieht, gibt somit nur ein einseitiges Bild von dem Verhalten Humboldts während seines Aufenthaltes in Rußland: Während er die Beziehungen zur russischen Regierung nicht weiter verfolgt hat, stand er auch später mit russischen Wissenschaftlern, wie z. B. dem Astronomen und Mathematiker D. M. Perevoščikov u. a. in Verbindung.

Alexander von Humboldt ist kein Fachwissenschaftler gewesen, der sich auf ein einzelnes
262 Gebiet der Naturwissenschaft beschränkt hätte, sondern hat das / ganze weite Gebiet der Naturwissenschaften studiert und in vielen Bereichen eigene Beiträge geliefert. Nach Humboldt sind eine Meeresströmung, ein Fluß und ein Kap, Berge, Minerale, Pflanzen, Tiere und Ortschaften benannt, aber er ging in die Geschichte der Naturwissenschaft nicht als Entdecker eines neuen Naturgesetzes ein; kein physikalischer „Effekt" trägt seinen Namen.[19] Die mathematisch-physikalische Grundlage der Lehre vom Erdmagnetismus stammt nicht von ihm, sondern von Gauß.

Ohne Übertreibung können wir feststellen, daß trotz der bedeutenden Errungenschaften Humboldts die Entwicklung der Naturwissenschaft im 19. Jahrhundert an ihm vorbeiging, daß er direkt keinen entscheidenden oder gar bestimmenden Einfluß auf sie ausgeübt hat.

---

[18] A. I. Gercen, Sobranie sočinenij v tridcati tomach, Bd. 8, Moskau 1956, S. 123—125. — „Humboldt, der sich auf der Rückreise vom Ural befand, wurde in Moskau mit einer feierlichen Sitzung der Gesellschaft der Naturforscher an der Universität willkommen geheißen. Mitglieder in dieser Gesellschaft waren verschiedene Senatoren und Gouverneure — alles in allem Leute, die sich weder mit Naturwissenschaften noch sonst irgendwelchen Wissenschaften befaßten. Der Ruhm Humboldts, eines Geheimen Rates seiner Preußischen Majestät, dem unser Herr und Kaiser geruht hatte, den Annenorden zu verleihen, mit dem Befehl, kein Geld für Material und Diplom von ihm zu verlangen, war auch zu ihnen gedrungen. Sie beschlossen also, sich nicht zu blamieren und dem Manne, der auf dem Chimborazo gewesen war und in Sanssouci lebte, die ihm gebührenden Ehren zu erweisen. . . . Der Empfang Humboldts in Moskau und in der Universität war keine Kleinigkeit. Der Generalgouverneur, verschiedene Kommandanten, der Senat — alles erschien: das Ordensband über der Schulter, in voller Uniform, die Professoren kriegerisch mit dem Degen an der Seite und dem Dreispitz unter dem Arm. Humboldt kam nichtsahnend in einem blauen Frack mit goldenen Knöpfen angefahren und war, verständlicherweise, verlegen. Vom Vestibül bis zum Saal der Naturforscher — überall waren Hinterhalte vorbereitet: hier der Rektor, dort der Dekan, hier ein angehender Professor, dort ein Veteran, der am Ende seiner Laufbahn stand und eben deshalb sehr langsam sprach, jeder begrüßte ihn — auf lateinisch, auf deutsch, auf französisch, und das alles in diesen fürchterlichen, Korridore genannten, steinernen Röhren, in denen man sich keine Minute aufhalten konnte, ohne sich für einen Monat zu erkälten. Humboldt hörte sich entblößten Hauptes alles an und antwortete auf alles. Ich bin überzeugt, daß sämtliche Wilden, bei denen er gewesen war, die rothäutigen wie die kupferfarbenen, ihm weniger Unannehmlichkeiten bereitet haben als der Moskauer Empfang. Kaum hatte er den Saal erreicht und Platz genommen, hieß es wieder aufstehen. Der Kurator Pisarev hielt es für notwendig, in kurzen aber ausdrucksvollen Worten auf russisch in einem Tagesbefehl die Verdienste Seiner Exzellenz und des berühmten Reisenden zu würdigen; wonach Sergej Glinka, ein ‚Offizier', mit einer Stimme aus dem Jahre 1812, einem heiseren Baß, sein Gedicht vorlas, das wie folgt begann: ‚Humboldt — Prométhée de nos jours!' Humboldt aber hätte sich gern über seine Beobachtungen der Magnetnadel unterhalten und seine meteorologischen Notizen vom Ural mit denen von Moskau verglichen — statt dessen führte ihn der Rektor herum und zeigte ihm irgend etwas aus den allerhöchsten Haaren Peters I. Geflochtenes . . .; mit Mühe und Not fanden Ehrenberg und Rose Gelegenheit, einiges von ihren Entdeckungen zu erzählen." (vgl. A. Herzen, Mein Leben. Memoiren und Reflexionen, Bd. 1, Berlin 1962, S. 158, 159/160.)

[19] Erst seit 1955 wird die nächtliche Veränderung des Schalles als „Humboldt-Effekt" bezeichnet.

Die große Entdeckung des Prinzipes der Erhaltung der Energie, die wenige Jahre vor der Niederschrift seines großartigen Alterswerkes, des „Kosmos", erfolgte, blieb ebenso ohne Einfluß auf dessen Konzeption wie die Entwicklungslehre, die in den gleichen Jahrzehnten im Werden war. Das epochemachende Werk Darwins „Die Entstehung der Arten" erschien erst im Todesjahr Alexander von Humboldts und leitete zu einer neuen Etappe in der Naturforschung über. Sie ist nicht mehr durch Titel wie „Ansichten der Natur" oder „Kosmos" gekennzeichnet, sondern durch Titel wie „Kraft und Stoff", „Welträtsel" u. ä., mit denen sich neue weltanschauliche Auseinandersetzungen und Kämpfe abzeichnen. Der „Kampf ums Dasein" und das Recht des Stärkeren in der Natur sind Merkmale, die dem humanistischen Welt- und Naturbild Humboldts noch fernliegen. Emil du Bois-Reymond konnte deshalb nicht ohne Grund in einer Gedächtnisrede anläßlich der Enthüllung der Humboldt-Denkmäler vor der Berliner Universität am 3. 8. 1883 erklären, „daß als Naturforscher Humboldt eigentlich nicht auf der letzten Höhe stand, daß es in geistiger Hinsicht ihm erging wie am Chimborazo, wo schließlich eine unübersteigbare Kluft ihn noch vom Gipfel schied"[20]. Emil du Bois-Reymond ahnt den Grund für diese Grenzen von Humboldts naturwissenschaftlicher Forschung, wenn er von seinem „Mangel an physikalisch-mathematischem Verständnis"[21] spricht, übersieht aber dabei die zugleich bei Humboldt vorhandene tiefere Einsicht in die Naturzusammenhänge, die über das mechanistische Naturbild hinausgingen und erst im Lichte der modernen Naturwissenschaft und des dialektischen Materialismus neue Bedeutung erlangt.

Die klassische Naturwissenschaft, die auf der Grundlage des mechanistischen Weltbildes der europäischen Aufklärung im 19. Jahrhundert ihre Triumphe feierte, erzielte ihre Erfolge durch sorgfältige, geduldige Einzelforschung auf induktivem und experimentellem Wege. Die Eigenschaften und Eigengesetzlichkeiten der verschiedenen Bewegungsformen der Materie wurden dabei isoliert voneinander unter künstlich geschaffenen Bedingungen, bei denen unkontrollierbare äußere Einflüsse ausgeschaltet oder konstant gehalten wurden, untersucht. So hat Faraday seine berühmten Experimentaluntersuchungen über die Elektrizität durchgeführt, so entdeckten Ohm das Gesetz des elektrischen Widerstandes, Oersted und Ampère die Gesetze des Elektromagnetismus, so wurden die Wärmeerscheinungen erforscht, die zur sogenannten „Mechanik der Wärme" führten, so war die Chemie als
263 Wissenschaft begründet worden, so entstand die elektro/magnetische Lichttheorie. Hand in Hand mit dieser Ermittlung der einzelnen Erscheinungen und Zusammenhänge, mit dem Bemühen, sie durch mathematische Beziehungen zu erfassen, ging das Bestreben, sie auf einen Nenner zu bringen, als welchen man die Newtonsche Mechanik ansah. Die qualitativen Unterschiede zwischen den verschiedenen Bewegungsformen der Materie wurden auf rein quantitative Momente reduziert. Das Prinzip von der Erhaltung der Energie galt seit Helmholtz bei den zünftigen Naturwissenschaftlern als Bestätigung des einheitlichen mechanischen Charakters aller Naturerscheinungen. Zu diesen zünftigen Naturwissenschaftlern hat Humboldt auch seinen „Ansichten der Natur" nach, um seine eigene Ausdrucksweise zu gebrauchen, nicht gehört. Die Untersuchung von Einzelheiten betrachtete er nur als Vorstufe zur Erforschung des Zusammenhanges, an die Stelle der Reduzierung auf eine Grundbeziehung setzte er die Ermittlung des Typischen. Kurz vor Antritt seiner Amerikareise schrieb er aus Madrid an seinen früheren Lehrer David Friedländer: „Mein eigentlicher, einziger Zweck ist das Zusammen- und Ineinanderwirken aller Naturkräfte zu untersuchen, den Einfluß der toten Natur auf die belebte Tier- und Pflanzenschöpfung. Diesem Zweck

[20] E. du Bois-Reymond, Die Humboldt-Denkmäler vor der Berliner Universität, in: E. du Bois-Reymond, Reden, Bd. 2, Leipzig 1912 (2. vervollst. Aufl.), S. 263.

[21] Ebenda.

gemäß habe ich mich in allen Erfahrungskenntnissen umsehen müssen, daher die Klagen derer, welche nicht wissen, was ich treibe, daß ich mich mit zu vielen Dingen zugleich abgebe."[22] Und in der Vorrede zum „Kosmos" bemerkt er fünfundvierzig Jahre später von neuem: „Was mir den Hauptantrieb gewährte, war das Bestreben die Erscheinungen der körperlichen Dinge in ihrem allgemeinen Zusammenhange, die Natur als ein durch innere Kräfte bewegtes und belebtes Ganze aufzufassen."[23]

Sein entscheidendes Bildungserlebnis hatte der Student Humboldt Georg Forster zu verdanken, den Humboldt im Alter von einundzwanzig Jahren 1790 auf einer Reise von Mainz durch das Rheinland und das heutige Belgien nach England und anschließend in das Paris der Revolutionsjahre begleiten durfte. Georg Forster, der James Cook auf dessen zweiter Weltumsegelung als Gehilfe seines Vaters, Reinhold Forster, begleitet hatte, war selbst Forschungsreisender, Geograph, Botaniker und Zoologe und dazu ein begeisterter Anhänger der Großen Französischen Revolution. Er hat Humboldt nicht nur in seinen demokratischen Ansichten bestärkt, sondern in ihm auch die Liebe und die Begeisterung für die Naturforschung recht eigentlich gefestigt und ihn zugleich den Ernst und die Größe wissenschaftlicher Arbeit gelehrt. Humboldt hat sich stets zu Forster, der jede philosophische Spekulation ablehnte und materialistischen Anschauungen zuneigte, bekannt: Im „Kosmos" spricht er von ihm als seinem „berühmten Lehrer und Freund"[24], und in einem Schreiben von 1858 nennt er genauer die „Verallgemeinerung der Naturansicht", die er Forster verdanke, neben der „gleichen Richtung politischer Meinungen", die sie verbinde.[25] Unter seinem Einfluß überwandt Humboldt die Hemmungen und Rücksichten, die ihn bis dahin davon abgehalten hatten, seiner Neigung zur Naturforschung uneingeschränkt nachzugehen.

Wir gehen gewiß nicht fehl, wenn wir die besondere Interessenrichtung Humboldts dem
264 Einfluß der deutschen Klassik und des Weimarer Kreises zuschreiben, / dem beide Brüder Humboldt zugetan waren. Alexander, der 1797 bei seinem Bruder Wilhelm in Jena einige Monate zu Gast war, hat damals gemeinsam mit Goethe an der Universität anatomische Studien betrieben und schrieb kurz nach der Rückkehr von seiner Forschungsreise an Schillers Schwägerin Karoline von Wolzogen: „Überall ward ich von dem Gefühl durchdrungen, wie mächtig jene Jenaer Verhältnisse auf mich gewirkt, wie ich, durch Goethes Naturansichten gehoben, gleichsam mit neuen Organen ausgerüstet worden war."[26] Der Einfluß Forsters, Humboldts exakte Studien in Hamburg und Freiberg in Verbindung mit seiner nachfolgenden praktischen Tätigkeit im Bergwesen, die schon hinter ihm lagen, als er dem Weimarer Kreis nähertrat, vor allem aber wohl seine ausgedehnte Bekanntschaft und enge Zusammenarbeit mit französischen Wissenschaftlern, die dem Rationalismus der Aufklärung und der materialistischen Naturforschung verbunden waren, bewahrten Humboldt jedoch davor, in jene romantische Naturphilosophie abzusinken, die sich sehr zum Schaden der Naturwissenschaft damals unter dem Einfluß einer zügellosen philosophischen Spekulation in Deutschland auszubreiten begann.

In diesem Zusammenhang gewinnt das bekannte Fehlurteil Schillers über Alexander von Humboldt, der ihn als „einen viel zu beschränkten Verstandesmenschen" bezeichnete, insofern Interesse, als es die Gegensätze zwischen der naturwissenschaftlichen Anschauung Humboldts und der künstlerisch-idealistischen Anschauung Schillers hervortreten läßt. Schiller wendet sich an der gleichen Stelle dagegen, die Natur „schamlos auszumessen" und

---

[22] A. Kohut, Alexander von Humboldt und das Judentum, Leipzig 1871 (2. Aufl.), S. 78/79.
[23] A. v. Humboldt, Kosmos. Vorrede, Bd. 1, a. a. O., S. VI.
[24] A. v. Humboldt, Kosmos, Bd. 2, Stuttgart—Tübingen 1847, S. 72.
[25] Zitiert nach: K. Bruhns, Alexander von Humboldt, Bd. 1, a. a. O., S. 104.
[26] Zitiert nach: H. Scurla, A. v. Humboldt, a. a. O., S. 101 (= 9. Aufl., a. a. O., S. 90).

bezeichnet sie als „unfaßlich und in allen ihren Punkten ehrwürdig und unergründlich".[27] Im Unterschied zu Schiller und Goethe hat Humboldt Maß und Zahl keineswegs abgelehnt, sondern selbst unermüdlich Tausende von Messungen ausgeführt, um die natürlichen Zusammenhänge zu ermitteln. Wiederholt hat er betont, daß Tatsachen und Zahlenangaben das einzig sichere Fundament jeder Theorie bilden. Humboldt nennt im „Kosmos" das Werk von Laplace „Exposition du système du monde" als Vorbild der Darstellung wissenschaftlicher Ergebnisse und zitiert das Wort des Voltairianers Condorcet: „Theorien aufstellen zu wollen, ohne die Tatsachen gesammelt zu haben, etwas zu konstruieren, was man noch nicht einmal beobachtet hat, ist ein Irrtum, der zu allen Zeiten den Fortschritt unserer Erkenntnisse aufgehalten hat."[28] Damit tritt die oben erwähnte zweite Quelle seiner Naturforschung deutlich hervor.

Die Liebe zur Natur verband Humboldt mit einer konsequenten Distanzierung von jeder Art religiöser oder idealistischer Deutung der Naturerscheinungen. Übernatürliche Einwirkungen auf das Naturgeschehen lehnte er ebenso ab wie eine Weltschöpfung und eine allgemeine Zwecksetzung der Natur. Die Reaktion hatte sehr bald herausgefunden, daß im ganzen ersten Band des „Kosmos" das Wort „Gott" überhaupt nicht vorkommt. Diese Einstellung verdient deshalb besonders hervorgehoben zu werden, weil andere umfassende Darstellungen der Natur, die zu Anfang des 19. Jahrhunderts weit verbreitet waren, im Gegensatz zum „Kosmos" durchaus nicht davon frei sind (Buffon, Cuvier, Oken). Die
265 An/nahme einer besonderen Lebenskraft, die sich in seinen ersten unter Weimarer Einfluß entstandenen Schriften findet, hat er später ausdrücklich aufgegeben und geäußert: „Ich habe früher an eine besondere Lebenskraft in jedem Körper geglaubt; bin jedoch seit lange von diesem Glauben zurückgekommen."[29]

Die Verbindung eines auf das Allgemeine und den Zusammenhang gerichteten Interesses an der Natur mit sorgfältiger Beobachtung und exakter Messung hat Humboldt befähigt, auf der Grundlage der, wenn auch nicht bewußt durchdachten Anerkennung der Einheit der Natur in ihrer Materialität, in der Naturwissenschaft eine Methode des Vergleichens und des Herausarbeitens des Typischen zu entwickeln und zum Tragen zu bringen, die über die induktive Methode der klassischen Naturwissenschaft hinausreichte und seinen besonderen und einmaligen Beitrag zur Naturwissenschaft ausmacht. Friedrich Engels nennt in seinen Notizen „Aus der Geschichte der Wissenschaft" als sechste Bresche, die in die konservative Naturanschauung geschlagen wurde, „das *vergleichende Element*" und dabei den Namen Humboldt.[30] Genau betrachtet, hat Humboldt nirgends die besonderen Gesetze einzelner Naturerscheinungen für sich allein untersucht, sondern immer wieder deren Zusammenhang miteinander und untereinander. Stets kam es ihm darauf an, von der Einzelerscheinung zu einem Gesamtbild vorzudringen, die Fülle der Erscheinungen in ihrer ganzen Vielfalt zu umfassen, anstatt von dieser Fülle nach dem Vorbild der klassischen Naturwissenschaft zu abstrahieren. Zu diesem Zweck verglich er verschiedene Erscheinungen miteinander bzw. die gleiche Erscheinung in ihren verschiedenen Formen und Variationen.

[27] Briefwechsel zwischen Schiller und Körner, Bd. 4, Stuttgart o. J., S. 37.

[28] Über die merkwürdige magnetische Polarität einer Gebirgsgruppe von Serpentingestein. Aus einem Brief Alexander von Humboldts an Dr. Friedrich Albert Carl Gren, in: Neues Journal der Physik, hrsg. von F. A. C. Gren, 4 (1797), S. 136—140.

[29] Briefwechsel und Gespräche Alexander von Humboldts mit einem jungen Freunde, hrsg. von Fr. Althaus, Berlin 1861, S. 34.

[30] F. Engels, Dialektik der Natur. [Notizen und Fragmente], in: MEW, Bd. 20, S. 466. — Vgl. ferner Erläuterung und Zusatz zu Humboldts Erzählung „Die Lebenskraft oder der rhodische Genius", in: A. v. Humboldt, Ansichten der Natur, mit wissenschaftlichen Erläuterungen, Bd. 2, Stuttgart—Tübingen 1849 (3. verb. und verm. Ausg.), S. 309—314.

Er verglich die Formen von Bergen verschiedener Gesteinsarten und ganze Gebirgszüge, er verglich die Ebenen Südamerikas, Asiens und Afrikas, er verglich Klimata und Vegetationen, er verglich die Gliederung Europas und Asiens und die Zusammensetzung der Luft in verschiedenen Höhen, er verglich vor allen Dingen Temperaturen und kam damit zu der ganz neuen und überaus fruchtbaren Konzeption der Isothermen. Er schuf die Begriffe der mittleren Höhe von Gebirgszügen und Kontinenten und berechnete sie. Auf diese Weise drang er durch die Methode des Vergleichens zur Erfassung des Typischen vor.

Während Goethe bestrebt war, das Urbild oder das Urphänomen zu finden als ein mehr oder weniger gestaltendes Prinzip, das sich in bunter Fülle in der Natur manifestiert, verwandelte sich das gleiche oder doch mindestens ähnliche Bestreben bei Humboldt in die Suche nach dem Typischen, das den Charakter der Naturerscheinungen bestimmt und es gestattet, die qualitative Eigenart auf Grund exakter Beobachtungen und Messungen zu erfassen, Wesentliches von Unwesentlichem, Notwendiges von Zufälligem zu unterscheiden. In diesem Bemühen arbeitete er zum Beispiel sechzehn ganz bestimmte charakteristische „Vegetationstypen" heraus. Mit diesem Ziel sind seine Abhandlungen „Über Steppen und Wüsten" und „Das Naturgemälde der Tropenlandschaft" geschrieben. Dieses Vergleichen und Herausarbeiten des Typischen ermöglicht es ihm, die Zusammenhänge verschiedener Erscheinungen in einer von der klassischen Naturwissenschaft verschiedenen Weise zu er-
266 fassen, so untersucht er die Schneegrenze und die Grenze / verschiedener Vegetationszonen, so wurde er zum Schöpfer der Pflanzengeographie und der Klimatologie, so untersucht er den Zusammenhang von Klima, Vegetation und Landschaft in den Tropen und in der gemäßigten Zone und immer wieder den Zusammenhang zwischen Mensch bzw. Menschheit und Natur. Seine Werke zeichnen sich gerade in dieser Beziehung durch einen ungeheuren Ideenreichtum aus, überall sieht er Zusammenhänge und ein Ineinandergreifen, das es ihm ermöglicht, neue Blickpunkte zu finden. Zahlreiche monologisierende Abschweifungen vom gerade behandelten Thema sind entsprechenden Überlegungen gewidmet. Ich erinnere etwa an die meisterhafte Darstellung des Zusammenhangs zwischen Klima, Fruchtbarkeit, der menschlichen Arbeit und der Entwicklung der gesellschaftlichen Produktivkräfte oder an die Auswirkung des Fehlens von Hirtenvölkern auf die Geschichte Südamerikas in seiner amerikanischen Reisebeschreibung.

Für ihn war die Natur reicher als jede Erkenntnis, war sie unerschöpflich in ihrer Fülle und Vielgestaltigkeit und zugleich ein erhabenes Schauspiel und ein Gegenstand nie endender Bewunderung. Humboldt hat sich wiederholt gegen die Ansicht ausgesprochen, daß die Natur durch wissenschaftliche Untersuchungen und Messungen ihren Zauber verlöre, und betont, daß ganz im Gegenteil eine tiefere und genauere Kenntnis den Naturgenuß erhöht. Naturerkenntnis und Naturgenuß fließen bei ihm als ein allgemeineres geistiges Bedürfnis und Interesse ineinander.[31] In diesem Zusammenhang gewinnt seine Auffassung von dem Ziel der Naturforschung Bedeutung und Interesse. Humboldt war fest überzeugt von der Existenz einer allgemeinen Gesetzmäßigkeit in der Natur und bezeichnet in hohem Alter, im Unterschied zu Goethe, „das Erspähen des *Causalzusammenhanges* selbst" als „das höchste, seltener erreichte Ziel aller Naturforschung".[32] Dabei ist er allerdings keineswegs so unbedingt wie die zünftige Naturwissenschaft seiner Zeit davon überzeugt, daß die Ursachen aller Naturerscheinungen entdeckt werden können. Im gleichen Zusammenhang fährt Humboldt fort: „Wenn auch viele Naturprocesse, wie die des Lichts, der Wärme und des Electro-Magnetismus, auf Bewegung (Schwingungen)

[31] Vgl. A. v. Humboldt, Kosmos, Bd. 1, a. a. O., S. 18—24.
[32] A. v. Humboldt, Kosmos, Bd. 3, Stuttgart—Tübingen 1850, S. 10.

reducirt, einer mathematischen Gedankenentwickelung zugänglich geworden sind; so bleiben übrig, die oft erwähnten, vielleicht unbezwingbaren Aufgaben von der Ursach chemischer Stoffverschiedenheit, wie von der scheinbar allen Gesetzen entzogenen Reihung in der Größe, der Dichtigkeit, Achsenstellung und Bahn-Excentricität der Planeten, in der Zahl und dem Abstande ihrer Satelliten, in der Gestalt der Continente und der Stellung ihrer höchsten Bergketten. Die hier beispielsweise genannten räumlichen Verhältnisse können bisher nur als etwas thatsächlich in der Natur Daseiendes betrachtet werden. Sind die Ursachen und die Verkettung dieser Verhältnisse noch nicht ergründet, so nenne ich sie darum aber nicht zufällig. Sie sind das Resultat von *Begebenheiten* in den Himmelsräumen bei Bildung unseres Planetensystems, von geognostischen Vorgängen bei der Erhebung der äußersten Erdschichten als Continente und Gebirgsketten. Unsere Kenntniß von der Urzeit der physikalischen Weltgeschichte reicht nicht hoch genug hinauf, um das jetzt Daseiende als etwas Werdendes zu schildern."[33] Die Ausführungen zeigen, daß Humboldt sehr wohl zwischen Allgemeinem und Einzelnem unterscheidet. Wenn er die einmalige Anordnung der Körper
267 des Planetensystems als nicht zufällig bezeichnet, so will er / damit zweifellos sagen, daß sie den allgemeinen Naturgesetzen unterliegen, also determiniert sind, wenn er gleichzeitig zwischen dieser Anordnung und den allgemeinen Naturprozessen unterscheidet, so behauptet er die Existenz des Zufälligen im Sinne des Einmaligen. Humboldt gelangt auf diese Weise dazu, neben die Erklärung der Natur oder des Weltsystems auf Grund des Kausalzusammenhanges ihre Beschreibung als eine zweite ebenso bedeutende Aufgabe der Naturforschung zu setzen. In einer Anmerkung zu dem einleitenden Abschnitt des dritten Bandes des „Kosmos" korrigierte sich Humboldt selbst mit folgenden Worten: „In den einleitenden Betrachtungen zum ‚Kosmos' Bd. I. S. 32 hätte nicht im allgemeinen gesagt werden sollen, ‚daß in den Erfahrungswissenschaften die Auffindung von Gesetzen als das letzte Ziel menschlicher Forschung erscheine'. Die Beschränkung: ‚in vielen Gruppen der Erscheinungen' wäre nothwendig gewesen."[34] Diese „physische Beschreibung" ist das besondere Anliegen Humboldts. Sie ist die Betrachtung alles Geschaffenen, alles Seienden im Raume (der Naturdinge und Naturkräfte) als eines gleichzeitig bestehenden Naturganzen,[35] und für Humboldt eine besondere Naturwissenschaft, die sich sowohl von den einzelnen Zweigen der Naturwissenschaft wie von einem bloßen „enzyklopädischen Aggregat" dieser Zweige unterscheidet. Der Unterschied zu der Auffassung der zünftigen Naturwissenschaft wird deutlich, wenn wir ihr einen Satz von du Bois-Reymond entgegenhalten, der in der früher erwähnten Gedenkrede erklärte: „Die mathematische Physik kennt keinen Unterschied zwischen Kosmos und Chaos . . ."[36] Humboldt nähert sich mit dieser Auffassung der Gestaltenlehre oder Morphologie Goethes. Sie wurde unter seinen Händen fruchtbar, weil er die Ergebnisse der einzelnen Zweige der Naturwissenschaft, Zahl und Maß damit zu verbinden wußte. Sie weist ihn als den Naturforscher des bürgerlichen Humanismus aus.

Mit den positiven Seiten und Einflüssen des deutschen Humanismus auf die wissenschaftlichen Anschauungen und die Zielsetzung der wissenschaftlichen Tätigkeit Humboldts waren allerdings auch negative Seiten verbunden. Humboldt gelang es nicht, sich von den idealisierenden Anschauungen über die Existenz einer allgemeinen Harmonie in der Natur frei zu machen. Den geistigen Wert der Naturwissenschaft hielt er für wichtiger als ihren praktischen Nutzen. Für die Bedeutung und Wirkung von Gegensätzen und Widersprüchen in der Natur zeigte Humboldt ebensowenig Verständnis wie für deren Wirkung in der Ge-

---

[33] Ebenda, S. 24/25.
[34] Ebenda, S. 26.
[35] A. v. Humboldt, Kosmos, Bd. 1, a. a. O., S. 31, 39/40.
[36] E. du Bois-Reymond, Die Humboldt-Denkmäler . . ., a. a. O., S. 263.

sellschaft. Vor allem fehlte ihm die grundlegende Einsicht von dem Kampf der Gegensätze als Quelle jeder Bewegung, Veränderung und Entwicklung in der Natur. Für ihn handelt es sich bei den verschiedenen Naturvorgängen vielmehr um das Bestreben, ein dynamisches Gleichgewicht oder einen Ausgleich aufrechtzuerhalten. In seiner Abhandlung „Ideen zu einer Geographie der Pflanzen“ schreibt er dazu: „Das Gleichgewicht, welches mitten unter den Perturbationen scheinbar streitender Elemente herrscht, dies Gleichgewicht geht aus dem freien Spiel dynamischer Kräfte hervor.“[37] Die Frage, warum das Gleichgewicht ständig gestört werde, hat er so direkt niemals aufgeworfen und höchstens indirekt mit einem Hinweis auf die Vielfalt der Zusammenhänge und Wechselwirkungen beantwortet.

In dieser neuen Naturbetrachtung wird der Wert naturwissenschaftlicher Kenntnisse vor
268 allem für die Bildung von Geist und Gemüt betont. Die Technik / und die technischen Wissenschaften sind in dieses neue Bildungsideal noch nicht einbezogen. Humboldt sah zwar auch den Nutzen der Natur und der Naturwissenschaft für den Menschen und hat schon im Alter von zwanzig Jahren erklärt: „Die meisten Menschen betrachten die Botanik als eine Wissenschaft, die für Nichtärzte nur zum Vergnügen oder allenfalls (ein Nutzen, der selbst wenigen erst einleuchtet) zur subjektiven Bildung des Verstandes dient. Ich halte sie für eine von den Studien, von denen sich die menschliche Gesellschaft am meisten zu versprechen hat. Welch ein schiefes Urteil, zu meinen, daß die paar Pflanzen, welche wir bauen (ich sage, ein paar gegen die 20000, welche unseren Erdball bedecken), alle Kräfte enthalten, die die gütige Natur zur Befriedigung unserer Bedürfnisse in das Pflanzenreich legte.“[38] Ähnliche Hinweise auf den Nutzen der Wissenschaft zur Aneignung und Ausbeutung von Naturschätzen finden sich bis ins späte Alter. Der entscheidende Gedanke aber, von der Aneignung der Natur zu ihrer Veränderung überzugehen, fehlt bei Humboldt trotz seiner Hinweise auf die Entwicklung der Landwirtschaft und des Bergbaus in den von ihm bereisten Gebieten. Ein solcher Hinweis lag ihm wohl auch deshalb ferner, weil in der ersten Hälfte des 19. Jahrhunderts in Preußen, genauer im Berliner Raum, die Industrie noch wenig entwickelt war, weil er England nicht näher kennengelernt hatte und weil er den Kreisen der kapitalistischen Unternehmer fernstand. Humboldt hat damit zweifellos die Naturwissenschaft entschärft und sie gerade damit für das Bürgertum annehmbar gemacht. Der ungeheure Erfolg des „Kosmos“ in allen europäischen Ländern ist sicher auch darauf zurückzuführen, daß seine Naturauffassung keineswegs revolutionär war, sondern sich als Bestandteil des bürgerlichen Humanismus auswies. Es wäre unrichtig, in Humboldt einen Revolutionär des naturwissenschaftlichen Weltbildes zu sehen, wie z. B. Darwin einer gewesen ist. In der Ausdehnung des klassischen bürgerlichen Humanismus auf das Gebiet der Naturwissenschaft liegt die Größe und die Grenze seiner wissenschaftlichen Leistung.

Es liegt durchaus im Bereich seiner demokratischen und humanistischen Gesinnung, wenn Humboldt sein Wissen und Können und seine Auffassung von der Natur nicht nur in dem engen Kreis der zünftigen Wissenschaftler vorträgt, sondern sie einem breitem Kreis interessierter Laien zugänglich macht, ja sie geradezu im breiten Publikum zu verbreiten sucht. Vielleicht sich auch hier Einflüsse und Eindrücke wirksam geworden, die er im Kreis der Weimarer Schriftsteller empfangen hat. Humboldt hat sich nach der Rückkehr von seiner amerikanischen Reise nicht in die Abgeschiedenheit des Gelehrten oder in das innere

---

[37] A. v. Humboldt, Ideen zu einer Geographie der Pflanzen, Tübingen 1807, S. 40.

[38] Jugendbriefe Alexander von Humboldts an Wilhelm Gabriel Wegener, hrsg. von A. Leitzmann, Leipzig 1896, S. 43.

Getriebe der Akademien zurückgezogen, sondern seine Ideen schriftlich und mündlich der Masse — er selbst gebraucht gelegentlich gerade diesen Ausdruck — mitgeteilt. In diesem Bestreben entstand in den Jahren 1805—1807 sein weit verbreitetes und mehrfach wiederaufgelegtes Werk „Ansichten der Natur“, in dem er sich das Ziel setzt, die „ästhetische Behandlung“[39] mit wissenschaftlicher Gründlichkeit und Genauigkeit zu verbinden, um „gleichzeitig die Phantasie zu beschäftigen und durch Vermehrung
269 des Wissens das Leben mit Ideen zu / bereichern“[40], wie er im Vorwort formuliert hat. In diesem Bestreben hielt er im Winter 1827/28 seine berühmt gewordenen Vorlesungen über die physische Weltbeschreibung und in diesem Bestreben entstand als reifes Alterswerk der „Kosmos“, der zu den meistgelesenen und am meisten verbreiteten Büchern des 19. Jahrhunderts gehört. Noch zu Lebzeiten Humboldts erschienen vier englische, drei französische, zwei amerikanische und italienische und je eine russische, polnische, niederländische, schwedische, dänische, ungarische und spanische Übersetzung. Der „Kosmos“ ist eine populärwissenschaftliche Schrift im besten Sinne des Wortes. Sie öffnet den Blick des Lesers für die großen Zusammenhänge eines geordneten Universums, ohne den Gegenstand zu vereinfachen oder durch novellistische oder reportagehafte Darstellung künstlich schmackhaft zu machen. Sie vermittelt den neuesten Stand des Wissens, ohne ein ausgebreitetes Spezialwissen oder gar Spezialstudium vorauszusetzen, und regt den Leser an, Wissenslücken durch Nachlesen oder Nachschlagen zu schließen. Sie bietet dem Laien wie dem Fachmann Neues und Interessantes. Humboldts „Ansichten der Natur“ und sein „Kosmos“ gehören ebenso zu den Meisterwerken der deutschen Literatur wie die Dichtungen Goethes und Schillers. Noch heute strömt uns aus ihnen die Liebe zur Natur und zum Menschen entgegen, die seinen Verfasser als einen Vertreter jenes anderen Deutschland ausweisen, das Ruhm und Ehre in der Pflege und Förderung von Kultur und Wissenschaft und im friedlichen Verkehr und Austausch mit anderen Völkern sieht. Leider fehlt uns bis heute eine Untersuchung über Alexander von Humboldt als Schriftsteller.

Auch die beste populärwissenschaftliche Darstellung der Natur hätte keine so schnelle und breite Resonanz gefunden, wenn ihr nicht ein allgemeines Interesse an der Natur und der Naturwissenschaft entgegengekommen wäre. In Industrie und Landwirtschaft setzte Mitte des 19. Jahrhunderts auch in Deutschland eine Entwicklung ein, bei der der Naturwissenschaft und ihrer Anwendung eine ständig steigende Bedeutung zukam. Die Aufhebung des Zunftwesens und die Einführung der Gewerbefreiheit sowie die Aufhebung der Leibeigenschaft breiteten sich aus. Schon in der ersten Hälfte des 19. Jahrhunderts entstanden auch in Deutschland Gewerbeschulen und technische Schulen. Die von der Französischen Revolution geschaffene *École polytechnique* fand Nachahmung. Es war die Zeit des Eisenbahnbaues und der zunehmenden Verbreitung der Dampfmaschinen, deren Anzahl in Preußen von drei im Jahre 1822 auf etwa 1100 im Jahre 1849 angestiegen war. Dazu kam mit der Ausdehnung des Handels und der Zunahme des Verkehrs ein steigendes Interesse an fremden Ländern, Pflanzen und Tieren. Kurz und gut, Hand in Hand mit der Entwicklung der Produktivkräfte stieg die Bedeutung der Naturwissenschaften und das Interesse, das man ihr entgegenbrachte.

In der Geschichte der Wissenschaft hat es immer wieder Epochen gegeben, in denen die gesellschaftlichen Zustände danach drängten, das Wissen von der Natur, über das bis dahin nur eine bestimmte Klasse oder Schicht der Gesellschaft verfügte, einer größeren Zahl von

---

[39] A. v. Humboldt, Ansichten der Natur, Vorrede zur ersten Ausgabe, Bd. 1, Stuttgart—Tübingen 1849, S. VIII.

[40] Ebenda, Vorrede zur zweiten und dritten Ausgabe, S. XII.

Menschen zu vermitteln; Epochen, in denen eine neue an die Macht kommende Klasse sich das überlieferte Wissen aneignen mußte, wenn sie ihre historische Aufgabe erfüllen wollte, Epochen, in denen das bisherige Bildungsprivileg gebrochen und auf andere, breitere
270 Kreise / ausgedehnt wurde. In jeder solchen Epoche finden sich unter den bis dahin Privilegierten solche, die das alte Privileg krampfhaft und erfolglos verteidigen und es zu bewahren versuchen, und solche, die aus innerer Überzeugung ihr Wissen und ihre gesammelten Kenntnisse bereitwillig und gern der Masse vermitteln, ohne zu kargen, ohne sie zu entstellen und zu vulgarisieren. Die Masse hat solche Wissenschaftler stets tief verehrt und durch ihr Vertrauen hoch belohnt. Einer von ihnen war zweifellos Alexander von Humboldt. Als er in Berlin 1827/28 seine Vorträge hielt und als er später seinen „Kosmos" herausgab, brauchte das deutsche und nicht nur das deutsche Bürgertum ein tieferes Verständnis und ein besseres Wissen von der Natur. Humboldt hat es ihm ohne jede Einschränkung vermittelt. Wir dürfen keinesfalls das Neue im Auftreten Humboldts übersehen. Seine Berliner Vorträge wurden zu Humboldts großer Befriedigung von Berliner Handwerkern ebenso besucht wie von den Angehörigen des Königshauses und des Hofes. Sein „Kosmos" half das bürgerliche Bildungsideal umzugestalten. Mit Recht wurde schon im dritten Viertel des 19. Jahrhunderts das besondere Verdienst Humboldts darin gesehen, daß er die Naturwissenschaft oder Naturforschung zu einem Bestandteil der allgemeinen Bildung erhob, die vor ihm einseitig philologisch-historisch orientiert war.

Humboldt selbst hat die erhofften Wirkungen seiner Tätigkeit in die Worte gekleidet: „Mit dem Wissen kommt das Denken und mit dem Denken der Ernst und die Kraft in die Menge."[41] Die humanistischen Elemente dieser Vorträge und Werke weisen trotz der Beschränkung, die sie durch seine liberale und noch nicht sozialistische Weltanschauung erfuhren, ihren Autor als einen Wissenschaftler aus, der die Naturforschung als einen Dienst an der Menschheit aufgefaßt hat. Sein humanistisches Erbe, seine tiefe Einsicht in den allseitigen Zusammenhang und die Wechselwirkung der Naturerscheinungen, seine vergleichende Methode, die es ihm ermöglichte, das Typische mit wissenschaftlicher Exaktheit zu bestimmen, ebenso wie seine direkten Beiträge zur Erweiterung unseres Wissens von der Natur und zum Verständnis ihrer Gesetzmäßigkeiten sind und bleiben wertvolles deutsches Kulturgut und sichern ihm als einem der größten Wissenschaftler und Verfechter fortschrittlicher humaner Ideen ein ehrenvolles Andenken. Die Pflege und Weiterentwicklung dieses Erbes wird unser Leben und die Wissenschaft auch in Zukunft bereichern.

---

[41] Briefe A. von Humboldts an Raumer, in F v Faumer, Literarischer Nachlaß, Bd 1, Berlin 1869, S. 22 (Nr. 11).

# James Clerk Maxwell
# Versuch einer wissenschaftlichen Biographie*

33 In der Entwicklung der Physik im 19. Jahrhundert nimmt die Maxwellsche Theorie des Elektromagnetismus einen besonderen Platz ein. Zunächst blieb sie völlig unbeachtet, später wurde sie angezweifelt, dann aber, als es klar geworden war, daß sie unsere Kenntnisse auf dem Gebiet der Naturerscheinungen wesentlich erweitert, wurde bereits nicht die Theorie selbst, sondern ihre Interpretation durch Maxwell einer harten Kritik unterzogen, wobei diese Kritik in der Hauptsache nicht von den englischen Physikern ausging.

So schreibt z. B. Henri Poincaré: „Schlägt ein französischer Leser das Buch von Maxwell zum erstenmal auf, so vermischt sich von Anfang an ein Gefühl des Unbehagens (malaise) und sogar das des Mißtrauens (défiance) mit dem der Begeisterung.“[1] Die Formulierung von P. Duhem fällt noch schärfer aus: „Die Abhandlung über die Elektrizität und den Magnetismus von Maxwell kleidet sich in eine schöne mathematische Form; ebensowenig wie die Vorlesungen von W. Thomson über die Molekulardynamik stellt sie [aber] ein logisches System dar.“[2]

Diese Tatsachen lassen vermuten, daß bei der Entstehung der Maxwellschen Theorie, die ihrem Wesen nach etwas völlig Neues darstellte, Momente des persönlichen und sozialen Charakters eine bedeutendere Rolle spielten, als das gewöhnlich zu sein pflegt. Eine biographische Untersuchung, die sich die Aufgabe stellt, den besonderen Charakter der Forschungen von Maxwell und der ihnen zugrunde liegenden Faktoren aufzuzeigen, scheint uns deshalb besonders angebracht und lohnend zu sein.

Über Maxwell existiert eine reichhaltige Literatur. Es handelt sich dabei in erster Linie um Artikel, die zu ihrer Zeit in den Fachperiodica aus Anlaß dieser oder jener Gedenktage erschienen waren. Seine wissenschaftlichen Arbeiten wurden in zwei umfangreichen Bänden von W. D. Niven herausgegeben.[3] /

34 In seinem Vorwort beschäftigt sich Niven ausführlich mit dem Inhalt und mit dem inneren Zusammenhang dieser Arbeiten. Reichhaltiges biographisches Material enthält außerdem die sorgfältige Studie „The life of James Clerk Maxwell“ von Lewis Campbell und William Garnett.[4]

Einen wesentlichen und für die Bewertung seiner wissenschaftlichen Leistungen vom

* Erschienen in: Archiv istorii nauki i techniki 6/1935, S. 33—61.

1 H. Poincaré, Électricité et optique. Teil 1: Les théories de Maxwell et la théorie électromagnétique de la lumière, Paris 1954 (2. Aufl.), S. III.

2 P. Duhem, La théorie physique. Son objet et sa structure, Paris 1906, S. 137.

3 James Clerk Maxwell, The scientific papers, hrsg. von W. D. Niven, 2 Bände, Cambridge 1890.

4 L. Campbell and W. Garnett, The life of James Clerk Maxwell with a selection from his correspondence and occasional writings and a sketch of his contributions to science, New edition London 1884.

Standpunkt der modernen Wissenschaft aus hilfreichen Beitrag zur Maxwell-Literatur stellt schließlich ein Sammelband dar, der zu seinem 100. Geburtstag erschien.[5]

Maxwell war Schotte. Er wurde am 13. Juni 1831 in Edinburgh geboren und war der einzige Sohn seiner Eltern. Die ersten zehn Jahre seines Lebens verbrachte er in Glenlair auf Middlebie bei Edinburgh.

Seine Weltanschauung wurde durch das typische Milieu schottischer Landlords, die gesteigerte, etwas zur Schau gestellte Religiosität, die blinde Ergebenheit gegenüber den Bräuchen und der Sprache des heimatlichen Clans und durch die engste Beziehung zur Natur geprägt.

Mit neun Jahren verlor Maxwell seine Mutter, mit dem Vater verbanden ihn aber zeit seines Lebens nicht nur starke Familientraditionen, sondern auch tiefe menschliche und freundschaftliche Beziehungen.

Maxwells Vater war, wie es scheint, ungewöhnlich begabt. Er lebte sehr abgeschieden in Glenlair, doch wohnte er bei seinen Besuchen in Edinburgh regelmäßig den Sitzungen der Edinburgh Royal Society bei. In außergewöhnlichem Maße interessierte er sich für die Entwicklung der Industrie. Schon in seinen jungen Jahren verfolgte er aufmerksam die Anwendungsmöglichkeiten der Dampfkraft und die technische Vervollkommnung in den verschiedenen Zweigen der Produktion. Er führte selbst praktische Versuche zur Konstruktion eines Luftbalges durch und veröffentlichte in dem „Edinburgh Medical and Philosophical Journal“ (Band 10) einen Artikel unter dem Titel: „Outlines of a plan for combining machinery with the manual printing press“. Kam er einmal in eine fremde Stadt, so besuchte er dort nicht Kirchen oder Museen, sondern Fabriken und Werkanlagen und studierte deren Produktionsmethoden.

Von der Genauigkeit der von Maxwells Vater gesammelten Angaben zu den ihn interessierenden technischen Fragen zeugt sein Brief an den Sohn aus dem Jahre 1853, als James sich während der Osterferien für einige Tage in Birmingham aufhielt. In diesem Brief lesen wir folgendes: „Mache dich nach Möglichkeit bekannt mit der Arbeit der Waffenschmiede, mit der Herstellung von Kanonen und deren Erprobung, mit der Produktion von Degen und deren Prüfung, mit der Papiermachébereitung und der Lackierung, mit der Silber-
35 plattierung durch Zementation / und Walzen, mit der elektrolytischen Versilberung im Werk von Elkington; mit der Guß- und Tiefziehtechnik bei Brazier; mit dem Verschleifen und der Herstellung von Teekannen aus Weißmetall u. a.; mit der Produktion von verschiedenartigen Knöpfen, Stahlfedern, Näh- und Stecknadeln und von allen möglichen kleinen Artikeln, die interessanterweise in Arbeitsteilung und mit Hilfe sinnreicher Werkzeuge hergestellt werden; zur dortigen Industrie zählen auch die Produktion verschiedener Glassorten sowie sämtliche Gießtechniken, Herstellung von Maschinen, Werkzeugen und optischen und [wissenschaftlichen — G. H.] Geräten für Grob- und Feinarbeiten.“[6]

Maxwells Vater, dieser Vertreter des alten Adels, war also nachdrücklich an der energischen Entwicklung der kapitalistischen Industrie interessiert. Anscheinend war er auch mit einigen Fabrikbesitzern persönlich bekannt, denn sonst wäre es ihm nicht möglich gewesen, solche tiefgehende Studien in ihren Fabriken zu treiben; dennoch waren diese Anteilnahme, diese Bekanntschaften und Sympathien nicht so stark, daß sie ihn zum Bruch mit den Gewohnheiten und Vorurteilen des Kleinadels und womöglich zu dem Entschluß hätten führen können, selbst einmal ein Besitzer oder Leiter irgendeiner Fabrik

---

[5] James Clerk Maxwell. A commemoration volume. 1831—1931. Essays, Cambridge University Press 1931.

[6] L. Campbell and W. Garnett, The life . . ., a. a. O., S. 5, Anm. 1.

zu werden und damit aktiven Anteil am Industrieleben zu nehmen: Maxwells Vater blieb ein Landlord, der vom Ertrag seiner Ländereien lebte. Sein Interesse an Fragen der industriellen Produktion ging allerdings so weit, daß er all das Neue und Wesentliche, das seine Epoche auszeichnete, aufmerksam verfolgte und studierte.

Heute können wir uns die stürmische Entwicklung Englands in allen ihren Aspekten kaum noch vorstellen. Im einzelnen beschreibt sie Engels in seinem Buch „Die Lage der arbeitenden Klasse in England" und kommt 1845 in seinen Untersuchungen zu folgenden Ergebnissen: „Das ist in kurzem die Geschichte der englischen Industrie in den letzten sechzig Jahren, eine Geschichte, die ihresgleichen nicht hat in den Annalen der Menschheit. Vor sechzig, achtzig Jahren ein Land wie alle andern, mit kleinen Städten, wenig und einfacher Industrie und einer dünnen, aber verhältnismäßig großen Ackerbaubevölkerung; und jetzt ein Land wie kein anderes, mit einer Hauptstadt von drittehalb Millionen Einwohnern, mit kolossalen Fabrikstädten, mit einer Industrie, die die ganze Welt versorgt und die fast alles mit den kompliziertesten Maschinen macht, mit einer fleißigen, intelligenten, dichtgesäten Bevölkerung, von der zwei Drittel durch die Industrie in Anspruch genommen werden und die aus ganz andern Klassen besteht, ja, die eine ganz andre Nation mit andern Sitten und andern Bedürfnissen bildet als damals."[7] /

36 Maxwells Vater war wohlhabend. Er war persönlich vom Leid, das die Industrialisierung des Landes den untersten Klassen der Gesellschaft brachte, nicht berührt. Deshalb ist es verständlich, daß er dieser Umwälzung nicht feindlich gegenüberstand. Und gerade diese Position des Beobachters, nicht die eines aktiven Teilnehmers bedingte anscheinend auch sein Interesse an der technischen und kulturellen Entwicklung seines Landes statt an dessen ökonomischen und politischen Grundlagen.

Die bürgerlichen Einflüsse treten auch in allen anderen Anschauungen dieses Mannes hervor. Er wird uns als ein Mensch beschrieben, der selbst die alltäglichsten Lebenserscheinungen von ihrer technischen Seite sah, als ein Mensch, der immer bereit war, nüchtern und vernünftig die Ereignisse zu beurteilen, und der einen großen Realitätssinn besaß. Im Verein mit den neuen Einflüssen förderte die puritanische Religiosität seiner Familie in ihm zweifellos die Neigung zu einer positivistischen Lebensauffassung. Maxwells Vater umschrieb seine Lebensmaxime mit dem schottischen Wort „judiciosity", das im eigentlichen Sinn Einsichtigkeit bedeutet.

Wie schon erwähnt, bestanden zwischen ihm und seinem Sohn sehr nahe und vertraute Beziehungen. Schon von klein auf wurde Maxwell von seinem Vater zu Werksbesichtigungen u. ä. mitgenommen. Dieses Hobby des Vaters ließ Maxwell selbstverständlich nicht unbeeinflußt und hat wahrscheinlich auch die Interessen des Kindes seit frühester Jugend geprägt. Es wäre auch verwunderlich, wenn ein so aufgeweckter und intelligenter Sohn eines solchen Vaters unter derartig günstigen sozialen und persönlichen Bedingungen kein Naturforscher und besonders kein Physiker geworden wäre: Die ökonomisch gesicherte Existenz, die die Entwicklung des naturwissenschaftlichen Interesses begünstigte, die eigene Begabung, die der des Vaters weitgehend entsprach, und die Förderung der intellektuellen Neigungen im Elternhaus von frühester Jugend an — all das trug zur Prägung von Maxwell als Wissenschaftler bei. Der Sohn eines Fabrikanten wäre unter den gleichen Bedingungen möglicherweise ein Ingenieur oder ein Erfinder geworden. Der Sohn eines schottischen Landlords aber wurde ein Universitätsprofessor.

Bis zu seinem zehnten Lebensjahr wurde Maxwell zu Hause erzogen. Danach schickte

---

[7] F. Engels, Die Lage der arbeitenden Klasse in England, in: MEW, Bd. 2, Berlin 1959, S. 249/250.

man ihn nach Edinburgh in die Schule, an die Academy, und später auf die dortige Universität, deren Lehrplan ungefähr dem der Gymnasien entsprach. In Edinburgh wohnte Maxwell bei einer seiner Tanten, in deren Haus er sein eigenes Zimmer bekam. Wie es scheint, fühlte er sich in der Schule nie besonders wohl. Sein provinzielles Auftreten unterschied ihn von seinen in der Stadt groß gewordenen Kameraden, und so bekam er bald den Rufnamen „dafty“, schottischer Ausdruck für Tölpel. Es lag nicht in der Natur Maxwells,
37 nach Wegen zur Annäherung / an die Gleichaltrigen zu suchen. Während seiner ganzen Schulzeit besaß er keinen einzigen Freund. Er suchte und fand die Befriedigung seiner Interessen außerhalb der Schule. So richtete er sich z. B. in Glenlair, wo er gewöhnlich seine Schulferien verbrachte, ein kleines physikalisch-chemisches Labor ein, für dessen Einrichtung sein Vater die Mittel zur Verfügung stellte. In unserer Zeit wird solch ein Interesse für das Experimentieren in jedem normalentwickelten Kind geweckt. Doch damals bedeutete die Leidenschaft zum Experimentieren weitaus mehr. Im Unterricht wurden fast keine Versuche durchgeführt. Und die Freude daran konnte nur ein Schüler finden, der tatsächlich das besondere Bedürfnis verspürte, Erscheinungen, von denen er im Unterricht hörte, konkret zu studieren. Diese jugendlichen Experimente Maxwells machen deutlich, wie der Junge jene Gebiete abtastet, auf denen er später die größten Erfolge erzielen wird. Er beobachtete elektrische und optische Erscheinungen, stellte Versuche auf dem Gebiet der Farblehre an, studierte Kristalle und Gläser im polarisierten Licht mit Hilfe des Nicolschen Prismas, das ihm Nicol selbst bald nach der Entwicklung des Prismas zusandte.

Seine privaten wissenschaftlichen Studien betrieb er schon damals dermaßen ernst, daß die erste Forschungsarbeit des damals vierzehnjährigen Jungen der Edinburgh Royal Society, deren regelmäßiger Besucher, wie wir bereits sahen, sein Vater war, vorgelegt und auf einer ihrer Sitzungen verlesen wurde. Es handelte sich um eine geometrische Arbeit über ovale Kurven, d. h. über Kurven mit zwei oder mehreren Brennpunkten. Während seiner Schulzeit legte er der Edinburgh Royal Society noch zwei weitere mathematische Arbeiten vor, die er allerdings auch nicht selbst vortragen durfte, weil das Prestige dieser Gesellschaft das Erscheinen eines sechzehnjährigen Jungen am Vortragspult nicht zuließ.

Bereits diese ersten Arbeiten zeugen von der geometrischen Begabung Maxwells. Schon als Dreizehnjähriger fertigte er, bevor er an der Schule etwas über die Geometrie gehört hatte, Kartonmodelle regelmäßiger Körper an, darunter solch komplizierte wie das eines Dodekaeders. Diese Modelle bewahrte er sorgfältig auf. Nach seinem Tod wurden sie dem Museum des Instituts in Cambridge übergeben. Auch die Beweisführung in der ersten wissenschaftlichen Arbeit Maxwells über die ovalen Kurven erfolgt auf rein geometrischem Wege, ohne die Zuhilfenahme der analytischen Geometrie. Eigentlich stellt sie eine scharfsinnige Weiterentwicklung der Methode der Ellipsenherstellung unter Verwendung von zwei in die Brennpunkte gesteckten und mit einem Faden verbundenen Nadeln dar.

Die Erinnerungen seiner Mitstudenten bezeugen ebenfalls die besondere Vorliebe Maxwells für geometrische Methoden zur Lösung von physikalischen und mathematischen Aufgaben. Einem der späteren Lehrer von Maxwell in Cambridge, John Hopkins, wird folgende Beurteilung des genialen Physikers zugeschrieben: „Maxwell kann augenscheinlich überhaupt nicht physikalisch falsch denken; in der Analysis ist er allerdings viel schwächer.“
38 Und ein Mister Lawson vermerkt in einem Brief an Campbell zusätzlich: / „Ich erinnere mich, wie einmal während der Vorlesung unser Lektor dreimal die Tafel mit der Lösung einer schwierigen stereometrischen Aufgabe vollgeschrieben hatte. Er war kaum fertig, als Maxwell ihn fragte, ob man diese Aufgabe nicht auch auf geometrischem Wege lösen könnte, und er zeigte, wie sich mit Hilfe einer Figur und einiger Linien die Lösung sofort ergab.“[8]

[8] L. Campbell and W. Garnett, The life . . ., a. a. O., S. 123.

Man kann sich vorstellen, daß die Entwicklung der Fähigkeit, sich die verschiedene Lage geometrischer Körper auf einer Fläche oder im Raum vorzustellen, stark von der frühen Bekanntschaft Maxwells mit den Maschinen gefördert wurde; jedenfalls wurde die geometrische Anschaulichkeit der Vorstellung — das läßt sich in allen Untersuchungen Maxwells nachweisen — für ihn später zu einem unverzichtbaren Bedürfnis. Wir werden noch die Gelegenheit haben, uns davon zu überzeugen, wie dieses Bedürfnis der Erreichung seiner wissenschaftlichen Ziele entgegenkam. Wie ein Ingenieur war er immer eher bestrebt zu zeichnen als zu rechnen. Wie ein solcher konstruierte er Mechanismen und Maschinen, was übrigens auch viele andere Physiker jenes „Maschinenzeitalters" taten. Bis in seine „reinsten" wissenschaftlichen Arbeiten ist so der Geist des „Zeitalters der Technik" wirksam.

Im Herbst 1850 verließ Maxwell Edinburgh und ließ sich an der Universität Cambridge einschreiben. Diese größere Lehreinrichtung eröffnete ihm auch breitere Bildungsmöglichkeiten. Kurze Zeit war er Student am Peterhouse College, später wechselte er zum Trinity College über, und im Januar 1854 legte er seine Abschlußprüfung ab. Nach der Beendigung des Studiums verblieb er noch zwei Jahre als fellow am Trinity College der gleichen Universität.

In jenen Jahren kam er in engere Berührung mit der physikalischen Forschungsarbeit. Hier im Kreise der an allen modernen Problemen interessierten gleichaltrigen Kameraden erlangte Maxwell, für eine Zeitlang sowohl von seinem Vater wie auch von der etwas provinziellen Gesellschaft Edinburghs getrennt, seine völlige geistige Reife.

Wir sollten uns den Studenten Maxwell nicht etwa als einen einseitigen Mathematiker oder Physiker vorstellen. Wie sein Vater besaß auch er ein lebhaftes Interesse an dem gesamten Kulturleben seiner Zeit und beteiligte sich an der Diskussion aktueller Probleme. Dabei erlangte er eine umfassende Bildung, die die Grenzen des bis zu einem gewissen Grad beschränkten Interessenkreises des Vaters sprengte. Seine Kameraden bestätigen einhellig, daß er alle ihre verschiedenartigen Interessen teilte, mit Ausnahme allerdings vom Sport, zu dem er augenscheinlich keine besondere Neigung verspürte. Er konnte sich zu jedem Gesprächsthema äußern. Besondere Aufmerksamkeit schenkte er ethischen, religiösen und kirchlichen Problemen, beschäftigte sich viel mit der alten und neuen englischen Literatur
39 und las die wichtigsten Werke der / Weltliteratur in englischer Übersetzung. Maxwell besaß niemals einen großen Bekanntenkreis und war auch nie bestrebt, seinen Einfluß auf viele Menschen auszuüben. In einem kleinen Zirkel jedoch, der sich aus einer Gruppe von Studenten mit etwas breiterem geistigem Horizont gebildet hatte, fühlte er sich wohl und ungebunden. Nicht selten trug er hier eigene Gedichte vor, ernste und scherzhafte. Ein großer Teil dieser und späterer Verse ist uns erhalten geblieben.[9]

---

[9] Als Beispiel führen wir folgendes Scherzgedicht von Maxwell an:

Valentine by a Telegraph Clerk ♂ to a Telegraph Clerk ♀

„The tendrils of my soul are twined
With thine, though many a mile apart,
And thine in close-coiled circuits wind
Around the needle of my heart.
Constant as Daniell, strong as Grove
Ebullient through its dephts like Smee,
My heart pours forth its tide of love
And all its circuits close in thee.

O tell me, when along the line
From my full heart the message flows,

Erhalten geblieben sind uns auch seine jugendlichen Artikel und Referate religiösen, ethischen und gnoseologischen Inhalts.

Im Verlaufe dieser Jahre reiften in Maxwell Probleme heran, deren Lösung ihn später zu glanzvollen Ergebnissen führte. In diese Zeit fällt u. a. seine erste Durcharbeitung der experimentellen Untersuchungen Faradays, mit denen er allem Anschein nach bereits vor seinem Überwechseln nach Cambridge Bekanntschaft machte.

Die Physik damaliger Zeiten unterschied sich von der der Gegenwart. Ihr fehlte nicht nur
40 jener Forschungszweig, der heute / ihr wichtigstes Thema bildet, d. h. die Theorie des Atoms, sondern sogar auch die Spektralanalyse, diese wichtige Grundlage der Atomtheorie, die erst 1859, also drei Jahre nach dem Erscheinen der ersten Arbeit von Maxwell über die Theorie der Elektrizität, entdeckt wurde. Selbst die klassische Physik befand sich damals noch kurz vor ihrem Aufblühen. Das Prinzip der Erhaltung der Energie wurde erst 1842 formuliert und erst 1845 in der Physik allgemein anerkannt. 1850 formulierte Clausius als erster den zweiten Hauptsatz der Thermodynamik, aber erst 1865 wurde von ihm der Terminus Entropie in die Physik eingeführt. Wenige Jahre vor 1831 stellte Fresnel im Ergebnis seiner Untersuchungen die Lichttheorie auf eine völlig neue Grundlage, die entscheidenden Versuche zur Erforschung der Lichtgeschwindigkeit in Flüssigkeiten wurden jedoch von Foucault erst 1862 durchgeführt. 1820 entdeckte Oersted den Elektromagnetismus, und 1831, im Geburtsjahr von Maxwell, entdeckte Faraday die elektrische Induktion und begann mit der Ausarbeitung seiner Ideen über die Kraftlinien und die Nahwirkung. Fast genau ein Jahr nach der Veröffentlichung der Arbeit über die Theorie der Elektrizität von Maxwell wurde Heinrich Hertz geboren, und erst als dieser die elektrischen Wellen entdeckte, fanden die Maxwellschen Theorien endlich ihre volle Anerkennung. Im Todesjahr Maxwells entdeckte Edison die elektrische Glühlampe, und im gleichen Jahr wurde Einstein geboren.

In dieser Zeit, die hier nur durch einige Daten charakterisiert wurde, lebte und arbeitete Maxwell. Sie kann in ihren allgemeinen Zügen somit folgendermaßen umschrieben werden: an ihrem Anfang gab es die ersten Ansätze zur Aufspaltung der Physik in einzelne Disziplinen, an ihrem Ende aber begannen sich bereits schwach die Voraussetzungen dafür abzuzeichnen, daß sich aus der sogenannten klassischen Physik die moderne Physik entwickeln würde; am Anfang dieses Zeitabschnitts werden die ersten Schritte zur Industrialisierung Europas und zur technischen Anwendung der Physik getan, an seinem Ende aber vollzieht sich eine grundlegende Umwälzung der ganzen Gesellschaft.

Wir werden im weiteren Verlauf sehen, in welcher Weise Maxwell direkt und indirekt diese Entwicklung mit gefördert hat.

Die ersten größeren selbständigen Untersuchungen Maxwells in Cambridge betrafen die Farblehre. Ihr Beginn reicht bis zu den Experimenten aus der Kindheit in dem kleinen Labor in Glenlair zurück, und die Farblehre blieb auch für immer Maxwells Lieblingsgebiet, beschäftigte er sich doch damit experimentell und theoretisch auch in seinen späteren Jahren. Dieses Gebiet zog Maxwell vielleicht deshalb so an, weil es neben den mathematischen und experimentellen Fähigkeiten auch eine gewisse künstlerische Begabung erforderte.

---

What currents are induced in thine?
One click from thee will end my woes."

Through many an Ohm the Weber flew,
And clicked this answer back to me. —
„I am thy Farad, staunch and true,
Charged to a Volt with love for thee."
Ebenda, S. 408.

Maxwell untersuchte besonders die additive Farbvermischung und stellte viele Versuche
41 mit dem Farbkreisel an. Erst als er / eine rationellere Konstruktion dieses Gerätes lieferte, wurde es in die Physik eingeführt und in der Farblehre zu einem unentbehrlichen Forschungs- und Demonstrationsutensil. Auf einem der Kongresse der Britischen Gesellschaft der Naturforscher stellte Maxwell den von ihm konstruierten Kreisel aus. Seine Farblehre entwickelte er, indem er sich auf seine laufenden Experimente und Versuche mit Farbenblinden stützte. Diese Lehre hatte eine große Ähnlichkeit mit der Theorie der drei Hauptfarben von Helmholtz, widersprach aber den Anschauungen von Brewster, der damals noch lebte und ein großes Ansehen in England genoß.

In den gleichen Jahren begann Maxwell mit seinen Untersuchungen über die Elektrizitätstheorie und veröffentlichte Anfang 1856 seine erste Arbeit auf diesem Gebiet unter dem Titel „On Faraday's lines of forces". Hier finden sich die ersten Ergebnisse, die Maxwell auf der Grundlage der von ihm entwickelten Methode erzielte. Er legte seine Schlußfolgerungen dar, ohne die alten Theorien der Elektrizität zu diskutieren. Es ist charakteristisch, daß auch diese seine Arbeit rein geometrisch ausgerichtet ist. So leitet er die Grundpostulate der Theorie der Potentiale — die Lehrsätze von Gauß und Green — ohne jegliche Berechnungen anhand einer anschaulichen Methode aus der Kinematik der nichtkomprimierbaren Flüssigkeiten ab.

Wie sieht nun die Methode aus, die Maxwell für seine Untersuchungen entwickelt hat? Es ist die Methode der Modelle, oder, wie er sie genannt hat, die Methode der „physikalischen Analogien". Unter der physikalischen Analogie versteht er „jene teilweise Ähnlichkeit zwischen den Gesetzen eines Erscheinungsgebietes und denen eines anderen, welche bewirkt, daß jedes das andere illustriert".[10]

Dergestalt sind z. B. die Analogien zwischen den mechanischen Wellen und den Lichtwellen, zwischen den Wasser-, Wärme- und Elektrizitätsströmen und zwischen der Substanz und der Energie. Später einmal verglich Maxwell die Übertragung der Gesetze aus einem Gebiet auf ein anderes, das dem ersten analog ist, mit der Übertragung eines Textes aus der einen in eine andere Sprache.

Nach den Worten von Maxwell haben ihn methodologische Überlegungen veranlaßt, diese Methode in die Physik einzuführen. Durch die Anwendung physikalischer Analogien hoffte er, zwei gefährliche Klippen physikalisch-theoretischer Untersuchungen zu umgehen. Im Vorwort zu seiner Arbeit schreibt er hierüber: „Um daher den Erfordernissen der Wissenschaft zu genügen, muß der Gelehrte sich einen beträchtlichen Apparat dermaßen komplizierter mathematischer Formeln aneignen, daß allein schon die Schwierigkeit, sie im Gedächtnis zu behalten, den weiteren Fortschritt stark behindert. Der erste Schritt bei der effektiven Beschäftigung mit der Wissenschaft muß daher in der Vereinfachung und Reduktion der Ergebnisse früherer Untersuchungen auf eine für ihr Verständnis zugängliche Form bestehen. Die Resultate dieser Vereinfachung können das Äußere einer rein mathe-
42 matischen / Formel oder einer physikalischen Hypothese annehmen. Im ersten Fall verlieren wir vollständig den Blick für die Phänomene, die erklärt werden müssen, und sind, obgleich wir die Folgerungen aus den bekannten Gesetzen berechnen können, niemals imstande, eine umfassende Vorstellung von den Wechselbeziehungen des gegebenen Objektes zu gewinnen. Entscheiden wir uns aber andererseits für eine physikalische Hypothese, so sehen wir die Erscheinungen nur durch ein Medium und neigen zur Blindheit gegenüber den Tatsachen und zur Voreiligkeit in der Annahme, welche die einseitige Erklärung fördert. Wir müssen daher eine Untersuchungsmethode ausfindig machen, die uns erlaubt, uns bei jedem

---

[10] The scientific papers, Bd. 1, S. 156.

Schritt an eine klare physikalische Konzeption zu halten, ohne an eine Theorie gebunden zu sein, die sich auf die Physik (physical science) gründet, von der diese Konzeption entlehnt ist, so daß wir uns weder auf der Jagd nach analytischen Feinheiten von unserem Untersuchungsgegenstand ablenken noch durch eine Lieblingshypothese von der Wahrheit abbringen lassen.“[11]

Als richtige Untersuchungsmethode betrachtet Maxwell die Anwendung physikalischer Analogien. Er erklärt entschieden, daß er nicht die Absicht habe, irgendwelche neuen physikalischen Hypothesen aufzustellen, und besteht in diesem Zusammenhang darauf, in die Theorie nur die der Beobachtung zugänglichen Größen einzuführen. Auch könne die Frage, ob über die Analogie hinaus den Modellen eine reale Existenz zuzuschreiben ist, wie er hervorhebt, ohne neue experimentelle Entdeckungen, die die Erkenntnisse auf diesen Gebieten wesentlich zu erweitern imstande sind, nicht entschieden werden.

Nach allem, was oben gesagt wurde, erweist sich die Untersuchung der Frage, inwieweit diese Methode der allgemeinen Denkweise Maxwells entsprach, als überflüssig. Seine frühe Neigung zur Geometrie wird immer tiefer und umfassender und nimmt einen gleichsam physikalisch-technischen Charakter an. Maxwell gehörte jenem Typus der Physiker an, für die jede Etappe der Berechnung eine physikalische Bedeutung haben muß. Jedes mathematische Symbol ist bei ihm mit Leben erfüllt und stellt einen klaren physikalischen Begriff dar. Schritt für Schritt nähert er sich seinem Ziel. Seine Denkweise duldet keine solchen Gleichungen und Berechnungen, bei denen nur die Ergebnisse, nicht aber auch der Rechenweg selbst einen physikalischen Sinn besitzen. Ich wies bereits darauf hin, daß diese Art des Herangehens sich bei Maxwell unter dem allgemeinen Einfluß sowohl seiner Zeit als auch aufgrund seiner eigenen Lebensbedingungen und dank seiner frühen Bekanntschaft mit der Industrie und Technik festigte und entwickelte.

Unter den Essays, die er für den obenerwähnten Kreis von Studenten in Cambridge schrieb, befindet sich ein vom Februar 1856 datiertes zum Thema „Are there real analogies
43 in nature?“[12] / Dieses Essay macht deutlich, welche starken Hoffnungen Maxwell auf die Methode der Analogien setzte und daß er versuchte, diese Methode auch außerhalb der Physik auf den Gesamtbereich des Erkenntnisprozesses zu erweitern. So spricht er von der Analogie zwischen rationalen Begründungen, Ursachen, physikalischen Kräften, Prinzipien und moralischen Regeln, zwischen der Notwendigkeit und der Gerechtigkeit, zwischen der Tat und der Belohnung. Keiner der angeführten Problemkreise wird in dem Essay erschöpfend behandelt. Seine Bedeutung besteht darin, daß er einen hochinteressanten Hinweis auf den Zusammenhang zwischen dem wissenschaftlichen Denken Maxwells und seinem religiösen Weltbild enthält. Denn Maxwell unternimmt hier den Versuch, ein einheitliches Prinzip aufzustellen, das imstande wäre, die Naturwissenschaften mit der Religion auszusöhnen. Seiner Erziehung nach war er ja streng religiös, und so begann er, als er aus seinem von Religiosität durchdrungenen Elternhaus unter den Einfluß des wissenschaftlichen Lebens von Cambridge geriet, hier sicherlich über die „Wechselbeziehungen“ zwischen Religion und Wissenschaft nachzudenken. Den Weg zu ihrer Vereinigung fand er in der Reduzierung der gleichen Gesetzmäßigkeiten in „Natur“ und „Geist“ auf bloße Analogien. Sein Leben lang hielt Maxwell an der dualistischen Weltanschauung fest. Sein Essay zeigt klar, daß er von der objektiven Existenz der Materie überzeugt war, ebenso fest glaubte er aber auch an die Existenz Gottes und des „Geistes“, und gerade

---

[11] Ebenda, S. 155/156.

[12] L. Campbell and W. Garnett, The life . . ., a. a. O., S. 347—355.

aus diesem Grund beweist er in seinem Artikel, daß man nur dann weiterkäme, wenn man hierbei nicht von Identitäten, sondern von Analogien spricht. Maxwell bejaht die Existenz von Analogien und spricht zum Schluß des Essays „von jener hohen Doktrin, nach der nur solche Gesetze der Materie wirklich Gesetze sind, die unserer Vernunft entsprangen, die Gesetze der Vernunft aber werden von der Materie geschaffen".

Dieses Essay schrieb Maxwell einige Monate nach der Beendigung seiner ersten Arbeit über die Theorie der Elektrizität. Seine Überlegungen zu physikalisch-theoretischen Problemen fallen also zeitlich mit der Ausarbeitung seiner Methode der physikalischen Analogien zusammen, bei deren Entwicklung, und das ist in unserem Zusammenhang besonders hervorhebenswert, neben physikalisch-methodologischen auch rein philosophische Interessen Maxwells eine Rolle spielten. Das Bedürfnis nach philosophischen Verallgemeinerungen entstand bei ihm somit in den Jahren, in denen er, nachdem er sein eigenes Leben zu führen begann, nach einer Synthese zwischen der puritanisch-feudalen Weltanschauung seiner Klasse und der materialistischen Weltanschauung der Naturwissenschaft suchte.

Die Methode der physikalischen Analogien Maxwells zeichnet sich jedoch noch durch eine weitere charakteristische Eigenschaft aus, die meiner Meinung nach ebenso für ihn selbst wie auch für seine Untersuchungen wesentlich ist.

Wir wollen versuchen, uns das etwas merkwürdige Verhalten Maxwells zu erklären. Er steht am Beginn seiner Entdeckungen. Als ein noch sehr junger Wissenschaftler ent-
44 wickelt er eine völlig neue Theorie der Elektrizität, / die er jedoch in eine zu nichts
verpflichtende Form kleidet. Er begnügt sich damit, auf der Grundlage bekannter Analogien Rückschlüsse auf entsprechende Wirkungen und Zustände zu ziehen. Die Frage aber, ob das ganze Verfahren etwas viel Wichtigeres als nur einen geistreichen Vergleich darstellt und ob es nicht zugleich die Möglichkeit zuläßt, das Wesen der Materie zu erkennen, bleibt völlig offen. Maxwell unterstreicht im Gegenteil sogar den Umstand, daß seine Methode außerstande sei, dieses Wesen aufzudecken.

Ein solches Verhalten kann aber unter gar keinen Umständen als Bescheidenheit eines Anfängers in der Wissenschaft gedeutet werden. Denn hätte Maxwell nur aus Bescheidenheit seine neuen Ideen in einer zu nichts verpflichtenden und vorsichtigen Form dargelegt, dann hätte er auch kaum den Mut gehabt, zu behaupten, daß die Schwierigkeit und die Kompliziertheit des mathematischen Weges der Beschreibung physikalischer Vorgänge einen bremsenden Einfluß auf die weitere Entwicklung der Wissenschaft ausübe. Gerade ein beginnender Wissenschaftler würde mit solchen Behauptungen den Verdacht auf sich lenken, daß nur er persönlich mit diesen Schwierigkeiten zu kämpfen hat. Und doch zeigt Maxwell damit nur an, daß er sich als einen selbständigen und unabhängigen Forscher empfand.

Seine kühle, reservierte Haltung kann man nicht mit der anderer Forscher vergleichen, die mit Begeisterung und Leidenschaft dem hohen Ziel der Wahrheitsfindung dienten. Für Maxwell ist es charakteristisch, daß er selbst auf jenen Gebieten, denen er Entscheidendes und Neues hinzufügte, niemals seine Untersuchungen zu Ende führte oder ihnen eine endgültige Form verlieh. Er entdeckte neue Wege, die weiterführten, und nicht allein in der Elektrizitätstheorie, aber er verfolgte diese Wege nicht bis zum Schluß. Eine Konstruktion, eine Skizze waren für ihn wichtiger als Ausführung und Vollendung. Er hat sich niemals vom Gegenstand seiner Überlegungen völlig gefangennehmen lassen. Diese reservierte und ruhig-leidenschaftslose Haltung Maxwells ähnelt derjenigen seines Vaters gegenüber der industriellen Entwicklung Englands. Sie gehörten beide dem Adel an, der unter dem Einfluß der Bourgeoisie langsam aus seiner isolierten Position herauszutreten und sich den neuen Bedingungen anzupassen begann. Aber sowohl im Leben wie in der Arbeit waren sie bestrebt, ihre Sonderstellung beizubehalten und sozusagen außerhalb und über der „Menge" zu bleiben. Maxwell beschäftigte sich mit der Physik nur deshalb, weil er sich für sie wirklich interessierte, und da er nicht gezwungen war, sich damit seinen Lebensunterhalt zu verdienen, und ihrer nicht bedurfte, um Ehre und Ansehen in der Gesellschaft zu erringen, die er auf Grund seiner Abstammung ohnehin bereits besaß, blieb er sein Leben lang ein genialer Dilettant, der die Physik aus Liebhaberei betrieb. Nur die Außerordentlichkeit seiner Begabung und nur die ihn auszeichnende Gründlichkeit und Hartnäckigkeit kompensieren die unvollständige Durcharbeitung der Probleme, die ihn beschäftigten.

Was hat das Interesse Maxwells an der Elektrizitätstheorie geweckt? Zweifelsohne der
45 Umstand, daß / das Phänomen der Elektrizität damals im Zentrum der Aufmerksamkeit sämtlicher Physiker stand. Die Bekanntschaft Maxwells mit den Forschungsergebnissen Faradays hat sein Interesse an diesem Problemkreis weiter vertieft. Die mit Leben erfüllten, rein physikalischen Vorstellungen Faradays von den Kraftlinien, die sich analog denen in den elastischen Körpern ausbreiten, seine Gedanken über die Nahwirkung usw. haben, das dürfte feststehen, einen großen Einfluß auf das Denken des jungen Studenten ausgeübt. Wahrscheinlich kam er gerade beim Nachdenken über diese Fragen zur ersten bewußten Formulierung der Methode der physikalischen Analogien, während sich erste Ideen darüber in seinem Unterbewußtsein bereits vorher abgezeichnet haben werden.

Wenn also gerade die Physik der Elektrizität Maxwell dazu brachte, eine neue Methode auszuarbeiten, so war umgekehrt dieses Gebiet selbst für die Anwendung seiner Methode besonders geeignet. Die ihrem Charakter nach rein beschreibenden Gesetze der Elektrizitätslehre waren damals fast alle bekannt, und nur die Entdeckung, die Hertz zweiunddreißig Jahre später machte, brachte hier etwas wesentlich Neues. Über das Wesen der Elektrizität konnte man sich aber keine Vorstellungen machen, und deshalb erwies sich eine Untersuchungsmethode, die, um es mit den Worten von Maxwell selbst zu sagen, „uns erlaubt, uns bei jedem Schritt an eine klare physikalische Konzeption zu halten, ohne an eine Theorie gebunden zu sein, die sich auf die Physik gründet“, als besonders geeignet, um in die Wissenschaft etwas Neues einzubringen, ohne damit die Notwendigkeit zu verbinden, eine erschöpfende Antwort auf die schwierige Frage nach der eigentlichen Natur der Elektrizität geben zu müssen.

1856 bewarb sich Maxwell um einen Lehrstuhl am Marischal College in Aberdeen, den er im Herbst des gleichen Jahres auch erhielt. Kurz zuvor starb sein Vater. So bekam das Jahr 1856 für Maxwell eine entscheidende Bedeutung: Die Veröffentlichung seiner ersten Arbeit über die Elektrizität fiel mit dem Beginn seines selbständigen Lebens zusammen. Zur gleichen Zeit, als er seine erste berufliche Verpflichtung einging, wurde er ein vollgültiges Mitglied des schottischen Landadels, und für seine enge Bindung an diese Klasse spricht der Umstand, daß es ihm niemals in den Sinn kam, seine Familienbesitzungen zu verkaufen. Im Gegenteil, er nahm die Verwaltung des Landsitzes selbst in die Hand und verbrachte in der Folgezeit den größten Teil des Jahres, zumindest aber die Ferienmonate, in Glenlair. Weite Reisen hat Maxwell niemals unternommen. Im Sommer 1858 heiratete er ein junges Mädchen aus der Gesellschaft von Aberdeen.

In Aberdeen setzte Maxwell seine Forschungsarbeit zur Theorie der Elektrizität und seine experimentellen Untersuchungen zur Farblehre und Farbenblindheit fort. Diese Probleme
46 traten allerdings in den Hinter/grund, da seine ganze Aufmerksamkeit und alle seine Kräfte durch ein völlig neues Arbeitsgebiet in Anspruch genommen wurden. Denn der damals ausgeschriebene Wettbewerb über eine mechanisch begründete Berechnung der Rotation und Struktur der Saturnringe war durch die Anschaulichkeit und durch den geometrisch-kinematischen Aspekt der durch ihn aufgeworfenen Frage für Maxwell gleichsam speziell geschaffen, der deshalb mit großem Eifer und ebenso großer Freude an das Problem heranging.

Er hat eine ganze Reihe von Lösungen erwogen, bevor er auf die einzig mögliche stieß. Sie bestand in der Annahme, daß der Saturnring aus einzelnen, sich voneinander unabhängig bewegenden Teilringen bestehen müsse. In den Briefen Maxwells aus jenen Jahren stößt man auf eine ganze Reihe von Bemerkungen, die dieses oder jenes Stadium seiner Untersuchungen widerspiegeln; er spricht in ihnen häufig von verschiedenen Lagen der Saturnringe, von ihren „Ziegeln“ usw. Achtunddreißig Jahre später wurden seine Schlußfolgerungen vollständig von Keeler bestätigt, dem es gelang, mit Hilfe eines Spektroskops festzustellen, daß sich die äußeren Ringe langsamer als die inneren drehen.

Als im Jahre 1860 bei der Gründung der Universität von Aberdeen[13] einige Lehrstühle eingingen, fiel der Stellenkürzung auch der Lehrstuhl von Maxwell zum Opfer, woraufhin er den Lehrstuhl am King's College in London übernahm. Diese Professur hat ihn anscheinend nie befriedigt. Er beschwerte sich darüber, daß er allzu viele Vorlesungen zu halten habe, daß die Vorlesungen vorwiegend abends abgehalten werden müßten und daß für die experimentelle Arbeit viel zu wenig Mittel zur Verfügung gestellt würden.

Trotzdem war diese Londoner Periode (1860—1865) die fruchtbarste seines Lebens. Der Aufenthalt in London war für Maxwell vor allem deshalb von Vorteil, weil er ihm einen näheren Kontakt mit anderen Vertretern seines Faches vermittelte, konnte er doch z. B. erst in London persönlich Bekanntschaft mit Faraday schließen. Diesen Bekanntschaften und Beziehungen kam besonders der Umstand zugute, daß Maxwell in ein Komitee gewählt wurde, dem man die Aufgabe übertrug, am King's College erste genaue experimentelle Messungen zur Bestimmung der Maßeinheit für den elektrischen Widerstand nach einer Methode, wie sie William Thomson vorgeschlagen hatte, durchzuführen. Maxwells noch größeres Interesse aber galt den Arbeiten eines anderen Komitees, dessen Mitglied er ebenfalls war. Dieses Komitee sollte neue Methoden zur Bestimmung der Beziehung zwischen den elektrostatischen und den elektromagnetischen Einheiten der Elektrizität ausarbeiten. In die Arbeit beider Komitees brachte Maxwell viel Wertvolles ein.

1862 veröffentlichte Maxwell unter dem Titel „On physical lines of forces“ die zweite seiner grundlegenden Arbeiten zur Elektrizitätstheorie. Sie stellt die Erweiterung und den Abschluß der Anwendung seiner Methode der physikalischen Analogien auf die Elektrizitätslehre dar und bringt ein vollkommen durchgebildetes mechanisches Modell, das aus molekularen Wirbeln und aus rotierenden und sich bewegenden Kugeln besteht und die
47 Möglichkeit gibt, die Mechanik der elektrostatischen Kraftausbreitung / und der Entstehung von Induktionsströmen anschaulich darzustellen. Auf dieser Grundlage gelang es Maxwell, seine berühmten Hauptgleichungen aufzustellen. Dabei begnügte er sich nicht mit der genauen Berechnung der mechanischen Eigenschaften des Modells. Er lieferte darüber hinaus eine Zeichnung, mit deren Hilfe er die Beschreibung von dessen Wirkungsweise auf die gleiche Art erläuterte, wie das ein Ingenieur tun würde, der die Funktion einer von ihm konstruierten Maschine erklären muß. Als Beispiel sei seine Beschreibung der kurzgeschlossenen Extraströme angeführt:

„AB sei der elektrische Strom, der von A zu B fließt (s. Abb. 15). Die breiten Zwischenräume oberhalb und unterhalb von AB seien die Wirbel und die kleinen Kreise, die die Wirbel voneinander trennen, seien die dazwischenliegenden Schichten aus Partikeln, die nach unserer Hypothese die Elektrizität darstellen.

Nun soll ein elektrischer Strom, der sich von links nach rechts bewegt, in AB entstehen. Die Wirbelreihe gh oberhalb von AB wird in eine Bewegung entgegengesetzt dem Uhrzeigersinn geraten (diese Bewegung werden wir mit + bezeichnen und diejenige im Uhr-

[13] Durch Zusammenlegung des Marischal College und des King's College — Anm. der Hrsg.

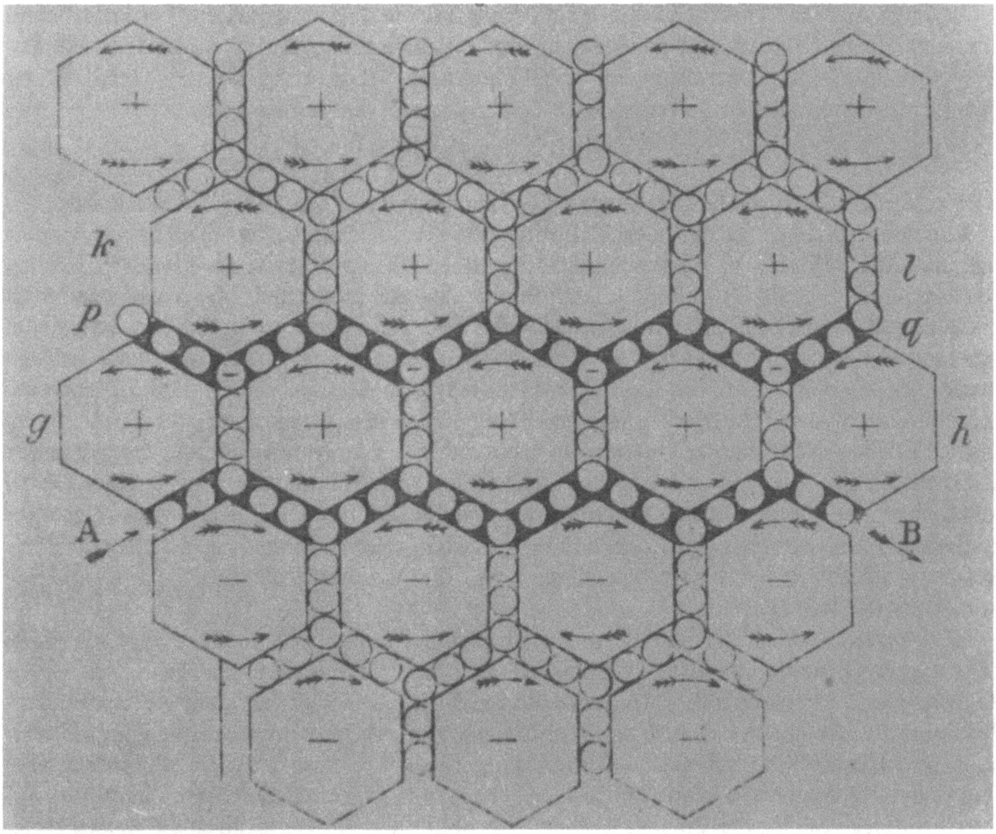


Abb. 15 Aus: James Clerk Maxwell, The scientific papers, hrsg. von W. D. Niven, Bd. 1, Cambridge 1890, Tafel VIII, Fig. 2 (neben S. 488)

zeigersinn mit —). Nehmen wir an, daß die Wirbelschicht kl immer noch ruht, dann wird auf die Partikelschicht zwischen diesen Reihen von unten die Wirbelreihe gh wirken, während sie von oben her an einer Bewegung gehindert wird. Sind die Partikel aber von sich aus beweglich, so werden sie im negativen Sinn rotieren und sich gleichzeitig von rechts nach links oder in der dem Strom entgegengesetzten Richtung bewegen und so den Induktionsstrom bilden.

Wird dieser Strom von dem elektrischen Widerstand des Mediums behindert, werden die rotierenden Partikel auf die Wirbelreihe kl einwirken und sie zum Rotieren im positiven Sinn bringen, bis die Rotationsgeschwindigkeit eine solche Größe erreicht, daß die Bewegung der Partikel sich auf die Rotation reduziert und der Induktionsstrom verschwindet. Wird nunmehr der Primärstrom AB unterbrochen, wird die Wirbelreihe gh behindert werden, während die kl-Wirbel ihre rasche Rotation weiter fortsetzen. Die Trägheit der Wirbel jenseits der Partikelschicht pq wird bestrebt sein, sie von links nach rechts, d. h. in Richtung
48 des Primärstroms zu bewegen; / setzt aber das Medium dieser Bewegung einen Widerstand entgegen, so hört die Wirbelbewegung jenseits von pq schrittweise auf.“[14]

[14] The scientific papers, Bd. 1, a. a. O., S. 477.

Dieser ganze Mechanismus zeichnet sich in der Tat durch eine, wie Klein[15] es ausdrückte, „massive Realistik" aus, und wir können Duhem zustimmen, der zu dieser Elektrizitätstheorie meinte: „wir gedachten ein friedliches und fleißig aufgeräumtes Gebäude der deduktiven Denkweise zu betreten, statt dessen geraten wir in eine Fabrik".[16]

Dieses Modell führt uns zu der Frage nach dem Verhältnis Maxwells zur Mechanik.

Wer einigermaßen mit der Geschichte der Physik vertraut ist, wird nicht verwundert sein, daß Maxwell sich zur Veranschaulichung seiner Ideen mechanischer Modelle bediente. Die Mechanik war die Grundlage für die Entstehung der modernen Physik und machte es möglich, physikalische Erscheinungen mit Hilfe der Mathematik exakt vorauszuberechnen. Mechanische Phänomene waren es, die zuerst umfassend und exakt untersucht worden waren, und deshalb wurde die Mechanik auch bald zum Beispiel und Modell für jedwedes theoretische Wissen. Die Bedeutung der Mechanik wuchs noch mehr, als Coulomb im Jahre 1785 beweisen konnte, daß sowohl die damals seit langem bekannten magnetischen als auch die erst kurz zuvor entdeckten elektrischen Erscheinungen dem gleichen Gesetz unterliegen, das Newton für die Gravitation aufstellte. Es erwies sich als möglich, dieselben mathematischen Beziehungen auch auf neue umfangreiche Gebiete auszudehen, und so schien es außerhalb jeden Zweifels zu sein, daß die Mechanik die natürliche Grundlage der Physik darstellt.

Zu diesen rein theoretischen Gründen für die herausragende Stellung der Mechanik kamen auch Ursachen sozialer Art hinzu. Da die Chemie zunächst in der Produktion keine Rolle spielte, bildete allein die Mechanik die Basis für die sich gewaltig entwickelnden Produktivkräfte. Die ersten technischen Erfindungen, die die Produktionsformen veränderten und die industriell-kapitalistische Entwicklung förderten, wie z. B. die Spinnmaschine Jenny, der mechanisierte Webstuhl usw., wiesen einen rein mechanischen Charakter auf. Ihre Grundlage bildete die Entwicklung der Mechanik, die ihrerseits durch die Entwicklung der Produktivkräfte bereits im 16. und 17. Jahrhundert vorbereitet war. Der mächtige Aufschwung der Technik im 19. Jahrhundert mußte seinerseits zwangsläufig die Physik beeinflussen und die Bedeutung der Mechanik aufs neue unterstreichen. Daher ist es nur natürlich, daß es aus Gründen, die sowohl in der Physik selbst als auch außerhalb von ihr
49 lagen, / während des ganzen 19. Jahrhunderts für möglich gehalten wurde, alle Naturerscheinungen mechanisch zu erklären.

Diese auf der Anerkennung der universellen Bedeutung von Gesetzmäßigkeiten der Mechanik gegründete Interpretationsmethode veranlaßte viele Forscher, Mechanismen zu ersinnen, die diese oder jene physikalische Wirkung erzielten. Diese Tatsache hängt ohne Zweifel mit der damals wachsenden Bedeutung der Technik zusammen. Bei der Entstehung und Entwicklung von physikalischen Theorien lief alles auf eben dieselbe Weise ab wie bei der Konstruktion von Maschinen, und wir dürften daher die Situation richtig definieren, wenn wir sagen, daß die Forscher damals im Grunde Maschinen konstruierten.

Die Maschinen wurden zuweilen so kompliziert, daß man ihre Funktion schwerer begriff als die Erscheinungen, die sie erklären sollten. Charakteristisch sind die Worte von William Thomson: „Mir scheint, daß die Frage danach, ob wir ein anstehendes physikali-

---

[15] F. Klein, Vorlesungen über die Entwicklung der Mathematik im 19. Jahrhundert, Teil 1, Berlin 1926, S. 242 (Die Grundlagen der mathematischen Wissenschaften in Einzeldarstellungen mit besonderer Berücksichtigung der Anwendungsgebiete, hrsg. von R. Courant, Bd. 24).

[16] P. Duhem, La théorie physique . . ., a. a. O., S. 111.

sches Problem verstehen, in Wahrheit lautet: können wir ein entsprechendes mechanisches Modell konstruieren?"[17]

Aber schon in den Jahren, als Thomson diese Worte schrieb, machte sich in der Physik zunehmend eine Krise bemerkbar, die aus der Einsicht resultierte, daß es nicht möglich sei, eine erschöpfende Erklärung aller Naturerscheinungen auf rein mechanischer Grundlage zu geben. Die ersten Breschen in die unumschränkte Autorität der Mechanik wurden von der Optik und der Wärmelehre geschlagen. Vollends aber wurde die Ausnahmestellung der Mechanik durch die Maxwellsche elektromagnetische Lichttheorie in Frage gestellt.

Maxwell selbst hat diese Folgen seiner Theorie allerdings keineswegs vorausgesehen. Er war fest davon überzeugt, daß die Mechanik imstande sei, alle Naturerscheinungen zu erklären. So schreibt er z. B. in der Einleitung zu seiner Arbeit über die Saturnringe, daß beim Anblick der Ringe das Bedürfnis erwachse, dieses Phänomen zu erklären, und er fügt hinzu: „Wir müssen ihre Bewegungen entweder auf der Grundlage der Prinzipien der Mechanik erklären oder aber annehmen, daß in der Umgebung des Saturn die Bewegung durch Gesetze geregelt wird, die zu erklären wir nicht imstande sind."[18] Und an einer anderen Stelle, an der er die elektrostatische Anziehung durch Druck- und Dehnungskräfte in einem dielektrischen Körper erläutert, meint er: „Ich war nicht imstande, den nächsten Schritt zu tun, d. h., die Spannungen in einem dielektrischen Körper mit Hilfe von mechanischen Überlegungen zu erklären."[19] Die angeführten Äußerungen bestätigen, daß Maxwell vollständig von der Notwendigkeit überzeugt war, diesen Erscheinungen eine mechanische Deutung geben zu müssen.

Andererseits unterstrich Maxwell auch in dieser seiner zweiten Arbeit, daß der von ihm
50 beschriebene Mechanismus nur ein Modell darstelle und nicht / eine tatsächliche Erklärung. Gerade deshalb erhielt die Begründung seiner neuen Theorie jenen unbestimmten und diffusen Charakter, der den Franzosen so mißfiel. Maxwell lieferte keine mechanische Deutung der Elektrizität und des Magnetismus, er schloß sie aber auch nicht aus und war stets bemüht, zu beweisen, daß eine solche Deutung möglich sei. Hierzu schreibt er: „Mein damaliger Versuch, mir ein Arbeitsmodell dieses Mechanismus vorzustellen, sollte nicht für mehr gehalten werden, als es wirklich ist, [nämlich] ein Beweis dafür, daß man sich vorstellen kann, dieser Mechanismus sei imstande, auf mechanische Weise eine der tatsächlichen Verbindung der Teilchen in einem elektromagnetischen Feld äquivalente Verbindung herzustellen."[20]

Wir sehen, daß Maxwell in ausreichendem Maße zurückhaltend war und hier nur von Äquivalenz sprach. Die spätere rein elektrische, ohne jede Zuhilfenahme der Mechanik erfolgte Deutung dieser Erscheinungen befand sich daher in keinem ausgesprochenen Widerspruch zu seinen eigenen Aussagen. Doch ist diese Möglichkeit in seinen Arbeiten nur andeutungsweise zu finden. Sein vorsichtiges und daher weitsichtiges Herangehen war, vom heutigen Standpunkt aus gesehen, doch nicht vorsichtig genug. Maxwell steckte noch zu sehr in der mechanistischen Physik, um bei der Anwendung seiner Methode physikalischer Analogien konsequent vorgehen zu können. Er konnte und wollte sich nicht entschließen, die elektrischen Erscheinungen als völlig selbständige Phänomene den mechanischen gegenüberzustellen und sie völlig unabhängig von der Mechanik vom Standpunkt ihrer Eigengesetzmäßigkeit zu untersuchen. Er hielt am Prinzip der Einheit des physikalischen Weltbildes fest. Das

---

[17] W. Thomson, Lectures on molecular dynamics and the wave theory of light, Baltimore 1884 (vgl. auch Baltimore lectures on molecular dynamics and the wave theory of light by Lord Kelvin, London 1904).

[18] The scientific papers, Bd. 1, S. 291.

[19] J. C. Maxwell, A treatise on electricity and magnetism, 3rd. ed., Oxford 1892, Bd. 1, S. 166.

[20] Ebenda, Bd. 2, S. 470.

war für ihn wichtiger als eine rein phänomenologische Darstellung irgendeines besonderen Gebietes.

Die mechanistische Position Maxwells läßt sich auch an seiner Haltung gegenüber der Hypothese von der Fernwirkung belegen, die er bei den elektrischen Phänomenen so entschieden ablehnte, daß er bemüht war, sie aus der Physik vollständig zu verbannen. Wie sein Vortrag „Action on distance“ zeigt, hielt er es für möglich, die Hypothese der Fernwirkung auch in der Theorie der Schwerkraft zu umgehen. In seiner nächsten großen Arbeit zur Elektrizitätslehre weist er in einer Anmerkung auf diese Möglichkeit ausdrücklich hin.[21]

Das Ausmaß der Vorsicht und der weisen Zurückhaltung Maxwells wurde in seiner ganzen Bedeutung erst viel später gewürdigt. Zunächst aber schien es, als würden seine Publikationen die Suche nach einem in allen Bereichen anwendbaren mechanischen Modell fördern und die Tendenz zu einem rein mechanischen Verständnis der Natur ausdrücken. Diejenigen Forscher, für die die Suche nach den tatsächlichen Gegebenheiten entscheidend war, wurden gerade durch die Maxwellschen Erfolge dazu motiviert, seine Analogien ernst
51 zu nehmen und seine Modelle für real / existent zu halten. Es sollte uns daher auch nicht wundern, wenn die Anwendung der Modelle in der Physik vor allem dank Maxwell besonders in England üppige Blüten zu treiben begann.

Die Eigenart und Zurückhaltung der Forschungsarbeit Maxwells, die zu prinzipiell neuen Entdeckungen führte, dabei aber die Verbindung mit dem Alten nicht abbrach, sondern es im besten Falle abwandelte und niemals über Bord warf, äußern sich hier besonders deutlich. Dieser Charakter der Forschung wurde durch den damaligen Stand der Elektrizitätslehre begünstigt. Faraday zeigte zu Beginn eine viel entschlossenere Haltung als Maxwell. Er entwickelte sein Begriffssystem unabhängig von den in der Physik eingebürgerten Vorstellungen und hielt es nicht für notwendig, seine Ansichten zu interpretieren. Faraday besaß keine systematische physikalische Ausbildung. In der Zeit, in der er seine Ideen entwickelte, befand sich die mechanistische Physik bereits in der Stagnation, und es war daher für ihn leichter, ihre Vorstellungen zu umgehen und sie durch seine eigenen, neuen zu ersetzen. Aber nach Faraday kam es in den fünfundzwanzig Jahren, die zwischen seiner Entdeckung der Induktion und der ersten Veröffentlichung der Arbeiten Maxwells zur Theorie der Elektrizität lagen, zu einem neuen Aufschwung der klassischen Physik. Man entdeckte das Energieerhaltungsgesetz, das, wie es schien, die mechanische Natur aller physikalischen Erscheinungen bestätigte. Außerdem gelang es, eine ganze Reihe neuentdeckter elektrischer Erscheinungen aus den allgemeinen Grundsätzen der Theorie der Potentiale abzuleiten. Und schließlich wurde von Franz Neumann das Induktionsgesetz formuliert. Deshalb konnte auch Maxwell, der im Gegensatz zu Faraday eine ausgezeichnete Ausbildung in der klassischen Physik erhielt, die Mechanik nicht mehr so leicht umgehen.

Diese Feststellungen bestätigen sich bei näherer Betrachtung der persönlichen Beziehungen zwischen Maxwell und Faraday. Im allgemeinen wird behauptet, daß Maxwell die Ideen von Faraday übernommen und sie in der Sprache der theoretischen Physik dargelegt hat. In Wirklichkeit ist die Sache jedoch wesentlich komplizierter. Der Gedanke, beim Aufbau der Elektrizitätslehre auf die Fernwirkung zu verzichten, entstand bei Maxwell schon vor dem gründlichen Studium der Ideen von Faraday. Mit Hilfe seiner Berechnungen gelangte er bald zu Vorstellungen, die sich mit den Ideen von Faraday deckten. Einen klaren Beweis liefert hierfür der Ende 1861, d. h. vor der Veröffentlichung des oben genannten Artikels,

[21] J. C. Maxwell, A dynamical theory of the electromagnetic field, Abstract, Proc. R. Soc. 13 (1864), S. 534.

an Faraday gerichtete Brief, an dessen Schluß es heißt: „Als ich mit dem Studium der Elektrizität auf mathematischem Wege begann, versuchte ich, die alten Anschauungen hinsichtlich der aus einer Distanz wirkenden Kräfte zu umgehen. Nach der Durchsicht Ihrer ersten Artikel, die den richtigen Schritt in die richtige Richtung taten, las ich auch all die anderen und interpretierte sie im Verlauf meiner Arbeit. Niemals erlaubte ich mir, etwas mit der Fernwirkung zu erklären. Ich begann mit der Lektüre über die Elektrizität erst, als ich meine Voreingenommenheit los wurde, und nur dank diesem Umstand wurde es mir,
52 meine ich, möglich, einige von Ihren Ideen zu begreifen. Ich nenne nur den elektro/tonischen Zustand, die Wirkung der sich berührenden Teilchen usw. *Das Hauptanliegen dieses Briefes ist aber*, mich davon zu überzeugen, ob ich zu den *gleichen Ideen*, die Ihnen den Zugang zu den Dingen eröffneten, von mir aus kam, oder *daß ich nicht das Recht habe, meinen Vorstellungen Ihren Namen zu geben*“ [Sperrungen von mir, G. H.].[22]

Wir sehen also, daß Maxwell zu seinen Schlußfolgerungen weitaus selbständiger und auf wesentlich kompliziertere Weise kam, als man es gemeinhin annimmt.

Diese zweite Arbeit von Maxwell zur Theorie der Elektrizität, „On physical lines of forces“, schloß jedoch seine Untersuchungen auf diesem Gebiet noch nicht ab. Zwei Jahre später, 1864, stellte er noch einmal die Grundzüge seiner Theorie in einer dritten Arbeit dar, die den Titel „A dynamical theory of the electromagnetic field“ trägt. In der Einführung zu diesem Artikel vergleicht er seine Theorie mit den anderen Theorien über die Elektrizität und unterstreicht danach die Bedeutung des Begriffs des elektromagnetischen Feldes und der Nahwirkung. Erst in dieser Arbeit lieferte er die vollständige elektromagnetische Theorie des *Lichts*, was ihn zu zahlreichen und fruchtbaren theoretischen Voraussagen führte. Für seine klare, methodische Denkweise ist es charakteristisch, daß er erst von diesem Stadium ab von der *Theorie* der Elektrizität als solcher zu sprechen beginnt.

Durch die mathematische Ausarbeitung der Begriffe der Nahwirkung und des elektrischen bzw. des magnetischen Feldes führte Maxwell neue Vorstellungen in die Physik ein und wurde dadurch zum wahren Schöpfer aller physikalischer Feldtheorien. Durch die Einführung dieser neuen Begriffe erlangte seine Theorie der Elektrizität große Bedeutung für die nachfolgenden physikalischen Untersuchungen. Bis dahin war die Masse die wichtigste Größe in der Physik. Selbst solche Begriffe wie der der gewichtslosen Flüssigkeiten, die in der Optik und in der Wärmelehre entstanden, waren auf Annahmen aufgebaut, die mit dem Begriff der Masse in Verbindung standen. Nur das elektromagnetische Feld, das, wie sich jetzt herausgestellt hat, auch die einer mechanischen Erklärung unzugänglichen optischen Erscheinungen einschloß, erwies sich als etwas wesentlich Neues. Seit dieser Zeit stellte sich der Feldbegriff im physikalischen und nicht im philosophischen Sinne des Wortes dem der Materie völlig gleichberechtigt an die Seite. Neben einer Physik der Materie entwickelte sich eine Physik des Feldes.

Die Bedeutung der von Maxwell eingeführten Begriffe wurde in ihrem ganzen Umfang erst viel später begriffen. Die Theorie mußte sich erst von ihren Modellvorstellungen befreien und an ihre Spitze ihre Hauptgleichungen stellen. Dieser Prozeß verlief vergleichsweise langsam. Erst Heinrich Hertz führte diese Gleichungen zu Beginn seines Werkes ohne jede
53 Erklärung ein, so, als wären sie vom Himmel gefallen. In seinen / Untersuchungen zur Theorie der Elektrizität schreibt er: „Auf die Frage ‚Was ist die Maxwell'sche Theorie?‘

[22] L. Campbell and W. Garnett, The life ..., a. a. O., S. 245.

wüßte ich also keine kürzere und bestimmtere Antwort als diese: Die Maxwell'sche Theorie ist das System der Maxwell'schen Gleichungen."[23]

Vertieft in die Erforschung der Saturnringe, wandte sich Maxwell in diesen Jahren auch der kinetischen Gastheorie zu. Seine erste Arbeit zu diesem Thema erschien 1860, d. h. unmittelbar nach der Beendigung seiner vorläufigen Untersuchungen der Saturnringe, die zweite Arbeit, die seine wesentlichsten Schlußfolgerungen enthält, 1866.

Hier treffen wir die gleiche Sachlage an, wie wir sie bereits bei der Elektrizitätslehre vorfanden. Auch hier untersucht Maxwell ein rein mechanisches Problem von anschaulichem Charakter, das seiner geometrischen Denkweise entgegenkam. Auch hier operiert er, diesmal auf einem ganz anderen Gebiet, mit mechanischen Modellen, wie es seiner Methode der physikalischen Analogien entsprach.

Zum einen mußte er, ob er es wollte oder nicht, einige Vereinfachungen einführen. So betrachtete er zunächst, wie seine Vorgänger auch, die Moleküle als ruhende elastische Körper. Bereits in seiner zweiten Arbeit spricht er aber schon von den punktförmigen Kraftzentren, die einander proportional der fünften Potenz ihrer Entfernung abstoßen. Er hatte also keine Scheu davor, auch hier die traditionellen Vorstellungen der Mechanik zu verändern, und entwickelte dabei sogar Ideen, die denen von Faraday verwandt waren, der ja bekanntlich einen Standpunkt vertrat, welcher formal der Theorie von Boskowitsch nahekam.

Zum anderen dürfen wir nicht außer acht lassen, daß es damals noch keinen direkten Beweis für die tatsächliche Existenz von Molekülen gab. Maxwell hielt es sogar überhaupt für unmöglich, die Wirkung einzelner Moleküle feststellen zu können. Unter diesen Umständen erwies sich die kinetische Gastheorie im wesentlichen als nichts anderes als eine Modellillustration zur (nichtmechanischen) Thermodynamik.

Auch methodologisch schlug Maxwell in dieser Arbeit den gleichen Umweg ein wie schon in der Elektrizitätstheorie. James Jeans beschreibt seine Methode vom modernen Standpunkt aus mit folgenden Worten: „Überlegungen, die auf den ersten Blick weder etwas mit Molekülen noch mit der Dynamik ihrer Bewegung noch mit der Logik, ja nicht einmal mit dem schlichten Menschenverstand etwas zu tun haben, halfen Maxwell, eine Formel zu finden, die allen Präzedenzfällen und allen Regeln der wissenschaftlichen Philo-
54 sophie nach hoffnungslos falsch sein müßte. In Wirklichkeit / aber wurde ihre Richtigkeit später durchaus erwiesen, und sie ist bis heute als Maxwell'sches Gesetz bekannt."[24]

Und schließlich zeigt es sich gerade hier, wie sehr Maxwell von der außerordentlichen Bedeutung der Mechanik überzeugt war. Dieser zurückhaltende, vorsichtige Physiker, der im Gegensatz zu vielen seiner Kollegen im allgemeinen imstande war, im richtigen Moment von seinen Modellen und Analogien Abstand zu nehmen, sah in den Molekülen durchaus nicht nur Modelle. In der Zeit, als in den Physikerkreisen die Moleküle als eine Hilfshypothese betrachtet wurden, war er fest von ihrer tatsächlichen Existenz überzeugt und hat mit unerschrockener und absoluter Folgerichtigkeit die Theorie der Atome der Theorie des Kontinuums gegenübergestellt. Auf diese Weise hat er sich, ohne dies direkt auszusprechen, den ganz großen Mechanisten des 18. Jahrhunderts wie Laplace und Poisson angeschlossen, die zwar mit Differential- und Integralgleichungen operierten, sich dabei aber immer einzelne Teilchen oder Elemente eines Volumens in ihrer gegenseitigen Wirkung vorstellten, und die zweifellos strenge Atomisten waren.

---

[23] H. Hertz, Untersuchungen über die Ausbreitung der elektrischen Kraft, Leipzig 1892, S. 23 (vgl. auch H. Hertz, Gesammelte Werke, 2. Aufl., Bd. 2, Leipzig 1894, S. 23).

[24] Sir James Jeans, Clerk Maxwell's method, in: James Clerk Maxwell, A commemoration volume, S. 97/98.

1865 gab Maxwell seine Lehrtätigkeit auf und lebte zeitweilig als Privatgelehrter in Glenlair. Dieser Schritt bestätigt aufs neue die Richtigkeit unserer Annahme: Maxwell blieb ein Vertreter des schottischen Adels, der sich mit der Physik aus Liebhaberei beschäftigte. Er war nicht darauf aus, eine Gelehrtenkarriere zu machen, geschweige denn seine ihm auf Grund seiner Abstammung zukommende gesellschaftliche Stellung gegen den Posten eines Universitätsprofessors einzutauschen. So blieb er auch weiterhin am kulturellen Fortschritt und an der gesellschaftlichen Entwicklung interessiert, und die Aufgabe der Professur bedeutete für ihn keineswegs die Aufgabe der wissenschaftlichen Tätigkeit schlechthin.

In Glenlair verfaßte er seinen berühmten zweibändigen Traktat über die Elektrizität und den Magnetismus („A treatise on electricity and magnetism"), eine umfangreiche Monographie über die neue Theorie der Elektrizität. Besonders dieses Werk wurde später seiner Schwerverständlichkeit wegen kritisiert. Poincaré z. B. kommentierte dieses Werk durchaus zu Recht mit folgenden Worten: „Der englische Wissenschaftler bemüht sich nicht, ein einheitliches, tragendes und wohleingerichtetes Gebäude zu errichten; eher scheint es, daß er eine große Zahl provisorischer, willkürlich angeordneter Bauten aufstellt, deren Zusammenhang zuweilen nur schwer oder gar völlig unmöglich zu ermitteln ist."[25] Und einige
55 Seiten später fährt er fort: „All das Wesent/liche, d. h. das für sämtliche Theorien Verbindliche ist mit umfassender Klarheit beleuchtet, alles aber, was nur für eine spezielle Theorie gilt, wird fast überall mit einem Schweigen übergangen. Der Leser erhält daher eine vom Inhalt fast völlig beraubte Form, die an ihm schattenhaft vorbeihuscht."[26]

Dieses für den Leser unangenehme Gefühl resultiert aus der unentschlossenen und vorsichtigen Haltung Maxwells, die, wie wir zeigten, sowohl seine Methodik als auch seine Position gegenüber der Mechanik auszeichnete. Der „Treatise" stellt keine zusammenfassende Aufzählung seiner neuen Ideen, sondern eine ausführliche Darlegung und Kritik der Theorien über die Elektrizität dar. Zunächst setzt sich Maxwell hier mit den alten Theorien und mit jenen Fakten auseinander, auf die sich diese Theorien stützen, danach beschreibt er erneut in allen Einzelheiten sein mechanisches Modell und unterstreicht dabei noch einmal, daß es die Erscheinungen keineswegs erklärt, sondern sie lediglich veranschaulicht, und erst in den Kapiteln 9, 19 und 20 des zweiten Bandes kommt er auf die Analyse seiner Formeln zu sprechen.

Außer diesem Buch schrieb Maxwell in Glenlair noch seine Wärmelehre und unterhielt in all diesen Jahren eine lebhafte Korrespondenz mit anderen Physikern, wodurch er den Kontakt mit der wissenschaftlichen Forschung seiner Zeit nicht verlor.

Maxwell ist allerdings nicht bis ans Ende seiner Tage ein Privatgelehrter geblieben. 1871 wurde in Cambridge das Cavendish Laboratory gegründet, das erste große physikalische Institut in England. Vorher gab es lediglich kleinere physikalische Laboratorien an einzelnen Colleges, die allmählich die wachsenden Anforderungen der Industrie nicht mehr befriedigten. Es wurde das Bedürfnis nach einem über große Mittel verfügenden Institut spürbar, und Maxwell wurde mit Recht für denjenigen unter den englischen Physikern gehalten, der die besten Fähigkeiten besaß, ein solches Institut aufzubauen und zu leiten. Nach anfänglichem Zögern nahm er den ihm angebotenen Posten an und bewarb sich um die Stelle des Direktors und den damit zusammenhängenden Lehrstuhl für Experimentalphysik.

Er trat die neue Stelle 1871 an und war in den nächsten Jahren hauptsächlich mit der Organisation des Instituts und mit der Ausarbeitung einer Vorlesung über die Experimentalphysik beschäftigt. Zu seinen Aufgaben gehörte eine Zeitlang auch die Neuherausgabe der

---

[25] H. Poincaré, La science et l'hypothèse, Paris 1902, S. 250.
[26] Ebenda, S. 259.

Werke des englischen Wissenschaftlers Cavendish, der im 18. Jahrhundert vieles Wertvolle über die Elektrizität geschrieben hatte. Dieser Verpflichtung ging Maxwell mit großer Sorgfalt nach. Er ließ alle Experimente von Cavendish wiederholen, wodurch die neue Edition von dessen Werken nicht nur eine historische, sondern auch eine aktuelle Bedeutung für die Physik gewann. /

56 Die Besucher des Instituts berichten in diesem Zusammenhang folgende bezeichnende Einzelheit: Da Cavendish über keinen Voltmeter verfügte, maß er die verschiedenen Spannungen mit Hilfe von elektrischen Stößen, die ein Mensch durch die Berührung der unter Strom stehenden Objekte empfängt. Dieser Umstand erregte Maxwells besonderes Interesse. Er untersuchte die individuellen Unterschiede bei der Empfindung von Stromstößen, und jeder Mitarbeiter des Instituts mußte sich damit einverstanden erklären, als eine Art Meßinstrument zu dienen und sich diesen Stößen auszusetzen.[27]

In den Sommerferien des Jahres 1879, die er in Glenlair verbrachte, erkrankte Maxwell schwer. Er litt an Wassersucht und starb am 5. November 1879 in Cambridge, wo er noch wenige Tage zuvor Vorlesungen gehalten hatte.

In seinen letzten Lebensjahren trat Maxwell mehr denn je in der Öffentlichkeit auf. Seine Stellung als Leiter des neuen, großen Laboratoriums brachte Repräsentationsverpflichtungen mit sich, sah doch das ganze Land in ihm einen kompetenten Vertreter seiner Wissenschaft. Maxwell hatte mehrmals die Möglichkeit, auf Kongressen und Tagungen einem breiten Publikum seine Ansichten über verschiedene Aspekte der Physik darzulegen. Häufiger als vorher schrieb er jetzt für die wöchentlich erscheinende Zeitschrift „Nature" Artikel zu allgemeinen Themen, und die Redaktion der „Encyclopaedia Britannica" beauftragte ihn mit der Erarbeitung der wichtigsten Artikel zur Physik. Diese Tätigkeit Maxwells in der Öffentlichkeit, deren gesellschaftliche Bedeutung er selbstverständlich begriff, liefert uns heute ein komplettes Bild seiner Anschauungen über physikalische Fragen und über die Probleme, die ihm in diesen letzten Jahren seines Lebens besonders ans Herz gewachsen waren.

So verwunderlich es auch sein mag, Maxwell sagt in den Reden und Aufsätzen aus jener Zeit nichts über die experimentelle Nachprüfung seiner Elektrizitätstheorie. Eigentlich wäre es zu erwarten gewesen, daß ihn die experimentelle Überprüfung seiner Berechnungen sehr hätte interessieren müssen, zumal da ihm jetzt ein reich ausgerüstetes Laboratorium zur Verfügung stand. Darüber gibt es jedoch keinerlei Nachrichten. Möglich, daß er diese Aufgabe auf die nächsten Jahre verschob, möglich auch, daß er es vorzog, sie anderen Wissenschaftlern zu überlassen, um die Objektivität der Untersuchungen nicht durch seinen Einfluß zu stören. Es könnte aber auch sein, daß seine mangelnde Erfahrung im Experimentieren ihn von diesen Arbeiten abhielt.

Maxwell war nie ein begeisterter Experimentator. Eigene Versuche stellte er nur auf dem Gebiet der Farblehre und der kinetischen Gastheorie an. In seiner ersten Arbeit (1860) legte er
57 eine Formel zur Beschreibung der inneren Reibung / der Gase vor, die er in London zusammen mit seiner Frau experimentell überprüfte. Später entdeckte er einen Fehler in seinen Berechnungen und veröffentlichte die korrigierte Formel in seiner zweiten Arbeit aus dem Jahre 1866. Bei näherer Betrachtung dieser Versuchsreihen stellte es sich aber heraus, daß sie nicht exakt genug durchgeführt waren, und erst die wiederholten experimentellen Untersuchungen zeigten, daß die untersuchten Wechselbeziehungen in Wirklichkeit komplizierter sind und von der vereinfachenden Maxwellschen Formel nicht beschrieben werden können.

---

[27] Vgl. Sir Ambrose Fleming, Some memories of Professor James Clerk Maxwell, in: James Clerk Maxwell, A commemoration volume, S. 122.

So lernte Maxwell auf diesem Gebiet die Grenzen seiner Fähigkeiten kennen und nahm vom Experimentieren künftig vorsichtigerweise Abstand.

Maxwell nutzte aber die Möglichkeiten, die ihm seine Stellung bot, für die weitere Entwicklung seiner Methode der physikalischen Analogien. 1870 richtete er einen offenen Brief an die British Association, in dem er auf den Zusammenhang zwischen Mathematik und Physik hinwies. Besonders gründlich beschäftigte er sich in diesem Brief mit dem Problem der Durchführbarkeit der mathematischen Klassifikation von physikalischen Größen, wobei er darunter nicht die Klassifizierung nach ihrer physikalischen Bedeutung, sondern nach ihren mathematischen Eigenschaften verstand.

Ausführlicher entwickelte er den gleichen Gedanken in einem bald danach erschienenen Artikel in den „Proceedings of the London Mathematical Society". Darin wies er auf die große Bedeutung der Vektoranalysis für die Klassifizierung physikalischer Größen hin und unterstrich vor allem die Möglichkeit, sie in vektorielle und skalare Größen zu unterteilen. Er stellte die Vektoranalysis mit der Geometrie auf die gleiche Stufe und erklärte: „Die Entdeckung des Quaternionenkalküls stellt einen solchen Schritt für das Wissen über die Quantitäten des Raumes dar, daß er nur mit der Entdeckung der drei Koordinaten durch Descartes verglichen werden kann."[28] Am Ende des Artikels setzt sich Maxwell detailliert mit der Vektoranalysis auseinander und schlägt für die sich ergebenden Größen Bezeichnungen vor, die, wie er meinte, ihrer mechanisch-geometrischen Bedeutung entsprächen. Von diesen Termini haben sich nur die Ausdrücke slope (für den Gradienten) und curl in der wissenschaftlichen Sprache erhalten.

Maxwell verteidigte seine mechanischen Modellvorstellungen. Am Ende seines Lebens büßten sie jedoch immer mehr an Überzeugungskraft ein, da sie nicht imstande waren, die elektro-magnetischen Erscheinungen befriedigend zu erklären. Trotzdem wandte sich Maxwell von seiner Methode nicht ab. Er war bestrebt, die Einheit des wissenschaftlichen Weltbildes aufrechtzuerhalten.

Wie im Jahre 1856, als er versuchte, die Einheit seines Weltbildes mit Hilfe einer Analogie zwischen Natur und Geist zu bewahren, so war er auch jetzt darauf aus, die Einheitlichkeit in der Physik mit Hilfe von mathematischen Analogien durchzusetzen. Er vertiefte und verallgemeinerte seine Methode, indem er von den physikalischen zu den
58 mathematischen / Analogien überging und diesen Schritt mit der Forderung verknüpfte, die physikalischen Größen nach ihren mathematischen Eigenschaften zu gruppieren.

Es ist in diesem Zusammenhang interessant festzustellen, daß sich hier diejenige Entwicklung von Ideen abzeichnet, die sich später in größerem Umfang in der Physik wiederholte. Heute sehen wir, daß sich die moderne Physik, wenn schon nicht der physikalischen, so doch der mathematischen Analogien bedient, und man muß unterstreichen, daß diese Entwicklung die Widerspiegelung der in der bürgerlichen Wissenschaft zunehmenden idealistischen Denkrichtungen darstellt. Hierüber schrieb Lenin im Jahre 1908: „Der große Erfolg der Naturwissenschaft, die Annäherung an so gleichartige und einfache Elemente der Materie, deren Bewegungsgesetze sich mathematisch bearbeiten lassen, läßt die Mathematiker die Materie vergessen. ‚Die Materie verschwindet', es bleiben einzig und allein Gleichungen. Auf einer neuen Entwicklungsstufe und gleichsam auf neue Art kommt die alte Kantsche Idee wieder: die Vernunft schreibt der Natur die Gesetze vor."[29]

Maxwell war ein Vertreter des schottischen Landadels, und als solcher war und blieb er

[28] The scientific papers, Bd. 2, S. 259.
[29] W. I. Lenin, Werke, Bd. 14, Berlin 1962, S. 310/311.

ein religiös eingestellter Mensch. Bewußte materialistische Gedankengänge darf man daher bei ihm nicht erwarten. Es mutet dennoch merkwürdig an, zu sehen, daß er einen in den letzten Jahren seines Lebens gehaltenen Vortrag über die Moleküle mit der Erwähnung desjenigen schloß, „der am Anfang nicht nur den Himmel und die Erde schuf, sondern auch die Stoffe, aus denen der Himmel und die Erde bestehen".[30]

An einer anderen Stelle sieht er in der Existenz der unveränderlichen Atome einen direkten Beweis für das Dasein Gottes, denn nur Gott allein sei imstande, sie so vollkommen zu erschaffen. Maxwell hat stets die Bedeutung der Naturwissenschaft für die Erkenntnis der Welt und ihrer Erscheinungen eingeschränkt und jeden Versuch einer materialistischen Erklärung alles Seienden entschieden abgelehnt. So schreibt er z. B. in einem seiner letzten Artikel: „Der Fortschritt der Wissenschaft ... war eher darauf gerichtet, den Unterschied zwischen dem sichtbaren Teil [des Menschen], der vor unseren Augen untergeht, und dem, was wir wirklich sind, zu vertiefen und zu zeigen, daß dieses persönliche Sein (personality) sowohl im Hinblick auf seine Natur wie auf seine Bestimmung jenseits des Bereichs der Wissenschaft liegt."[31] Hier wiederholte er mit anderen Worten die gleichen Anschauungen, die er in einem nur einem kleinen Bekanntenkreis zugänglich gemachten Artikel über die Willensfreiheit geäußert hatte.[32] Andererseits war Maxwell von der realen Existenz der Materie überzeugt und verfiel daher weder auf subjektivistisch-idealistisch noch auf agnostizistisch gefärbte halbe Lösungen. /

59 Maxwell unterstrich, daß nur das Experiment die Grundlage der Naturwissenschaft sein kann, er konnte jedoch, ohne seiner philosophischen Weltanschauung zu widersprechen, ergänzend auch solche Objekte in die Theorie und in die Berechnungen einführen, die, wie etwa die mechanischen Modelle, Atome, Molekularwirbel u. a. m., den Rahmen des Experiments verließen und seiner festen Überzeugung nach niemals einer experimentellen Untersuchung zugänglich sein würden.

Maxwell war nicht der Mensch, den verschiedene Ideen und Strömungen einmal in die eine und ein anderes Mal in die andere Richtung stoßen konnten. Er verstand es, die ererbten Anschauungen seiner Klasse den neuen Anforderungen der Gesellschaft und der Wissenschaft anzupassen. Seine Weltanschauung, Lebensweise und Forschungstätigkeit hatten die gleiche Quelle. Er war ein außerordentlich begabter Forscher, der auf den Gebieten arbeitete, die seinen Fähigkeiten und Neigungen entsprachen.

Allen diesen Ursachen ist es zuzuschreiben, daß Maxwell einen so großen Beitrag für die Wissenschaft zu leisten imstande war. Aber die gleichen Ursachen erklären auch, warum er eher ein Architekt denn ein Erbauer der Physik blieb und warum seine Theorien nur langsam und unter Schwierigkeiten Eingang in die Wissenschaft fanden.

---

[30] The scientific papers, Bd. 2, S. 377.
[31] Ebenda, S. 762.
[32] L. Campbell and W. Garnett, The life ..., a. a. O., S. 357—366.

# Der materialistische Kern der Naturwissenschaft in Deutschland*

1 In den letzten hundertfünfzig Jahren hat die Naturwissenschaft in allen ihren Zweigen einen in der Geschichte beispiellosen Aufschwung genommen, der heute noch keineswegs beendet ist, sondern sich in beschleunigtem Tempo und wachsender Breite fortsetzt. Lagen zu Beginn des 19. Jahrhunderts erst die Anfänge der Kenntnis elektrischer und magnetischer Erscheinungen vor, so sind diese Erscheinungen uns heute bekannt und vertraut, wie die der Mechanik. Hatte sich die Chemie eben erst von der Alchemie gelöst und die Phlogistonlehre überwunden, so ist sie heute zu einer Wissenschaft ausgereift, die die Eigenschaften chemischer Verbindungen im voraus zu berechnen und diese dann herzustellen versteht. Neben die Astronomie trat besonders seit der Entdeckung der Spektralanalyse (1859) die Astrophysik. Die Biologie, zu Beginn des 19. Jahrhunderts noch eine rein beschreibende und systematisierende Wissenschaft, erkannte die Gesetzmäßigkeiten der lebenden Materie und ihrer Entwicklung. Der große Bereich der Geowissenschaften entwickelte sich zur exakten Wissenschaft. Ganz neu wurde seit der Jahrhundertwende das Gebiet der atomaren und subatomaren Erscheinungen und Gesetzmäßigkeiten erschlossen. Neben der Makrophysik entstand in beispielloser Fülle, Breite und Tiefe die Mikrophysik. Die klassische Naturwissenschaft wurde durch die moderne Naturwissenschaft abgelöst oder, genauer gesagt, im dialektischen Sinne des Wortes aufgehoben.

Diese Entwicklung der Naturwissenschaft hat die Entwicklung der Produktivkräfte der menschlichen Gesellschaft tiefgehend beeinflußt und über die Technik und die technischen Wissenschaften unser tägliches Leben umgestaltet. In Verbindung mit der großen gesellschaftlichen Umwälzung der Gegenwart, dem Übergang vom Kapitalismus zum Sozialismus, und dank ihrer immer tieferen und umfassenderen Erkenntnis der Tatsachen und Zusammenhänge ist die Wissenschaft dabei, sich in eine unmittelbare Produktivkraft der menschlichen Gesellschaft zu verwandeln.

An dieser Entwicklung haben deutsche Wissenschaftler und Gelehrte keinen geringen Anteil, und mit Stolz können wir als Deutsche auf eine Reihe glänzender Namen hinweisen, die neben den Wissenschaftlern und Gelehrten anderer Nationen entscheidende Beiträge zur Erweiterung und Vertiefung unseres Wissens von der Natur geliefert und eine bedeutende Rolle in der Entwicklung der Naturwissenschaft gespielt haben und heute noch spielen. Neben den hervorragenden Wissenschaftlern haben dabei eine Unzahl anderer deutscher
2 Wissen/schaftler ihre größeren oder kleineren unentbehrlichen Bausteine zur Errichtung des stolzen Gebäudes der Naturwissenschaft beigetragen, hat darüber hinaus ein sich ständig

* Erschienen in: Naturwissenschaft, Tradition, Fortschritt, Beiheft zu NTM, Berlin 1963, S. 1—17 (Vortrag auf einer Tagung in Leipzig zu dem Thema „Die fortschrittlichen philosophischen Traditionen in der deutschen Naturwissenschaft des 19. und 20. Jahrhunderts").

vergrößernder Kreis von Menschen aller Klassen und Schichten durch seine Teilnahme und durch sein Interesse die Entwicklung der Naturwissenschaft getragen und gefördert.

Wenn wir hier zu einer Tagung über fortschrittliche philosophische Traditionen in der deutschen Naturwissenschaft des 19. und 20. Jahrhunderts zusammengekommen sind, so bedeutet das zugleich, den Ursachen und Gründen nachzuspüren, die diese Entwicklung ermöglicht und vorangetrieben haben, die dem Fortschritt feindlichen und ihn hemmenden Kräfte und Tendenzen aufzudecken und die speziellen und konkreten Erscheinungen und Zusammenhänge zu erforschen, die die Entwicklung in Deutschland bestimmt und beeinflußt haben....

Die Naturwissenschaft ist durch ihren Gegenstand mit der Produktion und den Produktivkräften, durch ihre Begriffe, Methoden und Theorien aber ebenso eng mit der Philosophie verbunden. Ihre Grundbegriffe wie Raum und Zeit, Materie und Bewegung sind zugleich philosophische Kategorien. Diese unlösbare Verbindung von Naturwissenschaft und Philosophie äußerte und äußert sich dabei in einer Wechselwirkung, insofern einerseits die Ergebnisse der Naturwissenschaft auf die Naturanschauung und damit die Philosophie einwirken und andererseits die philosophischen Strömungen und Ansichten auch in der Naturwissenschaft ihre Widerspiegelung finden. Um neue Entdeckungen und Errungenschaften in der Naturwissenschaft hat sich stets ein heißer Kampf zu den grundlegenden Fragen der Welt- und Naturanschauung abgespielt, bei dem, wie Friedrich Engels in bezug auf die Herausbildung der exakten Naturwissenschaft im 16. und 17. Jahrhundert formuliert hat, auch die Naturforschung ihre Märtyrer auf die Scheiterhaufen und in die Gefängnisse der Inquisition geliefert hat, bei dem es auch im 19. Jahrhundert und in unserer Gegenwart an Verfolgungen und Verleumdungen der Naturwissenschaft und ihrer fortschrittlichen Vertreter nicht gefehlt hat und fehlt.

Dieser Kampf um die Weltanschauung ist auch in der Naturwissenschaft letzten Endes ein Kampf um die Grundfrage der Philosophie, d. h. um den philosophischen Materialismus und philosophischen Idealismus. Dieser Kampf ist zugleich Ausdruck des ideologischen Klassenkampfes, der somit infolge der engen Verbindung von Naturwissenschaft und Philosophie unmittelbar in die Naturwissenschaft selbst und ihre Geschichte eingreift.

Dabei steht die Naturwissenschaft letzten Endes auf der Seite des philosophischen Materialismus, geht es doch in diesem Kampf um die entscheidenden Fragen nach der Existenz und Erkennbarkeit einer objektiven, vom Bewußtsein unabhängigen Außenwelt. Es versteht sich,
3 daß die Wissenschaft diese Fragen / grundsätzlich bejaht und bejahen muß, wenn sie sich nicht selbst aufheben oder verleugnen will. Deshalb sind in der Geschichte des menschlichen Denkens die Erfolge der Errungenschaften der Naturwissenschaft schließlich auch stets Bestätigungen der materialistischen Grundpositionen gewesen und hat der Idealismus vorzugsweise mit seiner Argumentation an den Stellen angeknüpft, wo das bereits Bekannte in das zur Zeit noch Unbekannte übergeht.

Es hängt eben damit zusammen, daß die Wissenschaft und besonders die Naturwissenschaft den religiösen und fideistischen Kreisen und Mächten stets verdächtig gewesen ist, von den christlichen Kirchenvätern bis zu den Anhängern des Neothomismus und anderer idealistischer Strömungen der Gegenwart.

Das aber heißt noch lange nicht, daß die Naturwissenschaft selbst und die Naturwissenschaftler bewußt und konsequent auf dem Standpunkt des philosophischen Materialismus gestanden haben oder stehen. Im Gegenteil, viele Naturwissenschaftler der Vergangenheit und nicht wenige der Gegenwart haben außerhalb ihres Faches religiöse und idealistische Auffassungen vertreten.

Dieser Widerspruch ist im Grunde genommen darauf zurückzuführen, daß der Kampf um die Grundfrage der Philosophie als Ausdruck und Widerspiegelung des ideologischen

Klassenkampfes auch in der Naturwissenschaft nicht losgelöst von dem politischen und ökonomischen Klassenkampf geführt wird, sondern unter seinem unmittelbaren Einfluß. Wir finden deshalb gerade auch in dem auf unserer Konferenz behandelten Zeitraum die doch eigentlich recht befremdende Tatsache, daß Wissenschaftler, die als solche eine materialistische Position einnehmen, als Staatsbürger auf einem ganz anderen Standpunkt stehen; daß so viele Versuche gemacht worden sind und gemacht werden, Materialismus und Idealismus in der Klassengesellschaft zu versöhnen und zu verbinden. Dieser Zusammenhang erschwert es vielen Naturwissenschaftlern (und auch manchen bürgerlichen Philosophen) heute noch, die Grundfrage der Philosophie überhaupt als solche zu erkennen und demzufolge auch in der Naturwissenschaft selbst klare Fronten zu schaffen.

Die Situation ist in der Tat für jede herrschende Ausbeuterklasse, besonders aber für die Bourgeoisie, schwierig. Einerseits ist sie als Nutznießer der Produktion an der Entwicklung der Produktion und der Produktivkräfte interessiert — besonders stark in ihrer aufsteigenden revolutionären Phase, mit Einschränkung und in Teilbereichen aber auch in ihrer absteigenden Phase —, andererseits kann sie als Ausbeuterklasse nicht auf Idealismus und Religion verzichten, denn hier geht es um die Frage ihrer Existenz als Klasse, um Sein oder Nichtsein.

Der Konflikt zwischen der materialistischen Position der Naturwissenschaft und der idealistischen Weltanschauung der Ausbeuterklasse zieht sich als Riß zwischen Naturwissenschaft und Religion, zwischen naturwissenschaftlichem und gesellschaftlichem Denken seit der Antike durch die ganze bisherige Geschichte der Menschheit. Er schien zugunsten der Naturwissenschaft vorübergehend beseitigt, wenn eine neue gesellschaftliche Klasse
4 die Herrschaft antrat, / er trat aber sofort in Erscheinung, wenn diese Klasse saturiert war, und nahm scharfe Formen an, wenn die Zeit ihrer Herrschaft ablief. Dieser Konflikt kann deshalb auch erst mit der endgültigen Beseitigung der Ausbeutung aufgehoben werden.

Dieser Konflikt hat zugleich dazu geführt, daß der Naturwissenschaftler niemals ganz fromm und niemals ein ganz willfähriges Werkzeug der Ausbeuterordnung gewesen ist, und zwar um so weniger, je mehr er sich der Wissenschaft verschrieben hatte. Nicht wenige Naturwissenschaftler handelten und handeln auch heute gegen die Interessen der Ausbeuterklasse, wenn auch diese Parteinahme den Wissenschaftlern selbst gar nicht oder nur unbestimmt zum Bewußtsein gekommen ist und kommt. Der generelle Verdacht der Ausbeuter ist also nicht unbegründet, er findet in der Gestalt des Faust ebenso seinen Ausdruck wie in dem sogenannten „humanistischen" Bildungsideal der bürgerlichen Gesellschaft. Oder positiv ausgedrückt: Der Naturwissenschaft liegt eine materialistische Auffassung der Natur zugrunde. Dieser materialistische Kern verbindet sie mit dem gesellschaftlichen Fortschritt.

Die Taten und Gedanken derjenigen Deutschen zu erforschen, die diesen materialistischen Kern bewahrt und verteidigt, die seine Entwicklung und seine Wirkung auf Naturwissenschaft und Gesellschaft gefördert haben, halte ich für ein zentrales Anliegen unserer Tagung und darüber hinaus für eine nationale und gesellschaftliche Pflicht aller fortschrittlichen Wissenschaftler gegenüber dem deutschen Volke.

Welche Entwicklung hat dieser materialistische Kern der Naturwissenschaft in den letzten hundertfünfzig Jahren durchgemacht und wie ist er unter den deutschen Bedingungen wirksam geworden?

Im ersten Viertel des 19. Jahrhunderts hat Deutschland nur vereinzelt bedeutende Beiträge zur Naturwissenschaft geliefert. Das wissenschaftliche Zentrum Europas lag schon vor der Französischen Revolution, aber auch noch nach dem Sturz Napoleons I. in Frankreich. Neben ihm war besonders in England als einer Industrie- und Handelsmacht, als der

„Werkstatt der Welt", die Naturwissenschaft breit entwickelt. Die bedeutenden deutschen Naturforscher der Jahrhundertwende, wie Georg Christoph Lichtenberg und Alexander von Humboldt, waren durch die Entwicklung in England bzw. Frankreich wesentlich bestimmt. Die folgende Generation, wie etwa Ohm und Fraunhofer, ist schon durch die langsam einsetzende industrielle und kapitalistische Entwicklung Deutschlands beeinflußt.

Zunächst aber überwog in Deutschland der Einfluß der idealistischen Philosophie selbst in der Naturforschung. Er ließ die Vertreter der sogenannten „romantischen Naturwissenschaft" zwar manche dialektische Zusammenhänge erraten und vorausahnen, erlaubte ihnen aber nicht, sie wissenschaftlich zu erfassen und zu bewältigen. Schiller hatte deshalb
5 recht, als er für die Beziehung / zwischen Naturwissenschaft und Philosophie Ende des 18. Jahrhunderts forderte: „Feindschaft sei zwischen Euch! Noch kommt das Bündnis zu frühe: Wenn Ihr im Suchen Euch trefft, wird erst die Wahrheit erkannt." Allerdings mit der wesentlichen Einschränkung, daß sich die *Transzendentalphilosophie*, von der Schiller hier spricht, erst zum dialektischen Materialismus wandeln mußte, ehe das Bündnis geschlossen werden konnte.

Eine allgemeine Belebung der naturwissenschaftlichen Forschung setzte in Deutschland erst ein, als sich auch bei uns die kapitalistischen Produktionsverhältnisse durchzusetzen begannen. Ihr folgten schon recht bald weltbedeutende Leistungen und Erfolge.

Mit der Bildung des Zollvereins im Jahre 1834 fielen erste Schranken, die in dem zersplitterten Deutschland einer kapitalistischen Entwicklung im Wege gestanden hatten. Die industrielle Revolution, deren Anfänge bis in die zwanziger Jahre zurückreichen, breitete sich damals in Deutschland schnell aus. Die Kleinproduktion und die Manufaktur wurden zurückgedrängt, aus ihren Reihen entwickelten sich kapitalistische Fabrikanten, deren Profite die des junkerlichen Grundbesitzes weit übertrafen. Die Dampfmaschine und die Eisenbahn hielten ihren Einzug. Immer mehr Maschinen und Maschinenteile, die früher aus England bezogen werden mußten, wurden in den deutschen Ländern selbst hergestellt. Als im Jahre 1844 der Zollverein im Berliner Zeughaus eine allgemeine Industrie- und Gewerbeausstellung veranstaltete, beurteilte die Elberfelder Handelskammer das Ergebnis folgendermaßen: „Unsere Industrie ist durch diese Ausstellung emanzipiert worden, und mit ihr beginnt eine neue und wichtige Etappe in ihrer Entwicklung ... Diese erste Gewerbeausstellung des Zollvereins kann demnach füglich als ein großes öffentliches Examen betrachtet werden, worin die deutsche Industrie so ausgezeichnet bestanden hat, daß ihr das Zeugnis der Reife und Mündigkeit von der öffentlichen Meinung sowohl des Auslandes als auch des Inlandes nicht versagt werden kann."[1] Diese ökonomische und politische Entwicklung stellte an Naturwissenschaft und Technik neue Anforderungen, die sie von allgemeinen philosophischen Betrachtungen recht unvermittelt auf praktische Fragen orientierten und jede Spekulation als irreführend erkennen ließen. Im Jahre der Industrieausstellung erschienen in der „Augsburger Allgemeinen Zeitung" Liebigs berühmt gewordene „Chemische Briefe", um, wie er selbst formuliert, „die Aufmerksamkeit der gebildeten Welt auf ... den Antheil zu lenken, den diese Wissenschaft an den Fortschritten der Industrie, Mechanik, Physik, Agricultur und Physiologie genommen hat".[2] /

6 Zu Anfang der vierziger Jahre war die Opposition gegen die idealistische Philosophie in den Kreisen der Naturwissenschaftler bereits so stark, daß in die Fachzeitschriften keine

---

[1] Hier zitiert nach K. Obermann, Deutschland von 1815—1849 (Von der Gründung des Deutschen Bundes bis zur bürgerlich-demokratischen Revolution), Berlin 1961, S. 171 (Lehrbuch der deutschen Geschichte. Beiträge, Bd. 6).

[2] J. v. Liebig, Chemische Briefe, 3. Aufl., Heidelberg 1851, Vorwort zur 1. Auflage, S. X.

Beiträge aufgenommen wurden, die naturphilosophisch orientiert waren oder zu sein schienen. Bekanntlich wurde im Jahre 1841 die Veröffentlichung der ersten, freilich noch unfertigen Arbeiten von Robert Mayer über den Energiesatz von dem Physiker Poggendorff, dem Herausgeber der „Annalen der Physik", aus diesen Gründen abgelehnt.

Im gleichen Jahr erschien Ludwig Feuerbachs Werk „Das Wesen des Christentums". „Mit einem Schlag" — so beschreibt Engels später dessen Wirkung — „zerstäubte es den Widerspruch [zwischen den praktischen Notwendigkeiten des Kampfes der jungen Hegelianer gegen die positive Religion und der Philosophie Hegels, G. H.], indem es den Materialismus ohne Umschweife wieder auf den Thron erhob." Und Engels fügte hinzu: „Man muß die befreiende Wirkung dieses Buches selbst erlebt haben, um sich eine Vorstellung davon zu machen. Die Begeisterung war allgemein: Wir waren alle momentan Feuerbachianer."[3]

Als Gegenmaßnahme wurde im gleichen Jahr Schelling als Nachfolger Hegels an die Berliner Universität berufen. Von den reaktionären adligen und klerikalen Kreisen Preußens erhielt er den Auftrag, „gegen die Drachensaat des Hegelschen Pantheismus" aufzutreten. Aber diese Maßnahme erwies sich als unwirksam. Als Galle 1846 in Berlin den Planeten Neptun an der von dem französischen Astronomen Leverrier berechneten Stelle des Himmels auffand, feierte ganz Europa den Triumph der Naturwissenschaft und Mechanik.

Selbst nach dem Scheitern der Revolution von 1848 haben sich viele deutsche Naturwissenschaftler klar und eindeutig gegen die idealistische Naturphilosophie Schellings und Hegels ausgesprochen. Im Todesjahr Schellings (1854) eröffnete Karl Vogt mit seiner Streitschrift „Köhlerglaube und Wissenschaft" gegen den Marburger Physiologen Rudolph Wagner, der für die biblische Lehre der Weltschöpfung eingetreten war, den sogenannten „Materialismusstreit" um die philosophischen Grundlagen der Naturwissenschaft. Ein Jahr später erschien Büchners populär-philosophisches Werk „Kraft und Stoff", aus dem noch Albert Einstein als Knabe entscheidende weltanschauliche Eindrücke empfangen hat. „Es [das Buch] fuhr" — wie Franz Mehring formuliert hat — „wie ein frischer Windstoß mitten in die dumpfe und schwüle Luft der frömmelnden Reaktionsjahre, es war ein kecker Trompetenstoß, womit die aufblühende Industrie des deutschen Bürgertums der philosophisch spintisierenden Vergangenheit dieser Klasse absagte."[4] /

7 Die Ablehnung der idealistischen Naturphilosophie erwies sich dabei unter den Naturwissenschaftlern als so stark, daß sie die Philosophie schlechthin ablehnten und versuchten, in der Wissenschaft ohne Philosophie auszukommen. Sie identifizierten die idealistische Philosophie mit der Philosophie überhaupt und wendeten sich von jeder Philosophie ab oder, genauer gesagt, glaubten, sich von ihr abwenden zu können.

Einen Fehler ähnlicher Art sollten gegen Ende des 19. Jahrhunderts die Philosophen begehen. Indem sie die mechanistische, klassische Naturwissenschaft mit der Naturwissenschaft überhaupt identifizierten, proklamierten sie unter dem Eindruck ihres Versagens das Ende der Wissenschaft und des philosophischen Materialismus. Der entscheidende Unterschied zwischen beiden Fehlern besteht allerdings in folgendem: Die Naturwissenschaftler sicherten und förderten damals mit ihrer Haltung die Entwicklung der Produktivkräfte. Die Philosophen aber stellten sich ihr ein halbes Jahrhundert später in den Weg. Der Unterschied zwischen der aufsteigenden und der absteigenden Phase der kapitalistischen Gesellschaftsordnung tritt hier mit seltener Klarheit zutage.

---

[3] F. Engels, Ludwig Feuerbach und der Ausgang der klassischen deutschen Philosophie, in: MEW, Bd. 21, Berlin 1962, S. 272.

[4] F. Mehring, Gesammelte Schriften, Bd. 13, Berlin 1961, S. 140.

Aber zurück:

Von der Mitte des 19. Jahrhunderts an kann man von einer Entfremdung, ja von einem Bruch zwischen Naturwissenschaft und Philosophie sprechen, dessen Nachwirkungen sich heute noch zeigen. Beide gingen fortan ihre eigenen Wege.

Diese Entfremdung ist, wie bereits angedeutet, in erster Linie gesellschaftlich bedingt und Ausdruck des Widerspruchs zwischen den Interessen der Bourgeoisie an der Aufrechterhaltung ihrer Herrschaft und ihren Interessen an der Entwicklung der Produktivkräfte, oder anders gesehen, ein Ausdruck dafür, daß die Bourgeoisie an der Entwicklung der Produktivkräfte stets nur soweit interessiert ist, als diese ihre Herrschaft und ihren Profit sichert und vergrößert, und zugleich dafür, daß die Bourgeoisie keinen konsequenten und allseitigen Materialismus vertreten kann. Unter den besonderen deutschen Verhältnissen, bei denen sich nach 1848 die Bourgeoisie mit dem Adel in die Herrschaft teilte oder, wie Engels einmal formuliert hat, die Bourgeoisie zur Herrschaft emporgekrochen ist, trat dieser Widerspruch und damit der Bruch zwischen Naturwissenschaft und Philosophie in Deutschland besonders deutlich in Erscheinung.

Er führte dazu, daß sich die Philosophie der Praxis und Produktion immer mehr entfremdete, den Rationalismus aufgab und sich dem Irrationalismus verschrieb, um bei bloßer Apologetik der bestehenden Herrschaftsverhältnisse und Gesellschaftsordnung zu enden. Von Schelling und Schopenhauer über Nietzsche führt ein geradliniger Weg zur faschistischen Ideologie — von dem junkerlich-preußischen Staat über die Reichsgründung durch Bismarck zum Faschismus und in die Niederlagen der beiden Weltkriege. Engels hat schon 1888 in bezug auf die „historischen Wissenschaften, die Philosophie eingeschlossen", zornig festgestellt: / „Die offiziellen Vertreter dieser Wissenschaft sind die unverhüllten Ideologen der Bourgeoisie und des bestehenden Staats geworden."[5] Angesichts dieser Entwicklung des bürgerlichen Denkens gerieten die Naturwissenschaftler trotz ihrer bedeutenden Erfolge in der Beherrschung der Natur und der zunehmenden Bedeutung ihrer Forschung für die Industrie in eine weltanschauliche Isolierung, die sich gerade aus ihrer materialistischen Grundposition ergab. Vom liberalen Bürgertum im Stich gelassen, wurden sie weltanschaulich mehr und mehr in die Defensive gedrängt. Sie gaben ihre offensive, bürgerlich-revolutionäre Haltung auf, ihr Kampf gegen Religion und Mystizismus, gegen idealistische Philosophie und Aberglaube nahm immer deutlicher den Charakter der Verteidigung des gesunden Menschenverstandes im Interesse eines weiteren, ungehemmten Aufstieges der kapitalistischen Industrie an.

Im Jahre 1882 hielt der deutsche Physiologe Emil du Bois-Reymond beim Antritt des Rektorats der Berliner Universität eine Festrede mit dem merkwürdigen Titel „Goethe und kein Ende", in der er sich scharf gegen die Unterschätzung der Naturwissenschaft wendete. Der neu gewählte Rektor führte dabei folgendes aus: „Wie prosaisch es klinge, es ist nicht minder wahr, daß Faust, statt an Hof zu gehen, ungedecktes Papiergeld auszugeben, und zu den Müttern in die vierte Dimension zu steigen, besser getan hätte, Gretchen zu heiraten, sein Kind ehrlich zu machen, und Elektrisiermaschine und Luftpumpe zu erfinden; wofür wir ihm denn an Stelle des Magdeburger Bürgermeisters gebührenden Dank wissen würden."[6]

So grotesk uns heute diese Äußerung erscheinen mag, so deutlich kommt darin die Parteinahme des Naturwissenschaftlers für die Entwicklung der Produktivkräfte und gegen die spätbürgerliche Philosophie zum Ausdruck. Auf diese Weise sicherten du Bois-Reymond und seinesgleichen zwar die Existenz einer empirischen und rationalistisch betrie-

---

[5] F. Engels, ebenda, S. 306.
[6] E. du Bois-Reymond, Reden, 2. Aufl., Bd. 2, Leipzig 1912, S. 169.

benen Naturforschung in einer sich bereits irrational orientierenden Gesellschaft und bewahrten sie das materialistische Erbe der Aufklärung, zugleich aber wichen sie wie du Bois-Reymond selbst durch Flucht in den Agnostizismus einer klaren philosophischen Entscheidung aus und versperrten sich den Weg zur Entwicklung der theoretischen Naturwissenschaften über den einmal erreichten Standpunkt hinaus.

Emil du Bois-Reymond wie alle übrigen maßgebenden Naturwissenschaftler Deutschlands (und Europas) hielten bis Ende des Jahrhunderts an der mechanischen Naturauffassung fest, die sich das Ziel setzte, alle Naturvorgänge auf die Bewegung von Massenpunkten im leeren Raum zurückzuführen, die Naturwissenschaft „in Mechanik aufzulösen", wie Helmholtz auf der großen Versammlung deutscher Naturforscher und Ärzte 1869 in Innsbruck unter dem Beifall der Anwesenden erklärte.

Unter den Händen dieser konservativ gewordenen, ehrbaren Verteidiger des gesunden
9 Menschenverstandes trat der metaphysische, d. h. antidialektische / Charakter dieser
mechanischen Naturauffassung immer mehr in den Vordergrund. „Die anfangs so revolutionäre Naturwissenschaft" — so charakterisiert Engels die Lage — „stand plötzlich vor einer durch und durch konservativen Natur, in der alles noch heute so war, wie es von Anfang an gewesen, und in der — bis zum Ende der Welt oder in Ewigkeit — alles so bleiben sollte, wie es von Anfang an gewesen."[7] Als sich Planck zu Beginn seines Studiums bei dem Physiker Jolly Rat holte, schildert ihm dieser, wie Planck schreibt, „die Physik als eine hochentwickelte, nahezu voll ausgereifte Wissenschaft, die nunmehr, nachdem ihr durch die Entdeckung des Prinzips der Erhaltung der Energie gewissermaßen die Krone aufgesetzt sei, wohl bald ihre endgültige stabile Form angenommen haben würde. Wohl gäbe es vielleicht in einem oder dem anderen Winkel noch ein Stäubchen oder Bläschen zu prüfen und einzuordnen, aber das System als Ganzes stehe ziemlich gesichert da, und die theoretische Physik nähere sich merklich demjenigen Grade der Vollendung, wie ihn etwa die Geometrie schon seit Jahrhunderten besitze."[8]

Was Jolly hier über den Zustand des mechanischen Systems als Ganzes geäußert hat, hätten viele deutsche Naturwissenschaftler damals auch über das kapitalistische System als Ganzes äußern können — und es wäre ebenso falsch gewesen. Ihre gesellschaftliche Stellung und ihre politische Haltung hat die Naturwissenschaftler damals daran gehindert, ihre fachlichen Probleme zu sehen und zu lösen.

Was ist unter diesen Umständen aus dem materialistischen Kern der Naturwissenschaft geworden?

Auf den ersten Blick mag es fast scheinen, als sei er verlorengegangen. Hatten sich Büchner und die anderen Vulgärmaterialisten in den sechziger Jahren noch offen für den Materialismus eingesetzt, so verwahrte man sich schon wenig später gegen diese Bezeichnung und erfand andere neutrale Ausdrücke. Es kam besonders in Deutschland zu der merkwürdigen Erscheinung, daß gewisse Naturwissenschaftler ihre eigene wissenschaftliche Einstellung für anstößig hielten und sie nur „verschämt" zu vertreten wagten, andere zogen sich noch weiter von jeder philosophischen Parteinahme, damit aber auch vom theoretischen Denken zurück und hielten nur „spontan", d. h. unbewußt und von der Wissenschaft genötigt, an ihrer materialistischen Haltung fest; wieder andere, theoretisch besonders Interessierte, versuchten den Konflikt zwischen ihrem wissenschaftlichen und ihrem gesellschaftlichen Denken durch neokantianistische oder agnostizistische Lehren zu verdecken. Großen

[7] F. Engels, Dialektik der Natur, in: MEW, Bd. 20, Berlin 1962, S. 315.
[8] M. Planck, Vom Relativen zum Absoluten, in: Gedanken und Erinnerungen, Stuttgart 1949, S. 169.

10 Anklang fand die von Kirchhoff / vertretene phänomenologische Ansicht, wonach die Naturwissenschaft die Aufgabe habe, die Naturerscheinungen (mit Hilfe der Gesetze der Mechanik) nur zu beschreiben, nicht aber sie zu erklären.

Alle diese Abstriche und Kompromisse deuten darauf hin, daß der materialistische Kern der Naturwissenschaft verblaßte oder zu verblassen schien. Er schien vollends aufgegeben zu werden, als gegen Ende des 19. Jahrhunderts durch neue entscheidende Entdeckungen die Grenzen und Unzulänglichkeiten des mechanischen Weltbildes allgemein sichtbar wurden und die Theoretiker bei den Versuchen, die neuen Erscheinungen auf der Grundlage der Mechanik zu erklären, immer mehr zu ad hoc ersonnenen Vorstellungen Zuflucht nehmen mußten. Es schien, als habe die Naturwissenschaft sich selbst ad absurdum geführt und die Haltlosigkeit oder „Metaphysik" (im Sinne von Unwissenschaftlichkeit) ihres materialistischen Kerns nachgewiesen. Der Idealismus konnte wieder, wie zu Schellings Zeiten, wenn auch in anderer Gestalt, aber auch diesmal auf Grund des Vorherrschens eines irrationalistischen gesellschaftlichen Denkens in einer absterbenden Gesellschaftsordnung, in die Naturwissenschaft eindringen.

Und trotzdem ist das nur die Oberfläche, nur der äußere, aber nicht der innere Aspekt der Naturwissenschaft. Die Naturwissenschaftler verstanden sehr wohl, daß die Überzeugung von der Existenz und Erkennbarkeit der objektiven Außenwelt, die Ablehnung übernatürlicher transzendenter Kräfte und Mächte und deren Eingreifen in das Naturgeschehen, die Ablehnung jeder Art von Wundern und die Anerkennung der Unerschütterlichkeit von Tatsachen sowie die Forderung, die theoretischen Schlußfolgerungen an den Tatsachen zu überprüfen, unabdingbare Voraussetzungen der Wissenschaft bilden, und haben diesen materialistischen Kern der Naturwissenschaft auch im 19. Jahrhundert gegen alle Angriffe von seiten der Religion und der idealistischen Philosophie verteidigt, die materialistische Linie gehalten.

Gerade dafür lassen sich zahlreiche Beispiele anführen, so etwa der entschiedene Kampf du Bois-Reymonds gegen den Vitalismus und Neovitalismus, das entschiedene Eintreten des frommen katholischen Biologen Schwann gegen die angeblichen Wunder der Stigmatisierten von Bois d'Haine, das mutige Eintreten Haeckels und anderer deutscher Biologen für die Lehre Darwins gegen alte teleologische Ansichten, der Kampf Boltzmanns für die Atomistik gegen die Energetiker usw.

Ich möchte die Bedeutung der materialistischen Haltung der Naturwissenschaftler an der Entstehung der Quanten- und der Relativitätstheorie als den entscheidenden Neuerungen in der Naturwissenschaft deutlich machen.

Die Ermittlung der spektralen Verteilung der Wärmeenergie in Abhängigkeit von der Temperatur des strahlenden Körpers gewann um die Jahrhundertwende praktische Bedeutung, als mit dem Aufkommen und der Ausbreitung der künstlichen elektrischen Beleuchtung die Frage des Nutzeffektes der dabei aufgewendeten Energie in der Praxis aufgeworfen war und die in diesem Bereich auftretenden Einheiten, wie Lichtmenge, Lichtstärke, Leuchtdichte, Beleuchtungsstärke verbindlich und vergleichbar festgelegt werden mußten.
11 Ent/sprechende Untersuchungen wurden damals insbesondere auch an der Physikalisch-Technischen Reichsanstalt in Berlin-Charlottenburg durchgeführt. Max Planck erzählt in seinen Erinnerungen, daß in diesem Zusammenhang seine langjährigen Untersuchungen zur theoretischen Thermodynamik, die zunächst unbeachtet geblieben waren, allgemeines Interesse gewannen. Einige Tage vor einer Sitzung der Deutschen Physikalischen Gesellschaft in Berlin, in der Kurlbaum die experimentellen Ergebnisse der Strahlungsmessung vortragen wollte, erhielt Planck die Meßergebnisse, und so gelang es ihm, bis zur Sitzung seine berühmte Strahlungsformel aufzustellen. Er trug sie am 19. Oktober 1900 in der Diskussion vor. Nicht nur im allgemeinen, sondern auch im einzelnen finden wir

somit auch am Ursprung der Quantentheorie die Anregung aus der Praxis, die Verbindung zur Produktion.

Die weitere Entwicklung ist aber noch interessanter. Die neu entdeckte Formel stimmte zwar mit den Meßergebnissen genau überein, blieb aber zunächst unverständlich. Max Planck bemühte sich deshalb in den nächsten Wochen, wie er selbst schreibt, der neuen Strahlungsformel „einen wirklichen physikalischen Sinn zu verschaffen".[9] Zeugt schon dieses Bestreben davon, daß sich Planck mit einer positivistischen oder konventionalistischen Haltung nicht zufrieden gab, so erfahren wir weiter von ihm selbst, daß er sich von seiner früheren, wie Planck sagt, „phänomenologischen" Einstellung frei machte und sich den „Boltzmannschen Ideengängen" zuwendete.[10] Boltzmann aber als Vertreter der Atomistik und Gegner von Mach und Ostwald, die damals die Annahme der Existenz von Atomen als unwissenschaftlich bekämpften, gehört zu den bedeutenden Physikern, die gegenüber dem subjektiven Idealismus immer die materialistische Linie in der Naturwissenschaft verteidigt haben.

Zwei Monate später, am 14. Dezember 1900, konnte Planck nach angestrengter Arbeit eine physikalisch begründete Ableitung seiner Strahlungsformel geben, in der er das elementare Wirkungsquantum h, die heute sogenannte Plancksche Konstante, in die Physik einführte. Diese epochemachende Entdeckung ist somit eindeutig durch die Abkehr Plancks vom Positivismus und seine Besinnung auf den naturwissenschaftlichen Materialismus möglich geworden.

Die Bedeutung der Hinwendung Plancks zum philosophischen Materialismus wird noch deutlicher, wenn wir die Geschichte der Entstehung der Relativitätstheorie unter diesen Gesichtspunkten betrachten.

Als Einstein 1905 seine grundlegende Arbeit über die spezielle Relativitätstheorie veröffentlichte, waren nicht nur die zugrunde liegenden physikalischen Meßergebnisse längst bekannt, sondern auch die sich daraus ergebenden allgemeinen mathematischen Schlußfolgerungen bereits gezogen. 1904 führte der bedeutende französische Mathematiker Henri Poincaré das „Relativitätsprinzip" in die Physik ein und formulierte es folgendermaßen: „Nach ihm müssen die Gesetze der physikalischen Erscheinungen dieselben sein
12 für einen ‚festen' Beobachter wie für einen Beobachter, der eine gleichförmige / Translationsbewegung besitzt; so daß wir keine Mittel haben und haben können zu entscheiden, ob wir an einer solchen Bewegung teilnehmen oder nicht."[11]

Poincaré zog daraus den richtigen Schluß, daß die Lichtgeschwindigkeit als konstant angesehen werden müsse. Er gehörte aber der positivistischen Schule an und faßte deshalb das Relativitätsprinzip als Prinzip einer allgemeinen Unmöglichkeit auf, nämlich der Unmöglichkeit, die wahre Bewegung festzustellen, oder als Konventionen, die durch die Erfahrung nicht mehr bestätigt werden können.[12] Das führte ihn zu einer formalen Auffassung der Physik, bei der der abstrakte Begriff an die Stelle der realen Wirklichkeit tritt. Im Gegensatz zu Max Planck verzichtete er folglich darauf, den „physikalischen Sinn" des von ihm selbst aufgestellten Relativitätsprinzips zu ergründen. Erst Einstein hat der Theorie allgemeine physikalische Prinzipien zugrunde gelegt und aus diesen die mathematischen Beziehungen abgeleitet, während Poincaré, Lorentz u. a. bei der Ableitung mathematischer

---

[9] Ebenda, S. 129.

[10] Ebenda, S. 126 und 129.

[11] H. Poincaré, L'état actuel et l'avenir de la physique mathématique, Bull. des sciences mathém., 2me série, 28 (1904), S. 306.

[12] „. . . les principes, quoique d'origine expérimentale, sont maintenant hors des atteintes de l'expérience parce qu'ils sont devenues des conventions." (ebenda, S. 322).

Beziehungen stehengeblieben waren und diese als Erkenntnisgrund und nicht als Folge ansahen.

Indem Einstein in seiner grundlegenden Arbeit von physikalischen Prinzipien ausging, entschied er sich damit zugleich für die Anerkennung der Existenz und Erkennbarkeit einer objektiven Außenwelt. An einem kritischen Punkt, bei dem sich Planck von den positivistischen Auffassungen löste und zum „naturwissenschaftlichen Materialismus“ fand, verfehlte Poincaré die Lösung des herangereiften Problems und Einstein trat an seine Stelle. So wurde Einstein und nicht Poincaré der Schöpfer der Relativitätstheorie. Bekanntlich hat sich Einstein noch gegen Ende seines Lebens gegen die subjektivistischen Auffassungen der Kopenhagener Schule in der Quantenmechanik gewendet.

Somit hat sowohl bei der Geburt der Quantentheorie wie bei der Geburt der Relativitätstheorie der materialistische Kern der Naturwissenschaft entscheidend mitgewirkt. Die moderne Naturwissenschaft ist nicht, wie es bisweilen auch bei uns anklingt oder angeklungen ist, durch das Eindringen oder die Einbeziehung positivistischer, spätbürgerlicher Gedankengänge in die Naturwissenschaft entstanden, sondern durch Rückgriff und die Besinnung auf ihren materialistischen Kern, unter Anknüpfen an ihre materialistischen Traditionen.

Allerdings mußte dieser materialistische Kern sich dabei selbst verändern, seine erstarrte mechanistische Hülle abstreifen und dialektischen Charakter annehmen. Dieser Umwandlungsprozeß, der mit der Herausbildung der modernen Naturwissenschaft zusammenfällt, ist heute noch keineswegs abgeschlossen.

Schon in den fünfziger und sechziger Jahren des 19. Jahrhunderts wiesen die Ergebnisse
13 der Naturwissenschaft über die mechanistische Naturauffassung / hinaus, schon damals
ging es deshalb zugleich um die Ablösung des mechanischen, metaphysischen Materialismus durch den dialektischen Materialismus als philosophische Grundlage der Naturwissenschaft. Dieser Umstand bestimmt den besonderen Charakter des ideologischen Kampfes zwischen Materialismus und Idealismus in der Naturwissenschaft bis heute.

Schon in den siebziger Jahren sprach Engels von einer Revolution „der theoretischen Naturwissenschaft“ und stellte er fest, daß die Naturwissenschaft der dialektischen Zusammenfassung nicht mehr entrinnen könne. Er berief sich dabei insbesondere auf die Zellenlehre, auf das Prinzip von der Erhaltung und Umwandlung der Energie und auf die Entwicklungslehre Darwins. Er zeigte, daß die wichtigste Aufgabe der theoretischen Naturwissenschaft angesichts dieser Entdeckungen, zu denen man wohl auch noch das Periodengesetz der chemischen Elemente und die Spektralanalyse zu zählen hat, darin bestand, das Bild der Natur in ihrer Geschlossenheit, in ihrem wechselseitigen Zusammenhang und in dem Übergang aller ihrer Teile neu zu schaffen.

Engels wendete sich deshalb mit besonderer Schärfe gegen die Metaphysik des mechanischen Materialismus und gegen die Vulgärmaterialisten — nicht etwa, weil sie Materialisten waren, sondern weil sie die Dialektik der Natur nicht begriffen und ein solches Begreifen durch ihr Auftreten erschwerten. In einer Situation, wo nach seinen Worten „nur die Dialektik der Naturwissenschaft über den theoretischen Berg helfen konnte“,[13] verfiel man wieder hilflos der alten Metaphysik.

Engels spricht nicht ausdrücklich davon, daß unter diesen Umständen die Gefahr eines Einbruchs idealistischer Vorstellungen in die Naturwissenschaft auftauchte, sei es, daß er ihn nicht für möglich hielt, sei es, daß er ihn nicht für eine ernste oder dauerhafte Gefahr ansah, aber Engels stellte ausdrücklich fest, daß ohne Hilfe der dialektischen

---

[13] F. Engels, Dialektik der Natur, a. a. O., S. 332.

Philosophie der Übergang zum dialektischen Denken in der Naturwissenschaft, wie er sich ausdrückt, ein „langwieriger, schwerfälliger Prozeß“ sein würde, „bei dem eine Unmasse überflüssiger Reibung zu überwinden ist“.[14] Wir können heute seine Voraussage nur bestätigen.

Rund dreißig Jahre später hat bekanntlich Lenin die philosophische Situation in der Naturwissenschaft vom Standpunkt des dialektischen Materialismus aufs neue analysiert und dabei die Schlußfolgerungen von Engels bestätigt und tiefer begründet. Lenin hob schärfer als Engels den Kampf zwischen Materialismus und Idealismus in der Naturwissenschaft als entscheidend hervor. Er stellte in diesem Zusammenhang bezüglich derjenigen Naturwissenschaftler, die idealistische Vorstellungen entwickelten, fest: „Die neue Physik ist hauptsächlich gerade deshalb zum Idealismus abgeglitten, weil die Physiker die Dialektik
14 nicht kannten.“[15] / Und er betonte gleichzeitig: „Der fundamentale materialistische Geist der Physik wie aller modernen Naturwissenschaft wird alle möglichen Krisen überwinden, aber nur bei unbedingter Ersetzung des metaphysischen Materialismus durch den dialektischen.“[16]

Lenin hat mit dieser Einschätzung recht behalten. Der materialistische Kern der Naturwissenschaft oder, um mit Lenin zu sprechen, ihr „fundamentaler materialistischer Geist“ hat nicht nur die Auflösung der Wissenschaft verhindert, er ist heute dabei, die moderne dialektische Naturwissenschaft zu schaffen. Er wirkt sich auch immer stärker auf die Haltung der Naturwissenschaftler in gesellschaftlichen Fragen aus.

Schon 1908, als Lenin gegen den Empiriokritizismus auftrat, hatten in dem ideologischen Kampf um die philosophischen Grundlagen der Naturwissenschaft die Gegner und Verbündeten gewechselt. Das liberale Bürgertum war endgültig in das idealistische Lager übergewechselt und weder bereit noch in der Lage, die materialistische Linie zu verteidigen und die dialektischen Zusammenhänge zu erkennen.

Die Darwinsche Entwicklungslehre wurde gerade vom liberalen Bürgertum als Rechtfertigung des erbarmungslosen Konkurrenzkampfes und der kapitalistischen Gesellschaftsordnung umgedeutet und ihres revolutionären dialektischen Charakters beraubt. Die Spitze des Kampfes der Reaktion gegen den Materialismus richtete sich immer deutlicher gegen die deutsche Arbeiterklasse und ihre marxistische Philosophie. Die ständigen Angriffe des Positivismus und Agnostizismus auf die materialistischen Grundpositionen der Naturwissenschaft, die man als „unwissenschaftlich“ und als „metaphysisch“ glaubte ablehnen zu können, hatten und haben hier ihre tiefen sozialen Wurzeln.

Damit trat aber zugleich die deutsche Arbeiterklasse immer deutlicher als neuer revolutionärer Verbündeter der Naturwissenschaft in Erscheinung. Sie sah in der Verbreitung naturwissenschaftlicher Kenntnisse ein wichtiges Mittel zur Befreiung der Arbeiterklasse aus geistiger Knechtschaft. Sie unterstützte den weltanschaulichen Kampf der fortschrittlichen Naturwissenschaftler um die Anerkennung der Lehre Darwins, gegen den Vitalismus, gegen Aberglaube und Religion. In ihren Reihen wurden Haeckels „Welträtsel“ und

---

[14] Ebenda, S. 332.

[15] W. I. Lenin, Materialismus und Empiriokritizismus, in: Lenin, Werke, Bd. 14, Berlin 1962, S. 261.

[16] W. I. Lenin, Materialismus und Empiriokritizismus, Berlin 1952, S. 296. [Der Autor arbeitete mit einer Leninübersetzung, die sich von der in W. I. Lenin, Werke, Bd. 14, Berlin 1962, S. 308, unterscheidet. Dort heißt es: „Der materialistische Grundcharakter der Physik wie aller modernen Naturwissenschaft wird alle nur möglichen Krisen überwinden, jedoch muß der metaphysische Materialismus unbedingt durch den dialektischen ersetzt werden.“
Da Gerhard Harig innerhalb seines Vortrages des öfteren Bezug auf die ältere Fassung nimmt, wurde diese beibehalten. Die Herausgeber.]

andere naturwissenschaftliche Streitschriften studiert und ihre Verfasser gefeiert. In ihren Verlagen erschienen Schriften über die neuesten Ergebnisse der Naturwissenschaft, in ihren Reihen erfuhr die Freidenkerbewegung einen neuen revolutionären Auftrieb.

Die deutschen Naturwissenschaftler ihrerseits sahen sich mit Erstaunen und zum Teil mit Erschrecken von einer Seite unterstützt, von deren Existenz sie bis dahin kaum Notiz genommen hatten, und nur sehr mutige und kämpferische Wissenschaftler (wie etwa Wilhelm Ostwald) wagten es, auf das Bündnis einzugehen, während manche anderen, die mit dem Imperialismus paktierten, nach anfänglich bedeutenden Leistungen auch wissenschaftlich versagten (Stark, Lenard, Jordan). /

15 Der Übergang vom metaphysischen zum dialektischen Materialismus vollzog und vollzieht sich heute in der Naturwissenschaft mit Unterstützung durch die revolutionäre Arbeiterbewegung.

Als Engels die Ergebnisse der Naturwissenschaft seiner Zeit vom Standpunkt des dialektischen Materialismus untersuchte und die Dialektik der Natur erkannte, stand er mit Marx fast allein. Unter den Naturwissenschaftlern war der deutsche Chemiker Carl Schorlemmer der einzige, der auf der Grundlage einer revolutionären politischen und gesellschaftlichen Haltung auch ihre Auffassung über die Naturwissenschaft teilte und anfing, sie mit ihnen gemeinsam für den Fortschritt der Naturwissenschaft auszuwerten. Engels selbst mußte nach dem Tode von Karl Marx seine Untersuchungen zur Naturwissenschaft anderer dringenderer politischer und wissenschaftlicher Arbeiten wegen einstellen. Sein unvollendetes Manuskript wurde zum ersten Male 1925 in der Sowjetunion veröffentlicht.

Lenins Werk „Materialismus und Empiriokritizismus“ blieb den deutschen und europäischen Naturwissenschaftlern so gut wie unbekannt, ehe es 1927 zum ersten Male in deutscher Übersetzung erschien. Seine Wirkung war in den linksgerichteten Kreisen der deutschen Intelligenz bedeutend. Wie Schuppen fiel es uns damals von den Augen. Klar war hier von Lenin die grundsätzliche materialistische Linie dargelegt und der wissenschaftsfeindliche Charakter des Neopositivismus und Agnostizismus entlarvt. 1927 hatte die Physik mit der Entdeckung der Quantensprünge, der Materiewellen, des allgemeinen Dualismus von Welle und Korpuskel, mit dem Komplementaritätsprinzip und der Heisenbergschen Unschärferelation neue fundamentale Gesetzmäßigkeiten des Naturgeschehens erkannt, deren dialektischer Charakter seitdem immer deutlicher zutage tritt. Die Versuche, sie im Sinne des subjektiven Idealismus zu interpretieren, blieben unfruchtbar. Die Entdeckung der Elementarteilchen und ihrer Umwandlungen, von der Wellenmechanik weder vorausgesehen noch zu erklären, zeigt mit aller Deutlichkeit, daß es keine Grenzen der Erkenntnis oder der Gesetzmäßigkeit gibt, sondern daß es möglich ist, noch weiter in die Gesetzmäßigkeiten der Natur einzudringen, und zwingt heute zu noch tieferer Umgestaltung der Grundlagen der Naturwissenschaft.

Als Heisenberg 1957 seine neue allgemeine Theorie der Elementarteilchen aufgestellt hatte, meinte Bohr: „Zweifellos haben wir eine verrückte Theorie vor uns. Es fragt sich nur, ob sie verrückt genug ist, um richtig zu sein.“

Damals hatte sich Bohr bereits von der positivistischen und agnostizistischen Interpretation der Erscheinungen, wie sie von der sogenannten Kopenhagener Schule vertreten wird, distanziert. Die neuen Entdeckungen, die ja in Gestalt ihrer Anwendung bei den Kernwaffen nichts an Handgreiflichkeit vermissen lassen, warfen neue Fragen auf, die die Physiker zwangen, sich mit philosophischen Problemen zu befassen, und die zugleich die Fruchtlosigkeit des Positivismus aufdeckten. /

16 Eine ähnliche Entwicklung zeigte sich auch in der Biologie, wo die mechanistischen Auffassungen überwunden wurden und die idealistischen Deutungen nicht vorwärts führten. Schließlich hat seit 1948 die Kybernetik neue Formen funktionaler Zusammenhänge er-

schlossen, die weder fiktiv noch mechanistisch sind. So ist der Einfluß des Positivismus heute selbst im Westen deutlich im Schwinden begriffen, der „fundamentale materialistische Geist“ der Naturwissenschaft aber setzt sich durch.

Dabei zeigt sich in der gegenwärtigen Endphase der Krise der Physik insofern wesentlich Neues, als heute in der Sowjetunion und im sozialistischen Lager die gesellschaftlichen Kräfte herangewachsen sind, die diesem fundamentalen materialistischen Geist volle Entfaltung ermöglichen. Hier bedarf man keiner idealistischen und religiösen Auffassungen, um die Ausbeutung zu rechtfertigen und aufrechtzuerhalten; hier fördert das gesellschaftliche Denken das Verständnis für die Dialektik der Natur; hier ist die weltanschauliche Isolierung der Naturwissenschaft überwunden und der Konflikt zwischen dem naturwissenschaftlichen und dem gesellschaftlichen Denken der Naturwissenschaftler aufgehoben; hier hat die Philosophie in der Gestalt der marxistischen Philosophie einen Stand erreicht, der ihren heuristischen Wert für die moderne Naturwissenschaft immer wieder und immer stärker unter Beweis stellt; hier geht man bewußt vom Standpunkt des dialektischen Materialismus an die Lösung der Probleme heran und versteht man es immer besser, die Ergebnisse der modernen Naturwissenschaft auf der Grundlage des dialektischen Materialismus zu verallgemeinern und zu begreifen. Von hier aus wird das theoretische Denken und die Experimentalforschung in der ganzen Welt immer nachdrücklicher bestimmt. Es kann wohl als symbolisch bezeichnet werden, daß Bohr in einer Unterredung mit dem sowjetischen theoretischen Physiker Fok die positivistische Haltung der Kopenhagener Schule aufgab und 1958 Auswärtiges Mitglied der Sowjetischen Akademie der Wissenschaften geworden ist.

So wird heute mit Unterstützung der neuen gesellschaftlichen Kraft des sozialistischen Lagers durch die vereinten Anstrengungen der fortschrittlichen Naturwissenschaftler aller Länder auf der Grundlage des dialektischen Materialismus die Trennung von Philosophie und Naturwissenschaft überwunden. Die Konturen einer dialektischen Zusammenfassung der Naturwissenschaft werden nach fast hundertjährigen Bemühungen sichtbar.

Zu Anfang meiner Ausführungen habe ich darauf hingewiesen, daß die Ergebnisse der Naturwissenschaft stets auch auf die Weltanschauung eingewirkt haben und einwirken.

Betrachten wir den gegenwärtigen Zustand unter diesem Gesichtspunkt, so zeigt sich sowohl, daß die moderne Naturwissenschaft bedeutende Beiträge zur Entwicklung des dialektischen Materialismus leistet, als auch, daß die fortschrittlichen Naturwissenschaftler
17 der Gegenwart durch Besinnung auf den materiali/stischen Kern unter dem Eindruck der objektiven dialektischen Gesetzmäßigkeiten in der Natur und der Errungenschaften der Sowjetwissenschaft auch Verständnis für die gesellschaftlichen Zusammenhänge und Gesetzmäßigkeiten gewinnen. Immer wieder sehen sie sich veranlaßt, selbst unter öffentlicher Distanzierung vom Kommunismus, weltanschaulich und politisch mit der Arbeiterklasse und dem sozialistischen Lager zusammenzugehen.

Ich erinnere nur an die wiederholten Aufrufe Einsteins gegen die Entfesselung eines Atomkrieges, an die Unterstützung der Weltfriedensbewegung durch hervorragende deutsche Wissenschaftler, an die Erklärung der „Göttinger Achtzehn“, an den Appell evangelischer Intellektueller, darunter Heisenberg und von Weizsäcker, gegen die atomare Aufrüstung der Bundeswehr und an die entsprechenden Aufrufe amerikanischer, englischer, kanadischer und französischer Naturwissenschaftler. Ich erinnere an den hervorragenden Anteil der Wissenschaftler der sozialistischen Länder einschließlich unserer Republik am Aufbau einer neuen Gesellschaftsordnung und an der Stärkung und Festigung des sozialistischen Lagers.

Die Geschichte und Entwicklung des materialistischen Kerns oder, sagen wir mit Lenin, des fundamentalen materialistischen Geistes der Naturwissenschaft im Zusammenhang mit der Entwicklung von Naturwissenschaft und Gesellschaft konnte hier nur im großen

Umriß dargelegt werden. Sie auf Grund sorgfältiger Studien im Konkreten zu verfolgen, betrachte ich als eine wichtige Aufgabe der Geschichte der Naturwissenschaft wie der Geschichte der Philosophie gerade in unserem Arbeiter-und-Bauern-Staat. Wer anders als die deutsche Arbeiterklasse und die mit ihr verbündete deutsche Intelligenz könnte wohl heute die Traditionen pflegen, die in Deutschland zu neuen Erfolgen und Erkenntnissen in der Naturwissenschaft geführt haben?

Die Kenntnis dieser Traditionen aber wird dazu beitragen, die Entwicklung der Naturwissenschaft weiter voranzutreiben, und zugleich jungen wie alten Wissenschaftlern die Parteinahme für den gesellschaftlichen und wissenschaftlichen Fortschritt erleichtern. Sie wird helfen, die Wissenschaftler ganz Deutschlands auf die große Perspektive der Wissenschaft im Sozialismus zu orientieren.

# Röntgen-„Jubiläum" im „Dritten Reich"*

301 Vor vierzig Jahren, 1895, entdeckte der Würzburger Professor Wilhelm Conrad Röntgen die nach ihm benannten Strahlen. Es handelte sich dabei um eine außerordentlich bedeutsame Entdeckung, sind doch ohne die Röntgenstrahlen weder die moderne Physik noch die heutige Technik denkbar. Die neuen Strahlen fanden schnell breite Anwendung. Mit besonderem Erfolg wurden sie sofort in der Medizin eingesetzt — sowohl für die Diagnose wie später auch für die Therapie. Darüber hinaus nutzte man sie in vielfältiger Weise bei der Untersuchung von Werkstoffen. Als Laue 1912 mit ihrer Hilfe Kristallgitter fester Stoffe erforschte und nachwies, wie man diese Strahlen messen kann, ergaben sich weitere Anwendungsgebiete in der Grundlagen- und angewandten Forschung.

Das Röntgen-Jubiläum wird im „Dritten Reich" auf höchst eigenartige Weise vorbereitet. Man bestreitet dem genialen Wissenschaftler seine Entdeckung und versucht, den Ruhm einem anderen zuzusprechen.

„Führer" des physikalischen Denkens im Dritten Reich ist der Präsident der Physikalisch-Technischen Reichsanstalt, Johannes Stark. Stark, der 1919 für die Entdeckung des nach ihm benannten Effekts den Nobelpreis für Physik erhalten hatte, gab aus materiellen Erwägungen die akademische Lehrtätigkeit auf und ging in die Industrie. Später konnte er für sich keinen neuen Lehrstuhl finden, dafür aber einen namhaften Förderer, der sich bereit erklärte, seine Forschungen zu finanzieren. Als eingefleischter Gegner der Einsteinschen Relativitätstheorie und des Atommodells von Bohr und Sommerfeld, stellte er eine eigene, ungewöhnliche Lichttheorie auf. Gleichzeitig wurde er zum Nationalsozialisten.

In den Händen dieses Mannes liegt, wie aus seiner Rede auf dem IX. Deutschen Physikertag in Würzburg im Jahre 1933 hervorgeht, zur Zeit die Macht über die Verteilung aller Geldmittel, die vom Staat und von der Industrie für physikalische Forschungen bereitgestellt werden.[1] Diese Macht nutzt er, so sagt er selbst, um unter der Führung von Adolf
302 Hitler, dessen „vielseitige Genialität" er / preist, das neugermanische Rassenprinzip und die Ziele der deutschen Imperialisten durchzusetzen.

Was für ein Mann Stark ist, kann man der folgenden Erklärung von W. E. Pauli entnehmen: „Da die Ausführungen des Hrn. Stark in der allseits bekannten Tonart abgefaßt sind, so lehne ich — gleich anderen — jede Diskussion mit ihm ab. Ich bemerke nur, daß ich alles, was sich aus meinen Untersuchungen ergeben hat, aufrecht erhalte.
Jena, 27. Juli 1913."[2]

Zu jener Zeit pflegte Stark die Arbeiten anderer Wissenschaftler mit Ausdrücken zu kritisieren, die die persönliche Ehre der von ihm angegriffenen Autoren verletzten. Jeder,

---

* Erschienen in: Archiv istorii nauki i techniki 8/1936, S. 301—309.

[1] Ztschr. f. techn. Physik 14 (1933), S. 433—435.

[2] Annalen d. Physik 42 (1913), S. 487.

dem die zurückhaltende Ausdrucksweise in den internationalen wissenschaftlichen Publikationen bekannt ist, wird daraus ermessen können, wie sehr Stark sich im Ton vergriffen haben muß, um in einer bedeutenden wissenschaftlichen Zeitschrift eine derartige Abfuhr zu erhalten.

Der Kampf gegen die Relativitätstheorie brachte ihn schon während der Weimarer Republik in engen Kontakt zu Philipp Lenard, der jetzt als emeritierter Professor in Heidelberg lebt. Lenard, einer der reaktionärsten deutschen Professoren, ist ein wütender Antisemit und pathologischer Chauvinist. Er gehört zu jenen Leuten, deren Hauptargument gegen die Relativitätstheorie in dem Vorwurf gipfelt, sie sei „jüdischen Geistes“.

Dieser Mann behauptete schon vor vierzig Jahren, daß eigentlich er die neuen Strahlen entdeckt habe, wobei er den Versuch unternahm, dem wirklichen Entdecker den Erfolg streitig zu machen. Als Röntgen nach seiner Entdeckung im Jahre 1900 von der Würzburger an die Münchner Universität überwechselte, war Stark Assistent am dortigen Physikalischen Institut. Er wandte sich an Röntgen mit der Bitte, ihm die Stelle des ersten Assistenten zu geben, Röntgen lehnte dieses Ersuchen jedoch ab. Es ist daher keineswegs verwunderlich, daß Stark und Lenard jetzt in enger Gemeinschaft die alte Geschichte wieder aufgewärmt haben.

Röntgenstrahlen entstehen überall dort, wo Kathodenstrahlen auf ein Hindernis treffen und gebremst werden. Einige Jahre vor der Entdeckung Röntgens hat sich Lenard eingehend mit der Untersuchung der Eigenschaften von Kathodenstrahlen beschäftigt, die Röntgenstrahlen, die naturgemäß auch bei seinen Experimenten entstanden, jedoch nicht bemerkt. 1895 nahm Röntgen die Versuche Lenards wieder auf und begann selbst, die Kathodenstrahlen zu erforschen. Am 8. November 1895 fielen ihm vorerst noch unerklärliche Blitze auf dem Fluoreszenzschirm auf, der sich in der Nähe seiner Kathodenstrahlröhre befand. Er begann, diese Erscheinung zu untersuchen und sandte acht Wochen später der Physikalisch-Medizinischen Gesellschaft an der Universität Würzburg eine „Erste Mittheilung“ zu.[3] Diese Mitteilung enthält bereits die vollständige Beschreibung der wichtigsten Eigenschaften der neuen Strahlen, die auf der Grundlage sorgfältig durchgeführter Versuche er-
303 arbeitet worden war. Sie zog allgemein die Aufmerksamkeit auf sich und war schon / wenige Wochen später ins Englische, Französische, Italienische und Russische übersetzt worden.

Diese Tatsachen können nicht einmal faschistische Wissenschaftler abstreiten. Sie erklären aber, daß es Röntgen ohne die vorangegangenen Arbeiten Lenards nicht gelungen wäre, seine Strahlung zu entdecken. Natürlich ist es für einen Wissenschaftler äußerst ärgerlich, wenn ihm auf seinem Spezialgebiet, und als solches sah Lenard die Kathodenstrahlen an, eine derart fundamentale Erscheinung entgeht. Ein bekannter englischer Gelehrter sagte bereits zu Beginn des 20. Jahrhunderts, Lenard habe diese Strahlen zwar in seinen Apparaturen gehabt, Röntgen jedoch auch in seinem Kopf. Auf demselben Physikertag, auf dem sich Stark als das neue Oberhaupt der Physikalisch-Technischen Reichsanstalt vorstellte, erinnerte v. Laue, der siebzehn Jahre nach der Entdeckung der Röntgenstrahlen als erster unser Wissen über sie bedeutend erweiterte, an die Verdienste Röntgens, und er hob hervor, daß dieser „aus dem Zwielicht der Ungewißheit in die Klarheit sicherster wissenschaftlicher Erkenntnis hob, woran mancher vor ihm dicht vorübergegangen war“.

Als hätte v. Laue geahnt, was in unseren Tagen geschieht, fügte er damals noch folgendes hinzu: „Wissen wir doch aus der Röntgenbiographie von Glasser, daß es jenseits des

[3] W. C. Röntgen. Über eine neue Art von Strahlen. Erste Mittheilung. in: Sitzungsber. der Würzburger Physik.-Medicin. Ges., Jg. 1895, S. 132ff. (= W. C. Röntgen, Grundlegende Abhandlung über die X-Strahlen, Leipzig 1954, S. 5—15 [Klassische Arbeiten deutscher Physiker, H. 1]).

Ozeans eine richtige photographische Durchleuchtungsaufnahme aus dem Jahre 1890 gibt, die man freilich erst nach den Veröffentlichungen Röntgens in ihrer Natur erkannt hat."[4]

Damit lehnt v. Laue alle Prioritätsansprüche späterer Forscher ab. Wenn man die Entdeckung schon nicht Röntgen, sondern einem anderen zuschreiben wollte, so hätte der amerikanische Forscher, auf den v. Laue anspielt, größere Rechte darauf als Lenard, der ja seine Versuche erst nach 1890 begann. Die von v. Laue erwähnte Tatsache weist aber auch gleichzeitig dararauf hin, daß die Entdeckung keineswegs untrennbar mit den vorangegangenen Arbeiten Lenards verbunden ist, wie man das gegenwärtig im faschistischen Deutschland darzustellen bemüht ist.

Glasser berichtet in seinem Buch nicht nur von den amerikanischen Röntgenaufnahmen, sondern informiert auch darüber, was der amerikanische Wissenschaftler selbst über die Frage der Priorität dachte. Er zitiert Professor Goodspeed, der am Schluß seines Anfang 1896 gehaltenen Vortrages über die Röntgenstrahlen erklärte: „Wir können keine Priorität für diese Entdeckung verlangen, denn wir machten keine Entdeckung. Wir bitten Sie nur, sich zu erinnern, daß heute vor 6 Jahren das erste Kathodenstrahlenbild der Welt im Physikalischen Laboratorium der Universität von Pennsylvania gemacht wurde."[5] /

304 Diese deutliche und ausgesprochen gewissenhafte Erklärung war für Stark und Lenard ohne Bedeutung. Im Besitz faschistischer Machtmittel hielten sie es für möglich, die Geschichte der Röntgenschen Entdeckung zu ihren Gunsten zu „korrigieren".

Im Februar dieses Jahres veröffentlichte Stark in der „Physikalischen Zeitschrift" einen Aufsatz mit dem Titel „Zur Geschichte der Entdeckung der Röntgenstrahlen".[6] Darin versucht er auf der Grundlage alter Institutsakten, in denen er schon 1920/21 mit der gleichen Absicht wühlte, nachzuweisen, daß Röntgen seine Entdeckung mit Hilfe der von Lenard konstruierten Kathodenstrahlröhre gemacht habe. In derselben Nummer der Zeitschrift erschien auch der Artikel eines gewissen F. Schmidt, der ausführlich beweist, daß in einer solchen Röhre, für diesen Zweck nach alten Angaben gebaut, tatsächlich Röntgenstrahlen entstehen — ein völlig überflüssiges Unterfangen, da das in der heutigen Zeit niemand bezweifeln würde. Daß Lenard selbst hinter all dem steckt, wird aus seiner Schmidt „in dankenswerter Weise" erteilten Erlaubnis sichtbar, „für die vorliegende Veröffentlichung" eine Reihe von alten Briefen einzusehen.[7] Schmidt konzentriert seine besondere Aufmerksamkeit auf die Konstruktion der Röhre und schreibt in einer Anmerkung: „. . . die Inneneinrichtung [des Entladungsrohres, G. H.] wurde von dem Mechaniker der physikalisch-technischen Abteilung des physikalischen Instituts, Fritz Leible, unter der Leitung des langjährigen Mechanikers von Lenard, Alexander Eichler, nach Angaben des Verfassers hergestellt. Das fertige Rohr wurde von Herrn Geh. Rat Lenard begutachtet und als identisch mit den seinerzeit von Müller-Unkel [Glastechniker in Braunschweig, G. H.] gelieferten Röhren gefunden."[8]

Bedenkt man, daß „die Inneneinrichtung" dieser Röhre, die einen Vakuumapparat darstellt und jetzt in den meisten Laboratorien hergestellt wird, außerordentlich einfach ist,

---

[4] M. v. Laue, Ansprache bei der Eröffnung der Physikertagung in Würzburg am 18. Sept. 1933, Physik. Ztschr. 34 (1933), S. 889.

[5] O. Glasser, Wilhelm Conrad Röntgen und die Geschichte der Röntgenstrahlen, Berlin 1931, S. 162. (2. Aufl., Berlin—Göttingen—Heidelberg 1959, S. 194, vgl. auch S. 299).

[6] J. Stark, Zur Geschichte der Entdeckung der Röntgenstrahlen, Physik. Ztschr. 36 (1935), S. 280—283.

[7] F. Schmidt, Über die von einer Lenard-Fensterröhre mit Platinansatz ausgehenden Röntgenstrahlen, Physik. Ztschr. 36 (1935), S. 287.

[8] Ebenda, S. 283, Anm. 1.

so kann man nur sein Bedauern darüber ausdrücken, daß in Heidelberg zwei Mechaniker und ein Geheimer Rat die Mühe auf sich nehmen mußten, sie anzufertigen.

Die Frage, mit Hilfe welcher Röhre Röntgen eigentlich seine Entdeckung gemacht hat, wird von Stark und Schmidt in den Mittelpunkt gerückt, schreibt doch Stark in seinem Artikel: „Die Lenardsche Kathodenstrahlröhre, welche der Glastechniker Müller-Unkel nach den Angaben Lenards für Röntgen hergestellt hatte, hat die entscheidende Rolle bei der Entdeckung Röntgens gespielt.“[9]

Es ist jedoch festzustellen, daß dieser Umstand relativ bedeutungslos ist. Auch wenn Röntgen in der Tat seine Strahlen zum ersten Mal mit Hilfe jener Röhre beobachtet hätte,
305 so hieße das doch nur, daß dieses Instrument ihm / als geeignetes technisches Mittel diente, und nichts mehr. Denn Stark verschweigt in seinem Aufsatz, daß mehr oder weniger starke Röntgenstrahlen in allen Kathodenstrahlröhren entstehen. Natürlich verfügt die Lenardsche Röhre dabei über den Vorzug, daß es mit ihr dank ihrer speziellen Konstruktion möglich ist, verhältnismäßig viele Röntgenstrahlen zu gewinnen. Allerdings existierte schon damals auch eine Röhre anderer Art, die auf Crookes zurückgeht und meist als Hittorf-Crookessche Röhre bezeichnet wird. Die Kathodenstrahlen werden in ihr mittels eines besonderen Hohlspiegels auf eine Platinplatte konzentriert, so wie wir es bis heute in jeder Röntgenröhre vorfinden. Diese Röhre war für den Nachweis der thermischen Wirkung von Kathodenstrahlen konstruiert worden, da unter dem Einfluß der Strahlen die Platte sich zu erhitzen beginnt.

Dabei erhält man eine viel stärkere Röntgenstrahlung als mit der Lenardschen Röhre. Schon deshalb ist es sehr wahrscheinlich, daß Röntgen, wie er selbst angab,[10] bei seiner Entdeckung eine derartige Röhre benutzte. Darüber hinaus ist diese Röhre auch deshalb geeigneter, weil, wie das gerade aus der Arbeit Schmidts hervorgeht, bei der Lenardschen Röhre die Röntgenstrahlen mit der größten Intensität ringförmig angeordnet sind, was diese Röhre für Schirmbildaufnahmen fast untauglich macht.

Stark gelingt es in seinem Artikel nicht, den Nachweis zu erbringen, daß Röntgen bei seinen entscheidenden Versuchen eine Lenardsche Röhre benutzt hat. Er beweist lediglich, daß Röntgen vor seiner Entdeckung eine solche Röhre von dem Braunschweiger Glastechniker erhalten hatte und wahrscheinlich auch mit ihr experimentierte. Bei dem entscheidenden Versuch war Röntgen allein, und da Stark es doch nicht wagt, Röntgens Aussage, er habe dabei eine Hittorfsche Röhre benutzt, offen als Lüge zu bezeichnen, versucht er, die Wirkung dieser Erklärung abzuschwächen, indem er behauptet, damals seien alle Kathodenstrahlröhren einfach Hittorfsche Röhren genannt worden. Hier muß jedoch darauf verwiesen werden, daß die Lenardsche Röhre in dem von Stark veröffentlichten Briefwechsel Röntgens mit dem Braunschweiger Techniker nirgendwo als Hittorfsche Röhre bezeichnet wird, als solche wird sie auch nicht im Inventarverzeichnis des Instituts geführt, und in der ersten Publikation seiner Entdeckung spricht Röntgen von der „Hittorfschen Vacuumröhre“ und über einen „Lenard'schen, Crookes'schen oder ähnlichen Apparat“.[11]

Der Versuch Starks, die Lenardsche Röhre und so Lenard selbst in die Entdeckung der ersten Röntgenstrahlen einzubeziehen, ändert nichts an der Tatsache, daß Lenard die neuen Strahlen nicht entdeckt hatte. Auf diese Weise wirkt sein Versuch, die Entdeckung Röntgens anzufechten, wider seinen Willen wie eine Bitte um Nachsicht für einen armen Freund. Uns wird in allen Einzelheiten mitgeteilt, daß Lenard nur über einen wenig ge-

---

[9] J. Stark, Zur Geschichte . . ., a. a. O., S. 281.

[10] O. Glasser, Wilhelm Conrad Röntgen . . ., a. a. O., S. 3 u. 9 (2. Aufl., a. a. O., S. 3 u. 11).

[12] W. C. Röntgen, Über eine neue Art . . ., a. a. O., S. 132 (2. Aufl., a. a. O., S. 5).

eigneten Leuchtschirm verfügte, daß er seine Röhre nicht mit schwarzem Karton, sondern mit Zinkblech verhüllte und daß Lenard selbst nicht über die angeblich so entscheidende
306 Lenardsche Kathoden/strahlröhre verfügte. „Erstens hatte Röntgen eine ausgezeichnete Lenardsche Kathodenstrahlröhre in der Hand, wie sie nicht einmal Lenard selbst bis dahin zur Verfügung gestanden hatte“ — schreibt Stark wörtlich.[12] Wie hätte das jedoch sein können, wo er sie doch konstruiert hatte?

Bei der aufmerksamen Lektüre des Artikels von Stark stellt sich außerdem heraus, daß die Röhre, die, wie Stark versichert, „nach den Angaben Lenards“ angefertigt wurde, keineswegs von ihm konstruiert worden war. Lenard erwähnt in einer seiner Arbeiten, die Experimente ließen sich am zweckmäßigsten mit einer Röhre durchführen, „welche Hr. Glastechniker Müller-Unkel in Braunschweig kürzlich verfertigte“. Röntgen hat sich, das geht aus dem von Stark publizierten Briefwechsel hervor, bei Lenard nach Details erkundigt und dann bei Müller-Unkel einen, wie es in dem Brief heißt, „von Ihnen konstruierten Entladungsapparat“ bestellt. In Wirklichkeit wird es sich somit zweifellos so verhalten haben, daß dieser Techniker die Röhre konstruierte, mit deren Hilfe die zuerst von Lenard beim Austritt von Kathodenstrahlen aus dem Vakuum beobachteten Erscheinungen besser verfolgt werden konnten, und er hat sie dann sowohl an Lenard wie auch an Röntgen verkauft. Lenard schuf damit den grundlegenden Entwurf der Röhre, nicht aber ihre spezielle Form, die jedoch für die unerwartet auftretende intensive Röntgenstrahlung entscheidend wurde. Wenn Stark jedoch über die Röhre sagt, sie wurde von dem „Glastechniker Müller-Unkel nach den Angaben Lenards für Röntgen hergestellt“, so muß das bei dem uninformierten Leser einen völlig anderen Eindruck hervorrufen. Schon der Umstand, daß mit solchen zweideutigen Formulierungen Tatsachen vorsätzlich falsch dargestellt werden, ist bezeichnend genug. In Wirklichkeit kann Röntgen bestenfalls eine Röhre benutzt haben, die mit Lenard insofern etwas zu tun hatte, als sie nach Lenards Prinzip von einem Techniker konstruiert worden war. Die Röhre gab es im freien Handel und konnte von jedermann erworben werden. Niemand kann Röntgen Experimente mit einer solchen Röhre vorhalten. Und dennoch ist Stark nicht imstande, zu beweisen, daß Röntgen bei seinen entscheidenden Versuchen gerade diese Röhre benutzte. Nach wie vor gibt es keinen Grund, an der gegenteiligen Erklärung Röntgens zu zweifeln.

Stark tut das aber. Im Zusammenhang mit seiner Behauptung, Röntgen habe die Versuche Lenards wiederholt und mit Hilfe der Lenardschen Röhre die Röntgenstrahlen erhalten, verwendet er in seinem Artikel zweimal die Ausdrücke „bestätigen“ und „eingestehen“.

Der Ton der Arbeiten von Stark und Schmidt ist außergewöhnlich grob. So bezeichnet Stark etwa eine von Röntgen vorgenommene Veränderung im Versuchsaufbau, die zur Entdeckung wesentlich beitrug, als „nicht so einwandfrei“[13] und hält sie damit für eine Art Fehler im experimentellen Vorgehen. Im Einklang damit behauptet Schmidt, Lenard habe „es grundsätzlich abgelehnt, gelegentliche Beobachtungen oder unfertige und noch nicht völlig durchdachte Untersuchungen in Form ‚Vorläufiger Mitteilungen‘ zu veröffentlichen“.[14] Diese Formulierung spielt offensichtlich auf die „Erste Mittheilung“ Röntgens an. Doch ist die Andeutung eine regelrechte Frechheit, kann man doch die „Erste Mittheilung“ Röntgens in Anbetracht ihrer Allseitigkeit und Gründlichkeit auf sehr verschiedene Weise charakterisieren, nur nicht als „gelegentliche Beobachtung“ und als eine „noch nicht völlig durchdachte Untersuchung“. /

---

[12] J. Stark, Zur Geschichte . . ., a. a. O., S. 282.
[13] Ebenda, S. 283.
[14] F. Schmidt, Über die von einer Lenard-Fensterröhre . . ., a. a. O., S. 287.

307 Röntgen ist als ein außerordentlich genauer, sorgfältiger und gewissenhafter Experimentator bekannt, der niemals auch nur ein unbedachtes Wort niederschrieb und seine Resultate vielfach prüfte, bevor er sie publizierte.[15] Seine Verdienste auf anderen Gebieten der Physik bestehen gerade in der Ausführung genauester Messungen.

Röntgen starb 1923 und kann sich infolgedessen nicht selbst gegen diese groben Ausfälle verteidigen. Doch ungeachtet des faschistischen Terrors besaß einer seiner früheren Assistenten, Max Wien, heute ein weltbekannter Physiker, den Mut, für seinen Lehrer einzutreten. In der ersten Augustnummer der Physikalischen Zeitschrift erschien eine Entgegnung von ihm. Darin erklärt Wien völlig zu Recht, daß für die Entdeckung der Röntgenstrahlen die „Röhrenform", bei welcher „die Fluoreszenz zuerst beobachtet wurde", „nicht von wesentlicher Bedeutung" ist, „da bei allen genügend evakuierten Röhren die Strahlen mehr oder weniger stark auftreten".[16] Gleichzeitig protestiert Wien auch im Namen anderer nicht genannter Kollegen gegen die Unterstellung Starks, Röntgen habe irgendetwas verheimlichen wollen. Wien sieht darin berechtigterweise eine Diffamierung des großen Gelehrten, der „nichts zu verheimlichen hatte und nichts verheimlichen wollte".

Stark nahm diese höflich geäußerte Richtigstellung nicht hin, sondern war so taktlos, in der gleichen Nummer der Zeitschrift einen „Nachtrag" zu seinem Artikel zu bringen. Darin zitiert er die im Testament Röntgens enthaltene Verfügung, alle seine persönlichen Papiere, unter denen sich möglicherweise auch die sich auf seine Entdeckung beziehenden Unterlagen befanden, ungelesen zu verbrennen. Da Stark seine Notiz mit den Worten beginnt „gegenüber dem vorstehenden Artikel des Herrn Max Wien beschränke ich mich auf folgende Feststellungen", so geht daraus eindeutig hervor, daß er nach wie vor rundweg unterstellt, Röntgen habe seine Entdeckung gestohlen.[17]

Unwillkürlich wird man an den Satz erinnert, den Röntgen anläßlich eines ähnlichen Verdachtes äußerte: „Es ist ja, als ob ich mich entschuldigen müßte, daß ich die Strahlen entdeckt habe."[18]

Der alte Streit wäre wahrscheinlich längst vergessen, wenn es anginge, Röntgen den Nationalsozialisten zuzurechnen. Dieser fühlte sich aber in seinen politischen Anschauungen bürgerlich-liberalen Auffassungen verbunden und war alles andere als ein Antisemit. Von seiten seines Vaters entstammte er einer alten rheinischen Handwerkerfamilie, von seiten seiner Mutter der holländischen Kaufmannsschicht, und er blieb den freiheitlichen Traditionen seiner Vorfahren das ganze Leben über treu. Seine Frau war die Tochter eines Schweizer Bürgers, der als Student nach der Revolution von 1848 aus Jena in die Schweiz geflohen war. /

308 Nach der Entdeckung der berühmten Strahlen hatte der bayerische König Röntgen einen hohen Orden verliehen, der für seinen Träger bei entsprechendem Gesuch das Adelsprivileg einschloß. Röntgen hat nie ein derartiges Gesuch gestellt und protestierte energisch gegen die Titulierung ‚von Röntgen'. So schrieb er z. B. am 13. Juni 1896 an eine Behörde, die an ihn einen Brief mit der Adresse ‚Herrn Prof. Dr. von Röntgen' gerichtet hatte: „. . . Da ich bis jetzt kein bezügliches Gesuch eingereicht habe und auch nicht gesonnen bin, ein solches einzureichen, kommt mir die Führung des Prädikats ‚von' nicht zu."[19]

---

[15] Vgl. z. B. L. Zehnder, W. C. Röntgen, Würzburg 1930 (Lebensläufe aus Franken, Bd. 4).

[16] M. Wien, Zur Geschichte der Entdeckung der Röntgenstrahlen. Bemerkung zu dem Aufsatz von J. Stark, Physik. Ztschr. 36 (1935), S. 536.

[17] J. Stark, Zur Geschichte der Entdeckung der Röntgenstrahlen. Nachtrag, Physik. Ztschr. 36 (1935), S. 536/537.

[18] O. Glasser, Wilhelm Conrad Röntgen . . ., a. a. O., S. 57. (in der 2. Auflage nicht mehr zitiert).

[19] Ebenda, S. 67. (2. Aufl., a. a. O., S. 88).

1914 sprach er sich für „einen vernünftigen Frieden“ aus, „nicht nach altdeutscher Manier“.[20] Obwohl auch er seinerzeit den berüchtigten Aufruf an die Kulturwelt der 93 deutschen Intellektuellen unterzeichnet hatte, hatte er dabei nur, wie er später bekannte, hartnäckigem Drängen nachgegeben und ihn unterschrieben, „ohne ihn vorher gelesen zu haben“.[21] Aus seinen Briefen aus der Revolutionszeit von 1918 geht klar hervor, daß er die neue republikanische Regierung begrüßte und von ihr das Beste erwartete.[22] Zu den „extrem linken“ Parteien verhielt er sich allerdings äußerst ablehnend. Marx, Engels, Lenin kannte er wahrscheinlich nur vom Hörensagen. Doch war ihm jede Form von Antisemitismus völlig fremd. 1921 schrieb er in einem Privatbrief über einen antisemitischen Vorfall: „Daß anständige Menschen von minderwertigen Personen so offen schwer gekränkt werden können, ist ein trauriges Zeichen der Zeit.“[23]

Röntgen blieb stets ein ruhiger, bescheidener und zurückgezogen lebender Gelehrter, den weder Weltruhm noch zahlreiche Ehrungen änderten. Ihm kam nie die Idee, seine Entdeckungen, insbesondere die von ihm konstruierte Röhre, patentieren zu lassen. Dieser Umstand begünstigte eine schnelle und breite Anwendung seiner Strahlung in Medizin, Wissenschaft und Technik.

Jetzt wird das Andenken dieses großen Gelehrten, der der Menschheit eine so bedeutende Wohltat erwies, mit Dreck überschüttet. Zwei reaktionäre deutsche Wissenschaftler versuchen mit Hilfe staatlicher Machtmittel ihre eigene Suppe zu kochen und durch Diffamierung eines hervorragenden Wissenschaftlers hintenherum ihrem Komplizen Ruhm zu verschaffen, der ihm nicht gebührt. Gerade deshalb ist es notwendig, die Aufmerksamkeit der sowjetischen Öffentlichkeit, dieser wahren Vertreterin der Kultur, sowie die der öffentlichen Meinung der Welt auf den erwähnten Anschlag zu lenken, um so eine neue von den Faschisten vorbereitete Geschichtsfälschung zu verhindern.

---

[20] Ebenda, S. 119 (2. Aufl., S. 153).
[21] Ebenda, S. 119 (2. Aufl., S. 152/153).
[22] Vgl. ebenda, S. 121/122 (2. Aufl., S. 154/155).
[23] Ebenda, S. 123 (2. Aufl., S. 157).

# Die beiden Aspekte der wissenschaftlichen Revolution des 17. Jahrhunderts und die Gegenwart*

1 Die wissenschaftlich-technische Revolution der Gegenwart, mit der sich nicht nur Naturwissenschaftler und Vertreter der Technik, sondern ebenso Soziologen, Philosophen, Ökonomen und Politiker in zahlreichen Ländern beschäftigen, wirft vor dem Wissenschaftshistoriker, der die Gesetze der Entwicklung der Wissenschaft erforscht, die Frage auf, was man denn eigentlich unter einer Revolution in Wissenschaft und Technik zu verstehen habe.

Geht man von der allgemeinen Bedeutung des Begriffes Revolution aus, so hat man darunter diejenige Phase eines Entwicklungsprozesses zu verstehen, in der quantitative Veränderungen eines bestimmten Gegenstandes oder einer bestimmten Erscheinung in qualitative Veränderungen umschlagen, in der sich etwas Neues herausbildet, das sich in der anschließenden evolutionären Phase ausbreitet, sich festigt und erstarkt. Wir unterscheiden somit zwischen Evolution und Revolution als aufeinanderfolgende Phasen der Entwicklung.

Auf der Grundlage dieser allgemeinen Begriffsbestimmungen wird der Wissenschaftshistoriker das Problem nicht logisch abstrakt zu beantworten versuchen, sondern durch Analyse der historischen Tatbestände und Zusammenhänge.

Eine umfassende Untersuchung zum Problem der wissenschaftlichen Revolution liegt in der Studie „The structure of scientific revolutions“ von Thomas S. Kuhn vor.[1] Mit einer Fülle historischen Materials, vor allem aus der Zeit der Herausbildung der neuen Chemie, d. h. der sogenannten „chemischen Revolution“, charakterisiert Kuhn das Wesen wissenschaftlicher Revolutionen als *Paradigmashift*, d. h. als einen mehr oder weniger sprunghaften Übergang der Wissenschaft bzw. einer ihrer Disziplinen von einem feststehenden, in sich geschlossenen Paradigma zu einem anderen, neuen[2]. /

2 Unter den Paradigmata einer Wissenschaft versteht Kuhn dabei „allgemein anerkannte wissenschaftliche Errungenschaften, die zeitweise Modellprobleme und Modellösungen für eine Gemeinschaft von Fachleuten liefern“.[3] Sie schließen „Gesetz, Theorie, Anwendung und Instrumentarium“ ein und „liefern Modelle, aus denen besondere zusammenhängende Traditionen wissenschaftlicher Forschung hervorgehen, wie etwa ‚Ptolemäische bzw. Kopernikanische Astronomie‘, ‚Aristotelische bzw. Newtonsche Mechanik‘, ‚(optische)

---

* Erweiterter und ergänzter deutscher Text des Beitrages „La revolution scientifique au XVIIe siècle“ zum XI. CIHS, August 1965 in Warschau, erschienen in: NTM 3 (1966), H. 8, S. 1—10.

1 Th. S. Kuhn, The structure of scientific revolutions, The University of Chicago Press 1962, International Encyclopedia of Unified Science, Bd. 2, Nr. 2 (2. Aufl., a. a. O., 1970).

2 „. . . scientific revolutions are here taken to be those non-cumulative developmental episodes in which an older paradigm is replaced in whole or in part by an incompatible new one.“ „The resulting transition to a new paradigm is scientific revolution.“ Ebenda, S. 90/91 (2. Aufl., S. 90, 92).

3 „. . . universally recognized scientific achievements for a time provide model problems and solutions to a community of practitioners.“ Ebenda, S. X (2. Aufl., S. VIII).

Emissionstheorie bzw. Wellentheorie' usw."[4] Mit Paradigma bezeichnet er somit sowohl das einen bestimmten Zustand der Wissenschaft charakterisierende Begriffssystem wie die Methode der wissenschaftlichen Forschung und im weiteren Sinne auch die wissenschaftlichen Instrumente und die innere gesellschaftliche Organisation von Lehre und Forschung.

Im Unterschied zur wissenschaftlichen Revolution ist nach Kuhn die „normale Wissenschaft" oder „Routineforschung" dadurch gekennzeichnet, daß dabei das Wissen nach feststehenden Regeln und Vorschriften erweitert wird. Kuhn vergleicht die „normale Wissenschaft" mit dem Lösen von Rätseln nach gegebenen Regeln und weist darauf hin, daß in der Lehre vor allem die geltenden Paradigmata einschließlich der Regeln zum Lösen der Rätsel vermittelt werden, womit die kumulative Eigenschaft der Wissenschaft zum Ausdruck kommt.

In Verallgemeinerung dieser Untersuchung ergäbe sich damit in großen Zügen etwa folgender Gang in der Entwicklung der Wissenschaft: Während der evolutionären Phase kommt es infolge der Vermehrung der Kenntnisse und infolge der Durcharbeitung und Verfeinerung der Theorien zur Entdeckung von Tatsachen und Zusammenhängen, die nach den geltenden Vorstellungen, Begriffen und Theorien nicht zu erwarten sind oder ihnen widersprechen. Die Lücken bzw. inneren Widersprüche der allgemein anerkannten Konzeptionen werden deutlich, diese verlieren ihre Glaubwürdigkeit, der relative, angenäherte Charakter des vorhandenen Wissens tritt zutage.

Unter diesen Umständen versucht zunächst die Mehrheit der Wissenschaftler, diese Mängel im Rahmen der geltenden Vorstellungen, Begriffe und Theorien zu bewältigen. Sie werden durch ad hoc erfundene Hypothesen und Annahmen erweitert. Schlagen diese Versuche fehl, führt die Korrektur eines Widerspruchs zur Aufdeckung neuer Widersprüche, so geht die Einheit und Geschlossenheit der alten Lehre verloren. Es kommt zu einer revolutionären Krise der Wissenschaft oder einzelner ihrer Disziplinen, bei der sogar die geltenden
3 Lösungen gelöster / Probleme in Frage gestellt werden. Bisher allgemein anerkannte Grundbegriffe werden untersucht und philosophische Fragen aufgeworfen.

Die Lösung der revolutionären Krise erfolgt durch Umformung der vorhandenen und Herausbildung neuer Vorstellungen, Begriffe und Theorien, kurz eines neuen Paradigmas im Sinne Kuhns, mit dessen Hilfe die Widersprüche und Lücken des alten Paradigmas überwunden und neue Wege zur Erforschung der Wirklichkeit eröffnet werden. Auf Grund der neuen Konzeption werden neue Fragen gestellt und neue Methoden zu deren Beantwortung ausgearbeitet, mit deren Hilfe auch für früher bereits gelöste Probleme neue Lösungen gefunden werden, so daß das vorliegende Wissen in das neue Paradigma aufgenommen, in die neu erschlossenen Zusammenhänge eingeordnet werden kann. Die kumulative Eigenschaft der Wissenschaft äußert sich nicht mehr als einfache Anhäufung von Kenntnissen, sondern als Umformung oder Umbildung des vorhandenen Wissens.[5]

---

[4] „By choosing it [the term paradigm, G. H.] I mean to suggest that some accepted examples of actual scientific practice — examples which include law, theory, application, and instrumentation together — provide models from which spring particular coherent traditions of scientific research. These are the traditions which the historian describes under such rubrics as ‚Ptolemaic astronomy' (or ‚Copernican'), ‚Aristotelian dynamics' (or ‚Newtonian'), ‚corpuscular optics' (or ‚wave optics') and so on." Ebenda, S. 10 (2. Aufl., S. 10).

[5] Wenn Kuhn demgegenüber die Ansicht vertritt, daß die Wissenschaft nur in den evolutionären Phasen ihrer Geschichte kumulativ ist (ebenda, S. 94/95; 2. Aufl., S. 95/96), so übersieht er die Tatsache, daß auch bei einem Wechsel des Paradigmas das vorhandene Wissen keineswegs beiseite geworfen, sondern im dialektischen Sinne des Wortes negiert wird — ein Vorgang, der gerade auch in der Renaissance und im 17. Jahrhundert bei der Aneignung und Umbildung des antiken Wissens eine bedeutende Rolle gespielt hat.

Die neue Konzeption setzt sich nur in scharfer Auseinandersetzung mit der alten durch, wobei diese Kämpfe um so heftiger und breiter werden, je größeres Umdenken der Übergang erfordert und je mehr er demzufolge in das allgemeine philosophische Denken und die geltende Weltanschauung eingreift. Über den Ausgang der Kämpfe entscheidet letzten Endes der Vergleich beider Konzeptionen mit der Erfahrung und mit den Tatsachen. Den Sieg trägt die Konzeption davon, welche die Wirklichkeit tiefer und umfassender widerspiegelt, zuverlässigeres Wissen liefert und genauere Aussagen ermöglicht.

Hat sich die neue Konzeption durchgesetzt, so folgt die nächste evolutionäre Phase, in deren Verlauf das Wissen auf der neuen Grundlage erweitert und ergänzt wird, die neuen Vorstellungen, Begriffe und Theorien präzisiert und die neuen Methoden durchgebildet werden.

Es versteht sich von selbst, daß diese Vorstellung von der Entwicklung der Wissenschaft auf der Voraussetzung beruht, daß eine vom Bewußtsein unabhängige objektive Außenwelt als Gegenstand wissenschaftlicher Forschung existiert und deshalb, wie Kuhn herausarbeitet, mit den positivistischen Theorien der Verifikation oder der Falsifikation nach K. R. Popper nicht zu vereinbaren ist.[6]

Auch in der Sowjetunion hat man begonnen, sich mit diesem Problem zu beschäftigen. In einem Aufsatz „Über die Ausarbeitung einer Theorie der wissenschaftlichen Kennt-
4 nisse“[7], worunter der Verfasser eine Theorie der wissen/schaftlichen Theorie versteht, unterscheidet Ovčinnikov zwischen einer extensiven und einer intensiven Erweiterung der wissenschaftlichen Kenntnisse. Dabei versteht er unter dem extensiven Weg die „Erweiterung des Anwendungsbereiches der (bekannten) Gesetze“, und zwar sowohl in bezug auf die Erweiterung der wissenschaftlichen Kenntnisse wie in bezug auf deren praktische Anwendung, und unter dem intensiven Weg „das Aufkommen einer prinzipiellen neuen Theorie, die auf prinzipiell neuen Ideen beruht“. Ovčinnikov gibt an, daß der Übergang von der extensiven zur intensiven Erweiterung der Wissenschaft „sowohl durch die Entdeckung neuer Tatsachen als auch auf Grund innerer Gesetze“ erfolgen kann, leider ohne näheres über solche innere Gesetze auszuführen. Die Gedanken Ovčinnikovs hat S. R. Mikulinskij in einem Aufsatz „Methodologische Probleme der Geschichte der Biologie“[8] aufgegriffen. Er führt darin aus, daß sich unser Wissen stets extensiv weiterentwickelt, aber unter bestimmten Bedingungen eine intensive Entwicklung einsetzt, und unterstreicht, daß es keine wissenschaftliche Disziplin gibt, die sich über längere Zeiträume hin nur auf einem der beiden Wege entwickelt hätte. Mikulinskij ist der Ansicht, daß auch nach dem Auftreten einer intensiven Erweiterung des Wissens die extensive Erweiterung der Kenntnisse auf dem alten Niveau fortgeführt wird. Offensichtlich ist damit die Existenz wissenschaftlicher Revolutionen in Frage gestellt, wenn man bei dieser Fortführung — etwa der Systematik und der Suche nach unbekannten Arten in Botanik und Zoologie — die Rückwirkung der intensiven Erweiterung der Wissenschaft auf die alten Forschungsgebiete außer acht läßt.

Untersucht man unter diesem Gesichtspunkt die wissenschaftliche Revolution des 17. Jahrhunderts, so ergibt sich zunächst, daß sie in ihrem ganzen Verlauf alle die Merkmale einer wissenschaftlichen Revolution aufweist, die soeben im Anschluß an Kuhn herausgearbeitet wurden. An die Stelle alter Vorstellungen, Begriffe und Theorien treten neue;

---

[6] Vgl. die Rezension zu Th. S. Kuhn, The structure . . ., a. a. O., von L. A. Markova unter dem Titel „Problema revoljucii v istorii nauki“, in: Voprosy filosofii 19 (1965), Nr. 9, S. 178—182.

[7] N. F. Ovčinnikov, O razrabotke teorii naučnogo poznanija, Voprosy filosofii 18 (1964), Nr. 2, S. 14—24.

[8] S. R. Mikulinskij, Metodologičeskie problemy istorii biologii, Voprosy filosofii 18 (1964), Nr. 9, S. 32—42.

neu entdeckte Erscheinungen versucht man zunächst im Rahmen der bestehenden Konzeption zu erfassen; es kommt zu einer Zersplitterung und Auflösung der vorher in sich geschlossenen Vorstellungen, bis eine neue Konzeption erarbeitet ist, die wiederum das Ganze umfaßt und vereinigt. Dabei ergibt sich der Sieg des Neuen daraus, daß es besser als das Alte mit der Erfahrung übereinstimmt und Voraussagen ermöglicht, die in den alten Konzeptionen nicht enthalten waren. Die ganze Umwälzung vollzieht sich unter heftigen weltanschaulichen Auseinandersetzungen.

Konzentriert und lebendig wird diese Umwälzung und werden die damit verbundenen Auseinandersetzungen in dem berühmten Dialog Galileis „Über die zwei hauptsächlichsten Weltsysteme, das ptolemäische und das kopernikanische“ widergespiegelt, könnte er doch ebensogut und treffender den Titel tragen: „Dialog über die zwei hauptsächlichsten Systeme
5 der Naturforschung (bzw. der Philoso/phie), das aristotelisch-scholastische und das mathematisch-experimentelle“. In der Streitschrift geht es gar nicht nur um die beiden Weltsysteme, sondern ebenso um die Grundlagen der Mechanik, um die wissenschaftliche Methode, um die Bedeutung der Mathematik sowie um die weltanschaulichen Konsequenzen und die durch die alte und neue Konzeption gesetzten Wertmaßstäbe.

Trotzdem ist es historisch bekanntlich anders verlaufen. Ganz abgesehen davon, daß das Neue zunächst auf Ablehnung, Widerspruch und Unverständnis stieß, zogen auch die Anhänger des Neuen im 17. und noch im 18. Jahrhundert Francis Bacon fast unwidersprochen Galilei vor und betrachteten Bacon als den Initiator einer neuen Wissenschaft. Die Gründer der Londoner Royal Society bezogen sich auf ihn als ihr Vorbild, und selbst in Frankreich, wo im 17. Jahrhundert Descartes als Überwinder der scholastischen Philosophie galt, wurde im 18. Jahrhundert Bacon (zum Teil auch unter dem Einfluß von Descartes) deutlich Galilei vorgezogen. In seinem „Discours préliminaire“ stellt d'Alembert Francis Bacon an die Spitze der „berühmten Persönlichkeiten“, die „die Aufklärung vorbereiteten, von welcher die Welt allmählich und in merklicher Steigerung erleuchtet werden sollte“, und setzt die Reihe der „hauptsächlichsten Genies, die der menschliche Geist als seine Lehrmeister betrachten muß“, mit Descartes, Newton und Locke fort, während er Galilei (mit Harvey, Huygens, Malebranche, Boyle u. a.) zu den „anderen berühmten Philosophen“ rechnet, die „durch ihre Arbeiten unablässig zum Fortschritt der Wissenschaft beigetragen und sozusagen einen Zipfel des Schleiers gelüftet haben, der uns die Wahrheit verbarg“.[9] Worauf ist diese Wirkung Bacons zurückzuführen?

Offensichtlich nicht auf eigene wissenschaftliche Entdeckungen, denn solche liegen kaum vor. Es gibt keine wissenschaftliche Theorie, kein Naturgesetz und keine Naturerscheinung, die nach Bacon benannt oder deren Entdeckung mit Bacons Namen unmittelbar verknüpft wäre. Das gilt sogar für seine Auffassung von der Wärme als einer Bewegung kleinster Teilchen, die in der von Bacon vorgelegten Formulierung in der Geschichte der Wissenschaft keine Rolle gespielt hat. Darüber hinaus können selbst so überzeugte Anhänger Bacons unter den neueren Historikern wie Whewell, Farrington und Crowther nicht bestreiten, daß Bacon ganz im Gegensatz zu Galilei die wissenschaftlichen Errungenschaften seiner Zeit, wie Gilberts Lehre vom Magnetismus, das Kopernikanische Weltsystem und den von Harvey entdeckten Blutkreislauf, verkannt und abgelehnt hat.

Ähnliches gilt auch bezüglich der von Bacon entwickelten neuen induktiven Methode der wissenschaftlichen Forschung. Das im „Novum organum“ propagierte induktive Verfahren und Bacons damit verbundene Warnung vor voreiliger Deduktion hat für die Entwicklung der neuen Wissenschaft grundlegende Bedeutung gehabt. Bacons Methode verfehlte jedoch

---

[9] d'Alembert, Einleitende Abhandlung zur Enzyklopädie (1751), Berlin 1958, S. 91/92 und 106 (Philosophische Studientexte).

ihr Anliegen insofern, als die von ihm empfohlene Aufstellung von Instanzentafeln keines-
6 wegs zu dem er/strebten Ziel führte und von den Vertretern der Experimentalphilosophie bzw. der „aktiven Wissenschaft", wie Bacon sie forderte, nicht befolgt worden ist. Die Feststellung von Dijksterhuis, die „experimentelle Naturwissenschaft ist nie so betrieben worden, wie es Bacon vorschwebte"[10], trifft in vollem Umfang zu. Galilei, nicht Bacon entwickelte die mathematisch-experimentelle Methode der neuen Naturwissenschaften.

Nicht eigentliche wissenschaftliche Leistungen und die Erfindung einer fast kanzleimäßigen induktiven Methode haben Francis Bacon zum Bahnbrecher des Neuen werden lassen, sondern der Umstand, daß er seine Kritik an der Scholastik nicht auf ihre einzelnen Lehrmeinungen und ihre Methode beschränkte, sondern auf das Ziel ausdehnte, welches die scholastische Philosophie verfolgte, und das Wesen der Wissenschaft neu bestimmt hat. „Als Feind von Systemen betrachtete er die Philosophie nur als jenen Teil unserer Kenntnisse, der dazu beitragen soll, uns besser oder glücklicher zu machen", so charakterisiert d'Alembert diese Auffassung Bacons.[11] „Das wahre und rechtmäßige Ziel der Wissenschaft", so formuliert Bacon selbst, „ist kein anderes, als das menschliche Leben mit neuen Erfindungen und Mitteln zu bereichern".[12] Dabei begründet er diese Zielstellung damit, daß man die Natur kennen müsse, um ihr befehlen zu können. Diesen Gedanken entwickelt er bis zu der Einsicht, daß man bei der Betrachtung der Natur nicht stehenbleiben dürfe, sondern daß das Wissen, wenn es benutzt wird, Macht bedeutet.[13] „Wissen ist Macht", unter dieser Devise trat die neue Wissenschaft auf den Plan, verstand sie ihre gesellschaftliche Funktion.

Bacons neue Bestimmung des Wesens der Wissenschaft stellt nicht nur eine für das 17. Jahrhundert geltende Erkenntnis dar, sondern in voller Bedeutung des Wortes die Entdeckung der wahren gesellschaftlichen Funktion der Wissenschaft, die bis dahin unter idealistischen und religiösen Vorstellungen verborgen geblieben war und seitdem nicht mehr rückgängig gemacht werden kann. Sie findet heute ihre volle Auswirkung in der Tatsache, daß Staaten und Klassen eine bestimmte Wissenschafts- und Bildungspolitik verfolgen und verfolgen müssen sowie die Entwicklung der Wissenschaft beachten und lenken. /

7 Mit Recht hat B. Farrington schon im Titel seiner Biographie Bacon als „Philosopher of industrial science"[14] und hat ihn J. G. Crowther entsprechend als „The first statesman of science"[15] bezeichnet, wobei Farrington auf die Bedeutung der Vorstellungen Bacons für die Entwicklung einer praxisverbundenen Wissenschaft hinwies und Crowther zehn Jahre später auf Bacons Bedeutung für die Planung und Leitung der wissenschaftlichen Forschung.

Es verdient in diesem Zusammenhang hervorgehoben zu werden, daß sich Francis Bacon darüber klar war, daß Erfindungen ebenso zum Nutzen wie zum Schaden benutzt werden können, und deshalb forderte, das Ziel der Wissenschaft „in Liebe zu vollenden und

---

[10] E. J. Dijksterhuis, Die Mechanisierung des Weltbildes, Berlin—Göttingen—Heidelberg 1956, S. 446.

[11] d'Alembert, Einleitende Abhandlung . . ., a. a. O., S. 92/93.

[12] Francis Bacon, Novum organum I, 81, in: Francis Bacon, Das neue Organon, Berlin 1962, S. 87.

[13] Francis Bacon, Instauratio magna, Distributio operis: „Es handelt sich nämlich nicht bloß um das Glück der Betrachtung, sondern in Wahrheit um die Sache und das Glück der Menschheit und um die Macht zu allen Werken. Denn der Mensch als Diener und Dolmetscher der Natur wirkt und weiß nur so viel, wie er von der Ordnung der Natur durch seine Werke oder durch seinen Geist beobachtet hat; mehr weiß er nicht, und mehr vermag er nicht. Denn keine Kraft kann die Kette der Ursachen lösen oder zerbrechen, und die Natur wird nur besiegt, indem man ihr gehorcht. Daher fallen jene Zwillingsziele, die menschliche Wissenschaft und Macht, zusammen, und das Mißlingen der Werke geschieht meist aus Unkenntnis der Ursachen." Das neue Organon, a. a. O., S. 31/32.

[14] B. Farrington, Francis Bacon. Philosopher of industrial science, London 1951.

[15] J. G. Crowther, Francis Bacon. The first statesman of science, London 1960.

zu leiten".[16] Es liegt auf der Hand, daß Bacons Entdeckung der gesellschaftlichen Funktion der Wissenschaft durch die ökonomische und gesellschaftliche Entwicklung Englands gefördert und ermöglicht wurde. Von Bacons Zeitgenossen William Harvey ist der Ausspruch überliefert: „Bacon schrieb über Philosophie wie ein Lordkanzler". Diese Einschätzung von Harvey — wahrscheinlich abschätzig gemeint — ist insofern aufschlußreich, als sie aus dem Munde eines Zeitgenossen den Zusammenhang von Bacons Entdeckung mit dem gesellschaftlichen Leben bestätigt. Die gesellschaftliche Funktion der Wissenschaft wurde nicht von einem Gelehrten, Arzt oder Kaufmann entdeckt, der staatlichen Angelegenheiten fernstand, sondern von einem klugen Politiker in einem Lande, in dem sich das Bürgertum zur Klasse formierte. Die Entdeckung lag offenbar in England näher als in Frankreich oder Italien, denn die neue Auffassung vom Wesen der Wissenschaft entsprach in dieser Zeit des Überganges vom Handwerk zur Manufaktur, vom Feudalismus zum Kapitalismus den ökonomischen Interessen der Städte und des aufkommenden Bürgertums, nicht aber denen des alten Landadels und schon gar nicht den Vorstellungen der peripatetisch-scholastischen Philosophie. Sie wurde von den fortschrittlichen gesellschaftlichen Kräften aufgegriffen[17] und gefördert, und so wurde Bacons Zielstellung im 17. Jahrhundert zum Programm der Royal Society und der Académie des Sciences, während Galileis Beiträge zur Entwicklung der klassischen Naturwissenschaft erst voll gewürdigt wurden, als die neue
8 Wissenschaft bereits Gestalt angenommen hatte. / Diese wäre nämlich, wie sowohl die Werke von Descartes und Gassend wie die Bemühungen der reinen Experimentatoren im Positiven und Negativen zeigen, bei der Verwirklichung ihres Zieles nicht weit gekommen, wenn sie sich nicht nach dem Vorbild Galileis des messenden Experimentes bedient, seine neue Lehre von der Bewegung nicht übernommen und ausgebaut hätte, seinem Bestreben, die Naturerscheinungen mathematisch zu erfassen, nicht gefolgt wäre.

Bacon ist es trotz seiner Bemühungen letzten Endes doch nicht gelungen, die neue Methode wissenschaftlicher Forschung konkret anzugeben, er gelangte zu keinen entscheidenden wissenschaftlichen Erkenntnissen, und deshalb blieb ihm nur die Möglichkeit, die Macht des Menschen über die Natur in einer utopischen Darstellung, der Schrift „Nova Atlantis" zu schildern. Galilei seinerseits ist trotz seines Kampfes um die Selbständigkeit der Naturwissenschaft, für ihre Befreiung aus der Vormundschaft der Theologie nicht zu einer über das bloße Erkenntnisstreben hinausreichenden Auffassung vom Wesen der Wissenschaft vorgedrungen, und so fehlte ihm in seinem Kampf der Ansatzpunkt, um diesen Kampf über das Methodisch-Philosophische hinauszutragen. Er mußte sich der Autorität beugen.

Mit dieser Gegenüberstellung soll nicht behauptet werden, daß Bacon zu gar keinen neuen methodischen Einsichten gekommen sei, und ebensowenig, daß Galilei die praktische Anwendung seiner neuen Erkenntnisse nicht gesehen und nicht gesucht habe. Im Gegenteil: Beide ergänzten einander nicht nur in ihrem Kampf gegen die aristotelisch-scholastische Naturlehre und Schulphilosophie, sondern jeder hat von seiner Warte aus auch das Streben

---

[16] Francis Bacon, Instauratio magna, Praefatio: „Endlich will ich alle samt und sonders erinnern, die wahren Ziele der Wissenschaft zu bedenken; man soll sie nicht des Geistes wegen erstreben, nicht aus Streitlust, nicht um andere gering zu schätzen, nicht des Vorteiles, des Ruhmes, der Macht oder ähnlicher niederer Beweggründe wegen, sondern zur Wohltat und zum Nutzen fürs Leben; in Liebe sollen sie es vollenden und leiten. Denn aus Begierde nach Macht sind die Engel gefallen, aus Begierde nach Wissen die Menschen; aber in der Liebe gibt es kein Zuviel; weder ein Engel noch ein Mensch kommt durch sie in Gefahr." Das neue Organon, a. a. O., S. 16.

[17] René Descartes greift die Gedanken Bacons auf, wenn er in seinem „Discours de la méthode" erklärt, daß wir uns mit Hilfe der „praktischen" Philosophie „gleichsam zu Meistern und Besitzern der Natur machen können". R. Descartes, Abhandlung über die Methode, Leipzig 1948, S. 51 (Philos. Bibliothek, Bd. 26a).

des anderen geteilt. Eben deshalb konnte die Verbindung der wissenschaftlichen Errungenschaften beider Gelehrter im 17. Jahrhundert die wissenschaftliche Revolution herbeiführen.

Dabei versteht es sich, daß diese beiden Forscher hier als Vertreter ganz bestimmter Tendenzen bei der Herausbildung der neuen Naturwissenschaft genannt sind. Deshalb ist es möglich und zugleich erlaubt, von den Personen zur Sache überzugehen und festzustellen, daß die wissenschaftliche Revolution des 17. Jahrhunderts sowohl die Herausbildung neuer Vorstellungen, Begriffe, Theorien und Methoden, d. h. also eines neuen Paradigmas, wie die Entdeckung der gesellschaftlichen Funktion der Wissenschaft zum Inhalt hatte und verlangte. Beide Momente mußten zusammenwirken, um die neue Wissenschaft ins Leben zu rufen und dem Übergang selbst den Charakter einer wissenschaftlichen Revolution zu verleihen.

Ihre Krönung und ihren Abschluß fand diese Revolution bekanntlich in dem Schaffen Isaac Newtons, der ebensosehr Mathematiker wie Experimentator gewesen ist und sich auf beide Strömungen stützte. Newton selbst nennt unter den Vorgängern, auf deren Schultern er stand, ausdrücklich Galilei und benutzt in seiner „Optik" ausdrücklich solche Baconsche Ausdrücke wie experimentum crucis. Er hat es als Aufseher und später Direktor der Königlichen Münze durchaus verstanden, wissenschaftliche Erkenntnisse für praktische, staatliche Zwecke zu nutzen, er stand mit den Virtuosi der Royal Society in enger Verbindung und wurde von ihnen 1703 zum Präsidenten der Royal Society, der Pflegestätte Baconscher Ideen, gewählt. /

9 Wenn man diese historische Erfahrung der großen wissenschaftlichen Revolution des 17. Jahrhunderts verallgemeinert, so ergibt sich, daß der Charakter oder die Struktur einer wissenschaftlichen Revolution nicht allein in einem Wechsel der Paradigmata besteht, wie Thomas S. Kuhn annimmt, sondern zugleich in einer Änderung oder, genauer gesagt, in einer Vertiefung und Ausweitung der gesellschaftlichen Funktion der Wissenschaft. Erst die Vereinigung beider Momente führt zu einer wissenschaftlichen Revolution. Ändern sich allein die theoretischen Grundlagen einer Wissenschaft, die Forschungsmethoden und das Instrumentarium, so kommen neue wissenschaftliche Erkenntnisse nicht zum Tragen. Ändert sich allein die Vorstellung von der gesellschaftlichen Funktion der Wissenschaft, so bleiben die neuen gesellschaftlichen Zielsetzungen unerfüllbar und utopisch. Nur wenn sich das Paradigma und die gesellschaftliche Funktion der Wissenschaft gleichzeitig ändern, kommt es zu einer wissenschaftlichen Revolution.

Mir scheint, daß damit zugleich solche berechtigte Einwände gegen die Existenz wissenschaftlicher Revolutionen widerlegt sind, die davon ausgehen, daß letzten Endes jede wissenschaftliche Entdeckung experimenteller oder theoretischer Art etwas qualitativ Neues bringt und demgemäß eine Änderung des Paradigmas bewirkt. Dadurch, so wird weiter geschlossen, werde die Anzahl der wissenschaftlichen Revolutionen beliebig vermehrt und der Begriff ad absurdum geführt.[18] Kuhn selbst spricht zwar von großen und kleinen Revolutionen[19], gibt aber kein Merkmal zu deren Unterscheidung an. Berücksichtigt man dagegen beide Aspekte, so stellt z. B. die Entdeckung der Röntgenstrahlen allein keineswegs eine Revolution dar, ebensowenig wie etwa das Aufkommen der sogenannten angewandten Wissenschaften. Die Zahl der wissenschaftlichen Revolutionen bleibt beschränkt, und der Begriff wissenschaftliche Revolution behält seine volle Bedeutung.

---

[18] Vgl. die Rezension des Werkes Kuhns von L. Pearce Williams in den Archives internationales d'histoire des sciences 16 (1963), Nr. 63, S. 184.

[19] Th. S. Kuhn, The structure . . ., a. a. O., S. 7, 49 (2. Aufl., a. a. O., S. 7, 49).

Untersucht man unter diesem Gesichtspunkt die wissenschaftliche Revolution des 20. Jahrhunderts, so ergibt sich, daß die Wissenschaft heute tatsächlich eine revolutionäre Phase ihrer Entwicklung durchmacht. Die wissenschaftlich-technische Revolution der Gegenwart ist ja nicht allein durch die Herausbildung neuer Vorstellungen, Begriffe, Theorien und Methoden gekennzeichnet, sondern ebenso durch die Umwandlung der Wissenschaft in eine Produktivkraft, d. h. durch eine Erweiterung ihrer gesellschaftlichen Funktion.[20] /

10 Die neue gesellschaftliche Funktion der Wissenschaft drückt sich wesentlich darin aus, daß im Produktionsprozeß das bewußte systematisierte und verallgemeinerte Wissen, d. h. die wissenschaftliche Erkenntnis an die Stelle der empirischen Erfahrung tritt. Der unmittelbare Produzent arbeitet auf der Grundlage wissenschaftlicher Erkenntnisse und mit wissenschaftlichen Methoden, der wissenschaftliche Arbeiter schafft nicht nur Wissen, sondern erzeugt auch Gebrauchsgüter. Diese Tatsachen machen zugleich deutlich, daß heute die Umwälzungen in Wissenschaft und Technik eng miteinander verbunden sind, so daß man mit Recht von einer wissenschaftlich-technischen Revolution spricht.

Diese Veränderung der gesellschaftlichen Funktion der Wissenschaft hat zuerst Karl Marx bemerkt und in ihrer Bedeutung erkannt, als er bei seiner Analyse des damaligen Produktionsprozesses darauf hingewiesen hat, daß die Wissenschaft zur „selbständigen Produktionspotenz" wird.[21] Er gelangte zu dieser Ansicht auf Grund seiner Entdeckung, daß die produktive Arbeit die Grundlage der menschlichen Existenz und der menschlichen Gesellschaft bildet. Von der marxistischen Gesellschaftswissenschaft ausgehend, hat dann in der Gegenwart J. D. Bernal schon in der ersten Auflage seines bedeutenden Werkes „Science in history" darauf hingewiesen, „daß die Wissenschaft in jüngster Zeit zu dem wird, was die Technik immer war: ein unentbehrlicher Teil der Produktivkräfte der Gesellschaft".[22] Eine erste genauere Untersuchung dieser Erscheinung gab drei Jahre später G. Kosel in seiner Schrift „Produktivkraft Wissenschaft"[23], und heute ist diese Erkenntnis in den Programmen der marxistischen Parteien zur Grundlage der von ihnen betriebenen Wissenschaftspolitik geworden.[24]

Es sind also auch in der Gegenwart die an der fortschrittlichen Entwicklung der menschlichen Gesellschaft interessierten und beteiligten gesellschaftlichen Kräfte und Klassen, welche den neuen gesellschaftlichen Aspekt des Wesens der wissenschaftlich-technischen Revolution erkannt haben und zur Grundlage ihres Handelns machen.

Ihr konsequenter Kampf für die Sicherung und Erhaltung des Weltfriedens und für die Nutzung der Wissenschaft, um „die Mühseligkeit der menschlichen Existenz zu erleichtern"[25], zeigt zugleich, daß diese Kräfte das humanistische Anliegen Francis Bacons und der Wissenschaft teilen und zu seiner Verwirklichung beitragen.

---

[20] Vgl. Die Entwicklung der Wissenschaft zur unmittelbaren Produktivkraft. Materialien der wissenschaftlichen Tagung des Prorektorats für Forschungsangelegenheiten der Karl-Marx-Universität zum 10. Jahrestag ihrer Namensgebung am 3. und 4. Mai 1963, hrsg. von G. Harig und H. Neels, Leipzig 1963.

[21] K. Marx, Das Kapital, Bd. I, Kapitel XII, in: MEW, Bd. 23, Berlin 1962, S. 382.

[22] J. D. Bernal, Science in history, London 1954, S. 888 (Die Wissenschaft in der Geschichte, Berlin 1967 [3. Aufl.], S. 815).

[23] G. Kosel, Produktivkraft Wissenschaft, Berlin 1957.

[24] Programm der Kommunistischen Partei der Sowjetunion, Berlin 1961, S. 70. W. Ulbricht, Das Programm des Sozialismus und die geschichtliche Aufgabe der Sozialistischen Einheitspartei Deutschlands, Berlin 1963, S. 344/345.

[25] B. Brecht, Leben des Galilei 14 (B. Brecht, Stücke, Bd. VIII, Berlin 1957, S. 181).

# Aspekte der Geschichte der Naturwissenschaft*

32 Seit der Errichtung der Sowjetmacht im Jahre 1917 und seit der Errichtung der Volksdemokratien nach 1945 ist in unseren Ländern auch die Geschichte der Naturwissenschaft und Technik auf neuer Grundlage betrieben und sind wertvolle Forschungsergebnisse erzielt worden. Die Vertreter unserer Disziplinen in diesen Ländern gehen von den Grundsätzen des historischen Materialismus oder der materialistischen Geschichtswissenschaft aus und haben damit idealistischen Auffassungen, die auch in der Geschichte der Wissenschaft eine große Rolle gespielt haben und noch spielen, erfolgreich Konzeptionen gegenübergestellt, die es erlauben, die Geschichte der Wissenschaft im Rahmen der Geschichte der menschlichen Gesellschaft anstatt als immanente Entwicklung des reinen Denkens oder als die Tat weniger großer Gelehrter zu erforschen.

Auch in den heute noch kapitalistischen Ländern gibt es nicht wenige Historiker, die sich, veranlaßt durch die wachsende gesellschaftliche Bedeutung der Naturwissenschaft und Technik, der Untersuchung der Beziehungen, Zusammenhänge und Wechselwirkungen der Wissenschaft mit der Technik, der Ökonomie, der Politik, der Philosophie und anderen Seiten des gesellschaftlichen Lebens zuwenden. Die Geschichte der Wissenschaft und Technik befindet sich heute in Ost und West in einem Zustand, in dem sie sich im Zusammenhang mit der wachsenden Bedeutung von Wissenschaft und Technik im gesellschaftlichen Leben der Gegenwart aus einer Liebhaberei von Amateuren, aus einem Teilgebiet anderer wissenschaftlicher Disziplinen zu einer selbständigen wissenschaftlichen Disziplin entwickelt, die sich weder mit der Registrierung von Tatsachen nach Art einer Chronologie noch mit allgemeinen kulturhistorischen und kulturpolitischen Essays begnügen kann und darf. Unsere Disziplin gewinnt zugleich sowohl in bezug auf philosophische und weltanschauliche Fragen wie auch für die weitere Entwicklung der Naturwissenschaften selbst immer größere Bedeutung. Schon mehren sich in Ost und West die Stimmen, welche eine
33 „Wissenschaft von der / Wissenschaft" fordern, in der zweifellos der Geschichte der Wissenschaft die führende Rolle zukommt. Ohne Berücksichtigung und Erforschung ihrer historischen Wurzeln, ihrer Tradition und ihres Werdeganges kann es keine allgemeine Lehre von der Wissenschaft geben — eine Feststellung, die wohl auch von den Soziologen nicht bestritten werden wird.

Die Geschichte der Wissenschaft entwickelt sich mehr und mehr zu einer Disziplin, die solchen Gebieten wie der Geschichte von Staat und Recht, der Wirtschaftsgeschichte, der Geschichte der Pädagogik und der Philosophie, der Kunst- und Literaturgeschichte gleichkommt, ja, sie insofern übertrifft, als sich die Wissenschaftsgeschichte für das volle Verständnis dieser anderen Gebiete als unentbehrlich erweist. Auch die Naturwissenschaftler und Techniker fangen nach dem Beipiel der Wirtschaftswissenschaftler, Pädagogen, Philo-

* Vortrag auf der Arbeitstagung der Historiker der Naturwissenschaft und Technik in den sozialistischen Ländern über „Aufgaben und Ziele der Geschichte der Naturwissenschaft" in Leipzig vom 3.—5. Februar 1965. Erschienen in. NTM 3 (1966), H. 7, S. 32—46.

sophen, Kunst-, Literatur- und Sprachwissenschaftler an, die Kenntnis der Geschichte ihres Faches für unentbehrlich zu halten und die Vermittlung solcher Kenntnisse als notwendigen Bestandteil einer entsprechenden Ausbildung anzusehen. Es scheint fast notwendig, die Frage aufzuwerfen, warum diese Einsicht auf dem Gebiet der Naturwissenschaft erst so spät herangereift ist.

In unseren sozialistischen Ländern ist in den letzten zwanzig bis dreißig Jahren hauptsächlich Landes- bzw. Volksgeschichte betrieben worden, eine Forschungsrichtung, die für den Aufschwung von Wissenschaft und Technik und die Heranbildung von Wissenschaftlern in unseren Ländern von großer Bedeutung war und ist. Wertvolle Quellen wurden entdeckt und bearbeitet, das kulturelle Erbe erschlossen und für die Gegenwart und Zukunft nutzbar gemacht. Das Vertrauen in die eigenen Kräfte wurde gestärkt und dem einseitigen europazentristischen Mythos entgegengetreten, wonach allein das „Abendland" wissenschaftliche Leistungen aufzuweisen habe. Ich glaube nicht, daß diese Forschungsrichtung etwa schon überholt ist, und bin sicher, daß sie in den jungen Nationalstaaten noch lange entsprechende wichtige Aufgaben zu erfüllen haben wird. Die Geschichte der Wissenschaft und Technik wird wesentlich bereichert werden, wenn die arabischen, afrikanischen und asiatischen Völker darangehen, mit eigenen Kräften die Schätze der Vergangenheit zu erforschen. Angesichts der rasch wachsenden gesellschaftlichen Bedeutung von Wissenschaft und Technik glaube ich aber, daß diese Aufgabenstellung heute nicht mehr genügt. Tatsächlich sind in den letzten Jahren in der Sowjetunion und in anderen sozialistischen Ländern eine ganze Reihe Arbeiten zu anderen Gebieten und Perioden der Wissenschaftsgeschichte erschienen. Ich möchte nur die Arbeiten von S. J. Lurje über die Antike, von Juschkewitsch über die Mathematik im Feudalismus, von Zubov und anderen über die Renaissance, die Arbeiten von B. G. Kusnezow über Einstein und die Relativitätstheorie, solche Sammelwerke wie „Očerki razvitija osnovnych fisičeskich idej" unter der
34 Redaktion von A. T. Grigorjan und L. S. Polak als / Beispiele erwähnen. Die polnischen Historiker haben im September 1963 ein Symposium über allgemeine Probleme der Geschichte der Naturwissenschaft und Technik durchgeführt. In Zusammenkünften zwischen tschechoslowakischen Wissenschaftstheoretikern und Mitarbeitern unseres Institutes haben wir Fragen der wissenschaftlichen Revolution des 16. und 17. Jahrhunderts sowie der gegenwärtigen wissenschaftlich-technischen Revolution behandelt. Mir scheint das symptomatisch, ein Zeichen dafür, daß wir die Enge der früheren Themenstellung überwinden und uns neue umfassendere Themen und Aufgaben stellen.

Was sind das für Aufgaben und Ziele? Wie sollen wir sie anpacken, und wie können wir sie lösen?

Sollen wir uns, ohne die Forschungen zur Landesgeschichte aufzugeben, vornehmlich den philosophischen und weltanschaulichen Aspekten der Naturwissenschaft zuwenden oder die logische Entwicklung und Entfaltung wissenschaftlicher Probleme studieren und damit in einem gewissen Sinne selbst Wissenschaft treiben? Sollen wir den sogenannten *Impact of science on society*, d. h. den Einfluß oder die Einwirkung der Wissenschaft auf die Gesellschaft, von der heute so viel gesprochen wird, in den Vordergrund stellen und damit Soziologen werden, oder sollen wir uns auf die bloße Quellenforschung beschränken und weiterreichende Ziele und Aufgaben anderen gesellschaftswissenschaftlichen oder naturwissenschaftlichen Disziplinen überlassen?

Festzustellen, wie es wirklich gewesen ist, ist in der Geschichte der Wissenschaft und Technik sicher ebenso schwierig, aber auch ebenso notwendig und unabdingbar wie in der allgemeinen Geschichte. Deshalb kommt der Quellenforschung auch in der Wissenschaftsgeschichte eine große und bleibende Bedeutung zu, und sie sollte systematisch in Angriff genommen bzw. weitergeführt werden. Ich denke dabei an die Erforschung von Nachlässen bekannter Gelehrter, wie sie vielfach in den Archiven von Akademien und Universitäten, in wissenschaftlichen Bibliotheken usw. aufbewahrt und wenigstens bei uns nur in einzelnen Fällen bereits erschlossen sind. Dazu kommen entsprechende Teile der staatlichen Archive mit ihren Schriftstücken über Universitäten, Hochschulen, wissenschaftliche Gesellschaften und andere wissenschaftliche Institutionen sowie über einzelne Persönlichkeiten, die wertvolle Quellen zur Erforschung der Kultur- und Wissenschaftspolitik des Staates, der politischen Parteien, der Wirtschaftsverbände usw. darstellen und in vielen Fällen bisher unveröffentlicht geblieben sind. In unserem Institut konnten in der letzten Zeit interessante Dokumente über Einstein sowie über Röntgen aufgefunden und ausgewertet werden. Wir besitzen in der DDR in den Archiven von Merseburg und Potsdam sowie in den Landesarchiven einen sehr reichen Schatz, der allerdings nicht leicht zu heben ist, da die Schriftstücke von den amtlichen Stellen nach anderen Gesichtspunkten (Ressortprinzipien) abgelegt worden sind als nach den uns interessierenden. /

35 Zu den Quellen des Wissenschaftshistorikers gehören weiter vor allem die Originalarbeiten selbst. Ich halte es deshalb für eine wichtige Aufgabe der Wissenschaftsgeschichte, Originalarbeiten neu herauszugeben. In der Deutschen Demokratischen Republik besteht mit der berühmten Sammlung „Ostwald's Klassiker der exakten Wissenschaften" gerade in dieser Beziehung eine große Tradition, an die es anzuknüpfen gilt.

Bisher gibt es in der DDR nur im Rahmen der vom Akademie-Verlag herausgegebenen „Philosophischen Studientexte" die Möglichkeit, auch längere Abhandlungen bzw. ganze Monographien neu herauszugeben. Auch diese Möglichkeit sollte als Ergänzung zu „Ostwald's Klassikern" ausgebaut werden.

Die Quellenforschung wird natürlich nach bestimmten Gesichtspunkten zu erfolgen haben, und damit komme ich zu den früher aufgeworfenen und offengelassenen Fragen zurück.

Ich denke, wir sollten davon ausgehen, daß die Wissenschaft eine gesellschaftliche Erscheinung ist, und demzufolge als allgemeine Aufgabe der Geschichte der Wissenschaft das Studium des Werdens, der historischen Entwicklung der Wissenschaft betrachten, mit dem Ziel, die Gesetzmäßigkeiten dieser Entwicklung zu erforschen. Ganz Entsprechendes gilt auch für die Geschichte der Technik, denn auch die Technik ist eine gesellschaftliche Erscheinung; ich werde mich aber im folgenden wesentlich auf die Geschichte der Wissenschaft beschränken.

Wenn die Wissenschaftsgeschichte die Entwicklung der Wissenschaft als eine Seite des gesellschaftlichen Lebens untersucht und untersuchen will, so darf sie nicht nur den Zusammenhang der wissenschaftlichen Erkenntnisse mit dem objektiven Gegenstand der betreffenden Wissenschaft unter historischem Aspekt untersuchen, sie muß vor allem auch den Zusammenhang dieser Seite des gesellschaftlichen Lebens mit seinen anderen Seiten, Zügen und Aspekten in ihrer Entwicklung erforschen. Sie wird sich deshalb auch nicht auf das Studium des zu einer bestimmten Zeit erreichten Standes der Erkenntnis und deren Erweiterung und Veränderung beschränken können, sondern zugleich die jeweils angewandte Methode der wissenschaftlichen Forschung, die wissenschaftlichen Einrichtungen für Lehre und Forschung einer bestimmten Gesellschaft bzw. eines bestimmten Landes, die gesellschaftliche Situation der Wissenschaftler und Gelehrten und die gesellschaftlichen Träger der Wissenschaft und des wissenschaftlichen Fortschritts in der jeweiligen Periode zu beachten und zu untersuchen haben. Sie wird den Einfluß der Wissenschaft auf die Gesellschaft nicht als den Einfluß einer außerhalb oder über der Gesellschaft stehenden Erscheinung auf die Gesellschaft verstehen, sondern als Wechselwirkung einer unentbehrlichen

Seite des gesellschaftlichen Lebens mit den übrigen Seiten dieses Lebens. Ich denke, daß gerade diese simple Tatsache, gehörig bewußt geworden, der Wissenschaftsgeschichte eine Orientierung gibt, die ihre Bedeutung erst recht hervortreten läßt. /

36 Besonders wichtig ist dabei, daß die Geschichte der Wissenschaft ihren Gegenstand zugleich als etwas Gewordenes erforscht und demzufolge als etwas Werdendes, als einen Prozeß begreift (oder doch begreifen sollte).

Gerade in der Gegenwart tritt der dynamische Charakter der Wissenschaft (und der Gesellschaft) für jeden einzelnen immer deutlicher in Erscheinung. Die wissenschaftlichen und technischen Ereignisse scheinen sich zu überstürzen. Die Zeit zwischen dem Auftauchen neuer Gedanken bzw. der Entdeckung neuer Tatsachen und ihrer gesellschaftlichen Nutzung ist beträchtlich verkürzt und wird entsprechend starken gesellschaftlichen Bedürfnissen in Zukunft noch weiter verkürzt werden. Demzufolge genügt es heute schon nicht mehr, das jederzeit vorhandene Wissen und Können zu beherrschen, man muß vielmehr auch die Tendenzen der weiteren Entwicklung kennen, ob es sich nun um die richtige Einschätzung des gegenwärtigen Standes, um die tiefere Erkenntnis des Wesens der gegenwärtigen Erscheinungen oder um die Aufstellung von Perspektivplänen handelt.

Immer deutlicher tritt hervor, daß wir ganz allgemein die Gesetzmäßigkeiten der Entwicklung in der Natur, in der Gesellschaft und im Denken erforschen müssen und daß wir lernen müssen, sie anzuwenden. Damit aber gewinnt die Geschichtswissenschaft im allgemeinen und mit ihr die Wissenschaftsgeschichte eine Bedeutung, die weit über die bloße Chronik der Ereignisse hinausgeht. Es ist nur berechtigt, wenn heute an unsere Disziplin die Forderung gestellt wird, durch historische Forschung die Gegenwart zu begreifen und die Wege in die Zukunft zu weisen.

Die Geschichte der Naturwissenschaft kann und darf sich dieser Aufgabenstellung nicht verschließen, wenn sie den gesellschaftlichen Anforderungen und Bedürfnissen unserer Zeit genügen will.

Diese Erkenntnis setzt sich heute bei Historikern und Naturwissenschaftlern immer deutlicher durch und beeinflußt natürlich besonders die Forschungsvorhaben auf dem Gebiet der Geschichte der Naturwissenschaft und Technik selbst, oder sollte sie doch beeinflussen. In allgemeinen Geschichtswerken pflegt man heute dem Stand und der Entwicklung von Wissenschaft und Technik einen größeren Platz einzuräumen als bisher, und in naturwissenschaftlichen und technischen Monographien und Lehrbüchern wird jetzt häufiger als früher auf die Geschichte des betreffenden Gebietes eingegangen.

Aufgabe und Ziel der Geschichte der Wissenschaften als einer wissenschaftlichen Disziplin sehe ich somit, um es noch einmal ausdrücklich zu unterstreichen, in der Erforschung der Gesetzmäßigkeiten der Entwicklung der Wissenschaft als einer gesellschaftlichen Erscheinung.

Bevor ich aber auf die aus dieser Zielstellung erwachsenden Probleme der Wissenschaftsgeschichte näher eingehe, möchte ich noch einige Bemerkungen zu der von Prof. Suchodolski auf dem Symposium in Jabłonna aufgeworfenen Frage nach dem Umfang der Wissen-
37 schaftsgeschichte machen oder, genauer gesagt, zu / der Frage, ob in unsere Disziplin, d. h. in die Geschichte der Naturwissenschaft, auch die Geschichte der Soziologie bzw. Gesellschaftswissenschaft einbezogen werden sollte oder nicht.

Zunächst sollte man doch auch die Frage nach dem Umfang des von uns untersuchten Gebietes historisch begreifen, und ich brauche vor diesem Gremium nur daran zu erinnern, daß sich die einzelnen Wissenschaften erst langsam und historisch erst recht spät aus einer allgemeinen Wissenschaft oder Philosophie herausgelöst haben. Noch im 17. und 18. Jahrhundert ist der Ausdruck Philosophie vielfach gleichbedeutend mit dem Ausdruck Wissenschaft, und der deutsche Ausdruck *Naturwissenschaft* taucht als ein Wort der Aufklärung zum erstenmal 1720 bei Christian Wolff auf. Er trat damals an die Stelle des Ausdruckes *Naturhistorie* bzw. *Naturgeschichte* im Sinne von *Naturforschung*, der dem lateinischen *historia naturalis* des Plinius nachgebildet ist. Deutlich tritt damit der Bezug auf den von dieser Wissenschaft untersuchten Gegenstand, eben die Natur, hervor, ebenso wie bei der Parallelbildung *Natur-Philosophie*.

Der Naturwissenschaft bzw. den Naturwissenschaften stehen die Human- oder Gesellschaftswissenschaften gegenüber, die einen prinzipiell anderen, mindestens ebenso vielfältigen Gegenstand, eben die menschliche Gesellschaft und den Menschen als zoon politikon erforschen. Wir wissen alle, daß die Methoden der wissenschaftlichen Forschung aus dem behandelten Gegenstand erwachsen bzw. herausgearbeitet werden und dementsprechend in den einzelnen Disziplinen verschieden sind, vor allem aber, daß ein von der Sache begründeter Unterschied zwischen den Methoden naturwissenschaftlicher und gesellschaftswissenschaftlicher Forschung besteht und trotz beginnender Quantifizierung und Mathematisierung der Gesellschaftswissenschaften notwendig bestehen bleiben wird.

Wenn trotzdem für beide Bereiche der Oberbegriff „Wissenschaft" (wenigstens in der deutschen, russischen, polnischen und tschechischen Sprache) besteht, ist das wohl als ein Zeichen dafür anzusehen, daß es in beiden Bereichen gemeinsam um die Erkenntnis, um die begriffliche Aneignung der objektiv, unabhängig vom Bewußtsein existierenden Außenwelt geht. Ich meine deshalb, daß zunächst keine Bedenken oder Einwände dagegen bestehen, daß sich die Geschichte der Wissenschaft sowohl mit der Geschichte der Wissenschaft überhaupt wie mit der Geschichte der Naturwissenschaft und der Geschichte der Gesellschafts- oder Humanwissenschaft beschäftigt als selbstverständlich auch mit der Geschichte der einzelnen wissenschaftlichen Disziplinen.

Es ist nur die Frage, ob es sinnvoll ist, das Allgemeine von dem Besonderen und Einzelnen streng zu trennen und zu unterscheiden, denn das Allgemeine manifestiert sich im Einzelnen, und das Einzelne erhält seine Bedeutung durch das Allgemeine. Wollte man also dem Historiker einer Einzelwissenschaft, etwa der Mathematik oder der Chemie, bestreiten, auch Allgemeines abzuleiten, so wäre das ebenso unfruchtbar, wie wenn man diejenigen, die sich mit der allgemeinen Geschichte der Wissenschaft beschäftigen, daran hindern wollte, Einzelnes zu erforschen. Auf der Tagung in Jabłonna ist das m. E. sehr klar zum Aus-
38 druck / gekommen und z. B. von Rybicki in einer Diskussionsbemerkung zu dem Referat von Ronchi auch klar ausgesprochen worden.[1]

Gleichzeitig aber, und das scheint mir ebenso wichtig, dürfen wir auch die spezifischen Unterschiede zwischen den Gegenständen, die von den Wissenschaften, deren Geschichte wir erforschen, behandelt werden, als Historiker nicht übersehen und damit verwischen. Deshalb scheint mir eine prinzipielle Unterscheidung zwischen der Geschichte der Naturwissenschaft einerseits und der Geschichte der Human- oder Gesellschaftswissenschaft andererseits sinnvoll und notwendig. Wir laufen sonst Gefahr, den Boden unter den Füßen zu verlieren, ich will damit sagen, vor bloßen Zusammenhängen und Übergängen die zusammenhängenden Gebiete oder Objekte unserer Forschung aus diesen Forschungen auszuklammern. So sehr ich also dem Gedanken zustimme, die Geschichte der Soziologie oder Gesellschaftslehre in die Geschichte der Wissenschaft einzubeziehen, für ebenso falsch würde ich es halten, sie unter die Geschichte der Naturwissenschaft zu subsumieren. (Ebenso falsch oder voreilig wäre es, wollte man die Soziologie auf die Erforschung des Phänomens Wissenschaft als gesellschaftlicher Erscheinung beschränken.)

---

[1] Siehe Organon 1 (1964), S. 305.

Bei der Erforschung der Gesetzmäßigkeiten, denen die Entwicklung der Wissenschaft unterliegt, pflegt man meist zwischen inneren und äußeren Gesetzmäßigkeiten zu unterscheiden. Unter den inneren Gesetzmäßigkeiten versteht man dann diejenigen, welche sich auf den erkenntnistheoretisch-gnoseologischen Bereich beziehen, und unter den äußeren Gesetzmäßigkeiten diejenigen, die den Zusammenhang und die Wechselwirkung der Wissenschaft mit der Entwicklung der Gesellschaft und deren verschiedenen Bereichen bestimmen. Diese Identifizierung der inneren und äußeren Gesetzmäßigkeiten mit den beiden Aspekten der einen gesellschaftlichen Erscheinung Wissenschaft geht jedoch m. E. am Kern der Sache insofern vorbei, als zwei logisch verschiedene Bezüge durcheinandergeraten. Beide Aspekte der Wissenschaft stehen mit anderen gesellschaftlichen Bereichen in Wechselwirkung, so daß es in beiden Aspekten sowohl innere wie äußere Gesetzmäßigkeiten gibt. So ist etwa der erkenntnistheoretische Aspekt eng verbunden mit der Philosophie und Weltanschauung im allgemeinen, die doch weit über die Wissenschaft hinausgreifen. Zugleich gibt es in bezug auf den gesellschaftlichen Aspekt bestimmte Beziehungen zwischen den wissenschaftlichen Institutionen zur Forschung und Lehre oder, allgemeiner, zwischen der Ausübung und Ausbildung, d. h. also zwischen der gesellschaftlichen Organisation der Wissenschaft und der Heranbildung der Nachwuchskräfte, die man kaum als äußere Gesetzmäßigkeiten der Wissenschaft ansprechen wird, und schließlich gibt es natürlich auch Beziehungen und Wechselwirkungen zwischen den beiden Aspekten der Wissenschaft wie etwa zwischen den Organisationsformen der wissenschaftlichen Arbeit und den ihnen entsprechenden Forschungsvorhaben, die mit der Bezeichnung innnere oder äußere Gesetzmäßigkeiten kaum
39 erfaßt werden. / Betrachten wir die Wissenschaft als eine gesellschaftliche Erscheinung, so sind schließlich alle sogenannten „inneren" Gesetzmäßigkeiten zugleich Gesetzmäßigkeiten des gesellschaftlichen Bereiches im Großen. (Immer die Wissenschaft als Gegenstand der Wissenschaftsgeschichte gesehen, zum Unterschied zu den Einzelwissenschaften, deren Gegenstand die Natur bzw. die menschliche Gesellschaft bildet.) Ich halte deshalb die Unterscheidung oder gar Trennung von inneren und äußeren Gesetzmäßigkeiten für wenig ergiebig. Weit ertragreicher dürfte es sein, zwischen dem oder den Aspekten der Wissenschaft zu unterscheiden, die sich auf das Herausarbeiten, auf die Ansammlung von zuverlässigen Kenntnissen über die objektive Außenwelt beziehen, und denjenigen Aspekten, die sich mit der gesellschaftlichen Rolle und Funktion der Wissenschaft beschäftigen. Erst die Vereinigung der in beiden Bereichen geltenden Gesetzmäßigkeiten ermöglicht es, die Entwicklungsgesetze der Wissenschaft aufzudecken. Gestatten Sie mir, auf einige Gesetzmäßigkeiten beider Aspekte hinzuweisen.

Betrachten wir zunächst den ersten, erkenntnistheoretischen Aspekt, d. h. die Wissenschaft als eine Anhäufung oder, richtiger gesagt, als ein geordnetes System von Kenntnissen von der objektiven Außenwelt.

Dieses Wissen ist lehr- und lernbar, es kann von einer Generation auf die folgende übertragen werden, und es nimmt ständig zu. Man spricht deshalb von der kumulativen Eigenschaft der Wissenschaft oder von ihrer Vererbbarkeit. Goethe hat den Zusammenhang in dem kurzen Satz zusammengefaßt: „Die Geschichte der Wissenschaft ist die Wissenschaft selbst", und damit ausgedrückt, daß alle früheren Kenntnisse und Erfahrungen in der jeweils vorhandenen Wissenschaft enthalten sind.

Selbstverständlich erfolgt diese Akkumulation des Wissens keineswegs gleichmäßig oder gleichförmig sowohl zeitlich wie im Hinblick auf die verschiedenen Bereiche der von der Wissenschaft erforschten Wirklichkeit. Wir sprechen deshalb von wissenschaftlichen Revolutionen und sollten gerade diese Erscheinung gründlich und allseitig untersuchen, zumal wir Zeugen und Teilnehmer einer solchen Revolution sind. Ebenso ist das frühere

Wissen in dem gegenwärtigen nicht unverändert enthalten, sondern im dialektischen Sinne des Wortes darin aufgehoben. Gleichzeitig wird mit dem wachsenden Umfang des Wissens das Wissen immer differenzierter, es kommt zur Spezialisierung der Wissenschaft und zur Zusammenfassung vorher getrennter Bereiche. Auch diese Erscheinungen sind meines Wissens bisher nur ungenügend erforscht. Obwohl es an Einzeluntersuchungen über wissenschaftliche Entdeckungen usw. keineswegs fehlt, sind die allgemeinen Gesetze der Vermehrung und Entwicklung unseres Wissens und die Gesetze der Art und Weise, wie sich der Erkenntnisfortschritt vollzieht, nur oberflächlich bekannt. Ich fürchte sogar, daß wir einige Allgemeinplätze mit uns herumtragen, die sich bei genauerer Untersuchung als unzutreffend und falsch erweisen. /

40 Eng mit diesem Aspekt verbunden und in vielen Fällen nur begrifflich von ihm zu unterscheiden ist die Geschichte der wissenschaftlichen Methoden. Die Bedeutung der Methodologie oder der Lehre von der Methode wird gerade heute als eine wichtige und notwendige Erweiterung der Erkenntnistheorie in dem von marxistischer Seite bisher behandelten Rahmen mit Recht verlangt. Die Geschichte der Methodologie nicht als abstrakte philosophische Disziplin, sondern als Aspekt der Wissenschaftsgeschichte betrachtet, bildet eine notwendige, unentbehrliche Ergänzung, wenn es gilt, die Gesetze der Entwicklung des wissenschaftlichen Denkens zu erforschen. Zugleich möchte ich betonen, daß die Geschichte der wissenschaftlichen Methode nicht etwa nur als Hilfswissenschaft der Philosophie Bedeutung hat, sondern daß ihr auch als Aspekt der Wissenschaftsgeschichte eigene Bedeutung zukommt und ohne Berücksichtigung dieses Aspektes die Geschichte der Wissenschaft und der Vermehrung unseres Wissens unvollständig ist und Gefahr läuft, zu einer bloßen Faktologie abzusinken.

Zu dem gleichen Aspekt der Wissenschaft ist sicher auch ihre unlösbare Verbindung zur Philosophie und Weltanschauung zu zählen. Diese Verbindung drückt sich nicht allein in der Stellung und Haltung der Wissenschaftler zur Grundfrage der Philosophie aus, sondern darüber hinaus auch in den Fragen der Bildung von Begriffen und Theorien, in Fragen der Logik und Dialektik also, und bedarf auch in dieser Hinsicht weiterer, vertiefter Studien, wenn die Wissenschaftsgeschichte nicht im Schematischen oder im bloßen Etikettieren steckenbleiben will. Historische Untersuchungen scheinen mir dabei sowohl für die Entwicklung der Philosophie als auch für das tiefere Verständnis der Grundlagen der Wissenschaft von großer Bedeutung, wobei die Untersuchung dieser Zusammenhänge zugleich unentbehrlich ist, um die Gesetze der Entwicklung der Wissenschaft aufzudecken. Besonders wichtig scheint es mir, den „materialistischen Kern" der Naturwissenschaft wie jeder Wissenschaft oder, um eine Formulierung von Lenin aufzugreifen, ihren „fundamentalen materialistischen Geist" herauszuarbeiten, um den roten Faden der fortschreitenden Erkenntnis herauszufinden. Dieser fundamentale materialistische Geist verbindet die Wissenschaft selbst bei idealistischen Einstellungen mit den fortschrittlichen gesellschaftlichen Kräften und hat sie in reaktionären und konservativen Kreisen immer verdächtig erscheinen lassen. Es versteht sich, daß auch bei diesen Untersuchungen die Wissenschaft als eine gesellschaftliche Erscheinung behandelt werden muß, denn unsere Kenntnisse kommen nur durch das Zusammenwirken mehrerer bzw. vieler Einzelindividuen in einer Gesellschaft zustande.

Wenden wir uns nunmehr dem zweiten gesellschaftlichen Aspekt der Wissenschaft zu, so sollte man m. E. von der Tatsache ausgehen, daß die Wissenschaft als gesellschaftliche Erscheinung eine ganz bestimmte gesellschaftliche Funktion besitzt. /

41 Die gesellschaftliche Funktion der Wissenschaft aus den historischen Tatsachen abzuleiten, erscheint ebenso einfach wie kompliziert: Einfach insofern, als der Zusammenhang

im Prinzip durchaus klar, ja fast selbstverständlich ist, wenn man, wie Suchodolski am Ende seines Referates in Jabłonna fordert, die Wissenschaft vom Standpunkt der marxistischen Philosophie als „die Entwicklung der objektiven Erkenntnis der Welt“[2] ansieht. Kompliziert insofern, als die Vielfältigkeit des gesellschaftlichen Lebens in seinen materiellen und ideellen Bereichen den prinzipiellen Zusammenhang vielfältig bricht und widerspiegelt und ihm eine Fülle und einen Reichtum gibt, der das Grundsätzliche überdeckt oder gar aufzuheben scheint.

Sachlich ist der Zusammenhang zwischen wissenschaftlicher und gesellschaftlicher Entwicklung durch die einfache Tatsache bedingt, daß der Mensch, auch der primitive, die Natur ständig verändert, mit anderen Worten, seine Nahrung, Kleidung und Wohnung produzieren muß, um überhaupt existieren und den Bestand der Menschheit sichern zu können. Die produktive Arbeit, „worin“ — wie Marx es ausdrückt — „der Mensch seinen Stoffwechsel mit der Natur durch seine eigene Tat vermittelt, regelt und kontrolliert“, ist Existenzgrundlage und Wesensmerkmal der menschlichen Gesellschaft. „Sie hat“ — um mit Engels zu reden — „den Menschen selbst geschaffen“. Karl Marx führt auf diese Grundtatsache den Zusammenhang und die Geschichte der Menschheit zurück, wenn er formuliert: „Dank der einfachen Tatsache, daß jede neue Generation die von der alten Generation erworbenen Produktivkräfte vorfindet, die ihr als Rohmaterial für neue Produktion dienen, entsteht ein Zusammenhang in der Geschichte der Menschen, entsteht die Geschichte der Menschheit, die um so mehr Geschichte der Menschheit ist, je mehr die Produktivkräfte der Menschen und infolgedessen ihre gesellschaftlichen Beziehungen wachsen.“[3]

Erfolgreiche Produktion aber setzt auf Erfahrung begründetes Wissen voraus, d. h. Kenntnis der Natur und ihrer Gesetzmäßigkeiten. Diese Kenntnisse, roh und primitiv zu Anfang, entwickeln sich mit der Entwicklung der Gesellschaft zu einem systematisch geordneten Wissen, d. h. zur Wissenschaft, die uns mehr und mehr in die Lage versetzt, auf Grund dieser Kenntnisse die Natur zu beherrschen bzw. die „eigene Vergesellschaftung des Menschen zu seiner eigenen freien Tat werden zu lassen“, um auch noch Engels anzuführen.

Diese soziale Funktion der Wissenschaft, von ihren Ursprüngen her gegeben, ist allerdings keineswegs von ihren Anfängen her deutlich. Sie tritt vielmehr erst heute, wo die Entwicklung der Wissenschaft einen Reifegrad erreicht hat, der es uns gestattet, Naturprozesse in industrielle Prozesse zu verwandeln (Marx), und wo die Wissenschaft sich in eine unmittelbare Produktivkraft verwandelt, klar zutage. Der Zusammenhang blieb so lange verborgen, weil die Erkenntnis der Natur (d. h. ihrer Tatsachen, Gesetze und Gesetzmäßigkeiten) nicht einfach gleichgesetzt werden kann mit Empfindung und Wahrnehmung, sondern ein schwieriger und unbegrenzter Abstraktionsprozeß ist, weil Wissen mehr ist
42 als Erfahrung, / und weil die Beherrschung der Natur auf Grund ihrer Kenntnis mehr ist als Benutzung der Natur. So gewinnt die Wissenschaft ein Eigenleben, entfaltet sie sich zugleich als Selbstzweck, der sich die Erforschung der reinen Wahrheit um der Wahrheit willen zum Ziel stellt.

Die Wissenschaftsgeschichte hat auch gerade diesem Eigenleben der Wissenschaft nachzugehen, um den vollen Reichtum des geistigen Lebens aufzudecken, sollte aber dabei stets bemüht sein, die gesellschaftliche Grundfunktion der Wissenschaft nicht aus dem Auge zu verlieren, sondern ihr, ganz im Gegenteil, in allen Brechungen nachgehen und aufzeigen, wie sich diese Funktion auch in abstrakter Verkleidung abzeichnet. Zum Vergleich

---

[2] B. Suchodolski, Objet et problèmes de l'histoire de la science, Organon 1 (1964), S. 18.
[3] K. Marx, Brief an P. W. Annenkow, in: MEW, Bd. 27, Berlin 1963, S. 452/453.

sei auf die Tatsache hingewiesen, daß die politische Geschichte als Geschichte von Klassenkämpfen auch nicht durchweg begriffen wurde, aber trotzdem diese Tatsache den Schlüssel zu ihrem tiefen Verständnis bildet.

Von den verschiedenen Seiten oder Zügen des gesellschaftlichen Lebens gewinnen nach dem bisher Entwickelten der Stand und die Entwicklung der Technik und darüber hinaus der Stand und die Entwicklung der Produktivkräfte für die Entwicklung der Wissenschaft besondere Bedeutung. Die Wissenschaftsgeschichte wird den Wechselwirkungen zwischen diesen Bereichen deshalb besondere Aufmerksamkeit zuwenden müssen und ihre Gesetzmäßigkeiten zu erforschen haben.

Diese Wechselwirkung wird heute auch auf der Seite der Technik und Naturwissenschaft sehr ernst genommen und spielt in allen Untersuchungen über die technische Revolution der Gegenwart, über den sogenannten „Vorlauf" der Wissenschaft vor der Produktion und über die Verwandlung der Wissenschaft in eine unmittelbare Produktivkraft eine wesentliche Rolle. Sie sollte aber — ich spreche jetzt von unserer DDR — auch von den Historikern weit mehr beachtet werden als bisher und in ihren Forschungen und Darstellungen den Platz einnehmen, der der Geschichte und Entwicklung der Produktivkräfte nach marxistischer Auffassung gebührt.

Ich möchte auf die Frage nach den Wechselwirkungen zwischen Wissenschaft und Technik in ihrer historischen Entwicklung, denen man auch im Westen große Aufmerksamkeit schenkt, nicht näher eingehen, da sie in ihrer Bedeutung auf der Hand liegt und von anderer Seite dargestellt werden dürfte. Ich möchte vielmehr Ihre Aufmerksamkeit auf einen anderen Punkt, auf die Wechselwirkung der gesellschaftlichen Erscheinung Wissenschaft mit einer anderen gesellschaftlichen Erscheinung lenken, die m. E. bisher nicht die genügende Beachtung gefunden hat: ich meine die Politik oder die politische Geschichte. Ich glaube, daß dieser Zusammenhang gleich hinter dem Zusammenhang der Wissenschaft mit der Technik rangiert.

Er äußert sich heute sowohl in einer zunehmenden wissenschaftlichen Fundierung der politischen Entscheidungen, die zugleich Kenntnisse von der Geschichte der Wissenschaft
43 verlangen, wie in der wachsenden Bedeutung der wissenschaft/lichen Forschung und Lehre im politischen Geschehen entsprechend der wachsenden Rolle der Grundfunktion der Wissenschaft. Jeder moderne Staat und jede gesellschaftliche Klasse verfolgt und muß eine bestimmte Politik in bezug auf die Wissenschaft und Technik verfolgen, in bezug auf den wissenschaftlichen und technischen Fortschritt. Man spricht schon sehr lange von Kulturpolitik, und ich denke, es ist nötig, innerhalb dieses umfassenden Bereiches die Politik auf dem Gebiet der Wissenschaft als „Wissenschaftspolitik" besonders zu unterscheiden, gründlich historisch zu erforschen und zu analysieren.

Vielleicht werden manche befürchten, daß dadurch der beschauliche und distanzierte Charakter der Wissenschaftsgeschichte verletzt, die wissenschaftliche Arbeit zu sehr „politisiert" werden könnte. Ich glaube, wir sollten uns durch solche Befürchtungen nicht abschrecken lassen und deutlich machen, daß das Studium der Wissenschaftspolitik ein heute unentbehrliches Bindeglied zwischen den Grundsätzen und Prinzipien des historischen Materialismus und dem aktuellen politischen Geschehen darstellt, daß es dazu beiträgt, das Tagesgeschehen besser zu verstehen und zugleich die Lehren des historischen Materialismus durch die dabei gewonnenen Ergebnisse zu vertiefen und zu bereichern.

Es geht dabei um die alte und immer wieder aktuelle Frage nach der Macht über die Wissenschaft und nach der Freiheit der Forschung, die heute so weitgehend im deklamatorischen und moralischen Bereich steckengeblieben ist und einer Versachlichung dringend bedarf.

Es geht darum, zu untersuchen, wie sich die jeweils herrschende Klasse der Wissenschaft entsprechend ihrer gesellschaftlichen Grundfunktion bemächtigt und sie ihren Bedürfnissen gemäß verändert und weiterentwickelt, wie sich eine neue, aufsteigende, fortschrittliche Klasse die Wissenschaft aneignet und wie die alte Klasse diese Aneignung zu verhindern sucht, wie gleichzeitig die Entwicklung der Produktivkräfte sie dazu zwingt, auch den unterdrückten Klassen und Nationen einiges Wissen zu vermitteln usw.

Ich meine, daß gerade bei der Erforschung solcher Fragen die historische Forschung reiche Früchte tragen und zum Verständnis der Gegenwart wie zur Gestaltung der Zukunft beitragen kann.

Es geht zugleich um die heute vor jedem Wissenschaftler stehende Frage nach seiner gesellschaftlichen Verantwortung, nach seiner Einflußnahme auf das politische Geschehen. Sie wurde in dem Moment aufgeworfen, als sich die Naturwissenschaft von der Theologie emanzipierte, und ist seitdem mit zunehmender wissenschaftlicher Erkenntnis ständig gewachsen. Solchen verantwortungsbewußten Gelehrten wie Max Born, der sich erst kürzlich gegen die atomaren Pläne der westdeutschen Militaristen gewendet hat, stehen immer noch zahlreiche apolitische Wissenschaftler und Ingenieure gegenüber, die vor diesen
44 Zusammen/hängen die Augen verschließen und damit Gefahr laufen, auf die Stufe „wissenschaftlicher Söldner" abzusinken, ob sie es nun wahr haben wollen oder nicht.

Ich meine, die Wissenschaftsgeschichte darf sich auch den aus dieser Situation erwachsenden Aufgaben nicht entziehen und sollte durch Studium der Wechselwirkung zwischen Wissenschaft und Politik zum Verständnis dieses Zusammenhanges und damit zu seiner Veränderung beitragen.

Lassen Sie mich versuchen, das Dargelegte noch einmal kurz zusammenzufassen:

Die Wissenschaft ist eine gesellschaftliche Erscheinung und muß daher als solche erforscht werden. Eben deshalb ist die Wissenschaftsgeschichte zum Studium der Wissenschaft unentbehrlich.

Mit der im letzten Jahrhundert gewaltig gewachsenen gesellschaftlichen Bedeutung der Wissenschaft gewinnt auch die Geschichte der Wissenschaft zunehmende Bedeutung und Beachtung. Sie entwickelt sich heute zu einer selbständigen und eigenständigen wissenschaftlichen Disziplin, und zwar sowohl im sozialistischen wie im kapitalistischen Lager.

Die Wissenschaftsgeschichte sollte bei ständiger Verbreiterung der Quellenforschung die Gesetzmäßigkeiten der Entwicklung der Wissenschaft erforschen und auf diese Weise dazu beitragen, die Planung der wissenschaftlichen Arbeit auf ein sicheres Fundament zu stellen.

In bezug auf die Wissenschaft als System objektiver Kenntnisse verdient die Erforschung des Erkenntnisfortschrittes besondere Bedeutung, wie er sich in der Akkumulation des Wissens und in der Umformung des Wissens in wissenschaftlichen Revolutionen ausdrückt. Die Wechselwirkung von Wissenschaft und Philosophie bedarf einer historischen Behandlung, um schematische Vorurteile zu überwinden.

Die gesellschaftliche Funktion der Wissenschaft besteht in den durch die Wissenschaft gegebenen Möglichkeiten, die Natur bzw. die Vergesellschaftung des Menschen auf Grund der Kenntnis ihrer Gesetze zu verändern und den menschlichen Bedürfnissen anzupassen. Die Wissenschaftsgeschichte sollte dementsprechend insbesondere die Wechselwirkung zwischen Wissenschaft und Technik und darüber hinaus zwischen Wissenschaft und Produktion erforschen. Ferner ergibt sich als notwendige Aufgabe der Wissenschaftsgeschichte das Studium der Wissenschaftspolitik.

Wenn das, was ich hier über die Wissenschaft gesagt habe, zutrifft, nämlich, daß sie

1. eine gesellschaftliche Erscheinung ist, daß sie zuverlässiges Wissen zu akkumulieren,
45 zu vermehren und zu vertiefen vermag und daß dieses Wissen die Men/schen in die Lage

versetzt, die Natur und ihre eigene Vergesellschaftung ihren Bedürfnissen entsprechend zu verändern (womit Inhalt und soziale Funktion der Wissenschaft gekennzeichnet sind), und wenn

2. die Wissenschaftsgeschichte eine wissenschaftliche Disziplin ist,

so müssen diese allgemeinen Festlegungen selbstverständlich auch auf die Wissenschaftsgeschichte selbst zutreffen, d. h., so muß sie in der Lage sein, forschreitendes Wissen zu schaffen, das zum Verständnis der Gegenwart und zur Gestaltung der Zukunft beiträgt.

Ich sehe diese Forderung oder diesen Anspruch erfüllt, wenn sich die Wissenschaftsgeschichte die Aufgabe stellt, die Gesetzmäßigkeiten zu erforschen, die der Entwicklung der Wissenschaft zugrunde liegen und ihren Zusammenhang mit anderen Seiten des gesellschaftlichen Lebens bedingen. Sie wird dann in der Lage sein, die Wissenschaft als ihren Gegenstand immer besser zu verstehen und auf Grund dieser Kenntnisse zu verändern.

Soviel sei über die Ziele und Aufgaben der Geschichte der Naturwissenschaft gesagt. Es handelt sich dabei sozusagen um die Linie oder allgemeine Richtung. Sie gilt es in der praktischen Einzelforschung zu verifizieren und anzuwenden, wenn wir nicht in der bloßen Erörterung über die Aufgaben und Ziele der Wissenschaftsgeschichte steckenbleiben, sondern tatsächlich Wissenschaftsgeschichte betreiben wollen.

Um die Gesetzmäßigkeiten und Gesetze der Entwicklung und Geschichte der Wissenschaft konkret zu erforschen und zugleich mit Hilfe dieser Forschung zur Entwicklung von Wissenschaft und Technik in unseren Ländern beizutragen, sind wir in Leipzig darangegangen, die materiellen und geistigen Triebkräfte zu untersuchen, welche die Entwicklung von Wissenschaft und Technik vorantreiben.

Als Weg dazu erweist sich die Erforschung der fortschrittlichen Traditionen in Naturwissenschaft und Technik, d. h. derjenigen Traditionen, die, von Generation zu Generation überliefert, zu „Erkenntnis und Taten" führen und „die die Gesellschaft vorangebracht haben".[4]

Selbstverständlich ist damit notwendig die Aufgabe verbunden, die wissenschaftsfeindlichen Kräfte und Strömungen als solche konsequent aufzudecken. Wir halten aber die Orientierung unserer Forschung auf die positiven Kräfte deshalb für ertragreicher, weil sich die Untersuchung dann nicht in der Kritik des Negativen erschöpft, sondern positive Wege weisen kann.

Betreibt man die Geschichte der Naturwissenschaft als Geschichte ihrer fortschrittlichen Traditionen, so wird es möglich, bezüglich der beiden Hauptaspekte der Wissenschaft diejenigen Zusammenhänge, Methoden und Motive zu erforschen, die ständig zu neuen Lö-
46 sungen allgemeiner Probleme führen und zugleich / neue wissenschaftliche Probleme aufwerfen. In solchen Untersuchungen wird außerdem die Dialektik von absoluter und relativer Wahrheit, von Logik und Geschichte, von Tradition und Fortschritt sichtbar. Damit gestattet dieser Weg zugleich, den Ablauf des Erkenntnisfortschrittes und den Stand der Wissenschaft zu einer bestimmten Zeit in Abhängigkeit von den geistigen und materiellen gesellschaftlichen Zuständen zu analysieren. Er schließt sowohl die Untersuchung der Leistungen einzelner Forscher wie problemgeschichtlicher und methodologischer Fragestellungen ein und gibt ihnen Richtung und Ziel, verbindet sie mit den großen Aufgaben der Gegenwart.

---

[4] W. Ulbricht, Festrede anläßlich des 15. Jahrestages der Neueröffnung der Friedrich-Schiller-Universität, in: Jenaer Reden und Schriften, Neue Folge, H. 2 (1960), S. 20.

# Die Klassifizierung der Wissenschaft in historischer Sicht*

## 9 1. Klassifizierung der Wissenschaft und Struktur der Wirklichkeit

Wenn wir uns ein rationales Abbild von der uns umgebenden Welt schaffen, so spiegelt dieses Abbild auch die Klassifizierung oder Struktur der uns umgebenden Erscheinungen wider, aber selbstverständlich nur entsprechend dem jeweiligen Stand der vorhandenen Kenntnisse oder, anders ausgedrückt, mit der Schärfe und Genauigkeit, die das jeweilige Abbild der objektiven Realität im Bewußtsein zuläßt. Damit wird die Frage nach der Klassifizierung unseres Wissens in doppelter Sicht aufgeworfen:

a) Wie genau oder scharf spiegelt die jeweilige Klassifizierung die objektiv-reale Struktur unserer Umwelt bzw. des Universums wider?

b) Wie ist das Abbild selbst beschaffen, oder welche Gestalt, welche Struktur hat die Gesamtheit der Wissenschaften, die Universitas litterarum?

Die erste Frage ist selbst ein Forschungsgegenstand der Wissenschaft. Sie kann und wird deshalb mit Hilfe der Einzelwissenschaften durch die Zusammenfassung ihrer Ergebnisse und mit Hilfe philosophischer, verallgemeinernder Überlegungen untersucht. Deshalb gehören auch solche Fragen wie die nach der Einheit der Welt in ihrer Materialität, nach der Existenz und dem Wesen qualitativer Unterschiede, nach Gesetz und Gesetzmäßigkeit und ähnliche in den Bereich dieser Untersuchungen. Verstehen wir unter Klassifikation nicht nur eine Koordination, sondern auch eine Rangordnung, so ist in diesen Fragen auch die Entscheidung zwischen philosophischem Materialismus und Idealismus eingeschlossen.

Dieses ganze Problem ist, wie gesagt, ein eigenes Forschungsgebiet, das sich auf die Ergebnisse der Einzelwissenschaften stützt. Es schließt im Bereich der Naturwissenschaft die Lehre von der Struktur der Materie ebenso ein wie die Kosmogonie und entwickelte sich von der antiken Einteilung unserer natürlichen Umwelt in das Tierreich, Pflanzenreich und Mineralreich, die noch zu Beginn des 19. Jahrhunderts eine Rolle spielte, bis zur gegenwärtigen Einteilung in Makro- und Mikrophysik, oder genauer gesagt, in den Bereich der Festkörper, Flüssigkeiten und Gase und die Bereiche der Moleküle, der Atome und des Subatomaren.

Bei der zweiten von mir aufgeworfenen Frage nach der Struktur der Wissenschaft wird nicht die Natur selbst, sondern wird die Wissenschaft, d. h. das Abbild der Natur untersucht. Es handelt sich somit um eine Frage nach dem Charakter und der Struktur der Wissenschaft, d. h. also um eine Frage der Metawissenschaft oder auch der Wissenschaft von der Wissenschaft. Diese zweite Frage soll im folgenden historisch behandelt werden.

Wir machen somit die Wissenschaft zum Gegenstand unserer Untersuchung. Wenn ich dabei historisch vorgehe, so deshalb, weil uns gerade die historische Behandlung wissen-
10 schaftstheoretischer Fragen die Möglichkeit gibt, den gegenwärtigen Zustand / als etwas Gewordenes und sich Veränderndes zu begreifen und damit zu Aussagen über seine zukünftige Entwicklung zu gelangen.

---

* Erschienen in: Freiberger Forschungshefte, D 53, Juli/1967, S. 9—25.

Es versteht sich dabei von selbst, daß die Metawissenschaft nicht vom Gegenstand der Einzelwissenschaften absehen kann. Er liegt ihr vielmehr als die nächste, tiefere Schicht stets zugrunde. Wir können und dürfen deshalb bei Behandlung der zweiten nicht von der zuerst aufgeworfenen Frage absehen. Die Frage nach der Struktur oder Klassifizierung der Wissenschaft kann nicht unabhängig von der Frage nach der Struktur der Welt behandelt werden, wenn wir uns nicht im Leeren oder im Formalen verlieren wollen.

Was hat also der Wissenschaftshistoriker unter diesen Voraussetzungen zur Frage der Klassifizierung der Wissenschaft beizubringen?

## 2. Die gesellschaftlich praktizierte Klassifikation der Wissenschaft

Die Wissenschaft ist eine gesellschaftliche Erscheinung und hat als solche eine ganz bestimmte gesellschaftliche Funktion. Anders ausgedrückt: Die Wissenschaft wird stets und notwendig im Rahmen der menschlichen Gesellschaft betrieben und dient ebenso wie andere gesellschaftliche Erscheinungen und Einrichtungen zur Befriedigung bestimmter gesellschaftlicher Bedürfnisse. Es genügt deshalb nicht, die Wissenschaft allein unter dem Aspekt zu sehen, daß sie Wissen schafft, man muß zugleich auch ihren gesellschaftlichen Aspekt berücksichtigen, der darin besteht, mit Hilfe dieses geschaffenen Wissens die natürliche und soziale Umwelt der Menschen zu beherrschen und auf diese Weise die Existenz der Menschheit zu sichern und zu erweitern.[1] Beide Aspekte, der erkenntnishafte und der gesellschaftliche, bedingen sich gegenseitig, denn das bloße Wissen bleibt fruchtlos und stagniert, wenn es losgelöst vom gesellschaftlichen Leben angehäuft wird, und die Beherrschung der Umwelt ist nur insoweit möglich, als wir sie erkannt haben.

Vielfach hat man geglaubt, man könne die natürliche und soziale Umwelt einfach durch Gebete, Beschwörungen, Befehle und Verbote nach seinem Wissen gestalten, und vielfach hat man sich mit der bloßen Erkenntnis begnügt und deren Anwendung sogar gefürchtet. Das ändert aber nichts an der Tatsache, daß beide Aspekte der Wissenschaft, die heute gleich geläufig sind, stets vorhanden waren. Erinnert sei an die christliche Lehre vom Sündenfall und die Gestalt des Doktor Faustus, die in allen ihren Wendungen und dichterischen Fassungen diesen doppelten Aspekt der Wissenschaft widerspiegeln. /

11 Um nun bei unseren historischen Untersuchungen von Tatsachen statt von Meinungen auszugehen, gilt es daher, die Klassifikation der Wissenschaft dort zu studieren, wo sie in der gesellschaftlichen Praxis benötigt und wirksam wird. Eine solche gesellschaftlich praktizierte Klassifikation tritt uns besonders überall dort entgegen, wo Wissenschaft gelehrt wird.

In der Lehre wird das vorliegende Wissen und die Methode, es zu schaffen und zu vermehren, von einer Generation an die nächste weitergegeben und werden zugleich Menschen ausgebildet und erzogen, die im gesellschaftlichen Leben bestimmte Funktionen oder Berufe ausüben sollen. Neben der Funktion, Wissen zu schaffen, kommt deshalb gerade in der Lehre auch die gesellschaftliche Funktion der Wissenschaft, dieses Wissen zu verwerten und zu

---

[1] „Wissenschaftliche Erkenntnis ist kein Selbstzweck; aus den Bedürfnissen der Produktion und des praktischen Lebens hervorgegangen, dient sie der wachsenden Beherrschung der natürlichen und sozialen Umwelt." Philosophisches Wörterbuch, hrsg. von G. Klaus und M. Buhr, Leipzig 1964, S. 615 r. Sp. J. D. Bernal erklärt, man könne die Wissenschaft auffassen, „als ein einheitliches kooperatives Bemühen der Menschheit, ihre Umwelt zu begreifen und damit zu beherrschen". J. D. Bernal, Die Wissenschaft in der Geschichte, Berlin 1967 (3. Aufl.), S. 19.

nutzen, zum Ausdruck. Gleichzeitig erfordert die Lehre, den Wissensstoff zu gliedern, und zwar sowohl im Sinne einer Gruppierung als auch im Sinne einer Rangordnung. Sie ruft daher notwendig eine Klassifikation der Wissenschaft ins Leben, die sowohl durch die fachlichen Zusammenhänge als auch durch die ökonomischen, politischen und kulturellen Bedürfnisse bestimmt ist und damit die Wissenschaft als gesellschaftliche Erscheinung und ihre beiden Aspekte zum Ausdruck bringt. Eine Untersuchung der in der Lehre praktizierten Klassifikation der Wissenschaft verspricht deshalb, zu Aussagen über die Wissenschaft und die Gesetze ihrer Entwicklung und nicht nur über den bzw. die Gegenstände (oder die Methode bzw. Methoden) der Wissenschaft zu führen.

## 3. Die sieben freien Künste

Beginnen wir mit der Einteilung bzw. Gliederung des Lehrstoffes an den ersten lateinischen Universitäten im 12. und 13. Jahrhundert. Diese Universitäten sind nämlich die historisch ersten allgemeinen höheren Lehranstalten im heutigen Sinne des Wortes. Es hat zwar schon viele Jahrhunderte vorher die Akademie Platons, das Lyzeum von Aristoteles in Athen, das Mouseion in Alexandria gegeben und später Priesterschulen der Mohammedaner, die sogenannten Madrasseh. Aber die erstgenannten waren keine eigentlichen Lehr-, sondern eher Forschungsstätten und dienten in keiner Weise der Berufsausbildung, und die letzteren beschränkten sich ebenso wie entsprechende Einrichtungen des Buddhismus im wesentlichen auf die Vermittlung religiöser Glaubenssätze. Die Ausbildung an den europäischen Universitäten erfolgte bekanntlich an vier Fakultäten: der Artistenfakultät, der Medizinischen, Juristischen und Theologischen Fakultät. Facultas bezeichnet ursprünglich einen bestimmten Wissenszweig und wird im alten Schrifttum gleichbedeutend mit ars (Kunst), doctrina (Lehre) und scientia (Wissenschaft) gebraucht. Später bezeichnete man mit facultas die Vereinigung oder Genossenschaft der diesen Wissenszweig Lehrenden und Studierenden, und schließlich wurde das Wort auf das Kollegium der Lehrenden übertragen[2], ohne daß seine ursprüngliche Bedeutung ganz verloren ging. Sie klingt noch heute an, wenn wir von der Fakultas eines Oberlehrers sprechen.

Die Theologische Fakultät galt als die oberste und entsprechend der geistigen Vorherrschaft der Kirche als die führende Fakultät. Die Studenten mußten zunächst die Artisten-
12 fakultät durchlaufen, ehe sie in eine der drei höheren Fakultäten eintreten / konnten, und
da sie vielfach bei Fortsetzung des Studiums an den höheren Fakultäten gleichzeitig in der Artistenfakultät lehrten, wechselten auch die Lehrkräfte von den niederen zu den höheren Fakultäten. Wenn somit auch keine so strenge Spezialisierung der Wissenschaftler vorlag, wie wir sie heute kennen, so stellt diese Gliederung der Universitas magistrorum et scholarum (Gemeinschaft der Lehrenden und Lernenden) doch zugleich auch eine Klassifikation der Universitas litterarum (Gemeinschaft der Wissenschaften) dar, glaubte man doch, in den vier Fakultäten die Gesamtheit der Wissenschaften erfaßt zu haben.

Während keineswegs jede Universität alle drei höheren Fakultäten besaß und sich in der Gründungsperiode die Juristische Fakultät anfangs nur in Bologna, die Medizinische in Salerno und Montpellier und die Theologische in Paris entwickelte, besaß jede Universität unbedingt eine Artistenfakultät. Fortschritte in der Klassifizierung der Wissenschaft zeigen sich deshalb vor allem an diesen Fakultäten, deren Entwicklung wir besonders ins Auge fassen wollen.

[2] G. Kaufmann, Die Geschichte der deutschen Universitäten, Bd. 2, Stuttgart 1896, S. 69.

Die Artistenfakultät leitete ihren Namen von den sieben sogenannten freien Künsten (artes liberales) ab, bei denen man zwei Gruppen — das *Trivium* und das *Quadrivium* — unterschied. Das Trivium umfaßte die Grammatik (d. h. die lat. [Kirchen]Sprache), Rhetorik (d. h. die Lehre vom Vortrag) und Dialektik (d. h. die Lehre von der Beweisführung oder die Anfangsgründe der Logik und nicht etwa die Dialektik im modernen Sinne des Wortes). Diese „trivialen" Grundkenntnisse — der Ausdruck stammt von dieser Wurzel — bildeten die Voraussetzung für das Quadrivium, das die artes reales (realen Künste) in Gestalt von vier Disziplinen umfaßte, die man auch als mathematische Wissenschaften bezeichnete, die Arithmetik, Geometrie, Astronomie und Musik. Dabei beschränkte sich die Arithmetik auf einfache Zahlenlehre, die Geometrie auf die ersten drei Bücher von Euklid, die Astronomie auf die Zeit- und Kalenderrechnung, die Grundlagen der Lehre von den scheinbaren Bewegungen der Gestirne sowie einige geographische Grundkenntnisse und die Musik auf die Grundlagen der musikalischen Harmonie.

Diese sieben Fächer wurden schon in den Rhetorenschulen des römischen Reiches als Grundlage der allgemeinen Bildung des freien Mannes angesehen und waren im 5. Jahrhundert von Martianus Capella aus Karthago in seinem Werk „De nuptiis Philologiae et Mercurii et de septem artibus liberalibus libri novem"[3] als Trivium und Quadrivium zusammengefaßt worden.[4] Mit der Auflösung des römischen Reiches und der Festigung des Feudalismus wurden die sieben freien Künste zur Grundlage der Bildung der Geistlichkeit, die damals als einziger gebildeter Stand ein Monopol auf alle Berufe besaß, die die Kenntnis von Lesen und Schreiben verlangten, und alle Verwaltungsarbeit zu leisten hatte. Aus den Dom- und Klosterschulen, in denen nur spärliches Wissen vermittelt wurde, entstanden die europäischen Universitäten, als mit der Festigung der feudalen Gesellschaftsordnung die Arbeitsteilung zwischen Landwirtschaft und Handwerk, die Entstehung der Städte und das Aufkommen der Märkte sowie die Entwicklung des Handwerks höhere Anforderungen an die allgemeine Bildung stellten, als auch Laien anfingen, lesen und schreiben zu lernen, und neben die Geistlichen und Mönche besonders in den Städten auch weltliche Verwaltungskräfte traten. /

13 Dabei ist die Bezeichnung als Künste und nicht als Wissenschaften oder Philosophie insofern aufschlußreich, als damit zum Ausdruck kommt, daß es sich um geistige Fertigkeiten handelte, die mit den handwerklichen Fertigkeiten oder Künsten gleichgestellt und durch den Zusatz „frei", d. h. nicht an handwerkliche Berufe gebunden, unterschieden wurden. Es handelt sich ja beim Trivium auch tatsächlich um formale bzw. um methodische Kenntnisse, und die mathematischen Fächer des Quadriviums behandelten in erster Linie die Struktur und die quantitative Seite der Erscheinungen unabhängig von deren Gegenständlichkeit.

Das umfangreiche und vielfältige Faktenwissen der Antike blieb damit zunächst unberücksichtigt und ungenutzt. Einerseits wohl, weil man keine direkte Verwendung dafür hatte, andererseits, weil es auch in der Antike nicht zur vollen Wissenschaft ausgebildet, sondern bestenfalls systematisiert worden war. Trotzdem geriet dieses Wissen nicht ganz in Vergessenheit. Solange man sich auf die lateinischen Autoren beschränkte, wurde es vorzüglich durch Werke enzyklopädischen Charakters vermittelt, unter denen die „Naturalis historia" des älteren Plinius besonders hervorragt und im ganzen Mittelalter eifrig studiert worden ist. Das Werk ist in mehr als zweihundert handschriftlichen Manuskripten erhalten

---

[3] Martianus Capella, De nuptiis Philologiae et Mercurii et de septem artibus liberalibus libri novem, hrsg. von Dick, Leipzig 1925.

[4] St. d'Irsay, Histoire des universités françaises et étrangères des origines à nos jours, Bd. 1, Paris 1933, S. 34—38.

und das erste antike wissenschaftliche Werk, das gedruckt worden ist.[5] In seinem Werk gibt Plinius eine Naturgeschichte im Sinne eines Berichtes oder einer Beschreibung der Naturerscheinungen und natürlichen Gegenstände zugleich mit Angaben über deren Verwendung, Benutzung und Verarbeitung. Er vermittelt also Kenntnisse, die für das Grundanliegen der Wissenschaft unentbehrlich sind, wenn sie auch weitgehend auf bloß empirischen Kenntnissen beruhten und im einzelnen ungeprüft und kritiklos zusammengestellt und weitergegeben wurden.

Es versteht sich, daß auch die Klassifizierung des Wissens in den siebenunddreißig Büchern der „Naturalis historia" praktische Bedeutung erlangt hat. Plinius beginnt mit einer Darstellung des Universums oder der Natur im allgemeinen, d. h. mit Grundfragen der Kosmogonie, mit der Lehre von den vier Elementen und allgemeinen Angaben über die Erde, über das Wasser und die Meere, über die Luft und die Atmosphäre sowie über das Feuer. Es folgen Nachrichten zur Erd- und Völkerkunde und anschließend der Reihe nach Angaben zur Anthropologie, über Tiere, gegliedert nach Landtieren, Wassertieren, Vögeln und Insekten, über Pflanzen, gegliedert nach Bäumen, Feld- und Gartengewächsen, Blumen und Kräutern mit ausführlichen Nachrichten über pflanzliche Medikamente, dann Angaben über Medikamente tierischen Ursprungs und schließlich Nachrichten über Metalle, Steine und Edelsteine einschließlich von Mitteilungen über den Bergbau, die Metallgewinnung sowie Malerei und Farben. Wie man sieht, ist alles rein empirisch gegliedert. Der Verfasser hat sich vielfach vom Stoff führen lassen, anstatt ihn zu gestalten, und geht vom Menschen als dem Mittelpunkt der Natur aus. Plinius vermittelt aber zugleich die antike Unterscheidung von drei Reichen der Natur: dem Tierreich, dem Pflanzenreich und dem Mineralreich, die in der Naturlehre noch bis zum 19. Jahrhundert gegolten hat und in bestimmter Beziehung auch noch heute eine Rolle spielt.

Aus Plinius hatte auch Bischof Isidor von Sevilla in seinem enzyklopädischen Werk
14 „Etymologiarum sive Originum libri viginti" geschöpft und / damit begonnen, den Rahmen der sieben freien Künste zu sprengen. In sachlich (und nicht alphabetisch) geordneten Stichworten, die von phantastischen Worterklärungen ausgehen, behandelt Isidor die sieben freien Künste, die Medizin, die Rechtslehre, die Religionen, Staat und Familie, die Naturlehre und technisches Wissen in einer von Plinius etwas abweichenden Anordnung.[6]

Nach dem Vorbild von Plinius und Isidor von Sevilla wurden vom 9. bis zum 16. Jahrhundert zahlreiche enzyklopädische Schriften verfaßt, um dem Bedürfnis nach Information zu genügen. Es würde sich sicher lohnen, sie einmal unter dem Gesichtspunkt der Anordnung oder Klassifikation des dort gebotenen Wissens zu vergleichen.

Diese „Realien" oder Informationen sickerten offenbar fast unbemerkt in den Universitätsunterricht ein. Sie bereicherten in Verbindung mit den Schriften anderer antiker und arabischer Autoren zunächst das medizinische Wissen, drangen aber vor allem in die Artistenfakultät ein und wirkten dort der einseitigen formalen Ausbildung entgegen. Leider finden sich in den Standardwerken zur Geschichte der Universitäten[7] nur sehr spärliche An-

---

[5] Editio princeps, Venedig 1469. Deutsche Übersetzungen: Die Naturgeschichte des Cajus Plinius Secundus, ins Deutsche übersetzt und mit Anmerkungen versehen von Prof. Dr. G. C. Wittstein, Bd. 1 bis 5, Leipzig 1881/82 — Plinius und seine Naturgeschichte in ihrer Bedeutung für die Gegenwart, von F. Dannemann, Jena 1921.

[6] Isidorus von Sevilla, Etymologiarum sive Originum libri viginti, in: Migne, Patrologia Latina, Bd. 82, Sp. 73—1054; vgl. L. Thorndike, A history of magic and experimental science, Bd. 1, New York 1932, S. 623—633, und P. Duhem, Le systéme du monde, Bd. 3, Paris 1958, S. 3—12.

[7] G. Kaufmann, Die Geschichte der deutschen Universitäten, Bd. 1, Vorgeschichte, Stuttgart 1888; Bd. 2, Entstehung und Entwicklung der deutschen Universitäten bis zum Ausgang des Mittelalters, Stuttgart 1896; F. Paulsen, Geschichte des gelehrten Unterrichts auf den deutschen Schulen und Universitäten vom Aus-

gaben über diese „Unterströmung“, wenn man den Ausdruck einmal gebrauchen darf, durch welche Kenntnisse über reale Tatsachen vermittelt wurden. Ihr kommt eine viel größere Bedeutung zu, als allgemein angenommen wird, zumal wenn man bedenkt, daß mit der Entwicklung des Handels und der Wirtschaft das Interesse an Tatsachen bedeutend stieg und nach der Entdeckung Amerikas ein Faktenwissen vorlag, das mit den Begriffen der peripatetischen Philosophie nicht mehr zu bewältigen war.

## 4. Die Erweiterung der Artistenfakultät

Unsere landläufigen Vorstellungen besagen, daß sich von der Philosophie als Inbegriff und Sammelbegriff für die Gesamtheit der Wissenschaft mit zunehmendem Wissen einzelne Wissenschaften abtrennen und zu selbständigen Disziplinen entwickeln. Das ist indessen nur die halbe Wahrheit, und zwar genauer gesagt, deren zweite, nachträgliche Hälfte. In Wirklichkeit verläuft die Entwicklung der Wissenschaft im Gegenteil so, daß die empirischen Kenntnisse auf einzelnen Gebieten vermehrt, systematisiert und schließlich theoretisch erfaßt und auf die Stufe wissenschaftlicher Erkenntnis gehoben werden, um dann erst in das vorhandene Gebäude der Wissenschaft einverleibt zu werden und es dadurch sowohl zu bereichern als umzugestalten. Diese Gesetzmäßigkeit in der Entwicklung der Wissenschaft zeigt sich sowohl in der Antike, wo Arithmetik, Geometrie, Astronomie, geographisches, medizinisches und pharmazeutisches Wissen schon lange vor dem Aufkommen der großen antiken philosophischen Systeme vorlagen, als auch in der Renaissance, wo sich aus den praktischen Berufen und Bedürfnissen neue Wissenschaften außerhalb der offiziellen Wissenschaft entwickelten. Ein entsprechender Vorgang vollzieht sich, wie zum Schluß des Beitrages gezeigt werden wird, auch heute wieder.

Der ganze Vorgang ist in unserem Zusammenhang deshalb von Bedeutung, weil bei diesen
15 Eingliederungen die Frage der Klassifizierung der Wissenschaft immer aufs / neue aufgeworfen wird und gelöst werden muß. Ausgangspunkt der ganzen Entwicklung aber ist auch bei diesem Prozeß die gesellschaftliche Praxis, oder genauer gesagt, das Bedürfnis, die Natur zu erkennen, um sie zu beherrschen. Im Laufe der Geschichte werden zur Befriedigung dieses Bedürfnisses nacheinander die Gebiete erforscht und in das Ganze einbezogen, deren Beherrschung lebenswichtig wird. Die ganze Wissenschaft entwickelt sich somit auch in ihrer Gliederung und Klassifikation entsprechend der fortschreitenden gesellschaftlichen Praxis.

Entscheidende Änderungen in der Klassifikation sind jedesmal dann eingetreten, wenn größere Bereiche wissenschaftlicher Erkenntnisse, die außerhalb des bis dahin systematisierten und klassifizierten Wissens lagen, in das System der Wissenschaft einbezogen werden mußten. Das erfolgte in Europa im 13. Jahrhundert bei der Übernahme der antiken, speziell der Aristotelischen Philosophie, es wiederholte sich bei der Einbeziehung der Errungenschaften des Humanismus und der wissenschaftlichen Revolution des 16. Jahrhunderts, und es erfolgt in der Gegenwart bei der Vereinigung der sogenannten „reinen“ Wissenschaften mit den praktischen.

Bei der Übernahme der antiken Philosophie im 13. Jahrhundert handelte es sich bekanntlich nicht um eine einfache Aneignung des fremden Wissens, sondern um dessen Einbe-

---

gang des Mittelalters bis zur Gegenwart, 3. Aufl., Bd. 1, Leipzig 1919, Bd. 2, Berlin und Leipzig 1921, und St. d'Irsay, Histoire des universités françaises et étrangères des origines à nos jours, 2 Bände, Paris 1933, 1935.

ziehung in die christliche Glaubenslehre. Der Prozeß führte zur Herausbildung der peripatetisch-scholastischen Philosophie und vollzog sich unter heftigen ideologischen Kämpfen an den Universitäten Frankreichs, Englands und Italiens, insbesondere an der Universität Paris, und zwar genauer gesehen an der Artistenfakultät. Die Dialektik des Triviums wurde zur Logik erweitert, und über die Logik drang die Aristotelische Philosophie in ihrer ganzen Breite, d. h. mit Logik, Physik, Metaphysik, Ethik und Ästhetik in den Bereich der sieben freien Künste ein. Damit erweiterte die Artistenfakultät ihren Gegenstand ganz bedeutend. Sie gewann Eigenleben und wurde aus einer vorbereitenden Fakultät zur Fakultät des Grundlagenwissens und damit zur Keimzelle der weiteren Entfaltung und Entwicklung der naturwissenschaftlichen und gesellschaftswissenschaftlichen Disziplinen sowie vermöge des Quadriviums der mathematischen Wissenschaften. Die Bezeichnung Philosophische Fakultät setzte sich zwar erst im 18. Jahrhundert allgemein durch, tauchte aber schon im 14. Jahrhundert vereinzelt auf. Daneben finden sich auch Bezeichnungen wie „facultas arcium et philosophiae"[8], in denen die Ergänzung der sieben freien Künste durch die Philosophie deutlich zum Ausdruck kommt.

Zugleich aber erfolgte diese Entwicklung unter der Vorherrschaft der Theologie bzw. der idealistischen Philosophie und damit unter dem Zeichen der Mißachtung der produktiven Tätigkeit und der körperlichen Arbeit, das auch der antiken Wissenschaft seinen Stempel aufgedrückt hatte. Die antike Unterscheidung zwischen spekulativen und praktischen Wissenschaften, die Geringschätzung der letzteren sowie die Geringschätzung der praktischen Anwendung wissenschaftlicher Kenntnisse ist als Wertmaßstab in voller Tragweite in die peripatetisch-scholastische Philosophie und mit ihr in die Artistenfakultäten eingegangen. Thomas von Aquin ging so weit, daß er ausdrücklich der Auffassung entgegentrat, praktische Wissenschaften wie etwa die Medizin könnten auch einen theoretischen Teil enthalten.[9] /

16 Sieht man sich diese Veränderung an den Artistenfakultäten genauer an, so zeigt sich, daß Grammatik und Rhetorik an Bedeutung verloren. Die Grammatik, d. h. das Erlernen des Lateins wurde zu einer Art Vorkursus und die Rhetorik zu einer Art Stilkunde im Formulieren von Fragen und Antworten. Die Logik wurde bekanntlich in der scholastischen Philosophie sehr weit durchgebildet, aber auch zu einem Spiel mit leeren abstrakten Begriffen ausgebildet, das sich in Spitzfindigkeiten erschöpfte, anstatt die Gesetze des Denkens und der Begriffsbildung sowie die Methodologie zu bereichern und zur mathematischen Logik vorzudringen. Neben ihr galten Physik und Metaphysik als philosophische bzw. spekulative Wissenschaften. Die Physik, unter der man die allgemeine Lehre von der Natur verstand, wurde losgelöst von ihrer praktischen Anwendung betrieben. Ihr Gegenstand waren nicht die Naturerscheinungen selbst, sondern die Lehre des Aristoteles und seiner Kommentatoren über die Natur. Die Metaphysik galt als die Lehre vom Sein und seinen Eigenschaften schlechthin. Thomas von Aquin bezeichnete sie auch als „theologia philosophica" zum Unterschied von der Theologie als Lehre von der Heiligen Schrift und schrieb ihr einen entsprechend hohen Rang zu.[10]

Die mathematischen Fächer des Quadriviums erfuhren zwar eine wesentliche inhaltliche Erweiterung entsprechend den Werken von Euklid, Ptolemäus, Strabo u. a., die übersetzt und kommentiert wurden, verloren aber zugleich auch an Ansehen gegenüber der Logik, Naturphilosophie und Metaphysik.[11]

---

[8] G. Kaufmann, Die Geschichte . . ., a. a. O., Bd. 2, S. 72/73.

[9] J. Mariétan, Problème de la classification des sciences d'Aristote à St. Thomas, St. Maurice 1901, S. 192.

[10] Ebenda, S. 189.

[11] Interessant ist die Entwicklung der Ethik oder der moralischen Wissenschaften. Aristoteles hatte sie als

Unter diesen Umständen konnte sich die genannte „Unterströmung“, welche Informationen über Naturerscheinungen vermittelte, nur in Anlehnung an die diesen Gegenständen gewidmeten Schriften von Aristoteles Geltung verschaffen. Bereits 1255 wurden an der Pariser Universität neben den logischen auch die Werke von Aristoteles zur Naturlehre und Metaphysik behandelt. Ebenso gingen die Werke von Albertus Magnus über Pflanzen und Tiere in den Universitätsunterricht ein. Der mathematische Unterricht wurde auch auf Feldmessung und die Kunde astronomischer Instrumente ausgedehnt, und in Ausnahmefällen hat vielleicht gerade auf diesem Gebiet sogar ein praktischer Unterricht stattgefunden.[12] Von den praktischen Erfahrungen im allgemeinen und von der Produktion im besonderen blieb aber die Naturlehre getrennt. So nimmt es kein Wunder, daß sie keine wesentlichen Fortschritte machte und ihre gesellschaftliche Grundfunktion nicht zum Tragen kam. An die Stelle echter Naturwissenschaft traten im Mittelalter weitgehend magische Lehren, die die Erscheinungen durch Zaubersprüche, allegorische Handlungen und dergleichen zu
17 zwingen / suchten, mit dem Glauben an gute und böse Geister, an Teufel, Engel und Hexen verbunden waren oder die Zukunft aus Zeichen oder aus den Sternen vorauszusagen versuchten.

Eine erste Erweiterung erfuhren die in der Artistenfakultät vereinigten Disziplinen, als mit dem Aufkommen des Humanismus die Sprach- und Literaturwissenschaften sowie die Geschichtswissenschaft in der ersten Hälfte des 16. Jahrhunderts Einzug in die Universitäten hielten. Bis dahin waren sie im System der wissenschaftlichen Disziplinen nicht vertreten. Ihren Ansatzpunkt fanden die humanistischen Disziplinen in der lange vernachlässigten Rhetorik. Diese erhielt neuen Auftrieb, als die Humanisten darangingen, die lateinischen und griechischen Dichter, Dramatiker und Historiker zu studieren und nach deren Vorbild zu schreiben und zu sprechen. Die Wellen schlugen so hoch, daß es 1501 sogar in der Universität Wien zur Gründung eines Collegium poetarum, d. h. einer Poetenfakultät kam, deren Abschluß als poeta laureatus dazu berechtigte, in „arte poetica et in oratoria“ zu lehren.[13]

Die Fakultät bestand allerdings nur wenige Jahre, und die Humanwissenschaften verblieben an den Artistenfakultäten bzw. Philosophischen Fakultäten, wo sie nach heftigen Auseinandersetzungen eine geachtete, ja führende Stelle einnahmen, so daß sie den Charakter der Philosophischen Fakultäten weitgehend geprägt haben.

Diese Disziplinen erweiterten zweifellos den Gesichtskreis der Gelehrten und Studenten und trugen auf ihre Weise dazu bei, das theologische Weltbild des Mittelalters aufzulösen. Sie führten aber keineswegs zu einer Annäherung oder gar Verbindung von Wissenschaft und Praxis. Im Gegenteil: Die gesellschaftliche Grundfunktion der Wissenschaft, besonders der Naturwissenschaft, geriet noch mehr ins Hintertreffen. Die Vertreter der humanistischen Fächer entfernten sich von der Erforschung der Natur und sozialen

---

eine praktische Wissenschaft verstanden und zwischen der Morallehre für den einzelnen Menschen, für den Menschen als Angehörigen eines Haushalts und als Angehörigen eines Staatswesens unterschieden, und dementsprechend wurde sie später in die philosophia moralis monastica, oeconomica und politica aufgeteilt. Die Ethik bildet auf diese Weise für die Klassifikation insofern die Keimzelle der Gesellschaftswissenschaften, als in diesem Bereich später sowohl die Ökonomie wie die Politik oder Staatslehre ihren Platz im System des Wissens finden sollten. Sie bildete zugleich die philosophische Grundlage der Rechtswissenschaft, die bis zum 19. Jahrhundert als einzige Gesellschaftswissenschaft eine eigene Fakultät besaß.

[12] A. C. Crombie, Augustine to Galileo. The history of science A. D. 400—1650, Cambridge (Mass.) 1953, S. 149/150 (2. Aufl. London—Melbourne—Toronto 1959, Bd. 1, S. 181).

[13] F. Paulsen, Geschichte des gelehrten Unterrichts . . ., a. a. O., Bd. 1, S. 132—134; G. Kaufmann, Die Geschichte . . ., a. a. O., Bd. 2, S. 73/74.

Umwelt und verstiegen sich in die Gefilde der sogenannten „Geisteswissenschaften“, in denen die geistige Tätigkeit und Geistesprodukte abstrakt gewertet und gepflegt werden, losgelöst von den gesellschaftlichen Zusammenhängen und den natürlichen Bedingungen und Ursachen. Diese Feststellung schließt nicht aus, daß einzelne bedeutende Humanisten, wie etwa Georg Agricola, den Weg von den Humanwissenschaften zu den sogenannten Realwissenschaften fanden.[14]

## 5. Die Konstituierung der Naturwissenschaft

Unter den geschilderten Umständen konnte das gesellschaftliche Bedürfnis, die Natur und die soziale Umwelt ständig besser und in größerem Ausmaß zu beherrschen, nur außerhalb dieses Systems der offiziellen Wissenschaft befriedigt werden. Die heute sogenannte klassische Naturwissenschaft entwickelte sich bekanntlich keineswegs an den Universitäten und im Gegensatz zu der dort vertretenen peripatetisch-scholastischen Philosophie.

Der Weg führte über die Ausbildung von Wissenschaften über neue Gegenstände, wie etwa der Lehre vom Wurf, der Navigationslehre, der Pneumatik, Hydrostatik usw., die mehrfach direkt als „neue Wissenschaften“ oder „neue Wissenszweige“ bezeichnet wurden,
18 zum Entstehen neuer Wissenschaften über alte Gegenstände, wie / der Bewegungslehre von Galilei[15] und der „Neuen Astronomie“ von Kepler. Hier handelt es sich nicht mehr um Ergänzungen und Erweiterungen, sondern um eine Umgestaltung der Wissenschaft. Diese Vermehrung und Umwälzung der wissenschaftlichen Erkenntnisse brachte die Verbindung der Physik mit den mathematischen Disziplinen und war notwendig mit der Ausbildung der experimentellen Methode im Gegensatz zur spekulativen Methode der Scholastik verbunden. Nach der experimentellen Methode wird die Wahrheit durch Erfahrungen und Experimente gefunden und bewiesen, anstatt durch die Sätze von Autoritäten. Schon im 17. Jahrhundert fing man an, die neue Richtung zusammenfassend als „Experimentalphilosophie“ zu bezeichnen, zum Unterschied von der scholastischen oder „spekulativen“ Philosophie. Die Übernahme der Experimentalphilosophie in das überlieferte System der Wissenschaften vollzog sich im Hochschulwesen Europas im 18. Jahrhundert. Sie führte in der Klassifikation der Wissenschaft zu dem neuen übergeordneten Begriff der Naturwissenschaft, die gemeinsam mit den mathematischen Wissenschaften den Humanwissenschaften oder Geisteswissenschaften bzw. Gesellschaftswissenschaften gegenübergestellt und von ihnen getrennt und unterschieden wurde. Die Naturwissenschaft trat im 19. Jahrhundert immer mehr in den Vordergrund und rief dadurch die Philosophen auf den Plan, um zu retten, was zu retten war, und die Einheit der Wissenschaft sowie der Philosophischen Fakultäten unter dem Primat der Geisteswissenschaft zu erhalten. Im Französischen unterscheidet man bekanntlich heute zwischen sciences und artes et lettres, im Englischen zwischen science und arts. Das lateinische scientia ist damit auf die Gesamtheit der Naturwissenschaften oder exakten Wissenschaften beschränkt und zugleich ausgedehnt, das lateinische ars bzw. artes auf die Humanwissenschaften. Einen übergeordneten Begriff für beide Bereiche gibt es genau genommen in der französischen und englischen Sprache nicht.

---

[14] G. Harig, Über die Entstehung der klassischen Naturwissenschaften in Europa, vorl. Bd., S. 11—39.

[15] Zu Beginn der Darstellung seiner Bewegungslehre in den „Discorsi e dimostrazioni matematiche intorno à due nuove scienze“ erklärt Galilei ausdrücklich: „De subiecto vetustissimo novissimam promovemus scientiam“ (Über einen sehr alten Gegenstand bringen wir eine ganz neue Wissenschaft), Le opere di Galileo Galilei. Ed. nazionale, Bd. 8, Florenz 1898, S. 190.

Verfolgt man diese Entwicklung im Hochschulwesen der damaligen Zeit genauer[16], so zeigt sich, daß zunächst zwischen allgemeiner und spezieller Physik unterschieden wurde. Dabei verstand man unter allgemeiner Physik die aristotelisch-scholastische Naturphilosophie und unter spezieller Physik die Naturkunde oder Naturgeschichte als Wissen von den drei Reichen der Natur. Aus dieser speziellen Physik entwickelten sich im Laufe des 18. Jahrhunderts die Botanik, Zoologie, Mineralogie und Geologie. In der allgemeinen Physik ergab sich mit dem Vordringen der neuen Erkenntnisse ein Nebeneinander von „rationaler" Philosophie bzw. Physik, in der die Lehre von der Bewegung sowie vom Aufbau und der Struktur der Stoffe im Vordergrund stand, und Experimentalphilosophie bzw. Experimentalphysik, in der die Naturerscheinungen mit Hilfe einfacher Maschinen, wie Pendel, schiefen Ebenen u. dgl. sowie mit Luftpumpen und Elektrisiermaschinen nebst Zubehör, mit Fernrohren und Mikroskopen, Prismen und einfachen Spektralapparaten untersucht und einem breiten Publikum vorgeführt wurden. /

19 Dieses Nebeneinander gab zwar den Vertretern der peripatetisch-scholastischen Philosophie anfangs die Möglichkeit, an den Grundsätzen ihrer Naturlehre und Metaphysik festzuhalten, trug aber im Endeffekt dazu bei, daß mit den Fortschritten der Experimentalphilosophie (und der speziellen Physik) im Laufe des 18. Jahrhunderts die Newtonsche Mechanik mit ihren Vorstellungen von der atomistischen Struktur der Stoffe an die Stelle der peripatetischen Naturlehre und der Naturphilosophie von Descartes trat und damit die klassische Mechanik die Rolle der Metaphysik übernehmen konnte. Die Experimentalphilosophie wurde (mit Einschluß der experimentellen Grundlagen der Mechanik) zur Physik im heutigen Sinne des Wortes.

Die Chemie hatte im allgemeinen System der Wissenschaft ihren ersten Platz an der Medizinischen Fakultät (speziell in der Pharmazie) gefunden und wechselte endgültig erst nach der „Chemischen Revolution" Lavoisiers und Daltons in den Bereich der Naturwissenschaften und damit in die Philosophischen Fakultäten über. Die Geographie und die Astronomie, die im Rahmen des Quadriviums als mathematische Wissenschaften behandelt worden waren, entwickelten sich im gleichen Zeitraum ebenfalls zu Naturwissenschaften.

Mit dieser Konstituierung der Naturwissenschaften, ihrer Emanzipation von der Theologie und der idealistischen Naturphilosophie und mit ihrer Klassifikation unter dem Vorrang der Mechanik war ihnen Ende des 18. Jahrhunderts der Weg vorgezeichnet, auf dem sie sich im 19. Jahrhundert zu einem „System der materialistischen Naturerkenntnis" (Engels)[17] entwickeln konnten, ohne daß ihre Klassifikation (selbst bei Überwindung des mechanistischen Weltbildes) in Frage gestellt zu werden brauchte.

Gleichzeitig blieben die Naturwissenschaften aber auch weiterhin im Rahmen der Philosophischen Fakultät und damit im Bereich der „reinen" Wissenschaften — ein Umstand, der sich dahingehend auswirkte, daß die Erfüllung der gesellschaftlichen Grundfunktion der Naturwissenschaften als eine Tätigkeit angesehen wurde, die nicht zum

---

[16] Zur Entwicklung in Frankreich vgl. Enseignement et diffusion des sciences en France au XVIII siècle . . ., sous la direction de R. Taton, Paris 1964.

[17] „Um dieselbe Zeit (Mitte des 19. Jahrhunderts) aber nahm die empirische Naturwissenschaft einen solchen Aufschwung und erreichte so glänzende Resultate, daß dadurch nicht nur eine vollständige Überwindung der mechanischen Einseitigkeit des 18. Jahrhunderts möglich wurde, sondern auch die Naturwissenschaft selbst durch den Nachweis der in der Natur selbst vorhandenen Zusammenhänge der verschiedenen Untersuchungsgebiete (der Mechanik, Physik, Chemie, Biologie etc.) aus einer empirischen in eine theoretische Wissenschaft und bei der Zusammenfassung des Gewonnenen in ein System der materialistischen Naturerkenntnis sich verwandelte." F. Engels, Dialektik der Natur, in: MEW, Bd. 20, Berlin 1962, S. 467.

Bereich der Wissenschaft gehört. Der Naturwissenschaftler beschränkte sich darauf, im Höchstfall Wissen für die Praxis und für die Produktion bereitzustellen, überließ aber die Anwendung anderen und dem Zufall. /

## 20 6. Die Ausbildung der technischen Wissenschaften

Wie ist es nun mit der Entwicklung der Wissenschaft und mit ihrer gesellschaftlich praktizierten Klassifizierung weitergegangen?

Es soll hier nicht auf die weitere Differenzierung und Verfeinerung der Aufgliederung der naturwissenschaftlichen Disziplinen eingegangen werden, wie sie mit der Erweiterung und Vertiefung unseres Wissens im 19. Jahrhundert Hand in Hand ging, also etwa auf die Aufgliederung der Physik in Mechanik, Akustik, Optik, Elektrizitätslehre, Magnetismus usw. oder auf die Aufspaltung der Chemie in anorganische, organische, analytische, physikalische Chemie usw. Sie ging Hand in Hand mit einer Verbindung zunächst getrennter Gebiete in Gestalt allgemeiner Disziplinen wie etwa der allgemeinen Biologie, des Elektromagnetismus, der Wellenlehre oder der Kristallographie und in Gestalt sogenannter „Grenzdisziplinen“, wie etwa der Biochemie — eine Verbindung, die in beiden Gestalten von der zunehmenden Dichte der naturwissenschaftlichen Forschung zeugt und deutlich macht, daß jede metaphysisch als Absonderung verstandene Klassifizierung angesichts des allseitigen Zusammenhanges der Erscheinungen in die Irre führt.

Diese bedeutende Vermehrung unseres Wissens äußerte sich in der Einführung neuer Lehrfächer in die alten Fakultäten, in der Gründung neuer Lehrstühle und Institute und führte schließlich, wenn auch mit großer Verzögerung und unter mancherlei Widerständen, zur Aufspaltung der alten Fakultäten. Als eine der letzten an deutschen Universitäten wurde im Jahre 1951 die Philosophische Fakultät der Universität Leipzig in eine Mathematisch-Naturwissenschaftliche, eine Landwirtschaftliche und eine Philosophische Fakultät geteilt.

Diese interessante Entwicklung ist vor allem ein Ausdruck der mit der Vermehrung unseres Wissens einsetzenden und heute schon fast verwirrenden Spezialisierung. Sie bringt in bezug auf die Klassifikation der Wissenschaft zunächst lediglich eine Feinstruktur, die nichts an der alten Struktur und Systematik ändert und keine generellen Probleme aufwirft bzw. aufwerfen würde, wenn sie nicht mit einer zweiten Erscheinung verbunden wäre, auf die jetzt näher eingegangen werden soll.

Es handelt sich um die erneute Eingliederung neuer, außerhalb dieses Systems der sogenannten „reinen“ Wissenschaften liegenden Gebiete in das Gebäude der Wissenschaften (und damit auch in die Lehre), also um einen Vorgang, der mit der Einbeziehung der Experimentalwissenschaften im 18. Jahrhundert in Parallele gesetzt werden kann und ebenso wie vor zweihundert Jahren zu einer Veränderung der Klassifikation führt.

In erster Linie sind hier natürlich die technischen Wissenschaften gemeint, aber auch für die Agrarwissenschaften, die Tiermedizin und die Wirtschaftswissenschaften gilt ganz ähnliches.

Mit der Entwicklung der Produktivkräfte, dem Übergang vom Handwerk zur Manufaktur, von der Manufaktur zum Fabriksystem und dessen Ausbildung und Weiterentwicklung stiegen die Anforderungen an das technische Wissen der für die Produktion Verantwortlichen ganz bedeutend. Der Facharbeiter und Techniker trat an die Stelle des alten Handwerkers, der Ingenieur und Wissenschaftler an die Stelle des Erfinders, die Wissen-
21 schaft an die Stelle der Empirie. Die Ausbildung der Fachleute aber / erfolgte und erfolgt bis heute außerhalb der traditionellen Universitäten mit ihren vier Fakultäten.

Unter diesen Umständen entwickelte sich ein technisches Bildungswesen neben der Universitätsbildung, und zwar sowohl in der unteren wie in der mittleren und oberen Ebene, mit Berufsschulen, Gewerbeschulen, Ingenieur- und Fachschulen, Technischen Hochschulen und Spezialhochschulen (wie z. B. der Bergakademie Freiberg).

Die Anfänge dieses mittleren und höheren technischen Bildungswesens sind in Spezialausbildungsstätten für einzelne Berufs- oder Gewerbezweige erkennbar. Erinnert sei an die Bergakademien, an die Militärakademien, die Seefahrtsschulen, die veterinärmedizinischen und landwirtschaftlichen Ausbildungsstätten und ähnliche, die schon im 18. Jahrhundert aufkamen und breiter und differenzierter die Aufgaben von Lehranstalten übernahmen und fortsetzten, die wie die Accademia del Disegno in Florenz und das Gresham-College in London vereinzelt schon im 16. und 17. Jahrhundert entstanden waren.

Nach den Angaben von E. Wächtler sah das Studium an der Bergakademie Freiberg im Jahre 1767 folgende Fächer vor:

1. Reine Mathematik
2. Mechanik einschließlich Aerometrie, Hydrostatik und Hydraulik
3. Technisches Zeichnen in Gestalt von Rißzeichnen, geologisches Zeichnen und Maschinenzeichnen
4. Markscheidekunde
5. Chemie der Metalle und Hüttenkunde
6. Probierkunde
7. Mineralogie
8. Bergbaukunde [18]

Entsprechend können wir uns wohl auch die Verhältnisse an anderen Fachschulen des 18. Jahrhunderts vorstellen. Wie man erkennt, tritt in diesem Bereich eine ganz andere Systematik oder Klassifikation der Wissenschaft in Erscheinung als an den Universitäten. Sie ist gekennzeichnet:

1. durch die Einbeziehung der mathematischen Wissenschaften und Naturwissenschaften in dieses Bildungssystem, wobei diese den speziellen Bedürfnissen angepaßt und zu angewandten Disziplinen ausgebaut werden;
2. durch die Herausbildung technischer Disziplinen entsprechend den Erfordernissen des jeweiligen technischen Bereiches. In diesen Disziplinen sind die empirischen Kenntnisse systematisiert und vom bloßen Rezeptwissen auf die Stufe eines verallgemeinerten Grundwissens gehoben.

Trotz der durch das zweite Kennzeichen bedingten Vielfalt wiesen alle diese Lehranstalten doch auch viele durch das erste Kennzeichen bedingte gemeinsame Züge auf. Gerade sie führten zur Entstehung der ersten allgemeinen Technischen Hochschulen und damit von einem beziehungslosen Nebeneinander zur Vereinigung und zum Beginn einer Systematisierung der technischen Wissenschaften. /

22 Allgemeine Bedeutung kommt in dieser Beziehung der Pariser École polytechnique zu, einer Schöpfung der Großen Französischen Revolution. 1793 gegründet, als während der ausländischen Intervention die Existenz der Republik auf dem Spiele stand, um die für die militärische Verteidigung und für das Wiederingangsetzen der Wirtschaft dringend benötigten Fachleute heranzubilden, sind in dieser Hochschule durch die Entwicklung der darstellenden Geometrie, des technischen Zeichnens und der technischen Mechanik die ersten allgemeinen Ingenieurwissenschaften ausgebildet worden. Die École polytechnique

---

[18] E. Wächtler, Lehre, Forschung, Praxis, URANIA 9 (1965), S. 722.

wurde gerade dadurch zum Vorbild für die späteren Technischen Hochschulen in anderen europäischen Ländern.

Eine allgemeine Systematik der technischen Wissenschaften hat sie allerdings noch nicht ins Leben rufen können, wie u. a. daraus hervorgeht, daß die Studenten, nachdem der erste dringende Kaderbedarf gedeckt war, nach Absolvierung der Grundausbildung je nach Bedarf, Leistung und Wunsch zur weiteren Ausbildung als Militär- und Zivilingenieure auf Spezialhochschulen verteilt wurden. Die École polytechnique aber wurde unter den besonderen Bedingungen Frankreichs zu einer selbständigen mathematisch-physikalischen Lehranstalt.

Die technischen Einzelwissenschaften erfuhren eine gewisse Rangordnung, wenn auch keine Systematik oder Klassifikation, als mit dem Vordringen der industriellen Revolution, d. h., technisch gesehen, mit dem Aufkommen der Arbeitsmaschinen, der Dampfmaschine und der Werkzeugmaschinen, der Maschinenbau (und neben ihm das Eisenhüttenwesen) zum führenden Zweig der Technik wurde. Der Maschinenbau hat seinen Platz doch wohl bis heute behauptet, wenn er ihm auch von der Elektrotechnik in allen ihren Zweigen und in der neuesten Zeit von der technischen Chemie bestritten wird. Heute verfügen alle deutschen Technischen Hochschulen bzw. Technischen Universitäten über Fakultäten für Bauwesen, Maschinenwesen und Elektrotechnik sowie über eine allgemeine Fakultät unter der Bezeichnung „Fakultät für allgemeine Ingenieurwissenschaften" und meistens über eine Fakultät für Wirtschaftswissenschaft. Dazu kommen je nach den historischen und örtlichen Gegebenheiten weitere Fakultäten für einzelne Bereiche der Volkswirtschaft bzw. Industrie sowie Pädagogische Fakultäten zur Ausbildung technischer Fachlehrkräfte. Gleichzeitig bestehen aber neben den Technischen Hochschulen auch heute noch Spezialhochschulen für einzelne Zweige der Technik und Volkswirtschaft, die in der Mehrzahl als unentbehrliche und wissenschaftlich wohlfundierte Lehr- und Forschungsstätten ausgewiesen sind.

An diesen technischen Lehr- und Forschungsstätten sind seit der Gründung der École polytechnique weitere selbständige wissenschaftliche Disziplinen entstanden bzw. entwickelt worden, wie z. B. die Hydrodynamik und Hydraulik, die Aerodynamik und die Datenverarbeitung. Als allgemeine Ingenieurwissenschaften haben sich solche Fächer wie Maschinenelemente und Getriebelehre, Festigkeitslehre, Werkstoffkunde, technische Thermodynamik entwickelt und nicht zuletzt das Vermessungswesen oder die Geodäsie, die man vielleicht als älteste Ingenieurwissenschaft bezeichnen kann. Obwohl die erstgenannten Disziplinen als sogenannte „angewandte Naturwissenschaften" mit den übrigen Naturwissenschaften eng verbunden sind und gemeinsam mit den zuletzt genannten Disziplinen
23 auch in den Universitätsunterricht / eindringen, können wir m. E. heute noch nicht und nicht mehr von einer einheitlichen Systematik oder Klassifizierung der Naturwissenschaften und technischen Wissenschaften sprechen.

Wir haben es vielmehr mit zwei Systemen oder Klassifikationen zu tun, die sich heute besonders an diesen Lehranstalten gegenseitig durchdringen. Das ist erstens die herkömmliche Klassifikation, deren Herausbildung näher untersucht worden ist, und das ist zweitens eine Klassifikation, die von den Hauptzweigen der Technik bzw. Volkswirtschaft ausgeht. Wenn etwa in diesen Tagen hier in Freiberg immer wieder von der oder den Montanwissenschaften gesprochen worden ist, so ist damit ein Komplex umrissen, der durch den Bergbau bestimmt ist. Der gemeinsame Nenner, der die gegenseitige Durchdringung der beiden Klassifikationen ermöglicht und erzwingt, ist dabei nichts anderes als die gesellschaftliche Grundfunktion der Wissenschaft, die heute eine neue Qualität erreicht.

Mit der Verwandlung der Wissenschaft in eine unmittelbare Produktivkraft wird diese gesellschaftliche Grundfunktion immer mehr zum bestimmenden Faktor des Wesens und des Fortschrittes der Wissenschaft. Eben deshalb kommt neben dem ersten Prinzip in der Klassifikation der Wissenschaften, das sich, kurz gesagt, aus dem Schaffen von Wissen ergibt, nunmehr auch das zweite Prinzip, das sich aus der mit Hilfe dieses Wissens verwirklichten Beherrschung der Natur ergibt, voll zum Tragen. Damit tritt heute an die Stelle einer linearen Anordnung und einer einfachen Unterordnung ein Netzwerk oder Gitter, bei dem trotz fortschreitender Spezialisierung die einzelnen Disziplinen vielfach miteinander verbunden sind. (Diese Verflechtung ist, von seiten des Gegenstandes der Wissenschaften gesehen, deshalb möglich, weil in demselben Gegenstand verschiedene Bewegungsformen der Stoffe in Erscheinung treten.)

Die sich heute herausbildende Integration der Einzelwissenschaften ist gerade durch dieses Netzwerk oder Gitter bestimmt, ist Ausdruck der gegenseitigen Durchdringung von zwei Klassifikationen der Wissenschaft. Dabei ist zu beachten, daß an diesem Vorgang nicht nur die Naturwissenschaften und technischen Wissenschaften beteiligt sind, sondern auch die Gesellschaftswissenschaften.

Auf dem XI. Internationalen Kongreß für Geschichte der Wissenschaften im Herbst 1965 haben die polnischen Gelehrten I. Malecki und E. Olszewski darauf hingewiesen, daß die Integration der Wissenschaft heute von den vor der Wissenschaft stehenden Problemen und Aufgaben her bestimmt ist. Sie sprechen von einer „horizontalen“ Integration der Wissenschaften und verstehen darunter die „Konzentration verschiedener Forschungsarten um komplexe Probleme“.[19] Den gleichen Gedanken hat seitdem auch Kedrow aufgegriffen, wenn er davon spricht, daß heute nicht mehr eine, sondern viele Wissenschaften denselben Gegenstand von verschiedenen Seiten untersuchen.[20]

Dabei können die Einzelwissenschaften bzw. ihre Probleme sowohl Zentren oder Knotenpunkte der Konzentration sein als auch Punkte der Peripherie, sowohl Stellen gemeinsamer Anstrengungen wie Stellen, von denen Neues auf andere Disziplinen ausstrahlt. Gerade deshalb bleibt das Netzwerk keine bloß geometrische Struktur, sondern führt es zur Integration und zu einer neuen Einheit der Wissenschaft. /

24 Diese Einheit unterscheidet sich von der früheren grundsätzlich dadurch, daß sie nicht mehr von einer außerhalb der Wissenschaft liegenden Position aus hergestellt wird, wie es die Theologie und die idealistische Philosophie versucht haben, und auch nicht metaphysisch von der Position einer Einzelwissenschaft ausgeht, wie etwa von der Mechanik, sondern daß sie von der heute hervortretenden gesellschaftlichen Funktion der Wissenschaft aus erfolgt.

Diese Einheit ist deshalb gesetzmäßig auch mit einer zunehmenden Verflechtung von Grundlagenforschung, angewandter Forschung und Entwicklung verbunden. Malecki und Olszewski sprechen in dieser Beziehung von „vertikaler“ Integration[21], und zwar doppelsinnig deshalb, weil man dabei auch an eine Wertskala denken könnte. Aber gerade die frühere Wertminderung der praktischen Wissenschaften verschwindet bei der neuen Einheit und mit ihr das antike Erbübel aus der Sklavenhaltergesellschaft: die Trennung von sogenannter reiner oder spekulativer Wissenschaft und praktischer Wissenschaft.

Dabei können wir feststellen, daß diese (horizontale und vertikale) Integration nicht auf die Forschung beschränkt bleibt, sondern über die postgraduale Ausbildung auch in die

---

[19] I. Malecki and E. Olszewski, Some regularities of the development of science in the twentieth century, Organon (Warszawa) 2 (1965), S. 198.

[20] B. M. Kedrow, Die Dialektik der modernen Naturwissenschaft, Presse der Sowjetunion, Nr. 127 (1965), S. 7/8.

[21] I. Malecki and E. Olszewski, Some regularities . . ., a. a. O., S. 193.

Ausbildung an unseren Universitäten und Hochschulen eindringt und sich mit dem polytechnischen Unterricht auch in unseren Grund- und Oberschulen abzeichnet.

## 7. Klassifikation und Planwirtschaft

Um von der Feststellung, daß die Einzelwissenschaften heute zu einem Netzwerk oder Gitter verflochten sind, zu einer Aussage über die daraus resultierende Klassifikation der Wissenschaft zu kommen, die neben einer Aussage über die Koordination auch eine Aussage über die Rangordnung der Einzelwissenschaften enthalten muß, wollen wir versuchen, etwas über die Probleme und Aufgaben zu ermitteln, die heute vor der Wissenschaft stehen. Wenn dabei kurz und bündig festzustellen ist, daß diese Probleme im sozialistischen Lager, d. h. unter den Bedingungen der sozialistischen Planwirtschaft durch den Volkswirtschaftsplan festgelegt sind, und man daraus den Schluß zieht, daß die Klassifikation der Wissenschaft entscheidend durch den Volkswirtschaftsplan bestimmt wird, so wirkt diese Erklärung zweifellos zunächst allzu billig und bequem, fast wie ein Kurzschluß. Sie stellt aber keineswegs einen Rückschluß aus tagespolitischen Aufgaben dar, sondern deren Begründung und gibt damit zugleich einen Hinweis zu ihrer Lösung.

Zunächst ist doch klar, daß bei Verwandlung der Wissenschaft in eine Produktivkraft die Lösung von Problemen und Aufgaben der Produktion, oder allgemeiner gesagt, die Befriedigung gesellschaftlicher Bedürfnisse nicht nur wie bisher Ausgangspunkt der wissenschaftlichen Forschung bleibt, sondern darüber hinaus auch zum Sinn und Inhalt der wissenschaftlichen Tätigkeit wird, die eben nicht Selbstzweck ist, sondern der Beherrschung von Natur und Gesellschaft dient. Wir dürfen in diesem Zusammenhang allerdings nicht in den Fehler verfallen, diese Herrschaft des Menschen über die Natur direkt und ohne Erkenntnis zu erwarten, d. h., wir dürfen nicht übersehen, daß wir die Natur und Gesellschaft nur beherrschen können, wenn wir ihre Gesetz/mäßigkeit erkannt haben, und deshalb die sogenannte zweckfreie oder Erkundungsforschung nicht aus der Wissenschaft ausschließen oder auch nur vernachlässigen. Zweitens dürfen wir nicht übersehen, daß die Planung der Volkswirtschaft eine Wissenschaft und der Volkswirtschaftsplan das Resultat wissenschaftlicher Erkenntnis ist oder, sagen wir bescheiden, sein könnte und sein sollte, und somit selbst Resultat der wissenschaftlichen Bemühungen, die Welt zu beherrschen. Wir verlassen also keineswegs den Bereich der Wissenschaft, wenn wir die Entwicklung und Aufgabenstellung der Wissenschaft nach dem Volkswirtschaftsplan bestimmen, wir erweitern nur ganz bedeutend den Umfang der wissenschaftlich erfaßten Erscheinungen.

In dem Maß, wie die Entwicklung der Volkswirtschaft auf Grund wissenschaftlicher Erkenntnisse voranschreitet, stellen ihre Forderungen nicht mehr Aufgaben dar, die von außen an die Wissenschaft herangetragen werden, sondern werden sie zu Aufgaben- und Problemstellungen, die aus der jeweils konkretisierten gesellschaftlichen Funktion der Wissenschaft erwachsen. Die Wissenschaft hat heute einen Stand erreicht, bei dem ihr Fortschritt geplant werden kann und muß, und diese Wissenschaftsplanung beginnt gerade dank der neuen Qualität der Wissenschaft, oder genauer gesagt, der neuen Qualität ihrer gesellschaftlichen Funktion, mit der Planung der Volkswirtschaft zu verschmelzen.

In den Thesen über die marxistisch-leninistische Philosophie und die technische Revolution wird das folgendermaßen ausgedrückt: „Die Wissenschaftsplanung entsprechend den konkreten ökonomischen Möglichkeiten und Erfordernissen wird zum Kernstück der perspektivischen Volkswirtschaftsplanung, zum Ausgangspunkt für volkswirtschaftliche Entwicklungsrichtungen in der DDR."[22]

Diese Wissenschaftsplanung schließt selbstverständlich die Planung der Koordination und Rangordnung der Einzelwissenschaften, d. h. die Planung der Struktur oder die Klassifikation der Wissenschaft ein, denn sie verlangt die Bildung von Schwerpunkten, d. h. eine horizontale und vertikale Integration in der Wissenschaft um komplexe Probleme, wobei diese Probleme ihrerseits nach einem ganz entsprechenden Verfahren zu bestimmen sind. Damit wird die Klassifikation der Wissenschaft heute zu einem Mittel und Instrument des wissenschaftlichen und gesellschaftlichen Fortschrittes. Wir brauchen und dürfen die Integration der Wissenschaft nicht dem Selbstlauf überlassen, sondern können und sollen sie bewußt in Forschung und Lehre so gestalten, daß sie die optimale Erfüllung der gesellschaftlichen Grundfunktion der Wissenschaft sichert. Diese bewußt entwickelte Klassifikation der Wissenschaft wird dann zum Segen und nicht zum Untergang der Menschheit führen, wenn wir die Grundfunktion der Wissenschaft als Sicherung des Lebens, des Glückes und der Zukunft der Menschheit wie jedes einzelnen Menschen verstehen.

---

[22] Deutsche Zeitschrift für Philosophie, Sonderheft 1965, S. 15.

# Klassische und moderne Atomistik*

1 Die Atomistik oder allgemeine Atomlehre hat einen philosophischen und einen fachlichen Aspekt, die beide zwar zu unterscheiden, aber nicht zu trennen sind. Philosophisch gesehen geht es in der Atomistik um solche grundlegende Begriffe wie Atom und leerer Raum, Diskretheit, Konstitution und Struktur der Materie u. dgl. — sachlich geht es in der Atomistik darum, solche allgemeine Begriffe mit konkretem Inhalt zu füllen bzw. aus den Naturerscheinungen abzuleiten. Stand im Altertum schon angesichts der geringen Sachkenntnisse der philosophische Aspekt im Vordergrund, so tritt heute der fachliche Aspekt besonders hervor, ohne daß er damals fehlte und ohne daß die moderne Atomistik auf allgemeine Begriffe, d. h. auf den philosophischen Aspekt verzichten kann. Unter beiden Aspekten erforscht die Atomistik die Natur als eine unabhängig vom Bewußtsein existierende Realität. Die Atome sind weder Ideen noch von geistiger Natur, sie sind auch keine Empfindungskomplexe oder semantische Phänomene, sondern reale Gegenstände. Sie sind im 20. Jahrhundert real nachgewiesen worden und selbst zum Gegenstand naturwissenschaftlicher Forschung geworden.

Die Vorstellung, daß die Materie nicht kontinuierlich im Raum verteilt ist, sondern in Form sehr kleiner, unteilbarer und unzerstörbarer Teilchen, die sich im leeren Raum bewegen, ist fast so alt wie die Naturwissenschaft selbst. Sie tritt uns bekanntlich schon in der Antike bei Leukipp und Demokrit entgegen. Diese antiken Philosophen bezeichneten die kleinsten Teile als Atome, d. h. als Unteilbare, und lehrten, daß alle Stoffe aus Atomen bestehen und alles Geschehen einzig und allein auf die Bewegung von Atomen zurückgeführt werden könne, die sich nur durch ihre Größe, Gestalt und Bewegung voneinander unterscheiden. Sie hielten die Zahl der Atome für unendlich und dementsprechend auch die Welt für unendlich in Raum und Zeit. Das logische Konzept der Atomistik besteht somit darin, qualitative Unterschiede auf Unterschiede in den räumlichen oder raumzeitlichen Gruppierungen gleichartiger Elementarteilchen bzw. qualitative Eigenschaften eines bestimmten Gegenstandes auf seine Struktur bzw. seine Zusammensetzung aus gleichartigen, aber auch verschiedenartigen Teilchen zurückzuführen. /

2 Die Atomlehre schließt schon bei Demokrit die Vorstellung einer Stufenfolge von Strukturen ein, die von den Atomen über Grundstoffe bis zu Weltsystemen reichen, wobei das Strukturelement der vorhergehenden Stufe den Grundbaustein der nächst höheren Stufe bildet. Die anschließenden Fragen, ob es nur eine Art von Teilchen oder mehrere Arten gibt und wodurch sich verschiedene Arten von Teilchen voneinander unterscheiden, wie sich

---

* Erschienen in: NTM 4 (1967), H. 9, S. 1—23.
Vortrag, gehalten auf der Internationalen Herbstschule „Instrumenteller Stand der NMR- und EPR-Technik, Anwendung in der Chemie", veranstaltet von der Karl-Marx-Universität Leipzig und der Physikalischen Gesellschaft in der DDR, Sellin, 11. Okt. 1966.

die Atome bewegen usw., erscheinen demgegenüber sekundär und sind im Laufe der Entwicklung der Atomistik verschieden beantwortet worden.

Die allgemeine Konzeption bringt es mit sich, daß von ihrer Position aus sowohl Grundfragen der Physik wie Grundfragen der Chemie behandelt werden können und im Laufe der Zeit behandelt worden sind. Ich möchte deshalb gerade auf das Zusammenspiel von Physik und Chemie in der Geschichte der Atomistik bzw. auf den Anteil dieser beiden naturwissenschaftlichen Disziplinen bei der Herausbildung der Atomistik eingehen.

Die antike Atomlehre oder Atomistik stellte insofern einen bedeutenden Fortschritt der Naturanschauung dar, als sie über die ersten griechischen Naturphilosophen Thales, Anaximander, Anaximenes und deren Nachfolger Parmenides u. a. hinausgehend erlaubte, die ständige Veränderung mit der Vorstellung von etwas Bleibendem, von einem Urstoff, aus dem alles besteht, zu verbinden, ohne daß auf diesen Urstoff außernatürliche, geistige Kräfte oder Prinzipien einwirken. Das Walten der Götter wurde überflüssig, die Welt war dem Spiel der unregelmäßigen und zufälligen Bewegungen der Atome überlassen.[1]

Eben diese Konsequenz widersprach den griechischen Vorstellungen von der Welt als *Kosmos*, d. h. als eines geordneten, im Prinzip unveränderlichen und harmonischen Ganzen, und deshalb wurde die Atomistik von Platon, Aristoteles und deren Anhängern, Nachfolgern und Kommentatoren abgelehnt und bekämpft. Für sie stand die Frage nach dem Sinn und Zweck jedes Geschehens, auch des natürlichen, im Vordergrund, und sie schrieben deshalb den Körpern ein Bestreben zu, die gestörte Ordnung des Ganzen wiederherzustellen, um zur Ruhe zu gelangen oder, allgemeiner gesehen, um die Gegensätze auszugleichen und Harmonie und Ordnung zu verwirklichen. Nicht der Kampf der Gegensätze, sondern deren Ausgleich und Gleichgewicht erschien ihnen wie schon vorher den Pythagoreern sinnvoll und erstrebenswert. Sie vertraten in dieser Hinsicht ein statisches, kein dynamisches Weltbild, in dem ständige Bewegungen wie die der Himmelskörper nur in geschlossenen Kreisbahnen mit konstanter Geschwindigkeit erfolgen konnten und damit selbst zu einer statischen Erscheinung wurden.

Besonderen Anstoß nahmen sie an der von der Atomistik zwangsläufig postulierten Existenz des leeren Raumes; logisch, indem sie auf den Widerspruch hinwiesen, daß etwas Nichtseiendes, d. h. der von jedem Sein entblößte Raum, existieren sollte, und
3 sachlich, indem sie von der Erfahrung ausgingen, daß jeder / durch die Bewegung fester Körper etwa auftretende Zwischenraum sofort mit Luft ausgefüllt wird. Es sei am Rande hinzugefügt, daß diese Naturlehre den Interessen solcher gesellschaftlichen Klassen und Kräfte entspricht, die an der Erhaltung und Festigung des Bestehenden interessiert sind, wobei die prinzipielle Übereinstimmung keineswegs besagt, daß Veränderungen im Rahmen des Bestehenden ausgeschlossen sind und u. U. sogar angestrebt werden oder daß jeder einzelne Satz dieser (oder einer anderen) Naturlehre gesellschaftlich-politische Gründe habe und nicht vielmehr im Gefüge der Naturlehre selbst auftritt.

Die Aristotelische Philosophie und Naturlehre wurde zur Philosophie der herrschenden Klassen und damit zur herrschenden Lehre in der antiken Sklavenhaltergesellschaft. Sie blieb es auch in der Feudalgesellschaft, nachdem diese sich konstituiert und die Lehre ihren Bedingungen und historischen Besonderheiten angepaßt hatte, und zwar sowohl in den östlichen, arabisch schreibenden Ländern des Islams wie, von hier ausgehend, auch in den lateinischen Ländern des Heiligen Römischen Reiches Deutscher Nation. Die Atomistik galt als philosophisch falsch, sachlich unhaltbar und überdies religiös ketzerisch.

[1] Vgl. A. G. van Melsen, From atomos to atom, The history of the concept atom, New York 1960, S. 17—23.

Trotzdem ist sie niemals ganz in Vergessenheit geraten und haben sich im Altertum und Mittelalter kühne Denker gefunden, welche die von Aristoteles verpönte Lehre aufgriffen und weiterentwickelten, unter ihnen besonders Epikur und der römische Schriftsteller Lukrez, ein Zeitgenosse von Cicero. Epikur und Lukrez verdienen deshalb hervorgehoben zu werden, weil man sich in der Renaissance, genauer gesagt im 17. Jahrhundert, gerade mit der Epikureischen Philosophie intensiv zu beschäftigen begann. Das Lehrgedicht „De rerum natura“ („Über die Natur der Dinge“) von Lukrez wurde „in der Renaissance außerordentlich populär“[2] und ist bereits 1473 zum ersten Mal gedruckt worden. Lukrez' ethisches Hauptanliegen war es, die Menschen von der Furcht vor der Macht der Götter und vom Aberglauben zu befreien und ihnen ein rationales Weltbild zu vermitteln.[3]

Mit der Entwicklung der Produktivkräfte, der Ausbreitung der Marktwirtschaft, des Fernhandels, der Geldwirtschaft und des Bankwesens entstanden in Europa im 14. und 15. Jahrhundert zunächst im Rahmen der Feudalordnung frühkapitalistische Produktions- und Eigentumsverhältnisse, deren Nutznießer an der Entwicklung des Handels und der Produktion interessiert waren. Neben dem Handwerk kam es im Textilgewerbe, bei der Papiererzeugung, im Buchdruck und besonders im Bergbau und Hüttenwesen im 15. Jahrhundert zur Ausbildung der ersten Manufakturen. Bei den Produzenten und ihren Geldgebern (Baumeistern und Architekten, Büchsenmachern, Bergleuten usw. sowie Bank- und Handelsherren und Stadthaltern) reifte die Einsicht, daß nur empirische, rezeptartige /
4 Kenntnisse nicht ausreichen und systematisches, geordnetes und fundiertes Wissen notwendig ist. Gleichzeitig lenkten das Aufblühen der neuen Ökonomie und der Wunsch nach systematischem Wissen die Aufmerksamkeit der Gelehrten auf die Vorgänge in der Praxis und auf die praktischen Erfahrungen.

So kam es seit dem 15. Jahrhundert zu einer Annäherung von Theorie und Praxis, von Logik und Erfahrung, die mit der Erfindung und raschen Verbreitung des Buchdruckes bedeutend gefördert wurde. Zum ersten Mal standen theoretische Schriften einem breiten Kreis zum Studium zur Verfügung und fanden Vertreter praktischer Berufe die Möglichkeit, ihre Erfahrungen breiteren Kreisen zugänglich zu machen. Neben der lateinischen entstand eine wissenschaftliche Literatur in den Nationalsprachen.

Vor dieser neuen Wirklichkeit versagte die Ritterromantik des Mittelalters — man denke an Don Quichote — und versagten die Denkbilder der Gotik. Entsprechend dem allgemeinen christlichen Glauben an Autoritäten suchten die Gelehrten Antwort auf die brennenden Fragen der Gegenwart an den Quellen, d. h. sowohl in der Bibel und im Urchristentum, anstatt bei Kirchenvätern und Konzilien, als auch in den Originalwerken der antiken Philosophen, Historiker und Schriftsteller, anstatt bei mittelalterlichen Verfassern von Sammelwerken und bei Kommentatoren. Es kam in fast allen europäischen Ländern zur Reformation und zur Renaissance oder Wiedergeburt der Antike und zum Humanismus.

Verfolgt man die Entwicklung genauer — was hier nicht ausgeführt werden soll —, so ergibt sich, daß das bereitliegende antike Wissen in dem Maße übernommen, angeeignet und umgeformt wurde, in dem durch die gesellschaftliche Praxis und die eigene selbständige Forschung Fragen aufgeworfen worden waren, auf welche die antiken Autoren neue Antworten bereithielten bzw. bereitzuhalten schienen. Das gilt für die Kopernikanische Astronomie, und das gilt auch für die Atomistik.

Ein Wiederaufleben atomistischer Lehren zeigte sich zunächst im Bereich der praktischen

---

[2] M. Boas, Die Renaissance der Naturwissenschaften 1450—1630, Gütersloh 1965, S. 26.

[3] Lukrez, Über die Natur der Dinge, übers. von H. Diels, hrsg. von G. Klaus, Berlin 1957 (Philosophische Bücherei 12).

Chemie und bei ihren Vertretern (Medizinern, Apothekern, Laboranten und Produzenten). Wir müssen uns allerdings darüber im klaren sein, daß echtes chemisches Wissen und echte chemische Verfahren mit alchimistischen Vorstellungen noch bunt vermengt waren. Es sollte fast noch bis Ende des 18. Jahrhunderts dauern, ehe das alchimistische Denken aus der Chemie eliminiert war. Aber schon im 16. Jahrhundert zeigt sich deutlich eine Abkehr von mystischen und magischen Praktiken und eine Bevorzugung rationeller Methoden. In theoretischer Hinsicht ging es um die Erklärung der Tatsache, daß durch die Verbindung ganz bestimmter Stoffe neue Substanzen mit neuen Eigenschaften entstehen, aus denen vielfach die Ausgangsstoffe auch wieder zurückgewonnen werden können, sowie um ein praktisch brauchbares Kriterium zur Unterscheidung von Mischung und Verbindung.

Die geltende aristotelisch-scholastische Naturlehre wußte gerade diese chemischen Grundfragen nicht zu beantworten. Man lehrte, daß die eigenschaftslose Urmaterie ihre Eigen-
[5] schaften von außen durch eine sich mit ihr vereinigende / substantielle Form erhalte, und hatte im Rahmen dieses Denkbildes die Vorstellungen über die vier Elemente Erde, Wasser, Luft und Feuer bzw. über die drei Prinzipien Sulphur, Merkur und Sal sowie über die entsprechenden Grundformen trocken und feucht, kalt und warm bzw. Brennbarkeit, Schmelzbarkeit und Festigkeit durchgebildet und im Zusammenhang damit die schon bei Aristoteles angedeutete Vorstellung von kleinsten natürlichen Teilchen, den sogenannten minima naturalia, aus denen die Stoffe bestehen mußten, um von den Formen geprägt werden zu können, weiterentwickelt.

Im logischen Ausbau dieses Denkbildes wurde die bei einer Verbindung entstehende Substanz durch eine qualitativ neue eigene Form geprägt, aber es blieb unklar und unverständlich, was dabei aus den Formen ihrer Bestandteile wurde, die einerseits nicht mehr vorhanden waren, andererseits aber wieder zum Vorschein kamen, wenn die Substanz zerlegt wurde, und mit der Verbindung schon deshalb etwas zu tun haben mußten, weil ja die neue Substanz doch eben nur aus bestimmten Ausgangsstoffen und keinen anderen gewonnen werden konnte. Bedenkt man weiter, daß man damals selbstverständlich nur in Ausnahmefällen über chemisch reine Ausgangsstoffe verfügte, so kann man sich vorstellen, wie verworren und kompliziert die ganze Situation war.

Es ist nun interessant und bezeichnend, daß man mit dem Übergang zum rationellen Denken und mit der Ausbildung praktischer chemischer Verfahren an die Vorstellung von den minima naturalia anknüpfte und diese bis zu der Vorstellung kleinster, unteilbarer Partikeln durchbildete, aus denen alle Stoffe bestehen sollten. Man entwickelte also Vorstellungen von einer korpuskularen Struktur der Materie und hat damit eine wesentliche Seite der Atomistik erfaßt oder zumindest vorbereitet.[4] Der Schwerpunkt der Lehre von den Stoffen verschob sich von der Suche nach den substantiellen Formen und ihren Trägern auf das Studium der Substanzen selbst und ihrer kleinsten Teilchen. Entsprechende Ansätze findet man bei den bedeutenden deutschen Medizinern Daniel Sennert aus Breslau, der an der Universität Wittenberg lehrte, und Joachim Jungius, der in Rostock und Hamburg lehrte, bei dem niederländischen Arzt Sebastien Basso und dem französischen Mediziner Étienne de Claves. Sie gebrauchten vielfach die Ausdrücke minimum naturale, Atom und Korpuskel ohne prinzipielle Unterscheidung und vertraten allgemeine Korpuskulartheorien. Gleichzeitig beriefen sich sich im Geiste des Humanismus auf die alten

---

[4] Vgl. W. Subow, Zur Geschichte des Kampfes zwischen dem Atomismus und dem Aristotelismus im 17. Jahrhundert, in: Sowjetische Beiträge zur Geschichte der Naturwissenschaft, hrsg. von G. Harig, Berlin, 1960, S. 161—191.

Traditionen der voraristotelischen Philosophen wie Demokrit und näherten sich einer mechanistischen Auffassung der Natur.

Der eigentliche Durchbruch zur Überwindung des aristotelisch-scholastischen Denkbildes von den substantiellen Formen und zur Wiederbelebung der antiken Atomistik erfolgte
6 jedoch nicht durch die Ausbildung chemischer Korpuskular/theorien, sondern über die neue Mechanik und Astronomie und dabei wiederum, genau gesehen, nicht über den Begriff des Atoms, sondern über den dazu komplementären Begriff des leeren Raumes. Es versteht sich, daß der Boden für diese Wandlung durch die Korpuskulartheorien bestens vorbereitet war. Im Jahre 1643 haben Torricelli und Viviani zuerst ein oben geschlossenes, mit Quecksilber gefülltes Glasrohr in ein mit Quecksilber gefülltes Gefäß getaucht und damit gleichzeitig die Existenz des Luftdruckes, der an die Stelle des *horror vacui* trat, und die Existenz eines real vorhandenen Vakuums nachgewiesen. Die Versuche wurden in Frankreich wiederholt und dann besonders durch Otto von Guericke erweitert mit dem ausgesprochenen Ziel, die Existenz und die Eigenschaften des leeren Raumes (vacuum spatium), wie er sich zwischen den Himmelskörpern findet, zu untersuchen. Guericke erfand die Luftpumpe, die bald verbessert wurde, und die mit ihr besonders von Robert Boyle in England durchgeführten Versuche ließen bald die Zweifel an der Existenz des Vakuums verstummen. Damit war ein wesentlicher sachlicher Einwand gegen die Atomistik beseitigt und den Ansätzen der Chemiker, bestimmte physikalische und chemische Erscheinungen auf eine korpuskulare Struktur der Materie zurückzuführen, der Weg freigegeben.

Die Verbindung dieser neuen Ansätze mit dem antiken Erbe und damit die Einordnung des Neuen in den großen Rahmen der allgemeinen Naturlehre ist das Werk des großen französischen Gelehrten Pierre Gassendi, eines Zeitgenossen des Philosophen René Descartes, der seinerseits die Existenz eines Vakuums für unmöglich hielt und an die unendliche Teilbarkeit der Materie glaubte. Gassendi verstand es als Theologe, die antike Atomlehre Epikurs mit der christlichen Lehre zu vereinbaren (indem er die Thesen von der Ewigkeit und Unzerstörbarkeit des Atoms und von der Unendlichkeit der Welt in Raum und Zeit ablehnte), und hat damit, wie ein geistreicher Franzose bemerkt hat, die heidnischen Atome getauft. Hatte man an der Pariser Universität noch im Jahre 1624 die Verbreitung der Atomlehre bei Todesstrafe verboten, weil sie der Lehre von der Transsubstantiation zuwiderlief, so galt sie fünfundzwanzig Jahre später als respektabler Bestandteil der christlichen Naturforschung. Gassendi hat in einem Anhang zu seinem Hauptwerk ausdrücklich zu den neuen Versuchen über den leeren Raum und den Luftdruck Stellung genommen und sie als Bestätigung seiner atomistischen Vorstellungen, und zwar sowohl bezüglich der Existenz des Vakuums wie bezüglich der Existenz von Atomen gedeutet.

Der physikalisch-mechanische Aspekt der Atomistik führte mit der begrifflichen Unterscheidung von Raum und Ausdehnung zunächst zur Entwicklung der Begriffe des absoluten Raumes und der absoluten Zeit, wie wir sie in der Newtonschen Mechanik finden, und damit zur Entfernung der Quintessenz, einer hypothetischen, den gesamten Himmelsraum erfüllenden Substanz, wie sie von der Aristotelischen Naturlehre gefordert wurde, aus der Naturwissenschaft. Die Himmelskörper bewegen sich frei im leeren Raum — eine uns heute selbstverständlich anmutende Vorstellung, die damals ein gewaltiges Umdenken erforderte und ohne die die Atomistik begrifflich nicht zu bewältigen war. Die Vor-
7 stellung von einer körnigen / Struktur der Materie und von kleinsten unteilbaren Partikeln ging durch und mit Gassendi sowohl in die Newtonsche Mechanik ein, wo mit der Entwicklung der Infinitesimalrechnung die Atome gewissermaßen zu Massenpunkten wurden, zwischen denen Fernwirkungskräfte bestehen, als auch in die Optik entsprechend der von Newton entwickelten Emissionstheorie des Lichtes.

Es ist überaus kennzeichnend, daß Robert Boyle, der so entscheidende Ergebnisse bei der Untersuchung des luftleeren Raumes und der physikalischen Eigenschaften der Gase erzielte, als Chemiker die Korpuskulartheorie aufgriff, die Ansicht von der Existenz substantieller Formen im Sinne der aristotelisch-scholastischen Naturlehre entschieden bekämpfte und aus atomistisch-mechanistischen Vorstellungen heraus als erster versuchte, die chemischen Erscheinungen statt mit Hilfe des Begriffes „Form" mit Hilfe des neuen Begriffes „Struktur" — Boyle selbst gebrauchte den Ausdruck „Textur" — zu erklären. Der Umschlag lag, wie die historische Einzelforschung gezeigt hat, sozusagen in der Luft, und die neue Ansicht findet sich z. B. auch bei Jungius schon angedeutet. Aber erst Boyle zieht eine klare Trennungslinie und erkennt die ganze Bedeutung des Unterschiedes. Die chemischen Veränderungen werden auf die Vereinigung bzw. Trennung von Atomen zurückgeführt und die physikalischen und chemischen Eigenschaften der Stoffe auf die Gestalt der Atome und auf ihre Konfiguration.

Die Vorstellungen im einzelnen — so etwa, wenn der scharfe Geschmack des Essigs auf die spitze Gestalt seiner Atome zurückgeführt wird — sind bei Boyle, ebenso bei Gassendi, recht naiv und simpel.[5] Sie erwiesen sich in dieser einfachen Form als ungeeignet, die Chemie zu fördern. Die aus der Atomistik in Verbindung mit der Erfahrung gewonnene Erkenntnis von der Bedeutung und Rolle der Struktur aber ist zum festen Bestandteil der Chemie geworden und gewinnt gerade im 20. Jahrhundert mit der Erweiterung und Vertiefung des Strukturbegriffes noch erhöhte Bedeutung.

In die klassische Mechanik war, wie gesagt, die Atomistik zwar in Gestalt der Massenpunkte eingegangen, und die damit logisch verbundene Lehre von der Existenz eines ausgedehnten Vakuums hatte die hypothetische himmlische Substanz der Antike aus der Astronomie und Naturwissenschaft entfernt, diese Entwicklung hatte aber zugleich das tiefere philosophisch-logische Anliegen der Atomistik, qualitative Unterschiede auf Unterschiede in den räumlichen oder raumzeitlichen Gruppierungen von Elementarteilchen zurückzuführen, so gut wie vollständig aus der Naturwissenschaft eliminiert.
8 Der nächste Schritt in der Entwick/lung der Atomistik erfolgte unter diesen Umständen nicht von seiten der Physik, sondern von seiten der Chemie und auch erst dann, als es gegen Ende des 18. und zu Anfang des 19. Jahrhunderts auf Grund vieler von Lavoisier neu entdeckter Tatsachen gelungen war, eine neue allgemeine Lehre der chemischen Zusammensetzung der Stoffe aus chemisch einfachen, unzerlegbaren Substanzen, den chemischen Elementen, zu schaffen. Den letzten Schritt, der darin bestand, die Lehre Lavoisiers von den chemischen Elementen mit der Vorstellung einer korpuskularen Struktur der Materie zu verbinden, vollzog der englische Gelehrte John Dalton. Dalton hat damit die sogenannte „Chemische Revolution" vom Ende des 18. Jahrhunderts abgeschlossen und gleichzeitig das eben genannte eigentliche Anliegen der Atomlehre in der Naturwissenschaft wieder zur Geltung gebracht. Das chemische Verhalten der Stoffe wird nunmehr auf die Zusammensetzung aus kleinsten Bestandteilen, aus Atomen, zurückgeführt.

Dalton, der kein Chemiker, sondern eher Meteorologe und Physiker war, stützte sich bei der Begründung der neuen Atomtheorie vor allem auf das von dem französischen Chemiker

---

[5] Auch Descartes hat entsprechende Modelle vorgeschlagen. Als prinzipieller Gegner der Atomistik ließ er jedoch unendlich viele Gestalten und Größen der Korpuskeln und eine unendliche Mannigfaltigkeit ihrer Gestalt und Größe zu, so daß er damit das Prinzip dieser Erklärung seiner Wirksamkeit beraubte. Alles das war nach einem Ausspruch Pascals leichter zu erfinden als zu beweisen. — Vgl. R. Hooykaas, Elementenlehre und Atomistik im 17. Jahrhundert, in: Die Entfaltung der Wissenschaft. Zum Gedenken an Joachim Jungius (1587—1657), Veröffentlichung der Joachim-Jungius-Gesellschaft der Wissenschaften, Hamburg 1957, S. 58.

Joseph Louis Proust aufgestellte Gesetz von den konstanten Proportionen, welches besagt, daß sich die chemischen Elemente stets in bestimmten, konstanten Verhältnissen miteinander verbinden. Dalton erweiterte diese Feststellung zum Gesetz der multiplen Proportionen, indem er die Rechnungen auf konstante Mengen eines in eine Verbindung eingehenden Elementes anstatt wie Proust auf die Menge der Verbindung bezog, und konnte auf Grund seiner Atomlehre damit auch eine erste Tabelle relativer Atomgewichte aufstellen, wobei er das (relative) Atomgewicht von Wasserstoff gleich 1 setzte. Auch eine erste, wenn auch noch recht unübersichtliche Formelschreibweise zur Kennzeichnung der Zusammensetzung chemischer Verbindungen stammt von ihm.

Seine Gedanken veröffentlichte er 1808 in einer Schrift mit dem Titel „A new system of chemical philosophy“ („Ein neues System der chemischen Wissenschaft“). Dalton hielt die Atome für ewig und unzerstörbar und stellt in Verbindung mit dem auf Lomonossov und Lavoisier zurückgehenden Satz von der Erhaltung der Materie ausdrücklich fest: „Wir können ebensowohl versuchen, einen neuen Planeten dem Sonnensystem einzuverleiben oder einen vorhandenen zu vernichten, als ein Atom Wasserstoff zu erschaffen oder zu zerstören. Alle Änderungen, welche wir hervorbringen können, bestehen in der Trennung von Atomen, welche vorher im Zustande der Cohäsion oder Verbindung waren, und in der Vereinigung solcher, welche vorher getrennt waren.“[6]

Die Daltonsche Atomtheorie wurde unter den Chemikern schnell bekannt und fand besonders dank der unermüdlichen Tätigkeit von Jöns Jakobus Berzelius, der zehn Jahre nach dem Erscheinen von Daltons Schrift eine Tabelle der von ihm gemessenen und berechneten Atomgewichte und der Zusammensetzung von etwa 2000 Verbindungen vorlegen konnte, allgemeine Anerkennung[7]. /

9 Es ist nun eine interessante, ja aufregende Geschichte für sich, wie sich die allgemeine oder theoretische Chemie auf dieser Grundlage im 19. Jahrhundert weiterentwickelt und die Atomistik zur Aufdeckung der Konstitution und der Struktur der chemischen Verbindungen geführt hat. Im vorliegenden Zusammenhang ist wichtig, daß man zunächst endgültig zwischen Mischungen und Verbindungen unterscheiden lernte und daß nach der Mitte des 19. Jahrhunderts auch terminologisch klar zwischen Molekülen und Atomen differenziert wurde. Die Zurückführung der verschiedenen chemischen Elemente und der ihnen entsprechenden Atome auf ein Element, nämlich den Wasserstoff, wie es Daltons Landsmann William Prout im Jahre 1816 vorschlug, scheiterte allerdings daran, daß die relativen Atomgewichte keineswegs ganzzahlig sind. Damit waren zunächst alle Versuche der Umwandlung von Elementen, die zudem im Geruch der überwundenen Alchimie und Goldmacherei standen, aus der Chemie ausgeschlossen. Die Suche nach einem gesetzmäßigen Zusammenhang zwischen den verschiedenen Elementen führte im Jahre 1869 zur Auffindung des periodischen Systems der chemischen Elemente durch D. I. Mendeleev, ohne daß Mendelejev den Gedanken von einer Umwandlung der Elemente oder von einer Feinstruktur ihrer Atome aufgeworfen hätte.

Die Physiker haben im 19. Jahrhundert an ihrem Programm, alle Erscheinungen auf die Bewegung von Massenpunkten unter dem Einfluß von Fernwirkungskräften zurückzuführen, festgehalten und in diesem Zusammenhang die kinetische Gastheorie und die statistische Mechanik geschaffen, in der im Sinne des Anliegens der Atomistik solche Größen wie Gasdruck, Temperatur, Entropie usw. auf die Geschwindigkeitsverteilung der Moleküle,

---

[6] J. Dalton, Über chemische Zusammensetzung, aus: A new system of chemical philosophy, London 1808—1827, in: Ostwald's Klassiker der exakten Wissenschaft, Nr. 3, S. 14.

[7] J. J. Berzelius, Lehrbuch der Chemie, Bd. 3, Dresden—Leipzig 1845, (5. Aufl.), S. 1161.

d. h. auf raumzeitliche Gruppierungen von kleinsten Teilchen zurückgeführt werden. Diese kleinsten Teilchen der Physik wurden dabei nach wie vor als Massenpunkte bzw. starre, kugelförmige Körper behandelt, somit wurde von dieser Seite her nichts zur Kenntnis von der Natur der Atome beigesteuert.

Entsprechende Versuche auf dem Gebiet der Elektrizitätslehre, des Magnetismus und der Optik aber schlugen fehl. Mit dem Aufkommen der Wellenlehre war die Physik vielmehr von der Atomistik weg zu einer Kontinuumstheorie dieser Erscheinungen übergegangen. Der leere Raum wurde mit einem hypothetischen Äther angefüllt. Auch der auf Faraday zurückgehende neue Begriff des elektrischen Feldes ließ sich nicht atomistisch, sondern einfacher als Zustand des Äthers deuten. Und als schließlich die Verbindung zwischen den elektrischen, magnetischen und optischen Erscheinungen durch die Maxwellsche Theorie hergestellt und die elektrischen Wellen entdeckt worden waren, schien die Atomistik, von der Physik aus gesehen, überholt. Die Massenpunkte wurden als bloße Differentialgrößen angesehen, und man versuchte, die Erscheinungen rein phänomenologisch aus Erhaltungssätzen abzuleiten.

In dieser Richtung liegt auch das Anliegen der Relativitätstheorie, in der, ohne auf Fragen der Atomistik oder der Struktur der Materie einzugehen, die Grundbegriffe der Newton-
10 schen Mechanik: Raum, Zeit, Masse und Energie in ihrem / Zusammenhang neu gefaßt und die Beziehungen zwischen Mechanik und Elektrodynamik auf einer neuen Grundlage geklärt werden. Die Fernwirkung und der Äther verschwanden mit der Relativitätstheorie gleichzeitig aus der Physik. Man sollte nicht übersehen, daß die grundlegende Arbeit Einsteins zur speziellen Relativitätstheorie den Titel „Zur Elektrodynamik bewegter Körper“[8] trägt.

Von einer neuen Entdeckung, die bei Aufstellung der Relativitätstheorie schon vorlag, konnte allerdings die spezielle und später auch die allgemeine Relativitätstheorie Einsteins keine befriedigende Erklärung geben: von der Existenz des Elektrons.

Es ist interessant festzustellen, daß die Existenz einer elektrischen Elementarladung von bestimmter endlicher Größe zuerst bei Vorgängen beobachtet wurde, die dem Bereich der Chemie angehören, in der die Atomistik im 19. Jahrhundert so große Erfolge zu verzeichnen hatte. Ich meine die Elektrolyse. Aus den von Faraday 1834 entdeckten und nach ihm benannten beiden Gesetzen über die Beziehungen zwischen dem Stromfluß und den an den Elektroden abgeschiedenen Stoffmengen ergab sich nämlich in Verbindung mit der Atomlehre der Chemiker die Existenz einer elektrischen Elementarladung, für die im Jahre 1890 der irische Physiker G. Johnstone Stoney die Bezeichnung *Elektron* einführte[9]. Der Begriff der Elementarladung hat sich gerade in der Chemie als sehr fruchtbar erwiesen und führte hier zu der Lehre von der Dissoziation nach Arrhenius und van't Hoff, ohne daß damit eine wesentliche Veränderung der Lehre von den chemischen Atomen verbunden war. Man konstatierte zunächst einfach die Existenz elektrisch geladener Atome, der sogenannten Ionen, von denen schon Faraday gesprochen hatte.

Etwas ganz Neues aber ergab sich bei der Erforschung des Stromdurchganges durch verdünnte Gase. Über die Entdeckung der Kathodenstrahlen[10] (1859 durch Julius Plücker) führte sie beim Studium der Natur dieser Strahlen im Jahre 1897 zur Entdeckung des

---

[8] A. Einstein, Zur Elektrodynamik bewegter Körper, Annalen der Physik 17 (1905), S. 891.

[9] G. J. Stoney, Physical units of nature, Phil. Mag. (5), 11 (1881), S. 381; Sci. Trans. Royal Society, Dublin (2), 4 (1891), S. 563; Phil. Mag. (5), 38 (1894), S. 418.

[10] Julius Plücker, Über die Einwirkung des Magnets auf die elektrischen Entladungen in verdünnten Gasen, Pogg. Annalen 103 und 105 (1858) sowie 107 (1859).

freien Elektrons, jetzt schon nicht mehr nur als Elementarladung, sondern als Elementarteilchen, durch J. J. Thomson[11]. Die Kathodenstrahlen, so wies er nach, sind nichts anderes als ein Strom von Elektronen. J. J. Thomson zog daraus weitreichende Schlußfolgerungen, die er selbst in seinen Erinnerungen folgendermaßen formuliert hat: „1. Die Atome sind nicht unteilbar, denn aus ihnen lassen sich negativ geladene Teilchen unter der Wirkung elektrischer Kräfte, durch den Stoß schnellerer Teilchen, durch ultraviolettes Licht und durch Wärme abspalten. 2. Alle diese Teilchen haben dieselbe Masse; sie tragen die gleiche Ladung negativer Elektrizität, von welcher Art Atomen sie auch abstammen mögen, und sie bilden Bestandteile aller Atome. 3. Die Masse dieser Teilchen ist kleiner als 1/1000 der Masse des Wasserstoffatoms."[12] /

11 Mit diesen Feststellungen war der Weg zur Erforschung der Struktur des Atoms auf atomistischer Grundlage eröffnet. Die Entdeckung des Elektrons bedeutet auf der anderen Seite das Eindringen der Atomistik in den Bereich der Elektrizitätslehre, die zunächst ganz aus Kontinuumsvorstellungen entwickelt worden war. Das Elektron ist das zuerst entdeckte der heute bekannten Elementarteilchen und sollte auch als erstes Eigenschaften zeigen, die völlig außerhalb der Vorstellung der klassischen Physik liegen.

Ehe sie entdeckt wurden, wurde aber im Bereich der elektromagnetischen und optischen Erscheinungen noch ein zweites Elementarteilchen entdeckt, das noch größere Besonderheiten zeigte: das Photon.

Es war bekanntlich Einstein, der nach der Entdeckung des Wirkungsquantums durch Max Planck im Jahre 1905 postulierte, daß die Strahlungsenergie ganz allgemein und nicht nur bei der Wechselwirkung mit Materie, wie Planck angenommen hatte, nur in diskreten Portionen von der Größe $h\nu$ auftritt, den von ihm sogenannten Lichtquanten.[13] Auf Grund dieser Vorstellung — Einstein nannte sie damals im Titel seiner Arbeit einen „heuristischen Gesichtspunkt" — konnte er zunächst die experimentell ermittelten Gesetze des Photoeffektes ableiten.[14] Zwei Jahre später gelang es ihm, auf der Grundlage der Planckschen Quantenhypothese die Abnahme der spezifischen Wärme mit der Temperatur theoretisch herzuleiten.[15] 1923 konnten der neu entdeckte Comptoneffekt zwanglos auf Grund der Lichtquantentheorie als Zusammenstoß eines Elektrons mit einem Photon gedeutet und zugleich Energie und Impuls der gestreuten Lichtquanten angegeben werden.[16] Der „heuristische Gesichtspunkt" hatte seine Bewährungsprobe bestanden; das Lichtquant wurde als echtes Teilchen in die Physik aufgenommen und erhielt 1926 von dem amerikanischen Physiko-Chemiker Gilbert Newton Lewis den Namen „Photon"[17].

Mit Elektron und Photon befanden sich die Physik und Chemie oder, genauer gesagt, die Atomistik zu Ende des ersten Jahrzehnts unseres Jahrhunderts in einer merkwürdigen und interessanten Lage. Der Eingliederung von Elektron und Photon in die Reihe der

---

[11] J. J. Thomson, Cathode rays, Phil. Mag. 44 (1897), S. 293.

[12] J. J. Thomson, Recollections and reflections, London 1936, S. 173.

[13] A. Einstein, Ein die Erzeugung und Verwandlung des Lichtes betreffender heuristischer Gesichtspunkt, Annalen d. Physik 17 (1905), S. 132.

[14] Ebenda.

[15] A. Einstein, Plancks Theorie der Strahlung und die Theorie der spezifischen Wärme, Annalen d. Physik 22 (1907), S. 180 u. 800.

[16] A. H. Compton, Wave length measurements of scattered X-rays, Phys. Rev. 21 (1923), S. 207; Quantum theory of the scattering of X-rays by light elements, Phys. Rev. 21 (1923), S. 483; Spectrum of scattered X-rays, Phys. Rev. 22 (1923), S. 409; Absorption measurement of the change of wave length accompanying the scattering of X-rays, Phil. Mag. 46 (1923), S. 897.

[17] G. N. Lewis, Light waves and light corpuscles, Nature (London), 117 (18. 12. 1926).

Atome widersprach die Tatsache, daß Elektrizität bzw. Licht keine chemischen Elemente sind, und der Versuch von H. A. Lorentz, das Elektron in die Maxwellsche Theorie einzubauen, ging noch an der Quantentheorie vorbei. /

12 Es ist deshalb auch sachlich verständlich, daß unter diesen Umständen die Existenz von Atomen damals von einflußreicher Seite ernsthaft in Frage gestellt und damit jede Atomistik als müßige Spekulation abgelehnt wurde, ganz abgesehen davon, daß mit dem Übergang zum Imperialismus in der bürgerlichen Philosophie reaktionär-agnostizistische und subjektiv-idealistische Strömungen überwogen, wie Lenin in seinem Werk „Materialismus und Empiriokritizismus" gezeigt hat.[18] Von Ernst Mach wird berichtet, daß er Naturwissenschaftlern, die ihm von Atomen sprachen, mit der ungeduldigen Frage begegnete: „Hab'n S' eins g'sehn?"[19] Erst die Lichtblitze im Spinthariskop, das Studium der Brownschen Molekularbewegung und schließlich die 1912 hergestellten Laue-Diagramme änderten die Sachlage. Spätestens seit 1912 war die Existenz einzelner Atome nachweisbar und damit der prinzipielle Einwand gegen die Atomistik beseitigt. Auch Mach und Ostwald bekannten als große Naturwissenschaftler ihren Irrtum. Die Mikrophysik hatte ihre Existenzberechtigung nachgewiesen und begann ihren Siegeszug.

Wir wollen ihre Entwicklung unter dem Blickpunkt der Atomistik verfolgen und dabei die Fortschritte bezüglich der Kenntnisse vom Atombau und bezüglich der Kenntnisse von den Elementarteilchen besonders ins Auge fassen.

Zunächst ging es um den Bau und die Struktur des Atoms. Die ersten Atommodelle, mit deren Hilfe man nach der Entdeckung des Elektrons die Erscheinungen zu erklären versuchte, waren statischer Natur. Nach einem Vorschlag von William Thomson (Lord Kelvin)[20] legte J. J. Thomson, der Entdecker des Elektrons, im Jahre 1903 ein theoretisch sorgfältig durchgearbeitetes Atommodell vor, bei dem die positive Ladung über eine Kugel von der Größe des Atoms verteilt sein sollte, in deren Innerem Elektronen ruhen.[21]
13 Obwohl das Modell die Existenz / freier Elektronen, die Aussendung von Elektronen aus Atomen befriedigend berücksichtigte und sogar Anhaltspunkte über die Linienspektren lieferte, erwies es sich jedoch bald gegenüber den neuen Entdeckungen auf dem Gebiet der Radioaktivität als unzureichend.

Die radioaktive Strahlung war 1896 von Becquerel entdeckt worden und hatte besonders durch Pierre und Marie Curie bedeutende Fortschritte erzielt. Im ersten Jahrzehnt des 20. Jahrhunderts wurde Klarheit über die Natur der $\alpha$- und $\beta$-Strahlen geschaffen. Man

---

[18] Das im Mai 1909 in russischer Sprache unter dem Pseudonym W. Iljin erschienene Werk ist außerhalb Rußlands bzw. der Sowjetunion zum ersten Mal 1927 in deutscher Sprache erschienen. W. I. Lenin, Materialismus und Empiriokritizismus, kritische Bemerkungen über eine reaktionäre Philosophie, W. I. Lenin, Sämtliche Werke, Bd. 13, Wien—Berlin 1927.

[19] St. Meyer, Die Vorgeschichte der Gründung und das erste Jahrzehnt des Institutes für Radiumforschung, Sitzungsberichte der Österreichischen Akademie der Wissenschaften, Math.-nat. Klasse, Abt. 2a, Bd. 159, Heft 1/2 (Festschrift des Institutes für Radiumforschung anläßlich seines 40jährigen Bestehens, 1910—1950), Wien 1950, S. 5.
Vgl. auch J. Thiele, Bemerkungen zu einer Äußerung im Vorwort der „Optik" von Ernst Mach, NTM 2 (1965), H. 6, S. 16 und 17; W. Ostwald legte in seinem Vortrag „Die Überwindung des wissenschaftlichen Materialismus" auf der Tagung der Gesellschaft Deutscher Naturforscher und Ärzte 1895 u. a. folgendes dar: „Wir müssen also . . . endgültig auf die Hoffnung verzichten, uns die physische Welt durch Zurückführung der Erscheinungen auf eine Mechanik der Atome anschaulich zu deuten." (Verhandlungen der Gesellschaft Deutscher Naturforscher und Ärzte, Leipzig 1895, S. 162.)

[20] W. Kelvin, Phil. Mag. (6), 3 (1902), S. 257.

[21] J. J. Thomson, On the structure of the atom: an investigation of the stability and periods of the oscillation of a number of corpuscles arranged at equal intervals around the circumference of a circle; with application of the results to the theory of atomic structure, Phil. Mag. (6), 7 (1904), S. 237.

wußte, daß es sich beim radioaktiven Zerfall um eine spontane Umwandlung von Elementen handelt, und Rutherford hatte 1906 die Streuung der α-Strahlen beim Durchgang durch Materie entdeckt.[22]

Als er und seine Schüler H. Geiger und E. Marsden beim weiteren Studium dieser Streuung völlig unerwartet entdeckten, daß auch Streuungen um mehr als 90° auftreten, kam Rutherford im Dezember 1910 zu der Überzeugung, daß im Gegensatz zu dem Modell von Thomson im Zentrum des Atoms eine starke positive Ladung vorhanden sein mußte, die von negativen Ladungen, den Elektronen, umkreist wird.

Dieses dynamische Atommodell hat Rutherford zum ersten Mal im Mai 1911 vorgeschlagen.[23] In seinem Buch „Radioactive substances and their radiations" führte er wenig später (1913) die Bezeichnung „Kern" bzw. „Atomkern" ein.[24]

Dieses Kern- oder Planetenmodell des Atoms ist bekanntlich zwei Jahre später, 1913, von Bohr unter Einbeziehung der Ergebnisse der Quantentheorie weiterentwickelt und zur Erklärung der Gesetzmäßigkeiten in den Linienspektren der Elemente herangezogen worden.[25] Die prinzipielle Schwierigkeit des Rutherfordschen Modells, daß es nämlich wegen der Strahlung der umlaufenden Elektronen nach der Maxwellschen Theorie nicht stabil sein konnte, umging Bohr durch die kühne Annahme, daß die umlaufenden Elektronen nicht strahlen und sich die ausgestrahlte Energie aus dem Übergang eines Elektrons von einer auf eine andere stabile Elektronenbahn ergibt. Diese Annahme und damit das Rutherford-Bohrsche Atommodell konnten bekanntlich durch das Studium der Spektrallinien vielfach bestätigt werden, und so fand das Modell in wenigen Jahren weitgehende Anerkennung.

Bezüglich der Suche nach Elementarteilchen und der Erforschung ihrer Eigenschaften brachte das Rutherford-Bohrsche Atommodell zunächst die wertvolle Einsicht, daß der
14 Kern des Wasserstoffatoms als einfachster und leichtester Atom/kern ein Elementarteilchen darstellt. 1920 schlug Rutherford für dieses dritte Elementarteilchen den Namen „Proton" vor.[26]

Die Auffassung des Atoms als ein elektrisches und nicht nur mechanisches System führte Henry Moseley im Zusammenhang mit der Entdeckung der Beziehung zwischen Röntgenspektren und Atomnummern gemeinsam mit Rutherford zu der Erkenntnis, daß die Atomnummer mit der positiven Ladung des Atomkerns identisch ist.[27] Moseley konnte damit eine tiefere Begründung für das periodische System der Elemente geben und es in einigen Zweifelsfällen korrigieren. Der bedeutendste Beitrag zur Aufklärung des Zusammenhanges zwischen der Periodizität der chemischen Eigenschaften der Elemente und der Anordnung der Elektronen in der Atomhülle wurde durch die Untersuchungen über die charakteristische Röntgenstrahlung der Elemente geleistet. Der Zusammenhang der Perioden mit den Besetzungszahlen der verschiedenen Elektronenschalen wurde in den

---

[22] E. Rutherford. Phil. Mag. 11 (1906), S. 166, und Phil. Mag. 12 (1906), S. 348.

[23] E. Rutherford, The scattering of α- and β-particles by matter and the structure of the atom, Phil. Mag. (6), 21 (1911), S. 669—688.

[24] E. Rutherford, radioactive substances and their radiations, Cambridge 1913.

[25] N. Bohr, On the constitution of atoms and molecules, Phil. Mag. 26 (1913), S. 1, 476 u. 857, (in deutscher Sprache unter dem Titel: Drei Aufsätze über Spektren und Atombau, Braunschweig, 2. Aufl., 1924).

[26] Auf der Versammlung der British Association for the Advancement of Science in Cardiff (vgl. L. S. Polak, Die Entstehung der Quantentheorie des Atoms [Das Rutherford-Bohrsche Atommodell], in: Sowjetische Beiträge zur Geschichte der Naturwissenschaft, hrsg. von G. Harig, Berlin 1960, S. 230).

[27] H. G. J. Moseley, The high frequency spectra of the elements, Phil. Mag. 26 (1913), S. 1021, 27 (1914), S. 703.

Jahren 1922—1925 durch Arbeiten von N. Bohr, D. Coster, E. C. Stoner und J. D. Main Smith aufgehellt.

Soviel über die ersten Ergebnisse in der Erforschung der Struktur und des Baues der Atome. Vom Standpunkt der Atomistik wollen wir als wichtigste Ergebnisse festhalten, daß diese Forschungen zur Entdeckung des Protons als des dritten Elementarteilchens geführt haben und allgemein zur Entdeckung der Existenz von Atomkernen. Damit war der Weg freigegeben zur künftigen Unterscheidung von Atomphysik und Kernphysik (bzw. Kernchemie).

Die Erforschung der Eigenschaften der drei damals bekannten Elementarteilchen führte schon im gleichen Zeitraum zu Ergebnissen, die auch bezüglich der Atomistik über die Grenzen der klassischen Vorstellungen hinausführten.

Schon in den Jahren 1901 bis 1903 — also noch vor Aufstellung der (speziellen) Relativitätstheorie — hatte der deutsche Physiker Walter Kaufmann beim Studium der elektrischen und magnetischen Ablenkung von $\beta$-Strahlen festgestellt, daß die Masse eines Elektrons mit wachsender Geschwindigkeit zunimmt.[28] Die von Einstein[29] im Jahre 1905 als Folgerung aus der speziellen Relativitätstheorie abgeleitete, berühmte Gleichung $E = mc^2$ wurde von Alfred / Heinrich Bucherer[30] im Jahre 1908, wiederum am Elektron, experimentell bestätigt. Bereits 1905/06 von W. Kaufmann mit dem gleichen Ziel durchgeführte Versuche[31] ließen noch keine eindeutigen Schlüsse über die Form der funktionellen Abhängigkeit der Masse des Elektrons von seiner Geschwindigkeit zu.[32] Die Beziehung $E = mc^2$ gilt selbstverständlich nicht nur für das Elektron oder für Elementarteilchen, sondern allgemein, wurde aber zunächst am Elektron und wenig später auch am Proton nachgewiesen.

Ein Jahr nach Entdeckung des Comptoneffektes und damit der endgültigen Bestätigung der Existenz von Photonen wurde wiederum am Elektron eine neue erstaunliche Eigenschaft der Materie nachgewiesen. Indem Louis de Broglie den Zusammenhang zwischen den Photonen und den Welleneigenschaften des Lichtes verallgemeinerte, entwickelte er 1924 den Gedanken, daß auch andere Korpuskeln gleichzeitig Welleneigenschaften aufweisen müßten. Diese sogenannten Materiewellen wurden 1927 von Davisson und Germer in den USA für langsame Elektronen und gleichzeitig von George Paget Thomson, dem Sohn von J. J. Thomson, in Aberdeen für schnelle Elektronen nachgewiesen. Die Welleneigenschaften von Heliumkernen konnten 1929 von Otto Stern in Hamburg und die von Wasserstoffkernen 1931 von Thomas Hope Johnson in den USA nachgewiesen werden. Auch der damit aufgedeckte Dualismus von Welle und Korpuskel gilt nicht nur für Elementarteilchen und rückt den Zusammenhang zwischen einer kontinuierlichen und einer

---

[28] W. Kaufmann, Magnetische und elektrische Ablenkbarkeit der Becquerelstrahlen, scheinbare Masse der Elektronen, Gött. Nachr. (1901), S. 143; Elektromagnetische Masse der Elektronen, Gött. Nachr. (1902), S. 291; (1903), S. 90; Die elektromagnetische Masse des Elektrons, Physik. Ztschr. 4 (1902), S. 54; La déviation magnétique et électrique des rays Becquerel et la masse électromagnetique des électrons, Paris, Acad. C. R. 135 (1902).

[29] A. Einstein, Ist die Trägheit eines Körpers von seinem Energiegehalt abhängig?, Annalen d. Physik 18 (1905), S. 639.

[30] A. H. Bucherer, Messungen an Becquerelstrahlen, experimentelle Bestätigung der Lorentz-Einsteinschen Theorie, Verh. d. Dtsch. Phys. Ges. 10 (1908), S. 688; The principle of relativity and on the electromagnetic mass of the electron, Phil. Mag. 15 (1908); Experimentelle Bestätigung des Relativitätsprinzips, Annalen d. Physik 28 (1909), S. 513.

[31] W. Kaufmann, Die Konstitution des Elektrons, Berliner Sitzungsber. XLV (1905), S. 949; Die Konstitution des Elektrons, Annalen d. Physik 19 (1906), S. 487.

[32] Vgl. B. I. Spasskij, Istorija fisiki, Bd. 2, Moskau 1964, S. 133/134; E. Whittaker, A history of the theories of aether and electricity, Bd. 2, New York 1960, S. 53.

diskreten Struktur der Materie, wie sie für die Atomistik charakteristisch ist, und damit die Atomistik selbst unter einen ganz neuen Gesichtspunkt. Die moderne Physik leitet die Eigenschaften des Kontinuums aus den Eigenschaften der Diskretheit ab und umgekehrt; wobei dieser Zusammenhang durch den neuen Begriff der Quanten bzw. der Quantelung hergestellt wird. Man könnte direkt von einer „Quantenatomistik“ sprechen. Der Ausdruck darf aber nicht etwa in dem Sinne verstanden werden, als ob die Quanten an die Stelle der Atome treten. Er soll vielmehr ausdrücken, daß in der modernen Atomistik die einfache Vorstellung der physikalisch endlichen Teilbarkeit im Raum durch den Begriff diskreter Quantenzustände abgelöst worden ist. Die moderne Naturwissenschaft sucht heute nicht nach Subelektronen, sondern nach Quantenzuständen und Quantensprüngen. Dabei erfährt, wie ich versuchen werde zu zeigen, gleichzeitig auch die Vorstellung von dem Objekt, das in diskreten Zuständen auftritt, eine tiefgreifende Wandlung. /

16 In den gleichen Jahren, in denen die Dualität von Welle und Korpuskel herausgearbeitet wurde, genauer gesagt im November 1925, schlossen Uhlenbeck und Goudsmit, damals beide in Leiden, auf Grund gewisser Eigenschaften der Alkalispektren auf die Existenz einer weiteren Eigenschaft des Elektrons, die gleichfalls nur in diskreten Werten vorhanden ist: den Spin. Hatte man ihn zuerst als magnetisches Moment infolge einer mechanisch aufgefaßten Eigenrotation des Elektrons verstanden, so hat sich inzwischen herausgestellt, daß der Spin auch bei neutralen Elementarteilchen vorkommt. Er repräsentiert eine typische Quanteneigenschaft, die im Rahmen klassisch-physikalischer Vorstellungen nur unvollkommen veranschaulicht werden kann. Wegen der Spinabhängigkeit der magnetischen Momente der Teilchen charakterisiert er deren Verhalten im Magnetfeld.

Gleichzeitig erweiterten sich unsere Kenntnisse vom Atomkern beträchtlich. Die Untersuchung der beim radioaktiven Zerfall auftretenden chemischen Elemente führte zu der Schlußfolgerung, daß es chemische Elemente mit gleicher Kernladungszahl und Atomnummer, aber verschiedener Massenzahl geben müsse, die von Soddy im Jahre 1913 als Isotope bezeichnet wurden. Im gleichen Jahre konnte auf der gleichen Versammlung der British Association for the Advancement of Science J. J. Thomson am Neon nachweisen, daß es auch stabile Elemente mit verschiedenen Isotopen gibt. Nach Entwicklung des Massenspektrographen durch Aston im Jahre 1919 wurden dann in wachsender Zahl weitere Isotope bei allen chemischen Elementen nachgewiesen.

Es versteht sich, daß damit zugleich bedeutende Fortschritte im Verständnis des periodischen Systems der chemischen Elemente verbunden waren. Diese eher auf dem Gebiet der Chemie liegenden Forschungen — es ist interessant zu wissen, daß Madame Curie, Rutherford, Soddy, Aston, das Ehepaar Joliot-Curie und Otto Hahn jeweils Nobelpreise für Chemie erhielten — wurden fruchtbar ergänzt durch die Erforschung der radioaktiven Strahlung, einen Bereich also, der zur Physik gehört. Diese Untersuchungen hatten schon vor dem ersten Weltkrieg den Gedanken nahegelegt, daß die Atomkerne aus einfacheren Bestandteilen zusammengesetzt sind, und zugleich Versuche angeregt, die Kerne durch Bombardierung mit ebensolchen Strahlen künstlich zu zerlegen bzw. zu spalten. Die ersten Ergebnisse hatte Rutherford unmittelbar nach dem ersten Weltkrieg, im Jahre 1919, erzielt, als er Stickstoff mit $\alpha$-Teilchen beschoß und dabei Protonen und das Sauerstoffisotop $O^{17}$ erhielt. 1932 erzielten Cockcroft und Walton im Rutherfordschen Laboratorium die erste Kernumwandlung mit Hilfe künstlich beschleunigter Teilchen. Sie beschossen das Lithiumisotop mit der Massenzahl 7 mit Protonen und erhielten einen Kern mit der Massenzahl 8, der in 2 Heliumkerne mit der Massenzahl 4 zerfiel. Noch aber waren nur das Proton und das Elektron als mögliche Elementarbausteine der Atome bzw. Atomkerne bekannt.

Diese Situation änderte sich beträchtlich, als James Chadwick, ebenfalls im Jahre 1932 im Cavendish-Laboratorium in Cambridge, beim Studium der von Beryllium bei Beschuß

17 mit α-Teilchen ausgesandten Strahlung das Neutron entdeckte, das / damit als ein neues Elementarteilchen zu den bereits bekannten hinzukam. Der Name war schon 1920 von Rutherford für ein von ihm diskutiertes Teilchen dieser Art vorgeschlagen worden. Noch im gleichen Jahr entwickelten Ivanenko in der Sowjetunion, Heisenberg in Deutschland und der Italiener Majorana die Vorstellung, daß die Atomkerne aus Protonen und Neutronen bestehen. 1939 schlug Belinfante für diese Kernbestandteile den gemeinsamen Namen Nukleon vor. Das Problem der Isotope fand eine einfache Lösung.

Vom Standpunkt der Atomistik entspricht das Proton-Neutron-Modell des Atomkerns durchaus der in der Chemie bewährten Konzeption vom Aufbau der Materie aus kleinsten, letzten Bestandteilen. Die Eigenschaften des Atomkerns konnten weitgehend auf seine Zusammensetzung aus Nukleonen zurückgeführt werden. Selbst der Massendefekt bzw. der Packungseffekt, der schon 1927 von Aston entdeckt worden war, ändert nichts an dieser Tatsache. Es wurde nur immer deutlicher, daß im Atomkern nicht einfach elektrische Kräfte wirken, sondern, wie man sich heute ausdrückt, eine andere Art von Wechselwirkung vorhanden sein muß.

Die Versuche zur Kernumwandlung führten bekanntlich 1939 zur Entdeckung der Kernspaltung durch Hahn und Straßmann, bei der eben dieser Massendefekt eine so große praktische Bedeutung erhält. Sie wurden und werden heute mit immer mächtigeren Beschleunigern fortgesetzt, bei denen positiv und negativ geladene Teilchen als Geschosse Verwendung finden.

Dabei gelang es nicht nur, Kerne zu zerlegen, sondern auch, neue Kerne zu synthetisieren. Heute sind mehr als 800 künstlich hergestellte (instabile) Isotope aller chemischen Elemente vom Wasserstoff bis zum Uran bekannt und darüber hinaus Elemente mit noch höherer Atomnummer hergestellt und untersucht worden; als letztes 1965 in Dubna das Element mit der Atomnummer 104, das nach dem verstorbenen sowjetischen Kernforscher Kurčatov benannt worden ist.

Künstliche Elemente mit höheren Atomnummern

| | |
|---|---|
| Neptunium 93 | Einsteinium 99 |
| Plutonium 94 | Fermium 100 |
| Americium 95 | Mendelevium 101 |
| Curium 96 | Nobelium 102 |
| Berkelium 97 | Lawrencium 103 |
| Californium 98 | Kurtschatowium 104 |

Über diese Ergebnisse, die, wie bemerkt, im Rahmen der gängigen atomistischen Vorstellungen liegen, hinaus erzielte aber die Kernphysik Ergebnisse, die nach den gängigen Vorstellungen nicht vorauszusehen waren. Es wurde eine Unzahl neuer Elementarteilchen entdeckt, deren Zahl (einschließlich der noch zu erwähnenden Resonanzen) heute schon die der chemischen Elemente übertrifft, und zugleich an diesen Teilchen Eigenschaften festgestellt, die außerhalb der bis dahin entwickelten Vorstellungen liegen. Ich muß mich mit der Aufzählung der wichtigsten Daten begnügen. /

18 1. Im gleichen Jahr, in dem Chadwick das Neutron entdeckte, entdeckte Anderson beim Studium kosmischer Strahlen mit der Wilsonkammer das Positron, ein Elementarteilchen, das bekanntlich von Dirac als zunächst ganz absurd erscheinende Folgerung aus seiner relativistischen Wellengleichung ein Jahr früher vorhergesagt worden war. Die mit der Diracschen Gleichung übereinstimmende Bildung eines Elektron-Positron-Paares aus einem Photon mit einer Energie $>2\ mc^2$ wurde von Anderson u. a., und der umgekehrte

Vorgang, d. h. die Zerstrahlung oder Annihilation eines solchen Paares, wurde 1933 experimentell von Frédéric Joliot und J. Thibaud nachgewiesen.

2. 1937 entdeckten Anderson und Neddermeyer ebenfalls beim Studium kosmischer Strahlen positiv geladene Teilchen, deren Massen zwischen der Masse des Elektrons und der des Protons liegen. Entsprechende Spuren wurden daraufhin auch von anderer Seite auf früheren Aufnahmen nachgewiesen, und die Untersuchungen führten rasch zur Entdeckung der heute sogenannten Mesonen, genauer gesagt der $\mu$-Mesonen, von denen heute positiv und negativ geladene bekannt sind. Ihre Stellung innerhalb der Elementarteilchenhierarchie ist auch heute noch sehr unvollkommen bekannt.

3. Die $\pi$-Mesonen wurden 1947 von Powell und Occhialini in Bristol mit Hilfe der damals neu entwickelten Kernspuremulsionen entdeckt. Sie treten als neutrale, negativ und positiv geladene Teilchen auf und erweisen sich als die von Yukawa 1935 vorausgesagten Quanten des Kernfeldes oder der Wechselwirkung zwischen den Nukleonen.[33]

4. Weiter wurden zwischen 1947 und 1952 zunächst beim Studium kosmischer Strahlung und ab 1953 auch mit mächtigen Teilchenbeschleunigern neue Elementarteilchen mit einer Masse von fast 1000 Elektronenmassen entdeckt, die sogenannten K-Mesonen, von denen heute vier Arten bekannt sind.

5. In die Jahre zwischen 1951 und 1955 fällt auch die Entdeckung der ersten Teilchen aus der Gruppe der Hyperonen. Sie erhielten diese Bezeichnung, weil sie noch schwerer sind als die Nukleonen. Nukleonen und Hyperonen werden heute bekanntlich auch als Baryonen bezeichnet.

6. 1953 gelang Reines und Cowan der schwierige Nachweis der Existenz des Neutrinos und 1956 Cork und seinen Mitarbeitern der des Antineutrinos, zweier ganz wichtiger Teilchen mit verschwindender Ruhemasse, deren Existenz Pauli schon 1930 postuliert hatte, um die Gültigkeit des Energiesatzes beim Zerfall des Neutrons bzw. beim $\beta$-Zerfall der Kerne zu sichern. Die Bezeichnung stammt von Enrico Fermi. 1962 wurde festgestellt, daß das beim Zerfall der $\mu$-Mesonen auftretende Neutrinopaar sich von dem beim $\beta$- bzw. $\beta^+$-Zerfall auftretenden unterscheidet. /

19 7. Die sogenannten Quarks, die Gell-Mann, Zweig u. a. im Zusammenhang mit gruppentheoretischen Überlegungen zur Erklärung des Auftretens einer Reihe von Elementarteilchen hypothetisch postuliert haben, sind experimentell noch nicht nachgewiesen worden, und es ist fraglich, ob sie überhaupt existieren können (ihre elektrische Ladung dürfte nur Bruchteile der Einheitsladung betragen).*

8. Das Antiproton wurde 1955 von Segré, Chamberlain und seinen Mitarbeitern und das Antineutron ein Jahr später von Cork und seinen Mitarbeitern nachgewiesen, ebenso die Paarbildung von Proton und Antiproton und die Annihilation oder Zerstrahlung von Neutron und Antineutron. Seitdem sind an den großen Beschleunigern weitere Teilchen entdeckt bzw. erzeugt worden: u. a. im Februar 1964 das Omega-Minus-Hyperon durch Wissenschaftler des National Laboratory Brookhaven (USA), das eine gewisse Berühmtheit deswegen erlangt hat, weil seine Existenz von der obenerwähnten Theorie Gell-Manns und Zweigs vorausgesagt worden war, und im Juni 1965 der erste zusammengesetzte Anti-Atomkern, das Antideuteron, durch Wissenschaftler der Columbia-University (USA).

9. Von allen diesen Teilchen erwiesen sich im freien Zustand neben dem Photon nur das

---

[33] H. Yukawa, Proc. physic.-mathem. Soc. Japan 17 (1935), S. 48.

* Mit Hilfe der Quarkanalyse gelingt es, alle statischen Eigenschaften der Elementarteilchen zu erklären. Anfang der 70er Jahre wurden bei Streuexperimenten an Nukleonen angenähert punktförmige Konstitutionen festgestellt — sie werden mit den Quarks identifiziert [Anm. d. Hrsg.].

Elektron, das Proton und das Neutrino sowie deren Antiteilchen als stabil. Alle anderen haben nur eine sehr begrenzte Lebensdauer. Sie reicht von etwa $10^3$ sec für Neutron und Antineutron bis zur Größenordnung von $10^{-23}$ sec.

Diese vielen verschiedenen Elementarteilchen geben natürlich einerseits Anlaß zu verschiedenen Kombinationen, von denen auch eine ganze Reihe schon experimentell nachgewiesen werden konnte: So etwa das Para- und Orthopositronium als atomähnliche Gebilde aus Elektron und Positron oder die $\mu$-Meson-Atome, bei denen $\mu$-Mesonen an die Stelle der Elektronen gewöhnlicher Atome treten, und die Hyperfragmente, bei denen etwa ein Neutron des Atomkerns durch ein $\Lambda$-Hyperon ersetzt ist, und dazu selbstverständlich die Antiatome in einer Antiwelt.

Noch folgenreicher aber erwies sich die Erforschung des Zerfalls und der Umwandlung der Elementarteilchen. Der Zerfall und die Umwandlung führten vor allem zur Einführung neuer die Elementarteilchen charakterisierender Parameter, neuer Quantenzahlen, wie Spin und Isospin, Parität, Strangeness und Baryonenzahl. Je nach Wechselwirkungsart gelten für die einen oder anderen dieser Quantenzahlen bei den Reaktionen Erhaltungssätze.

Der isotopische Spin oder kurz Isospin wurde in formaler Analogie zum Spin, von dem bereits die Rede war, im Jahre 1937 von Wigner und Heisenberg zur Kennzeichnung des Protons und Neutrons als zweier unterschiedlicher Quantenzustände ein und desselben Teilchens, des Nukleons, eingeführt und später auch auf Mesonen und Hyperonen ausgedehnt. Für den Isospin gilt ein Erhaltungssatz bei ladungsunabhängigen Wechselwirkungen.

Die Parität des Teilchens (genauer die innere Parität) gibt an, wie sich bei einer
20 Spiegelung der Ortskoordinaten die Wellenfunktion des Teilchens ändert. Der / Paritätsbegriff erlaubt, das Prinzip der Spiegelsymmetrie, von dessen allgemeiner Gültigkeit für alle Naturvorgänge die Physiker bis zum Jahre 1956 überzeugt waren, mathematisch zu formulieren. Unstimmigkeiten in der Systematik einer Gruppe von Elementarteilchen (das sogenannte „Tau-Theta-Rätsel" bei den K-Mesonen) ließen 1956 Lee und Yang vermuten, daß die Parität nicht bei allen Wechselwirkungsarten erhalten bleibt. Sie wiesen nach, daß bis dahin noch keine Versuche durchgeführt worden waren, die ihre Erhaltung bei der schwachen Wechselwirkung nachgewiesen hätten, stellten die Hypothese der Nichterhaltung der Parität bei dieser Wechselwirkung auf und schlugen Experimente zur Überprüfung der Hypothese vor. 1957 wurde diese Hypothese von Wu und Mitarbeitern am $\beta$-Zerfall des $Co^{60}$ experimentell bestätigt. Weitere theoretische Untersuchungen zeigten, daß die physikalischen Gesetze für diese Wechselwirkungsart nur dann unverändert bleiben, wenn bei der Spiegelung gleichzeitig Teilchen und Antiteilchen vertauscht werden,[34] d. h., sie sind invariant gegenüber der sogenannten kombinierten Inversion.

Als „strange particles" („seltsame Teilchen") bezeichnet man seit 1953 nach M. Gell-Mann und K. Nishijima eine Reihe von Teilchen, deren Bildungs- und Zerfallsprozesse im Vergleich zu denen anderer Elementarteilchen gewisse Seltsamkeiten aufwiesen, die schließlich dadurch geklärt wurden, daß für die Reaktionen der „seltsamen Teilchen" das Walten eines weiteren Erhaltungssatzes erkannt wurde. Es handelt sich dabei um die Erhaltung der „Fremdheitsquantenzahl" S („Strangeness"), die für gewöhnliche Teilchen (Nukleonen und $\pi$-Mesonen) gleich Null ist und für die K-Mesonen und Hyperonen bestimmte positive oder negative ganzzahlige Werte annehmen kann.

---

[34] L. Landau, Nucl. Phys. 3 (1957), S. 127; T. D. Lee, C. N. Yang, Phys. Rev. 104 (1956), S. 254; T. D. Lee, R. Oehme, C. N. Yang, Phys. Rev. 106 (1957), S. 340; T. D. Lee, Proceed. of the seventh Rochester Conference 1957, Section „Machs principle".

Die von Wigner eingeführte Baryonenzahl B dient zur Kennzeichnung des Hauptunterschiedes, der zwischen Nukleonen und Hyperonen einerseits und ihren Antiteilchen andererseits besteht. Mit B = +1 für jedes Baryon und B = −1 für jedes Antibaryon gilt ein Erhaltungssatz, nach dem sich die Summe aller Baryonenzahlen im Ergebnis einer Umwandlung nie verändert.

Eine entsprechende Quantenzahl wurde von Konopinski, Machmut und Seldovič auch für leichte Teilchen (Neutrino, Elektron und μ-Meson sowie deren Antiteilchen) eingeführt, die sogenannte Leptonenladung.

Alle diese neuen Eigenschaften der Elementarteilchen beziehen sich direkt oder indirekt auf deren Umwandlung, Bildung und Zerfall. Ihre Entdeckung ist offensichtlich eben dem Studium der Umwandlung zu verdanken. Ihre Kennzeichnung durch Quantenzahlen, durch Parameter, die nur diskrete Werte annehmen können, zeigt den quantenhaften Charakter ihrer Wechselwirkungen.

Die Einführung der erläuterten neuen Quantenzahlen erfolgte in unmittelbarem Zu-
21 sammenhang mit der Aufdeckung der für sie geltenden Erhaltungssätze, in / denen allge-
meine Gesetzmäßigkeiten der Bildung und des Zerfalls der Elementarteilchen, ihrer gegen-
seitigen Umwandlungen, zum Ausdruck kommen. Darüber hinaus fanden Gell-Mann und
Nishijima unabhängig voneinander 1955 die bekannte und offensichtlich sehr aussage-
kräftige Beziehung zwischen elektrischer Ladung, Isospin, Baryonenzahl und Strangeness
der Elementarteilchen:

$$Q = I_3 + \frac{B + S}{2}$$

Q elektrische Ladung in Einheiten von $e_0$ — B Baryonenzahl
$I_3$ Projektion des Isopins — S Strangeness

Neben der Erforschung der Umwandlung kommt natürlich ebenso wie in der Chemie der Erforschung der Struktur der Elementarteilchen große Bedeutung zu. Erste Ergebnisse erzielten R. Hofstadter in Stanford und Wilson an der Cornell-Universität, als sie mit Hilfe gewaltiger Beschleuniger Nukleonen mit Elektronen bzw. π-Mesonen beschossen. Ihre Experimente, auf die ich hier nicht näher eingehen kann, zeigen, daß die Nukleonen auf jeden Fall sehr komplizierte Gebilde darstellen. Diese Strukturuntersuchungen bilden die zweite wesentliche Seite bei der Erforschung der Natur, der Eigenschaften und der Wechselwirkung der Elementarteilchen.

Beide Forschungsrichtungen oder Gebiete vermitteln selbstverständlich zugleich Aussagen über die zwischen den Elementarteilchen wirkenden Kräfte und haben ergeben, daß man zwischen drei Arten von Wechselwirkungen zu unterscheiden hat: den starken Wechselwirkungen innerhalb der Atomkerne, speziell zwischen den Nukleonen sowie zwischen Nukleonen und π-Mesonen; den elektromagnetischen Wechselwirkungen zwischen den elektrisch geladenen Teilchen und den schwachen Wechselwirkungen, wie sie z. B. beim β-Zerfall auftreten, sowie zwischen Nukleonen und μ-Mesonen. Charakteristisch für alle drei Arten von Wechselwirkungen ist die Tatsache, daß die Wirkungen stets in diskreten Beträgen, d. h. quantenhaft erfolgen, ein Ausdruck des allgemeinen Dualismus von Wellen und Korpuskeln, wie er zuerst beim Licht entdeckt worden war. Versuche, diesen Zusammenhang auch auf die Gravitation auszudehnen und dementsprechend Gravitonen nachzuweisen, haben bisher noch zu keinen Resultaten geführt.

Die weitere Erforschung der quantenhaften Wechselwirkung hat dagegen in den sechziger Jahren zur Entdeckung der sogenannten Resonanzen geführt, über deren Deutung noch keine einheitliche Auffassung existiert. Von einer Reihe von Physikern werden sie als

Anregungszustände von Nukleonen und Hyperonen interpretiert, von anderen als eigenständige Teilchen.

Soweit eine gedrängte Übersicht über die Entwicklung unserer Kenntnisse von den Elementarteilchen. Was ergibt sich nun aus diesen Entdeckungen für die Atomistik?

Zunächst zeigt sich, daß diskrete Größen in der Natur viel allgemeiner vorkommen, als
22 man in der klassischen Naturwissenschaft und dementsprechend in der / klassischen Atomistik angenommen hatte. Nicht nur die Elementarbausteine des Universums erweisen sich als diskret, sondern auch ihre Wirkungen aufeinander erfolgen diskontinuierlich in der Zeit. Wir verstehen heute: Wäre die Wechselwirkung nicht gequantelt (oder anders ausgedrückt, hätte das Feld nicht diskrete Eigenschaften), gäbe es keine Elementarteilchen und umgekehrt: Gäbe es keine Elementarteilchen, so gäbe es auch keine quantenhafte Wechselwirkung. Die mit jeder Atomistik verbundene Vorstellung von einer diskreten, korpuskularen Struktur der Materie ist somit durch die moderne Physik in einem früher nicht vorstellbaren Umfang bestätigt und zugleich vertieft und vervollständigt worden.

Ebenso bestätigt und vertieft wurde die Vorstellung von einem stufenweisen Aufbau der Strukturen, wie sie sich, von Demokrit ausgehend, besonders seit dem 17. Jahrhundert in der Atomistik herausgebildet hat. Die Reihe beginnt heute beim Atomkern bzw. bei den Elementarteilchen und reicht über Atom, Molekül, Makromolekül bis zu Galaxien und Supergalaxien. Dabei wurde die Bildung höherer Ordnungen aus den Elementen der niederen durch die Aufstellung des Auswahlprinzips von Pauli schon im Jahre 1925 und die Herausbildung der Statistiken nach Bose-Einstein und Fermi genauer und tiefer verstanden als früher und wurde unser Wissen von den Zuständen durch Erfassung und Erforschung des Plasmas, des Festkörpers und des kristallinen Zustandes bedeutend erweitert. Alle diese Errungenschaften der modernen Naturwissenschaft, man könnte sogar sagen, alle diese Zweige der modernen Physik, beruhen auf der Vorstellung von einer korpuskularen Struktur der Materie und bestätigen diese Vorstellung gleichzeitig. Wie weit sich die Stufenfolge der Strukturen nach unten, d. h. in Richtung immer kleinerer und feinerer Bausteine erstreckt, und wie weit nach oben, in Richtung immer größerer Strukturen, ist eine der brennendsten und erregendsten Fragen der modernen Naturwissenschaft.

In bezug auf die untere Grenze läßt sich jedoch m. E. gerade durch die moderne Atomistik die Frage bereits beantworten. Grundsätzlich neu und verschieden von der klassischen Atomistik ist nämlich in der modernen Atomistik die Vorstellung von den kleinsten Einheiten, eben den heute sogenannten Elementarteilchen. Die von mir angeführten Forschungsergebnisse zeigen, daß die Elementarteilchen in keinem Fall starre, unveränderliche und isoliert voneinander existierende Korpuskeln sind wie die Atome von Leukipp und Demokrit, von Epikur und Lukrez, von Gassendi und Boyle oder auch die chemischen Atome von Dalton und Berzelius sowie die Korpuskeln der kinetischen Gastheorie und der statistischen Mechanik.

Die Elementarteilchen der modernen Naturwissenschaft werden, wie wir gesehen haben, nicht allein durch ihre mechanischen und elektrischen Eigenschaften, sondern darüber hinaus durch eben die „neuen" Eigenschaften charakterisiert, die sich auf die Art und die Möglichkeit ihrer Bildung und ihres Zerfalls und auf ihren gegenseitigen Zusammenhang beziehen. Elementarbaustein und Elementarprozeß fallen demgemäß weitgehend zusammen, und als Gegenstand der modernen Physik erweist sich die Menge der diskreten —
23 man könnte wohl auch sagen / der gequantelten — Elementarvorgänge, die Teilchen und Wechselwirkungen in einem sind. Damit soll unterstrichen werden, daß man weder die Elementarteilchen auf bloße Wechselwirkung reduzieren kann, wenn man nicht die Träger der Wechselwirkung aus der Physik eliminieren will, noch umgekehrt darauf beharren

soll, in der alten „klassischen“ Weise nach unveränderlichen starren letzten Korpuskeln zu suchen, aus denen die Elementarteilchen vielleicht bestehen. Ich halte alle solche Versuche durch die Ergebnisse der modernen Physik bereits für widerlegt.

Eingangs habe ich darauf hingewiesen, daß die Atomlehre Demokrits eine Lösung des großen allgemeinen Problems brachte, wie Sein und Werden, Identität und Veränderung miteinander in Einklang zu bringen sind. Bei jeder Veränderung sind ja zwei Momente vorhanden: etwas Identisches, das sich verändert, und zugleich das Neue, Veränderte, in das es sich verändert hat. Demokrit hatte als das Bleibende und Identische die stabilen, unveränderlichen und gleichartigen Atome angesehen und die Veränderung auf die Ortsbewegung dieser Atome (bzw. ihr Zusammentreten) zurückgeführt. Deshalb konnte die Atomlehre Demokrits auch ohne prinzipielle Veränderung in die Newtonsche Mechanik einbezogen bzw. die klassische Mechanik auf ihr aufgebaut werden. Die Atomlehre konnte mit entsprechenden Modifikationen auch noch durch Dalton in die neue Chemie eingehen, ohne ihren sozusagen eingeborenen mechanistischen Charakter zu verlieren.

Ganz anders aber verhält es sich mit der Atomistik beim Übergang von der klassischen zur modernen Naturwissenschaft. Wir sehen heute nicht mehr wie Helmholtz, William Thomson und andere maßgebende Naturwissenschaftler des 19. Jahrhunderts das Ziel der Naturforschung darin, alle Erscheinungen auf mechanische Vorgänge zurückzuführen, sondern haben die mechanistische Beschränkung überwunden. So kann sich auch die moderne Atomistik nicht mit dem Versuch begnügen, die Naturvorgänge auf die lokale Bewegung unveränderlicher letzter Bausteine zurückzuführen. Der Unterschied zwischen moderner und klassischer Atomistik besteht dementsprechend darin, daß sie die Elementarbausteine nicht mehr als starre, voneinander unabhängige Objekte auffaßt und die Veränderungen nicht mehr auf eine bloße Ortsbewegung zurückführt bzw., womit der gleiche Tatbestand positiv ausgedrückt wird, er besteht darin, daß die moderne Atomistik die Existenz und Wechselwirkung als eine Einheit zu begreifen beginnt.

Die Übereinstimmung zwischen moderner und klassischer Atomistik aber besteht darin, daß auch die moderne Atomistik in tieferer und umfassenderer Weise als die klassische Atomistik eine Antwort auf das gleiche allgemeine Problem vermittelt, dem sich schon Demokrit gegenübergestellt sah: die Veränderung, den Wechsel aus dem identischen Sein zu begreifen. So darf auch die moderne Atomistik den Anspruch erheben, als Atomistik im allgemeinen Sinne des Wortes begriffen zu werden und nicht etwa nur als Synonym für Atomphysik oder Atomtheorie, und so darf sie ihre Anfänge bis zur Antike zurückverfolgen.

Eginhard Fabian

# Gerhard Harigs wissenschaftshistorisches Credo

Mit der Verantwortung, die den Wissenschaftlern bei der weiteren Gestaltung der sozialistischen Gesellschaft zuwächst, durch die Wertschätzung, die diese der Wissenschaft zollt, fällt auch auf die Arbeit des Historikers der Wissenschaft ein neues, schärferes Licht. Das wachsende Bedürfnis unserer Gesellschaft, sich der Geschichte der Wissenschaft bewußter zu werden, aus ihr Nutzen für die Bewältigung heutiger Probleme zu ziehen und gute Traditionen wissenschaftlich-technischen Schöpfertums sorgsam zu pflegen, stellt den Wissenschaftshistoriker vor komplizierte Aufgaben. Sie gebieten ihm, aufs Neue der alten Frage nachzugehen, wie dem gesellschaftlichen Auftrag gemäß Wissenschaftsgeschichte zu schreiben sei. Diese Frage beantworten zu wollen, bedeutet Hinwendung zu theoretisch-methodologischen Problemen marxistisch-leninistischer Wissenschaftsgeschichtsschreibung, Auseinandersetzung mit theoretischen Konzepten bürgerlicher Provenienz und — Aufmerksamkeit für die Geschichte der eigenen Disziplin. In dem Bemühen, die Geschichte der Wissenschaftsgeschichtsschreibung zu rezipieren, wird Vor-Gedachtes erneut geprüft, Anknüpfungspunkte werden deutlich, Irrwege vielleicht vermeidbar.

In die Reihe derer, auf die sich marxistisch-leninistische Wissenschaftsgeschichtsschreibung besinnt, gehört Gerhard Harig. Sein wissenschaftshistorisches Werk war nie vergessen; indes ist heute ein verstärktes Sich-Wieder-Hinwenden zu ihm spürbar. Bekanntes erscheint dabei in einem neuen Licht, bislang Unbekanntes wird zutage gefördert. Dies allein wäre Legitimation genug, den „Ausgewählten philosophischen Schriften“[1] eine Sammlung wissenschaftshistorischer Studien aus seiner Feder zur Seite zu stellen, doch ihr Wert erschöpft sich darin nicht. Ihr Besonderes ist, daß Harigs Denkweise in ihrer Entwicklung und innerer Stringenz nachvollziehbar wird.

Harig war Physiker, Philosoph und Wissenschaftshistoriker. Er war Kommunist, Widerstandskämpfer gegen den Faschismus und sozialistischer Hochschulpolitiker. Dies festzuhalten ist von Belang, denn nur der Blick auf die Einheit von wissenschaftlicher und politischer Tätigkeit vermag uns seine Denkweise zu erschließen. Von der Physik her fand Harig den Zugang zu Philosophie und Wissenschaftsgeschichte, aus philosophischem und historischem Denken wuchs sein Verständnis von Wissenschaft, und wissenschaftliche Einsicht öffnete ihm den Weg zu politischem Handeln, prägte seine Auffassung von der gesellschaftlichen Verantwortung des Wissenschaftlers.

Harigs Wissenschaftsverständnis wurde durch zwei Grundeinsichten bestimmt, die er verhältnismäßig früh, in eben jenen Jahren gewann, als er vorwiegend physikalisch forschend tätig war. Zum einen erkannte er, daß die für den Fortschritt der Wissenschaft entscheidende philosophische Tradition der Materialismus ist, und zum anderen, daß die Wissenschaft keine über oder neben der Gesellschaft stehende, sondern selbst eine gesellschaftliche

[1] G. Harig, Ausgewählte philosophische Schriften. 1934—1959, Leipzig 1973.

Erscheinung ist. Beide Grundeinsichten sind sowohl in den philosophischen, als auch in den wissenschaftshistorischen Arbeiten Harigs eng miteinander verflochten; nicht erst in jenen des gereiften Wissenschaftshistorikers der fünfziger und sechziger Jahre, sondern bereits in den frühen Arbeiten des jungen Physikers Ende der zwanziger, Anfang der dreißiger Jahre, der eben erst in die Probleme der Wissenschaftsentwicklung einzudringen begann.

Solche Einsichten mögen heute trivial erscheinen, sie waren es damals keineswegs. Die Physik empfand sich in einer Krise und wandte sich verstärkt idealistischen Auffassungen zu. Die Wissenschaft als Ganzes wurde vornehmlich als elitäres, in sich geschlossenes und aus sich selbst heraus existierendes und existenzfähiges Gebilde verstanden, so daß Hinweise auf die gesellschaftliche Bedingtheit wissenschaftlichen Erkennens, wenn nicht auf strikte Ablehnung, so doch auf Widerstand stießen.

Im humanistischen Geist erzogen und ausgestattet mit gut fundierter Allgemeinbildung, wandte sich Harig schon während seiner Assistentenzeit am Institut für Theoretische Physik der Technischen Hochschule Aachen neben seinen physikalischen Forschungsarbeiten philosophischen Fragen und der Geschichte der Naturwissenschaften, insbesondere der Physik, zu, übernahm er doch für die 15. Neuauflage des „Großen Brockhaus" die Neufassung von Biographien bedeutender Physiker. Jedem, der einmal an einem Lexikon mitgearbeitet hat, ist bewußt, daß Harig damit eine beachtenswerte wissenschaftshistorische Aufgabe in Angriff genommen hatte, die einerseits umfangreiche Kenntnisse in der Wissenschaftsgeschichte verlangte und sich andererseits ausgezeichnet dazu eignete, diese Kenntnisse zu erweitern und zu vertiefen.

So wichtig indessen die gründliche Aneignung wissenschaftshistorischer Kenntnisse ist, sie allein hätte allenfalls genügt, Harig zu einem Wissenschaftshistoriker bürgerlicher Provenienz werden zu lassen. Standen ihm doch für historische Studien neben den Originalquellen als Vorbilder ausschließlich die Standardwerke bürgerlicher Wissenschaftsgeschichtsschreibung zur Verfügung. Wissenschaftshistorische Studien marxistisch-leninistischer Orientierung, wie sie bereits in den zwanziger Jahren in der Sowjetunion entstanden, dürften Gerhard Harig damals kaum zugänglich gewesen sein.

Die dominierende Auffassung von der Wissenschaft als einem System wissenschaftlicher Erkenntnisse beschränkte die bürgerliche Wissenschaftsgeschichtsschreibung auf — in der Mehrzahl gewiß verdienstvolle — Quelleneditionen, auf chronologisch-faktographische Darstellungen und — bestenfalls — auf ideen- und problemgeschichtliche Studien. Harigs profunde Kenntnisse der Wissenschaftsgeschichte erscheinen in diesem Licht als zwar notwendig, doch keineswegs hinreichend für die Herausbildung seines Wissenschaftsverständnisses.

Wesentlich ist allerdings, daß Harig sich zur gleichen Zeit, angeregt durch philosophische Probleme, die mit der „Krise der Physik" zusammenhingen, Fragen der Beziehungen zwischen Naturwissenschaft und Philosophie sowie zwischen Wissenschaft und Gesellschaft zuzuwenden begann. In Aachen kam er mit linksintellektuellen Kreisen und bald auch mit der Arbeiterbewegung und ihrer revolutionären Partei in Berührung. Unter diesem Einfluß und angeregt durch Vorlesungen des sozialdemokratischen Volkswirtschaftlers Alfred Meusel, fand er Zugang zur marxistisch-leninistischen Literatur, zum „Kapital" von Marx, zu Engels' „Anti-Dühring", zu Lenins „Materialismus und Empiriokritizismus".

Wenn man bei Wissenschaftlern von Grunderlebnissen sprechen kann, durch die sie wesentlich beeinflußt worden sind, durch die ihre Tätigkeit einen entscheidenden Impuls erhalten hat, so muß man Lenins „Materialismus und Empiriokritizismus" als ein solches Grunderlebnis für Harig bezeichnen, das er im Alter mit den Worten charakterisierte: „Lenins Werk ‚Materialismus und Empiriokritizismus' blieb den deutschen und europäischen Naturwissenschaftlern so gut wie unbekannt, ehe es 1927 zum ersten Male in deutscher Übersetzung erschien. Seine Wirkung war in den links gerichteten Kreisen der deutschen Intelligenz bedeutend. Wie Schuppen fiel es uns danach von den Augen. Klar war hier von Lenin die grundsätzliche materialistische Linie dargelegt und der wissenschaftsfeindliche Charakter des Neopositivismus und Agnostizismus entlarvt."[2]

Der Impuls, den Harig aus dem Studium der Klassiker des Marxismus-Leninismus empfing, war so stark, daß er seine Wissenschaftsauffassung entscheidend geformt und seine spätere völlige Hinwendung zu philosophischen Fragen und zur Geschichte der Naturwissenschaft zweifelsohne mitverursacht hat.

Es ist bezeichnend für Harig, daß er bei den neu gewonnenen weltanschaulichen Einsichten nicht stehenblieb, sondern aus ihnen politische Konsequenzen zog. Seine Kontakte zu linken Kreisen und zur Kommunistischen Partei vertieften und verbanden sich mit dem Wunsch, die Sowjetunion, das Land, in dem die marxistisch-leninistische Theorie zum praktischen Leitfaden für die revolutionäre Umgestaltung der Gesellschaft geworden war, näher kennenzulernen. Dieses Bestreben führte ihn 1930 in die „Gesellschaft der Freunde des Neuen Rußland". Angesichts der drohenden faschistischen Gefahr trat Gerhard Harig im April 1933 der Kommunistischen Partei Deutschlands bei. Damit reihte er sich in den kleinen Kreis deutscher Intellektueller ein, die zum theoretischen Verständnis der historischen Aufgabe der Arbeiterklasse vorgedrungen und bereit waren, sich mit ihren Fähigkeiten und Kenntnissen für die Verwirklichung dieser Aufgabe einzusetzen.

Im Oktober 1933 gelang es Harig, in die Sowjetunion zu emigrieren. Er folgte einer Einladung des sowjetischen Physikers Abram Fedorovič Ioffe an das Technisch-Physikalische Institut in Leningrad, wo er im Laboratorium für Kernphysik experimentell zu arbeiten begann.

In Ioffe fand Harig einen an philosophischen und wissenschaftshistorischen Fragen lebhaft interessierten Partner, der ihn nicht unwesentlich beeinflußt haben dürfte, im Frühjahr 1934 an das Institut für Geschichte der Naturwissenschaften und Technik der Akademie der Wissenschaften der UdSSR in Leningrad überzuwechseln. Von diesem Zeitpunkt an widmete sich Harig ausschließlich philosophischen Fragen der Naturwissenschaften, wissenschaftshistorischen und wissenschaftstheoretischen Problemen.

In Leningrad fand der junge marxistische Physiker Anschluß an den Kreis jener namhaften Wissenschaftler — zu ihnen gehörte, neben Ioffe selbst, auch der deutsche Biologe Julius Schaxel —, die das Bündnis zwischen dialektischem Materialismus und Naturwissenschaften zu schaffen suchten und den Grundstein zu einer vom historischen Materialismus getragenen Wissenschaftsgeschichtsschreibung legten.

Man darf wohl annehmen, daß das Auftreten der sowjetischen Delegation während des II. Internationalen Kongresses für Geschichte der Wissenschaft 1931 in London, zu der Abram Fedorovič Ioffe, Boris Michailovič Gessen, Vladimir Fedorovič Mitkevič und Nikolaj Ivanovič Vavilov gehörten, auch in der Sowjetunion bis in die Mitte der dreißiger Jahre nachgewirkt hat. So konnte sich Harigs Wissenschaftsverständnis in einer Atmosphäre ausprägen, die John Desmond Bernal mit den Worten charakterisiert hat: „... der Beitrag, den die sowjetische Delegation auf dem Londoner Kongreß zur Geschichte der Wissenschaft (1931) lieferte, hatte tiefgreifende Auswirkungen, da hier die

[2] G. Harig, Naturwissenschaft und dialektischer Materialismus, in: Wissenschaft contra Spekulation, hrsg. von G. Heyden, Berlin 1964, S. 79.

Wissenschaft mehr als ein gesellschaftliches und ökonomisches Phänomen denn als Ausdruck absoluten und reinen Denkens dargestellt wurde. Man kann sagen, daß dieser Impuls eine ganz neue Schule ins Leben gerufen hat, die zusammen mit ihren Kritikern die Bedeutung der gesellschaftlichen Geschichte der Wissenschaft herausgestellt hat."[3]

In Leningrad wandte sich Harig erstmals der Geschichte der Naturwissenschaften im 16. und 17. Jahrhundert zu, eine Epoche, die Zeit seines Lebens sein bevorzugtes Forschungsgebiet geblieben ist. Es entstanden seine Studien über Cardan und Tartaglia,[4] an die sich im letzten Lebensjahrzehnt u. a. Arbeiten über Bacon,[5] Kopernikus,[6] Galilei,[7] Hooke[8] und seine grundlegende Studie „Über die Entstehung der klassischen Naturwissenschaften in Europa"[9] anschlossen.

Zum wissenschaftlichen Ertrag der Leningrader Jahre gehören auch eine Biographie Maxwells[10] sowie eine historisch-polemische Auseinandersetzung mit dem „Führer" des physikalischen Denkens in Hitler-Deutschland, Johannes Stark, um die Geschichte der Entdeckung der Röntgenstrahlen.[11]

Die auffallende biographische Orientierung der wissenschaftshistorischen Forschungen Harigs und seine Vorliebe für die Geschichte der Naturwissenschaften in der Renaissance mögen auf den ersten Blick verwundern. Es zeigt sich jedoch, daß ihm die wissenschaftliche Biographik dazu diente, die Leistungen bedeutender Gelehrter im Kontext mit ihrer sozialen und ökonomischen Stellung zu begreifen und die Entstehung der klassischen Naturwissenschaften in den Kontext ihrer neuen gesellschaftlichen Funktion in der frühkapitalistischen Produktionsweise zu stellen.

So reifte in den Leningrader Jahren Harigs Wissenschaftsverständnis in einer Atmosphäre produktiver Auseinandersetzung mit der Geschichte und mit philosophischen Fragen der Naturwissenschaft. In diesem Entwicklungsprozeß nimmt die 1933/34 entstandene Arbeit über „Lenin und die moderne Naturwissenschaft"[12] eine Schlüsselstellung ein. In ihr resümiert er seine bisher gewonnenen philosophischen und historischen Erkenntnisse, und sie ist der Angelpunkt, ohne dessen Kenntnis seine Auffassung von Wissenschaft und Wissenschaftsgeschichte nicht gänzlich zu verstehen ist. Darüber hinaus trägt sie als philosophische Selbstverständigung des damals zweiunddreißigjährigen Physikers insofern auch indirekte autobiographische Züge, als sie zeigt, „daß und wie sich ein deutscher Wissenschaftler und Revolutionär das philosophische Erbe Lenins angeeignet hatte und darauf bedacht war, auf dem von Lenin gewiesenen Weg schöpferisch weiterzugehen"[13].

Harig begann seine Arbeit mit den Worten: „Lenin war kein Physiker. Er hat niemals eigene physikalische Forschungen getrieben oder in einem physikalischen Laboratorium gearbeitet. Das Thema scheint also schlecht geeignet, der Größe Lenins und seiner

---

[3] J. D. Bernal, Die Wissenschaft in der Geschichte, Berlin 1967 (3. Aufl.), S. 768.

[4] Cardans und Tartaglias Streit um die kubischen Gleichungen und seine gesellschaftlichen Grundlagen, vorl. Bd., S. 60—88; Die Statik Cardans und Tartaglias, vorl. Bd., S. 89—119.

[5] Die neue Auffassung vom Wesen der Wissenschaft bei Francis Bacon, vorl. Bd., S. 138—152.

[6] Die Tat des Kopernikus. Die Wandlung des astronomischen Weltbildes im 16. und 17. Jahrhundert, Leipzig—Jena—Berlin 1962 (2. Aufl. 1965).

[7] Galilei und sein Kampf gegen die aristotelisch-scholastische Naturlehre, vorl. Bd., S. 153—173.

[8] Robert Hooke und die Experimentalwissenschaft des 17. Jahrhunderts, vorl. Bd., S. 184—204.

[9] Über die Entstehung der klassischen Naturwissenschaft in Europa, vorl. Bd., S. 11—39.

[10] James Clerk Maxwell, Versuch einer wissenschaftlichen Biographie, vorl. Bd., S. 222—242.

[11] Röntgen-„Jubiläum" im „Dritten Reich", vorl. Bd., S. 257—263.

[12] G. Harig, Lenin und die moderne Physik, in: Ausgewählte philosophische Schriften, S. 15—59.

[13] G. Handel, Nachwort, in: Ebenda, S. 111.

Bedeutung gerecht zu werden, und könnte sogar als nebensächlich und unwichtig aufgefaßt werden. Trotzdem bleibt nicht nur ein wesentlicher Teil seiner Lebensarbeit unberücksichtigt, wenn dieses Thema nicht bearbeitet wird, auch für die Physik selbst sind die Beiträge, die Lenin zu ihren Grundproblemen geliefert hat, von prinzipieller Bedeutung."[14]

Mit dieser Haltung analysierte Harig die physikalischen Konsequenzen von Lenins „Materialismus und Empiriokritizismus" für die philosophische Interpretation der wichtigsten Ergebnisse der modernen Physik, der Relativitätstheorie und der Quantentheorie.

Bereits in dieser Arbeit gelangte er zu der Einsicht, daß der Naturwissenschaftler — bewußt oder unbewußt, offen oder versteckt — von einer materialistischen Grundposition ausgehen muß: „Die tägliche Erfahrung im Experiment, die aufs Haar genau der Erfahrung des täglichen Lebens gleicht, der seit Jahrhunderten unveränderte Grundcharakter der exakten Wissenschaften, die ihren Gegenstand als vom Menschen unabhängiges Objekt behandeln, wirken so mächtig, daß die Forscher auch dann noch an ihrer materialistischen Einstellung festhalten, wenn sie, von ihrer bürgerlichen Klassenlage gezwungen, den Vorwurf, Materialisten zu sein, energisch zurückweisen."[15]

Der Schlußsatz in dieser Studie ist persönliche Maxime und gesellschaftliche Aufforderung zugleich: „Ein tiefes Gefühl der Dankbarkeit und Verehrung Lenin gegenüber verpflichtet auch uns Physiker, an unserem Platz mitzukämpfen in der großen Armee, die der Idee des Kommunismus die Welt erobern wird."[16]

Der hier formulierten Maxime ist Harig treu geblieben. Im Jahre 1938 kehrte er zu illegaler Arbeit nach Deutschland zurück. Er wurde verhaftet und in das Konzentrationslager Buchenwald verschleppt. Nach der Befreiung vom Hitlerfaschismus gehörte er zu jenen, die ihre ganze Kraft für die Ausrottung der faschistischen Ideologie und für den antifaschistisch-demokratischen Neuaufbau einsetzten.

Neben seiner umfangreichen politischen Tätigkeit begann er bereits 1945 sich wieder mit philosophischen und historischen Fragen der Naturwissenschaften zu befassen. In den Vorträgen „Die Erkenntnistheorie des Marxismus. Zu Lenins Werk ‚Materialismus und Empiriokritizismus'"[17] und „Weltanschauung und moderne Physik. Planck und die Quantentheorie"[18] griff er die Thematik der dreißiger Jahre wieder auf und führte sie weiter.

Insbesondere in dem Vortrag über die Erkenntnistheorie des Marxismus verdeutlichte er die Einheit von Marxismus und Leninismus und zeigte, welche Bedeutung der richtigen ideologisch-philosophischen Orientierung für das antifaschistisch-demokratische Handeln zukommt. Solches Auftreten mußte zwangsläufig zur Konfrontation mit den an den Universitäten damals tonangebenden bürgerlichen Philosophen führen, die offen die Auffassung vertraten, der Marxismus gehöre nicht an die Universitäten, da er nicht akademisch gewachsen und eine „Philosophie der Straße" sei.[19] Diesen Angriffen setzte Harig die sachliche Feststellung entgegen: „Der dialektische Materialismus ist seit seiner Schöpfung durch Marx und Engels außerhalb der bürgerlichen Philosophie groß geworden. Er ist an Universitäten und Hochschulen weder gelehrt noch erforscht worden.

[14] Lenin und die moderne Physik, a. a. O., S. 15.
[15] Ebenda, S. 26.
[16] Ebenda, S. 59.
[17] In: Ebenda, S. 61—75.
[18] In: Ebenda, S. 77—95.
[19] Vgl. G. Handel, Nachwort, in: Ebenda, S. 115—119.

Die wirklich lebendige, zukunftsträchtige Philosophie hat sich seit Ausgang des klassischen deutschen Idealismus nicht in akademischen Kreisen, sondern in den Kreisen der Arbeiterbewegung fortgepflanzt. Erst seit dem Bestehen der Sowjetunion gibt es staatliche Institute und Schulen, in denen der dialektische Materialismus gelehrt wird."[20]

Ebenso setzte er sich aber auch mit sozialdemokratischen Theoretikern auseinander, die der Meinung waren, eine idealistische Weltanschauung sei in Hinblick auf die Ergebnisse der modernen Naturwissenschaft vertretbar.[21] „Demgegenüber muß mit aller Entschiedenheit betont werden," unterstrich er, „daß gerade die moderne Naturwissenschaft immer auf's neue bestätigt, ‚daß es in der Natur, in letzter Instanz, dialektisch ... hergeht', daß die Praxis, deren Ergebnisse zum Beispiel im Falle der Atombombe an massiver Realität nichts zu wünschen übrig lassen, immer auf's neue die Existenz und Erkennbarkeit einer objektiven, realen Außenwelt beweist."[22] Und er fügte hinzu: „Wir stehen heute weder am Ende des ideologischen Kampfes um den dialektischen Materialismus noch am Ende der Entwicklung des dialektischen Materialismus selbst."[23]

Die an Gerhard Harig in jenen Jahren ergangenen Berufungen spiegeln mit seltener Deutlichkeit die Entwicklung seiner wissenschaftlichen Interessenrichtungen und die Aufgaben wider, die er sich selbst stellte und die ihm gestellt wurden. Im Jahre 1947 wurde er Professor mit vollem Lehrauftrag für „Geschichte der Naturwissenschaften und Technik in ihrer gesellschaftlichen Bedeutung" an der neugegründeten Gesellschaftswissenschaftlichen Fakultät der Universität Leipzig. 1948 erfolgte die Berufung zum Professor mit Lehrstuhl für dialektischen und historischen Materialismus, dem ersten an einer deutschen Universität, und 1951 die Berufung auf den Lehrstuhl für Geschichte der Naturwissenschaften in Leipzig.

Noch im gleichen Jahr wurde er jedoch unter Beurlaubung von seinem Lehramt vom Ministerrat der DDR in die neugeschaffene Funktion des Staatssekretärs für Hoch- und Fachschulwesen der Regierung der DDR berufen und in erster Linie mit der Aufgabe betraut, die auf dem III. Parteitag der SED und vom 4. Plenum des Zentralkomitees beschlossene 2. Hochschulreform durchzuführen. Ihr zentrales Anliegen, die Einführung des gesellschaftswissenschaftlichen Grundstudiums, entsprach wie kaum etwas anderes auch der von ihm selbst erkannten und immer wieder betonten Notwendigkeit des Bündnisses zwischen Naturwissenschaft und marxistisch-leninistischer Philosophie.

Im Jahre 1957 übernahm Gerhard Harig wieder den Lehrstuhl für Geschichte der Naturwissenschaften und zusätzlich auch das Direktorat des Karl-Sudhoff-Institutes für Geschichte der Medizin und der Naturwissenschaften der Karl-Marx-Universität Leipzig, das er bis zu seinem Tode am 13. Okt. 1966 innehatte.

In diesen zehn Jahren verstand er es, das Karl-Sudhoff-Institut zu einem Zentrum der marxistisch-leninistischen Wissenschaftsgeschichtsschreibung zu entwickeln, die wenigen Wissenschaftshistoriker der DDR um sich zu scharen, den wissenschaftlichen Nachwuchs heranzubilden und die Wissenschaftsgeschichte in der DDR zu internationaler Anerkennung zu führen.

Wenngleich sich in den letzten Jahren seines Schaffens der Schwerpunkt seiner Tätigkeit auf das Gebiet der Wissenschaftsgeschichte verschob, blieb er doch den philosophischen

---

[20] Zur Entwicklung des dialektischen Materialismus, Einheit 3 (1948), S. 246.

[21] Die Polemik richtete sich gegen die Absage sozialdemokratischer Theoretiker an den philosophischen Materialismus auf der Kulturtagung der SPD 1947 in Ziegenhain (Hessen).

[22] Zur Entwicklung des dialektischen Materialismus, a. a. O., S. 245.

[23] Ebenda.

Fragen der Naturwissenschaft, die gerade er ohnedies niemals von den historischen trennte, verbunden. Den Gedanken, daß Naturwissenschaften und Philosophie objektiv ein Bündnis eingehen und eingehen müssen, vertiefte Harig in vielen seiner Arbeiten. So sagte er 1959 auf dem Internationalen Symposium über „Philosophie und Naturwissenschaften", das auf seine Initiative hin zustande kam: „Nicht das Aufgeben der materialistischen Grundhaltung, sondern der Übergang zur Erfassung allgemeinerer und tieferer Zusammenhänge und Gesetzmäßigkeiten verbürgt neue Erfolge und weitere Fortschritte in der Naturwissenschaft."[24]

Es ist demnach folgerichtig, wenn er in der Untersuchung der materialistischen Linie, in der Erforschung fortschrittlicher, d. h. in erster Linie materialistischer philosophischer Traditionen in den Naturwissenschaften ein methodologisches Prinzip marxistisch-leninistischer Wissenschaftsgeschichtsschreibung sah, das er in späteren Jahren erfolgreich anzuwenden und auszubauen verstand.

So wies er in seinen beiden Arbeiten „Fortschrittliche philosophische Traditionen in der Naturwissenschaft des 19. und der ersten Hälfte des 20. Jahrhunderts"[25] und „Der materialistische Kern der Naturwissenschaft in Deutschland"[26] den immanent materialistischen Charakter der Naturwissenschaften und die aufsteigende Entwicklung vom sich oft „verschämt" äußernden mechanischen zum dialektischen Materialismus nach und leistete damit einen bedeutenden Beitrag zur „Erweiterung und Vertiefung unseres marxistisch-leninistischen Weltbildes"[27].

Indes blieb Harig bei der Einsicht in die Notwendigkeit des engen Bündnisses zwischen Naturwissenschaft und materialistischer Philosophie nicht stehen. Er begriff zugleich die Wissenschaft als eine gesellschaftliche Erscheinung, die eine spezifische, den jeweiligen sozialökonomischen Verhältnissen entsprechende gesellschaftliche Funktion ausübt. Bereits in „Lenin und die moderne Physik" hob er hervor: „Es ist . . . falsch, die Physik, wie jede Wissenschaft überhaupt, als eine isolierte und zeitlich unveränderliche Kategorie anzusehen. Sie ist vielmehr mit der wirtschaftlichen und sozialen Struktur der Gesellschaft und mit deren kulturellem Überbau innig verflochten. Sie bildet einen Teil der sich beständig ändernden Kultur gesellschaftlich lebender Menschen, deren einzelne Zweige nicht unabhängig voneinander existieren können."[28]

Damit schloß sich Harig eng an die in der Sowjetunion entwickelte Auffassung von Wissenschaft und Wissenschaftsgeschichtsschreibung an. Dabei vermied er schon damals jegliche Tendenz zu einem Ableiten in eine einseitige ökonomische Interpretation der historischen Entwicklung der Wissenschaft. indem er den inneren Zusammenhang zwischen dem objektiv notwendigen Bündnis von Naturwissenschaften und materialistischer Philosophie einerseits und der gesellschaftlichen Bedingtheit der Wissenschaft überhaupt hervorhob.

Drei Jahrzehnte später griff Harig diesen Gedanken in der Arbeit „Naturwissenschaft und dialektischer Materialismus"[29] in einer noch prononcierteren Formulierung wieder

[24] Der dialektische Materialismus und die moderne Naturwissenschaft, in: G. Harig, Ausgewählte philosophische Schriften, a. a. O., S. 100.
[25] Theorie und Praxis 7 (1961), H. 6, S. 81—94; 8 (1962), H. 1, S. 91—96.
[26] S. vorl. Band, S. 243—256.
[27] R. Herold, Vorbemerkung zu: G. Harig, Fortschrittliche philosophische Traditionen in der Naturwissenschaft des 19. und der ersten Hälfte des 20. Jahrhunderts, a. a. O., S. 81.
[28] Lenin und die moderne Physik, a. a. O., S. 18.
[29] Vgl. Anm. 2.

auf: „Es heißt nämlich den Fehler, der darin besteht, Philosophie und Naturwissenschaft zu trennen, in vergröberter Form wiederholen, wenn man Wissenschaft und Gesellschaft voneinander trennt. Das tut man aber, wenn man allein die innere Entwicklung der Wissenschaft betrachtet. Die weltanschaulichen Grundlagen der Wissenschaft entwickeln sich im Rahmen des gesamten ideologischen, politischen und ökonomischen Klassenkampfes. Vergißt man die Klassenfrage zu stellen, so kann man auch die Entwicklung der Wissenschaft (und der Kunst) nicht verstehen, so gerät man unversehens dahin, sekundäre Erscheinungen für primäre zu halten.“[30] Diese für die marxistisch-leninistische Wissenschaftsgeschichtsschreibung fundamentale Einsicht machte er konsequent zur Grundlage seiner wissenschaftshistorischen Forschungen und lenkte dabei immer wieder die Aufmerksamkeit auf den innigen Zusammenhang, in dem Philosophie und Wissenschaftsgeschichte stehen. Für ihn war die materialistische Grundhaltung der Wissenschaft nicht etwas von außen Aufgepfropftes, kein „externaler“ Faktor der Wissenschaftsentwicklung, sie ergab sich seiner Ansicht nach vielmehr objektiv aus der inneren Logik der historischen Entwicklung der Wissenschaft, die ihrerseits wiederum letztlich durch die sozialökonomische Struktur und damit durch Klasseninteressen determiniert ist. In seiner Arbeit „Über die Entstehung der klassischen Naturwissenschaften in Europa“[31] ging er deshalb folgerichtig von der Klassenabhängigkeit der Wissenschaft aus. Es stehe heute fest, schrieb er, „. . . daß die Produktion für das tägliche Leben der Menschen den Raum schafft, in dem sich die Entwicklung der Produktivkräfte vollzieht, und daß sie damit ihrerseits die spezifischen Besonderheiten und Wege der Entwicklung von Wissenschaft und Technik vorzeichnet“[32].

Doch wiederum warnte Harig davor, die Entwicklung der Wissenschaft auf ihre Abhängigkeit von der Entwicklung der Ökonomie zu reduzieren: „Es käme einer Vulgarisierung des Marxismus-Leninismus . . . gleich und hieße in den Fehler des Ökonomismus abgleiten, wollte man die Geschichte der Naturwissenschaften und Technik unmittelbar aus der Geschichte der Wirtschaft ableiten. Wissenschaftliche Theorien, technische Überlieferungen und das gesammelte Wissen von der Natur und ihren Zusammenhängen und Gesetzmäßigkeiten haben ihre eigene Geschichte und entwickeln sich . . . im Anschluß an den gegebenen Vorstellungsstoff selbständig weiter. Diese Eigenständigkeit muß berücksichtigt werden, um zu richtigen Resultaten zu kommen, sie darf aber gleichzeitig nicht zur Grundlage der geschichtlichen Darstellung werden . . . .“[33]

Die Einsicht, daß die historische Entwicklung der Wissenschaft nicht allein aus sich selbst heraus und ebensowenig allein aus ihrer gesellschaftlichen Determiniertheit zu verstehen ist, lenkte Harigs Interesse zunehmend auf die Frage nach den Gesetzmäßigkeiten der Wissenschaftsentwicklung und damit auf das Ziel wissenschaftshistorischer Forschungen. Es ging ihm nie darum, Wissenschaftsgeschichte um ihrer selbst willen zu betreiben. Auch die Wissenschaftsgeschichte selbst hatte für ihn, wie jede Wissenschaft, eine gesellschaftliche Funktion, eine Funktion, die sich mit der Entwicklung der Gesellschaft verändert. Stand zunächst die Aneignung des humanistischen Erbes der Vergangenheit im Vordergrund und gewann dabei „die Kenntnis der ideologischen Kämpfe der Vergangenheit und insbesondere die Kenntnis von den fortschrittlichen, materialistischen und vorwärtsführenden Traditionen dieses Kampfes für die gegenwärtigen Auseinander-

---

[30] Ebenda, S. 78.
[31] Im vorl. Bd., S. 11—39.
[32] Ebenda, S. 11.
[33] Ebenda, S. 12.

setzungen in unserem politischen Kampf auch unmittelbare praktische Bedeutung"[34], so sah er in seinen letzten Schaffensjahren das Ziel der marxistisch-leninistischen Wissenschaftsgeschichtsschreibung mehr und mehr darin, durch das Aufdecken historischer Gesetzmäßigkeiten die Geschichte für die Lösung gegenwärtiger und zukünftiger Probleme der Wissenschaftsentwicklung nutzbar zu machen. „Wenn (es) zutrifft", sagte Harig auf der Arbeitstagung der Historiker der Naturwissenschaft und Technik in den sozialistischen Ländern über Aufgaben und Ziele der Geschichte der Naturwissenschaft 1965 in Leipzig, „daß (die Wissenschaft) eine gesellschaftliche Erscheinung ist, daß sie zuverlässiges Wissen zu akkumulieren, zu vermehren und zu vertiefen vermag und daß dieses Wissen die Menschen in die Lage versetzt, die Natur und ihre eigene Vergesellschaftung ihren Bedürfnissen entsprechend zu verändern (womit Inhalt und soziale Funktion der Wissenschaft gekennzeichnet sind), und wenn . . . die Wissenschaftsgeschichte eine wissenschaftliche Disziplin ist, so müssen diese allgemeinen Feststellungen selbstverständlich auch auf die Wissenschaftsgeschichte selbst zutreffen, d. h., so muß sie in der Lage sein, fortschreitendes Wissen zu schaffen, das zum Verständnis der Gegenwart und zur Gestaltung der Zukunft beiträgt."[35]

Harig begriff die Wissenschaftsgeschichtsschreibung nicht als Geschichts-Beschreibung, anders ausgedrückt, nicht als Beschreibung historischer Zustände, sondern als eine Wissenschaft, die mit dem immer tieferen Eindringen in die Gesetzmäßigkeiten des historischen Prozesses einmal gewonnene Erkenntnisse im dialektischen Sinne des Wortes auf einer höheren Erkenntnisstufe aufzuheben imstande ist. Aus diesem Grunde war in seinen Augen die „Wissenschaftsgeschichte zum Studium der Wissenschaft unentbehrlich"[36], aus diesem Grunde gab er auch der Wissenschaftsgeschichte eine zentrale Stellung in einer zukünftigen Wissenschaftswissenschaft, denn „ohne . . . Erforschung ihrer historischen Wurzeln, ihrer Tradition und ihres Werdeganges kann es keine allgemeine Lehre von der Wissenschaft geben"[37].

Wenn die wissenschaftshistorische Forschung aber nicht bei der Feststellung von Tatsachen stehenbleiben, sondern zur Aufdeckung von Gesetzmäßigkeiten fortschreiten will, so bedarf sie eines methodischen Vorgehens, welches geeignet ist, „die materiellen und ideellen Triebkräfte der Entwicklung zu ermitteln, um sie für die Gegenwart und Zukunft nutzbar zu machen"[38]. Dieses methodische Vorgehen sah Harig vor allem in der Erforschung der fortschrittlichen Traditionen in Naturwissenschaft und Technik, „d. h. derjenigen Traditionen, die von Generation zu Generation überliefert, die Entwicklung der Wissenschaft gefördert und vorangetrieben, die das materielle und ideelle Leben der Menschen bereichert und erleichtert haben"[39].

Die Erfahrung, daß sich die Erforschung fortschrittlicher philosophischer Traditionen als hinreichend produktiv erweist, Entwicklungslinien und Leitmotive in der Wissenschaftsentwicklung aufzudecken, führte ihn folgerichtig dazu, die Erforschung progressiver Traditionen in einem allgemeineren Sinn als methodologisches Prinzip wissenschaftshisto-

---

[34] Fortschrittliche philosophische Traditionen . . ., a. a. O., S. 82.
[35] Aspekte der Geschichte der Naturwissenschaft, vorl. Bd., S. 281/282.
[36] Ebenda, S. 281.
[37] Ebenda, S. 272.
[38] G. Harig, Fortschrittliche Traditionen der Naturwissenschaft, in: Lehre Forschung Praxis. Die Karl-Marx-Universität Leipzig zum zehnten Jahrestag ihrer Namensgebung am 5. Mai 1963, Leipzig (1963), S. 215.
[39] Ebenda.

rischer Forschungen aufzufassen. So meinte er zu den Möglichkeiten, Geschichte der Naturwissenschaften zu betreiben, man könne sie betreiben als Geschichte der hervorragenden Wissenschaftler, als Problemgeschichte (im Sinne von Ideengeschichte) und als Geschichte ihrer gesellschaftlichen Einrichtungen und Organisationsformen[40] und fügte hinzu: „Man kann sie aber auch betreiben als Geschichte ihrer fortschrittlichen Traditionen. Gerade dieses Herangehen, das die anderen nicht aus-, sondern einschließt, verdient meines Erachtens deshalb stärkere Beachtung als bisher, da auf diese Weise die Leitmotive hervortreten, die zur Bereicherung und Vertiefung der menschlichen Kenntnisse beigetragen haben und noch beitragen, und zugleich diejenigen materiellen und ideellen Triebkräfte deutlich werden, die ständig neue Problemstellungen und neue Lösungen gebären, als auf diese Weise die Dialektik von relativer und absoluter Wahrheit, von Geschichte und Logik sichtbar wird. Die Methode, die Vergangenheit durch Erforschung der fortschrittlichen Traditionen für die Gegenwart zu erschließen und nutzbar zu machen, erscheint somit besonders geeignet, die Gesetzmäßigkeiten der Entwicklung der Wissenschaft zu erforschen."[41]

Harigs besondere Aufmerksamkeit galt den Wechselwirkungen zwischen dem erkenntnistheoretischen und dem gesellschaftlichen Aspekt der Wissenschaft. Er hielt die Trennung von inneren und äußeren Gesetzmäßigkeiten der Entwicklung der Wissenschaft für verfehlt und schlug vor, „zwischen dem oder den Aspekten der Wissenschaft zu unterscheiden, die sich auf das Herausarbeiten, auf die Ansammlung von zuverlässigen Kenntnissen über die objektive Außenwelt beziehen, und denjenigen Aspekten, die sich mit der gesellschaftlichen Rolle und Funktion der Wissenschaft beschäftigen. Erst die Vereinigung der in beiden Bereichen geltenden Gesetzmäßigkeiten ermöglicht es, die Entwicklungsgesetze der Wissenschaft aufzudecken"[42]. Damit schlug er ein Thema an, das bis heute die Diskussion der Wissenschaftshistoriker und Wissenschaftstheoretiker beherrscht: die Wechselwirkungen von Kognitivem und Sozialem als Entwicklungsmoment der Wissenschaft.

Wenngleich Harig dieses Problem, das zu seiner Zeit im Prinzip erst in das Blickfeld der Wissenschaft zu rücken begann, aus verständlichen Gründen nicht endgültig zu lösen vermochte, so machte er doch auf eine Reihe von Aspekten aufmerksam, derer zu erinnern sich durchaus lohnt. In diesem Zusammenhang ist es von besonderem Interesse, daß er im Anschluß an detaillierte historische Untersuchungen zur wissenschaftlichen Revolution des 17. Jahrhunderts engagiert in die Diskussion um den Begriff der Revolution in der Wissenschaft eingegriffen hat. In einer seiner letzten Arbeiten „Die beiden Aspekte der wissenschaftlichen Revolution des 17. Jahrhunderts und die Gegenwart"[43] verallgemeinerte er seine aus der historischen Analyse gewonnenen Erkenntnisse und setzte sich als einer der ersten marxistischen Wissenschaftshistoriker mit Thomas S. Kuhns Auffassung von der wissenschaftlichen Revolution als dem Wechsel von einem zu einem anderen Paradigma auseinander. Die von Harig damals getroffene Einschätzung ist in wenigstens dreifacher Hinsicht keineswegs nur von historischem Interesse.

---

[40] Zur Einführung, in: Naturwissenschaft Tradition Fortschritt [Materialien der Tagung „Die fortschrittlichen philosophischen Traditionen in der deutschen Naturwissenschaft des 19. und 20. Jahrhunderts", veranstaltet vom Karl-Sudhoff-Institut der Karl-Marx-Universität Leipzig am 21.—23. Sept. 1962], Berlin 1963, S. VII/VIII. (Beiheft zu NTM).

[41] Ebenda, S. VIII.

[42] Aspekte der Geschichte der Naturwissenschaft, vorl. Bd., S. 277.

[43] Im vorl. Bd., S. 264—271.

Zum ersten wandte er sich gegen Kuhns Ansicht, daß die Wissenschaft nur in den evolutionären Phasen ihrer Geschichte kumulativ sei. Kuhn übersehe die Tatsache, argumentierte er, „daß auch bei einem Wechsel des Paradigmas das vorhandene Wissen keineswegs beiseite geworfen, sondern im dialektischen Sinne des Wortes negiert wird — ein Vorgang, der gerade auch in der Renaissance und im 17. Jahrhundert bei der Aneignung und Umbildung des antiken Wissens eine bedeutende Rolle gespielt hat“[44]. „Die kumulative Eigenschaft der Wissenschaft äußert sich nicht mehr als einfache Anhäufung von Kenntnissen, sondern als Umformung oder Umbildung des vorhandenen Wissens.“[45]

Zum zweiten hob Harig hervor, daß das Wesen des Paradigmawechsels sich nicht darauf reduziere, daß die scientific community sich auf ein neues, dem alten konträres Paradigma einigt, das imstande wäre, die Widersprüche und Anomalien des verlassenen Paradigmas zu beseitigen. Harig ging einen entscheidenden Schritt weiter, sah er doch in dem Übergang von einem zum anderen Paradigma Stufen in der Erkenntnis der objektiven Wahrheit. „Die neue Konzeption“, schrieb er, „setzt sich nur in scharfer Auseinandersetzung mit der alten durch, wobei diese Kämpfe um so heftiger und breiter werden, je größeres Umdenken der Übergang erfordert und je mehr er demzufolge in das allgemeine philosophische Denken und die geltende Weltanschauung eingreift. Über den Ausgang der Kämpfe entscheidet letzten Endes der Vergleich beider Konzeptionen mit der Erfahrung und mit den Tatsachen. Den Sieg trägt die Konzeption davon, welche die Wirklichkeit tiefer und umfassender widerspiegelt, zuverlässigeres Wissen liefert und genauere Aussagen ermöglicht.“[46]

Von dieser Position aus gelangte er schließlich drittens im Anschluß an die historische Analyse der wissenschaftlichen Revolution des 17. Jahrhunderts zu einer tieferen Charakterisierung des Wesens der wissenschaftlichen Revolutionen: „Wenn man diese historische Erfahrung . . . verallgemeinert, so ergibt sich, daß der Charakter oder die Struktur einer wissenschaftlichen Revolution nicht allein in einem Wechsel der Paradigmata besteht, wie Thomas S. Kuhn annimmt, sondern zugleich in einer Änderung oder, genauer gesagt, in einer Vertiefung und Ausweitung der gesellschaftlichen Funktion der Wissenschaft. Erst die Vereinigung beider Momente führt zu einer wissenschaftlichen Revolution. Ändern sich allein die theoretischen Grundlagen einer Wissenschaft, die Forschungsmethoden und das Instrumentarium, so kommen neue wissenschaftliche Erkenntnisse nicht zum Tragen. Ändert sich allein die Vorstellung von der gesellschaftlichen Funktion der Wissenschaft, so bleiben die neuen gesellschaftlichen Zielsetzungen unerfüllbar und utopisch. Nur wenn sich das Paradigma und die gesellschaftliche Funktion der Wissenschaft gleichzeitig ändern, kommt es zu einer wissenschaftlichen Revolution.“[47]

Mit diesen wenigen, doch treffenden Bemerkungen hatte Harig der Auseinandersetzung mit dem Konzept Kuhns eine Richtung gewiesen, in der sie für die marxistisch-leninistische Wissenschaftsgeschichtsschreibung produktiv werden konnte. Sie hat bis heute nichts an Aktualität verloren. Ohne das Positive an den wissenschaftshistorischen Untersuchungen Kuhns zu negieren, erkannte Harig mit dem Blick eines Marxisten für das Wesen historischer Entwicklung den letzten Endes ahistorischen Grundzug in dessen Entwicklungskonzept der Wissenschaft.

---

[44] Ebenda, S. 265 Anm. 5.
[45] Ebenda, S. 265.
[46] Ebenda, S. 265/266.
[47] Ebenda, S. 270.

Harig konnte viele seiner wissenschaftlichen Vorhaben nicht zu Ende führen. Manches blieb unvollendet, angedacht. Sieht man indes von Zeitbedingtem in seinen wissenschaftstheoretischen Untersuchungen ab, ist es gerade das Angedachte, das zum Weiterdenken anregt. Neben der Fülle seiner größeren und kleineren wissenschaftshistorischen Arbeiten, die zum festen Bestand marxistisch-leninistischer Wissenschaftsgeschichtsschreibung gehören, sind dies vor allen Dingen die theoretisch-methodologischen Überlegungen Gerhard Harigs, sein wissenschaftshistorisches Credo.

Hermann Ley

# Gerhard Harig und die Geschichte der Naturwissenschaften in der Renaissance

## Ein forschungsgeschichtliches Nachwort

Einen beträchtlichen Anteil besitzen in Gerhard Harigs wissenschaftshistorischen Arbeiten solche, die direkt und vermittelt die Entstehung der klassischen Naturwissenschaften in Europa mit der meist schlechthin Renaissance oder Cinquecento genannten Umwälzung verbinden. In dem Übergang von feudalistischen zu frühbürgerlichen Verhältnissen entstehen Ansätze eines sich wandelnden Denkens, die sich als Teilprozeß der allmählichen Wandlung in Produktionsverhältnissen und den verschiedenen Erscheinungen des Überbaus charakterisieren lassen. Bevor bürgerliche Revolutionen in den Niederlanden und in England sich durchsetzen und während die Reformation in Deutschland entsteht, sich behauptet, aber ebenso verkümmert wie die Ansätze in Spanien, erleben die italienischen Handelsmetropolen den ersten Glanz einer widersprüchlichen Epoche. Friedrich Engels erscheint sie insgesamt als „größte progressive Umwälzung, die die Menschheit bis dahin erlebt hatte“[1]. Zur materiellen und geistigen Kultur gehörende Disziplinen begannen zu blühen: „Auch die Naturforschung bewegte sich damals mitten in der allgemeinen Revolution und war selbst durch und durch revolutionär . . .“[2]

Als Moment der Geschichte der Produktivkräfte faßt Harig im Verständnis des historischen Materialismus den faktischen Vollzug der Geschichte der Naturwissenschaften auf und behandelt sie dementsprechend in seinen Arbeiten. Im Unterschied zu den konventionellen Darstellungsweise vorwiegend bürgerlicher Provenienz erhalten damit die verschiedenen Disziplinen einen geänderten Akzent. Sie bekommen in den ihre Geschichte betreffenden Darstellungen jeweils den Hintergrund zugebilligt, aus dem sie entstehen, auf den sie einwirken und sich selbst wie gewisse Epochen der Geschichte qualitativ verändern. Harig besitzt als Physiker und Wissenschaftshistoriker, als einer der ersten marxistischen deutschen Theoretiker der Jahre nach 1945 das Gespür für die Übergangszonen, in denen sich Geschichte der Naturwissenschaften mit den sozialen und ideologischen Prozessen verbindet, in die verschiedenen Formen von Klassenauseinandersetzungen eingreift, in applikativen Vorgängen zum Zuge kommt, Naturgesetze formuliert und technisch relevante Strukturen entdeckt.

In jener Epoche der Renaissance beginnt eine neue Gesellschaftsformation, viele Jahrhunderte überdauernde feudale Strukturen zu überwinden. Für Harig bedeuten die einzelnen Ereignisse der Wissenschaftsgeschichte Knoten in einem Strom von Prozessen, in denen sich Einflußbereiche verdichten. Sie gehören in eine Entwicklung, die über das Entstehen des Kapitalismus bis hin zu Manufaktur und Industrie, dem Aufkommen der Arbeiterklasse und schließlich dem Durchsetzen der sozialistischen Ordnung reicht. Die Kategorien des dialektischen und historischen Materialismus gewinnen in der Tätigkeit

---

[1] F. Engels, Dialektik der Natur, Einleitung, in: MEW, Bd. 20, Berlin 1962, S. 312.
[2] Ebenda, S. 313.

Harigs konkreten Inhalt und bieten heuristisch dem Forschen hinreichenden Anhalt, um sich in der Vielfalt des Materials zurechtzufinden.

Um den Anfängen der Renaissance, dem von Kopernikus bis Galilei und Newton reichenden Weg nachzuspüren, machen sich Entscheide notwendig, welche Personen und Leistungen einzubeziehen seien. Harig beschäftigt dabei ebenso das faktische Wiederaufgreifen von Ideen und Ergebnissen der Antike wie der nachfolgenden feudalen Ordnung, von denen aus die weitere Entwicklung ansetzt, aus Protodisziplinen moderne Naturwissenschaft und Technik entstehen läßt. Demokrits Atome interessieren ihn ebenso wie die Archimedische Mechanik, die Erfahrung der Baumeister und Handwerker aus Bauhütten und dem städtischen Gewerbe, das sich in der Naturalwirtschaft ausbildet und mit dem Durchsetzen der Ware/Geld-Beziehung erweitert. Repräsentieren Leonardo da Vinci und Tartaglia Ingenieurwesen und applikative, handhabbare Mathematik, so bringt Cardan den Aspekt einer öffentlich verbreiteten und dem Zunftgeheimnis enthobenen Wissenschaft spektakulär ins Gespräch. Technisch benötigte Mechanik und Astronomie gehen auf Grund von gesellschaftlichen Bedürfnissen früher in den Horizont von diszipliniertem Wissen ein als etwa die seit den Tagen der Phönizier experimentell arbeitende Alchimie mit Robert Boyle, die sich zu einer quantitativ verfahrenden Disziplin umzuwandeln versteht. Kontinuität der mit der Natur sich beschäftigenden Ideen schließt nicht aus, daß sich schließlich jener revolutionäre Bruch vollzieht, der sich als Renaissance tief in dem Bewußtsein verschiedener Völker einprägte. Ziehen die griechische Antike und der Hellenismus ihre Kenntnisse aus dem gesamten euroasiatischen Kontinent sowie in einigem aus afrikanischen Quellen, die über die römischen Einflußzonen hinausreichen, so entstehen die Anfänge moderner Naturwissenschaft in jenen Teilen Europas, in denen Städtewesen und weltweiter Handel sich wie in Flandern mit den Ansätzen der Manufaktur verbünden.

In die Geschichte der Naturwissenschaften gehen in der Regel nicht unmittelbar die philosophischen Ideen ein, die herrschende und opponierende Ideologie hergeben. Um zu diagnostizieren, was die einzelnen Theoretiker dachten, untersuchten und fanden, macht sich jeweils exaktes Untersuchen der Tatbestände erforderlich, die sich in den Quellen finden. Geräte und in Handwerk, Bergbau, Gewebeverarbeitung benutzte Anlagen, Instrumente und Maschinen sind für den Übergang zur Renaissance und die Produktion des Frühkapitalismus die den ideelen Überschwang der Ideen und etwa der Entwürfe Leonardos eingrenzenden Fakten, wie es sich in jeder späteren Entwicklungsetappe wiederholt, auch für die weiter zurückliegenden Zeiten gilt. Wie in den naturwissenschaftlichen Gesetzen und Strukturen, die sich als überprüfbar erweisen, verhält es sich ebenso in technischen Gebilden. In beiden Fällen vermag sich ein Fortschritt der Erkenntnis zu manifestieren, auf dem Harig als marxistischer Forscher insistiert. Aus der Geschichte der Philosophie resultiert die Funktion des Naturbegriffs, die ähnlich der Vorstellung der Rolle von Erfahrung und auch des Experimentes sich im Bewußtsein seit der Antike, allerdings lückenhaft, durchhält. Von der ideellen Beziehung zur Natur bis zur experimentellen Erfassung einiger ihrer kontrollierbaren Aspekte bedarf es seit dem Zusammenbruch der antiken Produktionsverhältnisse einer langfristigen Umgestaltung der neu entstandenen Gesellschaften, in die antike und neuerworbene Erfahrung eingehen. Obwohl in der Humanmedizin in einigen arabisch oder iranisch beeinflußten Gebieten wie in europäischen Landschaften die Kontinuität am Erfolg kontrollierter Berufsausübung seit der Antike nicht aussetzte, spiegeln sich ihre Methoden zwar in der medizinischen Theorie und Philosophie sowie der Biologie und Arzneimittelkunde, erzeugen indes nicht ohne weiteres die Elemente der späteren Galileischen Physik. Insofern entsteht mit dem Hintergrund einer die gesamte Gesellschaftsstruktur erfassenden Umwälzung des 16. Jahrhunderts, das Harig besonders beschäftigt, die signifikante Zäsur, die den Fortgang der Naturerkenntnisse revolutioniert. Kopernikus begründet damit eine neue Epoche des naturwissenschaftlichen Denkens, obwohl er schon in der Antike bei Aristarch von Samos Gedachtes wiederholt und Reinholds Prutenische Tafeln kaum denen des Ptolemäus überlegen waren. Mit dem individuellen Mut, tradiertes Gedankengut nicht einfach hinzunehmen, sondern neu zu durchdenken, beginnt das kapitale Unternehmen, in dem sich, langsam aufsteigend, der moralische Verschleiß von Technik in immer kürzeren Abständen einstellt, in manchen naturwissenschaftlichen Disziplinen sich beschleunigend Entdeckung auf Entdeckung folgt.

Die von Harig bearbeiteten Probleme der Naturwissenschaft in der Renaissance bieten das erste eindrucksvolle Modell einer Revolutionierung, in der sich die unterschiedlichen sozialökonomischen und ideellen Impulse gleichsam auseinandergezogen darbieten, die Veränderung ihrer Muster an den späteren Resultaten kenntlich ist und einen langen Zeitraum kontrollierbar einbeziehen. Als prototypisch bringt die Renaissance in den sich verkleidenden und mystifizierenden Betrieb des Befassens mit Natur und Technik das Verbinden von Beobachtung und Mathematik, dem Harig seine besondere Aufmerksamkeit schenkte. Wie die soziale Situation der Gelehrten und Ingenieure oder Baumeister sich verändert, welche Problematik sich damit ankündigt, macht Harig bereits in den Anfängen der Renaissance sichtbar und verfolgt sie bis in die Vorstufen der Royal Society. Das Untersuchen der sozialen Ursprünge von modernem Wissenschaftsverständnis veranlaßt zu der auch in anderem Zusammenhang bis in neueste Zeit erörterten Frage, ob damit nicht bloß Wissen, sondern etwa auch systematisches Verfälschen der zu erkennenden oder zu entwerfenden Strukturen produziert werde. In der Geschichte der Auseinandersetzung zwischen Materialismus und Idealismus läßt sich die Debatte über Erkennbarkeit der Welt und des ständigen Überholens erworbenen Wissens nicht umgehen und verlangt eine dialektische Lösung, die auf dem Fortschreiten des Eindringens in die natürlichen Strukturen insistiert. Die Klassenauseinandersetzungen erweisen sich als eine der Triebkräfte, die die Naturwissenschaften als geistige Produktivkraft erzeugen und verlangen. Versteckt tradiert sich die meist dualistische Vorstellung von Unerkennbarkeit, wenn sie die Klassenauseinandersetzungen und die Produktivkräfte als Medium benutzt, die vorgeblich das Erkennen verstellen sollen. Die progressive Aufeinanderfolge von Ordnungen, wie sie Karl Marx als Produkt von Entwicklung verstand, entfällt damit und kommt im Prinzip auf Oswald Spenglers Kulturkreislehre zu. Anstatt das Verhältnis von sich entfaltender Naturwissenschaft und stimulierendem Einfluß progressiver Klassen zu untersuchen, wird Erkenntnis als Projektat der ökonomischen Beziehungen der Gesellschaft und des Individuums aufgefaßt, wogegen sich W. I. Lenin in seinen Bemerkungen zu einem Buch von V. M. Šuljatikov aussprach[3].

Einige Anregung empfing Harig durch einen frühen Aufsatz von Edgar Zilsel, soweit es sich „um historisch bedingte und fachlich notwendige Stufen einer allgemeinen europäischen Entwicklung handelt“[4], um die dort vorgefundenen Gedanken zu vertiefen und weiterzuführen. Zum Unterschied von Zilsel dominieren bei Harig aber nicht die sogenannten externen vor den internen Faktoren, wenn es sich um die faktische Entfaltung einer bestimmten Disziplin handelt. Gesellschaftliche Bedingungen und Bedürfnisse gestatten und erzeugen Protodisziplinen und Naturwissenschaft bis an die Grenze der in einer Ordnung gegebenen Möglichkeiten. Die Renaissance erweist sich in ihrer ersten Er-

[3] W. I. Lenin, Philosophische Hefte, in: W. I. Lenin, Werke, Bd. 38, Berlin 1964, S. 493—511.
[4] G. Harig, Über die Entstehung der klassischen Naturwissenschaften in Europa, vorl. Bd., S. 14.

scheinungsweise einer frühbürgerlichen Gesellschaft als Überschreiten der mit den feudalen Strukturen gegebenen Grenze oder Limitation. Harig begreift die Dialektik der Entfaltung und des Werdens der Naturwissenschaften als Moment der Entwicklung der Produktivkräfte, die hinter sich eine widersprüchliche Geschichte und vor sich einen differenten Wirkungsraum besitzen. Karl Marx setzt die Produktionsbedingungen zu jenen in Beziehung und formuliert: „Die Entwicklung der Produktivkräfte löst sie auf und ihre Auflösung selbst ist eine Entwicklung der menschlichen Produktivkräfte."[5] Gegenüber den Produktionsbedingungen und dem sie repräsentierenden Verhältnis von Individuen besitzen die Naturwissenschaften und die Produktionsinstrumente eine relativ selbständige, übergreifende Eigenschaft, auf die Lenin gelegentlich ausdrücklich verweist.[6] Generell erzeugen Menschen Produktionsinstrumente und Ideen, durch die sie sich selbst umwandeln. Das betrifft sozialökonomische Klassen und Schichten wie die Produktionsverhältnisse, aus denen sie entstanden und die sie zunächst reproduzieren. Geschichte der Naturwissenschaften besitzt stets einen gesellschaftlichen Hintergrund, aber außerdem eine eigene Historie, die sich nicht mit der soziologisch beschreibbaren deckt. In der Beziehung von Tartaglia zu Cardan, die Harig seit seinen Leningrader Tagen beschäftigte, besitzt das Behandeln der Gleichungen dritten Grades einen inneren mathematischen Grund, der nicht die Eigenschaften der Schicht widerspiegelt, aus der Tartaglia oder ein anderer Rechenmeister stammt. Jede beliebige Disziplin baut auf Ergebnissen vorgängiger Theoretiker auf, die etwa hinsichtlich des Entstehens der Logik aus verschiedenen Ordnungen stammen. Wie die Mathematik sich deren Prinzipien bedient, wie der Euklidischen Geometrie, wo sie ausreicht, so ließ sich in der Renaissance unabhängig von den Klassenverhältnissen in Syrakus die Mechanik des Archimedes übernehmen, um darauf aufzubauen.

Nach Zilsel repräsentiert die deduktive Methode des Archimedes den mangelhaften Zustand der Physik des Altertums und damit der Sklavenhaltergesellschaft.[7] Experimentieren komme dem Sklaven zu, meint Zilsel, Deduzieren dem Freien, und erwähnt inkonsequent, Archimedes habe das Gesetz des Auftriebs als Freier experimentell entdeckt. Daß die höhere Produktivität der Antike eine Teilung zwischen körperlicher und geistiger Arbeit gestattet, die der asiatischen Produktionsweise weitgehend fremd blieb, beschäftigt Zilsel unter dem Einfluß von empiristischen Vorurteilen der Wiener Schule und des Positivismus nicht. Für die Antike resultiert das Annehmen einer strengen Trennung von Deduzieren und Beobachten wie Experimentieren aus dem gelegentlich anzutreffenden Vernachlässigen der hippokratischen Schule. Die Medizin ging beobachtend, experimentierend und deduzierend, wie das Verfahren der Fallstudien verwendend, den meisten anderen naturwissenschaftlichen Disziplinen voraus. Die Astronomie verfuhr ihrem Gegenstand entsprechend ähnlich. Fallen entsprechende Fakten aus dem zum Beschreiben und Beweisen einer These benutzten Raster heraus, entsteht dann eine auf die Gegenwart bezogene Behauptung, die aus dem in den neuzeitlichen Wissenschaften benutzten begrifflichen Apparat eines seiner nicht unwichtigen Verfahrensweisen ausschließt und soziologisch-moralisch abqualifiziert.

Nun sind die methodologischen Prinzipien eines Forschers nicht mit seinen Ergebnissen gleichzusetzen. Geschichte der Wissenschaften bezieht sich auf das Faktum der jeweiligen Entdeckung, danach auf ihren Kontext. Geht Mathematik deduzierend vor und macht Naturwissen in quantifizierender Weise erst frei von bloß Qualität beschreibendem

---

[5] K. Marx, Grundrisse der Kritik der politischen Ökonomie, Berlin 1953, S. 396.
[6] W. I. Lenin, Philosophische Hefte, S. 180.
[7] E. Zilsel, Die sozialen Ursprünge der neuzeitlichen Wissenschaft, hrsg. von W. Krohn, Frankfurt a. M. 1976, S. 74.

Verfahren, dann widerlegt sie die ihr von Zilsel vorgeworfene Beschränktheit. Ganz im Gegensatz zu dessen schief soziologisierendem Ansatz betont Harig das Vereinigen von Naturerkenntnis und Mathematik sowie die Bedingungen ihrer Verbindung. Daß erst mathematisch ausgedrückte Beziehungen sich im modernen Sinne als Naturgesetze auffassen lassen, gehört zu Harigs Grundthesen. Zilsel hingegen besitzt die positivistische Aversion gegen Gesetze, die über empirisch erworbene Fakten hinausgehen. Da er nicht über das dialektische Verständnis der Einheit von Empirie und Theorie verfügt, gehört er zu den Theoretikern, die den Terminus Gesetz abgewertet zu haben glauben, wenn sie anstelle der Geschichte der Naturwissenschaften dem Ursprung von Bezeichnungen nachzugehen suchen, deren Inhalt sich anreicherte und inzwischen in mehreren Gegenstandsbereichen heimisch wurde.

Juristische Gesetze einer entstehenden Warengesellschaft machen naturwissenschaftliche Gesetze nicht zu Repräsentanten des Warentausches und des juridischen Überbaus von Produktionsverhältnissen. Partiell handele es sich um Äquivokationen, zum anderen um historisch benutzte Analogien. Zilsel kommt schließlich dahin, von „Gesetzesmetapher" zu sprechen.[8] Das Anwenden auf physikalische Phänome, schreibt er, entstehe deshalb „durch einen analogen Wechsel des gesamten Staates"[9]. Er benötigt dazu einen „Staat mit rationalem positiven Recht und voll entwickelter zentraler Souveränität"[10]. Verwechselt sind sozialökonomische und staatliche Bedingungen, unter denen sich eine Arbeitsteilung ausbildet, die geistige Produktivität benötigt oder mindestens möglich macht. Da Mathematik wie Naturwissenschaft zwar entstehen, wenn die vorhandenen Produktivkräfte sie ermöglichen und ein gewisser Spielraum für theoretische Arbeiten vorliegt, greifen sie häufig als relativ unabhängige Variable über den etwaigen Bereich von unmittelbarer Anwendung hinaus. Auf eine Formel bringt Zilsel seine Position, wenn er den Menschen als soziales Wesen geneigt zu sein annimmt, „die Natur nicht allein nach den Bedürfnissen, sondern nach dem Muster der Gesellschaft zu interpretieren"[11]. Approximation der Natur durch Wissenschaften erfolgt indes nicht „nach den Bedürfnissen" oder „dem Muster der Gesellschaft", sondern gemäß der Natur selbst, wenn auch die hineinprojizierten Muster und Strukturen beliebige Genese aufweisen. Erst das Testen am Objekt macht aus der im Bewußtsein entworfenen Hypothese eine Theorie oder, anders ausgedrückt, eine im Experiment bekräftigte Struktur vom Abstraktionsgrad etwa des Fallgesetzes Galileis.

Dem teilweisen Pseudomaterialismus Zilsels entspricht der Gedanke, die Vorstellung von Naturgesetzen entstamme den soziologischen Bedingungen von Juden, die, der Clan-Organisation von Beduinen entwachsen, sich als Muster den Despotismus orientalischer Staaten nahmen.[12] Das Entnehmen von Worten aus einem anderen Problembezug erschließt nicht selten die spezielle Forschungsrichtung der Etymologie. Indes hat es den Anschein, als ob Zilsel seine Ableitungsversuche mehr darauf anlegt, damit negativ bewertete Assoziationen anzubahnen, um aus der Geschichte gegenwärtige Sachergebnisse zu treffen. Das Heranziehen von Klassenstrukturen in Verbindung mit Naturwissenschaften und Technik verschleiert dann die Objektivität von außerhalb und unabhängig vom Menschen vorhandener Realität und ihrer partiellen Bewältigung durch die menschliche Gesellschaft. Die Konkretheit der Dinge und Prozesse verschwindet bei Zilsel zugunsten des Hervorhebens sozialer Strukturen, die umgekehrt Harig dazu benutzt, um den Grund

[8] Ebenda, S. 96.
[9] Ebenda.
[10] Ebenda.
[11] Ebenda, S. 97.
[12] Ebenda.

für das mit der Renaissance einsetzende erfolgreichere Herankommen an die objektive Realität aufzuzeichnen.

Für den Herausgeber Zilsels, Wolfgang Krohn, gerät die Interpretation der vorgelegten Schriften zu einer Soziologie der Wissenschaftsgeschichte.[13] Sie besäße ihren selbständigen Sinn, wenn sie nicht den Anspruch erhöbe, gleichsam an die Stelle der Geschichte der Naturwissenschaften und der Technik treten zu können. Sie solle ihren Ersatz durch einige Strukturen finden, innerhalb derer ihre Resultate entstünden. Sie würden weggespiegelt. Die Soziologie trete an die Stelle der Wissenschaftsgeschichte, anstatt sie aufzuhellen. Gibt Krohn eine Chronologie der Auseinandersetzung zwischen externalistischer und internalistischer Begründung der Wissenschaftsgeschichte, so überhöht er noch gegenüber Zilsel die Relativierung der kognitiven Prozesse, vor denen die Ergebnisse dann ihre Geschichte als abwertende Vorbelastung zugeteilt erhalten. Die philosophischen Theoreme, die die gesamten Vorgänge der Entwicklung begleiten und positiv oder negativ beeinflussen, werden damit gegenstandslos. Da in der Aufeinanderfolge der philosophischen Einstellungen sich Begriffe bilden, die, vorgegeben oder sich verändernd, das Gedankengefüge gestalten, finden sie sich auf jedem der verschiedenen Gebiete der Geschichte wieder. Anstatt aber, wie es eine historisch-materialistische Darstellung verlangt, ihren Kontext zu rekonstruieren, um das sich Ändernde und Revolutionierende sichtbar zu machen, wird die Geschichte der Ideen und Fakten zur Bürde, denen immer wieder attestiert wird, vor dem gegenwärtigen Stand der Klassenbeziehungen und der kognitiven Ergebnisse rückständig zu erscheinen.

Bei Krohn wird sichtbar, wie der soziologisierende und im Sinne etwa Michel Foucaults[14] strukturalisierende Aspekt zu einer Art Kulturschelte Anlaß gibt. Zilsels Belastung der Naturgesetzmäßigkeit steigert sich bei Krohn zu der Frage, warum sich die Naturwissenschaft mit dem Begriff des Gesetzes belastet habe. Friedrich Engels sprach von einer Emanzipation der Naturforschung von der Theologie.[15] Krohn und Zilsel theologisieren Beginn und Weitergang der modernen Wissenschaften, die Harig im Anschluß an Friedrich Engels mit der Tat des Kopernikus beginnen läßt. Naturgesetz besitzt bei Krohn einen theologischen Kontext, Gesetz überhaupt einen politischen.[16] Wie die Empiriokritizisten Gesetz durch Funktion ersetzen wollten, so schlägt Krohn den Begriff der Regelmäßigkeit vor.[17] Er soll an die Stelle des Begriffs des Gesetzes treten, um der politischen und theologischen Implikation der Begriffsgeschichte zu entgehen. Um des in der Geschichte schwer erarbeiteten Begriffs der Gesetzmäßigkeit ledig zu werden, bringt Krohn vor, den historischen Hintergrund des Regelwissens bildeten nicht Politik und Theologie, sondern Handwerkswissen und die nunmehr hervorgezogene, sonst vernachlässigte Medizin.[18] Daraus resultieren tatsächlich Verhaltensregeln, womit Krohn das Thema der Geschichte der Naturwissenschaften unter der Hand verschiebt. Gesetzmäßigkeit in der Natur anzunehmen und nachzuweisen, bedeutet nicht das Übertragen von Handwerkswissen. Soweit indes die Medizin Erwähnung findet, sind bereits die methodologischen Prinzipien über lange Zeit durch eine Bewährungsprobe gegangen, die andere Disziplinen erst später erreichten. Die Medizin besitzt ihren gesellschaftlichen Kontext, weil sie sich durch ein später naturwissenschaftlich genanntes Vorgehen früh von ma-

[13] Vgl. ebenda, S. 43.
[14] Vgl. M. Foucault, Wahnsinn und Gesellschaft. Eine Geschichte des Wahns im Zeitalter der Vernunft, Frankfurt a. M. 1973 (suhrkamp taschenbuch wissenschaft 39).
[15] F. Engels, Dialektik der Natur. Einleitung, S. 313.
[16] Siehe E. Zilsel, S. 8.
[17] Ebenda, S. 8/9.
[18] Ebenda, S. 9.

gischen Praktiken wenigstens teilweise zu lösen verstand und damit ihren Wirkungsgrad erhöhte. Die mit der Renaissance gegebene Zäsur wird durch diesen Bezug nicht beeinträchtigt, sondern vielmehr hervorgehoben. Da es bereits zeitgenössisch mit dem ärztlich arbeitenden Priesterkollegium von Kos ingeniös wirkende Handwerker und ingenieurmäßig arbeitende Architekten und Konstrukteure gab, ebenso Fernverkehr einschließenden Handel, kommt ihrer Tätigkeit nicht ganz die von Zilsel und Krohn gegebene Bedeutung zu. Der qualitative Umschlag, der sich als Renaissance abzeichnet, besitzt einen komplexen Grund, bei dem die Medizin weiterhin als Modell des Vordringens eines naturwissenschaftlichen Materialismus dient. Neben der revolutionären Tat des Kopernikus und der praktizierten Mechanik in Bergwerk und Kriegswesen entsteht ein rationaler Naturbegriff, der irrationalen Handlungsbezug abbaut.

In der Antipathie Krohns gegen Gesetzmäßigkeit zeigt sich eine Aversion gegen den in der Renaissance sich allmählich durchsetzenden Determinismus, den die Mechanik Galileis mit der Erfahrung der Arsenale der Republik Venedig anreichert. Das im Prinzip unhistorische Herangehen Krohns gestattet nicht, den mechanischen Determinismus in der Renaissance und den folgenden Jahrhunderten als ein wichtiges Moment der sich ausbildenden neueren Naturwissenschaft zu begreifen, um dann die Bedeutung des Übergangs zu Regelmäßigkeit in natürlichen und technischen Vorgängen als einen weiteren signifikanten Fortschritt zu verstehen. Hingegen war Harig der aufeinander aufbauende Unterschied des Herangehens an derartige Prozeßfolgen geläufig, da er in den dreißiger Jahren in Leningrad sich an dem Ausarbeiten mathematischer Formelgefüge beteiligte, die sich auf das Darstellen ökonomischer Systeme ohne und mit intensiv erweiterter Reproduktion bezogen. Die Regelmäßigkeiten beziehen das ein, was gegenwärtig genuine Wahrscheinlichkeit heißt. Regelmäßigkeiten bilden darin die intendierte objektive Realität einschließlich subjektiver Zielsetzung genauer ab, als es bloß streng determinierten Strukturen gelingt. Sie bewähren sich inzwischen in zahlreichen Disziplinen, die die objektiven Regelmäßigkeiten approximieren.

Entsteht in der Renaissance vorwiegend durch Bacon und Descartes die Vorstellung eines regelmäßigen Ganges der weiteren naturwissenschaftlich-technischen Forschung, so sieht Krohn an dem Nachlassen der Annahme einer Zwangsläufigkeit des Erarbeitens weiterer Ergebnisse den Grund für Ernst Machs Empiriokritizismus und das Aufkommen der Theoretiker des logischen Empirismus.[19] Da aber der naturwissenschaftliche Materialismus in der Forschung sich erhalten konnte, besteht keinerlei Grund, dessen sich steigernde Anwendung in der Renaissance als theologisches Residuum abzuqualifizieren, wie es falsches Soziologisieren einsichtig machen möchte. Da Krohn nicht den Sinn der Kategorie Regelmäßigkeit erfaßt, muß er zwangsläufig auch die Kausalität ins Wanken geraten sehen, die er als Folge des „Experimentalismus" ansieht.[20] Geschichte der Naturwissenschaften verlangt das Darstellen auch der ideologischen Implikation der Resultate und Arbeitsweisen der Naturalisten, wie es dialektischer und historischer Materialismus durchführen. Die Progression von Gesellschaft und Naturerkenntnis verlangt ihre entsprechende Aufzeichnung und Analyse. Charakteristisch für Krohn hingegen zeigt sich der Versuch, die Naturwissenschaften zu entideologisieren und Ernst Mach als deren methodologischen Prototyp hinzustellen.

Den Beginn einer vorgeblichen Neutralisierung sieht Krohn in der Institutionalisierung von Wissenschaft und Wissenschaftler im 17. Jahrhundert. Mit einer selektiven Elimination

---

[19] Ebenda, S. 15.
[20] Ebenda.

von Personen sei damit der Verzicht verbunden, Anlaß zu Gefährdung der öffentlichen Ordnung, der religiösen Orientierung und der Legitimation von Herrschaft zu geben.[21] Vorausgesetzt wird, der Wissenschaftler betreibe im Rahmen seiner wissenschaftlichen Kompetenz kein Verändern der sozialen und ideologischen Strukturen.[22] Beide Behauptungen ergeben sich aus einem Mißverstand der Funktion von Produktivkräften für die Entwicklung der Produktionsverhältnisse und dem Durchsetzen progressiver Klassen und ihnen zugeordneter Institutionen. Für die Zeit vor dem 17. Jahrhundert billigt Krohn den Wissenschaften und Wissenschaftlern noch Eigenschaften zu, die dann verschwunden sein sollen. Den geistigen Produktivkräften gebühre dann, läßt sich folgern, kein Platz mehr in der Dialektik, die Basis und Überbau miteinander in der Theorie von Marx verbinden und dementsprechend erst ihren bestimmenden Einfluß mit dem Durchsetzen des Kapitalismus gewinnen, die Bedingungen eines Übergangs zum Sozialismus schaffen.

Vermerkt Krohn gelegentlich, daß Entdeckungen wie die der Mechanik Galileis lange Zeit keinen Einfluß auf die Schießergebnisse besaßen, was zutrifft, so messen sich Innovationen auf dem Gebiet grundlegender Forschung nicht nach dem Zeitraum, in dem sie applikativ zur Geltung kommen. Die Mechanik besaß Langzeitwirkung und besitzt ihren triumphalen Erfolg erst im Maschinenbau der industriellen Revolution des 18. Jahrhunderts. In dem Mosaik von Umwälzung bedeutenden Effektoren bekräftigen die Entdeckungen des 15. und 16. Säkulums ihren Stellenwert, den sie zuvor schon in eingeschränkterer Dimension zu bewähren vermochten. Als Bestandteil frühbürgerlicher Revolutionen besitzen die naturwissenschaftlichen Entdeckungen soziale und ideologische Sprengkraft, die sich mit dem Durchsetzen des Kapitalismus in dem Erzeugen von Proletariat und um ihre Emanzipation ringende Arbeiterklasse ausweist.

Das Durchsetzen des Newtonismus in Frankreich begleitet den Niedergang des Ancien régime. Die „Encyclopédie“ von Diderot und d'Alembert bewährt sich als ein Reizwort in dem Vorbereiten der Französischen Revolution und praktisches Anleiten für das Entwickeln umwälzend wirkender materieller Produktivkräfte. Als oppositionelle Ideologie bezieht die Aufklärung in ihren verschiedenen Erscheinungsweisen im genannten Falle aus dem Kampf um neue Technik, um Ablehnen des Aberglaubens und die verfestigten Strukturen der tragenden Religion jenes Ancien régime. Öffentliche Ordnung, religiöse Orientierung und Legitimation von Herrschaft erweisen sich innerhalb sozialökonomischer Entwicklung auf nicht identische Weise gefährdet, wenn die Folgen von Entdeckungen in historisch materialistischem Verständnis in der Veränderung der gesellschaftlichen Bestimmungsmuster verfolgt werden, d. h. der kleineren Umwandlungen, die schließlich zu revolutionären Wandlungen der gesamten Gesellschaftsstruktur führen. So ordnet sich eine der Leistungen Tartaglias in Cardans System einer freigeistigen Weltanschauung ein, die in Deutschland in der Muttersprache den Aberglauben mehr abbaut als in Italien auf lateinisch, in Frankreich ihn zur antiklerikalen Symbolfigur macht. Voltaire macht auf dem Kontinent die nicht konfessionellen Bekenntnisse des Collegium Philosophicum und der Royal Society als radikalen Ausdruck einer dem Klerus abgewendeten Forschergruppe bekannt und belegt damit ihren auch weltanschaulich progressiven Impetus. Durch das Entgegensetzen von naturwissenschaftlich begründeten Vorstellungen über die Welt und der tradierten Vorstellung der Schöpfungsgeschichte behalten alle Ergebnisse der Forschung seit dem 17. Jahrhundert eine weltanschaulich relevante Funktion. Sie brauchen nicht ein ganzes Weltbild auf den Kopf zu stellen. Im 18. Jahrhundert bewirken in Frankreich

---

[21] Ebenda, S. 20.
[22] Ebenda, S. 21.

ideologische und politische Unruhe Untersuchungen, die die in der Bibel angegebenen Zeiträume der Welt in ihrer bisherigen Überzeugungskraft beeinträchtigen. Formationsspezifisch setzt sich das Impfen in England schnell durch, während in Paris um dasselbe Impfen in Akademie und Öffentlichkeit eine heftige Kontroverse entbrennt. Zwischen Leibniz und Newtons Freund Clarke geht die Debatte um Materialismus und Idealismus, Atheismus und Glauben, Atomismus und spiritualisierte Monaden. Sie erregt in der Folge mehr Aufsehen als der Prioritätsstreit um das Entdecken der Differentialrechnung.

Leicht anarchisch gefärbtes Ablehnen von Institutionen veranlaßt Krohn zur Annahme einer Neutralität der Wissenschaften, in der wieder ein Verwechseln von Objektivität der Naturerkenntnis bei ständigem Wandel der Vorstellungen und Ergebnisse vorliegt mit der zum Durchsetzen neuer Erkenntnisse notwendigen Engagiertheit, um vorhandene wissenschaftsinterne und ideologische Schranken zu durchbrechen. Jede vorhandene Problemlösung erweist sich als eine Limitation, die von dem Forscher verlangen, Vorhandenes zu problematisieren. Das gilt nicht nur für jede vorhandene naturwissenschaftliche Einsicht, sondern auch für jedes eingeführte technische Werkzeug oder Verfahren.

Gegen einen latenten oder manifesten Verdacht, gegen Innovation und naturwissenschaftliche Entdeckung müssen sich Wissenschaft und Technik nicht nur in Perioden verdichteter Revolutionierungen ihrer Gegenstände wenden. Geschichte der Naturwissenschaft und Wissenssoziologie reflektieren darauf uneinheitlich. Da entsprechende Bewertung aktuale ideologische Kontroverse betrifft, projiziert sich der ideologische Klassenkampf unter Umständen auch in die Vergangenheit, wie der unerwartete Bezug auf Ernst Mach ergab.

Für den Fortgang der Aufklärung und ihre Vorbereitung in der Renaissance und zuvor besitzen Verächter der Naturwissenschaften und ihrer Geschichte bloß Verachtung. Max Horkheimer und Theodor W. Adorno verbündeten sich mit Edmund Husserl, um Destruktion der Dialektik und Aufklärung in einem zu betreiben. Die soziologische Kritik an der Geschichte der Naturwissenschaften und Technik gewann eine neue Dimension. Entwicklung der Produktivkräfte geriet damit unter Verdacht. Das Stichwort lautete Entfremdung. In voller Einsicht in den mit der Renaissance einsetzenden neuen Entwicklungsabschnitt setzt die kritische Kritik an der Mathematisierung der Natur an.[23] Nach Husserl erfährt Galilei den Vorwurf, an die Stelle der Natur eine mathematische Mannigfaltigkeit zu setzen. Die Natur werde durch Galilei idealisiert, heißt es da, als ob begriffliches Denken über und anläßlich der Natur nicht stets Begriffe oder deren mathematisches Äquivalent zur Darstellung der natürlichen Strukturen benutzte. In Wiederaufnahme des Streites Goethes mit Newton hinsichtlich der Optik und Farbenlehre schwebt Horkheimer und Adorno gemeinsam mit Husserl die Annahme einer von Wissenschaft möglichst unberührten, heilen Natur vor. Schon das Verbinden von Denken mit Mathematik scheint Horkheimer und Adorno als beginnende Rückkehr zur Mystik, obwohl jenes Quantifizieren sie gerade verhindern sollte. Um die Vorstellung des Fortschritts der Naturwissenschaften und der Technik auszurotten, erfinden Horkheimer und Adorno ein durch Mathematisierung sich verdinglichendes Denken, das Mathematik in einen selbsttätig ablaufenden automatischen Prozeß verwandele. Der Maschine sei nachgeeifert, die der Mensch selbst hervorbringe, um von ihr ersetzt zu werden.[24]

Alle wesentlichen Ansätze, die aus der Renaissance zur industriellen Revolution sich

---

[23] Vgl. M. Horkheimer und Th. W. Adorno, Dialektik der Aufklärung/Philosophische Fragmente (1944), Frankfurt a. M. 1969, S. 31.

[24] Siehe ebenda.

entfalten, gelten damit als suspekt. Aus Mathematisierung, grundlegend für die neueren naturwissenschaftlichen Disziplinen, die vollständige Ausschaltung des Menschen aus der Produktionstätigkeit herauszulesen, gehört in das Gehaben, die möglichen Leistungen der menschlichen Gesellschaft durch den Nachweis oder zumindest das Behaupten des Vorhandenseins von dialektischer Widersprüchlichkeit als schädlich zu diffamieren. Zilsel zuvor und Krohn nachträglich machten aus der Methode der Entwesung des Gegenständlichen ein zweifelhaftes Hervorheben der Künstler und Artefici, um ihnen damit die aus der gesellschaftlichen Entwicklung entstehende Verantwortung allein aufzubürden. Das Idealisieren der Natur durch Husserl[25] hat in sich den Gegensatz, an Spinoza und Goethe anzuknüpfen, die damit idealisierte, pantheistisch aufgefaßte Natur in einem mathematisierenden Prozeß auf klassisch empiriokritische Weise zu entgegenständlichen[26] und zugleich zu verdinglichen, was dem skeptizistischen philosophischen Idealismus als besonders verwerflich vorkommt. Ohne Schwierigkeiten läßt sich einsehen, warum eine bloß soziologisierende Wissenschaftsauffassung auf die Ergebnisse der Forschung verzichtet oder scheel sieht. Da Horkheimer und Adorno nicht die reale Naturwissenschaft, Technik und Ökonomie in Betracht ziehen, sondern eine phantastisch in die Zukunft projizierte, muß sich ihnen mit Notwendigkeit Entfaltung der Produktivkräfte und steigende Arbeitsproduktivität als Schreckbild jeder beliebigen Entdeckung ausweisen. Erkennen verlangt zu haben gilt gegen Spinoza als Vorwurf.[27] Die Kritik an der bürgerlichen Wirtschaft, die Horkheimer und Adorno vorbringen, erfährt hinsichtlich der Naturwissenschaften Verallgemeinerung auf jede Ordnung, die nur dann Nachsicht für sich verbuchen könnte, wenn sie auf Wissenschaft verzichtet. Technik stellt sich einem antidialektischen Bewußtsein dann als Selbstentäußerung der Individuen und Ausliefern an die technische Apparatur dar, als ob die Limitation der Produktivkräfte nicht je mehr Ausgeliefertsein von „Leib und Seele" bedeutet hätte.[28] Das persönliche Diffamieren von Naturwissenschaftlern erfolgt aus dem Konzept von Horkheimer und Adorno unmittelbar und setzt konsequent bei Galilei an, dem es nicht verstattet war, sich offen zu Kopernikus zu bekennen.

Aus dem Kollektivum der technischen Apparatur ginge, wenn jenes Soziologisieren ernst gemeint wäre, die vorherige Bereitschaft einer Gesellschaft hervor, sich bestimmte Typen von Technik zu geben. Sie hätte sich dann geistig und bewußtseinsmäßig bereits im Idealfall auf die später erst realisierte Technik eingestellt. Nun verhält es sich mit echten Innovationen trotz des gesellschaftlichen Charakters von Wissenschaft nicht so. Das Überwinden von Begrenzungen betrifft nicht bloß das Entdecken natürlicher und technischer Strukturen, sondern auch das Verändern der Gesellschaftsordnung, so daß die progressiven Klassen, die sich im Verlaufe der auf Galilei folgenden Zeitläufte herausbildeten, für das Herstellen einer Verträglichkeit von entwickelten Produktivkräften und Produktionsverhältnissen gemeinsam mit den Forschung betreibenden Personen Verantwortung tragen. Da aber der kulturkritische Vorwurf in der Spätrenaissance exemplarisch ansetzt und die archimedische Antike einbezieht, da die Mathematisierung zuvor schon einsetzte, um in

[25] Horkheimer und Adorno berufen sich (S. 31 Anm. 39) auf E. Husserl, Die Krisis der europäischen Wissenschaften und die transzendentale Phänomenologie, in: Philosophia, Belgrad 1936, S. 95ff.

[26] Vgl. W. I. Lenin, Materialismus und Empiriokritizismus, in: Lenin, Werke, Bd. 14, Berlin 1962, S. 300/301, 309—316.

[27] M. Horkheimer und Th. W. Adorno, a. a. O., S. 35/36.

[28] Vgl. ebenda, S. 36: „Je weiter aber der Prozeß der Selbsterhaltung durch bürgerliche Arbeitsteilung geleistet wird, um so mehr erzwingt er die Selbstentäußerung der Individuen, die sich an Leib und Seele nach der technischen Apparatur zu formen haben: schließlich wird dem Schein nach das transzendentale Subjekt der Erkenntnis als die letzte Erinnerung an Subjektivität selbst noch abgeschafft und durch die desto reibungslosere Arbeit der selbsttätigen Ordnungsmechanismen ersetzt."

Archimedes einen ersten Abschluß finden zu können, erweisen sich die vorgebrachten Einwände als Anklage des Vorhandenseins sich entwickelnder Produktivkräfte überhaupt.

Harigs Konzeption zur Geschichte der Naturwissenschaften setzt auf der Grundlage des historischen Materialismus Akzente, die zu verbinden und zu trennen gestatten, was sich in der gesellschaftlichen Tätigkeit vorfindet, um den innovatorischen Charakter des Entstehens der Denkweise moderner Naturwissenschaft und Technik von den vorhergehenden Perioden und Epochen abzusetzen. Weder die früheren noch die späteren Erscheinungsformen ihrer Disziplinen sind deshalb in seinen Arbeiten verworfen. Vielmehr gelingt es durch den Bezug auf Sozialstrukturen die Besonderheiten, ihre jeweiligen Begrenzungen und Anforderungen an künftiges Forschen sichtbar zu machen. Geschichtliches Verständnis zu erzeugen und zurückgewinnen, betreibt die Gegenwart um ihrer selbst willen, nicht aus dem Grunde bloßer Rückbesinnung. Vom Standpunkt der Arbeiterklasse aus interessiert der Gang eines Entwicklung provozierenden Denkens, mit seinen Leistungen, Widersprüchen und sonstigen Resultaten. Die Kontinuität von Elementen einer Wissenschaft produzierenden Denkweise geht Hypothesen über die Natur und konkreten technischen Gebilden sowie der Auseinandersetzung mit der Natur parallel, wobei die Träger von solchem Denken und Handeln ein ähnliches Interesse beanspruchen. In die Anstrengung des Gedankens vom 16. bis 17. Jahrhundert gehen Ideen ein, die Produkte verschiedener Kontinente und Völker sind, je nach der Progression einer Periode offizielles oder nicht offizielles Denken zu sein vermögen. Arabische, iranische und griechische Philosophie vermögen auch retardierenden Ordnungen zur Verfügung zu stehen, gehen aber auch in die Renaissance ein.

Keine Phase des Mittelalters, der Blütezeit der feudalen Gesellschaft, entbehrt der regredienten und der progressiven Phasen, wie es sich auch in den folgenden Jahrhunderten gemäß der Analyse von Engels vorfindet.[29] Die mit den verschiedenen Phasen beschäftigten Theoretiker greifen auf das dargebotene Material zurück und finden gemäß ihrer Position damalige Standpunkte, die ihren eigenen entsprechen oder sich in Widerspruch befinden. Den Marxisten interessieren die Prozesse, aus denen sich eine Progression ausbildet, etwa in der Geschichte einiger Seiten philosophischen Denkens Klassenkämpfe, bei denen Naturalisten und Technik in die Vorgänge eingreifen. Dabei kann Cardan unter Umständen mehr als Tartaglia die Aufmerksamkeit auf sich ziehen.[30] Harig verstand es, aus den Anfängen der modernen Wissenschaftsentwicklung die geistige Haltung einer schöpferischen Epoche sichtbar zu machen. Nun hat es Vergangenheit an sich, daß in ihrem Erforschen kein unbedingter Abschluß zu erzielen ist, da sich die Blickpunkte wandeln, ganz abgesehen von dem etwaigen Erschließen neuen Materials. Auch die Polemik gegen das Unterfangen, Wissenschaftsgeschichte zu betreiben, erzeugt Anregungen, Dargestelltes zu überprüfen, um neuen Gesichtspunkten gerecht zu werden. Das aus der Geschichte gewonnene Bild gewinnt damit neue Züge, wobei sich herausstellt, daß Gerhard Harig die Forschung bereicherte und als Marxist zu arbeiten verstand.

---

[29] F. Engels, Ursprung der Familie, des Privateigentums und des Staates, in: MEW, Bd. 21, Berlin 1962, S. 25—173; Einleitung zur englischen Ausgabe (1892) der „Entwicklung des Sozialismus von der Utopie zur Wissenschaft", in: MEW, Bd. 22, Berlin 1963, D. 287—311.

[30] Vgl. H. Ley, Geschichte der Aufklärung und des Atheismus, Bd. III/1, Berlin 1978.

# Bibliographisches Verzeichnis der Veröffentlichungen von G. Harig*

## Siglenverzeichnis

| | |
|---|---|
| AINT | = Archiv istorii nauki i techniki (Moskva-Leningrad) |
| DLZ | = Deutsche Literaturzeitung für Kritik der internationalen Wissenschaft (Berlin) |
| DZPh | = Deutsche Zeitschrift für Philosophie (Berlin) |
| Einheit | = Einheit. Zeitschrift für Theorie und Praxis des wissenschaftlichen Sozialismus (Berlin) |
| Forsch. Fort. | = Forschungen und Fortschritte. Nachrichtenblatt der deutschen Wissenschaft und Technik (Berlin) |
| Forum | = 1—3 (1947—1949) Forum. Zeitschrift für das geistige Leben an den deutschen Hochschulen (Berlin); 4—6 (1950—1952) Forum. Zeitschrift der demokratischen Studenten Deutschlands (Berlin); 6—10 (1952—1956) Forum. Organ des Zentralrats der FDJ für die deutschen Studenten (Berlin) |
| Harig, Phil. Schr. | = G. Harig, Ausgewählte philosophische Schriften. 1934—1959, hrsg. von G. Handel, Leipzig 1973 |
| Das Hochschulwesen | = Das Hochschulwesen. Monatsschrift für Fragen der Hochschulpolitik, Lehrmethodik und Hochschulorganisation (Berlin) |
| NTM | = 1 (1960ff.) NTM. Zeitschrift für Geschichte der Naturwissenschaften, Technik und Medizin (Berlin); 2ff. (1965ff.) NTM. Schriftenreihe für Geschichte der Naturwissenschaften, Technik und Medizin (Leipzig) |
| Neue Welt | = Neue Welt, Halbmonatsschrift (Berlin) |
| Neues Deutschland | = Neues Deutschland. Organ des Zentralkomitees der Sozialistischen Einheitspartei Deutschlands (Berlin) |
| Phys. Ber. | = Physikalische Berichte (Braunschweig) |
| Phys. Ztschr. | = Physikalische Zeitschrift (Leipzig) |
| Theorie und Praxis | = Theorie und Praxis. Wissenschaftliche Beiträge der Parteihochschule „Karl Marx“ beim ZK der SED (Berlin) |
| Universitätszeitung | = Universitätszeitung der Karl-Marx-Universität. Organ der SED-Parteileitung (Leipzig) |

* Das vorliegende bibliographische Verzeichnis entstand auf der Grundlage von L. Martin, Bibliographie der Veröffentlichungen von Professor Dr. Gerhard Harig, NTM 4 (1967), H. 10, S. 8—22, und der Bibliographie in: Gerhard Harig, Ausgewählte philosophische Schriften. 1934—1959, Leipzig 1973, S. 165—175. Es umfaßt das gesamte zugänglich gewordene Schrifttum von G. Harig und bietet damit weitaus mehr als die beiden vorangegangenen Verzeichnisse. Die fehlerhaften Angaben, die sich in diesen Verzeichnissen finden, sind korrigiert worden.

## 1. Aufsätze, Artikel und Monographien

### 1929

Über die Absorption ultravioletten Lichtes durch flüssiges Kohlendioxyd, Phys. Ztschr. 30 (1929), S. 8—20.

Über die Verbreitung der Absorptionslinie 2537 Å. E. des Quecksilbers und über die Absorption ultravioletten Lichtes durch flüssiges Kohlendioxyd. Inaugural-Dissertation, angenommen von der math.-nat. Abteilung der Philosophischen Fakultät der Universität Leipzig, 17. März 1928, in: Phys. Ztschr. 30 (1929), Sonderdruck, Nr. 1, S. 1—19.

(zusammen mit W. Seitz) Über das Schwärzungsgesetz der photographischen Platte für Elektronenstrahlen, Vortrag, geh. auf dem V. Deutschen Physikertag in Prag, 15. bis 21. Sept. 1929, Phys. Ztschr. 30 (1929), S. 758—760 sowie Taf. XVIII—XXII.

319 Physikerbiographien, in: Der Große Brockhaus, Bd. 3—20 (Buchstabe Bo—Z), 15. Aufl., Leipzig 1929—1935.

### 1930

(zusammen mit W. Seitz) Untersuchung über die Schwärzung photographischer Platten durch Elektronenstrahlen, Photographische Korrespondenz (Wien) 66 (1930), S. 225—234.

### 1931

(zusammen mit W. Seitz) Eine neue Erscheinung beim Durchgang eines Elektronenbündels durch Blenden, Phys. Ztschr. 32 (1931), S. 635—639.

### 1934

Ionization at High Pressures, Physikalische Zeitschrift der Sowjetunion 5 (1934), H. 4, S. 637—640.

Lenin und die moderne Physik (Lenin i sovremennaja fisika), in: Pamjati V. I. Lenina (Dem Andenken V. I. Lenins). Sammelband zum 10. Todestag. 1924—1934, Moskau—Leningrad 1934, S. 367—447 (nachgedruckt in: Harig, Phil. Schr., S. 15—59).

### 1935

Džems Klark Maksvell. Opyt naučnoj biografii (James Clerk Maxwell. Versuch einer wissenschaftlichen Biographie), AINT, vyp. 6, 1935, S. 33—61.

Spor Tartal'ja i Kardana o kubičeskich uravnenijach i ego óbščestvennye osnovy (Cardans und Tartaglias Streit um die kubischen Gleichungen und seine gesellschaftlichen Grundlagen), AINT, vyp. 7, 1935, S. 67—104.

**1936**

„Jubilej“ Rentgena v „Tret'ej Imperii“ (Röntgen-„Jubiläum“ im „Dritten Reich“), AINT, vyp. 8, 1936, S. 301—309.

Statika Kardana i Tartal'ja (Die Statik Cardans und Tartaglias), AINT, vyp. 9, 1936, S. 23—67.

**1945**

Die Erkenntnistheorie des Marxismus. Zu Lenins Werk „Materialismus und Empiriokritizismus“, Vortrag, geh. bei der Kulturabteilung der KPD am 22. Okt. 1945 im „Walter-Albrecht-Haus“, Leipzig 1945 (Umschlagt., maschinenschriftl. vervielf.), (nachgedruckt in: Harig, Phil. Schr., S. 61—65).

Die Bevölkerung Leipzigs im November 1945. Ergebnisse der Volkszählung vom 3. Nov. 1945. Zusammengestellt vom Leiter des Statistischen Amtes der Stadt Leipzig Dr. G. Harig, hrsg. vom Nachrichtenamt der Stadt Leipzig, Leipzig o. J. (maschinenschriftl. vervielf.).

Der Aufbau des Lagers, in: Das war Buchenwald. Ein Tatsachenbericht, hrsg. von der Kommunistischen Partei Deutschlands Stadt und Kreis Leipzig, zusammengestellt und bearb. von R. Jahn, Leipzig o. J., S. 8—28.

(zusammen mit R. Jahn) Wer waren die Häftlinge in Buchenwald?, ebenda, S. 28—38.

**1946**

Weltanschauung und moderne Physik. Planck und die Quantentheorie. Leipzig 1946 (Vortragsreihe der Abt. Kultur und Erziehung der SED/Leipzig, maschinenschriftl. vervielf.), (nachgedruckt in: Harig, Phil. Schr., S. 77—95).

**1948**

Zur Entwicklung des dialektischen Materialismus, Einheit 3 (1948), S. 237—247.

Wissenschaft und Marxismus. Auszug der Ansprache zur Eröffnung der Arbeitsgemeinschaft marxistischer Wissenschaftler an der Univ. Leipzig am 30. Jan. 1948, Einheit 3 (1948), S. 374—375.

Dialektischer Materialismus und „offizielle Wissenschaft“. Einführung in die Vorlesungen über dialektischen Materialismus an den deutschen Hochschulen der Ostzone, Forum 2 (1948), Nr. 12, S. 383—386.

**1951**

Das Zehnmonate-Studienjahr, in: Tägliche Rundschau vom 16. Febr. 1951, S. 4.

Verbesserung des akademischen Unterrichts, Forum 5 (1951), Nr. 13 (6. Juli 1951), S. 6/7.

Interview mit Staatssekretär Professor Dr. Harig, Forum 5 (1951), Nr. 15 (3. Aug. 1951), S. 4.

Letzte Vorbereitungen zum 10-Monate-Studienjahr, Forum 5 (1951), Nr. 17 (3. Sept. 1951), S. 1 und 3.

Neue Studienpläne — eine wissenschaftliche Arbeit, Forum 5 (1951), Nr. 23 (1. Dez. 1951), S. 5.

Der weitere Ausbau unseres Hochschulwesens, Einheit 6 (1951), S. 1575—1586.

**1952**

Erhöhung des wissenschaftlichen Niveaus. Über die neuen Aufgaben im entscheidenden Jahr des Fünfjahrplanes, Forum 6 (1952), Nr. 2 (15. Jan. 1952), S. 1/2.

Das Museum für Deutsche Geschichte. Ein nationales Institut des deutschen Volkes, Auszüge aus einer Rede, geh. am 18. Jan. 1952 anläßlich der Einsetzung der Direktion des Museums für Deutsche Geschichte in Berlin, Berlin 1952 (Pressestelle des Staatssekretariats für Hochschulwesen).

Das Hochschulwesen in der Sowjetunion. Ergebnisse einer Delegationsreise, Berlin 1952, 65 S.

Unsere Aufgaben im neuen Studienjahr, Neues Deutschland vom 10. Sept. 1952, S. 6.

Gruß zum Beginn des neuen Studienjahres, Forum 6 (1952), 15. Sept. 1952 (Sonder-Nr.), S. 1.

Es geht um den Beitrag des deutschen Hochschulwesens und der deutschen Wissenschaft im Kampf um die Erhaltung des Friedens, die Einheit Deutschlands und den planmäßigen Aufbau des Sozialismus, Referat auf der Ersten Zentralen Hochschulkonferenz des Staatssekretariats für Hochschulwesen am 19. und 20. Sept. 1952 in Berlin, Berlin 1952, 72 S. (Pressestelle des Staatssekretariats für Hochschulwesen).

Durch Anwendung des dialektischen Materialismus die Gesellschaft umgestalten, Auszüge aus einer Rede anläßlich der 450-Jahr-Feier der Universität Halle-Wittenberg am 19. Okt. 1952, Forum 6 (1952), Nr. 23 (1. Nov. 1952), S. 2.

Geleitwort, in: 450 Jahre Martin-Luther-Universität Halle-Wittenberg, Bd. I: Wittenberg, 1502—1817, Halle/S. 1952, S. XI/XII.

**1953**

Zum Geleit, Das Hochschulwesen 1 (1953/54), H. 1, S. 1/2.

Zu einigen Fragen des Neuaufbaues unseres Hochschulwesens, Das Hochschulwesen 1 (1953/54), H. 1, S. 7—11.

Eröffnung der Hochschule für Verkehrswesen (Rede), Wiss. Ztschr. der Hochschule für Verkehrswesen Dresden 1 (1953), H. 1, S. 1—4.

Das Neue erkennen und fördern. Aus der Diskussionsrede des Staatssekretärs Professor Dr. Harig auf der 3./IV. Tagung des Zentralrats der Freien Deutschen Jugend, Forum 7 (1953), Nr. 5 (7. Febr. 1953), S. 3.

Vorwärts, studentische Jugend, zu erfolgreichen Zwischenprüfungen, Forum 7 (1953), Nr. 15 (18. Apr. 1963), S. 1.

Über die Bedeutung der Sowjetwissenschaft, Neue Welt 8 (1953), S. 1286—1296.

Große Aufgaben — kühne Perspektiven, Forum 7 (1953), Nr. 29 (1. Sept. 1953), S. 3.

**1954**

Die Entwicklung des Hochschulwesens in der Deutschen Demokratischen Republik (chin.), Volkserziehung (Peking), Februar-Heft 1954, S. 37—42.

Die Erziehung unserer Studierenden im gesellschaftswissenschaftlichen Grundstudium. Überarbeiteter und erweiterter Diskussionsbeitrag auf der Konferenz der Dozenten des Gesellschaftswissenschaftlichen Grundstudiums in Leipzig am 13. und 14. Febr. 1954, Forum 8 (1954). Wiss. Beilage, Gesellschaftswiss. Reihe, Nr. 27 (2. Juli 1954), S. 3—8.

Die Industrie-Institute in der Deutschen Demokratischen Republik. Für die Qualifikation von Arbeitern und Wirtschaftsfunktionären, Das Hochschulwesen 2 (1954), H. 4, S. 13—16.

Die Erziehung unserer Studierenden im gesellschaftswissenschaftlichen Grundstudium. Fragen des gesellschaftswissenschaftlichen Grundstudiums, Das Hochschulwesen 2 (1954), H. 5, S. 12—17.

Perspektiven eines neuen Studienjahres, Forum 8 (1954), Nr. 31 (3. Sept. 1954), S. 2.

Pioniere unserer volkseigenen Industrie erhalten Hochschulausbildung. Zur Eröffnung des ersten Industrie-Instituts, Das Hochschulwesen 2 (1954), H. 10, S. 21—23.

**1955**

Eine Entschließung und eine Antwort. Staatssekretär Prof. Dr. Harig antwortet der FDJ-Gruppe der Fachrichtung Kunstgeschichte an der Universität Greifswald, Forum 9 (1955), Nr. 7 (18. Febr. 1955), S. 4.

Zur Verbesserung der Ausbildung und des Studiums an den Landwirtschaftlich-Gärtnerischen Fakultäten. Auszüge aus . . . der Beratung der FDJ-Organisation der Landwirtschaftlich-Gärtnerischen Fakultät der Karl-Marx-Universität am 28. März 1955 . . ., Diskussionsbeitrag, Forum 9 (1955), Wiss. Beilage, Naturwiss. Reihe, Nr. 11 (15. Apr. 1955), S. 8/9.

Über die Verbesserung von Ausbildung und Erziehung unserer Studierenden. Hauptreferat auf der Zweiten Zentralen Hochschulkonferenz in Leipzig am 15. und 16. Juni 1955, Das Hochschulwesen 3 (1955), H. 7/8, S. 3—48.

Die Konferenzergebnisse nunmehr in Senaten und Fachrichtungen klären und konkretisieren. Schlußwort auf der Zweiten Zentralen Hochschulkonferenz in Leipzig am 15. und 16. Juni 1955, Das Hochschulwesen 3 (1955), H. 7/8, S. 91—97.

Den Fragen der Erziehung mehr Aufmerksamkeit schenken, Forum 9 (1955), Nr. 16 (30. Juni 1955), S. 3.

Zehn Jahre deutsches demokratisches Hochschulwesen, Neues Deutschland vom 15. Sept. 1955, S. 6.

Zum zehnten Jahrestag, Das Hochschulwesen 3 (1955), H. 9/10, S. 1—3.

Ansprache zur Eröffnung der Jahresversammlung 1955 der Deutschen Akademie der Naturforscher (Leopoldina), Nova Acta Leopoldina, N. F., 17 (1955), Nr. 122, S. 419/420.

**1956**

Für die friedliche Anwendung der Atomenergie in der Deutschen Demokratischen Republik, Das Hochschulwesen 4 (1956), H. 1, S. 1—5.

1. Studentenforum an der Humboldt-Universität, Interview, Forum 10 (1956), Nr. 4 (2. Märzausgabe), S. 1.

Gemeinsam den Weg des sozialistischen Aufbaus gehen. Aus der Glückwunschadresse an Prof. Dr. Rapacki, Das Hochschulwesen 4 (1956), H. 2, S. 26.

Die Auswertung der 3. Parteikonferenz der Sozialistischen Einheitspartei Deutschlands für die Universitäten und Hochschulen der Deutschen Demokratischen Republik, Referat, in: Die Universitäten und Hochschulen der Deutschen Demokratischen Republik vor neuen Aufgaben. Protokoll der Zentralen Rektorenkonferenz über die Aufgaben der 3. Parteikonferenz der Sozialistischen Einheitspartei Deutschlands vom 18. Apr. 1956, Berlin 1956, S. 1—29.

Schlußwort des Staatssekretärs Prof. Dr. Harig auf der Zentralen Rektorenkonferenz über die Aufgaben der 3. Parteikonferenz der Sozialistischen Einheitspartei Deutschlands vom 18. Apr. 1956, in: ebenda, S. 71—75.

Nach 30 Jahren noch moderner Wissenschaftler sein, Forum 10 (1956), Nr. 7 (1. Maiausgabe), S. 6.

Antwort des Staatssekretärs für Hochschulwesen. Leitsätze aus dem Referat von Prof. Dr. Harig auf der Zentralen Rektorenkonferenz über die Aufgaben der 3. Parteikonferenz der Sozialistischen Einheitspartei Deutschlands vom 18. Apr. 1956, Forum 10 (1956), Nr. 8 (2. Maiausgabe), S. 6.

Wladimir Iljitsch Lenin, geboren am 22. April 1870, Das Hochschulwesen 4 (1956), H. 4/5, S. 203—208.

Ansprache zur Eröffnung und Namensgebung der Chemischen Institute der Martin-Luther-Universität Halle-Wittenberg, Wiss. Ztschr. der Martin-Luther-Univ. Halle-Wittenberg, Math.-Nat. Reihe, 5 (1956), S. 851—853.

Lehrerbildung und Universität. Ein Diskussionsbeitrag zum Pädagogischen Kongreß, Das Hochschulwesen 4 (1956), H. 7, S. 339—343.

Was meinen Sie dazu, Herr Staatssekretär? Forum-Interview mit Prof. Dr. Gerhard Harig, Forum 10 (1956), Nr. 16 (2. Oktoberausgabe), S. 1/2.

Rede zur Immatrikulationsfeier am 13. Sept. 1956 an der Technischen Hochschule Dresden, Mitteilungsblatt der Techn. Hochsch. Dresden 3 (1956), Nr. 16 (1. Okt. 1956), S. 3—5 (leicht gekürzt, Bericht von A. Schulz).

Bemerkungen zum Studium der Gesellschaftswissenschaften in der Deutschen Demokratischen Republik. Gedenkvorlesung für Franz Mehring anläßlich der Enthüllung der Franz-Mehring-Büste im Franz-Mehring-Institut der Karl-Marx-Universität am 11. Okt. 1956, Wiss. Ztschr. der Karl-Marx-Univ. Leipzig, Ges.- und Sprachwiss. Reihe, 6 (1956/57), H. 1, S. 1—7.

Über die Wissenschaft von der Gesellschaft, Das Hochschulwesen 4 (1956), H. 11, S. 493 bis 498; H. 12, S. 541—548.

Antwort auf einige aktuelle Fragen, Interview, Das Hochschulwesen 4 (1956), H. 11, S. 499 u. S. 501/502.

**1957**

Die neue Auffassung vom Wesen der Wissenschaft bei Francis Bacon, DZPh 5 (1957), S. 441—456.

Sputnik mahnt zur Koexistenz, Universitätszeitung 1 (1957), Nr. 15 (15. Okt. 1957), S. 1.

Zu Dr. Schneiders Perspektive. Schlußwort zur öffentlichen Diskussion „Was wird aus Dr. Schneider?“, Universitätszeitung 1 (1957), Nr. 20 (31. Dez. 1957), S. 3.

Diskussionsbeitrag auf der 9. Tagung des Präsidiums der Gesellschaft zur Verbreitung wissenschaftlicher Kenntnisse, in: 9. Tagung des Präsidiums der Gesellschaft zur Verbreitung wissenschaftlicher Kenntnisse. Referate, Auszüge aus der Diskussion, Beschlüsse.

Berlin, den 4. und 5. Dez. 1957, hrsg. vom Präsidium der Gesellschaft zur Verbreitung wissenschaftlicher Kenntnisse, Berlin o. J., S. 33.

**1958**

Wesen und Entstehung der marxistischen Philosophie, Vortrag, geh. im Marxistischen Kolloquium der SED-Parteiorganisation der Karl-Marx-Universität, Fachrichtung dialektischer und historischer Materialismus, am 31. März 1958, Leipziger Universitätsreden, N. F., H. 2, Leipzig 1958, 18 S.

Walter Hermann Ryff und Nicolò Tartaglia. Ein Beitrag zur Entwicklung der Dynamik im 16. Jahrhundert, Forsch. Fort. 32 (1958), H. 2, S. 40—47.

Reges Interesse für Philosophie, Universitätszeitung 2 (1958), Nr. 11 (30. Mai 1958), S. 2.

Wesen und Entstehung der marxistischen Philosophie. I und II, Forum 12 (1958), Wiss. Beilage, Nr. 18 (1. Mai 1958), S. 1—4. Nr. 20 (15. Mai 1958), S. 1—4.

Der Begriff Materie, Börsenblatt für den Deutschen Buchhandel 125 (1958), 692/693 (zusammenfassender Bericht von W. Richter).

Über die Entstehung der klassischen Naturwissenschaften in Europa, DZPh 6 (1958), S. 419—450 (nachgedruckt in: Geist und Tat. Eine Zweimonatsschrift für Kunst, Literatur und Wissenschaft, Düsseldorf, 1959, H. 5, S. 53—92).

Ein bisher unbekannter Brief von Friedrich Engels, Einheit 13 (1958), S. 1013/1014.

**1959**

Der dialektische Materialismus und die Naturwissenschaft. Zur Moskauer Unionsberatung über philosophische Fragen der Naturwissenschaft, Einheit 14 (1959), S. 125—132.

Alexander von Humboldt. Wissenschaftler und Humanist. Zu seinem 100. Todestag, DZPh 7 (1959), S. 253—270.

Historia nauki, techniki i medycyny w NRD, Kwartalnik historii nauki i techniki 4 (1959), S. 766—769.

Alexander von Humboldt. Der Naturforscher des deutschen Humanismus, in: Alexander von Humboldt. Eine Auswahl, Leipzig—Jena 1959, S. 9—38 (s. auch das Vorwort, S. 6—8).

Humanist und Förderer der Wissenschaft. Zum 100. Todestag Alexander von Humboldts am 6. Mai, Neues Deutschland vom 6. Mai 1959, S. 4.

Robert Hooke und die Experimentalwissenschaft des 17. Jahrhunderts, Wiss. Ztschr. der Karl-Marx-Univ. Leipzig, Math.-Nat. Reihe, 9 (1959/60), H. 3, S. 417—431.

Dialektischer Materialismus und Naturwissenschaft. Aus der Eröffnungsansprache zum Symposium „Philosophie und Naturwissenschaften", Universitätszeitung 3 (1959), Sonder-Nr. 1 (9. Okt. 1959), S. 3.

Fachrichtung Dialektischer und historischer Materialismus, in: Marxistisches Kolloquium, hrsg. von der SED-Parteiorganisation der Karl-Marx-Universität, Universitätsparteileitung, Leipzig o. J., S. 9—11.

**1960**

(zusammen mit J. Schleifstein) Vorwort, in: Naturwissenschaft und Philosophie. Beiträge zum internationalen Symposium über Naturwissenschaft und Philosophie anläßlich der 550-Jahr-Feier der Karl-Marx-Universität Leipzig, Berlin 1960, S. 5—7.

Der dialektische Materialismus und die moderne Naturwissenschaft, in: ebenda, S. 11—23 (nachgedruckt in: Harig, Phil. Schr., S. 97—106); (Vorabdruck unter dem Titel: Dialektischer Materialismus und die moderne Naturwissenschaft, Leipziger Universitätsreden, N. F., Nr. 15, Leipzig 1960, S. 3—13).

Vorwort, in: Sowjetische Beiträge zur Geschichte der Naturwissenschaft, Berlin 1960, S. VII/VIII.

Alexander von Humboldt. Der Naturforscher des deutschen Humanismus. NTM 1 (1960ff.), H. 1, S. 50—61.

Konferenz über Geschichte der Naturwissenschaft und Technik, Moskau, 27. Mai bis 1. Juni 1959, NTM 1 (1960ff.), H. 1, S. 123—125.

Bericht über die politische Abteilung, in: Buchenwald. Mahnung und Verpflichtung, Berlin 1960, S. 103—105.

[Istorija nauki v] GDR ([Wissenschaftsgeschichte in der] DDR), in: Istorija nauki v stranach narodnoj demokratii (Wissenschaftsgeschichte in den volksdemokratischen Ländern), Voprosy istorii estestvoznanija i techniki 10 (1960), S. 174—176.

**1961**

Johannes Kepler. 1571—1630, in: Von Adam Ries bis Max Planck. 25 große deutsche Mathematiker und Naturwissenschaftler, Leipzig 1961, S. 21—26.

Alexander von Humboldt. 1769—1859, in: ebenda, S. 32—37.

Hermann von Helmholtz. 1821—1894, in: ebenda, S. 84—88.

Fortschrittliche philosophische Traditionen in der Naturwissenschaft des 19. und der ersten Hälfte des 20. Jahrhunderts, Theorie und Praxis 7 (1961), H. 6, S. 81—94. 8 (1962), H. 1, S. 91—96.

(zusammen mit I. Strube) Svedenija o fiziko-chimičeskich rabotach Lomonosova, opublikovannych v Germanii do načala XIX veka (Zur Kenntnis physikalisch-chemischer Arbeiten Lomonosovs, die in Deutschland bis zum Anfang des 19. Jahrhunderts veröffentlicht worden sind), in: Lomonosov, Sbornik statej i materialov k 250-letiju so dnja roždenija (1711—1961), Bd. 5, hrsg. von N. A. Figurovskij und Ju. P. Solov'ev, Moskva—Leningrad 1961, S. 251—260.

Kepler und das Vorwort von Osiander zum Hauptwerk von Kopernikus, NTM 1 (1960ff.), H. 2, S. 13—26.

**1962**

Die Aneignung des antiken Wissens auf dem Gebiet der Naturwissenschaft in der Renaissance, in: Renaissance und Humanismus in Mittel- und Osteuropa. Eine Sammlung von Materialien, besorgt von J. Irmscher, Bd. 1, Berlin 1962, S. 3—15 (Deutsche Akademie der Wissenschaften zu Berlin, Schriften der Sektion für Altertumswissenschaften, Bd. 32).

Die Tat des Kopernikus. Die Wandlung des astronomischen Weltbildes im 16. und 17. Jahrhundert, Leipzig—Jena—Berlin 1962, 176 S.

Kranksein und Weltanschauung, Sozialistische Universität. Organ der SED-Parteileitung der Friedrich-Schiller-Universität Jena 5 (1962), Nr. 3 (2. März 1962), S. 5.

Prof. Dr. Felix Boenheim (1890—1960) zum Gedenken, NTM 1 (1960ff.), H. 3, S. 131/132.

Gute Traditionen sollen wirken. Interview mit Prof. Dr. Harig, Dekan der Mathem.-Naturwiss. Fakultät der Karl-Marx-Universität, Leipziger Volkszeitung vom 30. Sept. 1962, S. 6.

**1963**

Naturwissenschaft Technik Gesellschaft. Die Wandlung der Wissenschaft zur direkten Produktivkraft, Urania. Wissen und Leben 26 (1963), H. 2, S. 90—92.

Für eine höhere Produktivität aller Wissenschaften, Universitätszeitung 7 (1963), Nr. 14 (4. Apr. 1963), S. 4.

Wissenschaft — Mutter der Produktion. Karl Marx und die Produktivkraft Wissenschaft, in: Neues Deutschland vom 5. Mai 1963, S. 4.

(zusammen mit G. Mayer und M. Steinmetz) Vorwort, in: Lehre Forschung Praxis. Die Karl-Marx-Universität Leipzig zum zehnten Jahrestag ihrer Namensgebung am 5. Mai 1963, Leipzig (1963), S. 5/6.

Fortschrittliche Traditionen der Naturwissenschaft, in: ebenda, S. 214—221.

Zur Einführung, in: Naturwissenschaft Tradition Fortschritt [Materialien der Tagung „Die fortschrittlichen philosophischen Traditionen in der deutschen Naturwissenschaft des 19. und 20. Jahrhunderts“, veranstaltet vom Karl-Sudhoff-Institut der Karl-Marx-Universität Leipzig am 21.—23. Sept. 1962], Berlin 1963, S. VII—IX (Beiheft zu NTM).

Der materialistische Kern der Naturwissenschaft in Deutschland, in: ebenda, S. 1—17.

Schlußwort [auf der Tagung „Die fortschrittlichen philosophischen Traditionen in der deutschen Naturwissenschaft des 19. und 20. Jahrhunderts“], in: ebenda, S. 343—345.

(zusammen mit A. Mette) Zum 60. Geburtstag von N. A. Figurowski, NTM 1 (1960ff.), H. 4, S. 116/117.

Alexander von Humboldt — der Naturforscher des deutschen Humanismus. Aus der Rede zur Namensvergebung des Klubs „Alexander von Humboldt“ am 21. Okt. 1961, Greizer Heimatkalender 1963, S. 28—33.

**1964**

Bahnbrecher des wissenschaftlichen Denkens, Sozialistische Universität. Organ der SED-Parteileitung der Friedrich-Schiller-Universität Jena 7 (1964), Nr. 4 (22. Febr. 1964), S. 4.

(zusammen mit H. Neels) Vorwort, in: Die Entwicklung der Wissenschaft zur unmittelbaren Produktivkraft. Materialien der wissenschaftlichen Tagung des Prorektorats für Forschungsangelegenheiten der Karl-Marx-Universität zum 10. Jahrestag ihrer Namensgebung am 3. und 4. Mai 1963, Leipzig 1964 (1963), S. III—VII.

Die Entwicklung der Wissenschaft zur unmittelbaren gesellschaftlichen Produktivkraft, in: ebenda, S. 1—47 (Vorabdruck unter dem Titel: Die Entwicklung der Wissenschaft zur unmittelbaren gesellschaftlichen Produktivkraft. Referat auf der Tagung des Prorektorats für Forschungsangelegenheit der Karl-Marx-Universität zum 10. Jahrestag ihrer Namensgebung am 3. und 4. Mai 1963, Berlin 1963, Deutsche Akademie der Wissenschaften zu Berlin, Abt. Presse und Berichtswesen, maschinenschriftl. vervielf., 46 Bl.).

Galilei und sein Kampf gegen die aristotelisch-scholastische Naturlehre, in: Galileo Galilei. 1564—1964. Akademische Festveranstaltung der Friedrich-Schiller-Universität Jena anläßlich der 400. Wiederkehr des Geburtstages des großen italienischen Gelehrten, Jenaer Reden und Schriften, (Jena 1964), S. 14—44 (Nachdruck unter dem Titel: Galilei und sein Kampf gegen die aristotelisch-scholastische Naturlehre [Vortrag auf der akademischen Festveranstaltung der Friedrich-Schiller-Universität Jena, der Deutschen Akademie der Wissenschaften zu Berlin und der Physikalischen Gesellschaft in der DDR am 14. Febr. 1964 in Jena], Spektrum. Mitteilungsblatt für die Mitarbeiter der Deutschen Akademie der Wissenschaften zu Berlin 10 [1964], H. 4, S. 154—165; weiterer, gekürzter Nachdruck unter dem Titel: Galileo Galilei — einer der hervorragendsten Begründer der modernen Naturwissenschaft, Einheit 19 [1964], H. 3, S. 96—104).

Naturwissenschaft und dialektischer Materialismus, in: Wissenschaft contra Spekulation, hrsg. von G. Heyden, Berlin 1964, S. 73—82.

Alexander von Humboldt. Der Naturforscher des deutschen Humanismus, in: Alexander von Humboldt. Eine Auswahl, 2. verb. Aufl., Leipzig—Jena—Berlin, S. 9—22 (siehe auch Vorwort, S. 5/6).

**1965**

Naturwissenschaft, dialektischer Materialismus und Gesellschaft. Zum Rahmenthema: Philosophen stellen richtig. Wissenschaft contra Spekulation, Sonntag, Nr. 3 (17. Jan. 1965), S. 3—5.

Vorwort, in: Bedeutende Gelehrte in Leipzig, Bd. 2. Zur 800-Jahr-Feier der Stadt Leipzig im Auftrag von Rektor und Senat der Karl-Marx-Universität hrsg. von G. Harig, Leipzig 1965, S. V—IX.

(zusammen mit A. Thom) Probleme der Wissenschaftsgeschichte. Bemerkungen zur Festschrift „550 Jahre Medizinische Fakultät", Universitätszeitung 9 (1965), Nr. 26 (1. Juli 1965), S. 5.

Wesen und Merkmale der wissenschaftlich-technischen Revolution, in: Die sozialistische Universität in der Epoche der wissenschaftlich-technischen Revolution, Leipzig 1965, S. 4—17.

Die Tat des Kopernikus. Die Wandlung des astronomischen Weltbildes im 16. und 17. Jahrhundert, 2. überarb. Aufl., Leipzig—Jena—Berlin 1965, 155 S.

**1966**

Aspekte der Geschichte der Naturwissenschaft, NTM 3 (1966), H. 7, S. 32—46.

Stand und Perspektive der Geschichte der Naturwissenschaften in der Deutschen Demokratischen Republik, NTM 3 (1966), H. 7, S. 114—118.

(zusammen mit I. Strube) Zur Stellung Wilhelm Ostwalds in der Geschichte der Chemie, in: Wilhelm Ostwald, Volumchemische Studien über Affinität und Volumchemische und optisch-chemische Studien. Zwei Dissertationen, Leipzig 1966, S. 10—28 (Ostwalds Klassiker der exakten Wissenschaften, Nr. 250).

Die beiden Aspekte der wissenschaftlichen Revolution des 17. Jahrhunderts und die Gegenwart. Erweiterter und ergänzter deutscher Text des Beitrages La révolution scientifique au XVII<sup>e</sup> siècle zum XI. CIHS, Aug. 1965 in Warschau, NTM 3 (1966), H. 8, S. 1—10.

**1967**

Klassische und moderne Atomistik, Vortrag, geh. auf der Internationalen Herbstschule „Instrumenteller Stand der NMR- und EPR-Technik, Anwendung in der Chemie", veranstaltet von der Karl-Marx-Universität Leipzig und der Physikalischen Gesellschaft in der DDR, Sellin, 11. Okt. 1966, NTM 4 (1967), H. 9, S. 1—23.

Die Klassifizierung der Wissenschaft in historischer Sicht, in: Klassifizierung und Gegenstandsbestimmung der Geowissenschaften und technischen Wissenschaften. Kolloquium zu Fragen der Klassifizierung und Gegenstandsbestimmung der Natur- und technischen Wissenschaften anläßlich des 200jährigen Bestehens der Bergakademie Freiberg, 17. bis 19. Nov. 1965, Leipzig 1967, S. 9—26 (Freiberger Forschungshefte, D 53).

From the Critique of Scholasticism to the Critique of Antiquity, Organon (Warszawa) 4 (1967), S. 19—26.

La révolution scientifique au XVIIe siècle, in: Actes du XIe Congrès International d'Histoire des Sciences, Varsovie — Toruń — Kielce — Cracovie 24.—31. août 1965, Bd. 2, Vroclav-Varsovie-Cracovie 1967, S. 33—39.

Galileo Galilei — der Begründer einer neuen Naturwissenschaft (im Druck).

## 2. Übersetzungen und Herausgabe

**1947**

Mark Moiseevič Rosental', Materialističeskoe i idealističeskoe mirovozzrenie (Materialistische und idealistische Weltanschauung), übers. von G. Harig, Berlin (1947), 48 S.

**1949**

Iosip Vissarionovič Stalin, Anarchizm ili socializm? (Anarchismus oder Sozialismus?), übers. von G. Harig mit Unterstützung von F. Rubiner, Berlin (1949), 80 S.

Leipziger Vorträge der Arbeitsgemeinschaft marxistischer Wissenschaftler, hrsg. von F. Behrens, G. Harig u. a., H. 1—4, Leipzig 1949.

**1953**

Das Hochschulwesen. Monatsschrift für Fragen der Hochschulpolitik, Lehrmethodik und Hochschulorganisation, hrsg. vom Staatssekretariat für Hochschulwesen, 1—4 (1953 bis 1956): Vorsitzender des Redaktionskollegiums.

**1959**

Alexander von Humboldt. Eine Auswahl, hrsg. von G. Harig, Leipzig—Jena 1959, 376 S., 16 Taf., 1 Falttaf.
2. verb. Aufl.: Leipzig—Jena—Berlin 1964, 356 S., 16 Taf.

## 1960

Naturwissenschaft und Philosophie. Beiträge zum internationalen Symposium über Naturwissenschaft und Philosophie anläßlich der 550-Jahr-Feier der Karl-Marx-Universität Leipzig, hrsg. von G. Harig und J. Schleifstein, Berlin 1960, 440 S.

NTM. Zeitschrift für Geschichte der Naturwissenschaften, Technik und Medizin, (begründet und) hrsg. von G. Harig und A. Mette, 1ff. (1960ff.). Seit 1965 fortgeführt unter dem Titel: NTM. Schriftenreihe für Geschichte der Naturwissenschaften, Technik und Medizin.

Sowjetische Beiträge zur Geschichte der Naturwissenschaft, hrsg. von G. Harig, Berlin 1960, VIII, 244 S.

## 1961

Von Adam Ries bis Max Planck. 25 große deutsche Mathematiker und Naturwissenschaftler, hrsg. von G. Harig, Leipzig 1961, 156 S., 25 Portraits (Taschenbuch, Bd. 11). 2. durchges. Aufl.: Leipzig 1962, 155 S.

## 1963

Lehre Forschung Praxis. Die Karl-Marx-Universität zum zehnten Jahrestag ihrer Namensgebung am 5. Mai 1963, hrsg. im Auftrag von Rektor und Senat von G. Harig und M. Steinmetz, Leipzig (1963), 510 S. mit Abb.

Naturwissenschaft Tradition Fortschritt, hrsg. von G. Harig, Berlin 1963, XII, 345 S. (Beiheft zu NTM).

## 1964

Die Entwicklung der Wissenschaft zur unmittelbaren Produktivkraft. Materialien der wissenschaftlichen Tagung des Prorektorats für Forschungsangelegenheiten der Karl-Marx-Universität Leipzig zum 10. Jahrestag ihrer Namensgebung am 3. und 4. Mai 1963, hrsg. von G. Harig und H. Neels, Leipzig 1964 (1963), XX, 322 S.

## 1965

Bedeutende Gelehrte in Leipzig, Bd. 2. Zur 800-Jahr-Feier der Stadt Leipzig im Auftrag von Rektor und Senat hrsg. von G. Harig, Leipzig 1965, 212 S.

## 1966

Wilhelm Ostwald, Volumchemische Studien über Affinität und Volumchemische und optisch-chemische Studien. Zwei Dissertationen, hrsg. von G. Harig und J. Müller, Leipzig 1966, 127 S. mit Abb. (Ostwalds Klassiker der exakten Wissenschaften, Nr. 250).

## 3. Referate, Annotationen und Rezensionen

**1930**

Clerk Maxwell and the Michelson experiment, Nature 125 (1930), Nr. 3154, 566—567, in: Phys. Ber. 11 (1930), S. 1885.

W. W. Stifler and Allan E. Parker, A convenient mounting for a Lummer-Gehrcke plate, Rev. Scient. Instr., N. S., 1 (1930), Nr. 4, S. 207—214, in: Phys. Ber. 11 (1930), S. 1885/1886.

Theodore Lyman, The distribution of light intensity in a Fresnel diffraction pattern from a straight edge, Proc. Nat. Acad. Amer. 16 (1930), Nr. 1, S. 71—74, in: Phys. Ber. 11 (1930), S. 1886.

H. Schade und H. Lohfert, Über den Ultraviolett-Tyndallkegel des reinen Wassers, Kolloid-ZS 51 (1930), Nr. 1, S. 65—71, in: Phys. Ber. 11 (1930), S. 1886.

**1932**

A. H. Borgesius, De twee oudste interferentieproeven in nieuwen vorm, Physica 10 (1930), Nr. 7, S. 213—218, in: Phys. Ber. 13 (1932), S. 90/91.

**1935**

William Cramp, Michael Faraday and some of his contemporaries, London 1931, in: AINT, vyp. 7, 1935, S. 494/495.

E. Bortolotti, I cartelli di matematica disfida e la personalità psichica e morale di Girolamo Cardano, Bologna 1933, in: AINT, vyp. 7, 1935, S. 486—489.

**1936**

L. B. Loeb and A. S. Adams, The development of physical thought, New York—London 1933, in: AINT, vyp. 8, 1936, S. 432—434.

M. Planck, Die Physik im Kampf um die Weltanschauung, Leipzig 1935, in: AINT, vyp. 8, 1936, S. 434—437.

A. Wolf, A history of science, technology and philosophy in the 16th and 17th centuries, London 1935, in: AINT, vyp. 9, 1936, S. 385—388.

H. Crew, The rise of modern physics, Baltimore 1935, in: AINT, vyp. 9, 1936, S. 388 bis 391.

**1947**

Physik im Werden. Zu fünf Aufsätzen von Max Wundt, F. Möglich, Pascual Jordan, Sergej Wawilow und M. Omeljanowskij, in: Einheit 2 (1947), S. 120—122.

David Guest, Über den dialektischen Materialismus. David Guest, A text book of dialectical materialism, London 1939, in: Einheit 2 (1947), S. 665.

Frankreich und die Atomenergie. Georges Sadoul, Mystère et puissance de l'atome, Paris 1947, in: Einheit 2 (1947), S. 1204/1205.

**1948**

Wissenschaft gegen Idealismus. Maurice Cornforth, Science versus idealism. An examination of 'pure empiricism' and modern logic, London 1946, in: Einheit 3 (1948), S. 86/87.

Marxismus und moderner Idealismus. John Lewis, Marxism and modern idealism, London 1944, in: ebenda, S. 571/572.

Mensch und Natur. Vernon Venable, Human nature. The marxistian view, London 1946, in: ebenda, S. 670/671.

Der Deutsche Bauernkrieg. M. M. Smirin, Die Volksreformation Thomas Müntzers und der große Bauernkrieg, Moskau—Leningrad 1947, in: ebenda, S. 987/988.

Freiheit und Persönlichkeit. Ernst Fischer, Freiheit und Persönlichkeit. Drei Vorlesungen über Probleme der modernen Philosophie, Wien 1947, in: ebenda, S. 1118.

**1957**

Istorija estestvoznanija v Rossii, pod red. N. A. Figurovskogo, V. P. Zubova, S. R. Mikulinskogo (Geschichte der Naturwissenschaft in Rußland, hrsg. von N. A. Figurovskij, V. P. Zubov und S. R. Mikulinskij), Bd. 1, Teil 1, Moskau 1957, in: DLZ 78 (1957), Sp. 829—832.

**1963**

Joseph Needham, Wang Ling and Derek J. de Solla Price, Heavenly clockwork, Cambridge 1960, in: NTM 1 (1960ff.), H. 4, S. 127—130.

Günther Buttmann, Wilhelm Herschel — Leben und Werk, Stuttgart 1961 (Große Naturforscher, hrsg. von H. Degen, Bd. 24), in: NTM 1 (1960ff.), H. 4, S. 130—132.

**1965**

B. G. Kuznecov, Ejnštejn, Moskau 1962, in: NTM 2 (1965), H. 5, S. 131—133.

Histoire générale des téchniques publ. sous la dir. de Maurice Daumas, t. I: Les origines de la civilisation technique, Paris 1962, in: ebenda, S. 142.

J. C. Poggendorff, Geschichte der Physik, Leipzig 1964 (Nachdruck der Originalausgabe 1879), und Edmund Hoppe, Geschichte der Physik, [Leipzig] 1965 (Nachdruck der Originalausgabe Braunschweig 1926), in: ebenda, S. 141/142.

Arthur Robert Steele, Flowers for the king. The expedition of Ruiz and Pavon and the flora of Peru, Durham, North Carolina 1964, in: ebenda, S. 142.

The correspondence of Henry Oldenburg, ed. and transl. by A. Rupert Hall and Marie Boas Hall, vol. I (1641—1662), Univ. of Wisconsin Press. o. J., in: NTM 2 (1965), H. 6, S. 142—145.

Robert E. Schofield, The lunar society of Birmingham. A social history of provincial science and industry in eighteenth-century England, Oxford 1963, in: ebenda, S. 145 bis 148.

Paul van Oye, George Sarton. De mens en zijn werk uit brieven aan vrienden en kennissen, Brüssel 1965, in: ebenda, S. 152.

Kleine Enzyklopädie Mathematik, Leipzig 1965, in: ebenda, S. 153.

Willem Gillisz van Wissekerke, Liber desideratus 1494. Facsimile with an introduction by D. J. Struik, Nieuwkoop MCMLXV (Dutch Classics on History of Science, XII), in: ebenda, S. 153.

P. S. Kudrjavcev i I. Ja. Konfederatov, Istorija fiziki i techniki. Učebnoe podobie dlja studentov pedagogičeskich institutov, 2. überarb. und erg. Aufl., Moskau 1965, in: ebenda, S. 153—155.

**1966**

J. D. Bernal, Science in history, 3rd ed., London 1965, in: Archives Internationales d'Histoire des Sciences 19 (1966), S. 288—291.

The correspondence of Henry Oldenburg, ed. and transl. by A. Rupert Hall and Marie Boas Hall, vol. II (1663—1665), Univ. of Wisconsin Press o. J., in: NTM 3 (1966), H. 8, S. 116—118.

P. G. Kulikovskij, Pavel Karlovič Šternberg. 1865—1920, Moskau 1965, in: ebenda, S. 120.

B. G. Kuznecov, Razvitie fizičeskich idej ot Galileja do Ejnštejna v svete sovremennoj nauki, 2. Aufl., Moskau 1965 (1966), in: ebenda, S. 120/121.

B. G. Kuznecov, Etjudy ob Ejnštejne, Moskau 1965, in: ebenda, S. 121.

Istorija issledovanij poleznych iskopaemych ekspedicijami Akademii nauk SSSR, hrsg. von A. A. Menjajlov, Moskau 1966, in: ebenda, S. 121.

V. S. Virginskij, Robert Ful'ton. 1765—1815, Moskau 1965, in: ebenda, S. 121/122.

Iz istorii raketnoj techniki. Ein Sammelband, Moskau 1964, in: ebenda, S. 122.

# Personenregister

# Sachregister

FSC
www.fsc.org
MIX
Papier | Fördert gute Waldnutzung
FSC® C083411

Kolibri 360 GmbH
Ferdinand-Jühlke-Straße 7
99095 Erfurt, Deutschland
produktsicherheit@kolibri360.de